21世纪高等院校信息与通信工程规划教材

21st Century University Planned Textbooks of Information and Communication Engineering

第三代移动通信

张玉艳 方莉 编著

The Third Generation Mobile Communication

人民邮电出版社

北京

图书在版编目（CIP）数据

第三代移动通信 / 张玉艳，方莉编著. -- 北京 ：
人民邮电出版社，2009.11（2015.6重印）

21世纪高等院校信息与通信工程规划教材
ISBN 978-7-115-21410-2

Ⅰ. ①第… Ⅱ. ①张… ②方… Ⅲ. ①码分多址－移动通信－通信技术－高等学校－教材 Ⅳ. ①TN929.533

中国版本图书馆CIP数据核字(2009)第180426号

内 容 提 要

本书全面系统地介绍了第三代移动通信的基本理论和系统原理。全书共分 8 章，内容包括第三代移动通信概述，第三代移动通信系统用到的基础理论和主要技术，WCDMA 网络结构与接口协议、空中接口各层原理和 WCDMA 系统主要工作过程，TD-SCDMA 移动通信系统物理层原理和采用的关键技术，HSPA 网络结构及工作原理，cdma2000 1x 和 cdma2000 1xEV-DO 网络结构和工作原理，LTE 的系统结构、空中接口各层原理和采用的关键技术。

本书可作为普通高等院校通信工程、电子信息等专业相关课程的教材，也可作为通信工程技术人员的参考书。

21 世纪高等院校信息与通信工程规划教材

第三代移动通信

◆ 编　　著　张玉艳　方　莉
　责任编辑　蒋　亮
◆ 人民邮电出版社出版发行　　北京市丰台区成寿寺路 11 号
　邮编　100164　　电子邮件　315@ptpress.com.cn
　网址　http://www.ptpress.com.cn
　北京艺辉印刷有限公司印刷
◆ 开本：787×1092　1/16
　印张：22　　　　2009年11月第1版
　字数：540 千字　　2015年6月北京第8次印刷

ISBN 978-7-115-21410-2

定价：38.00 元

读者服务热线：(010)81055256　印装质量热线：(010)81055316

反盗版热线：(010)81055315

前言

第三代移动通信系统具有全球统一频谱、标准，便于实现全球无缝漫游的特点；能达到更高的频谱效率，提供较高的服务质量和保密性能；能提供高速数据业务，满足通信业务多样化的需求。第三代移动通信技术已在许多国家和地区得到广泛应用。我国于 2009 年年初正式发放 3G 业务经营许可。移动通信技术、产业和市场的高速发展，激发了人们学习移动通信新技术的热情，也对移动通信领域的教学及教材提出了新的要求。为使读者全面理解第三代移动通信系统的工作原理、发展现状和发展趋势，全书精选内容，在编写上具有以下特点：

（1）介绍了第三代移动通信系统所采用关键技术的基本原理，主要内容包括移动通信信道的描述、扩频通信的概念、数字调制技术、信源编码技术、信道编码技术、功率控制技术、发送接收技术及蜂窝组网技术。

（2）全面系统地介绍了第三代移动通信 3 个主流标准对应的网络结构和工作原理，分析了第三代移动通信系统的高速解决方案。

（3）内容紧扣移动通信发展的需求和未来移动通信的发展趋势，分析了第三代移动通信的演进途径，本书的最后介绍了 LTE 网络结构和工作原理，以及采用的关键技术。

（4）本书叙述摒弃繁琐的理论推导和分析计算，力求通过本书的学习建立第三代移动通信系统的完整概念，掌握相应的工作原理。

（5）为便于自学，本书在每一章首先给出该章的主要内容介绍，在结尾编排了小结和练习题等内容，有助于学生巩固所学的基本概念和知识。

全书共分 8 章，第 1 章讲述第三代移动通信标准、频谱分配、提供的业务及演进路径；第 2 章讲述第三代移动通信系统的基础理论和主要技术，包括移动通信信道、扩频技术、数字调制技术、语音编码技术、信道编码技术、功率控制技术、发送接收技术和蜂窝组网技术等；第 3 章和第 4 章讲述 WCDMA 网络结构与接口协议、空中接口各层原理、WCDMA 系统的编号计划和 WCDMA 系统主要工作过程；第 5 章讲述 TD-SCDMA 移动通信系统物理层原理、物理层的主要工作过程和 TD-SCDMA 系统采用的关键技术；第 6 章讲述 HSPA 网络结构及工作原理，与 WCDMA 系统和 TD-SCDMA 系统的关系，HSPA 系统的演进（HSPA+）；第 7 章讲述 cdma2000 1x 和 cdma2000 1xEV-DO 网络结构、空中接口和组网方式。介绍了 cdma2000 1xEV-DV 网络的特点；第 8 章讲述 LTE 的系统结构、空中接口各层原理和采用的关键技术。

本书由张玉艳策划，张玉艳、方莉共同编写。其中第 1 章、第 3 章、第 5～7 章由张玉艳编写，第 2 章、第 4 章、第 8 章由方莉编写。编者在教学及编写本书的过程中得到了邹永忠、王刚、于翠波等的大力支持，在此表示诚挚的感谢。

由于编者水平有限，书中的错误不当之处难以避免，敬请读者批评指正。

编　者

2009 年 10 月

目　录

第 1 章 第三代移动通信概述

第三代移动通信（The Third Generation Mobile Communication，3G）技术已在许多国家和地区得到应用。本章概要介绍 3G 的起源、发展进程和演进，主要内容如下：

- 第三代移动通信的标准化组织，3G 技术标准
- 第三代移动通信系统的频谱分配
- 第三代移动通信系统的业务特点
- 第三代移动通信的演进路径

1.1 第三代移动通信的标准化

1.1.1 第三代移动通信标准化组织

第三代移动通信系统（3G），又被国际电联（International Telecommunication Union，ITU）称为 IMT-2000，意指在 2000 年左右开始商用并工作在 2000MHz 频段上的国际移动通信系统。IMT-2000 的标准化工作开始于 1985 年。第三代移动通信标准规范具体由第三代移动通信合作伙伴项目（3G Partnership Project，3GPP）和第三代移动通信合作伙伴项目二（3G Partnership Project 2，3GPP2）分别负责。

1．第三代移动通信的目标

（1）全球统一频谱、标准，实现全球无缝漫游。

（2）更高的频谱效率，更低的建设成本。

（3）能提供较高的服务质量和保密性能。

（4）能提供足够的系统容量，方便 2G 系统的过渡和演进。

（5）能提供多种业务，适应多种环境。快速移动环境中最高传输速率可达 144kbit/s，室外到室内或步行环境中最高传输速率达到 384kbit/s，室内环境中最高传输速率达到 2Mbit/s。

2．第三代移动通信的特征

相比于第二代移动通信，第三代移动通信具有如下特征：

（1）3G 系统具有大容量语音、高速数据和图像传输的能力。IMT-2000 提供给用户的基本服务包括高质量的语音传输、消息服务、多媒体业务、Internet 访问、Web 浏览、视频会议

和移动商务等。

（2）3G 系统可以基于第二代移动通信系统平滑过渡和演进。

（3）3G 系统采用了新的通信技术。3G 系统普遍采用了无线宽带传输、复杂的编解码方案、高阶的调制解调算法、功率控制技术、新的切换算法、智能天线、分集技术等。

3．第三代移动通信的标准化组织

（1）第三代移动通信合作伙伴项目（3GPP）

① 3GPP 的组织机构

第三代移动通信合作伙伴项目（3GPP）是由欧洲的 ETSI、日本的 ARIB、日本的 TTC、韩国的 TTA 以及美国的 T1 5 个标准化组织在 1998 年底发起成立的，1998 年 12 月正式成立。中国无线通信标准化组织（China Wireless Telecommunication Standard Group，CWTS）于 1999 年在韩国正式签字加入 3GPP，成为 3GPP 的组织伙伴。

为了确保 3GPP 的高效运转，3GPP 建立了 4 个不同的技术规范组（Technical Specification Group，TSG），分别为核心网络和终端、业务和系统、无线接入网、GSM/EDGE 无线接入网，每组又被分为不同的工作组。3GPP 的组织机构如图 1-1 所示。

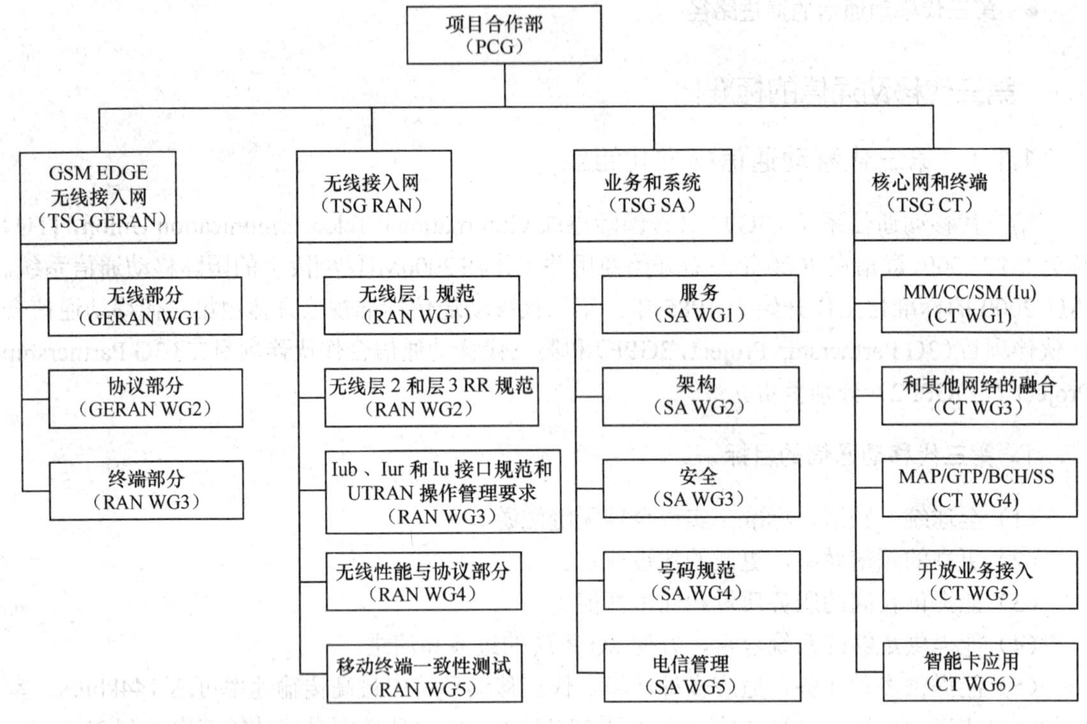

图 1-1　3GPP 组织机构

② 3GPP 工作

3GPP 的主要工作是研究制定并推广基于演进的 GSM 核心网络的 3G 标准，即制定以 GSM 移动应用部分（GSM Mobile Application Part，GSM MAP）为核心网，通用陆地无线接入（Universal Terrestrial Radio Access，UTRA）为无线接口的标准。

2000 年，有关 GSM 的标准工作从 ETSI 和其他组织正式转到 3GPP 组织，成立了 TSG GREAN 工作组，负责 GPRS 和 EDGE 的标准化工作。

TSG RAN 的工作就是制订 UTRA 空中接口规范，5 个不同的工作组分别负责 UTRA 空中接口不同方面的标准化工作。该工作组除了负责 WCDMA 标准外，TD-SCDMA、HSPA 等的标准化工作也在 TSG RAN 中完成。

3GPP 已制定了 WCDMA、CDMA-TDD（含 TD-SCDMA 和 UTRA-TDD，其中 TD-SCDMA 标准由中国提出）、EDGE 等标准。3GPP 的标准目前有多个版本，包括 R99、R4、R5、R6、R7 和 R8 等有关标准。

（2）第三代移动通信合作伙伴项目二（3GPP2）

① 3GPP2 的组织

第三代移动通信合作伙伴项目二（3GPP2）由美国 TIA、日本 ARIB 和 TTC、韩国 TTA 等 4 个标准化组织发起，1999 年 1 月正式成立。中国无线通信标准化组织（CWTS）于 1999 年 6 月在韩国正式签字加入 3GPP2，成为 3GPP2 的组织伙伴，在此之前，我国是以观察员的身份参与 3GPP2 的标准化活动。3GPP2 的组织机构如图 1-2 所示。

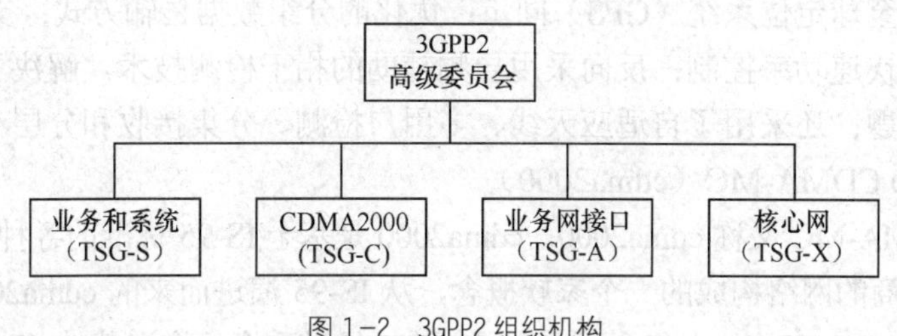

图 1-2　3GPP2 组织机构

② 3GPP2 工作

3GPP2 的主要工作是制定以 ANSI/IS-41 为核心网、cdma2000 为无线接口的 3G 标准。ANSI（American National Standards Institute）是美国国家标准学会，IS-41 协议是 CDMA 第二代数字蜂窝移动通信系统的核心网移动性管理协议。3GPP2 的标准化工作受到拥有多项 CDMA 关键技术专利的高通公司的较多支持。

3GPP2 已制定了 cdma2000 标准，已发布 R0、RA、RB、RC、RD 标准，正在制定 UMB 等有关标准。

1.1.2　第三代移动通信技术标准

1. 第三代移动通信标准的提出

第三代移动通信标准通常指无线接口的无线传输技术标准。截止 1998 年 6 月 30 日，提交到 ITU 的陆地第三代移动通信无线传输技术标准共有 10 种。ITU 延续了在多址接入方面以码分多址（CDMA）为主，辅以时分多址或者两者相结合的策略，1999 年 11 月 5 日在芬兰赫尔辛基召开的 ITU TG8/1 第 18 次会议上最终确定了 5 种技术标准作为第三代移动通信的基础，如表 1-1 所示。

表 1-1 **IMT-2000 无线接口的 5 种技术标准**

多址接入技术	正 式 名 称	习 惯 称 呼
CDMA	IMT-2000 CDMA-DS	WCDMA
	IMT-2000 CDMA-MC	cdma2000
	IMT-2000 CDMA-TDD	TD-SCDMA/UTRA-TDD
TDMA	IMT-2000 TDMA-SC	UWC-136
	IMT-2000 TDMA-MC	EP-DECT

采用码分多址接入技术（CDMA）的 3 种候选方案成为第三代移动通信的主流标准。3 种主流标准的工作方式分别为频分双工—直扩（FDD-DS）、频分双工—多载波（FDD-MC）和时分双工（TDD），对应的标准分别为 WCDMA、cdma2000 和 TD-SCDMA/UTRA-TDD。

（1）IMT-2000 CDMA-DS（WCDMA）

IMT-2000 CDMA-DS 又称宽带码分多址（Wide band CDMA，WCDMA）。WCDMA 的核心网基于演进的 GSM/GPRS 网络技术，空中接口采用 DS-CDMA 多址方式。

WCDMA 技术可在同一个载频内对同一用户同时支持语音、数据和多媒体业务；基站收发信机之间可以不用全球定位系统（GPS）同步；优化的分组数据传输方式；支持不同载频之间的切换；上、下行快速功率控制；反向采用导频辅助的相干检测技术，解决了 CDMA 中反向信道容量受限的问题；还采用了自适应天线、多用户检测、分集接收和分层小区结构等技术。

（2）IMT-2000 CDMA-MC（cdma2000）

IMT-2000 CDMA-MC 又称 cdma2000。cdma2000 是基于 IS-95 标准的各种 CDMA 制造厂家的产品和不同运营商的网络构成的一个家族概念，从 IS-95 演进而来的 cdma2000 标准是一个体系结构，称为 cdma2000 家族，它包含一系列子标准，经过融合后含多载波（Multi-Carrier，MC）方式，即单载波（1x）、三载波（3x）等方式。

cdma2000 可支持语音、分组和数据等业务，并且可实现 QoS 的协商。cdma2000 沿用了 IS-95 的主要技术和基本技术思路，如帧长为 20ms、软切换和功率控制技术、需要 GPS 同步等，同时也在提高性能和容量上做了一些实质性的改进。

（3）IMT-2000 CDMA-TDD

IMT-2000 CDMA-TDD 目前包括低码片速率 TD-SCDMA 和高码片速率 UTRA-TDD 两个技术。TD-SCDMA（Time Division Synchronous CDMA）采用时分—同步码分多址技术。UTRA-TDD 采用通用陆地无线接入—时分双工技术。TD-SCDMA 是中国提出的国际标准，目前已经在我国国内建网，而 UTRA-TDD 标准制定现在已处于停顿状态，所以通常提到 IMT-2000 CDMA-TDD 即指 TD-SCDMA。

TD-SCDMA 采用时分双工（TDD）技术，频谱分配上更加容易；且由于时隙等资源的灵活调配，在提供上下行非对称的高速数据传输方面有很大的优势。TD-SCDMA 系统上、下行使用相同频率，上、下行链路的传播特性相同，易于引入智能天线、多用户检测等新技术，有利于提高无线频谱利用率。

2．3 大主流技术标准性能对比

3G 的 3 大主流技术的网络基础、核心网、空中接口、码片速率、载频间隔、扩频方式、同步和功控速度等主要技术特点如表 1-2 所示。

表 1-2 3G 的主流标准性能对比

性能指标＼标准	WCDMA	cdma2000	TD-SCDMA
核心网	GSM MAP	ANSI-41	GSM MAP
带宽	5MHz	1.25MHz	1.6MHz
多址方式	CDMA	CDMA	CDMA/TDMA
码片速率	3.84Mchip/s	1.2288Mchip/s	1.28Mchip/s
双工方式	FDD/TDD	FDD	TDD
帧长	10ms/15 时隙/帧	5、10、20、40、80ms/16 时隙/帧	5×2ms/7×2 时隙/2 子帧/帧
语音编码	自适应多速率语音编码器（AMR）	可变速率声码器 IS-773、IS-127	自适应多速率语音编码器（AMR）
信道编码	卷积码和 Turbo 码	卷积码和 Turbo 码	卷积码和 Turbo 码
信道化码	前向 OVSF，扩频因子 512～4；反向 OVSF，扩频因子 256～4	前向：Walsh 和长码；反向：Walsh 和准正交码	OVSF，扩频因子 16～1
扰码	前向：18 位 GOLD 码；反向：24 位 GOLD 码	长码和短 PN 码	长度固定为 16 的伪随机码
功率控制	开环+闭环	开环+闭环	开环+闭环
切换	软切换	软切换	接力切换
导频结构	上行专用导频；下行公共或专用导频	上行专用导频；下行公共或专用导频	下行公共导频 DwPTS；上行同步 UpPTS
基站同步	同步/异步	GPS 同步	同步

1.1.3 第三代移动通信标准化进程

第三代移动通信标准的制定主要由两个标准化组织 3GPP 和 3GPP2 负责。3G 标准依靠不断增加新特性来增加自身的竞争力，使用并行版本体制。下面按照 3G 技术规范不同版本的功能介绍 3G 标准化进程。

1. 3GPP 技术规范的版本划分

（1）R99 版本

R99 版本的功能于 2000 年 3 月份确定，是 3GPP 制定完成的第一个 3G 正式版本，有时称为 UMTS 标准，后续版本不再以年份命名。

R99 版本的主要特征是在网络结构上继承了 2G 系统的 GSM/GPRS 核心网结构。R99 版本的电路域与 GSM 完全兼容，分组域采用了基于服务 GPRS 支撑节点（Serving GPRS Support Node，SGSN）和网关 GPRS 支撑节点（Gateway GPRS Support Node，GGSN）的网络结构。与 GPRS 不同的是，R99 版本扩大了系统带宽，增加了服务等级的概念，提高了分组域的业务质量保证能力。

R99 引入了全新的 UMTS 陆地无线接入网（UMTS Terrestrial Radio Access Network，UTRAN）概念，定义了全新的空中接口技术（WCDMA），采用了功率控制、软切换等 CDMA 关键技术。基站只实现基带处理和扩频操作，接入系统由 RNC 统一管理，引入了适于分组数据传输的协议和机制，数据速率支持 144kbit/s、384kbit/s，理论上峰值速率可达 2Mbit/s。基站和 RNC 之间的 Iub 接口基于异步传输模式（ATM）实现，RNC 和核心网的电路交换（CS）域之间的 Iu-CS 接口、与分组交换（PS）域之间的 Iu-PS 接口则分别通过基于 ATM 自适应层类型 2（ATM AAL2）和基于 ATM 自适应层类型 5（ATM AAL5）完成。

（2）R4 版本

R4 版本功能于 2001 年 3 月确定。与 R99 版本相比，R4 版本在无线接入网络结构方面无明显变化，重要的改变是在核心网电路域方面，此外增加了一些接口协议的增强功能和特性。

R4 版本在电路域完全体现了下一代网络（Next Generation Network，NGN）的体系构架思想，引入了软交换的概念，实现了控制和承载分离。核心网的电路交换域被分成控制层和承载层两层，控制层负责呼叫的建立、进程的管理和计费等功能，承载层主要用来传输用户的数据。由于分层结构的引入，可以采用新的承载技术（如 ATM 和 IP）来传输电路域的话音和信令。由于分组交换域的传输也是建立在 ATM 或 IP 网络上，因而运营商可以用同一个网络来传输所有业务。

R4 版本与 R99 版本相比，增加了低码片速率的 TDD 模式，即 TD-SCDMA 系统的空中接口标准。

（3）R5 版本

R5 版本功能于 2002 年 6 月份确定。R5 版本在无线接入网方面做了如下改进。

① 提出高速下行分组接入（High Speed Downlink Packet Access，HSDPA）技术，使下行数据理论峰值速率可达 14.4Mbit/s。

② Iu、Iur、Iub 接口增加了基于 IP 的可选择传输方式，保证无线接入网能实现全 IP 化。

③ R5 版本在核心网（Core Network，CN）方面，在 R4 基础上增加了 IP 多媒体子系统（IP Multimedia Subsystem，IMS），完成了 IMS 子系统基本功能的描述。

IMS 是在基于 IP 的 PS 域的基础上构架的，IMS 控制平面信令采用基于 IP 的 SIP 信令。具有 IMS 功能的移动终端由 WCDMA 接入网（或其他无线接入网）接入网络，IMS 引发的数据传输直接由 GGSN 连接到外部应用服务器或数据网。R5 版本中 IMS 的引入，为开展基于 IP 技术的多媒体业务创造了条件。R5 主要提供端到端的 IP 多媒体业务，新增加了支持 SIP 业务的功能，如 IP 话音（Voice over IP，VoIP）、即时消息、多媒体信息业务（Multimedia Messaging Service，MMS）、在线游戏以及多媒体邮件等。

（4）R6 版本

R6 版本功能于 2004 年 12 月确定。与 R5 版本相比，R6 版本的网络结构没有太大的变动，主要是对已有功能的增强，增加了一些新的功能特性。R6 研究的主要内容如下。

① PS 域与承载无关的网络框架，研究是否在分组域也实行控制和承载的分离，将 SGSN 和 GGSN 分为 GSN Server 和媒体网关的形式。

② 在网络互操作方面，研究 IMS 与 PLMN/PSTN/ISDN 等网络的互操作，以实现 IMS

与其他网络的互连互通；研究 WLAN-UMTS 网络互通，保证用户使用不同的接入方式时切换不中断业务。

③ 在业务方面，研究包括多媒体广播/多播业务（Multimedia Broadcast and Multicast Service，MBMS）、Push 业务、Presence、PoC（Push-To-Talk over Cellular）业务、网上聊天业务及数字权限管理等。

④ 无线接入方面采用的新技术有正交频分复用调制（Orthogonal Frequency Division Multiplexing，OFDM）技术、多天线技术（Multiple-Input Multiple-Output，MIMO）、高阶调制技术和新的信道编码方案等，OFDM 和 MIMO 也是后 3G 的重点技术。

⑤ 引入用于提高上行分组域的数据速率的高速上行链路分组接入（HSUPA）技术，理论峰值数据速率可达 5.76Mbit/s；R6 的高速下行链路分组接入（HSDPA）技术，理论峰值数据速率可达 30Mbit/s。

（5）R7 版本

R7 版本在完成了一些 R6 版本未完成的工作（如 MIMO 技术的标准化）外，又增加了一些新的功能特性，或对已有的功能特性进行增强。另外，R7 版本中还花费大量精力开展了 LTE 的可行性研究和 HSPA 演进的研究。在 R7 版本中研究和标准化的主要内容包括以下方面。

① 无线接入方面新技术的研究，包括干扰消除技术、下行符号周期减小和高阶调制、延迟降低技术，用于 HSDPA 的 MIMO 技术，采用 OFDM 增强 HSDPA 和 HSUPA 的可行性研究。

② 与 IMS 应用相关的研究，包括通过 CS 域承载 IMS 话音，支持 IMS 紧急呼叫，通过 IMS 支持电话会议组与信息组管理，为实时通信增强和优化 IMS，基于 WLAN 的 IMS 话音与 GSM 网络的电路域的互通等。

③ 业务的增强，包括位置业务的增强，在通用 3GPP IP 接入系统中支持短信息业务（SMS）和多媒体信息业务（MMS），MBMS 增强可视电话（Video Telephony）业务研究等。

④ 长期演进（LTE）的可行性研究。

⑤ FDD HSPA 演进工作范围研究。

⑥ 引入了先进全球导航卫星系统（Advanced Global Navigation Satellite System，AGNSS）的概念，分析了辅助 GPS（Assisted GPS，AGPS）的最小性能。

（6）R8 版本

R8 版本中开展了两项非常重要的演进标准化项目——LTE 和 SAE，SAE 指 3G 系统架构的演进。在完成 LTE 和 SAE 规范制定的同时，R8 还进行了一系列其他的增强和完善工作。在 R8 版本中研究和标准化的主要内容包括以下方面。

① 3G 长期演进（LTE）和 3G 系统架构演进（SAE）。

② 3G 家庭节点 B（Home Node B）与家庭演进型节点 B（Home eNode B）。

③ 网络互通方面，包括 LTE 和 3GPP2、移动 WiMAX 系统之间改进的网络控制移动性研究，3GPP WLAN 和 3GPP LTE 之间互操作和移动性的可行性研究，GERAN 侧对 GERAN/LTE 互操作的支持，针对 Home Node B 与自组织网络（Self Organizing Network，SON）相关的 O&M 接口，GSM 和 UMTS 系统中的机器间通信等。

④ 业务方面包括基于 SMS 的增值业务，地震与海啸报警系统，IMS 多媒体电话与补充业务等。

（7）R9 版本

R9 版本研究和标准化工作主要包括以下内容。

① 网络互通方面包括对移动网络和 WLAN 之间的无缝漫游和业务连续性的需求研究；对 WiMAX/LTE 移动性的支持；对 WiMAX/UMTS 移动性的支持。

② 业务方面包括对 IMS 紧急呼叫的扩展性的支持，对 GPRS 系统和 EPS（Evolved Packet System）系统中 IMS 紧急呼叫的支持，对 EPS 系统中增强话音业务的需求研究。

③ Home Node B 和 Home eNode B 安全性的研究。

④ LTE-advanced 的研究等。

2．3GPP2 技术规范的发展历程

cdma2000 相关标准主要由 3GPP2 制定。cdma2000 标准体系主要分为无线网和核心网两大部分，无线网与核心网技术的演进是分阶段、各自独立进行的，而 WCDMA/TD-SCDMA 的演进则是无线网和核心网同时进行的。3GPP2 制定的标准侧重于无线技术，3GPP 制定的标准则包括无线侧和核心侧。

（1）cdma2000 无线技术的发展历程

CDMA 系统的无线接口经历了 IS-95、IS-95A、IS-95B、cdma2000、cdma2000 1xEV-DO 和 cdma2000 1xEV-DV 几个发展阶段。第一个大规模进入商用的版本是 IS-95A。IS-95A 的先进性和成熟性经过了时间的充分检验，直到现在，该系统仍然在广泛使用。

① cdma2000 1x 是 cdma2000 移动通信系统发展的第一阶段，对应 cdma2000 标准的 Rev.0、Rev.A、Rev.B 协议版本。

- Rev.0 版本于 1999 年 6 月制定完成，提出的 cdma2000 1x 标准与 IS-95 标准后向兼容，使用了 IS-95B 的开销信道，增加了新的业务信道和补充信道。cdma2000 1x 系统中，语音和低速数据业务在基本信道（FCH）上传输，高速数据业务在补充信道（SCH）上传输。
- Rev.A 版本于 2000 年 3 月由 3GPP2 制定完成，增加了新的开销信道和相应信令。
- Rev.B 版本于 2002 年 4 月由 3GPP2 制定完成，增加了补救信道，提供了保持连接的能力。

② cdma2000 1xEV-DO 技术起源于美国 Qualcomm 公司提出的高速率数据（High Data Rate，HDR）技术。2000 年 3 月，3GPP2 专门成立了 HDR 工作组并开始标准化工作。2000 年 10 月，cdma2000 1x EV-DO 获得通过，标准编号 C.S0024，在 TIA/EIA 标准中编号为 IS-856。2001 年 12 月，cdma2000 1xEV-DO 作为 cdma2000 家族的一个分支被吸收为 IMT-2000 标准之一。3GPP2 已完成的 cdma2000 1xEV-DO 标准对应 HDR Rev.0 和 Rev.A 协议版本。

- Rev.0 通过采用新技术，前、反向数据速率均有较大提升。
- Rev.A 在 Rev.0 的基础上，增强了反向数据速率，提高了系统吞吐量。

③ cdma2000 1xEV-DV 综合了 cdma2000 1x 和 cdma2000 1xEV-DV 的优点，对应 Rev.C 和 Rev.D 协议版本。

- Rev.C 版本于 2002 年 5 月由 3GPP2 制定完成，主要解决和增强了 cdma2000 1xEV-DV 前向链路的功能。

● Rev.D 版本于 2004 年 3 月由 3GPP2 制定完成，主要解决和增强了 cdma2000 1xEV-DV 反向链路的功能。

（2）cdma2000 核心网发展历程

cdma2000 的核心网架构是基于 3GPP2 制定的全 IP 网络架构。全 IP 网络的演进共分为 4 个阶段。

① 阶段 0：基于传统的电路模式，核心网标准为 ANSI-41。

② 阶段 1：是向全 IP 网络演进过程中的增强型网络，分组网络能力扩大，接入网和分组网络信令和承载开始分离，信令用 IP 进行传输。

③ 阶段 2：引入软交换思想，信令和承载开始独立演变并采用 IP 进行传输，核心网和接入网也开始分离。引入了传统 MS 域（Legacy MS Domain，LMSD）概念，在 IP 核心网中支持传统的终端，以及多媒体域 IMS 的一些实体。

④ 阶段 3：也称为多媒体域，包括分组数据子系统（PDS）和 IP 多媒体子系统（IMS），目前正在研究。实现全 IP 网络及空中接口 IP 化是移动网络的最终目标。

1.2 第三代移动通信频谱分配

国际电信联盟对第三代移动通信系统划分了 230MHz 频带，即上行 1885～2025MHz、下行 2110～2200MHz。其中 1980～2010MHz 和 2170～2200MHz 用于移动卫星业务（Mobile Sutellite Service，MSS），其他频段上下行不对称，考虑可采用 FDD 和 TDD 双工方式，此种频谱安排在 WRC1992 会议上通过。2000 年在 WRC 2000 大会上，在 WRC 1992 基础上又批准了 519MHz 附加频段，即 806～960MHz、1710～1885MHz、2500～2690MHz，第三代移动通信系统频谱安排如图 1-3 所示。

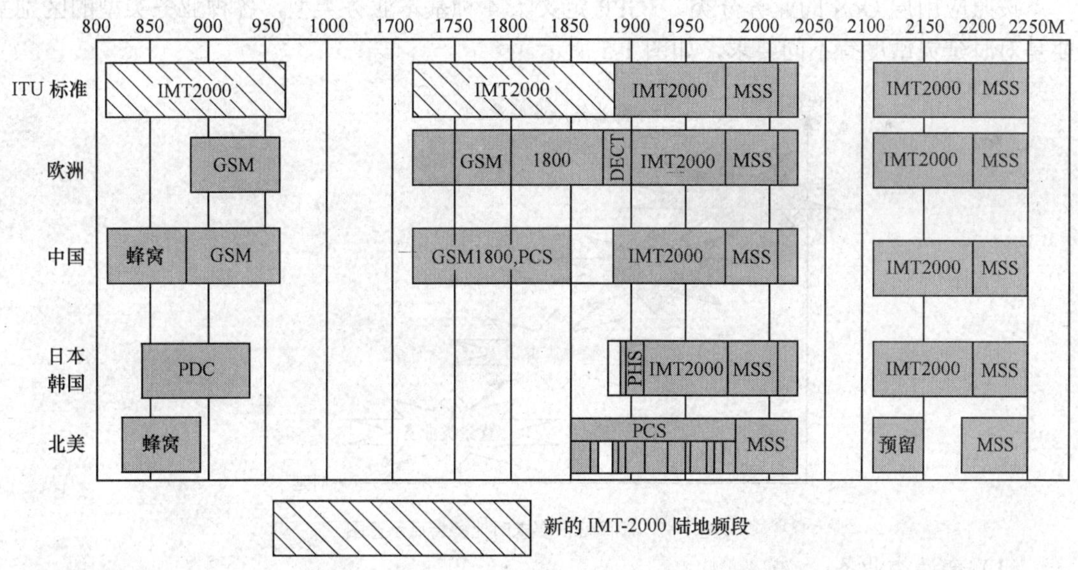

图 1-3　WRC2000 频谱安排

我国信息产业部在 2002 年 10 月公布了中国 3G 的频谱分配方案，如图 1-4 所示，其中 TDD 方式分配了 155MHz。

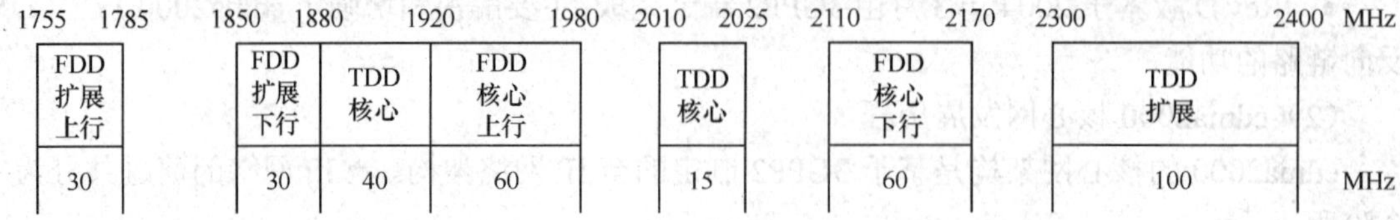

1755
1785
1850
1880
1920
1980
2010
2025
2110
2170
2300
2400
MHz
FDD 扩展 上行
FDD 扩展 下行
TDD 核心
FDD 核心 上行
TDD 核心
FDD 核心 下行
TDD 扩展
30
30
40
60
15
60
100
MHz

图 1-4　中国第三代移动通信系统频谱安排

1.3　第三代移动通信业务

3G 业务可以从不同的角度进行不同的分类，不同分类所属的各种业务可以是相互交叠的。基于 GSM 网络和固定网络数据业务的分类，UMTS 论坛将 3G 业务分为 6 类，即移动 Internet 接入、定制信息和娱乐业务、多媒体短消息业务、基于位置的业务、移动 Internet/Extranet 接入业务和增强语音（含可视电话服务）；按照应用层 QoS 的业务分类，3GPP 定义了 4 种基本业务类型，即会话类业务、流媒体业务、交互类业务和背景类业务；按照媒体的表现形式，3G 业务可以分为文本业务、视频业务和多媒体业务。下面根据应用层 QoS 的业务和用户体验来分类介绍 3G 业务。

1．根据应用层 QoS 的 3G 业务分类

QoS 在 Internet 工程任务组（The Internet Engineering Task Force，IETF）中定义为网络在传输数据流要满足的一系列服务请求，具体可以量化为传输时延、抖动、丢失率、带宽要求、吞吐量等指标。IETF 是松散的、自律的、志愿的民间学术组织，成立于 1985 年底，其主要任务是负责 Internet 相关技术规范的研发和制定。

按照应用层 QoS 的业务分类，3GPP 定义了 4 种基本业务类型，各种业务类型的区别主要是对时延灵敏度有不同要求，如图 1-5 所示。

误码
不同业务 QoS 要求
会话类业务
流类业务
交互类业务
背景类业务
时延

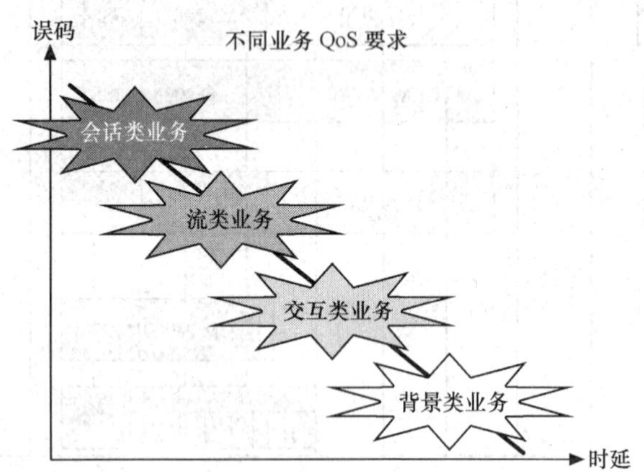

图 1-5　不同 QoS 要求时业务特点示意图

（1）会话类业务

会话类业务可以认为是对称的或近似对称的，对端到端的延时要求比较严格，通常由电路域 CS 承载。例如对于语音业务通常要求时延最大不能超过 400ms。

（2）流类业务

流类业务与会话类业务相比，区别在于对端到端的延时要求降低。流类业务对呼叫等待通常有较高的容忍度，可以提供呼叫排队机制。

（3）交互类业务

交互类业务是指用户从服务器请求数据的一类业务，需要终端用户的请求响应。交互类业务对时延有较大的容忍度。系统可以在忙时保存用户请求，等到信道空闲时响应。

（4）背景类业务

背景类业务与交互类业务主要用于传统的IP应用，两者都定义了一定的误码率要求。两者区别在于前者更多地用于后台业务，不需要接收端在一定时间内收到响应消息；而后者主要用于交互式场合，需要响应消息。

2．根据用户体验的3G业务分类

（1）通信类业务

通信类业务通常包括基础话音业务、视像业务，以及利用手机终端进行即时通信的相关业务。视像业务是3G时代最引人关注的业务之一。通过3G终端的摄像装置以及3G网络高速的数据传输，电话两端的用户可以看见彼此的影像，真正做到音频、视频的随时随地交互式交流。同时，3G的高带宽使3G终端与互联网的视频通话成为可能。Internet用户只要拥有宽带网络及计算机视频通话软件，就可以与3G用户进行网上视频通话。

（2）娱乐类业务

音乐、影视的点播，体育新闻的点播与体育赛事的精彩预告、回顾，图片、铃声下载以及互动游戏等。

（3）资讯类业务

新闻类资讯，财经类资讯、便民类资讯等。用户可以在手机屏幕上获取移动银行、电话簿、交通实况、黄页、票务预订、餐馆等服务。

（4）Internet业务

3G通常被认为是移动通信与Internet融合的一个典型运用。通过3G网络和服务，用户不仅可以在3G手机终端撰写、收发、保存、打印电子邮件，还可以与MSN、QQ等即时通信工具融合，收发文字、图片、动画、影像等多媒体信息。

（5）金融业务

利用手机终端访问电子商务网站，实现网上支付。

（6）位置服务

通过GPS指引用户所在位置及给出所在位置附近的有用信息，利用位置服务跟踪车辆、特定个人等。

（7）监控服务

远程监控机器人或家用电器，实现远程控制，通过移动终端完成健康状况监测等。

1.4 第三代移动通信演进

1.4.1 第三代移动通信的演进路径

3G标准已经提出好多年了，3G网络的首次商用成功（2001年10月，日本运营商NTT

DoCoMo 的 WCDMA 正式投产运营）距今也已经过去了近 8 年。目前我们经常提到的 3G 标准也不是特指 1999 年 11 月在芬兰赫尔辛基召开的 ITU TG8/1 第 18 次会议上最终确定的 WCDMA、cdma2000 和 TD-SCDMA 标准。由于 3G 技术的不断演进、不断完善和不断创新，3G 标准表现出不确定性。WCDMA 已经演进到 WCDMA HSPA（HSDPA/HSUPA）；而 cdma2000 也已经演进到 cdma2000 1xEV-DO/EV-DV；中国拥有自主知识产权的 TD-SCDMA 标准，也演进到了 TDD HSDPA/HSUPA 的技术标准方案。

宽带无线接入技术是指以无线传输方式向用户提供接入固定宽带网络的接入技术，是近几年通信领域的一个热点话题，其中 WiMAX 技术作为支持固定和一定移动性的城域宽带无线接入技术，是目前业界最为关注的宽带无线接入技术之一。与 WiMAX 有关的 IEEE 802.16 标准包括 IEEE 802.16d（IEEE 802.16-2004）和 IEEE 802.16e（IEEE 802.16-2005）两个空中接口规范。IEEE 802.16d 是固定宽带无线接入系统空中接口规范，2004 年 7 月通过，不支持移动环境。IEEE 802.16e 是固定和移动宽带无线接入系统空中接口规范，2005 年 12 月通过，支持固定、便携和移动环境。

WiMAX 应用了高阶调制、混合自动重传、自适应编码调制、信道质量反馈和快速分组调度等关键技术。另外，由于 WiMAX 系统的研发相对较晚，WiMAX 更加充分地利用了自己的后发优势，及时引入了先进的天线技术，如自适应天线系统（AAS）和多输入多输出（MIMO）技术。这些先进的天线技术可以极大地提高无线通信系统的频谱利用率。而且，WiMAX 继承了大量的互联网元素，能够更好地与 IP 化的互联网相融合。这使得 WiMAX 系统相对 3G 及其增强技术（如 WCDMA HSPA）具有了一定的技术优势。原来两种不同定位、处于不同领域的技术开始出现交叠和竞争。

在这种背景下，移动通信业界提出了新的市场需求，要求进一步改进和增强 3G 技术，提供更强的业务能力和更好的用户体验。因此，3GPP 和 3GPP2 相应启动了演进型 3G 技术研究工作，以保持 3G 技术的竞争力和在移动通信领域的领导地位。演进型 3G 技术在我国被称为 E3G（Evolved 3G），也有国家称为 Super 3G。3GPP2 已经于 2007 年 4 月颁布了 cdma2000 的演进型技术标准的第一版本 UMB（Ultra Mobile Broad-band）空中接口技术标准，目前 2.0 版本也基本完成。

按照 3GPP 组织的工作流程，3GPP LTE 标准化项目基本上可以分为两个阶段：2004 年 12 月到 2006 年 9 月为研究项目（Study Item，SI）阶段，进行技术可行性研究，并提交各种可行性研究报告。2006 年 9 月到 2007 年 9 月为工作项目（Work Item，WI）阶段，进行系统技术标准的具体制定和编写，完成核心技术的规范工作，并提交具体的技术规范。预计在 2009 年到 2010 年推出成熟的商用产品。

3GPP LTE 地面无线接入网络技术规范已通过审批，被纳入 3GPP R8 版本中。为了实现 LTE 所需的大系统带宽，3GPP 不得不选择放弃长期采用的 CDMA 技术，选用新的核心传输技术，即 OFDM/FDMA 技术。在无线接入网（RAN）结构层面，为了降低用户面延迟，LTE 取消了重要的网元——无线网络控制器（RNC）。在核心网（CN）层面，和 LTE 相对应的 SAE（系统框架演进）项目正在大大改变系统框架。由 LTE/SAE 为标志的这次变革，与其说是 Evolution（演进），不如说是 Revolution（革命）。这场“革命”是系统不可避免的丧失了大部分后向兼容性，也就是说，从网络侧和终端侧都要做大规模的更新换代。3G LTE 的研究工作主要集中在物理层、空中接口协议和网络架构等方面。

无论是 WiMAX，LTE 还是 UMB，核心技术都是基于 OFDM 和 MIMO，只是由于不同组织的主要成员和产业背景不同，在系统设计某些细节上各有侧重。WiMAX 最初提供固定宽带无线接入，随着众多移动通信企业的加盟，WiMAX 技术在固定宽带无线接入基础上进一步增强，支持中低速移动用户，峰值速率达到 70Mbit/s。LTE 标准在设计多址方案时，3GPP 内大部分成员认为上行链路 OFDM 技术峰均比过高会影响终端的功放成本和电池寿命，因此 LTE 下行采用 OFDMA，上行采用较低峰均比的单载波 FDMA。而 3GPP2 的主要成员认为上行链路 OFDM 技术峰均比问题可以通过预编码等方式解决，因此 UMB 技术标准上下行链路均采用 OFDMA，同时在反向链路保留了 CDMA 数据信道，用于传输突发的低速率、对时延敏感的反向数据。WiMAX802.16m 标准则面向 IMT-Advanced（4G），欲与 3G 演进的 LTE、UMB 争雄。3G 的演进有三条路径，如图 1-6 所示。

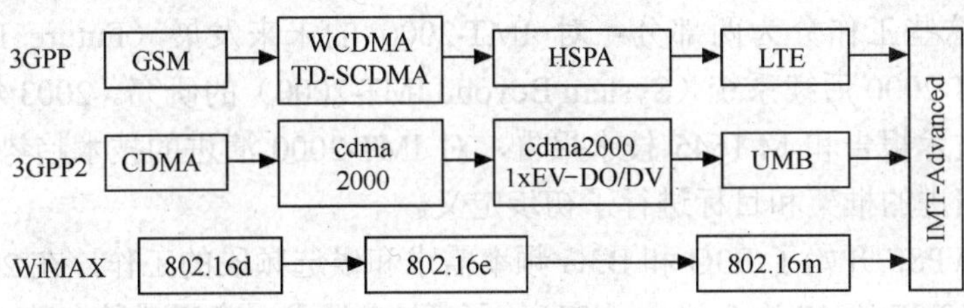

图 1-6 3G 的演进有三条路径

一是以 3GPP 为基础的技术轨迹，即从第二代的 GSM、2.5 代的 GPRS 到第三代的 WCDMA/TD-SCDMA、第三代增强型的 HSDPA/HSUPA，以及 LTE 发展路线，最后演进到 IMT-Advanced，即 B3G/4G。二是以 3GPP2 为基础的技术路线，即从第二代的 cdma2000 到 2.75 代 cdma2000 1x，再到第三代的 cdma2000 1xEV-DO/DV，以及长期演进的 UMB 升级版本，最后演进到 B3G/4G。以上是移动通信演进的两个主流路线，也是占世界绝大多数移动通信市场的路线。三是以 WiMAX 为基础的技术路线，是宽带无线接入技术向着高移动性、高服务质量的方向演进的结果。最终 3 条路径演进至 IMT-Advanced。

LTE、UMB 和移动 WiMAX 虽然各有差别，但是它们也有一些共同之处，三个系统都采用 OFDM 和 MIMO 技术以提供更高的频谱利用率。在未来的发展演进过程中，哪一种技术路线胜出，将是各国政治、经济、科技与技术力量博弈的结果。但是 LTE、UMB 和移动 WiMAX 并不属于第四代移动通信技术。

为满足移动宽带数据业务对传输速率和网络性能的要求，研究开发速率更高、性能更先进的新一代移动通信技术正成为世界各国和相关机构关注的重点。这种在第三代移动通信技术之后的新技术也被称为超 3G/后 3G（B3G-Systems beyond IMT-2000）技术或第四代移动通信技术（4G）。

WiMAX，LTE 和 UMB 技术性能相对 3G 技术大幅提高，已经可以满足 B3G 系统高速移动场景的需求，在系统载波带宽扩展到 100MHz 时，应该可以满足游牧和固定场景需求。目前，业界普遍认为 WiMAX 和 LTE，UMB 将沿着无线宽带接入和宽带移动通信两条路线向 IMT-Advanced 演进。同时，还会有新的提案向 ITU 提交，WiMAX 与 LTE 和 UMB 的竞争仍在继续，可以预见 IMT-Advanced 标准化竞争将更加激烈。

相对于 3GPP 对 3G 系统所制定的标准，LTE 标准有个显著的特点，就是充分考虑了 TDD

和 FDD 模式的相似性，即所采用的各种技术都尽量减少在两种应用下需要做的修改。LTE 前景相对乐观，但绝非唯一。从LTE阵营、3GPP2的UMB阵营和同样采用TDD方式的WiMAX看，三者后向兼容性发展不同。UMB 是 3G 标准中 cdma2000 的演进版本，因此在标准中继承了部分原来 CDMA 系统的技术，相对而言后向兼容性较强。而 LTE 与 WiMAX 刚刚起步，谁在业务和应用层面领先，谁就会得到运营商的大力支持。

1.4.2 IMT-Advanced

1. ITU-Advanced 的标准化进程

第一版本的 IMT-2000 标准 M.1457 完成后，2000 年 3 月，ITU-R WP8F 组在日内瓦正式成立，平始考虑 IMT-2000 的未来发展和后续演进问题（QUESTION ITU-R 229-1/8），随后开始了相关工作。这些工作分为两部分：对 IMT-2000 的未来发展（Future Development of IMT-2000）及 IMT-2000 后续系统（System Beyond IMT-2000）的研究。2003 年，WP8F 完成了 IMT.TREND 技术报告和 M.1645 技术报告，对 IMT-2000 演进的技术趋势以及 IMT-2000 未来发展和后续演进的框架和目标进行了初步定义。

2003 年后，WP8F 开始了 E3G 和 B3G 频率需求和候选频段的工作，在 2005 年 10 月 18 日结束的 ITU-R WP8F 第 17 次会议上，ITU 给了超 3G 技术一个正式的名称 IMT-Advanced。按照 ITU 的定义：IMT-2000 技术和 IMT-Advanced 技术拥有一个共同的前缀“IMT”，表示移动通信；当前的 WCDMA，cdma2000，TD-SCDMA 及其增强型技术统称为 IMT-2000 技术；未来的新的空中接口技术，叫做 IMT-Advanced 技术。根据国际电联（ITU）的工作计划，在 2008 年年初将开始公开征集下一代通信技术 IMT-Advanced 标准，并开始对候选技术和系统作出评估，最终选定相关技术作为 4G 标准。

关于 IMT-Advanced 系统的特征，ITU 认为，IMT-Advanced 是具有超过 IMT-2000 能力的新的移动通信系统，能够提供广泛的电信业务，包括由移动和固定网络支持的日益增加的基于分组传输的先进移动业务；系统应支持从低速到高速的移动性应用以及宽范围的数据速率，满足多种用户环境下用户和业务的需求。IMT-Advanced 系统还具有在广泛服务和平台下提供显著提升 QoS 的高质量多媒体应用的能力。

IMT-Advanced 的关键特性包括：在保持成本效率的条件下，在支持灵活广泛的服务和应用的基础上，达到世界范围内的高度通用性；支持 IMT 业务和固定网络业务的能力；高质量的移动服务；用户终端适合全球使用；友好的应用、服务和设备；具有世界范围内的漫游能力；增强的峰值速率以支持新的业务和应用，高移动性下可支持 100Mbit/s，低移动性下支持 1Gbit/s。

WRC-07 为 4G 分配频谱频段如下：3.4G～3.6GHz，200MHz；2.3G～2.4GHz，100MHz；698M～806MHz，108MHz；450M～470MHz，20MHz。

ITU 将用未来 3 年的时间来完成 IMT-Advanced 技术的标准化开发工作，然后用 2～3 年的时间来完成标准完善和产品商用化过程。IMT-Advanced 技术将成为未来第 5～15 年间主流的移动通信技术。

2. ITU-Advanced 关键技术

新一代无线通信系统采用哪些新技术，仍处在全球范围内持续地探讨和实验开发的过程中，新的技术层出不穷。新的技术方案可能分布在物理层、链路层、网络层或跨越多层，各自具有独特的特点和优势。下面简要地介绍 ITU-Advanced 可能采用的无线接口技术和网络技术。

（1）ITU-Advanced 无线接口技术

ITU-Advanced 无线接口技术主要包括空中接口网络结构、无线信号传输的编码调制技术、多址技术、多天线技术、空中接口同步技术、无线链路自适应技术、无线资源调度技术等。

① 新一代无线通信系统空中接口网络结构不应该用完全不同的网络取代已有网络，而应是通过多种接入技术和标准融合的无线异构网，为用户提供透明、高效的服务。因为随着人类社会的飞速发展和不断进步，移动蜂窝网已经为人们自由地进行通信联络发挥出前所未有的作用。除了移动蜂窝网以外，还有无线局域网（WLAN）、无线城域网（WMAN）、无线个域网（WPAN）、卫星通信网络、数字广播网和传统有线通信网等。

② 无线信号传输的编码技术除采用第三代移动通信系统确定的编码方案（卷积码和 Turbo 码）外，可考虑采用低密度校验（Low Density Parity Check，LDPC）码和 Woven 码。LDPC 码是 Gallager 最早于 1962 年提出的一种具有稀疏校验矩阵的分组纠错码，亦称 Gallager 码。1999 年，Mackay 等人重新研究了 LDPC 码，并发现它具有非常好的特点：逼近香农标限的性能，描述和实现简单，易于进行理论分析和研究，译码简单且可实行并行操作，适合硬件实现。近年来，LDPC 码以其优异的性能、简洁的形式及良好的应用前景日益受到重视，在空间通信、光纤通信、个人通信系统、ADSL 和磁记录设备等方面都有较好的发展前景。1997 年，Host 等人提出了 Woven 卷积码。Woven 码借助了“编织”的概念，将多个卷积成员码巧妙地结合起来，因此它不仅继承了卷积码的很多特性，并具有了较大的自由距离，而且其系统结构可完全包容传统分组码、卷积码以及各类 Turbo 码。

③ 对于无线信号传输的调制技术，首先要求数据传输速率较高，同时又要求保证传输质量，基本采用 OFDM 技术，也可以选用动态码分复用技术，利用星座交叠的方式可以获得比正交分割更大的系统总容量，可以明显地提高整体频谱效率。

④ 采用 MIMO（多入多出）天线技术可以利用多天线来抑制信道衰落，得到大于单天线情况下的信道容量。

⑤ 链路自适应技术也是满足新一代无线通信的高速传输速率要求以及支持多种业务不同 Qos 需求的一个重要手段。采用合理的自适应技术，实现有限资源的最佳利用成为新一代移动通信系统设计的一项关键内容。该技术能使系统根据用户和系统的状态，优化调整系统在各个维度上资源的分配，同时根据相应的信道状态自适应地调整功率、编码、调制等通信方式，实现资源的最佳利用。

（2）ITU-Advanced 网络技术

① 下一代网络演进的需求

- 通用性需求，可以在不同的接入技术、不同的管理域、不同的 IP 版本共存的情况下实现其无缝移动性，方案应该保证正在进行会话的 QoS；用户在各个接入网间移动时，可以获得较目前系统有很大改善的服务体验；具有较灵活的部署、运作的方式；给用户带来更好的私密性、安全性的保障；具有较高的可扩展性；系统应该支持大量的同时快速增长的用户。
- 移动性需求，包括网络发现、能力协商与选择能力，切换和移动协议，资源管理与优化。

- QoS 功能，包括 QoS 性能参数、QoS 协商和管理等。
- 安全与隐私需求，包括网络的动态条款协商、认证授权、信令与数据的安全保密、计费、防火墙穿越等。
- 满足部署与运维需求。

考虑到 ITU-Advanced 网络的需求，下一代网络的研究将着眼于 IP 连通层面上的异构网络的融合、移动性和 QoS 管理、异构网络安全、网络的可扩展性等方面。

② 下一代网络的结构

业界从不同的结构模型出发或从不同的侧面进行分析，对未来通信网络基础架构有以下几种常见模型。

- 多种网络通过接入网连接到 IP 核心网。
- 自组织的网络结构。
- 突出以用户为中心思想的蟹式网络架构。
- 多种网络独立发展和演进，在发展过程中互相交叉和融合的交叠式融合网络。

小　　结

1．第三代移动通信系统简称 3G，又被国际电联（ITU）称为 IMT-2000，是指在 2000 年左右开始商用并工作在 2000MHz 频段上的国际移动通信系统。IMT-2000 的标准化工作开始于 1985 年。第三代移动通信标准规范具体由第三代移动通信合作伙伴项目（3GPP）和第三代移动通信合作伙伴项目二（3GPP2）分别负责。

2．第三代移动通信的主流标准为 WCDMA，cdma2000 和 TD-SCDMA/UTRA-TDD。3G 的 3 大主流技术标准在网络基础、核心网、空中接口、码片速率、载频间隔、扩频方式、同步和功控速度等方面各有特点。

3．第三代移动通信标准通过不断增加新特性来增加自身的竞争力，使用并行版本体制。3GPP 技术规范的 3G 版本划分为 R99，R4，R5，R6，R7，R8 和 R9 等。3GPP2 技术规范的 3G 版本划分为 Rev.0，R ev.A，R ev.B，R ev.C，Rev.D，UWB 等。

4．3G 业务按照不同的标准可以有不同的分类方法，按照应用层 QoS 的业务分类，3GPP 定义了会话类业务、流媒体业务、交互类业务和背景类业务；根据用户的体验，3G 业务可分为通信类业务、娱乐类业务、资讯类业务、互联网业务、金融业务、位置服务及监控服务等。

5．3G 的演进有 3 条路径。其一是以 3GPP 为基础的技术轨迹，即从第二代的 GSM、GPRS 到第三代的 WCDMA/TD-SCDMA、第三代增强型的 HSPA，以及 LTE 发展路线，最后演进到 IMT-Advanced，即 B3G/4G。其二是以 3GPP2 为基础的技术路线，即从第二代的 cdma2000 到 cdma2000 1x，再到第三代的 cdma2000 1xEV-DO/DV，以及长期演进的 UMB 升级版本，最后演进到 B3G/4G。其三是以 WiMAX 为基础的技术路线，是宽带无线接入技术向着高移动性、高服务质量的方向演进的结果。

6．2005 年 10 月在赫尔辛基举行的 ITV-R WP8F 第 17 次会议上，正式将 System Beyond IMT-2000 命名为 IMT-advanced，其高移动性下可支持 100Mbit/s，低移动性下支持 1Gbit/s。

7．新一代无线通信系统的技术方案可能分布在物理层、链路层、网络层或跨越多层。

ITU-Advanced 无线接口技术主要包括空中接口网络结构、无线信号传输的编码调制技术、多址技术、多天线技术、空中接口同步技术、无线链路自适应技术、无线资源调度技术等。下一代网络的研究将着眼于 IP 连通层面上的异构网络的融合、移动性和 QoS 管理、异构网络安全、网络的可扩展性等方面。

练　习　题

1．简述第三代移动通信的目标。
2．介绍 3G 的标准化组织和制定的 3G 标准。
3．比较 3G 的 3 种主流标准各自的性能特点。
4．描述 3GPP 不同版本第三代移动通信系统的特点。
5．介绍第三代移动通信系统业务的分类方法。
6．画图示意第三代移动通信的演进路径。

第2章 3G关键技术

随着社会的不断进步、经济的飞速发展，对信息传输的需求越来越大，信息传输在工作、生活中的作用也越来越重要，“社会需求就是科学与技术发展的动力”，现代移动通信在经历了第一代模拟通信系统和第二代数字通信系统（以 GSM 和窄带 CDMA 为代表）之后，为适应市场发展的要求，由国际电信联盟（ITU）主导协调，自 1996 年开始了第三代（3G）宽带数字通信系统的标准化进程。3G 系统采用了无线宽带传输技术、复杂的编译码技术、调制解调技术、快速功率控制技术、多用户检测技术、智能天线技术、蜂窝组网技术等。本章重点介绍 3G 的关键技术，主要包括以下几方面的内容：

- 移动通信信道
- 扩频通信系统
- 数字调制技术
- 信源编码技术
- 信道编码技术
- 功率控制技术
- 发送接收技术
- 蜂窝组网技术

2.1 移动通信信道

信道是信号的传输介质，可分为有线信道和无线信道两类。有线信道包括明线、对称电缆、同轴电缆及光缆等。无线信道有地波传播、短波电离层反射、超短波或微波视距中继、人造卫星中继以及各种散射信道等。移动通信采用无线通信方式，因此系统性能主要受无线信道的制约。无线传播环境中传播路径非常复杂，从简单的视距传播到遭遇各种复杂地物的非视距传播。信号传播的开放性，接收点地理环境的复杂性和多样性，以及通信用户的随机移动性是移动无线信道的固有特征。移动通信中的各种新技术，都是针对无线信道的特点，优化解决移动通信中的有效性、可靠性和安全性。所谓有效性，是指占用尽可能少的资源如频段、时隙和功率等传送尽可能多的信息，是通信的数量指标；所谓可靠性，主要是指在传输过程中对抗噪声和各类干扰的能力；所谓安全性，主要是指传输过程中的安全保密性能。可靠性和安全性是通信的质量指标。分析移动信道的特点是研究移动通信关键技术的前提，因此本节重点介绍移动通信信道中的无线电波传播、接收信号的特点、移动通信中的噪声和干扰以及信道的物理模型。

2.1.1　无线电波的传播

移动通信的重要基础是无线电波的传播，无线电波可以通过多种不同的方式从发射天线传播到接收天线，按照无线电波的波长我们人为地把电波分为长波（波长 1 000m 以上）、中波（波长 100～1 000m）、短波（波长 10～100m）、超短波和微波（波长 10m 以下）等，如表 2-1 所示。

表 2-1　　无线电波分类

<table>
<tr><th colspan="2">波　段</th><th>波　长</th><th>频　率</th><th>主要用途</th></tr>
<tr><td colspan="2">长波</td><td>10km～1km</td><td>30kHz～300kHz</td><td>—</td></tr>
<tr><td colspan="2">中波</td><td>1km～100m</td><td>300kHz～3MHz</td><td rowspan="2">调幅无线电广播</td></tr>
<tr><td colspan="2">短波</td><td>100m～10m</td><td>3MHz～30MHz</td></tr>
<tr><td rowspan="4">微波</td><td>米波（VHF）</td><td>10m～1m</td><td>30MHz～300MHz</td><td>调频无线电广播</td></tr>
<tr><td>分米波（UHF）</td><td>1m～0.1m</td><td>300MHz～3GHz</td><td rowspan="3">电视、雷达、导航、移动通信</td></tr>
<tr><td>厘米波</td><td>10cm～1cm</td><td>3GHz～30GHz</td></tr>
<tr><td>毫米波</td><td>10mm～1mm</td><td>30GHz～300GHz</td></tr>
</table>

从移动通信信道中的电波传播来看，可分为以下几种形式：

（1）直射波：是指在视距覆盖范围内无遮拦的传播，它是超短波、微波的主要传播方式。经直射波传播的信号最强，主要用于卫星和外空间通信，以及视距通信。

（2）反射波：是指从不同建筑物或其他反射体反射后到达接收点的传播信号，其信号强度次之。中波、短波等靠围绕地球的电离层与地面的反射而传播。

（3）绕射波：从较大的建筑物或山丘绕射后到达接收点的传播信号，其强度与反射波相当。当波长与障碍物的高度可比时，电磁波具有绕射的能力。实际中，只有长波、中波以及短波的部分波段能绕过地球表面大部分的障碍，到达几百公里内较远的地方。

（4）散射波：由空气中离子受激后二次发射所引起的漫反射后到达接收点的传播信号，其信号强度最弱。

比较以上 4 种电波传播形式，直射波信号强度最强，反射波和绕射波次之，散射波最弱。在移动通信中，无线电波主要以直射、反射和绕射的形式传播，而绕射波随着频率的升高，其衰减增大，故传播距离有限，所以分析移动通信信道时，主要考虑直射波和反射波的影响。

2.1.2　接收信号的 4 种效应

移动通信信道有 3 个主要特点：信号传播的开放性，接收点地理环境的复杂性和多样性，以及通信用户的随机移动性。无线电波有 3 种主要传播形式：直射、反射、绕射，在它们的共同作用下，接收信号具有 4 种主要效应：阴影效应、远近效应、多径效应和多普勒效应。

（1）阴影效应：指在无线通信系统中，移动台在运动的情况下，由于大型建筑物和其他物体对电波的传输路径的阻挡而在传播接收区域内形成半盲区，称为电磁场阴影。这种随移动台位置的不断变化而引起的接收点场强平均值的起伏变化叫做阴影效应。电磁场阴影效应类似于太阳光受阻挡后产生的阴影，不同点在于光波的波长较短，太阳光阴影可见，而电磁波波长较长，电磁场阴影不可见。虽然阴影不可见，但我们在接收端（如手机），采用专用仪表可以测量出来。

（2）远近效应：由于移动台在蜂窝小区内随机移动，各移动台与基站之间的距离不同，若各移动台发射信号的功率相同，那么到达基站时各接收信号的强弱将有所不同，离基站近者信号强，离基站远者信号弱。移动通信系统中器件的非线性将进一步加剧各信号强弱的不平衡性。这种由于各移动台与基站之间的距离远近不同导致的在基站接收端，信号以强压弱，并使弱者即离基站较远的移动台产生通信中断的现象称为远近效应。

（3）多径效应：由于移动台所处地理环境的复杂性，使得接收端的信号不仅含有直射波的主径信号，还有从不同建筑物反射及绕射过来的多条不同路径的信号，而且它们到达时的信号强度、时间及载波相位都不同。在接收端收到的信号是上述各路径信号的矢量和，而各路径之间可能产生自干扰，称这类干扰为多径干扰或多径效应，如图 2-1 所示。

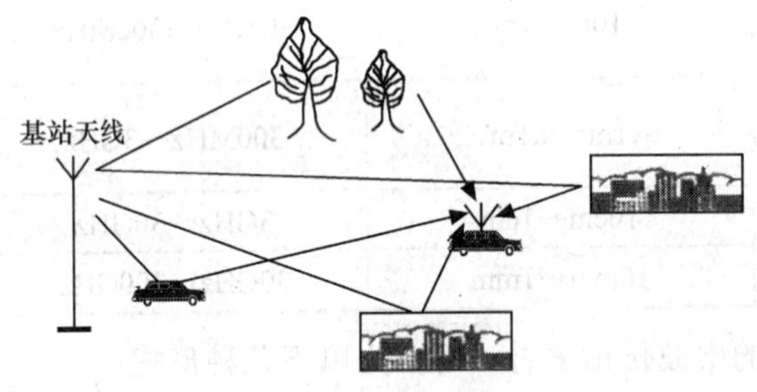

图 2-1　多径效应

（4）多普勒效应：由于移动台的高速移动而产生的传播信号频率的扩散，称为多普勒（Doppler）效应，如图 2-2 所示。其频率扩散程度与移动台的运动速度成正比，即多普勒频率 f_d 为

$$f_{\mathrm{d}}=\frac{v}{\lambda}\cos\theta$$

其中，v 是移动台的速度，λ是传播信号的波长，θ是移动台前进方向与入射波的夹角，如图 2-2（a）所示。在图 2-2（b）中，f_c 为发送信号的中心频率，f_{dmax} 表示最大多普勒频率。由于多普勒效应，接收信号的功率谱 $S(f)$扩展到 f_c-f_{dmax} 和 f_c+f_{dmax} 范围内。

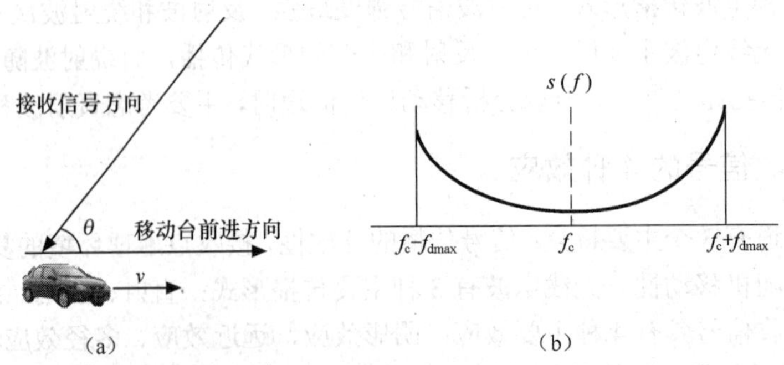

图 2-2　多普勒效应

2.1.3 接收信号的 3 类损耗

在移动通信信道的 3 个主要特点和无线电波传播的 3 种主要形式的共同作用下，接收信号又具有 3 类不同层次的损耗：路径传播损耗、大尺度衰落损耗和小尺度衰落损耗。

（1）路径传播损耗：是指电波在空中传播所产生的损耗。它主要反映接收信号的平均电平在宏观大范围（千米量级）随空间距离变化的趋势。一般接收信号电平的幅度与移动台和基站之间的距离 d 的 n 次方成反比，即其衰减特性服从 d^n 律，如无线电波在自由空间传播，接收信号的电平随距离的平方而衰减。路径传播损耗在无线通信和有线通信中都存在，只不过在有线通信中的路径传播损耗一般比无线通信的小。

（2）大尺度衰落损耗：主要是指由于阴影效应而产生的损耗，它反映了在中等范围内（数百波长量级）接收信号电平的平均值随机起伏变化的趋势。这类损耗一般为无线通信所特有，从统计规律看服从对数正态分布，因其变化速率比传送信息速率慢，故又称为慢衰落或大尺度衰落。

（3）小尺度衰落损耗：它反映微观小范围（数十波长以下量级）接收信号电平的平均值随机起伏变化的趋势。小尺度衰落损耗是由于多径效应和多普勒效应等引起的。其接收信号的电平幅度分布一般遵循瑞利（Rayleigh）分布或莱斯（Rice）分布。小尺度衰落可分为平坦衰落和选择性衰落，选择性衰落可分为空间选择性衰落、频率选择性衰落与时间选择性衰落：空间选择性衰落是指不同的地点与空间位置，其衰落特性不同；频率选择性衰落是指在不同的频段上衰落特性不一样；时间选择性衰落是指不同的时间衰落特性不同。

针对不同的衰落特性，我们可以采用不同的技术克服它对移动通信系统性能的影响。图 2-3 所示为大尺度衰落和小尺度衰落示意图。

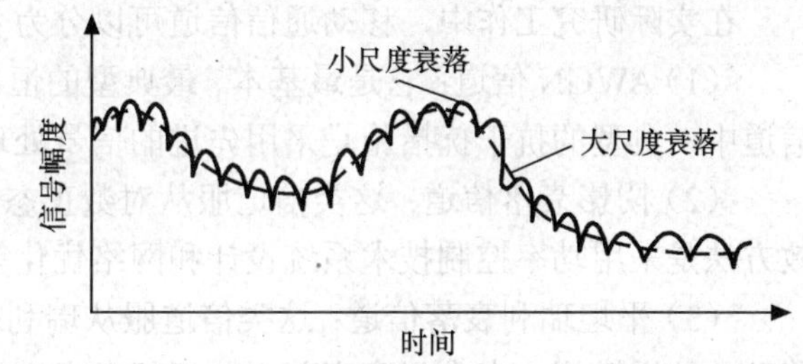

图 2-3 大尺度衰落和小尺度衰落

在实际环境中，无线电波的传播是复杂的，由以上的 3 种衰落和 4 种效应，可以将无线信道分成几种不同无线电波传播环境，即室内环境、室外环境，而室外环境又可分成典型城市、乡村、山区等，它们的传播参数是不同的。

2.1.4 移动通信中的噪声和干扰

在移动通信中，严重影响移动通信系统性能的主要噪声和干扰可分为四类：加性白高斯噪声（Additional White Gauss Noise，AWGN）、符号间干扰（Intersymbol Interference，ISI）、多址干扰（Multiple Access Interference，MAI）和相邻小区（扇区）干扰（Adjacent Cell (Sector) Interference，AC(S)I），下面分别予以简要介绍。

（1）加性白高斯噪声：加性是指噪声与传送的信号遵从简单的线性叠加关系，白噪声是指噪声的频谱是平坦的，高斯噪声是指噪声的分布服从正态分布。仅含有这类噪声的信道称为加性白高斯噪声信道，如图 2-4 所示。在 AWGN 信道中，接收信号为：

$$v(t) = s(t) + n(t) \tag{2-1}$$

（2）符号间干扰（ISI）：由于实际信道的频带总是有限，并且偏离理想特性，所以使通过的信号在频域上产生线性失真，在时域上波形发生时散效应。这种时散效应对通信所造成的危害称之为符号间干扰（ISI）。另外，在无线信道中，由于存在多径效应，对信号传输也会产生 ISI。当数据速率提高时，数据间的间隔就会减小，到一定程度符号重叠无法区分，产生 ISI。

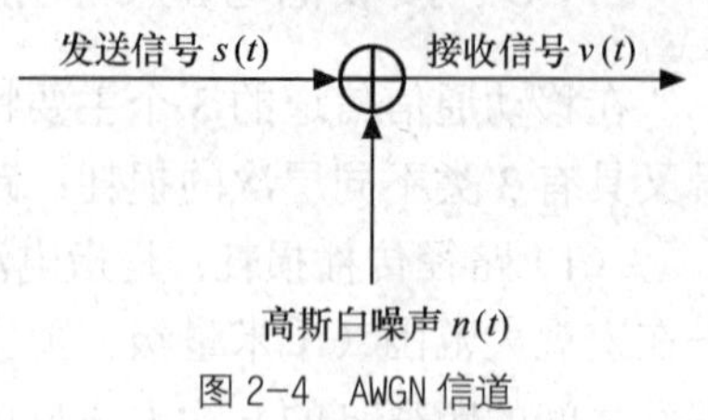

图 2-4 AWGN 信道

（3）多址干扰（MAI）：在第三代移动通信系统 CDMA2000、WCDMA 和 TD-SCDMA 中，采用码分多址通信方式，不同用户采用同一时隙、同一频段进行信息传输，相互之间依靠不同的地址码进行区分。当多用户同时通信时，由于各用户的地址码不具有完全理想的自相关、互相关的函数特性，因此产生多址干扰。在 CDMA 系统中，多址干扰比白噪声和符号间干扰更为严重，当用户数目增多时它是系统内的第一重要干扰。

（4）相邻小区（扇区）干扰（AC(S)I）：由相邻基站发射的信号产生，它包括移动站接收到的所有蜂窝网络中相邻小区的信号。

符号间干扰（ISI）和多址干扰（MAI）（又称为同小区或小区内干扰）在单小区内限制用户数量，相邻小区（扇区）干扰（AC(S)I）（又称为小区（扇区）间或地区干扰），不但进一步限制了系统的容量，也限制了基站的覆盖范围。

2.1.5 移动通信信道的物理模型

在实际研究工作中，移动通信信道可以分为 4 种常用的信道模型。

（1）AWGN 信道：它是最基本、最典型的恒参信道，是研究各类信道的基础。在 AWGN 信道中，典型的抗干扰措施是采用先进的信号处理技术，如信道编译码技术。

（2）阴影衰落信道：这类信道服从对数正态分布，是大尺度衰落信道。克服其衰落的有效方法是采用功率控制技术系统设计和网络优化等。

（3）平坦瑞利衰落信道：这类信道服从瑞利或莱斯分布，它是最典型的宽带无线和慢速移动的信道模型，在小尺度衰落中，仅仅考虑空间选择性衰落。最有效的克服空间选择性衰落的方法是空间分集技术或其他空域处理技术。

（4）选择性衰落信道：分为时间选择性衰落信道和频率选择性衰落信道。时间选择性衰落信道是典型的宽带无线和快速移动信道，最有效的克服手段是采用信道交织编码技术。频率选择性衰落信道是典型的宽带无线和慢速移动信道，其最有效的克服方法是自适应均衡和 Rake 接收等。

2.2 扩频通信系统

CDMA 是在扩频通信技术基础上发展起来的一种崭新而成熟的无线通信技术。它能够满足市场对移动通信容量和品质的高要求，具有频谱利用率高、话音质量好、保密性强、掉话率低、电磁辐射小、软容量和“软”切换、容量大、覆盖范围广等特点，可以大量减少投资和降低运营成本。

在 3G 的三大主流标准 WCDMA、cdma2000 和 TD-SCDMA 中，都采用了 CDMA 技术，因此 CDMA 成为 3G 系统的最佳多址接入方式。本节重点介绍各种多址接入技术、扩频通信系统、信道化码和扰码、直接序列扩频技术和各种蜂窝系统的容量分析比较。

2.2.1 多址接入技术

多址接入技术是移动通信中的关键技术。在移动通信中，许多用户同时通话，它们多位于不同的地方，并处于运动状态。这些用户由于使用共同的传输介质，各用户间可能会产生相互干扰，称为多址干扰。为了消除或减少多址干扰，不同用户的信号必须具有某种特征，以便接收机能够将不同用户信号区分开。信号的特征主要表现在 3 个方面：信号的工作频率、信号出现的时间、信号具有的特定波形。依据信号的不同特征，主要的多址方式有频分多址（Frequency Division Multiple Access，FDMA）、时分多址（Time Division Multiple Access，TDMA）、码分多址（Code Division Multiple Access，CDMA）以及空分多址（Space Division Multiple Access，SDMA），图 2-5 所示为 FDMA、TDMA 和 CDMA 示意图。

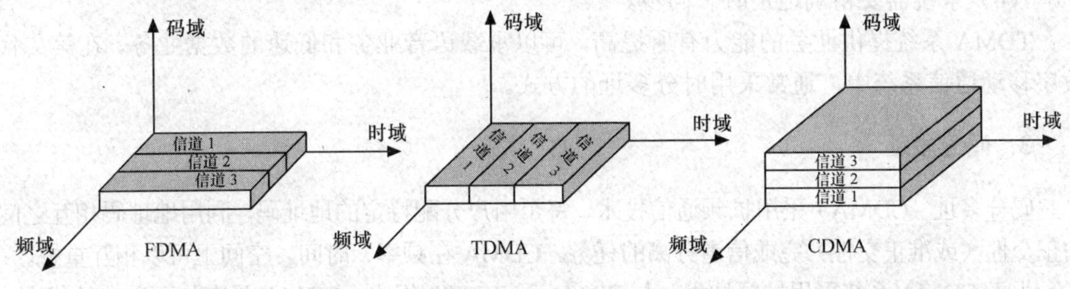

图 2-5 3 种接入方式示意图

频分多址（FDMA）是不同用户使用不同频带实现信号分割；时分多址（TDMA）是不同用户使用不同时隙来实现信号分割；码分多址（CDMA）是所有用户使用同一频带在同一时隙传送信号，其信号分割是利用不同地址码波形之间的正交性（或准正交性）来实现的；空分多址（SDMA）是利用空间分割构成不同的信道分配给不同的用户。其中频分多址（FDMA）、时分多址（TDMA）和码分多址（CDMA）是 3 种基本的多址方式，下面分别介绍这 3 种多址方式的基本原理和特点。

1. 频分多址

频分多址（FDMA）是最成熟的多址复用方式之一，它是基于频率划分信道，把可以使用的总频段平均划分为 N 个频道，这些频道在频域上互不重叠，每个频道就是一个通信信道。系统为每一个用户指定特定的信道，在通信的整个过程中，其他用户不能共享这一频道。在各个频道之间有保护频段，以免因系统的频率漂移造成频道间的重叠，带来不必要的干扰。

采用频分多址的系统，需要进行复杂和严格的频率规划，以减少干扰。FDMA 的优点是技术成熟、稳定、容易实现且成本较低。它的主要缺点是频谱利用率较低、容量小、越区切换比较复杂、容易产生掉话、基站设备庞大、功率损耗大等。

在模拟蜂窝移动通信系统中通常采用频分多址，而在数字蜂窝系统中，则很少单独采用频分多址的方式。

2. 时分多址

时分多址（TDMA）也是非常成熟的通信技术。TDMA 是在同一载波上，将时间分成周期性的帧，每一帧再分割成若干的时隙（每一帧和每个时隙都互不重叠），每个时隙是一个通信信道，分配给用户使用。当移动台需要发送信息时，系统根据一定的时隙分配原则，使各个移动台在每一帧内只能按照指定的时隙向基站发射信号，在满足定时和同步的条件下，基站可以在各个时隙接收到不同移动台的信号而互不干扰。同时，基站发向各个移动台的信号都顺序安排在预定的时隙中传输，各个移动台上要在指定的时隙内接收，就能将发给它的信号区分出来。时分多址的关键是定时和同步控制，否则会因为时隙的错位和混乱导致无法正确接收。

和 FDMA 比较，TDMA 具有如下特点：

（1）抗干扰能力强，频带利用率高，系统容量大；

（2）基站复杂度降低，互调干扰小；

（3）越区切换简单；

（4）系统需要精确地定时和同步。

TDMA 系统提供业务的能力有所提高，可以承载语音业务和低速的数据业务。在第二代数字移动通信系统中，通常采用时分多址的方式。

3．码分多址

码分多址（CDMA）采用扩频通信技术，每个用户分配特定的地址码，利用地址码相互之间的正交性（或准正交性）完成信道分离的任务。CDMA 在频率、时间、空间上可以相互重叠。

由于 CDMA 系统采用扩频技术，与 FDMA 和 TDMA 相比，CDMA 具有如下独特的优点：

（1）系统容量大且有软容量的特性；

（2）可采用语音激活技术；

（3）抗干扰能力强；

（4）软切换；

（5）可采用多种分集技术；

（6）低信号功率谱；

（7）频率规划简单，可同频组网；

（8）保密性好。

CDMA 系统由于具有这些独特的优点而被广泛关注。在第二代移动通信系统 IS-95 中已采用了 CDMA 技术，而 CDMA 技术更成为第三代移动通信系统中的核心技术。

2.2.2 扩频通信系统

1．扩频通信和扩频通信系统

扩频通信，即扩展频谱通信，顾名思义是在发送端用某个特定的扩频函数（如伪随机编码序列）将待传输的信号频谱扩展至很宽的频带，变为宽带信号，送入信道中传输，在接收端再利用相应的技术或手段将扩展了的频谱进行压缩，恢复到基带信号的频谱，从而达到传输信息、抑制传输过程中噪声和干扰的目的。

扩频通信系统是采用扩频通信技术的系统。在扩频通信系统中，扩展频谱后传输信号的带宽是原信号带宽的几十、几百、几千甚至是几万倍，因此决定传输信号带宽的重要因素已不是信号本身，而是扩频函数。由此可见，扩频通信系统有以下两个特点：

（1）传输信号的带宽远大于被传输的原始信号的带宽；

（2）传输信号的带宽主要由扩频函数决定，此扩频函数通常为伪随机（伪噪声）编码信号。以上两个特点可作为判断一个通信系统是否是扩频通信系统的准则。

2．扩频通信的发展简史和应用

扩频通信技术起源于第二次世界大战，是基于军事领域的实际需要而产生的，目的是在敌方控制区内提供一种保密通信的方法。第二次世界大战结束时，德国研制的线性调频脉冲压缩系统和脉冲—脉冲频率跳变系统均采用了扩频通信技术。在 20 世纪 50 年代，伍德华特（P.M.Woodward）发现：在雷达测距和测速中，采用白噪声信号，其测量误差最小，这为扩频技术的应用开辟了道路。同时代，美国麻省理工学院研究成功的 NO MAC 系统（Noise Modulation and Correlation System）成为扩频通信研究发展的开端，从此，扩频通信广泛应用于军事通信、空间探测、卫星侦查、导弹制导等方面。20 世纪 60 年代中期，Magnavox 公司成功研制频谱展宽话音调制解调器 MX-170C，用于 VRC-12 型超短波电台，其频率为 30MHz～76MHz。该电台装置了这个扩频终端后，大大提高了抗干扰能力，可在敌方干扰信号比传输的伪噪声调制信号幅度高 10 倍的条件下，在 2s 内捕获到有用信号，而且一旦捕获成功，系统可以在干扰信号比传输信号幅度高 20 倍的情况下正常通信。

随着时间的推移和技术的发展，特别是信号处理技术、大规模集成电路和计算机技术的发展，推动了扩频通信理论、方法、技术等方面的研究发展和普及应用，使最初只用于军事领域的扩频通信系统越来越广泛应用于卫星通信、个人移动通信、雷达、导航、测距等领域。一个最好的例子是全球定位系统（Global Positioning System，GPS），它是一个最初为军事应用而开发的现代扩频通信系统，目前已广泛应用于很多的民用通信中，包括空间探测，为旅游者提供导航服务，给猎人和渔民、商业车辆和船只提供定位等。另外，在卫星陆地移动通信系统中，扩频通信被作为接入技术，使得该系统借助于卫星网络为个人手持电话和固定电话用户提供世界范围的通信服务。在个人移动通信领域，扩频通信正发挥着巨大的作用。

3．典型扩频通信系统框图

图 2-6 所示为一个典型的扩频通信系统框图，由发送端、接收端和无线信道 3 部分组成，发送端和接收端对应分成 4 个单元：信源和信宿，编码和译码，扩频和解扩，调制和解调。相比传统的数字通信系统，增加了扩频和解扩单元。

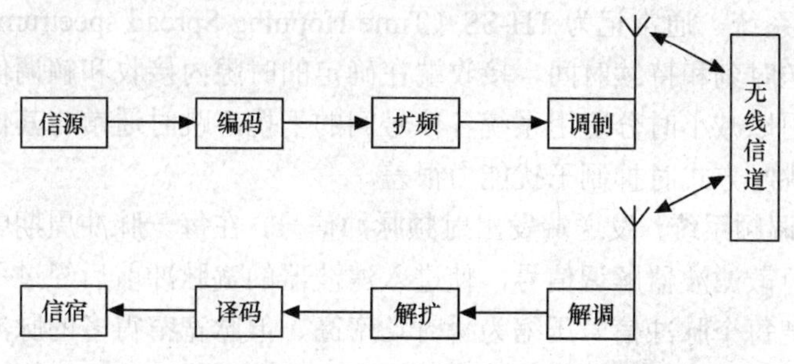

图 2-6　典型的扩频通信系统框图

现对图 2-6 所示扩频通信系统各单元介绍如下。

（1）信源和信宿：信源是指发送信息的单元，信宿是指接收信息的单元，通信就是在信源与信宿之间传输信息的过程。

（2）编码和译码：包括信源编译码和信道编译码。信源编码的目的是压缩数据率，去除信号中的冗余度，提高传输的有效性；信源译码是信源编码的逆过程。信道编码的目的是增加信息的冗余度，使其具有检错和纠错的能力，试图以最少的监督码元为代价，以换取最大程度的可靠性的提高；信道译码是信道编码的逆过程，实现检错和纠错的过程。

（3）扩频和解扩：扩频是将信号的频谱扩展，解扩是实现扩频信号的还原，扩频和解扩的目的是提高系统的抗干扰能力，抗衰落，实现多址接入等。

（4）调制和解调：调制是指载波调制，目的是实现频谱搬移，使调制后的信号适应无线信道的特点，适合在无线信道传输。解调是调制的逆过程。

（5）无线信道：无线信道是移动通信信号传输的载体。无线信道有其固有的特点：存在各种干扰、噪声、多径和衰落，所有的移动通信技术都是为了克服和消除这些影响，用以解决移动通信中信息传输的有效性、可靠性和安全性。

4．扩频通信系统分类

在扩频通信系统中，最关键的问题是在发送端如何扩频，在接收端如何解扩。根据通信系统产生扩频信号的方式，扩频通信系统可以分为以下 5 种。

（1）直接序列扩频通信系统，通常记为 DS-SS（Direct Sequence Spread speetrum）：原始信号采用比特速率远高于它的带宽的数字序列进行扩频（用于扩频的数字序列通常称为地址码），再经载波调制发送到信道中传输。接收端产生一个与发送端的地址码完全相同的码序列，对接收信号解扩，使信号重新恢复到原始信号频带。这种扩频信号的功率谱密度主要取决于信号功率和地址码。

（2）跳频扩频系统，通常记为 FH（Frequency Hopping Spread speetrum）：采用码序列（地址码）控制信号的载波，使之在多个频率上跳变而产生扩频信号。接收端产生一个与信号载波频率变化相同的移频信号，用它作变频参考，再把信号恢复到原来的频带。跳频系统可随机选取的频率数通常是几百个或更多。频率变化的速率是 $10 \sim 10^5$ 次/秒。从长时间看，跳频信号的频谱是在载波频率变化范围内均匀分布的。跳频系统受到的总干扰，主要是由信号在全部使用频率中的多少个频点上受到干扰所决定的，而与干扰信号的强度关系不大。因此，跳频常用于信道不稳定和信号起伏较大的通信系统中。

（3）跳时扩频系统，通常记为 TH-SS（Time Hopping Spread speetrum）：发送端采用地址码控制信号的发送时刻和持续时间，接收端在确定的时隙内接收和解调信号。跳时信号有很小的占空比，可用以减小时分复用系统各信号间的干扰。跳时通常与其他扩频方式结合起来使用，单纯使用跳时方式时抑制干扰能力很差。

（4）线性脉冲调频系统：发送端发出射频脉冲信号，在每一脉冲周期中频率按某种方式变化。在接收端用色散滤波器解调信号，使进入滤波器的宽脉冲前后经过不同时延而同时到达输出端，这样就把每个脉冲信号压缩为瞬时功率高、但脉宽窄得多的脉冲，因而提高了信扰比。这种调制主要用于雷达通信，在移动通信中也有应用。

（5）混合扩频通信系统：以上几种基本的扩展频谱通信系统各有优缺点，单独使用其中一种系统有时难以满足要求，将以上几种扩频方法结合起来就构成了所谓的混合扩频通信系统。常用的有跳频—直接序列混合扩频系统（FH/DS），直接序列—跳时混合扩频系统（DS/TH），跳频—跳时混合扩频系统（FH/TH）等。它们比单一的直接序列、跳频、跳时系统具有更优良的性能。

跳频—直接序列混合扩频系统可看作是一个载波频率作周期跳变的直接序列扩频系统，采用这种混合扩频方式能够大大提高扩频系统的性能，具有通信隐蔽性好、抗干扰能力强的特点，跳频系统的载波频率难于捕捉，适应于多址通信和多路复用，尤其在要求扩频码速率过高或跳频数目过多时，采用这种混合扩频系统特别有利。

当直接序列扩频系统中可使用的扩频码序列的数目不能满足多址或复用要求时，增加时分复用（Time Division Multiplex，TDM）是一种有效地解决办法。这种方法既可增加用户的地址数，又可改善邻台的干扰性能，组成所谓的跳时—直接序列混合扩频系统。

跳时—跳频混合扩频系统特别适用于大量电台同时工作、其距离或发射功率在很大范围内变化、需要解决通信中远近效应问题的场合。跳时—跳频混合扩频系统利用简单的编码作为地址码，主要用于多址寻址，扩展频谱不是其主要目的。

5. 扩频通信系统主要优缺点

扩频通信系统的主要优点如下。

（1）抗干扰能力强：扩频通信系统具有极强的抗人为宽带干扰、抗窄带瞄准式干扰、抗中继转发式干扰的能力，特别适合军事通信。

（2）多址能力强：扩频通信本身就是一种多址通信，可以采用码分多址的方式组网，组网灵活，入网迅速，适合于机动灵活的战术通信和移动通信。另外，跳时—直扩系统结合或跳时—跳频系统结合，可以进一步扩充其多址能力。虽然扩频系统传输信息占据了很宽的频带，但其强多址能力保证了它的高频谱利用率。

（3）保密性强，抗截获、抗检测能力强：扩频通信是一种保密通信。扩频通信系统发射信号的功率谱密度低，通常隐藏在噪声功率谱密度之下，有的系统可在−20dB～−15dB 信噪比条件下工作，对方很难测出信号的参数，从而达到安全保密通信的目的。同时，扩频信号还可进行信息加密，如要截获和窃听扩频信号，则必须了解扩频系统所用的伪随机码、密钥等参数，并与系统完全同步，这样就给对方设置了更多的障碍，从而起到了保护信息的作用。另外，跳频系统的载波频率是随机跳动的，很难被发现。即使被发现，由于其伪随机码对第三方是未知的，因而很难进行正确接收。因此扩频通信系统具有较低的检测概率和较低的截获率。

（4）抗衰落能力强：由于扩频信号的频带很宽，当遇到频率选择性衰落时，只会影响到扩频信号的一小部分，因而对整个信号的频谱影响不大。

（5）抗多径能力强：多径问题是通信中，特别是移动通信中难以解决的问题，而扩频通信系统利用扩频编码之间的相关特性，在接收端可以用相关技术将多径信号分离出来，采用 Rake 接收，提高系统的性能。

（6）高分辨率测距：测距是扩频技术最突出的应用。如果采用无线电测距，随着测量距离的增大，反射信号越来越弱，以致接收困难。通常采用加大发射信号功率和加大信号脉冲宽度的方法来克服这一困难，但是信号的峰值功率受到设备和器件的限制，信号的脉冲宽度增大，会降低测距的分辨率。如果利用连续波雷达测距时，又会出现距离模糊问题。而利用扩频技术测距时，扩频码序列的长度（或周期）决定了测距系统的最大不模糊距离，扩频码序列的速率（或码元宽度）决定了测距系统的分辨率，所以只需要产生长周期高速率的伪随机码即可达到高分辨测距的目的。

扩频通信系统的最大缺点在于设备复杂，实现困难。随着计算机技术和微电子技术的发展，半导体工艺技术的进步，特别是软件无线电技术与数字信号处理理论的结合，为扩频通信的发展提供了广阔的空间。

2.2.3 信道化码和扰码

在 3G 的 3 大主流标准中均采用了码分多址方式，因此我们重点介绍 CDMA 系统中的扩频码和地址码，以及在 WCDMA、cdma2000 和 TD-SCDMA 系统中使用的信道化码和扰码。

1. 基本概念

（1）基本函数运算

如果二进制数字信号用 0 或 1 表示，是单极性码；如果用−1 表示 0，1 表示 1，是双极性码。

单极性码的逻辑运算由模 2 加实现，运算规则是：

$$0 \oplus 0 = 0; 0 \oplus 1 = 1; 1 \oplus 0 = 0; 1 \oplus 1 = 0$$

双极性码的逻辑运算由逻辑乘实现，运算规则是：

$$(+1)\times(+1) = +1; (+1)\times(-1) = -1; (-1)\times(+1) = -1; (-1)\times(-1) = +1$$

（2）相关函数

相关函数是任意两个信号之间的相似性的测度，分为周期相关函数和非周期相关函数两种，下面分别给出它们的定义。

设两个长度为 N 的序列 $\boldsymbol{a}$ 和 $\boldsymbol{b}$，非周期相关函数 $C_{a,b}(\tau)$ 定义为：

$$C_{a,b}(\tau) = \begin{cases} \dfrac{1}{N}\sum\limits_{i=0}^{N-1-\tau} a_i \bullet b_{i+\tau} & 0 \leqslant \tau \leqslant N-1 \\ \dfrac{1}{N}\sum\limits_{i=0}^{N-1+\tau} a_{i-\tau} \bullet b_i & 1-N \leqslant \tau \leqslant 0 \\ 0 & |\tau| \geqslant N \end{cases} \tag{2-2}$$

周期相关函数 $R_{a,b}(\tau)$ 定义为：

$$R_{a,b}(\tau) = \frac{1}{N}\sum_{i=0}^{N-1} a_i \bullet b_{i+\tau}, \qquad \tau \in Z \tag{2-3}$$

其中 •表示逻辑运算，当 $\boldsymbol{a}$ 和 $\boldsymbol{b}$ 是单极性码时，•表示模 2 加；当 $\boldsymbol{a}$ 和 $\boldsymbol{b}$ 是双极性码时，•表示逻辑乘。

当 $\boldsymbol{a} \neq \boldsymbol{b}$，$C_{a,b}(\tau)$ 和 $R_{a,b}(\tau)$ 分别被称为非周期互相关函数和周期互相关函数；当 $\boldsymbol{a} = \boldsymbol{b}$，$C_{a,b}(\tau)$ 和 $R_{a,b}(\tau)$ 分别被称为非周期自相关函数和周期自相关函数。简写为 $C_a(\tau)$ 和 $R_a(\tau)$。本书中的相关函数，如非特别声明，均指周期相关函数。

（3）正交函数

正交函数是具有零相关特性的函数，则互相关函数为 0 的两个序列是正交序列。

例如：$a = \{0000\}$，$b = \{0101\}$；

则 $R_{ab}(0)=\frac{1}{4}\sum_{i=0}^{3}a_i\cdot b_i=\frac{1}{4}(0\oplus 0+0\oplus 1+0\oplus 0+0\oplus 1)=0$

因此 a 和 b 是正交序列。

2．CDMA 系统中的扩频码和地址码

在扩频通信系统中，决定系统性能的主要因素是扩频函数。在 CDMA 系统中，主要体现在扩频码，它直接关系到系统的多址能力、抗噪声、抗干扰、抗多径和衰落、保密性，以及算法实现的复杂度等，因此扩频码和地址码的设计是 CDMA 系统中的关键技术之一。

理想的扩频码和地址码必须具备以下特性：

（1）良好的自相关和互相关特性，即尖锐的自相关函数和几乎处处为零的互相关函数；

（2）尽可能长的码周期，使干扰者难以通过扩频码的一小段去重建整个码序列，确保安全与抗干扰的要求；

（3）足够多的码序列，用来作为独立的地址，以实现码分多址的要求；

（4）易于产生、复制、控制和实现。

从理论上说，用纯随机序列去扩展信号频谱是最理想的，但在接收机中解扩时必须有一个同发送端扩频码同步的副本。因此，在实际应用中只能用伪随机或伪噪声（Pseudo Noise，PN）序列作为扩频码。伪随机序列具有类似噪声的性质，但它又是周期性、有规律的，既容易产生，又可以加工和复制。

目前常用的、较为理想的扩频码和地址码有：

（1）伪随机（PN）码

（2）沃尔什（Walsh）码

（3）正交可变速率扩频增益（Orthogonal Variable Spreading Factor，OVSF）码

3．常用的较理想的码序列

（1）伪随机（PN）码：伪随机码又称为伪噪声码，简称 PN 码。伪噪声码是一种具有白噪声性质的码。白噪声是其概率密度函数服从正态分布、功率谱在很宽的频带内均匀的随机过程。白噪声具有优良的相关特性，但工程无法实现，因此采用类似带限白噪声统计特性的伪随机码来逼近。

多数的伪随机码是周期性码，通常由二进制移位寄存器产生，易于产生和复制。伪随机码具有良好的随机性和接近于白噪声的相关函数，并且有预先的可确定性和可重复性，功率谱占据很宽的频带，易于从其他信号或干扰中分离出来，具有优良的抗干扰的特性，这些特性使得伪随机码在移动通信中得到了广泛的应用，特别是在 CDMA 系统中作为扩频码。它具有的性质归纳起来有下列 3 点：

① 平衡特性：在每一个周期内，伪随机序列中 0 和 1 的个数接近相等；

② 游程特性：把随机序列中连续出现 0 或 1 的子序列称为游程。连续的 0 或 1 的个数称为游程长度。在每一个周期内，随机序列中长度为 1 的游程约占游程总数的 1/2，长度为 2 的游程约占游程总数的 $1/2^2$，长度为 3 的游程约占游程总数的 $1/2^3$，……

③ 相关特性：随机序列的自相关函数具有类似于白噪声自相关函数的性质。

（2）m 序列：m 序列是一种伪随机序列，是由 n 级移位寄存器所能产生的周期最长的

序列，又称最大长度序列。由于其优良的自相关函数、易于产生和复制，因此在扩频码中占据特别重要的地位，在扩频通信系统中得到广泛的应用，如在 CDMA 系统中作扩频码，在频率跳变系统中用来控制频率合成器，组成跳频图样。下面主要对 m 序列的性质及 m 序列的产生进行介绍。

m 序列是最长线性移位寄存器序列的简称，它是由带线性反馈的移位寄存器产生的周期最长的一种序列。n 级非退化的线性移位寄存器的组成如图 2-7 所示。

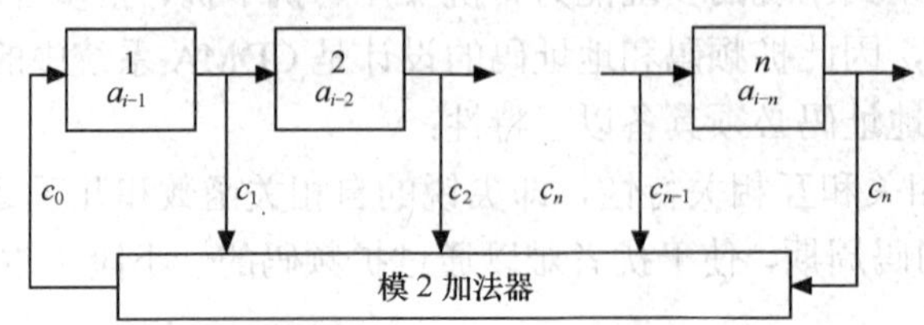

图 2-7　n 级非退化的线性移位寄存器的组成

从图 2-7 可以看出，m 序列的发生器由移位寄存器、反馈抽头及模 2 加法器组成。n 级线性移位寄存器的反馈逻辑可用二元域 GF（2）上的 n 次特征多项式表示：

$$f(x)=c_0+c_1x+c_2x^2+\cdots+c_nx^n, c_i\in\{0,1\} \tag{2-4}$$

其中，$c_i=1$ 表示第 i 级移位寄存器的输出与反馈网络的连线存在，否则表明连线不存在。

$c_0=1$ 表示反馈网络的输出与第 1 级移位寄存器的输入的连线存在，此时 n 级线性移位寄存器称为动态线性移位寄存器，否则称为静态线性移位寄存器。

$c_n=1$ 表示 n 级线性移位寄存器为非退化的，否则称为退化的 n 级线性移位寄存器。

对于动态线性移位寄存器，其反馈逻辑也可用线性移位寄存器的递推关系式表示：

$$a_n=c_1a_{i-1}+c_2a_{i-2}+\cdots+c_na_{i-n}, c_i\in\{0,1\} \tag{2-5}$$

特征多项式和递推关系式是 n 级线性移位寄存器反馈逻辑的两种不同表示法，应用的场合不同而采用不同的表示方法。

假设以二元域 GF（2）上的 n 次多项式为特征多项式的 n 级线性移位寄存器所产生的序列 $\{a_i\}$ 的周期为 $N=2^n-1$，则序列 $\{a_i\}$ 是最大（最长）周期的 n 级线性移位寄存器序列，即 m 序列。若由 n 次特征多项式 $f(x)$ 为 n 级线性移位寄存器所产生的序列是 m 序列，则称 $f(x)$ 为 n 次本原多项式，可以证明产生 m 序列的特征多项式是不可约多项式，且是本原多项式。

m 序列的特性如下。

① 随机特性。一个随机序列有两方面特点：一是预先不可确定性，并且不可重复实现的；二是它具有某种随机的统计特性。统计特性主要表现在：序列中两种不同元素出现的次数大致相等；序列中长度为 k 的元素游程比长度为 $k+1$ 的元素游程的数量多一倍；序列具有类似于白噪声的自相关函数，即自相关函数具有 $\delta(\tau)$ 函数的形式。

m 序列是一种伪随机序列，它具有如下 3 个特性：

- 0-1 分布特性：在一个周期 $N=2^n-1$ 内，元素 0 出现 $\dfrac{N-1}{2}=2^{n-1}-1$ 次，元素 1 出现

$\frac{N+1}{2}=2^{n-1}$ 次；

- 游程特性：在一个周期 $N=2^n-1$ 内，长度为 1 的游程占总游程数的 1/2，长度为 2 的游程占 1/4，长度为 3 的游程占 1/8，即长度为 $k(1\leqslant k\leqslant n-1)$ 的元素游程占游程总数的 $1/2^k$；
- 位移相加特性：m 序列 $\{a_i\}$ 与其位移序列 $\{a_{i+\tau}\}$ 的模 2 加序列仍是该 m 序列的另一个位移序列 $\{a_{i+\tau'}\}$，即

$$\{a_i\}\oplus\{a_{i+\tau}\}=\{a_{i+\tau'}\} \tag{2-6}$$

② 自相关函数。根据序列自相关函数的定义和 m 序列的性质，很易求出 m 序列的自相关函数，如图 2-8 所示。

$$R(\tau)=\begin{cases}1 & \tau=mN\\ -\frac{1}{N} & \tau\neq mN\end{cases}\qquad m=0,\pm1,\pm2,\cdots \tag{2-7}$$

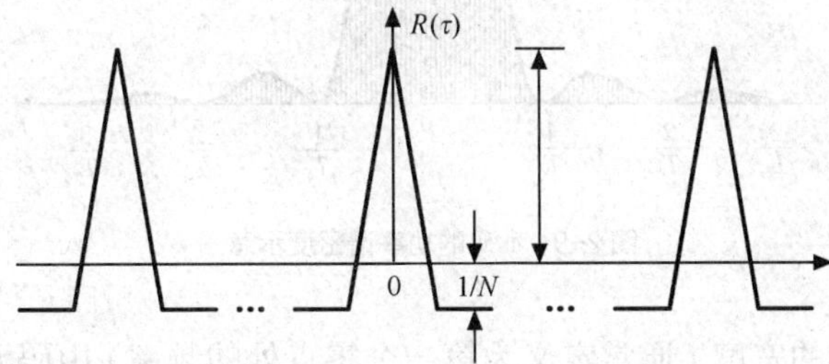

图 2-8 m 序列周期性自相关函数的波形图

m 码是由 m 序列变换而成，将 m 序列的每一个比特变换成一个码元，持续时间为 T_c，0 对应幅度为 1，1 对应幅度为−1 的波形函数，则周期为 N 的 m 序列经过变换后就变为码元宽度为 T_c，周期为 NT_c 的 m 码。

m 码的自相关函数是周期函数，周期为 NT_c，一个周期内，m 码的自相关函数为

$$R_N(\tau)=\begin{cases}1-\frac{N+1}{N}\frac{|\tau|}{T_c} & |\tau|\leqslant T_c\\ -\frac{1}{N} & |\tau|>T_c\end{cases} \tag{2-8}$$

③ 功率谱密度函数。由相关函数理论可知，函数的自相关函数 $R(\tau)$ 与其功率谱密度函数 $G(f)$ 是一对傅里叶变换关系，即 $R(\tau)\Leftrightarrow G(f)$，则 m 码的功率谱密度函数为

$$G(f)=\frac{1}{N^2}\delta(f)+\frac{N+1}{N^2}\left(\frac{\sin(\pi fT_c)}{\pi fT_c}\right)^2\sum_{\substack{k=-\infty\\k\neq0}}^{\infty}\delta(f-\frac{k}{NT_c}) \tag{2-9}$$

其功率谱如图 2-9 所示，由图中可以看出 m 码功率谱的几个特点：

- m 码的功率谱为离散谱，谱线间隔为 $\frac{1}{NT_c}$；
- m 码的功率谱密度函数具有抽样函数 $\left(\frac{\sin x}{x}\right)^2$ 的包络，第一个零点在 $k=N$ 处，即

$f=\dfrac{1}{T_c}$，第二个零点在 $2N$ 处，即 $f=\dfrac{2}{T_c}$ 依此类推，当 n 为整数时，$G\left(\dfrac{n}{T_c}\right)=0$。

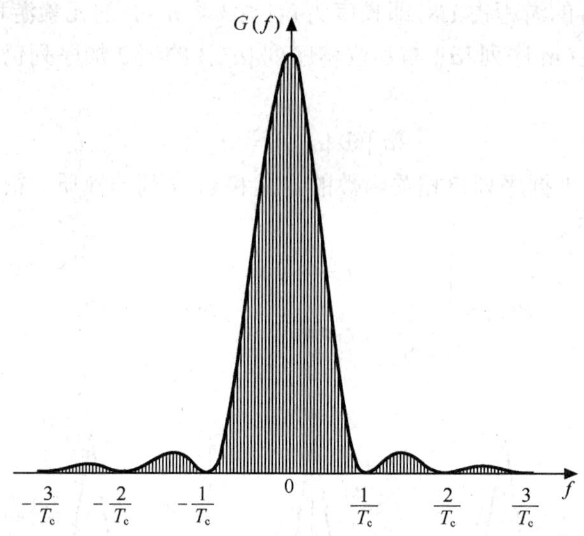

图 2-9　m 码的功率谱密度示意图

- m 码的功率谱的宽度（通常定义为第一个零点处的频率）由码元的持续时间 T_c 决定，带宽 $B=\dfrac{1}{T_c}$（单边），与码长 N 无关。

- m 码的直流分量与 N^2 成反比，当 m 序列长度 $N\to\infty$ 时，直流分量 $\to 0$，谱线间隔 $1/(NT_c)\to 0$，m 码的功率谱由离散谱向连续谱过渡，伪随机码过渡到随机码。

④ 互相关函数。m 序列的自相关函数具有理想的双值函数，而 m 序列的互相关函数是指长度相同而序列结构不同的两个 m 序列之间的相关函数，研究表明，m 序列的互相关函数是多值函数，其相关函数值的均值为 $E\left(R_{ab}(\tau)\right)=\dfrac{1}{N^2}$，方差为 $D\left(R_{ab}(\tau)\right)=\dfrac{N^3+N^2-N-1}{N^4}$。

如何构造一个产生 m 序列的线性移位寄存器？首先确定本原多项式，本原多项式确定后，根据本原多项式可构造出 m 序列移位寄存器的结构逻辑图，然后产生 m 序列。

（3）Gold 序列：m 序列具有理想的自相关特性，但互相关特性不好，特别是使用 m 序列作为码分多址地址码时，由于其互相关特性不理想，使得系统内多址干扰严重，且可作为地址码的数量较少。

Gold 序列是 R.Gold 提出的一类伪随机序列，它具有良好的自相关和互相关特性，可以用作地址码的数量远大于 m 序列，而且易于实现，结构简单，在工程中得到广泛的应用。

R. Gold 指出：给定移位寄存器级数 n 时，总可以找出一对互相关函数最小的码序列，采用移位相加的方法构成新码组，其互相关旁瓣都很小，而且自相关函数和互相关函数都是有界的，这个新码组被称为 Gold 码或 Gold 序列。

Gold 序列是 m 序列的复合码序列，它由两个码长相等的 m 序列优选对的模 2 和序列构

成。m 序列优选对是指在 m 序列集中，其互相关函数绝对值的最大值最小的一对 m 序列。设$\{a_i\}$是对应于n次本原多项式$f_1(x)$所产生的m序列，$\{b_i\}$是对应于n次本原多项式$f_2(x)$所产生的另一个 m 序列，当序列$\{a_i\}$与$\{b_i\}$的峰值互相关函数$|R_{ab}(\tau)|_{\max}$（非归一化）满足下列关系：

$$|R_{ab}(\tau)|_{\max} \leqslant \begin{cases} 2^{\frac{n+1}{2}}+1 & n\text{为奇数} \\ 2^{\frac{n+2}{2}}+1 & n\text{为偶数且不是4的倍数} \end{cases} \tag{2-10}$$

则$f_1(x)$与$f_2(x)$所产生的 m 序列$\{a_i\}$和$\{b_i\}$构成 m 序列优选对。

每改变两个 m 序列相对移位就可得到一个新的 Gold 序列。当相对位移 1，2，…，2^n-1个比特时，就可得到一族2^n-1个 Gold 序列，加上原来的两个 m 序列，共有2^n+1个 Gold 序列。

产生 Gold 序列的移位寄存器结构有两种形式。一种是乘积型，将 m 序列优选对的两个特征多项式的乘积多项式作为新的特征多项式，根据此 $2n$ 次的特征多项式构成新的线性移位寄存器。另一种是模 2 和型，直接求两个 m 序列优选对输出序列的模 2 和序列。

例如：$F(x)=x^6+x+1, G(x)=x^6+x^5+x^2+x+1$

乘积型如图 2-10 所示。

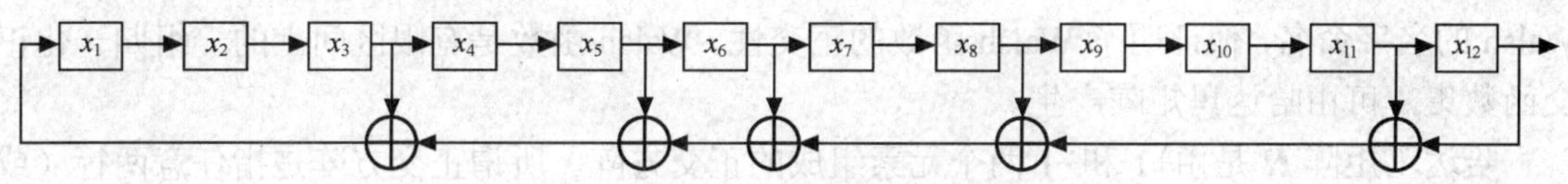

图 2-10 Gold 序列的移位寄存器乘积型结构图

模 2 和型如图 2-11 所示。

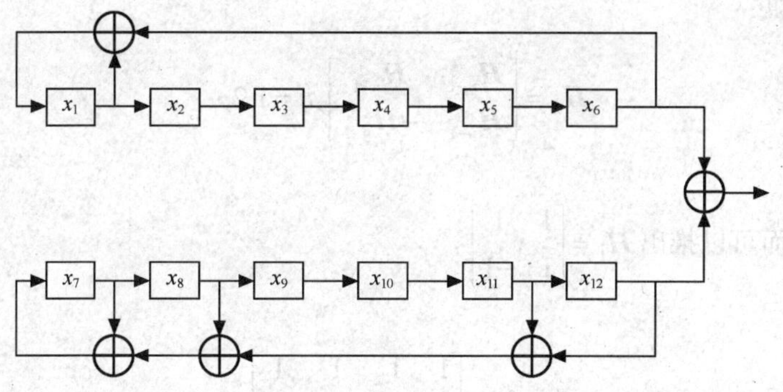

图 2-11 Gold 序列的移位寄存器模 2 和型结构图

通过理论证明，这两种结构是完全等效的，它们产生的 Gold 码序列的周期为2^n-1。

由 m 序列优选对模 2 和产生的 Gold 族中2^n-1个序列已不再是 m 序列，不具有 m 序列的特性。Gold 码族中任意两个序列之间的互相关函数都满足式（2-8），由于 Gold 码的这一特性，使得码族中任一码序列都可以作为地址码。这样，采用 Gold 码族作为地址码，其地址数大大超过 m 序列的地址码数，所以 Gold 序列在多址技术中得到广泛的应用。

Gold 码序列的自相关函数值的旁瓣也与互相关函数值一样取三值，只是出现的位置不同，如表 2-2 所示。

表 2-2　　Gold 码序列的三值互相关函数特性

码长 $N=2^n-1$	互相关函数值（非归一化）	出现概率
n 为奇数	-1	≅0.5
	$-\left(2^{\frac{n+1}{2}}+1\right)$	≅0.5
	$2^{\frac{n+1}{2}}-1$	
n 为偶数，且不是 4 的倍数	-1	≅0.75
	$-\left(2^{\frac{n+2}{2}}+1\right)$	≅0.25
	$2^{\frac{n+2}{2}}-1$	

（4）Walsh 序列：如果序列间的互相关函数值很小，特别是正交序列的互相关函数为 0，这类序列称为第二类伪随机序列。Walsh 序列是第二类伪随机序列。Walsh 函数是以数学家 Walsh 的名字命名，他证明了 Walsh 函数的正交性。Walsh 函数是有限区间上的一组归一化正交函数集，可由哈达玛矩阵产生。

哈达玛矩阵 $\boldsymbol{H}$ 是由+1 和−1 两个元素组成的正交方阵。所谓正交方阵是指任意两行（或两列）都是相互正交的。即 $\boldsymbol{HH}^{\mathrm{T}}=N\boldsymbol{I}$ 。

其中，$\boldsymbol{H}^{\mathrm{T}}$ 为 $\boldsymbol{H}$ 的转置矩阵，N 为 H 的阶，$\boldsymbol{I}$ 为单位矩阵。

下面讨论阶为 $N=2^n$（n 为正整数）的一类哈达玛矩阵 $\boldsymbol{H}_n$ 。$\boldsymbol{H}_n$ 可由下面的递推关系式（2-11）生成，即

$$\boldsymbol{H}_n=\begin{bmatrix}\boldsymbol{H}_{n-1} & \boldsymbol{H}_{n-1}\\ \boldsymbol{H}_{n-1} & -\boldsymbol{H}_{n-1}\end{bmatrix}, n=1,2,\cdots \tag{2-11}$$

$\boldsymbol{H}_0=1$，从而可以推出 $\boldsymbol{H}_1=\begin{bmatrix}1 & 1\\ 1 & -1\end{bmatrix}$，

$$\boldsymbol{H}_2=\begin{bmatrix}1 & 1 & 1 & 1\\ 1 & -1 & 1 & -1\\ 1 & 1 & -1 & -1\\ 1 & -1 & -1 & 1\end{bmatrix}$$

哈达玛矩阵有如下两个性质：

- 哈达玛矩阵是对称矩阵，即 $\boldsymbol{H}^{\mathrm{T}}=\boldsymbol{H}$ ；

- 哈达玛矩阵的逆矩阵和哈达玛矩阵本身成比例，比例因子为 1/*N*，即 $\boldsymbol{H}^{-1}=\frac{1}{N}\boldsymbol{H}$。

将哈达玛矩阵的每一行看作一个二元序列，则 $N=2^n$ 阶 $\boldsymbol{H}_n$ 矩阵可得一共 *N* 个序列，每个序列长度都为 *N*，所构成的正交序列集中任意两个序列相互正交，即各序列之间的互相关函数 $R_{ab}(0)=\sum_{i=0}^{N-1}a_ib_i=0$，这组序列称为 Walsh 序列。

Walsh 序列是一类正交序列，在纠错编码、保密编码等通信领域有广泛的应用，同时，Walsh 序列也是一类重要的扩频序列。

（5）正交可变速率扩频增益（OVSF）码：OVSF 码与 Walsh 序列码很相似，不同长度的码字很容易产生。由简单的电路就可以生成各种长度的码字。它们可以排成如图 2-12 所示的码树结构。

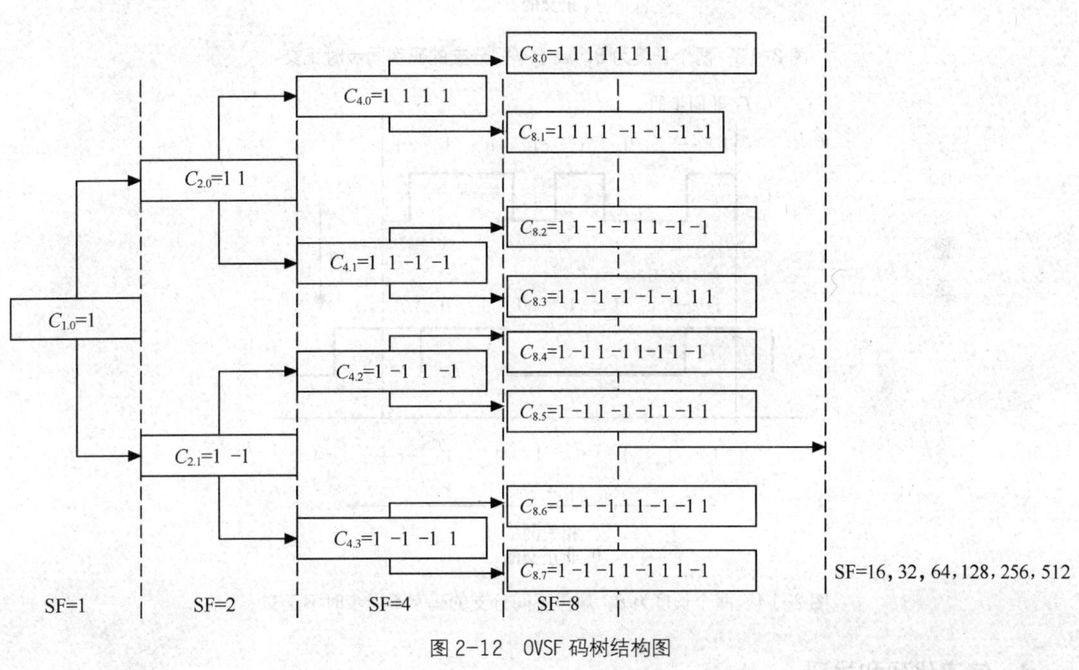

图 2-12 OVSF 码树结构图

从码树结构很容易看出由长度为 1 的一个码字可以构造出长度为 2 的两个码字，进而构造出长度为 2^n 的 2^n 个码字。码字的长度是由扩频因子（Spread Factor，SF）表征的，每一个码字用字母 C 加上两个下标表示，下标 1 表示码长，下标 2 表示相同码长系列中第几个码字。

和 Walsh 码一样，OVSF 码的互相关函数为零，同步时相互间完全正交。如码树中任意两个分支间都是相互正交的，与码字长度无关。因此可以根据业务的不同带宽要求，灵活选用不同长度的 OVSF 码作为扩频码。但需注意，OVSF 码字的正交性是以码字间完全同步为条件，多径时延会影响码字的正交性。

图 2-13 和图 2-14 所示分别为来自不同码树分支、具有相同长度的 OVSF 同步时的正交性和不同步时的非正交性。不难发现，不同码树分支不同长度的 OVSF 码，存在同样特性。

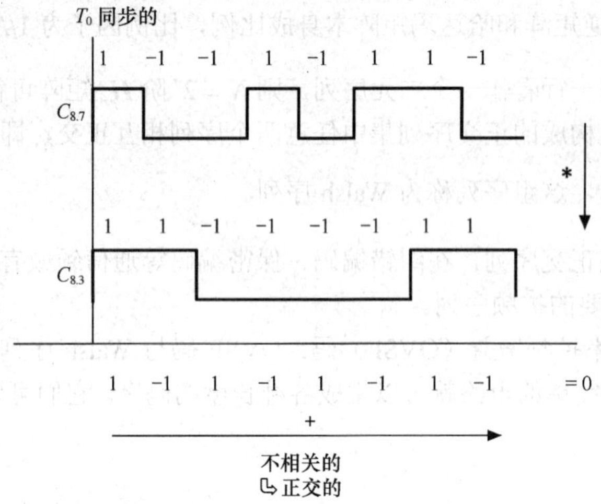

图 2-13 两个长度为 8，属于不同分支的码字同步时正交

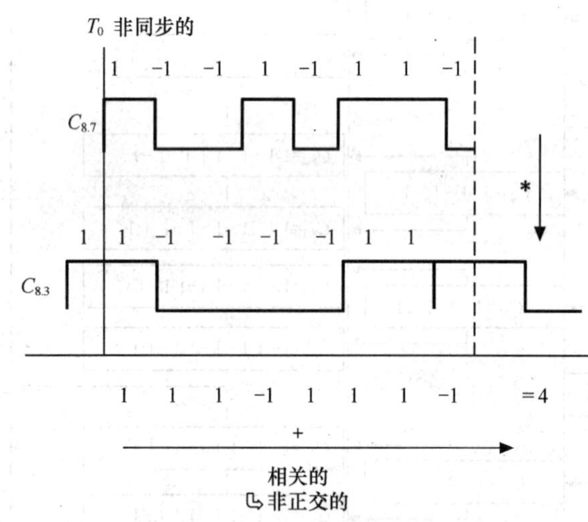

图 2-14 两个长度为 8，属于不同分支的码字不同步时不正交

4．信道化码和扰码

在 3G 系统中，扩频码和地址码主要可以划分成如下 3 类：

（1）用户地址码：用于区分不同的移动用户；

（2）信道地址码：用于区分每个小区（或扇区）的不同的信道；它分为单业务、单速率信道地址码和多业务、多速率信道地址码；

（3）小区地址码：用于区分不同的基站或扇区。

在这 3 类地址码中，信道地址码是唯一具有扩频功能的序列。由于 CDMA 系统是自干扰受限系统，且实际用户之间的干扰主要取决于信道间的隔离度，因此信道地址码的选取直接决定用户的数量、影响系统的性能。信道地址码称为信道化码（Channelization Code，CC），一般采用 Walsh 码来实现扩频，它不仅具有理想的自相关和互相关特性，而且由于其扩频增益提高了系统的抗干扰性能。用户地址码和小区地址码的主要目的是为了区分用户和基站，均不具有扩频功能，但在传输中用于平衡 0 和 1 的数目，因此一般称为扰码

（Scrambling Code，SC）。这两类码一般采用数量较多、准正交性的 PN 序列，如 m 序列和 Gold 序列来实现。

扩频、信道化码和扰码的关系如图 2-15 所示。

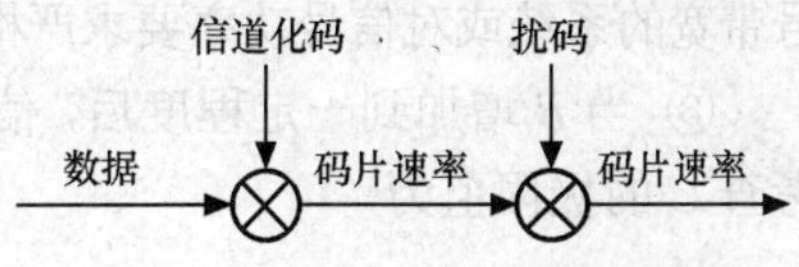

信道化码 扰码
数据 码片速率 码片速率

图 2-15 扩频、信道化码和扰码的关系

5. 信道化码和扰码在 3G 中的应用

（1）cdma2000 系统中信道化码和扰码

在 cdma2000 系统中，信道化码使用变长 Walsh 码，在下行链路使用从 2 阶到 128 阶的 Walsh 码区别同一小（扇）区的不同下行信道，在上行链路使用从 2 阶到 64 阶的 Walsh 码区分同一终端下的不同上行信道。

在 cdma2000 系统中，扰码采用 PN 序列，在下行链路使用短 PN 码 m 序列区分不同小区，在上行链路使用长 PN 码 m 序列区分不同移动台。

（2）WCDMA 系统中信道化码和扰码

在 WCDMA 系统中，信道化码为 OVSF 码，在上行链路区分同一终端（UE）的物理数据信道（DPDCH）和控制信道（DPCCH）；在下行链路区分同一小（扇）区中不同用户的下行连接。在 WCDMA 系统中，扰码为 Gold 码，在上行链路区分 UE，在下行链路区分小（扇）区。

（3）TD-SCDMA 系统中信道化码和扰码

在 TD-SCDMA 系统中，信道化码为 OVSF 码，在上下行采用 OVSF 码区分不同的信道，上行扩频码的长度可为 $N\in\{1, 2, 4, 8, 16\}$，下行扩频码长度只能为 1 或者 16。扰码为 PN 码，在上、下行分别区分用户和小区。

2.2.4 扩频通信技术

1. 扩频通信理论基础

（1）香农公式。香农定理指出：在高斯白噪声信道中，通信系统的最大传信率（或称信道容量）为

$$C = B\log_2\left(1+\frac{S}{N}\right) \quad \text{bit/s} \tag{2-12}$$

式中，B 为信号带宽，S 为信号的平均功率，N 为噪声平均功率。

若白噪声的单边功率谱密度为 N_o，噪声功率为 $N = N_oB$，则信道容量 C 表示为

$$C = B\log_2\left(1+\frac{S}{N_oB}\right) \quad \text{bit/s} \tag{2-13}$$

由上式可知，B，N_o，S 确定后，信道容量 C 就确定了。由香农第二定理知，若信源的信息速率 R 小于或等于信道容量 C，通过编码，信源的信息能以任意小的差错概率通过信道传输。为使信源产生的信息以尽可能高的信息速率通过信道，提高信道容量是众望所归。

由香农公式可以看出：

① 要增加系统的信息传输速率，则要求增加信道容量。增加信道容量的方法可以通过增加传输信号带宽 B，或增加信噪比 S/N 来实现，而增加 B 比增加 S/N 更有效；

② 信道容量 C 为常数时，带宽 B 与信噪比 S/N 可以互换，即可以通过增加带宽 B 来降低

系统对信噪比 S/N 的要求，也可通过增加信号功率，降低信号的带宽，这就为那些要求小的信号带宽的系统或对信号功率要求严格的系统找到了一个减小带宽或降低功率的有效途径；

③ 当 B 增加到一定程度后，信道容量 C 不可能无限地增加。考虑极限情况，令 $B \to \infty$，考查 C 的极限值为

$$\lim_{B\to\infty} C = \lim_{B\to\infty} B\log_2\left(1+\frac{S}{N_o B}\right)$$

$$\because \lim_{x\to\infty} x\log_2\left(1+\frac{1}{x}\right) = \log 2^e = 1.44 \qquad (2\text{-}14)$$

$$\therefore \lim_{B\to\infty} C = 1.44\frac{S}{N_o}$$

由此可见，在信号功率 S 和噪声功率谱密度 N_o 一定时，信道容量 C 是有限的。

由上面的结论可以推出，信息速率 R 的达到极限信息速率，即 $R = R_{max} = C$，且带宽 $B \to \infty$ 时，信道要求的最小信噪比为 E_b/N_o。E_b 为码元的能量，$S = E_b R_{max}$。

$$\because \lim_{B\to\infty} C = 1.44\frac{S}{N_o}$$

$$\therefore \frac{E_b}{N_o} = \frac{S}{N_o R_{max}} = \frac{1}{1.44} \qquad (2\text{-}15)$$

由此可得信道要求的最小信噪比为

$$\left(\frac{E_b}{N_o}\right)_{min} = \frac{1}{1.44} = 0.694 = -1.6\text{dB} \qquad (2\text{-}16)$$

（2）差错概率公式。信息传输差错概率公式可表示为 E_b/N_0 的函数，即：

$$P_e = f(E_b/N_0) \qquad (2\text{-}17)$$

式中，P_e 为差错概率，E_b 为二进制数字信息比特能量（W/Hz），N_0 是噪声单边功率谱密度（W/Hz），f 为一个函数。

设二进制数字信息码元宽度为 T，则信息带宽 B 为 $B = 1/T$(Hz)。

传输信号功率（二进制数字信息功率）S 为 $S = E/T$(W)。

已扩频信号的带宽为 W(Hz)，则噪声功率 N 为 $N = N_0 W$(W)。

由上式可得信息传输差错概率公式为

$$P_e = f(E_b/N_0) = f(STW/N) = f(S/N \bullet W/B) \qquad (2\text{-}18)$$

上面公式指出，差错概率 P_e 是传输信号功率与噪声功率之比（S/N）和传输信号带宽与信息带宽之比（W/B）二者乘积的函数，信噪比与带宽是可以互换的，同样增加带宽的方法可以换取信噪比上的好处。

2．扩频通信的主要性能指标

（1）扩频处理增益。处理增益 G 定义为频谱扩展后的信号带宽 B_2 与频谱扩展前的信号带宽 B_1 之比，即：

$$G = \frac{B_2}{B_1} = \frac{R_2}{R_1} = \frac{T_1}{T_2} \tag{2-19}$$

其中，T_1为信息数据脉冲宽度，T_2为PN码的码元宽度，R_1为信息速率，$R_1 = 1/T_1$，R_2为PN码的码片速率，$R_2 = 1/T_2$。

处理增益也可表示为

$$G = \frac{(S/N)_{out}}{(S/N)_{in}} \tag{2-20}$$

式中，$(S/N)_{out}$为扩频解扩后的信噪比，$(S/N)_{in}$为扩频解扩前的信噪比。

在工程中，一般用对数形式表示即：

$$G = 10\lg\left(\frac{(S/N)_{out}}{(S/N)_{in}}\right) \quad \text{dB} \tag{2-21}$$

（2）干扰容限。所谓干扰容限，是指在保证系统正常工作的条件下，接收机能够承受的干扰信号比有用信号高出的dB数，用M_j表示，有：

$$M_j = G - \left[L_s + \left(\frac{S}{N}\right)_0\right] \quad \text{dB} \tag{2-22}$$

其中，L_s为系统内部损耗，$(S/N)_0$为系统正常工作时要求的最小输出信噪比，即相关器的输出信噪比或解调器的输入信噪比，G为系统的处理增益。

干扰容限直接反映了扩频系统接收机可能抵抗的极限干扰强度，即只有当干扰功率超过干扰容限后，才能对扩频系统形成干扰。因而，干扰容限往往比处理增益更能反映系统的抗干扰的能力。

例：某系统扩频处理增益$G = 30\text{dB}$，系统损耗Ls = 2dB，为了保证信息解调器工作时误码率低于10^{-5}，要求相关器输出信噪比$(S/N)_0 = 10\text{dB}$，由此可得干扰容限为

$$M_j = 30 - (2 + 10) = 18\text{dB}$$

这说明，只要接收机前端的干扰功率不超过信号功率的18dB，系统就能正常工作。

（3）频带利用率

数据传信速率，简称传信率或比特率R_b，是指每秒传输二进制码元的个数，单位为比特/秒（bit/s）。

频带利用率是反映数据传输系统对频带资源利用的水平和有效程度，定义为单位频带内的传信速率，常用η表示。

$$\eta = \frac{\text{系统的传信率}}{\text{系统的频带宽度}} = \frac{R_b}{B} \quad \text{bit/(s.Hz)} \tag{2-23}$$

3．直接序列扩频通信系统

直接序列扩频（Direct Sequence Spread Spectrum，DS-SS）通信系统是用待传输的信息信号与高速率的伪随机码波形相乘后，去直接控制载波信号的某个参量，来扩展传输信号的带宽。用于频谱扩展的伪随机序列称为扩频码序列。直接序列扩频通信系统的简化框图如图2-16所示。

在直接序列扩频通信系统中，通常对载波进行相移键控（Phase Shift Keying，PSK）调制。由于PSK信号可以等效为抑制载波的双边带调幅波，因此直接序列扩频通信系统常采用平衡调制方式，抑制载波的平衡调制不仅节约了发射功率，提高了发射机的工作效率，而且

对提高扩频信号的抗侦破能力有利。

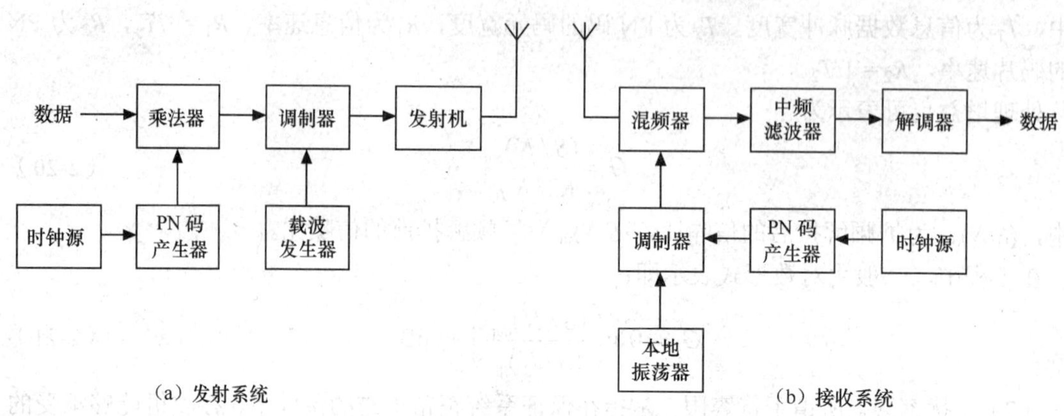

图 2-16 直接序列扩频通信系统的简化框图

下面举例说明 CDMA 直接序列扩频通信系统扩频和解扩过程。

图 2-17 所示为发送端的扩频过程。如图 2-17（a）所示，在时间轴上，待发送的数据序列的周期为 T_{bit}，振幅为 a，扩频序列是由 PN 码产生器产生的具有良好的自相关和互相关特性的序列，其单位称为码片（Chip），如图 2-17（a）所示的第 2 行就是幅度为 1，码片周期为 T_{chip}，码长为 6 的扩频序列，因此每个比特周期恰好有 6 个码片，$T_{bit}=6T_{chip}$，数据序列与扩频码相乘就得到了发送序列，如图 2-17（a）所示的第 3 行。从频率域看，如图 2-17（b）所示，可以很容易看出数据序列的功率谱和扩频序列、发送序列功率谱的不同。图 2-17（b）第 1 张图是数据序列的功率谱，即该序列在频率空间能量分布，该序列每比特能量为 $E_{bit}=a^2T_{bit}$，周期越长，能量谱越窄。而扩频序列的幅度为 1，因此扩频序列的码片能量等于码片周期，因为码片周期很短，能量谱便大大展宽。同样发送序列与扩频序列有相同的码片速率，因此发送序列的码片能量 $E_{chip}=a^2T_{chip}$，其能量谱与数据序列的相比被展宽了。

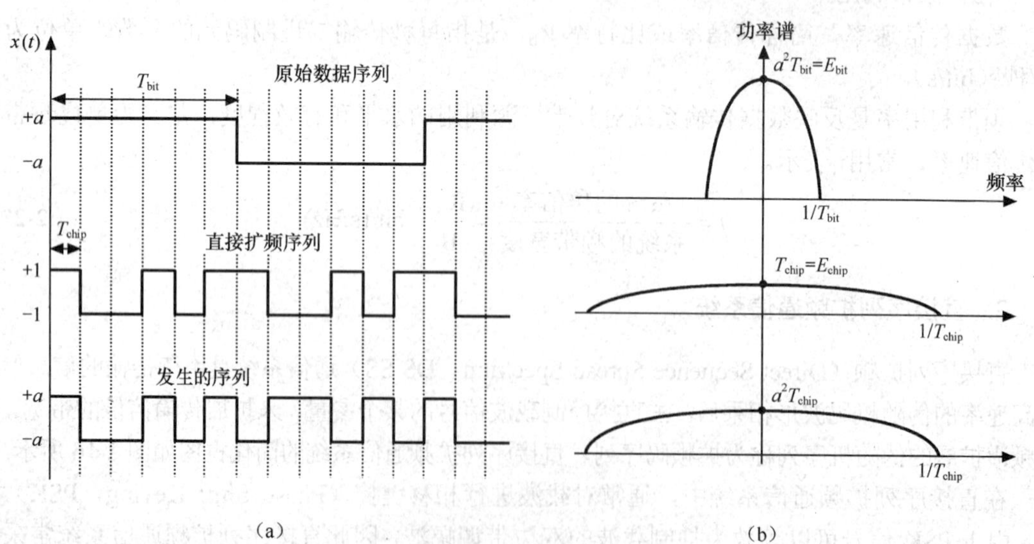

图 2-17 发送端的扩频过程

在接收端，接收机要实现相反的过程，解扩并还原成发送端相同的数据序列。如图 2-18 所示，接收到的序列是扩频后的序列，接收机的解扩就是在比特周期内用与发端相同的扩频序列对码片进行积分，使得数据序列被恢复。处理增益就是码片周期与数据序列周期的比值。在比特周期固定的情况下，码片周期取决于扩频带宽，扩频带宽越宽，处理增益越大。在 cdma2000 系统中，扩频带宽为 1.25MHz，码片速率为 1.28Mchip/s；WCDMA 带宽为 5MHz，码片速率为 3.84Mchip/s；TD-SCDMA 带宽为 1.28MHz，码片速率为 1.2288Mchip/s。

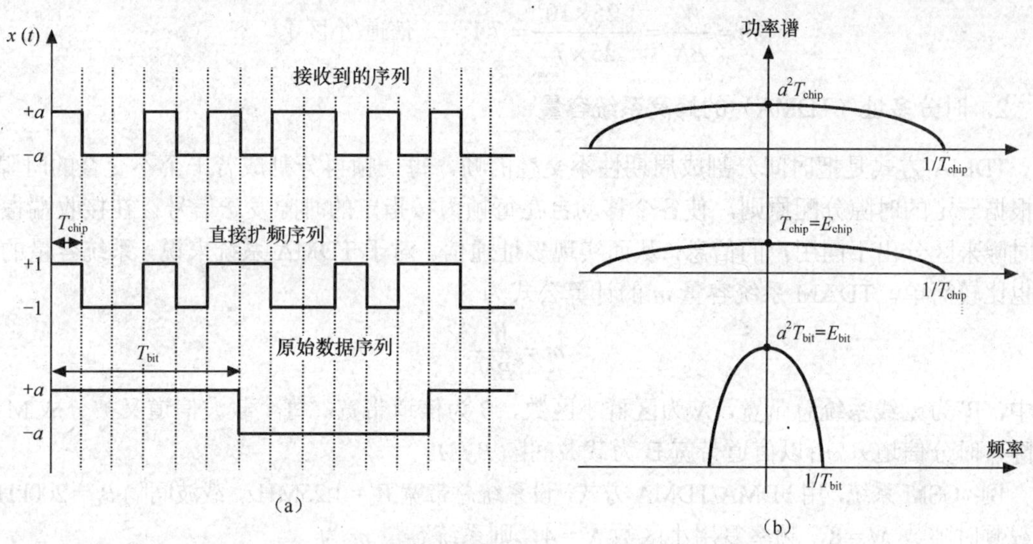

图 2-18 接收端的解扩过程

2.2.5 各种蜂窝系统容量比较

移动通信系统的指标有 3 个：有效性、可靠性和安全性；前者属于数量指标，后两者属于质量指标。系统有效性指标常用通信容量来衡量，通信容量可以采用不同的表征方法进行度量。一般来说，在有限频段内，信道数目越多，系统的通信容量越大。对于蜂窝移动通信系统，合理的度量指标是每个小区的可用信道数，可用下述方式度量：

（1）每个小区可用信道数（ch/cell）：它表征每个小区允许同时工作的用户数；

（2）每个小区每兆赫可用信道数（ch/cell/MHz）：它表征每个小区单位带宽允许同时工作的用户数；

（3）每小区爱尔兰数（Erl/cell）：它表征每小区允许的话务量。

任何通信系统都要满足通信质量的要求。为了保证话音质量，系统接收端的信干比（*SIR*）必须大于一定的门限值。在 FDMA 系统中，通常规定 $SIR = 17\text{dB}$ 为信干比的门限值；TDMA 系统中，规定 $SIR = 10\text{dB}$ 为信干比的门限值；在 CDMA 系统中，$SIR = 7\text{dB}$ 为信干比的门限值。

1. 频分多址（FDMA）的蜂窝系统容量

对于 FDMA 系统来说，系统容量的计算比较简单。FDMA 方式是把通信系统的总频段划分为若干个等间隔、互不交叠的频道分配给不同的用户使用，在相邻频道间无明显的串扰。因此 FDMA 系统容量 m 的计算公式为

$$m = \frac{W}{BN} \tag{2-24}$$

式中，W为无线系统总带宽，N为区群小区数，B为信道带宽。每个载波信道又被分成M个时隙（时分信道），所以信道带宽B为载波间隔Bc/M。

例：模拟TACS系统，采用FDMA方式，设系统总带宽W = 1.25MHz，信道带宽$B = 25\text{kHz}$，频率复用小区数$N = 7$，则系统容量m为

$$m = \frac{W}{BN} = \frac{1.25 \times 10^3}{25 \times 7} = 7.1 \quad （信道/小区）$$

2．时分多址（TDMA）的蜂窝系统容量

TDMA方式是把时间分割成周期性不交叠的帧，每一帧再分割成若干个不交叠的时隙，再根据一定的时隙分配原则，使各个移动台在每帧内按指定的时隙发送信号；在接收端按不同时隙来区分出不同用户的信息，从而实现多址通信。对于TDMA系统来说，系统容量的计算也比较简单。TDAM系统容量m的计算公式为

$$m = \frac{W}{BN}$$

式中，W为无线系统总带宽，N为区群小区数，B为信道带宽。每个载波信道又被分成M个时隙（时分信道），所以信道带宽B为载波间隔B_c/M。

例：GSM系统，用FDMA/TDMA方式，设系统总带宽$W = 1.25\text{MHz}$，载波间隔$B_c = 200\text{kHz}$，每载频时隙数$M = 8$，频率复用小区数$N = 4$，则系统容量m为

$$m = \frac{W}{BN} = \frac{1.25 \times 10^3 \times 8}{200 \times 4} = 12.5 \quad （信道/小区）$$

3．码分多址（CDMA）的小区容量

CDMA多址方式用不同码型的地址码来划分信道，每一地址码对应一个信道，每一信道对时间及频率都是共享的，而FDMA、TDMA系统信道的数量要受到频率或时隙的限制。因此CDMA系统是干扰受限系统，现考虑一般CDMA系统的通信容量。

m个用户共用一个无线信道同时通信，每一个用户的信号受到其他$m-1$个用户信号的干扰。假定系统的功率控制理想，即到达接收端的所有用户信号功率强度一样，则信干比（SIR）为

$$SIR = \frac{1}{m-1} \tag{2-25}$$

同时，一般扩频系统的信干比（SIR）为

$$SIR = \frac{R_b E_b}{N_0 W} = \frac{E_b / N_0}{W / R_b} \tag{2-26}$$

式中，R_b为信息速率，E_b为比特能量，N_0为干扰的功率谱密度，W为CDMA系统占据的有效频带宽度，W/R_b为CDMA系统的扩频增益，E_b/N_0是归一化信噪比，取决于对误码率和话音质量的要求，并与系统的调制方式有关。

由上面两个公式可得CDMA系统的容量m为

$$m = 1 + \frac{W / R_b}{E_b / N_0} \quad （信道/小区） \tag{2-27}$$

由上式可得，在误码率一定的情况下，所需信噪比越小，扩频增益越大，系统可同时容纳的用户数越多。

2.3 数字调制技术

2.3.1 数字调制的概念

调制的最基本功能是将基带信号通过载波调制，使其频谱搬移至适应不同信道特性的射频频带上进行传输。这种用基带数字信号控制高频载波，把基带数字信号变换为频带信号的过程称为数字调制。在接收端通过解调器把频带信号还原成基带数字信号，这种数字信号的逆变换过程称为解调。通常将数字调制和解调合起来称为数字调制，把包括调制和解调过程的传输系统称为数字信号的频带传输系统。

移动通信系统中选择调制方式主要考虑 3 个方面：首先是可靠性，即抗干扰性能，选择具有低误比特率的调制方式，其功率谱密度集中在主瓣内；其次是有效性，主要体现在高频谱利用率上，即单位频带单位时间内所传送的信息量（bit/(s・Hz)）较高，考虑采用多进制调制；第三是工程上易于实现，主要体现在恒包络与峰平比的性能上。

2.3.2 数字调制的基本原理

通常正弦波可用下式表示：

$$s(t) = a(t)\cos\left(w(t) + \varphi(t)\right)$$

其中，变量 t 代表时间，$a(t)$是正弦波的振幅，$w(t)$是角频率，$\varphi(t)$是相位。

所谓调制，就是用数字基带信号 0 与 1 去控制正弦波中的 3 个参量：幅度、频率和相位之一（也可以是两个参量），将基带信号变成已调信号。因此数字调制主要有 3 种形式：幅移键控（Amplitude Shift Keying，ASK）、频移键控（Frequency Shift Keying，FSK）和相移键控（Phase Shift Keying，PSK），它们分别是正弦波的幅度、频率、相位随着数字基带信号而变化。这 3 种数字调制方式是数字调制的基础。这 3 种数字调制方式都存在某些不足，如频谱利用率低、抗多径衰落能力差、功率谱衰减慢、带外辐射严重等。为了改善这些不足，近几十年来人们陆续提出一些新的数字调制技术，以适应各种新的通信系统的要求。如差分相移键控（Differential PSK，DPSK）、正交（四相）相移键控（Quaternary PSK，QPSK）和偏移四相相移键控（Offset QPSK，OQPSK）都是 PSK 的改进，而高斯最小频移键控 GMSK 是 FSK 的改进。

2.3.3 数字调制的分类

数字调制主要有 3 种形式：幅移键控（ASK）、频移键控（FSK）和相移键控（PSK）。基于 2ASK，产生了正交幅度调制（Quadrature Amplitude Modulation，QAM），是用数字基带信号联合控制载波的幅度和相位两个参量，以及多进制正交幅度调制（Multipile QAM, MQAM）。由于移动通信信道中的多径传播对载波幅度的影响，在 1G、2G 中没有使用。在 3G 系统中，采用了 MQAM，如 16QAM 或 64QAM。

若将由 0 和 1 组成的基带二进制信号进一步推广到多进制信号，将产生相应的 MASK，MFSK，MPSK 调制。

在实际的相移键控（PSK）方式中，为了克服在接收端产生的相位模糊问题，通常采用相对相移 DPSK 及 DQPSK（Differential Quadrature Phase Shift Keying）代替绝对相移 PSK。

在实际的相移键控 PSK 方式中，为了降低已调信号的峰平比，引入了 QPSK（OQPSK）、π/4-DQPSK，正交复四相相移键控（Complex QPSK，CQPSK），以及混合相移键控（Hybria PSK，HPSK）等。PSK 调制被广泛应用于 3G 移动通信系统中。

在二进制调制中，为了彻底消除由于相位跃变带来的峰平比增加和频带扩展，又引入了有记忆的非线性连续相位调制（Continous Phase Modulation，CPM）、最小频移键控（Minimum Shift Keying，MSK）、GMSK（高斯滤波 MSK）及平滑调频（Tamed Frequency Modulation，TFM）等。GMSK 被应用在 GSM 数字移动通信系统中。

上述各类调制中，有记忆非线性调制有 CPM、MSK、GMSK（高斯型 MSK）及 TFM，其他都属于无记忆线性调制。

数字调制的分类如表 2-3 所示。

表 2-3　　数字调制分类

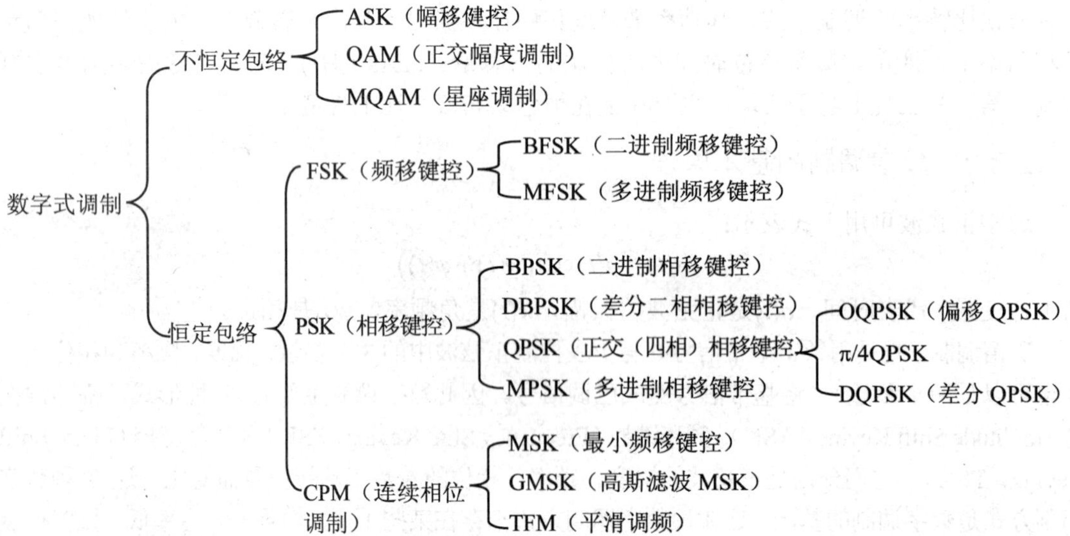

下面先介绍最基本的调制 2ASK、2PSK（BPSK（Binary PSK））、2FSK，而后再介绍几种在第三代移动通信系统中使用的数字调制技术。

2.3.4　基本调制方法性能分析

2ASK，2FSK，2PSK 和 2DPSK 调制原理如图 2-19 所示。

数字信号在传输过程中由于干扰、噪声和波形畸变的影响，可能产生误码。二进制数字信号在 AWGN 信道上通过载波键控方式传输时，如果接收端采用理想的相干解调方式并消除码间干扰，则平均误比特率 P_b 和归一化信噪比 E_b/N_0 关系可以表示为

（1）2ASK：$$P_b=\frac{1}{2}erfc\left(\sqrt{\frac{E_b}{4N_0}}\right)=Q\left(\sqrt{\frac{E_b}{2N_0}}\right) \tag{2-28}$$

（2）2FSK：$$P_b=\frac{1}{2}erfc\left(\sqrt{\frac{E_b}{2N_0}}\right)=Q\left(\sqrt{\frac{E_b}{N_0}}\right) \tag{2-29}$$

（3）2PSK：$$P_b=\frac{1}{2}erfc\left(\sqrt{\frac{E_b}{N_0}}\right)=Q\left(\sqrt{\frac{2E_b}{N_0}}\right) \tag{2-30}$$

式中，P_b 表示平均误比特率，E_b 是单位比特的信号平均功率，N_0 是噪声的单边功率谱密度，$erfc(x)$ 为互补误差函数。

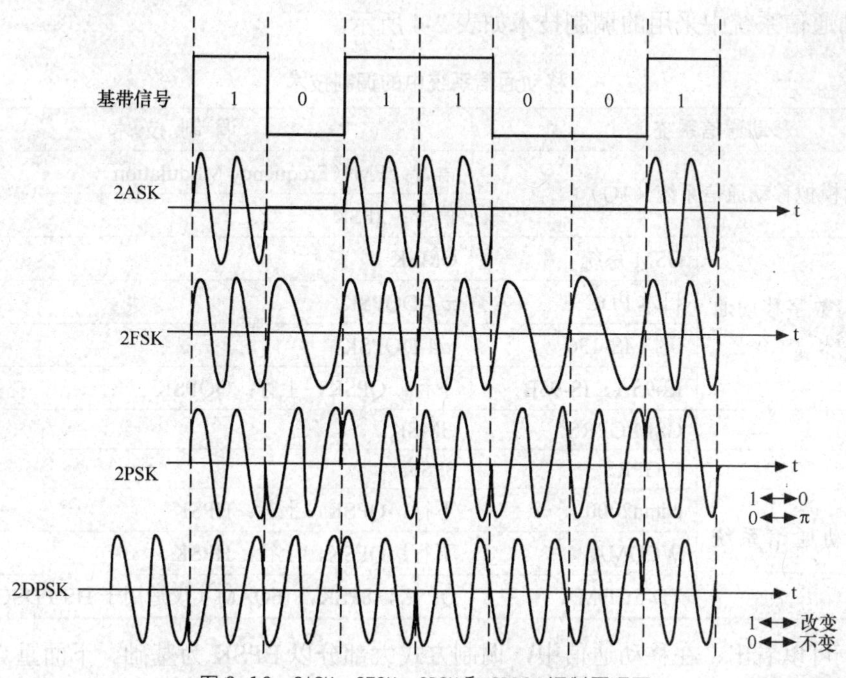

图 2-19　2ASK，2FSK，2PSK 和 2DPSK 调制原理图

3 种调制方式的误比特率性能如图 2-20 所示，E_b/N_0 为归一化信噪比。从图中可以看出，2PSK（BPSK）性能最佳，2FSK 次之，2ASK 最差。因此在移动通信中，调制方式均以 BPSK 为基础。

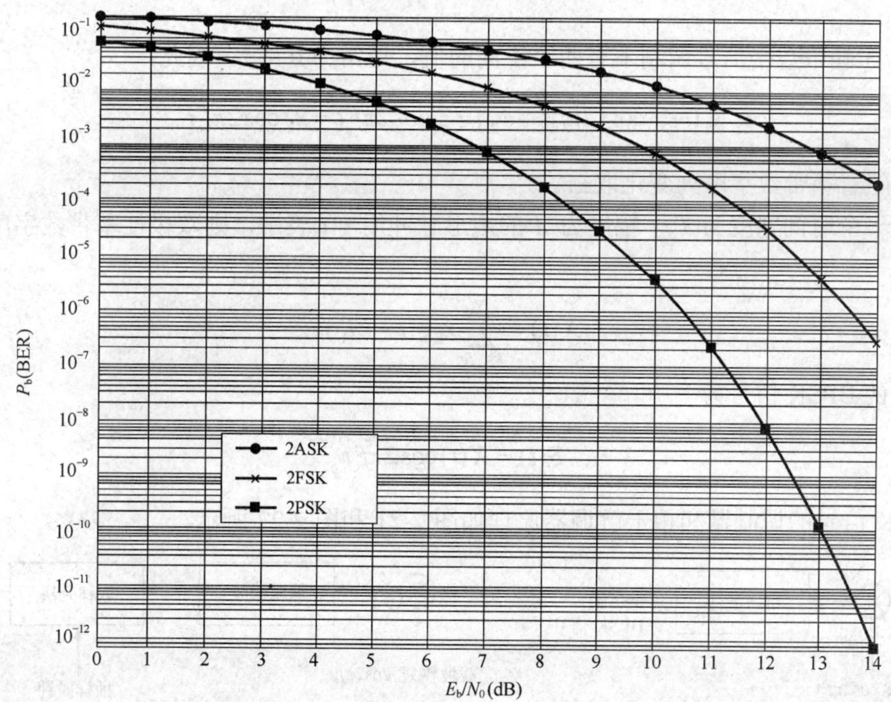

图 2-20　3 种调制方式的误比特率性能比较

2.3.5 现代数字调制技术

在移动通信系统中采用的调制技术如表 2-4 所示。

表 2-4 移动通信系统中的调制技术

移动通信系统		调 制 技 术
第一代蜂窝模拟移动通信系统（1G）		语音：FM（Frequency Modulation）
		信令：2FSK
第二代蜂窝数字移动通信系统（2G）	GSM 系统	GMSK
	日本 PDC	π/4-DQPSK
	美国 IS-136	π/4-DQPSK
	IS-95A、IS-95B	下行：QPSK，上行：OQPSK
2.5G	GSM/GPRS	GMSK
2.75G	E-GPRS	8PSK
第三代移动通信系统（3G）	cdma2000	下行：QPSK，上行：HPSK
	WCDMA	下行：QPSK，上行：HPSK
	TD-SCDMA	QPSK，8PSK，16QAM（仅适用于 HS-PDSCH 信道）

由上表可以看出，在移动通信中，调制方式大部分以 BPSK 为基础。下面重点介绍移动通信系统中常用的数字调制技术。

（1）二相相移键控（BPSK）。二相相移键控（BPSK 或 2PSK）信号表达式为

$$s_k(t)=\cos\left(2\pi f_c t+\varphi_k\right) \tag{2-31}$$

式中，φ_k 在基带数字信号调制下有两个不同的值，通常为 0 或π。因此，

$$s_k(t)=\cos\left(2\pi f_c t+\varphi_k\right)=\pm\cos 2\pi f_c t=x_k\cos 2\pi f_c t \tag{2-32}$$

式中，x_k 随着基带数字序列变化取±1。

如果一个时间宽度为 T_b，幅度为 A 的矩形脉冲用 $g(t)$表示，则双极性基带数字序列 $X(t)$ 表示为

$$X(t)=\sum_{k=-\infty}^{\infty}x_k g(t-kT_b) \tag{2-33}$$

则调制后的 BPSK 信号为

$$S(t)=X(t)\cos 2\pi f_c t \tag{2-34}$$

BPSK 信号的调制器和相干解调器原理如图 2-21 和图 2-22 所示。

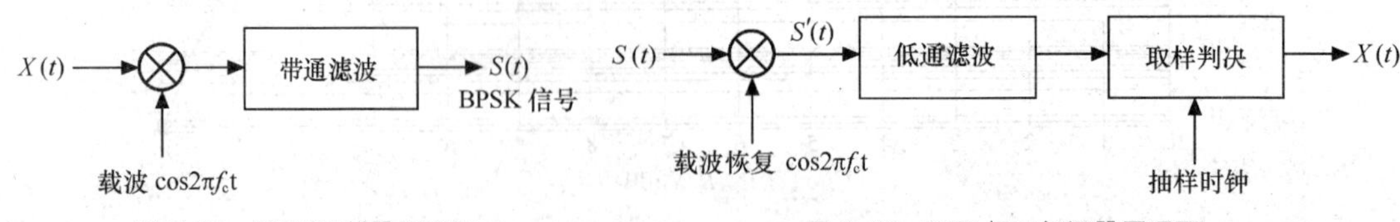

图 2-21 BPSK 调制器原理图　　图 2-22 BPSK 相干解调器原理图

由于 BPSK 是二相绝对调相，接收端通常采用相干解调，即接收端的载波同发送端同步。由图 2-22 可知，接收信号与载波相乘后，输出为

$$S'(t)=S(t)\cos(2\pi f_c t)=X(t)\cos^2(2\pi f_c t)=\frac{X(t)}{2}+\frac{X(t)\cos(4\pi f_c t)}{2} \quad (2\text{-}35)$$

$S'(t)$ 经过低通滤波器后滤除高频分量，经过判决得到原基带信号 $X(t)$。

理论分析可得 BPSK 的功率谱密度为

$$S(f)=\frac{A^2}{2}T_b Sa^2[\pi(f-f_c)T_b] \quad (2\text{-}36)$$

式中，基带信号是宽度为 T_b，数据速率为幅度为 A 的双极性矩形脉冲序列，S_a 为 S_a 函数，BPSK 信号的单边功率谱密度如图 2-23 所示。

由图 2-23 可知，基带信号数据速率为 $f_b$bit/s 的 BPSK 信号的单边带宽至少为 $2f_b$Hz，因此 BPSK 信号的频谱利用率为 0.5bit/(s・Hz)。

（2）正交（四相）相移键控 QPSK。正交（四相）相移键控 QPSK 信号表达式为

$$s_k(t)=\cos\left(2\pi f_c t+\varphi_k\right)=\cos\varphi_k\cos 2\pi f_c t-\sin\varphi_k\sin 2\pi f_c t \quad (2\text{-}37)$$

若设 $X_k=\cos\varphi_k, Y_k=\sin\varphi_k$，则

$$s_k(t)=X_k\cos 2\pi f_c t-Y_k\sin 2\pi f_c t \quad (2\text{-}38)$$

式中，φ_k 在基带数字信号调制下有 4 个不同的值，为 0、π/2、π和 3π/2，或π/4、3π/4、5π/4、和 7π/4。图 2-24 所示为π/4、3π/4、5π/4 和 7π/4 相位示意图，表 2-5 列出φ_k与 X_k 和 Y_k 的对应值。

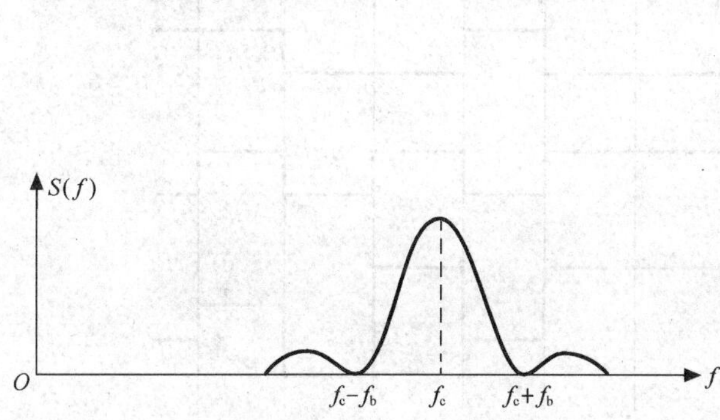

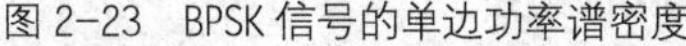

图 2-23　BPSK 信号的单边功率谱密度

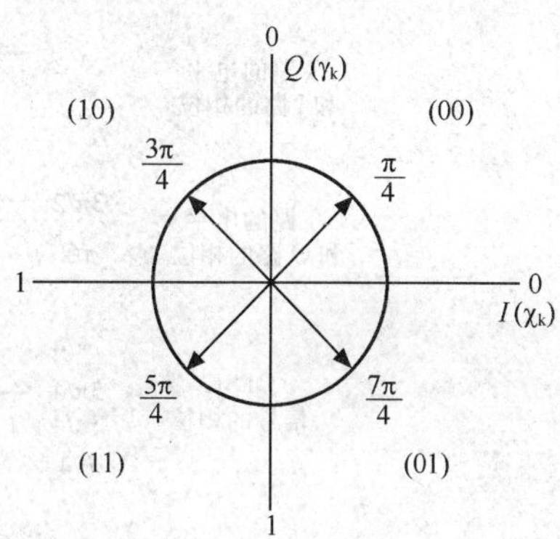

图 2-24　QPSK 的相位φ_k示意图

表 2-5　**QPSK 的相位φ_k与 X_k 和 Y_k 的对应值**

φ_k	$\frac{\pi}{4}$	$\frac{3\pi}{4}$	$\frac{5\pi}{4}$	$\frac{7\pi}{4}$
X_k	$1/\sqrt{2}$	$-1/\sqrt{2}$	$-1/\sqrt{2}$	$1/\sqrt{2}$
Y_k	$1/\sqrt{2}$	$1/\sqrt{2}$	$-1/\sqrt{2}$	$-1/\sqrt{2}$

图 2-25 所示为 QPSK 调制器的原理图。图中，数据速率为 $f_b$bit/s 的基带数字序列经过

串并变换形成两路信号 X_k 和 Y_k，分别与与载波 $\cos 2\pi f_c t$ 和 $-\sin 2\pi f_c t$ 相乘形成 I 路和 Q 路信号，I 路信号代表 QPSK 信号的同相分量，Q 路信号代表 QPSK 信号的正交分量。I 路和 Q 路信号叠加后形成 QPSK 信号。从 QPSK 调制过程可以看出，它是两路 BPSK 合路形成。由于 I 路和 Q 路信号采用两个互为正交的载波形成的 BPSK 信号，因此 I 路和 Q 路信号互不干扰。由于 I 路和 Q 路信号合路后形成 QPSK 信号，所以 QPSK 信号所占频带仍为一路 BPSK 信号占用的频带 $2\times f_b/2=f_b$，QPSK 信号的频谱利用率为 1bit/(s • Hz)，是 BPSK 信号的 2 倍。

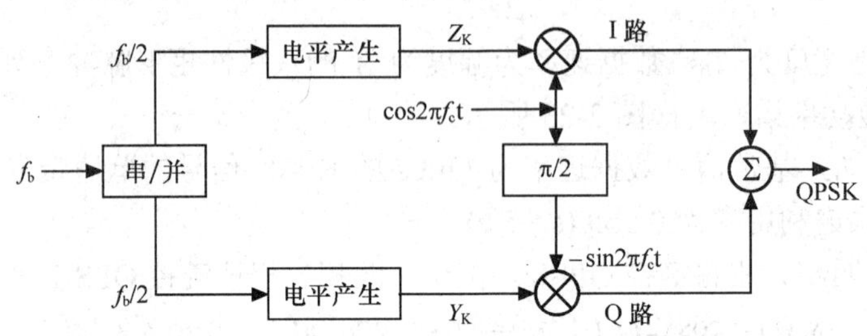

图 2-25　QPSK 调制器的原理图

图 2-26 所示为 QPSK 调制信号相位形成图，由图 2-26 可以看出，基带数字信号两两一组，参照图 2-24 形成 QPSK 信号的相位。

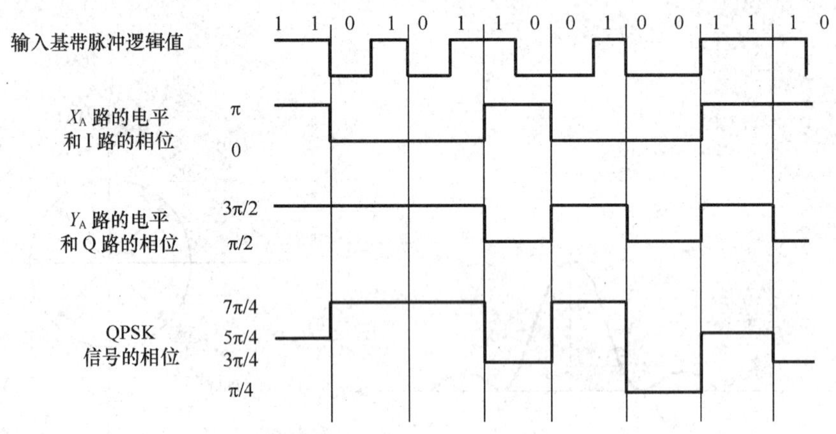

图 2-26　QPSK 信号相位形成图

QPSK 信号的 4 种相位分别对应 2 位二进制码的 4 种组合，如表 2-6 所示。

表 2-6　QPSK 信号的 4 种相位

通　道	逻辑	相位	逻辑	相位	逻辑	相位	逻辑	相位
I 通道	0	0	1	π	1	π	0	0
Q 通道	0	$\frac{\pi}{2}$	0	$\frac{\pi}{2}$	1	$\frac{3\pi}{2}$	1	$\frac{3\pi}{2}$
合成	00	$\frac{\pi}{4}$	10	$\frac{3\pi}{4}$	11	$\frac{5\pi}{4}$	01	$\frac{7\pi}{4}$

QPSK 信号采用相干解调，其原理如图 2-27 所示。

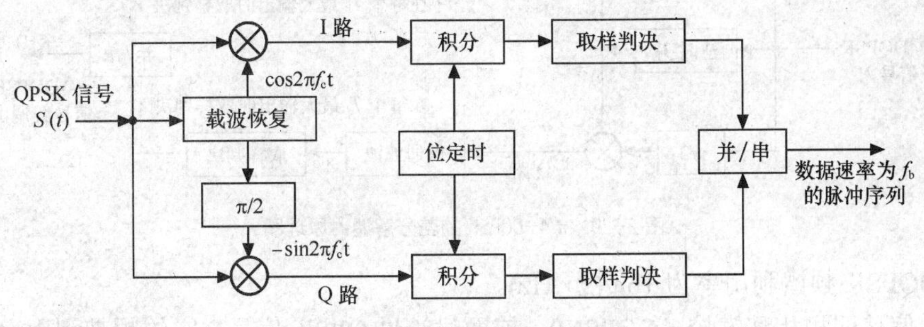

图 2-27 QPSK 相干解调原理图

接收 QPSK 信号为

$$s_k(t) = X_k \cos 2\pi f_c t - Y_k \sin 2\pi f_c t \tag{2-39}$$

$$(X_k \cos 2\pi f_c t - Y_k \sin 2\pi f_c t)\cos 2\pi f_c t \to \frac{1}{2}X(t) \tag{2-40}$$

$$(X_k \cos 2\pi f_c t - Y_k \sin 2\pi f_c t)(-\sin 2\pi f_c t) \to \frac{1}{2}Y(t) \tag{2-41}$$

接收信号分别与正交载波 $\cos 2\pi f_c t$ 和$-\sin 2\pi f_c t$ 相乘后生成 I 路和 Q 路信号经过低通滤波器，滤除高频分量后，经取样判决得到 X_k 和 Y_k，再经并串转换，输出即是速率为 $f_b$bit/s 的基带数据序列。

由于 QPSK 信号是由两路 BPSK 信号合成，且两路信号的载波是正交的，则其功率谱密度是两者之和，QPSK 信号的频带利用率是 BPSK 信号的 2 倍，是 1bit/(s·Hz)。

（3）差分四相相移键控 DQPSK 和π/4-DQPSK。由于 QPSK 信号在进行相干解调时，与 BPSK 信号一样存在相位模糊问题，产生大量的误码，因此为了消除这一相位模糊，在调制内增加一个差分编码器，在解调器内增加一个差分译码器，这就是差分四相键控（DQPSK）。它与 QPSK 的不同之处在于所传符号对应的不是载波的绝对相位，而是相位改变，即相位差。

π/4-DQPSK 是正交移相键控调制技术，它与 QPSK 信号不同在于：一是将 QPSK 信号的最大相位跳变从±π降为±3π/4，从而改善了 QPSK 的频谱特性；二是在接收端解调，由于采用相对调相，π/4-DQPSK 解调既可以采用相干解调，也可以采用非相干解调，而 QPSK 只能采用相干解调。

π/4-DQPSK 的调制器原理图和解调器原理图分别如图 2-28 和图 2-29 所示。

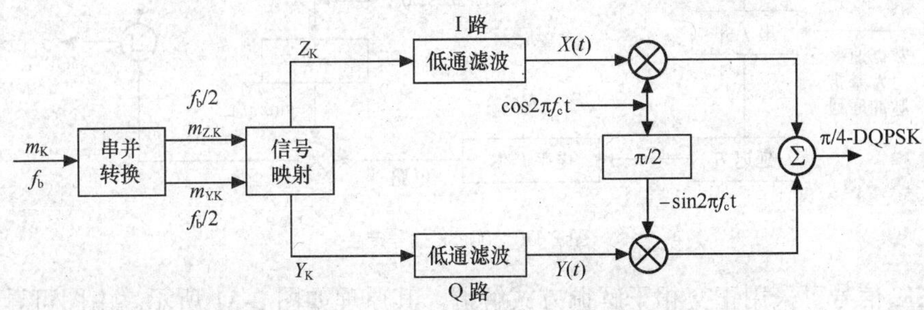

图 2-28 π/4-DQPSK 的调制器原理图

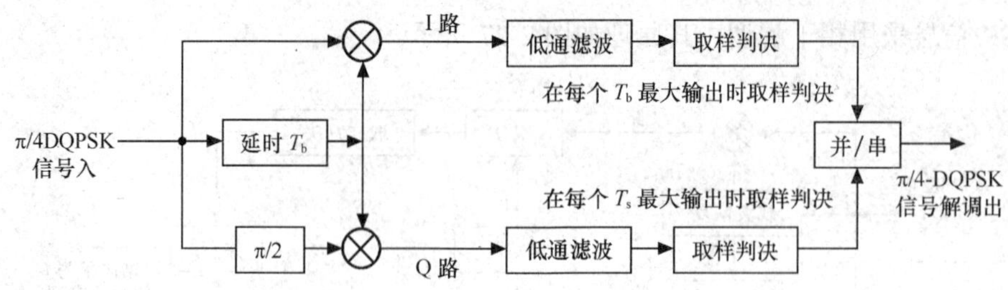

图 2-29 π/4-DQPSK 的差分解调器原理图

π/4-DQPSK 频谱利用率为 1bit/(s • Hz)。

（4）偏移四相相移键控（OQPSK）。前面讨论过 QPSK 信号，它的频带利用率较高，理论值达 1bit/（s • Hz）。但当码组为 0011 或 0110 时，产生 180° 的载波相位跳变。这种相位跳变引起包络起伏，当通过非线性部件后，使已经滤除的带外分量又被恢复出来，导致频谱扩展，增加对相邻波道的干扰。为了消除 180° 的相位跳变，在 QPSK 基础上提出了 OQPSK 调制。

OQPSK 是在 QPSK 基础上发展起来的一种恒包络数字调制技术。这里，所谓恒包络技术是指已调波的包络保持为恒定，它与多进制调制是从两个不同的角度来考虑调制技术的。恒包络技术所产生的已调波经过发送带限滤波器后，当通过非线性部件时，只产生很小的频谱扩展。这种形式的已调波具有两个主要特点，其一是包络恒定或起伏很小，其二是已调波频谱具有高频快速滚降特性，或者说已调波旁瓣很小，甚至几乎没有旁瓣。

一个已调波的频谱特性与其相位特性有着密切的关系，$w=\frac{\mathrm{d}\theta(t)}{\mathrm{d}t}$，因此为了控制已调波的频率特性，必须控制它的相位特性。恒包络调制技术的发展正是始终围绕着进一步改善已调波的相位特性这一中心进行的。

OQPSK 也称为偏移四相相移键控（offset-QPSK），是 QPSK 的改进型。它与 QPSK 有同样的相位关系，也是把输入码流分成两路，然后进行正交调制。不同点在于它将同相和正交两支路的码流在时间上错开了半个码元周期。由于两支路码元半周期的偏移，每次只有一路可能发生极性翻转，不会发生两支路码元极性同时翻转的现象。因此，OQPSK 信号相位只能跳变 0°、±90°，不会出现 180°的相位跳变。

OQPSK 信号的产生原理可用图 2-30 来说明，图中 $T_b/2$ 的延迟电路是为了保证 I、Q 两路码元偏移半个码元周期。

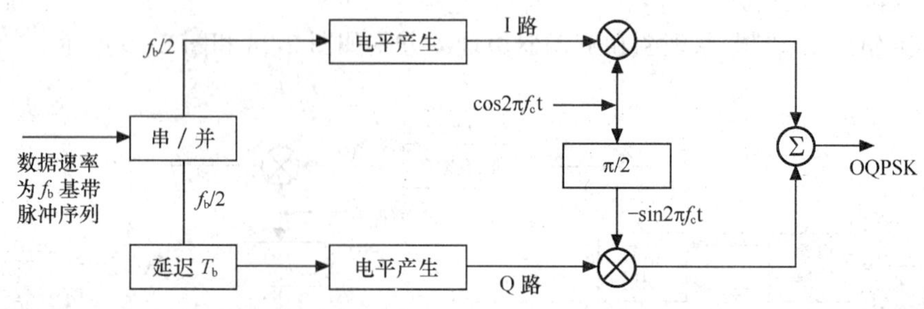

图 2-30 OQPSK 信号产生

OQPSK 信号可采用正交相干解调方式解调，其原理如图 2-31 所示。由图可看出，它与 QPSK 信号的解调原理基本相同，其差别仅在于对 Q 支路信号抽样判决时间比 I 支路延迟了

$T_b/2$，这是因为在调制时 Q 支路信号在时间上偏移了 $T_b/2$，所以抽样判决时刻也应偏移 $T_b/2$，以保证对两支路交错抽样。

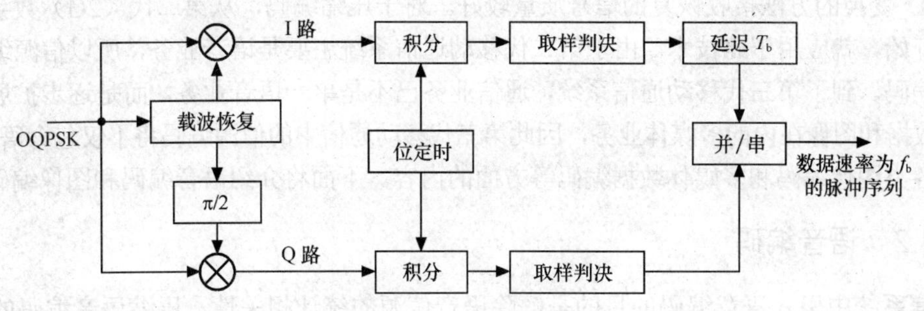

图 2-31 OQPSK 信号解调

OQPSK 克服了 QPSK 的 180° 的相位跳变，信号通过带通滤波器后包络起伏小，性能得到了改善，因此受到了广泛重视。但是，当码元转换时，相位变化不连续，存在 90° 的相位跳变，因而高频滚降慢，频带仍然较宽。

（5）HPSK。在 cdma2000 和 WCDMA 的扩频调制中，广泛采用了 HPSK（Hybrid Phase Shift Keying），其原理框图如图 2-32 所示。

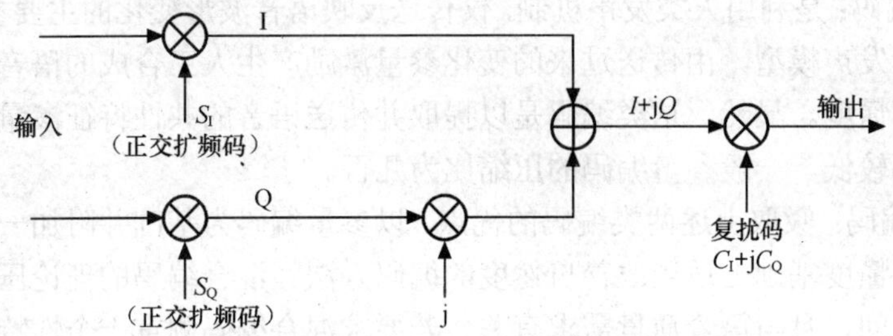

图 2-32 HPSK 原理框图

采用 HPSK 的调制方式，有效降低了调制信号的峰均比，减少了信号的过零率，降低了移动台对功率放大器的要求。

2.4 信源编码技术

2.4.1 信源编码概述

信源编码是信源研究中的一个核心问题，也是信息论所讨论的编码中最重要的编码之一。信源编码的目的是压缩数据率，去除信号中的冗余度，提高传输的有效性。其评价标准是在一定失真条件下要求数据速率越低越好。

信源编码按对信息处理有无失真可分为无失真编码和限失真编码，限失真编码符合大多数实际情况；按信号性质分，有语言编码、图像编码、传真编码等；按信号处理域分，有波形编码（或时域编码）和参量编码（或变换域编码）。常见的脉冲编码调制（Pulse Code Modulation，PCM）和增量调制（Delta Modulation，DM）等属于波形编码，各种类型的声码器属于参量编码。

信源编码要完成两大任务：（1）将信源输出的模拟信号转换成数字信号（模数转换，即 A/D 变换）；（2）实现数据压缩。

因此，信源编码包括模拟信号的数字化以及压缩编码等。模拟信号数字化的方法很多，目前采用最多的是信号波形的 A/D 变换方法（波形编码），它直接将时域波形变换成数字序列，采用 A/D 变换的方法接收恢复的信号质量较好。对于压缩编码，从第二代（2G）数字移动通信系统开始，就应用了此技术。由于第二代移动通信系统主要是语音业务，所以信源编码主要指语音编码。到了第三代移动通信系统，通信业务已不是单一语音业务，而是逐步扩展成包含语音、数据和图像在内的多媒体业务，因此第三代移动通信中的信源编码将不仅包含语音编码，还包含各类图像编码和多媒体数据编码等方面的内容。下面将介绍语音编码和图像编码。

2.4.2 语音编码

通信系统中引入语音编码的目的是解除语音信源的统计相关性，压缩语音编码的码率，提高通信系统的有效性。语音编码大致分成以下 3 类。

（1）波形编码：是以精确再现语音波形为目的，并以保真度即自然度为度量标准的编码方法，这类编码是保留语音个性特征为主要目标的方法，其码率最高。一般压缩比为 2～8。若语音质量达到进入公网要求时，压缩比通常取 4，这时语音速率可从未压缩的脉冲编码调制（PCM）64kbit/s 降到 16kbit/s。目前，实用化的差分脉冲编码调制（Differential Pulse Code Modulation，DPCM）速率为 32kbit/s。

（2）参量编码：是利用人类发声机制，仅传送反映语音波形变化的主要参量的编码方法。在接收端，根据发声模型，由传送过来的变化参量激励产生人工合成的语音。参量编码的主要度量标准是可懂度。显然，这类编码是以提取并传送语音的共性特征参量为主要目标的编码方法，其码率较低。一般参量编码的压缩比为几百。

（3）混合编码：吸取上述两类编码的优点，以参量编码为基础并附加一定的波形编码特征，以实现在可懂度基础上适当改善自然度的编码方法。混合编码的理论压缩比介于波形编码和参量编码之间，且与语音质量需求有关。若要求混合编码侧重于个性特征，则其压缩比接近波形编码；若要求混合编码侧重于共性，则其压缩比靠近参量编码。

参量编码，一般又称为声码器，而混合编码，一般称为软声码器。在上述 3 类编码中，波形编码质量最高，其质量几乎与压缩处理之前相同，适用于公共骨干（固定）通信网；参量编码质量最差，不能用于骨干通信网，仅适用于特殊通信系统，如军事与保密通信系统；混合编码质量介于两者之间，目前主要用于移动通信网。

2.4.3 数字移动通信中的语音编码

在数字移动通信中，语音编码要考虑 3 方面的因素：第一，由于频率资源有限，要求采用低码率的语音编码；第二，由于移动通信信号可能要进入公共骨干通信网，因此语音编码必须基本满足公共骨干网的最低要求；第三，移动通信属于民用通信，还必须满足个性化指标要求。鉴于以上原因，高质量的混合编码是移动通信系统中的首选方案。

在低数据比特率、高压缩比的混合编码中，数据比特率、语音质量、复杂度与处理时延是 4 个主要参数。混合编码的任务是力图使上述参量达到综合最优化。下面分别讨论这 4 个参量。

（1）数据比特率。数据比特率是度量语音信源压缩率和通信系统有效性的主要指标。数据比特率越低，压缩倍数越大，可通信的话路数就越多，移动通信系统也越有效。数据比特率低，语音质量也随之相应降低。为了补偿质量的下降，往往可以采用提高设备硬件复杂度和算法软件复杂度的办法，但这又带来了成本和处理时延的增大。降低比特率另一种有效的方法是采用可变速率的自适应传输，它可以大大降低语音的平均传送率。

另外，还可以进一步采用语音激活技术，充分利用至少 3/8 的有效空隙。语音激活技术是建立在通话双方句子间、单词间存在可利用空闲的原理上，对于 TDMA 系统，首先要检测可利用的空隙，然后再采用插空技术加以利用。对于 CDMA 系统，由于各路话音同频、同时隙，则可很方便地利用所有空隙间隔。

（2）语音质量。度量语音质量是一个很困难的问题。其度量方法包括客观与主观两个方面。客观度量标准可以采用信噪比、误码率、误帧率等指标，相对比较简单可行。但是主观度量标准就没有那么简单了，主要由人耳主观特性来判断。

目前，国际上常采用的主观评判方法为原国际电报电话咨询委员会（Consulative Committee on Feleeommunications and Telegraphy，CCITT）（ITU-T 前身）建议采用的平均评估得分法，称为 MOS（Mean Opinion Score）方法。它将主观质量评分分为 5 级，如表 2-7 所示。在 5 级主观评测标准中，达到 4 级以上就可以进入公共骨干网，达到 3.5 级以上可以基本进入移动通信网。

表 2-7　语音主观评判方法

MOS	质 量 等 级	收听注意力等级	应　用
5	质量完美：Excellent	可以完全放松，不需要注意力	公共骨干网
4	高质量：Good	需要注意力，但不需要明显集中注意力	公共骨干网
3	质量尚可（及格）：Fair	中等程度的注意力	移动通信网
2	质量差（不及格）：Poor	需要集中注意力	合成语音
1	质量完全不能接受：Bad	即使努力听，也很难听懂	

（3）复杂度和处理时延。一般语音编码通常采用数字信号处理器（Digital Signal Proceesing，DSP）来实现，其硬件复杂度取决于 DSP 的处理能力，而软件复杂度则主要体现在算法复杂度上，是指完成语音编译码所需要的加法、乘法的运算次数，一般采用 MIPS（Million Instluctions Per Second）即每秒完成的百万条指令数来表示。通常，在取得近似相同语音质量的前提下，语音码率每下降一半，MIPS 大约需增大一个数量级。算法复杂度增大，也会带来更长的运算时间和更大的处理时延，在双向语音通信中，处理时延、传输时延再加上未消除的回声是影响语音质量的一个重要指标。

表 2-8 列出几种已知低数据比特率语音编码的上述 4 个参数与性能的比较。

表 2-8　几种低数据比特率语音编码参数与性能比较

参数 / 指标 / 编码器类型	数据比特率（kbit/s）	复杂度（MIPS）	时延（ms）	质量（MOS）
脉冲编码调制（PCM）	64	0.01	0	4.3
自适应差分脉冲编码调制（ADPCM）	32	0.1	0	4.1
自适应子带编码	16	1	25	4
多脉冲线性预测编码	8	10	35	3.5
随机激励线性预测编码	4	100	35	3.5
线性预测声码器	2	1	35	3.1

2.4.4 语音压缩编码原理

（1）波形编码原理。脉冲编码调制（Pulse Code Modulation，PCM）是实现模拟信号到数字信号的通用方法，具体步骤是抽样、量化和编码，PCM 系统原理图如图 2-33 所示，抽样量化和编码示意图如图 2-34 所示。

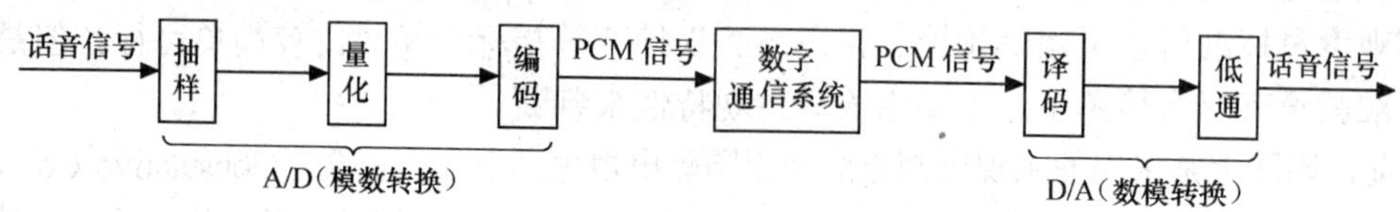

图 2-33 PCM 系统原理图

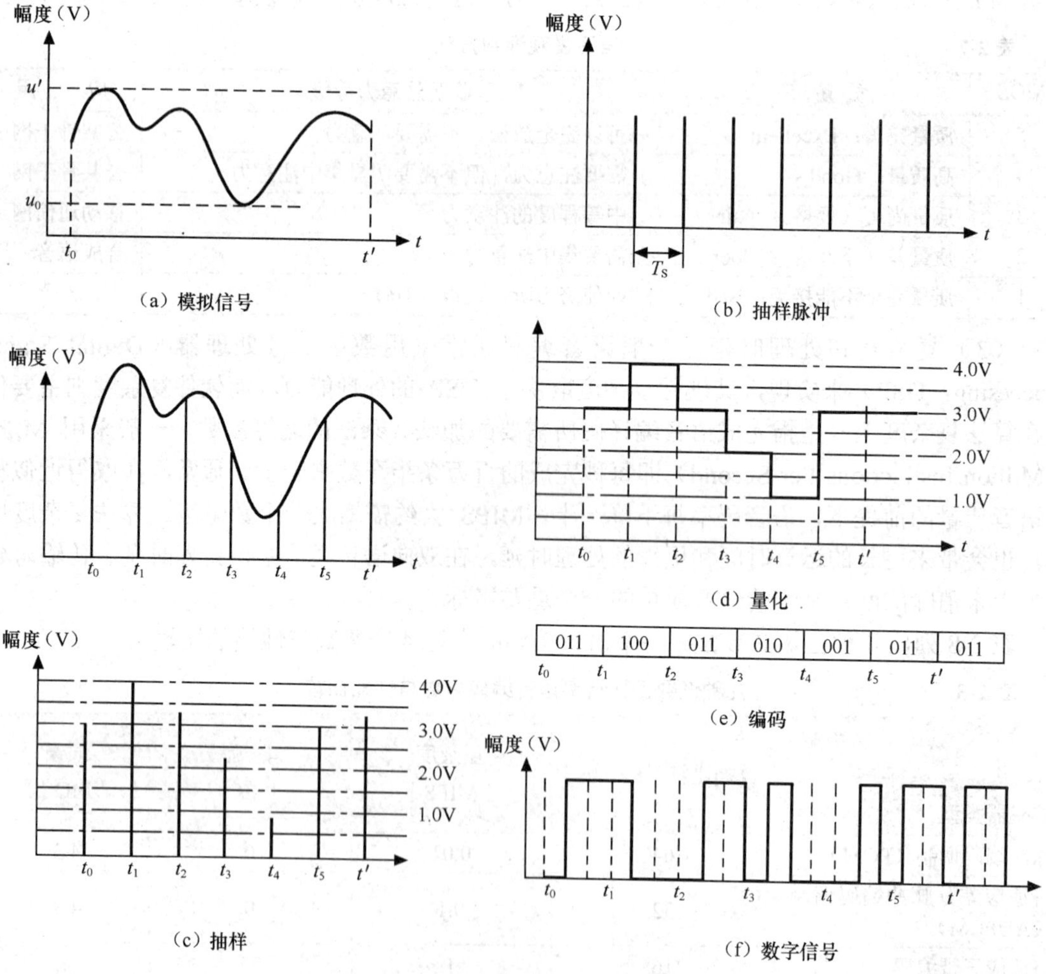

（a）模拟信号

（b）抽样脉冲

（c）抽样

（d）量化

（e）编码

（f）数字信号

图 2-34 PCM 抽样、量化和编码示意图

以语音信号为例，单路连续模拟信号带宽为 300～3 400Hz，根据奈奎斯特抽样定理，采

样频率必须大于等于 2 倍的信号带宽，一般取 8kHz，量化和编码按非线性（A 律或μ律）量化的 8bit 考虑，则单路模拟语音信号量化后应为 64kbit/s。如果频带利用率为 1bit/(s・Hz)，则传送这个信号需要 64kHz 的带宽，由于移动通信的频带资源紧张，因此 PCM 编码不适用，需要开发低速率的编码技术。

差分脉冲编码调制（DPCM）采用差分方式，不直接传送 PCM 数字化信号，而是改为传送取样值与预测值（通过前面的样点值经线性预测得到）之间的差值，并将差值量化和编码后传送。由于传送的是差值，因此在系统量化噪声要求的条件下，DPCM 量化后的比特数小于 PCM 量化后的比特数，从而达到降低信源码率的目的。

自适应差分脉冲编码（ADPCM）与 DPCM 的原理相同，两者之间的主要差别在于 ADPCM 中的量化器和预测器引入了自适应控制机制，同时在译码中增加同步编码调整器，不产生误差积累。因此 ADPCM 技术成熟，其质量与 PCM 相差无几，但速率却降低二分之一，即从 PCM 的 64kbit/s 降为 ADPCM 的 32kbit/s。

（2）参量编码原理。参量编码不直接传送语音信号波形，而是传送产生、激励语音波形的基本参数。决定语音波形的方式很多，其中最常用的是人工合成语音（声码器）的线性预测方式，它是移动通信中语音混合编码的基本依据。

语音信号产生的物理模型如图 2-35 所示，参量编码技术是以其为基础，根据输入语音信号分析出表征声门振动的激励参数和表征信道特性的声道参数，然后在解码端，根据这些模型参数恢复语音。这种编码算法不是以反映输入语音的原始波形为目的，而是根据人耳的听觉特性，确保语音的可懂度和清晰度。基于这种编码技术的编码系统称为声码器，声码器主要用于窄带信道上提供 4.8kbit/s 以下的低速率语音通信和一些对时延要求较宽松的场合。当前，参量编码技术的研究方向是线性预测编码声码器等。

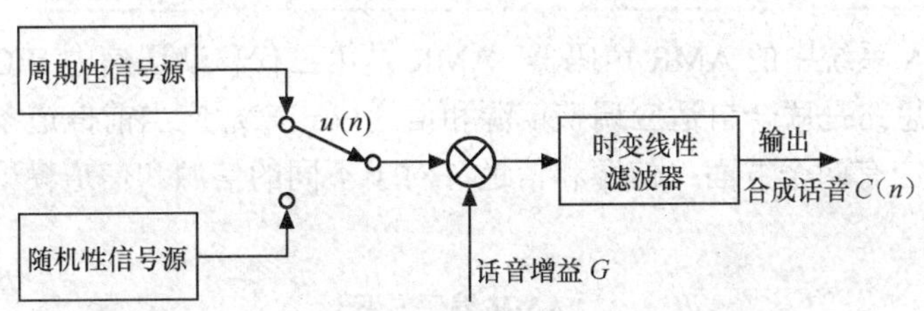

图 2-35 语音产生的物理模型

在典型参量编码的线性预测（Linear Predictive Code，LPC）方案中，发送端一般需要提取并传送 15 个基本参量，包括周期、清浊音、语音增益和线性时变语音合成滤波器系数。在接收端，首先通过参量译码恢复出 15 个参量，其次在按照发声的物理模型，利用这些参量激励并合成人工语音。

（3）混合编码原理。混合编码是介于波形编码和参量编码之间的一种编码方法，兼有参量编码低速率和波形编码的高质量的优点。波形编码的速率下限是 16kbit/s，质量在 4.1 到 4.5 之间；参量编码的速率上限是 4kbit/s，质量在 3.5 以下；混合编码的速率的范围在 4～16kbit/s 之间，质量维持在 4 左右。

混合编码是以参量编码，特别是以 LPC 原理为基础，保留参量编码低速率的优点，并适当地吸收波形编码中部分反映波形个性特征的因素，重点改善语音自然度的性能。

数字移动通信系统中使用的语音编码技术均采用混合编码，因采用的激励源不同而构成不同的编码方案。欧洲的 GSM 系统采用规则脉冲线性预测编码（Regular Pulse Excitation-LPC，REP-LPC），其标准速率为 13kbit/s。而 3G 系统中采用码激励线性预测编码（Code-excited LPC，CELP）。CELP 具有波形编码和参量编码的两种特点，在 4～16kbit/s 速率下可以得到比其他算法更高质量合成语音和优良的抗噪声性能，因此在 4～16kbit/s 速率上得到广泛的应用。

2.4.5 第三代移动通信系统中的语音编码

下面着重介绍第三代（3G）移动通信系统中 cdma2000 和 WCDMA 等系统所采用的语音编码方案。

（1）cdma2000 系统中的 EVRC 声码器。增强型可变速率语音编码器（Enhanced Varibale Rate Codec，EVRC）是由美国电信工业协会 TIA/EIA 于 1996 年提出的 cdma2000 系统的语音编码方案。EVRC 语音编码的采样率为 8KHz，语音帧长 20ms，每帧有 160 个采样点。EVRC 是可变速率，语音速率分为 3 种，如表 2-9 所示：全速率 9.6kbit/s，半速率 4.8kbit/s，1/8 速率 1.2kbit/s，平均速率 8kbit/s。EVRC 编码器是基于码激励线性预测，与传统的 CELP 算法的主要区别是：它能基于语音能量、背景噪声和其他语音特性动态调整编码速率。

表 2-9　EVRC 语音编码

信 道 模 式	编码模式（信源速率）
全速率	9.6kbit/s
半速率	4.8kbit/s
1/8 速率	1.2kbit/s

（2）WCDMA 系统中的 AMR 声码器。AMR 是第三代移动通信中 WCDMA 优选的语音编码方案，其基本思路是联合自适应调整信源和信道模式来适应当前信道条件与业务量大小。AMR 编码的自适应有两个方面：信源和信道，对于不同的信源和信道模式，如表 2-10 所示的不同速率。

表 2-10　AMR 编码方案

信 道 模 式	编码模式（信源速率）
全速率 22.8kbit/s	12.2kbit/s，10.2kbit/s 7.95kbit/s，7.4kbit/s 6.7kbit/s，5.9kbit/s 5.15kbit/s，4.75kbit/s
半速率 11.4kbit/s	7.95kbit/s，7.4kbit/s 6.7kbit/s，5.9kbit/s 5.15kbit/s，4.75kbit/s

AMR 语音编码的取样率为 8kHz，语音帧长 20ms，每帧 160 个采样点。以自适应码激励线性预测编码（ACELP）技术为基础，提供两种信道模式下 14 种编码速率，每种编码可提供不同的容错度。采用哪一种编码速率，主要是根据实测信道与传输环境的自适应变化。

2.4.6 图像压缩编码

图像的信息量远大于语音、文字、传真和一般数据，它所占频带比其他类型的业务宽。传输、处理、存储图像信息要比语音、文字、传真及一般数据技术更复杂、实现更困难。图像一般可分为如下 3 类。

（1）静止图片：如照片、医用图片、遥感图片等，这些图像是完全静止的。

（2）准活动图像：如可视电话、各类会议电视等，这类图像是准活动的或准静止的，其特点是背景是基本静止的，活动人物是有限度的。

（3）活动图像：广播电视、高清晰度的电视等，这类图像中的人物和背景均为活动的。

目前，图像编码已经形成了一系列的标准，如表 2-11 所示。

表 2-11 各类图像压缩编码标准

标　准	压缩比与数据比特率	应用范围
JPEG	2～30 倍	有灰度级的多值静止图片
JPEG2000	2～50 倍	移动通信中静止图片、数字照相与打印、电子商务
H.261	$\rho \times$ 64kbit/s，其中$\rho = 1,2,\cdots$，30	ISDN 视频会议
H.263	8kbit/s～1.5Mbit/s	POTS 视频电话、桌面视频电话、移动视频电话
MPEG-1	不超过 1.5Mbit/s	VCD、光盘存储、视频监控、消费视频
MPEG-2	1.5Mbit/s～35Mbit/s	数字电视、有线电视、卫星电视、视频存储、HDTV
MPEG-4	8kbit/s～35Mbit/s	交互式视频、因特网、移动视频、2D/3D 计算机图形

国际电联的电信标准部 ITU-T（原 CCITT）和国际标准化组织和国际电工委员会 ISO/IEC 是两大国际标准组织，ITU-T 制定的标准是建议标准，一般用 H.26X 表示，如 H.261，H.263 等，这类标准主要面对通信，即针对实时通信，如可视电话、会议电话等。ISO/IEC 制定的标准通常采用 JPEG 和 MPEG-X 表示，如 JPEG、MPEG-1、MPEG-2 等，这类标准主要用于视频广播、有线电视、卫星电视视频存储、视频流媒体等。

目前视频压缩编码大致可分为两代，第一代视频压缩编码包括 JPEG、MPEG-1，MPEG-2，H.261，H.263 等，第二代视频压缩编码包括 JPEG2000，MPEG-4，MPEG-7，H.264 等。两代视频压缩编码的主要差异在于：第一代视频编码是以图像信源的客观统计特性为主要依据，第二代视频编码是在图像信源客观统计特性的基础上，重点考虑用户对象的主观特性和图像的瞬时特性。第一代视频压缩编码是以图像的像素、像素块、像素帧为信息处理的基本单元，第二代视频编码则是以主观要求的音频/视频的分解对象为信息处理的基本单元，如背景、人脸及声、乐、文字组合等。

第二代视频编码的另一个突出特点是可根据用户的需求实现不同的功能和提供不同性能的质量要求，具有交互性、可选择性、可编辑性等面向用户的操作特性。

2.5 信道编码技术

移动通信系统是高速率传输系统，移动台处于移动状态，信道环境也会随之发生变化，到达接收端的信号由于多径效应、阴影效应等影响会产生随机差错或出现成串的突发差错，严重影响数据传输的可靠性。信道编码是移动通信系统中提高数据传输可靠性（减少差错）的有效方法。信道编码通过加入校验位（即增加冗余）实现纠错和检错能力，其追求的目标是如何加入最少的冗余位而获得最好的纠错能力。信道编码的目的是为了克服数字信号在存储或传输通道中产生的失真或错误，包括码间干扰产生的错误和外界干扰产生的突发性错误。本节主要介绍第三代移动通信中常用的几种信道编码。

2.5.1 信道编码的定义

信道编码是为了保证通信系统的传输可靠性，克服信道中的噪声和干扰，而专门设计的一类抗干扰的技术和方法。它是差错控制的方式，即根据一定的规律在待发送的信息码元中人为地加入一些必要的监督码元，在接收端利用这些监督码元与信息码元之间的规律，发现和纠正差错，以提高信息码元传输的可靠性。称待发送的码元为信息码元，人为加入的多余码元为监督（或校验）码元。信道编码的目的是试图以最少的监督码元为代价，以换取最大程度的可靠性的提高。

2.5.2 信道编码分类

信道编码可以从其功能和结构规律加以分类。

从功能上看，信道编码可以分成 3 类。

（1）检错码：仅具有发现差错的功能，如循环冗余校验（CRC）码、自动请求重传（ARQ）等。

（2）纠错码：仅具有自动纠正差错的功能，如循环码中的 BCH 码、RS 码及卷积码、级联码、Turbo 码等。

（3）混合检错纠错码：既具有检错功能又具有纠错功能的信道编码，最典型是混合 ARQ、又称为 HARQ。

从结构上看，信道编码可以分成如下两大类。

（1）线性码：监督关系方程式是线性方程的信道编码，称为线性码，目前大部分实用化的信道编码均属于线性码，如线性分组码、线性卷积码。

（2）非线性码：监督关系方程不满足线性规律的信道编码均属于非线性编码。

2.5.3 几种典型的信道编码

（1）线性分组码。分组码是最早应用的信道编码技术，在每个分组中，监督码元仅与本组的信息码元有关，而与别组的信息码元无关。

线性分组码是按照代数规律构造的，故又称为代数编码。线性分组码中的分组是指编码方法是按信息分组来进行，而线性是指编码规律即监督位（校验位）与信息位之间的关系遵从线性关系。线性分组码一般可记为（n, k）码，即 k 位信息码元为一个分组，编成 n 位码元长度的码组，而 $n-k$ 位为监督码元的长度。

在线性分组码中，最具有理论和实用价值的一个子类称为循环码，由于它具有循环移位特性而得名，它产生简单且具有很多可利用的代数结构和特性。目前一些主要有应用价值的线性分组码均属于循环码。例如，仅能纠正一个独立差错的汉明码（Hamming）；可以纠正多个独立差错的 BCH 码；可以纠正多个独立或突发差错的 RS 码。

（2）卷积码。卷积码是一类非分组的有记忆编码，以编码规则遵从卷积运算而得名。卷积码是由麻省理工学院 Elias 提出的，和分组码一样，卷积码也是将长度为 k 的输入信息组映射成长度为 n 的输出编码组。所不同的是，输出码组不仅和对应输入有关，还依赖以前的 m 个输入信息。一般可记为(n, k, m)码，其中 k 表示每次输入编码器的位数，n 为每次输出编码器的位数，而 m 则表示编码器中寄存器的节数，称 $k(m+1)$为该卷积码的约束长度。正是因为每时刻编码器输出 n 位码元，这不仅与该时刻输入的 k 位码元有关，而且还与编码器中 m 级寄存器记忆的以前若干时刻输入的信息码元有关，所以称它为非分组的有记忆编码。

卷积码是非分组码，它的监督码元不仅与本组的信息码元有关，还与前若干组的信息有关。卷积码不仅能纠正随机差错，而且具有一定的纠正突发差错能力。卷积码根据需要，可以有不同的结构及相应的纠错能力，但都有类似的编码规律，图 2-36 所示为（3,1）卷积码编码器，由 3 个移位寄存器（SR）组成。每输入一个信息码 m_j，就编两个监督码元 p_{j1}、p_{j2} 顺次输出，这样输出为(m_j, p_{j1}, p_{j2})，构成码长为 3 位、信息码元为 1 位的（3,1）卷积码的一个分组（即一个码字）。由图 2-36 可以看出，监督码元 p_{j1}、p_{j2} 不仅与本组输入的信息码元 m_j 有关，还和前几组的信息码元有关，其关系如式（2-39），称为该卷积码的监督方程，式中加法为模 2 加。

$$\begin{cases} p_{j1} = m_j \oplus m_{j-1} \oplus m_{j-3} \\ p_{j2} = m_j \oplus m_{j-1} \oplus m_{j-2} \end{cases} \tag{2-42}$$

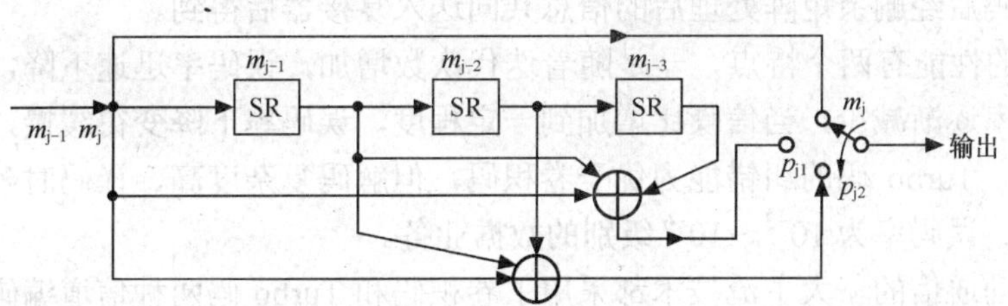

图 2-36 （3,1）卷积码编码器

编码输出(m_j, p_{j1}, p_{j2})除了和本组信息元（m_j）有关，和前面 3 个分组的信息码元$(m_{j-1}, m_{j-2}, m_{j-3})$都有关系，加上本组信息码元共和 4 个信息码元有关，我们称这个卷积码的约束长度 k 为 4，这和移位寄存器长度 m 有关，它等于寄存器长度加 1。如用比特数计算约束长度，因每分组长为 3，所以也可说约束长度为 4 × 3 = 12bit。编码与约束长度有关，译码时也与约束长度有关。约束长度越长卷积码的译码越复杂，常用的有大数逻辑译码器、序列译码器、Viterbi 译码法等。

图 2-36 所示卷积码编码器输出每 3 个比特中只含有一个信息比特，因此码率为 1/3。选用卷积码编码器在信号速率一定的情况下，运用监督方程进行纠错，信息速率降为 1/3，即以增加冗余位换取了可靠性。

（3）级联码和 Turbo 码。级联码是一种复合结构的编码，不同于上述单一结构线性分组码和卷积码，它是由两个以上单一结构的短码复合级联成更长编码的一种有效的方式。

级联码分为串行级联和并行级联两种类型。传统意义上的级联码是指串行级联码，它可以由两个或两个以上同一类型、同一结构的短码级联构成，也可以由不同类型、不同结构的短码级联构成一个长码。典型的串行级联码是由内码为卷积码，外码为 RS 码串接级联构成的一组长码，其性能优于单一结构长码，而复杂度又比单一结构的长码简单得多。它已广泛用于航天与卫星通信中。级联码不仅有串行结构，还有并行结构，最典型的并行级联码是 Turbo 码，是直接输出和有、无交织的同一类型的递归型简单卷积码三者并行的复合结构共同构成的。

无论从信息论还是从编码理论看，要想尽量提高编码的性能，就必需要加大编码中具有约束关系的序列长度。但是直接提高分组码编码长度或卷积码约束长度都使得系统的复杂性急剧上升。C.Berrou 等人在 1993 年首次提出了 Turbo 码的概念。Turbo 码将相对简单的卷积码和随机交织器结合在一起，实现了随机编码的思想，同时 Turbo 码用软输出来逼近最大似然译码，就能得到接近香农极限的纠错性能。图 2-37 所示为采用并行级联卷积码的 Turbo 码编码原理示意图。

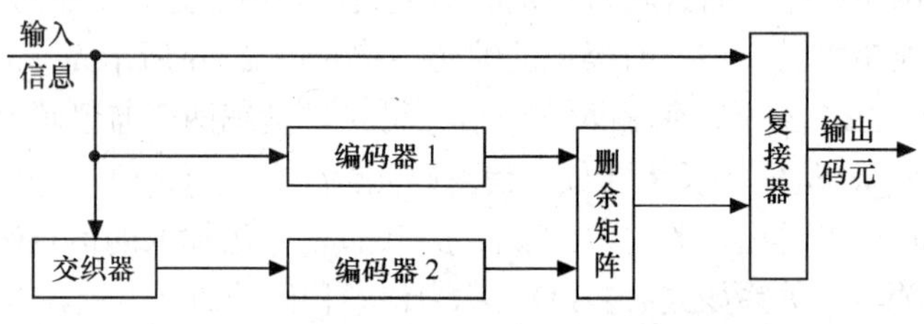

图 2-37 Turbo 码编码原理图

编码器通常选用递归系统卷积码（RSC），便于接收端进行有效的迭代。编码输出由直接输入部分和编码后经删余矩阵处理后的信息共同送入复接器后得到。

Turbo 码的性能有两个特点，一是随着迭代次数增加，误码率迅速下降，二是随着信噪比增加，误码率逐渐减少，当信噪比增加到一定程度，误码率下降变得缓慢，即所谓的地板（Floor）效应。Turbo 码的纠错能力优于卷积码，但解码复杂度高、译码时延大，适合用于时延要求不高、误码率为 10^{-3}～10^{-6} 级别的数据业务。

第三代移动通信的三大主流技术都采用了卷积码和 Turbo 码两种信道编码。在高速率、对译码时延要求不高的数据链路中使用 Turbo 码。考虑到 Turbo 码的译码复杂度大、译码时延大的特点，在语音和低速率、对译码时延要求高的通信链路中使用卷积码，在其他逻辑信道如接入、控制、基本数据信道中也使用卷积码。第三代移动通信三大主流技术信道编码的使用情况如表 2-12 所示。

表 2-12　　3G 系统使用的信道编码

信道编码指标		WCDMA	TD-SCDMA	CDMA 2000
业务信道	信道编码	卷积码	卷积码	卷积码
	码率	1/2 或 1/3	1/2 或 1/3	1/2、1/3 或 1/4
	约束长度	9	9	9
	高速信道编码	Turbo 码	Turbo 码	Turbo 码
控制信道	信道编码	卷积码	卷积码	卷积码
	码率	1/2	1/2 或 1/3	1/2（反向）或 1/4（前向）
	约束长度	9	9	9
	高速信道编码		Turbo 码	Turbo 码

（4）ARQ 与 HARQ。自动请求重发（Automatic Repeat reQuest，ARQ）和混合型 ARQ（Hybrid Automatic Repeat reQuest，HARQ），是传送数据信息时经常采用的差错控制技术。

ARQ 和 HARQ 由于采用了反馈重传技术，因此时延很大，一般不适用于实时语音业务，而比较适合对时延不敏感，但对可靠性要求高的数据业务。

HARQ 是一种既能检错重发又能纠错的复合技术，它是将反馈重传的 ARQ 与自动前向纠错 FEC 相结合、优势互补的一项新技术，特别是一类自适应递增冗余式 HARQ 尤为值得关注。

（5）交织编码。由于实际的移动信道既不是纯随机独立差错信道，也不是纯突发差错信道，而是混合信道。前面介绍的线性分组码和卷积码大部分是用于纠正随机独立差错的。仅有少部分如 RS 码等可以纠正少量的突发差错，但如果突发长度太长，实现太复杂而失去使用价值。

前面介绍的各类信道编码的基本思路是根据信道的特点选择不同的编码，如 AWGN 信道，采用汉明码、BCH 码和卷积码等适合纠正随机独立差错的编码方法；对于纯衰落信道，采用 RS 码等可纠正多个突发差错的分组和卷积码及 ARQ 等；对于实际的移动信道，一般可采用既可纠正随机独立差错又能纠正突发差错的级联码和 HRAQ 等。

交织编码是基于另一种思路，即改造信道，它利用发送端和接收端的交织器和解交织器的信息处理技术，将一个有记忆的突发信道改造成一个随机独立差错信道。严格地讲，交织编码并不是一种差错编码，因为它不具有检错和纠错的功能，而只是一种改造信道的处理方法。

交织编码的作用是改造信道，其实现方法有块交织、帧交织、随机交织、混合交织等。这里介绍一种最简单、最直观的块交织的基本原理。

交织器的实现框图如图 2-38 所示。

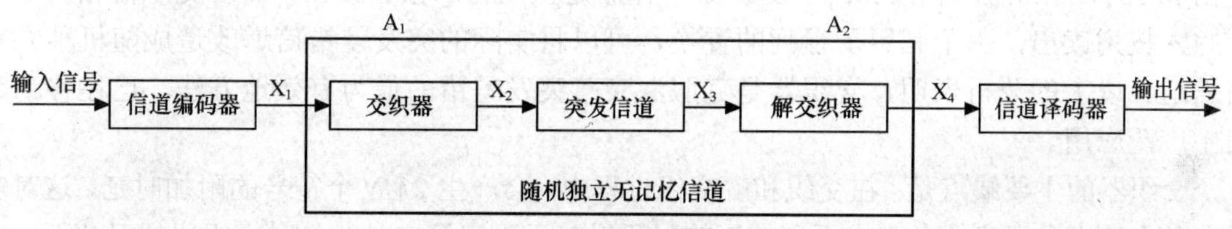

图 2-38　分组（块）交织器实现框图

由图 2-38 可知，交织器和解交织器（以一个为 5×5 块交织器为例）的实现步骤如下。

① 输入信号经信道编码器后生成发送序列 $X_1=[x_1,x_2,x_3,...,x_{25}]$。

② 发送端交织器将数据序列存储为一个行列交织矩阵 A_1，它按列写入按行读出，即

$$A_1=\begin{bmatrix} x_1 & x_6 & x_{11} & x_{16} & x_{21} \\ x_2 & x_7 & x_{12} & x_{17} & x_{22} \\ x_3 & x_8 & x_{13} & x_{18} & x_{23} \\ x_4 & x_9 & x_{14} & x_{19} & x_{24} \\ x_5 & x_{10} & x_{15} & x_{20} & x_{25} \end{bmatrix}$$

③ 交织器输出后送入信道的数据序列为

$$X_2=[x_1x_6x_{11}x_{16}x_{21},x_2x_7x_{12}x_{17}x_{22},x_3x_8x_{13}x_{18}x_{23},x_4x_9x_{14}x_{19}x_{24},...,x_{25}]$$

④ 假设在突发信道中，由于信道衰落和噪声干扰的影响，使传输的信号发生畸变，产生误码，第一个突发差错出现在 1～5 位，第二个突发差错出现在 13～15 位，则突发信道的输出端的信号可表示为

$$X_3=[\dot{x}_1\dot{x}_6\dot{x}_{11}\dot{x}_{16}\dot{x}_{21},x_2x_7x_{12}x_{17}x_{22},x_3x_8\dot{x}_{13}\dot{x}_{18}\dot{x}_{23},\dot{x}_4x_9x_{14}x_{19}x_{24},\ldots,x_{25}]$$

⑤ 在接收端，信号经过解交织器，解交织器也是一个行列矩阵存储器，它是按行写入按列读出，与交织器的规律相反，即：

$$A_2=\begin{bmatrix}\dot{x}_1 & \dot{x}_6 & \dot{x}_{11} & \dot{x}_{16} & \dot{x}_{21}\\ x_2 & x_7 & x_{12} & x_{17} & x_{22}\\ x_3 & x_8 & \dot{x}_{13} & \dot{x}_{18} & \dot{x}_{23}\\ \dot{x}_4 & x_9 & x_{14} & x_{19} & x_{24}\\ x_5 & x_{10} & x_{15} & x_{20} & x_{25}\end{bmatrix}$$

⑥ 经解交织器后输出信号为

$$X_4=[\dot{x}_1x_2x_3\dot{x}_4x_5,\dot{x}_6x_7x_8x_9x_{10},\dot{x}_{11}x_{12}\dot{x}_{13}x_{14}x_{15},\dot{x}_{16}x_{17}\dot{x}_{18}x_{19}x_{20},\dot{x}_{21}x_{22}\dot{x}_{23}x_{24}x_{25}]$$

由上面的分析可见，增加了交织器和解交织器后，原来信道中的突发性连续差错，变成了随机独立差错。

从交织器的实现原理图，我们可以看出，一个实际的突发信道，经过发送端交织器和接收端的解交织器的信息处理后，完全等效于一个随机独立差错信道。由此，我们可以得出如下结论：信道交织器实际是信道改造技术，将一个突发差错信道改造成一个随机独立差错信道，它本身不具有信道编码的检错、纠错功能，只是信号的预处理。

我们可以将上述简单的 5 × 5 块交织器推广到一般情况。若分组（块）长度为 $l=M\times N$，即由 M 列 N 行的矩阵构成。其中交织器的存储是按列写入按行读出，而解交织器相反是按行写入按列读出，由于利用了行列的置换，可以将实际的突发差错信道改造成随机独立差错信道。以上的分析表明，交织器是克服深衰落突发差错的最为有效地方法，已在移动通信中广泛应用。

交织器的主要缺点是：在交织和解交织过程中，会产生 $2MN$ 个符号的附加时延，这对实时业务，特别是语音业务带来不利的影响，所以对于语音等实时业务时交织器的尺寸不能取太大。

交织器的改进主要是处理附加时延大以及由于采用某种固定形式的交织方式有可能产生特殊的相反效果，即存在将一些随机差错交织为突发差错。为了克服以上的缺点，人们研究了很多交织方法，如卷积交织器、伪随机交织器等。

在 cdma2000 和 WCDMA 系统中都采用了交织编码来提高系统的性能。

2.6 功率控制技术

2.6.1 功率控制的意义

CDMA 技术采用相互正交的伪随机码区分用户，码分多址技术是在同一频段建立多个码分信道，虽然伪随机码具有良好的自相关和互相关特性，但是由于使用相同的频率和时隙，无法避免其他信道对特定信道的干扰，这种干扰称为多址干扰，也指系统内移动用户的相互

干扰，通话的用户越多，相互间的干扰越大，解调器输入端的信噪比越低，CDMA 系统是干扰受限系统。如果多址干扰大到一定的程度，系统就不能正常工作，这将限制同时通话的用户数量，即系统容量。为了实现 CDMA 最大信道容量，需要降低其他信道的干扰和增强每个信道的抗干扰能力。功率控制的目的是确保发射机输出合适的发射功率，使得到达接收端的信号强度大致相同，尽量降低对其他信道的干扰，进而提高系统容量。常用的减小干扰技术还有分集技术，分集技术的目的是通过增强信道自身的抗干扰能力来保证系统容量。考虑到多址干扰，CDMA 系统需要采用功率控制技术。

CDMA 系统中还存在着所谓的“远近效应”、“边缘问题”的影响，同时由于移动信道是一个衰落信道，要求功率控制可以随着信号的起伏快速改变发射功率，使接收电平由起伏变得平坦，如图 2-39 所示。

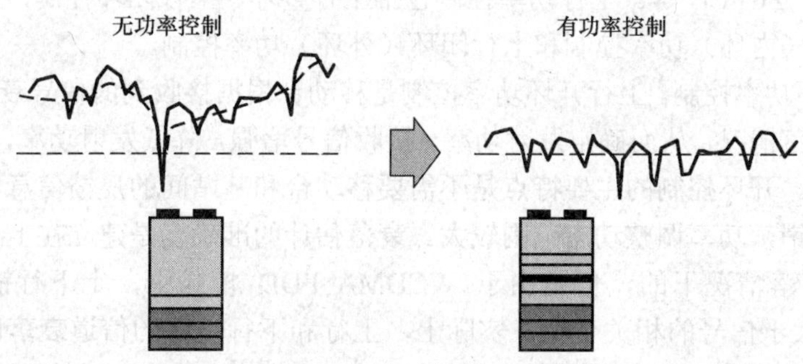

图 2-39　功率控制的作用

远近效应是指在上行链路中，如果小区内所有终端的发射功率相等，而各终端与基站的距离是不同的，由于传播路径不同，路径损耗会大幅度的变化，导致基站接收距离较近终端的信号强，接收较远距离终端的信号弱。由于 CDMA 是同频接收系统，造成较远距离终端的弱信号淹没在较近终端的强信号中，从而使得部分终端无法正常工作。由于移动终端在小区内的位置是随机的，经常变动，为了解决远近效应，保证相同的接收功率，必须实时改变发射功率。远近效应仅存在于上行链路，而在下行链路中不存在。

边缘问题是指在 CDMA 蜂窝移动通信系统中，移动终端进入小区边缘地区时，接收到其他小区的干扰大大增强，尤其是移动终端在此地区慢移动时，由于深度瑞利衰落的影响，差错编码和交织编码等抗衰落措施不能有效地消除其他小区信号对它的干扰。为了解决边缘问题，要求当前小区基站增加对小区边缘地区的发射功率，以弥补在小区边缘地区移动台慢移动时的性能损失。

如何有效的进行功率控制？在保证用户要求的服务质量（QoS）的前提下，通过控制发射端的发射功率，减少系统干扰，有效地解决远近效应和边缘问题，进而增加系统容量。可见功率控制是 CDMA 系统的生命线。

2.6.2　功率控制的分类

我们将以 WCDMA 为例介绍功率控制技术。

在 WCDMA 系统中，若从通信的上行、下行信道角度来划分，可分为上行功率控制和下行功率控制（在 cdma2000 系统中，功率控制也称为前向功率控制和反向功率控制）；若从功率控制环路的类型来划分，又可分为开环功率控制、闭环功率控制两大类。开环功率控制为一个实体（如移动台或基站）来决定功率控制，闭环功率控制为两个或以上（如移动台和基站，移动台和基站及基站控制器）的实体交流信息来决定功率控制。闭环功率控制又分为内环功率控制和外环功率控制。内环是指移动台和基站之间的控制环路，外环是指基站控制器和移动台之间的控制环路。下面按照上/下行信道分类介绍功率控制技术。

（1）上行（反向）功率控制。上行功率控制用来控制各移动终端发射功率的大小，使基站收到的终端信号功率或接收到的信扰比（Signal Interference Ratio，SIR）基本相等。因为在以话音业务为主的服务区内，上行链路（反向链路）是系统容量受限的瓶颈。控制移动终端的发射功率，可以克服"远近效应"，减小用户间相互干扰，使系统达到最大容量，能够最大程度上节省 UE 的发射功率，延长终端电池使用寿命。WCDMA 的物理上行链路主要有 PRACH，DPCH，PCPCH 等。上行功率控制包括上行开环、上行闭环控制，上行闭环功率控制包括上行闭环（内环）功率控制和上行闭环（外环）功率控制。

① 上行开环功率控制。上行开环功率控制是移动台根据接收到的信号衰落情况，估计自身发射链路的衰落情况，从而确定发射功率。接收信号增强，降低发射功率，接收信号减弱，就增加发射功率。开环控制的主要特点是不需要移动台和基站间的反馈信息，因此不仅控制速度快还节省开销，功率调整动态范围较大。衰落估计的准确度是建立在上行链路和下行链路具有一致的衰落情况下的，但是由于 WCDMA FDD 模式中，上下行链路的频段相差 190MHz，远远大于信号的相关带宽，实际上，上行和下行链路的信道衰落情况是完全不相关的，这也意味着开环功率控制的准确度不会很高，只能起到粗略控制的作用，必须采用闭环功率控制技术，闭环功率控制精度高于开环功率控制，是主要的功率控制手段。

② 上行闭环（内环）功率控制。上行闭环（内环）功率控制是由基站检测来自移动台的信号强度和信干比，与预置的目标功率或信干比相比，产生功率控制命令以缩小测量值与目标值的差距，如果测量值低于目标值，功率控制命令就是上升；测量值高于目标值，功率控制命令就是下降。闭环功率控制的调整永远落后于测量时的状态，如果在这段时间内通信环境发生很大变化，会导致闭环的崩溃，所以功率控制的反馈延时不能太长。闭环功率控制的主要参数为功率控制步长、速度及动态范围。

③ 上行闭环（外环）功率控制。上行闭环（外环）功率控制发生在基站控制器和移动终端之间，响应时间较长，一般控制速度在 10～100Hz。外环功控调节闭环功率控制可以采用目标 *SIR* 或目标功率值。对于上行闭环（外环）功率控制，由基站控制器不断地比较每条链路 *BER* 或 *FER* 与目标 *BER* 或目标 *FER* 的差距，调节每条链路的目标 *SIR* 或目标功率，如果质量低于要求，就调高目标 *SIR* 或目标功率；质量高于要求，就调低目标 *SIR* 或目标功率。

（2）下行（前向）功率控制。下行链路功率控制是调整基站向移动台的发射功率，使任意位置的移动台收到基站发来的信号电平都能满足信干比的门限值，防止基站向近距离的移动台发射过大的功率。理想情况下，由于下行链路的发射是同步正交的，那么移动台之间的干扰不会存在，但是由于有多径衰落的影响，完全正交是不可能的，所以下行功率控制还是有必要使用的。在下行链路存在较多高速数据流的情况下，如不采用下行功率控制，那么下行链路就有可能成为容量的瓶颈。下行物理信道种类较多，除了专用物理信道 DPCH 外，还有导频信道、公共控制信道和指示信道等。与上行链路类似，下行功率控制包括下行开环、下行闭环控制，下行闭环功率控制包括下行闭环（内环）功率控制和下行闭环（外环）功率控制。

① 下行开环功率控制。下行开环功率控制的原理是基站根据接收到的信号衰落情况，估计下行链路的衰落情况，调节下行信道的发射功率。

② 下行闭环（内环）功率控制。下行闭环（内环）功率控制是由移动台检测来自基站的信号强度和信干比，与预置的目标功率或信干比相比，移动台发出增加或减小功率的请求，基站收到请求后，相应地调整发射功率。

③ 下行闭环（外环）功率控制。下行闭环（外环）功率控制发生在基站控制器和移动终端之间。对于下行闭环（外环）功率控制，由移动台根据接收质量要求（*BER* 或 *FER*），调整每条链路的 *SIR*，有效地控制下行链路的连接。

第三代移动通信系统 3 种主流技术功率控制指标如表 2-13 所示。

表 2-13　第三代移动通信系统 3 种主流技术功率控制指标

方式指标	信道	WCDMA	cdma2000	TD-SCDMA
功率控制方式和最大速度（Hz）或（次/s）	上行信道	开环、闭环（1500Hz）和外环（10～100Hz）	开环、闭环（800Hz）和外环（50Hz）	开环、闭环（200Hz）
	下行信道	闭环（1500Hz）和外环（10～100Hz）	闭环（800Hz）和外环（50Hz）	闭环（200Hz）
步长（dB）		0.25～4dB 可变	0.25、0.5、1 可变	1、2、3dB（闭环）可变

2.7 发送接收技术

2.7.1 多用户信号检测技术

在 CDMA 通信系统中，由于多个用户的随机接入，所使用的扩频码一般并非严格正交，码片之间的非零互相关系数将引起各用户间的干扰，这样不仅会严重限制系统的容量，而且强用户信号会淹没弱用户信号，使“远近效应”的影响加剧。由于用户的扩频码已知，所以用户间的互相关系数是已知的，接收机可以知道多址干扰中的某些重要信息，如多址干扰的扩频码字、组成结构及与目标信号的关系。利用这些信息，接收机可以对各用户做联合检测或从接收信号中减掉相互间的干扰，从而有效地消除多址干扰的负面影响，这种在检测时利用了多个用户信息的策略称为多用户检测。对于 CDMA 这样一个自干扰的系统，研究干扰抑制技术有重要的意义，对多址干扰进行抑制将意味着系统容量的直接提高。

多用户检测是第三代移动通信系统中宽带 CDMA 通信系统抗干扰的关键技术。任何无线信道特别是移动无线信道是时变信道，在时间域、频率域及空间域均存在随机扩散。扩散和由之产生的衰落将严重恶化系统的性能，降低系统的频谱效率和系统容量。对于 CDMA 系统，信道的扩散特别是时间扩散会使同一用户相邻符号间相互重叠产生相互干扰，即出现符号间干扰（Inter-Symbol Interference，ISI），而由于地址码正交性的破坏，不同地址用户之间还会出现多址干扰（Multi-Access Interference，MAI）。传统的检测技术完全按照经典直接序列扩频理论对每个用户的信号分别进行扩频码匹配处理，因而抗多址干扰能力较差。多用户检测（Multi-User Detection，MUD）技术在传统检测技术的基础上，充分利用造成多址干扰的所有用户信号的信息对多个用户做联合检测或从接收信号中减掉相互间干扰的方法，有效地消除 MAI 的影响，从而具有优良的抗干扰性能。

在理想情况下，应用多用户检测技术，系统的性能将接近单用户时的性能。这显然消除了远近效应的影响，可以简化用户的功率控制，降低系统对功率控制精度的要求。并且由于 MAI 的消除，用户在较小的信噪比下就可达到可靠的性能。而单用户信噪比的降低可以直接转化为系统容量的增加，因此可以更加有效地利用链路频谱资源，显著提高系统容量。

多用户检测技术可分为线性检测和干扰消除两大类。线性多用户检测技术主要有 4 种：解相关检测、最小均方误差检测、子空间斜投影检测和多项式扩展检测。解相关检测器的基本思想是首先计算各个用户信号（一般取单个符号或部分符号）之间基于扩展码的互相关矩阵并求取其逆，然后对接收信号进行解相关计算，最后再对解相关信号进行判决。该方法不用估计接收信号的幅度，比最大似然多用户检测（Maximum Likelihood Detection，MLD）计算量小，但是解相关运算有可能使加性高斯白噪声（AWGN）影响加大，而且互相关逆矩阵的计算量仍然很大。最小均方误差检测器（Minimum Mean-Squared Error Detector，MMSE Detector）的基本思想是计算经线性变换的接收数据和传统检测器的软判决输出之间的均方差，使之最小的矩阵即为所求线性变换。MMSE 检测器考虑了背景噪声的存在，并利用接收信号的功率值进行相关计算，在消除 MAI 干扰和不增强背景噪声之间取得了一个平衡点。

干扰消除多用户检测技术包括串行干扰消除多用户检测、并行干扰消除多用户检测和判决反馈多用户检测。串行干扰消除多用户检测器（Serial Interference Cancellation Detector，SIC Detector）在接收信号中对多个用户逐个进行数据判决，判出一个就再造并减去该用户信号造成的 MAI 干扰，操作顺序是根据信号功率的大小来确定，功率较大的信号先进行操作，因此，功率最弱的信号受益最大。SIC 在性能上比传统检测器有较大提高，而且在硬件上改变不大，易于实现，但是 SIC 每一级都需要有一个符号的延时，另外当信号功率强度顺序发生变化时需要重新排序，最不利的是如果初始数据判决不可靠，将对下级产生较大的干扰。并行干扰消除多用户检测器（Parallel Interference Cancellation Detector，PIC Detector）具有多级结构，其每一级并行估计和去除各个用户造成的 MAI 干扰，然后进行数据判决。PIC 的设计思想和 SIC 基本相同，但由于 PIC 是并行处理，克服了 SIC 时延长的缺点，而且无需在情况发生变化时进行重新排序，在各种多用户检测中具有较高的实用价值。

1. 最佳多用户检测技术

最大似然多用户检测（MLD）是基于 Bayes 后验概率最大的原理，输出使得后验概率 $P\{\boldsymbol{b}|r(t)\}$最大的符号序列 $\boldsymbol{b}$。其中 $\boldsymbol{b}$ 表示发送信号矢量，$r(t)$表示接收信号波形，这种检测器由 Verdu 在 1986 年提出，是最佳多用户检测器，可以达到理论上的最小差错概率。为了描述方便，我们仅在 AWGN 信道中讨论 MLD 的基本原理。

一个具有 K 个用户的 CDMA 系统，在 AWGN 信道中，接收信号可以表示为

$$r(t)=\sum_{i=1}^{K}A_i b_i s_i(t)+n(t), t\in[0,T] \tag{2-43}$$

其中，A_i 表示第 i 个用户信号的幅度，$s_i(t)$具有归一化信号能量，表示第 i 个用户的扩频码波形，b_i 表示第 i 个用户发送的数据信息比特，$b_i\in\{1,-1\}$，$n(t)$是均值为 0，方差为σ^2的白高斯随机过程。

最佳多用户检测器包括 K 个匹配滤波器及联合检测算法，每个匹配滤波器的输出信号为

$$r_i = \int_0^T r(t)s_i(t)\mathrm{d}t \tag{2-44}$$

将式（2-43）代入式（2-44），得：

$$\begin{aligned} r_i &= \int_0^T r(t)s_i(t)\mathrm{d}t = \int_0^T \left[\sum_{i=1}^{K} A_i b_i s_i(t) + n(t)\right] s_i(t)\mathrm{d}t \\ &= A_i b_i + \sum_{j\neq i} A_j b_j \rho_{ij} + \int_0^T n(t)s_i(t)\mathrm{d}t \end{aligned} \tag{2-45}$$

设 $n_i = \int_0^T n(t)s_i(t)\mathrm{d}t$，$n_i$ 是高斯随机变量，则

$$r_i = A_i b_i + \sum_{j\neq i} A_j b_j \rho_{ij} + n_i \tag{2-46}$$

如果采用矩阵形式表示，式（2-46）可表示为

$$\boldsymbol{r} = \boldsymbol{RAb} + \boldsymbol{n} \tag{2-47}$$

式中，$\boldsymbol{r} = (r_1, r_2, ..., r_K)^{\mathrm{T}}$，$\boldsymbol{b} = (b_1, b_2, ..., b_K)^{\mathrm{T}}$，$\boldsymbol{n} = (n_1, n_2, ..., n_K)^{\mathrm{T}}$，

$\boldsymbol{A} = \begin{bmatrix} A_1 & 0 & \cdots & 0 \\ 0 & A_2 & \cdots & 0 \\ \vdots & \vdots & \ddots & \vdots \\ 0 & 0 & \cdots & A_K \end{bmatrix}$，$\boldsymbol{R}$ 是扩频码的相关矩阵。

多用户检测的目的是采用联合检测方法解调发送比特矢量 $\boldsymbol{b}$ 使联合似然概率 $P(\boldsymbol{r}|\boldsymbol{b},\boldsymbol{A})$ 最大，即它相当于选择 $\boldsymbol{b}$ 使 $\|\boldsymbol{r} - \boldsymbol{RAb}\|^2$ 最小，即 $\hat{\boldsymbol{b}} = \arg\min\limits_{\mathbf{b}} \|\boldsymbol{r} - \boldsymbol{RA}\mathbf{b}\|^2$

$$\begin{aligned} &\because \|\boldsymbol{r} - \boldsymbol{RAb}\|^2 \\ &= (\boldsymbol{r} - \boldsymbol{RAb})^{\mathrm{T}}(\boldsymbol{r} - \boldsymbol{RAb}) \\ &= \|\boldsymbol{r}\|^2 - 2\boldsymbol{b}^{\mathrm{T}}\boldsymbol{Ar} + \boldsymbol{b}^{\mathrm{T}}(\boldsymbol{A}^{\mathrm{T}}\boldsymbol{RA})\boldsymbol{b} \end{aligned} \tag{2-48}$$

则最佳判决准则就是：$\hat{\boldsymbol{b}} = \arg\max\limits_{\mathbf{b}} \left[2\boldsymbol{b}^{\mathrm{T}}\boldsymbol{Ar} - \boldsymbol{b}^{\mathrm{T}}(\boldsymbol{A}^{\mathrm{T}}\boldsymbol{RA})\boldsymbol{b}\right]$ （2-49）

可见最佳多用户检测器需要计算每个用户信息序列的相关度量，并选择能产生最大相关度量的序列，因此其复杂性随用户数 K 呈指数增长。最佳多用户检测器的结构如图 2-40 所示。

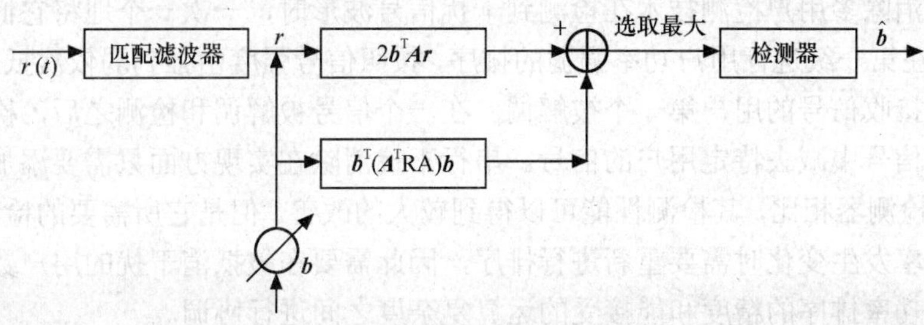

图 2-40 最大似然检测接收机

从以上分析可知，K 个 CDMA 用户的最佳检测器的计算复杂性随 K 呈指数增长，实际上是无法实时实现的。为简化多用户检测器的结构，而性能又接近于最佳多用户检测，次最佳多用户检测成为一种理想选择，并已成为近年来的一个研究热点。次最佳多用户检测技术分为线性多用户检测和干扰消除多用户检测两类，前者对传统检测器的输出进行解相关或其他的线性变换以利于接收判决，后者利用可靠已知信息对干扰进行估计，然后在原信号中减去估计干扰以利于接收判决。下面用两种最基本的检测方法来说明多用户信号检测的技术原理。

2. 线性解相关多用户检测法

线性解相关多用户检测实际上是建立于最大最小准则基础上，它是在用户干扰功率未知的情况下，保证接收机在最坏情况下的最佳性能而提出的。解相关检测器能够将所有用户扩频波形之间的线性相关解除掉，使不同用户的扩频波形实现正交，也就可以很容易解调出各个用户的信号。

多用户 CDMA 接收信号为

$$\boldsymbol{r}=\boldsymbol{RAb}+\boldsymbol{n}$$

对发送信号矢量 $\boldsymbol{b}$ 的检测可以看做求解线性方程组，将上式两端同乘 $\boldsymbol{R}^{-1}$，得：

$$\hat{\boldsymbol{b}}=\boldsymbol{R}^{-1}\boldsymbol{r}=\boldsymbol{Ab}+\boldsymbol{R}^{-1}\boldsymbol{n} \tag{2-50}$$

则每个用户的判决比特为

$$\hat{b}_i=\operatorname{sgn}\left[(\boldsymbol{R}^{-1}\boldsymbol{r})_i\right] \tag{2-51}$$

图 2-41 所示即为线性解相关检测器结构。

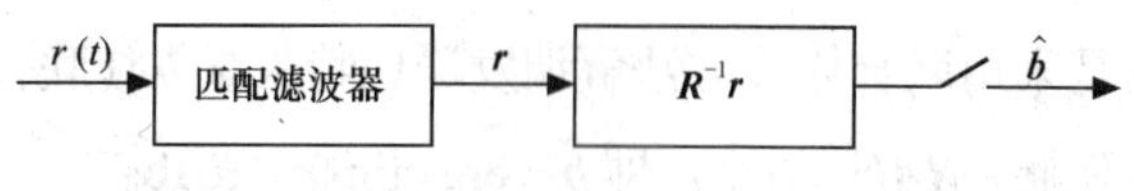

图 2-41　线性解相关检测接收机

线性变换后，噪声矢量的相关矩阵为：$E\left[\boldsymbol{R}^{-1}\boldsymbol{nn}^{\mathrm{T}}\boldsymbol{R}^{-1}\right]=\sigma^2\boldsymbol{R}^{-1}$。可见，线性解相关检测器可以完全消除多址干扰，但同时增大了高斯噪声功率。正因为噪声不依赖于干扰功率，最佳地抑制了远近效应，其性能独立于干扰功率，不需要估计功率的大小，唯一的要求是已知码字和定时，实现也相对简单，因此非常适合于远近效应的环境。

3. 干扰消除多用户检测法

干扰消除多用户检测法包括串行干扰消除多用户检测和并行干扰消除多用户检测。

串行干扰消除多用户检测技术在检测到干扰信号波形时，一次一个地将它们从接收信号中除去。一般在第一级进行用户功率强弱的排序，按照信号强度由强到弱依次抵消多址干扰。于是具有最强接收信号的用户第一个被解调。在一个信号被解调和检测之后，检测到的信息被用来从接收信号中减去特定用户的信号。串行干扰消除在实现方面只需要添加非常少的硬件，与传统的检测器相比，其检测性能可以得到较大的改善。但是它所需要的检测时延较大，并且在信号功率发生变化时需要重新进行排序，因此需要在被抵消干扰的用户数目、能容忍的时延、信号功率排序的精度和能接受的运算复杂度之间进行协调。

并行干扰消除多用户检测技术结构图如图 2-42 所示，它是在每一级中对每一用户同时减去其余所有用户的多址干扰。和SIC算法一样，PIC检测器的前端也有第一级检测器。第一级检测器可以是传统的Rake接收机或解相关线性检测器等。

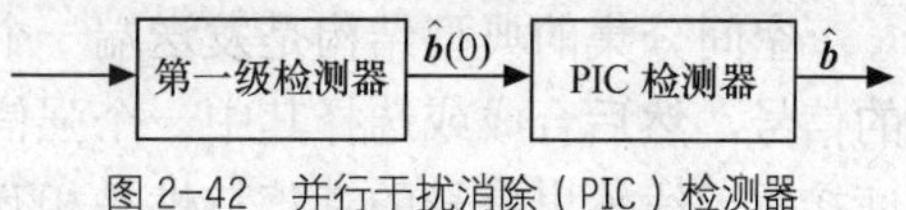

图 2-42 并行干扰消除（PIC）检测器

由于在串行干扰消除中每次总是将能量最大的也就是最可靠的信号除掉，因此得到的判决变量更加准确。在非功率控制的衰落信道中，串行干扰消除的性能优于并行干扰消除，但是在功率控制较好的信道，由于并行干扰消除中每次检测之前将其他所有干扰用户的信号都除掉，所以此时并行干扰消除的检测性能要优于串行干扰消除的检测性能。在一些用户数较多，并且功率控制不是很理想的情况下，可以结合并行和串行两种干扰消除方法来进行检测。

2.7.2 分集技术

移动信道是复杂的信道，由于信号传播的开放性、接收点地理环境的复杂性和多样性、以及通信用户的随机移动性，使得移动通信信道存在4种主要效应（阴影效应、远近效应、多径效应和多普勒效应）和3类损耗，其中对传输可靠性影响较大的是小尺度衰落，其中选择性衰落包括时间选择性衰落、频率选择性衰落和空间选择性衰落。对抗选择性衰落、提高移动通信系统传输可靠性的有效手段是“分集”，分集重数越高，系统的传输可靠性亦越高。

1. 分集技术的原理

分集技术是利用接收信号在结构上和统计特性上的不同特点来加以区分，并按一定的方法进行合并处理来实现对抗衰落。

分集的必要条件是在接收端能够收到同一信息且统计独立的若干不同的信号，这些信号通过不同的方式如空间、频率、时间等传送，在接收端可以区分。

分集技术研究的问题是如何将可获得的含有同一发送信息内容并统计独立的不同信号有效和可靠地利用。包括2个方面：一是分散传输，使接收机能够获得多个统计独立的、携带同一信息的衰落信号；二是集中处理，即把接收机收到的多个统计独立的衰落信号进行合并以降低衰落的影响。

2. 分集技术的分类

按照信号的结构和统计特性，分集技术可分为空间分集、频率分集和时间分集3类；按照合并方式，可分为选择性合并、等增益合并和最大比合并；按照信号收发，分集技术可分为发送分集、接收分集和收发联合分集，即多输入多输出（Multiple Input Multiple Output, MIMO）。下面介绍典型的分集和合并技术。

3. 典型的分集接收技术

（1）空间分集。我们知道在移动通信中，空间略有变动就可能出现较大的场强变化。当使用两个接收信道时，它们受到的衰落影响是不相关的，且二者在同一时刻同时是深衰落的可能性也很小，因此这一设想引出了利用两个接收天线的方案，独立地接收同一信号，再合并输出，衰落的程度能被大大地减小，这就是空间分集。

空间分集是利用不同接收地点（空间）位置的不同，利用不同地点接收信号在统计上的不相关性，即衰落性质的不同，实现抗衰落的目的。

空间分集的典型结构是发送端一个天线，接收端设置几个天线，同时接收一个发射天线的信号，然后合成或选择其中一个强信号。接收端天线之间的距离应大于波长的一半，以保证接收天线输出信号的衰落特性是相互独立的，经相应的合并电路从中选出信号幅度较大、信噪比最佳的一路，得到一个总的接收天线输出信号。这样就降低了信道衰落的影响，改善了传输的可靠性。

在空间分集中，接收分集天线数 N 越大，分集效果越好。但随着 N 增大，增益改善不再明显，同时 N 增大，接收端设备复杂度增加，因此在选择 N 个天线时要综合考虑性能增益和复杂度的折中，在工程上，一般取 $N=2$～4。空间分集接收的优点是分集增益高，缺点是需要多个接收天线。

另外，采用单天线也可实现空间分集的效果，即采用单天线，利用极化分集和角度分集来实现空间分集的效果。

极化分集是利用单个天线水平和垂直极化方向的正交性来实现分集功能。在移动环境下，两副在同一地点、极化方向相互正交的天线发出的信号呈现出不相关的衰落特性。利用这一特点，在收发端分别装上垂直极化天线和水平极化天线，就可以得到两路衰落特性不相关的信号。所谓定向双极化天线，就是把垂直极化和水平极化两副接收天线集成到一个物理实体中，通过极化分集接收来达到空间分集接收的效果，所以极化分集实际上是空间分集的特殊情况，其分集支路只有两路。极化分集的优点是结构紧凑，节省空间，缺点是它的分集接收效果低于空间分集接收天线，并且由于发射功率要分配到两副天线上，将会造成 3dB 的信号功率损失。同时分集增益依赖于天线间不相关特性的好坏，通过在水平或垂直方向上天线位置间的分离来实现空间分集。而且若采用交叉极化天线，同样需要满足这种隔离度要求。对于极化分集的双极化天线来说，天线中两个交叉极化辐射源的正交性是决定信号上行链路分集增益的主要因素。该分集增益依赖于双极化天线中两个交叉极化辐射源是否在相同的覆盖区域内提供了相同的信号场强。两个交叉极化辐射源要求具有很好的正交特性，并且在整个 120° 扇区及切换重叠区内保持很好的水平跟踪特性，代替空间分集天线所取得的覆盖效果。为了获得好的覆盖效果，要求天线在整个扇区范围内均具有高的交叉极化分辨率。双极化天线在整个扇区范围内的正交特性，即两个分集接收天线端口信号的不相关性，决定了双极化天线总的分集效果。为了在双极化天线的两个分集接收端口获得较好的信号不相关特性，两个端口之间的隔离度通常要求达到 30dB 以上。

角度分集是利用传输环境的复杂性，调整天线不同的角度，实现在单个天线上不同角度到达信号统计上的不相关性，从而来实现等效空间分集的效果。其优点是结构紧凑，节省空间，缺点是实现工艺要求较高，且性能比空间分集差。

（2）频率分集。频率分集是采用两个或两个以上具有一定频率间隔的载波频率同时发送和接收同一信息，然后进行合成或选择，利用位于不同频段的信号经衰落信道后在统计上的不相关特性，即不同频段衰落统计特性上的差异，来实现抗频率选择性衰落的功能。实现时可以将待发送的信息分别调制在频率不相关的载波上发射。所谓频率不相关的载波，是指当不同的载波之间的间隔 Δf 大于频率相干区间，即载波频率的间隔应满足：

$$\Delta f \geqslant B_c = \frac{1}{\Delta \tau_m} \tag{2-52}$$

其中，Δf 为载波频率间隔，B_c 为相关带宽，$\Delta \tau_m$ 为最大多径时延差。

例如，城市中若使用 800～900MHz 频段（GSM 频段），典型的时延功率谱扩散值约为 5ms，则：$\Delta f \geqslant \frac{1}{\Delta \tau_m} = \frac{1}{5\text{ms}} = 200\text{kHz}$。

因此要求实现频率分集的载波间隔应大于 200kHz。

当采用两个载波频率时，称为二重频率分集。同空间分集系统一样，在频率分集系统中要求两个分集接收信号相关性较小（即频率相关性较小），只有这样，才不会使两个载波频率在给定的路由上同时发生深衰落，并获得较好的频率分集改善效果。在一定的范围内，两个载波频率 f_1 与 f_2 之差，即频率间隔 $\Delta f = f_2 - f_1$ 越大，两个不同频率信号之间衰落的相关性越小。

频率分集与空间分集相比较，其优点是在接收端可以减少接收天线及相应设备的数量，缺点是要占用更多的频率资源。

（3）时间分集。时间分集是将同一信号在不同时间区间多次重发，只要各次发送时间间隔足够大，则各次发送间隔出现的衰落将是相互统计独立的。时间分集正是利用这些衰落在统计上互不相关的特点，即时间上衰落统计特性上的差异来实现抗时间选择性衰落的功能。为了保证重复发送的数字信号具有独立的衰落特性，重复发送的时间间隔应该满足：

$$\Delta t \geqslant \frac{1}{2f_m} = \frac{1}{v/\lambda} \tag{2-53}$$

其中，Δt 为时间间隔，f_m 为多普勒频率，v 为移动台运动速度，λ 信号波长。

若移动台是静止的，则移动速度 $v = 0$，此时要求重复发送的时间间隔为无穷大，这表明时间分集对于静止状态的移动台是无效的。时间分集与空间分集相比较，优点是减少了接收天线及相应设备的数目，缺点是占用时隙资源，增大了开销，降低了传输效率。

4．分集接收合并技术

分集技术是研究如何充分利用传输中的多径信号能量，以改善传输的可靠性，它也是研究利用信号的基本参量在时间、频率与空间中如何分散、如何收集的技术。“分”与“集”是一对矛盾，在接收端取得若干条相互独立的支路信号以后，可以通过合并技术来得到分集增益。从合并所处的位置来看，合并可以在检测器以前，即在中频和射频上进行合并，且多半是在中频上合并；合并也可以在检测器以后，即在基带上进行合并。合并时采用的准则与方式主要分为 4 种：最大比值合并（Maximal Ratio Combining，MRC）、等增益合并（Equal Gain Combining，EGC）、选择式合并（Selection Combining，SC）和切换合并（Switching Combining）。

（1）最大比合并。最大比合并是指在接收端，将各个不相关的分集支路经过相位校正，并按适当的可变增益加权再相加后送入检测器进行相干检测。图 2-43 所示为最大比合并原理框图。在实现时，各个支路的可变增益加权系数 k_i 为该分集支路的信号幅度与噪声功率之比。

最大比合并方案在接收端只需对接收信号作线性处理，然后利用最大似然检测即可还原出发端的原始信息。其译码过程简单、易实现。合并增益与分集支路数 N 成正比。

（2）等增益合并。等增益合并也称为相位均衡，仅仅对信道的相位偏移进行校正而幅度不做校正，等价于最大比合并中各支路加权系数 $k_i = 1$（$i = 1, 2, \cdots, N$）。等增益合并不是任何意义上的最佳合并方式，只有假设每一路信号的信噪比相同的情况下，在信噪比最大化的意义上，它才是最佳的。它输出的结果是各路信号幅值的叠加。对 CDMA 系统，它维持了接收信号中各用户信号间的正交性状态，即认可衰落在各个通道间造成的差异，也不影响系统的信噪比。当在某些系统中对接收信号的幅度测量不便时选用 EGC。当 N（分集重数）较大时，等增益合并与最大比值合并后相差不多，约仅差 1dB 左右。等增益合并算法实现比较简单，其设备也简单。

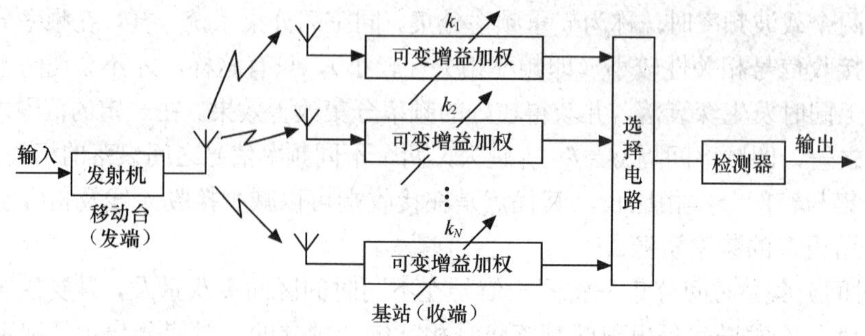

图 2-43 最大比合并原理图

（3）选择合并。采用选择合并技术时，N 个接收机的输出信号先送入选择逻辑，选择逻辑再从 N 个接收信号中选择具有最高基带信噪比的基带信号作为输出，如图 2-44 所示。

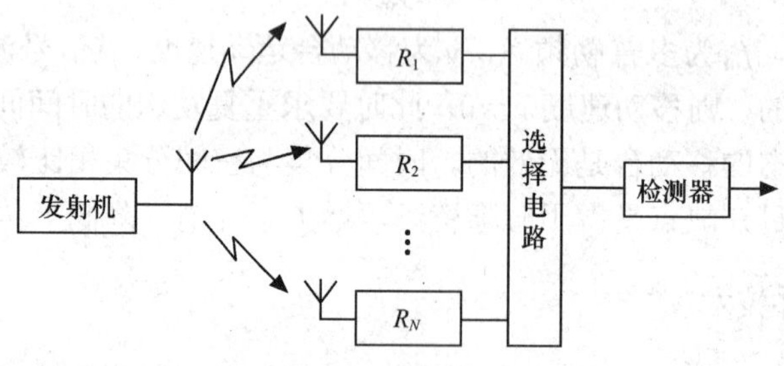

图 2-44 选择性合并原理图

图 2-45 所示为 3 种合并方式最大比合并、等增益合并和选择合并的性能比较。从图中可以看出，最大比值合并的性能最好，选择合并的性能最差。当 N 较大时，等增益合并的性能接近于最大比合并。

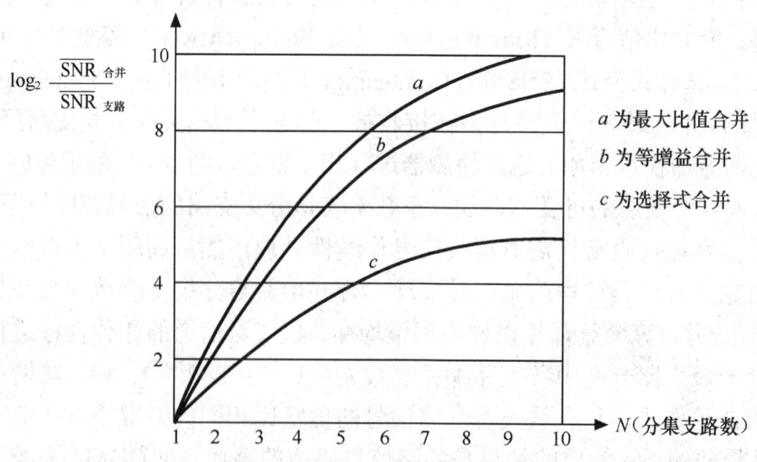

图 2-45 3 种合并方式性能比较

（4）切换合并。图 2-46 所示为切换合并原理图。接收机考察所有的分集支路，并选择 SNR 在特定的预设门限之上的特定分支。在该信号的 SNR 降低到所设的门限值之下之前，选择该信号作为输出信号。当 SNR 低于设定的门限时，接收机开始重新扫描并切换到另一个分支，该方案也称为扫描合并。由于切换合并并非连续选择最好的瞬间信号，因此它比选择合并可能要差一些。但是，由于切换合并并不需要同时连续不停地监视所有的分集支路，因此这种方法要简单得多。

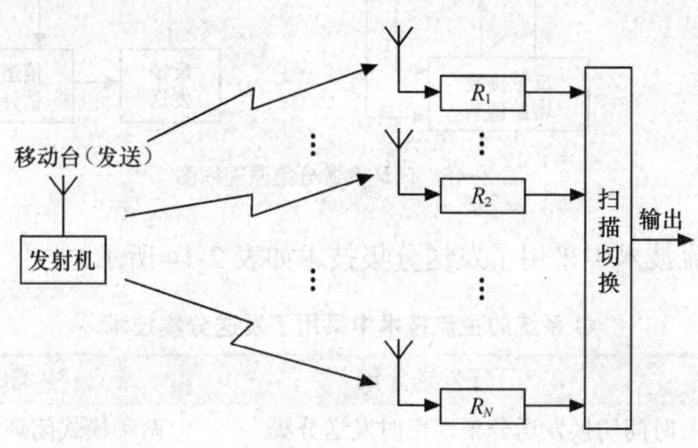

图 2-46 切换合并原理图

对选择合并和切换合并而言，两者的输出信号都是只等于所有分集支路中的一个信号。另外，它们也不需要知道信道状态信息，因此，这两种方案既可用于相干调制也可用于非相干调制。

5. 典型的发送分集技术

前面介绍了分集接收和合并技术，但是在移动通信的下行链路中，由于移动台特别是手机严重受到体积的限制、不允许使用二重空间分集接收。通信是双向的，这将带来上下行链路性能的不平衡，为了解决这一不平衡的问题，人们开始研究发送分集技术。发送分集分为开环发送分集和闭环发送分集。

开环发送分集不需要提供任何信道的信息，因此不需要建立收发之间的反馈回路。一般的原理框图如图 2-47 所示。开环发送分集根据不同的信号变换或编码方法可分为空时发送分集、正交发送分集、空时扩展发送分集、时间切换发送分集、延时发送分集等。

闭环发送分集技术需要在发送和接收之间建立反馈回路，并利用这一反馈回路传送信道状态信息。闭环发送分集原理框图如图 2-48 所示。通常是基站在下行链路的传送信号中周期地加入训练序列，移动台根据接收到的训练序列信号检测出下行链路的信道状态信息，然后再通过反馈链路将下行信道状态信息反馈至基站，基站根据信道状态的反馈信息调节相应发射天线信息的加权增益系数，以实现闭环发送分集。典型的闭环发送分集有选择发送分集与发送自适应阵列等。

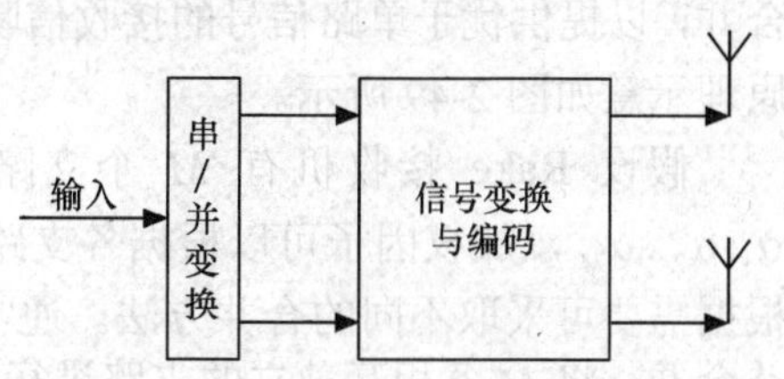

图 2-47 开环发送分集原理框图

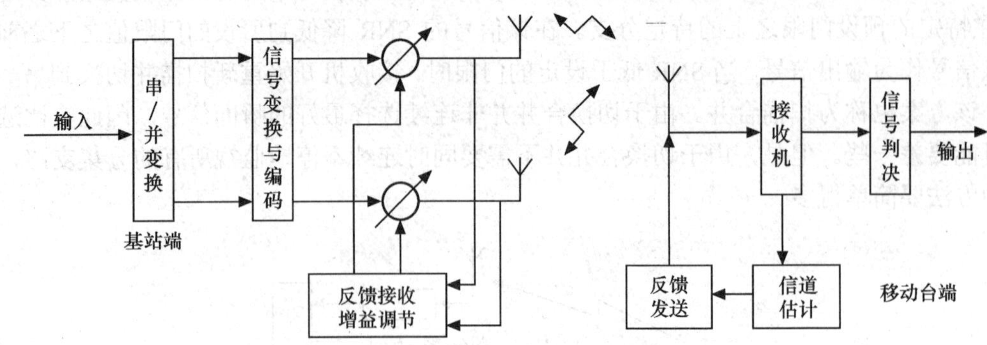

图 2-48　闭环发送分集原理框图

在 3G 系统的主流技术中采用了发送分集技术如表 2-14 所示。

表 2-14　　G 系统的主流技术中采用了发送分集技术

3G 技术	开环发送分集	闭环发送分集
WCDMA	时间切换发送分集，空时发送分集	两种模式闭环发送分集
cdma2000	正交发送分集，空时扩展发送分集	选择发送分集，发送分集天线阵列

2.7.3　Rake 接收机

对采用 CDMA 技术的系统，无线信道传输中出现的时延扩展，可以被认为是信号的再次传输。如果这些多径信号相互间的时延超过了一个码片的宽度，Rake 接收机就可以对它们分别进行解调，通过对多个信号进行分别处理合成得到接收信号。Rake 接收不同于传统的空间、频率与时间分集技术，充分利用了信号统计与信号处理技术，将分集的作用隐含在被传输的信号之中，所以又称为隐分集。

1. Rake 接收机工作原理

Rake 接收机由多个包含相关器的 Rake 支路组成，每个相关器接收一个多路信号。不同信道具有不同的时延 τ 和衰落因子，对应不同的传播环境。通过同步捕获/跟踪模块完成多径搜索，估计多径分量的延迟 τ，识别具有较大能量的多径位置，完成路径选择。Rake 接收机利用相关器检测出多径信号中最强的 M 个支路信号，然后对每个 Rake 支路的输出进行加权、合并，以提供优于单路信号的接收信噪比，然后再在此基础上进行判决。Rake 接收机的工作原理示意如图 2-49 所示。

假设 Rake 接收机有 M 个支路，其输出分别为 $z_1,z_2...z_M$，对应的加权因子分别为 $\alpha_1,\alpha_2...\alpha_M$，加权因子可以根据各支路的输出功率或信噪比决定。各支路加权后信号的合并根据需要可采取不同的合并方法。通常合并技术有 3 类，即选择性合并、最大比合并和等增益合并。将 M 条相互独立的支路进行合并后，可以得到分集增益。

2. 第三代移动通信系统中的 Rake 接收

第三代移动通信系统中上、下行链路均采用导频信号，上、下行链路都可以采用相干解

调，通过对各个路径信号的相位做出估计后，将接收的所有路径能量相加，提高信道解码的输入信噪比，克服移动通信环境中多径效应产生的严重信号衰落。考虑到残留相位的影响，Rake 接收机合并加权因子由非相关 Rake 接收中实数的 $\alpha_l, l = 1, 2, \ldots M$，改为复数 $|\alpha_l| e^{j\phi_l}, l = 1, 2, \ldots M$。

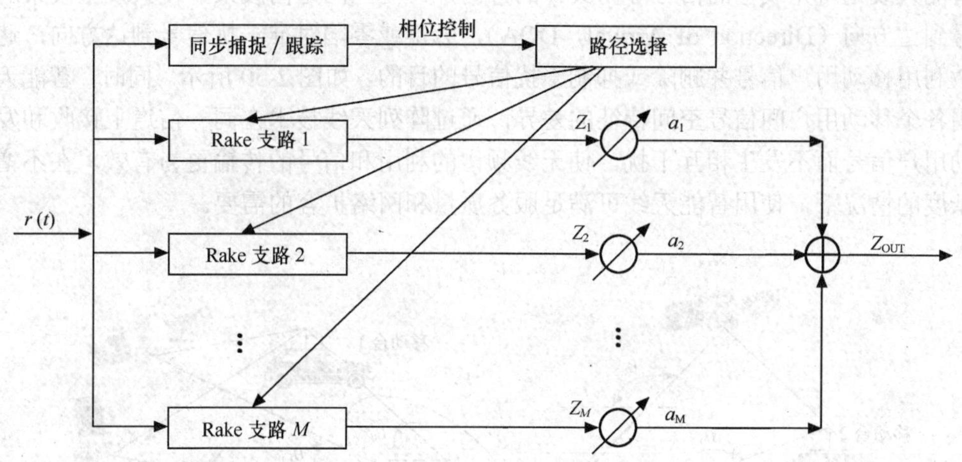

图 2-49 Rake 接收机的工作原理示意图

2.7.4 智能天线技术

智能天线原名自适应天线阵列（Adaptive Antenna Array，AAA），最初应用于雷达、声纳等军事方面，主要用来完成空间滤波和定位，大家熟悉的相控阵雷达就是一种较简单的自适应天线阵。

在移动通信中自适应天线阵有一个较吸引人的名字——智能天线。智能天线具有抑制信号干扰、自动跟踪以及数字波束调节等智能功能，被认为是未来移动通信的关键技术。智能天线波束成形能在空间域内抑制交互干扰，增强特殊范围内想要的信号，这种技术既能改善信号质量又能增加传输容量，其基本原理是在无线基站端使用天线阵和相干无线收发信机来实现射频信号的接收和发射，同时，通过基带数字信号处理器，对各个天线链路上接收到的信号按一定算法进行合并，实现上行波束赋形。目前，智能天线的工作方式主要有两种：全自适应方式和基于预多波束的波束切换方式。全自适应智能天线虽然从理论上可以达到最优，但相对而言各种算法均存在所需数据量、计算量大，信道模型简单，收敛速度较慢，在某些情况下甚至可能出现错误收敛等缺点，实际信道条件下当干扰较多、多径严重，特别是信道快速时变时，很难对某一用户进行实时跟踪。正是在这一背景下，基于预多波束的切换波束工作方式被提出。此时全空域（各种可能的入射角）被一些预先计算好的波束分割覆盖，各组权值对应的波束有不同的主瓣指向，相邻波束的主瓣间通常会有一些重叠，接收时的主要任务是挑选一个（也有可能是几个，但需合并后再输出）作为工作模式，与自适应方式相比它显然更容易实现，实际上我们可将其看作是介于扇形天线与全自适应天线间的一种技术，也是未来智能天线技术发展的方向。在第三代移动通信系统中，作为 TD-SCDMA 系统中的关键技术之一的智能天线技术能够使系统在高速运动的信道环境中达到较好的性能。

WCDMA 和 cdma2000 中也将采用自适应阵列天线。智能天线技术已经日益成为移动通信中最具有吸引力的技术之一，并在以后几年内发挥巨大的作用。

1．智能天线的原理

智能天线是将无线电的信号导向具体的方向，产生空间定向波束，使天线主波束对准用户信号到达方向（Direction of Arrival，DOA），旁瓣或零陷对准干扰信号到达方向，达到充分高效利用移动用户信号并删除或抑制干扰信号的目的，如图 2-50 所示。同时，智能天线技术利用各个移动用户间信号空间特征的差异，通过阵列天线技术在同一信道上接收和发射多个移动用户信号而不发生相互干扰，使无线频谱的利用和信号的传输更为有效。在不增加系统复杂度的情况下，使用智能天线可满足服务质量和网络扩容的需要。

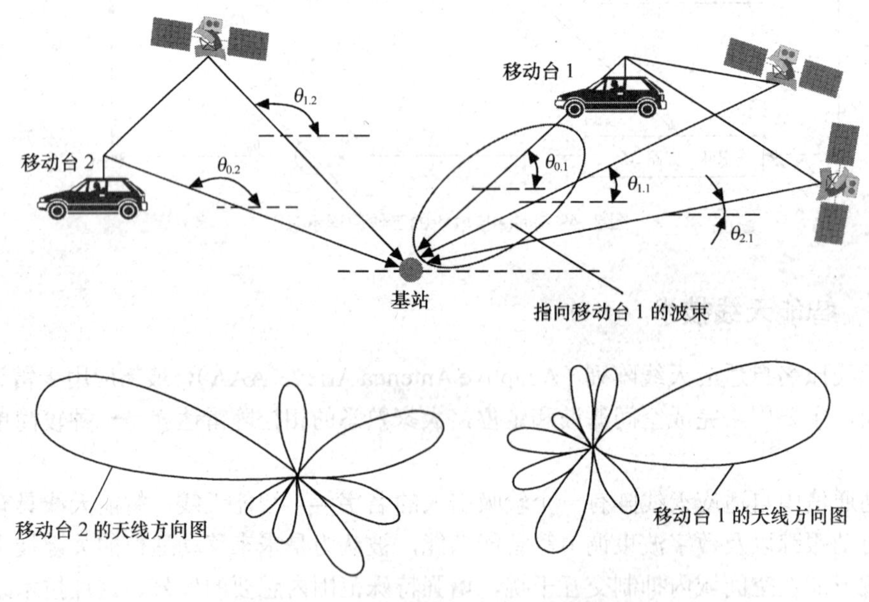

图 2-50 基站使用智能天线的波束赋形示意图

2．智能天线分类

智能天线可分为多波束天线与自适应天线阵列。多波束天线利用多个并行波束覆盖整个用户区，每个波束的指向是固定的，波束宽度也随天线元数目而确定。当用户在小区中移动时，基站在不同的相应波束中进行选择，使接收信号最强。因为用户信号并不一定在波束中心，当用户位于波束边缘及干扰信号位于波束中央时，接收效果最差，所以多波束天线不能实现信号最佳接收，一般只用作接收天线。但是与自适应天线阵列相比，多波束天线具有结构简单、无须判定用户信号到达方向的优点。自适应天线阵列一般采用 4～16 天线阵元结构，阵元间距为半个波长。天线阵元分布方式有直线型、圆环型和平面型。自适应天线阵列是智能天线的主要类型，可以完成用户信号接收和发送。自适应天线阵列系统采用数字信号处理技术识别用户信号到达方向，并在此方向形成天线主波束。

智能天线采用空分多址（SDMA）技术，利用信号在传输方向上的差别，将同频率或同时隙、同码道的信号区分开来，最大限度地利用有限的信道资源。与无方向性天线相比较，其上、下行链路的天线增益大大提高，降低了发射功率电平，提高了信噪比，有效地克服了信道传输衰落的影响。同时，由于天线波瓣直接指向用户，减小了与本小区内其它用户之间，以及与相邻小区用户之间的干扰，而且也减少了移动通信信道的多径效应。CDMA 系统是个功率受限系统，智能天线的应用达到了提高天线增益和减少系统干扰两大目的，从而显著地扩大了系统容量，提高了频谱利用率。

3. 智能天线的实现

智能天线的实现重点在于数字信号处理部分，它根据一定的准则，使天线阵产生定向波束指向用户，并自动地调整系数以实现所需的空间滤波。智能天线须要解决的两个关键问题是辨识信号的方向和数字赋形的实现。

TD-SCDMA 的智能天线使用一个环形天线阵，由 8 个完全相同的天线元素均匀地分布在一个半径为 R 的圆上所组成。智能天线的功能是由天线阵及与其相连接的基带数字信号处理部分共同完成的。该智能天线的仰角方向辐射图形与每个天线元相同。在方位角的方向图由基带处理器控制，可同时产生多个波束，按照通信用户的分布，在 360°的范围内任意赋形。为了消除干扰，波束赋形时还可以在有干扰的地方设置零点，该零点处的天线辐射电平要比最大辐射方向低约 40dB。TD-SCDMA 使用的智能天线当 $N = 8$ 时，比无方向性的单振子天线的增益分别大 9dB（对接收）和 18dB（对发射）。每个振子的增益为 8dB，则该天线的最大接收增益为 17dB，最大发射增益为 26dB。由于基站智能天线的发射增益要比接收增益大得多，对于传输非对称的 IP 等数据、下载较大业务信息是非常适合的。

智能天线技术的优点如下：

（1）智能天线可以对高速率用户进行波束跟踪，起到空间隔离消除干扰的作用；

（2）大大增加系统容量；

（3）增加覆盖范围，改善建筑物中和高速运动时的信号接收质量；

（4）提高信号接收质量，降低掉话率，提高语音质量；

（5）减少发射功率，延长移动台电池寿命；

（6）提高系统设计时的灵活性。

2.8 蜂窝组网技术

在通信频率资源紧张的情况下，为了扩大系统容量，采用分区制和频率重用的组网技术。FDMA 系统和 CDMA 系统均使用了频率重用技术，主要区别在于 FDMA 系统相邻小区使用不同的载频，而 CDMA 系统相邻小区既可以使用相同载频，也可以使用不同载频。

在移动通信中通常采用正六边形、无空隙、无重叠地覆盖一定区域，构成小区。由于正六边形构成的网络形同蜂窝，因此将小区形状为正六边形的小区制移动通信网称为蜂窝网。

2.8.1 区群中的小区数目

在移动通信中，为了避免同频干扰，相邻小区不能使用相同的频率。为了确保同一载频信道小区间有足够的距离，小区（蜂窝）附近的若干小区都不能采用相同载频的信道，由这些不同载频信道的小区组成一个区群，只有在不同区群间的小区才能进行载波频率的复用。

由蜂窝结构构成的区群中，小区数目应满足下列公式：

$$N = a^2 + ab + b^2$$

式中，a，b 为非负整数，不能同时为零。表 2-15 给出了不同 a 和 b 值时区群数 N。

表 2-15　　区群内小区数 N 的取值

N（a \ b）	0	1	2	3	4
1	1	2	7	13	21
2	4	7	12	19	28
3	9	13	19	27	37
4	16	21	28	37	48

在第一代模拟移动通信系统中，经常采用 7/21 区群结构，即每个区群中包含 7 个基站，而每个基站覆盖 3 个小区，每个频率只使用一次。在第二代数字式 GSM 系统中，经常采用 4/12 模式。如图 2-51 所示。

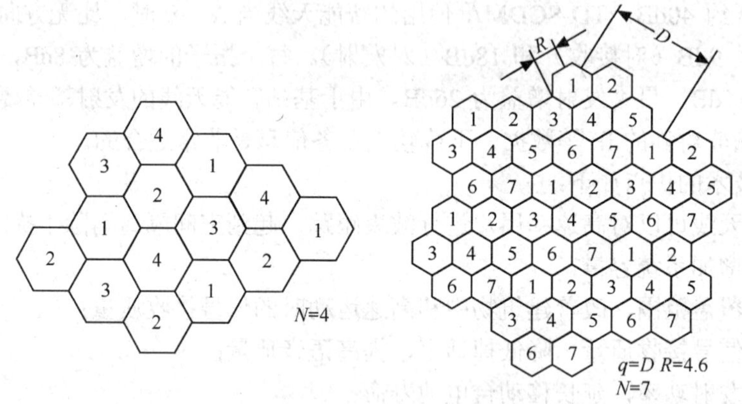

图 2-51　N = 4 和 N = 7 的蜂窝网小区覆盖

2.8.2 同频（信道）小区的距离

设小区的辐射半径为 R（即六边形外接圆的半径），可以计算出同频信道小区中心间的距离 D 为

$$D = \sqrt{3}R\sqrt{(b + a/2)^2 + (\sqrt{3}a/2)^2} = \sqrt{3(a^2 + ab + b^2)}R = \sqrt{3N}R \qquad (2\text{-}54)$$

由公式可见，N 越大，D/R 的比值越大，同频小区的距离越远，抗同频干扰性能越好。TDMA 和 FDMA 的 GSM 系统通常取 $N = 7$，CDMA 系统 N 可以取 1～7。

2.8.3 小区分裂技术

理想设计的每个小区大小在整个服务区内是相同的，但这只适合用户密度均匀的情况。

事实上，服务区内用户密度是不均匀的，例如城市中心商业区的用户密度高，居民区和市郊区的用户密度相对较低。在用户密度高的市中心区可使小区的面积小一点，在用户密度低的市郊区可使小区的面积大一些。小区一般分为巨区、宏区、微区和微微区几类，具体指标及大体关系如表 2-16 所示。

表 2-16 小区分类

蜂窝类型	巨区	宏区 Macro Cell	微区 Micro Cell	微微区 Pico Cell
蜂窝半径（km）	100～500	≤35	≤1	≤0.05
终端移动速度（km/h）	1500	≤500	≤100	≤10
运行环境	所有	乡村郊区	市区	室内
业务量密度	低	低到中	中到高	高
适用系统	卫星	蜂窝	蜂窝/无绳	蜂窝/无绳

当一个特定小区的用户容量和话务量增加时，小区可以被分裂成更小的小区，通过增加小区数（基站数）来增加信道的重用数，这个过程称为小区分裂。假设每个小区按半径的一半来分裂，将需要大约原来小区数目 4 倍的新小区才可以覆盖，如图 2-52 所示。新增加的基站服务半径减少，发射功率随之减少。上述蜂窝状的小区制是目前大容量公共移动通信网的主要覆盖方式。

为了扩大系统容量，FDMA 和 CDMA 系统都使用了小区分裂技术，其区别在于 FDMA 相邻小区必须使用不同载频，CDMA 系统可以使用相同载频。

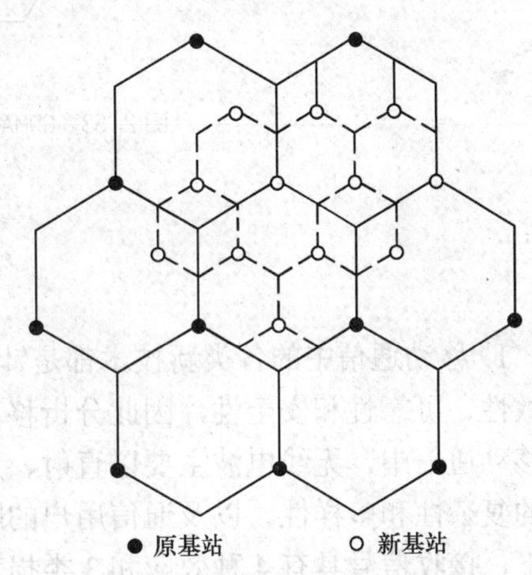

图 2-52 小区分裂图

2.8.4 扇区划分技术

蜂窝移动通信系统中的同频干扰可以通过使用定向天线代替基站中单独的一根全向天线来减小，其中每个定向天线辐射某一个特定的扇区。这种使用定向天线来减少同频干扰，从而提高系统容量的技术叫做扇区划分技术。通常一个 FDMA 系统划分为 3 个 120° 的扇区或 6 个 60° 扇区。

FDMA 系统由于采用扇区划分技术会造成中继效率下降，话务量损失，因此一些运营商不用此方法，特别是在密集的市区，定向天线模式在控制无线信号传播时失效。

CDMA 系统利用定向天线将小区分成几个扇区（120° 3 扇区），每个扇区的基站仅接收来自确定方向的用户信号，理论上可提高 3 倍的系统容量，由于相邻天线覆盖区有重叠，实际是 2.55 倍。扇区的划分与系统提供的业务量相匹配，业务量高的地区扇区划分得密集一些，可以进一步提高系统容量。但是扇区增加了，容量增加了，同时也增加了切换的次数。因此扇区的划分应根据实际业务量情况综合考虑。图 2-53 所示为 CDMA 小区 6 扇区组网的网络拓扑结构。

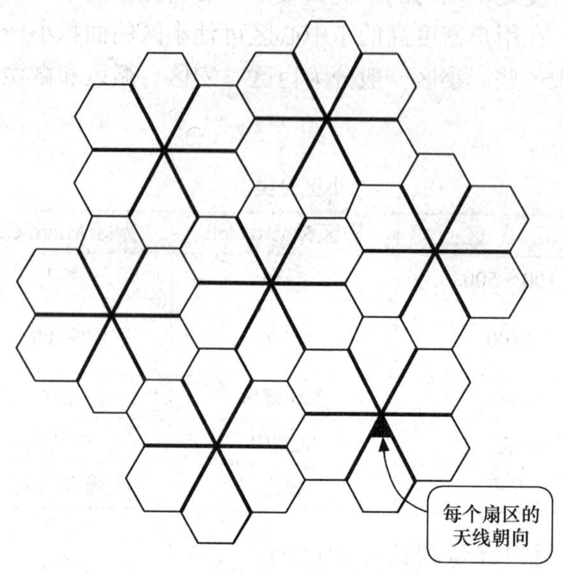

图 2-53　CDMA 小区 6 扇区组网的网络拓扑结构

小　结

1．移动通信中的各类新技术都是针对移动通信信道的特点而设计，用以解决移动通信的有效性、可靠性和安全性，因此分析移动通信信道的特点是研究移动通信关键技术的前提。在移动通信中，无线电波主要以直射、反射和绕射传播。信号传播的开放性，接收点地理环境的复杂性和多样性、以及通信用户的随机移动性是移动通信信道的特点。在它们的共同作用下，接收信号具有 4 种效应和 3 类损耗。在移动通信中主要的噪声和干扰有加性白高斯噪声、符号间干扰、多址干扰和相邻小区（扇区）干扰。

2．由于 CDMA 系统具有大容量、抗干扰抗多径抗衰落能力强、软切换、低功率、保密性好、可同频组网等独特的优势，使其成为 3G 系统的最佳接入方式。CDMA 技术的核心是扩频码和地址码的设计，常用的理想扩频码和地址码有 PN 码（m 序列和 Gold 序列）、Walsh 码和 OVSF 码，它们被广泛应用于 WCDMA、cdma2000 和 TD-SCDMA 系统中。

3．数字调制技术是对抗白噪声的基本技术手段，也是现代无线移动通信系统的核心处理单元。数字调制主要有 3 种形式：幅移键控（ASK）、频移键控（FSK）和相移键控（PSK）。PSK 调制被广泛应用于 3G 移动通信系统中。

4．信源编码的目的是压缩数据率，去除信号中的冗余度，提高传输的有效性。它包括模拟信号的数字化以及压缩编码，模拟信号的数字化一般采用 A/D 变换的方法。3G 系统的压缩编码包括语音编码、图像编码和多媒体数据编码。信源编码分成 3 类：波形编码、参量编码和混合编码。高质量的混合编码是移动通信系统的首选方案。

5．信道编码是移动通信系统中提高数据传输可靠性（减少差错）的有效方法。其追求的目标是如何加入最少的冗余位而获得最好的纠错能力。信道编码从结构上分为线性码和非线性码，从功能上分为检错码、纠错码和混合检错纠错码。3G 系统中的信道编码通常采用卷积码、Turbo 码和交织编码等。

6. CDMA 系统是自干扰系统，因此功率控制技术是 CDMA 系统的生命线。在保证服务质量（QoS）的前提下，通过控制发送端的发射功率来减少系统干扰，可以有效地解决远近效应和边缘问题，进而增加系统容量。功率控制分上行功率控制和下行功率控制，从功率控制环路类型划分又可分为开环功率控制和闭环功率控制。在 3G 的三大主流标准中，都采用了功率控制技术。

7. 多用户检测技术是根据信息论中的最佳联合检测理论提出的有效抗多址干扰的技术，它可分为线性检测和干扰消除两类。其中线性多用户检测技术主要有 4 种：解相关检测、最小均方误差检测、子空间斜投影检测和多项式扩展检测。干扰消除多用户检测技术包括串行干扰消除多用户检测、并行干扰消除多用户检测和判决反馈多用户检测。

8. 移动通信信道存在 4 种主要效应和 3 类损耗，对传输可靠性影响较大的是小尺度衰落，其中选择性衰落包括时间选择性衰落、频率选择性衰落和空间选择性衰落。对抗衰落、提高移动通信系统传输可靠性的唯一手段是“分集”，分集重数越高，系统的传输可靠性亦越高。按照信号的结构和统计特性，分集技术可分为空间分集，频率分集和时间分集 3 类；按照合并方式，可分为选择性合并，等增益合并、最大比合并和切换合并。按照信号收发，分集技术可分为发送分集、接收分集和收发联合分集，即多输入多输出（MIMO）。

9. 智能天线技术具有抑制信号干扰、自动跟踪以及数字波束调节等功能。在 CDMA 系统中，智能天线的应用提高了天线增益，减少了系统干扰，从而显著扩大了系统容量，提高了频谱利用率。智能天线分为多波束天线和自适应天线阵列。

10. 蜂窝组网技术是 3G 系统中的关键技术。在通信频率资源紧张的情况下，为了扩大系统容量，采用分区制和频率重用的组网技术。蜂窝组网技术主要包括小区分裂技术和扇区划分技术。

练 习 题

1. 移动通信信道具有哪 3 个特点？

2. 在移动通信中，无线电波的主要传播方式有哪几种？

3. 在移动通信中，接收信号有哪几种损耗和效应？各有什么特点？

4. 移动通信中主要噪声和干扰有哪几种？在 CDMA 系统中，哪一类的干扰是最主要的干扰？

5. 移动通信信道有哪几种模型？各种模型有哪些特点？如何克服各种模型对系统性能的影响？

6. 移动通信中有几种接入方式？各有什么优缺点？

7. 扩频的基本原理是什么？扩频通信的技术指标是什么？扩频通信系统有哪些优缺点？

8. 画出扩频通信系统的典型框图，并说明各部分的功能。

9. 在 CDMA 系统中，扩频码和地址码有几种类型？其中有扩频作用的是哪一种类型的地址码？

10. m 序列的码周期与移位寄存器的个数 n 有何关系？

11．Gold 序列和 m 序列之间有何联系？如何构造 Gold 序列？它的互相关函数有何特点？

12．若用每比特 4 个码片来生成 Walsh 函数，试写出 4 组 Walsh 函数的取值，画出它们的波形，并证明它们之间的正交性。

13．举例说明 OVSF 码的生成方法，OVSF 码的自相关和互相关特性如何？

14．信道化码和扰码的作用和区别是什么？

15. 调制和解调的主要功能是什么？对于二进制调制，哪种调制方式的抗干扰能力最强？

16．写出 BPSK 和 QPSK 信号的表达式、星座图和频谱利用率。

17．请画出 QPSK 调制器和解调器的框图，并说明它的调制和解调原理。

18．OQPSK 与 QPSK 比较，有哪些优点？

19．信源编码的目的和分类？

20．语音压缩编码有哪几种类型？各有什么特点？

21. cdma2000 中的语音编码的主要技术特点是什么？其语音速率分为几种类型？速率分别是多少？WCDMA 系统中情况如何？

22．对于图像编码，有哪几种国际标准？各有什么特点？

23．视频压缩编码分为两代，主要区别是什么？

24．移动通信中，信道编码的作用是什么？如何分类？交织编码的功能？

25．请简单介绍卷积码和 Turbo 码的基本原理，它们各有什么特点？

26．简述功率控制的意义和分类。

27．多用户检测技术分为几类？各有哪些优缺点？解相关线性多用户检测和干扰消除多用户检测的思路是什么？

28．分集与合并技术有哪些？各有什么特点？

29．智能天线在 CDMA 系统的意义和作用是什么？

30．蜂窝移动通信系统是如何组网的？小区分裂和扇区划分的目的是什么？

第 3 章 WCDMA 移动通信系统

宽带码分多址（Wideband Code Division Multiple Access，WCDMA）是第三代移动通信系统 3 种主流无线传输技术之一，在世界范围内 WCDMA 已经成为被广泛采用的通信标准。本章主要包括以下内容：

- WCDMA 系统的主要特点
- WCDMA 系统的网络结构，主要网元和接口功能
- 基于 R99、R4、R5 的核心网结构及接口，不同版本核心网的特点
- IP 多媒体子系统的特点、结构和功能
- UTRAN 接口协议模型及协议栈结构
- WCDMA 空中接口协议结构、各层协议功能及相互关系
- WCDMA 空中接口物理层的功能，物理信道、传输信道与逻辑信道的映射关系，物理层上下行链路的进程
- WCDMA 网络中的编号计划

3.1 概述

第三代移动通信系统的核心网基于 GSM/CDMA 等 2G 系统演进，空中接口采用 WCDMA、cdma 2000 和 TD-SCDMA 等无线传输制式，工作于 2GHz 频段，快速移动环境中最高传输速率可达 144kbit/s，室外到室内或步行环境中最高传输速率达到 384kbit/s，室内环境中最高传输速率达到 2Mbit/s。基于 WCDMA 技术，采用 HSDPA 之后，下行数据速率可达 10.8～14.4Mbit/s。HSUPA 也已处于商用阶段，上行数据速率可达 1.4～5.8Mbit/s。与第二代移动通信系统相比，第三代移动通信系统具有频谱效率高、支持多媒体业务、服务质量高以及无缝漫游等特点。目前 WCDMA、cdma 2000 两种技术都得到了大规模的商用，中国已经开始运营 TD-SCDMA 商用网络。

3.1.1 WCDMA 网络的演进

WCDMA 网络架构是在 GSM/GPRS 网络基础上发展而来的。在 GSM 核心网家族中，GSM 系统提供语音和基本的数据服务，GPRS 或 EDGE 可以提供更高速率的数据服务。从技术演进的角度来看，下一代就是 WCDMA。图 3-1 显示了从 GSM 到 WCDMA 的演进示意图。

当然，作为新的移动网络运营商可以选用不同阶段、不同版本的 WCDMA 网络，不必遵循技术演进顺序。

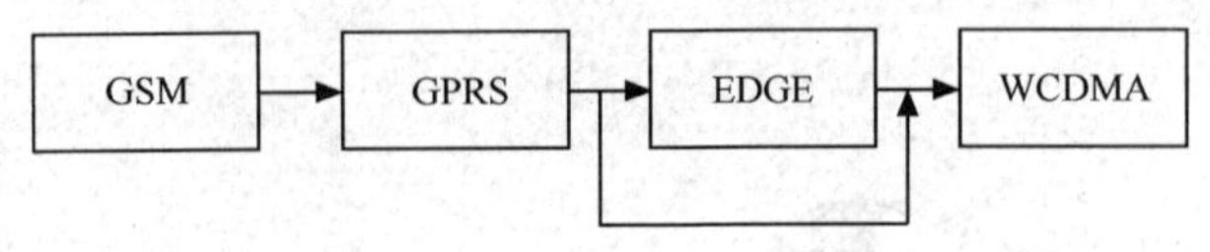

图 3-1 GSM 到 WCDMA 的演进

WCDMA 标准的演进简述如下：R99 版本中 WCDMA 依然采用 GSM/GPRS 核心网的结构，但是采用新的空中接口协议；R4 版本中完成了中国提出的 TD-SCDMA 标准化工作，同时引入了软交换的概念，将电路域的控制与业务分离，便于向全 IP 核心网结构过渡；R5 版本将 IP 技术从核心网扩展到无线接入网，形成全 IP 的网络结构，在 R4 基础上增加了 IP 多媒体子系统（IMS），同时在无线传输中引入高速下行分组接入（HSDPA）技术；目前 R8 版本已于 2008 年 12 月冻结，3GPP 中还有 R9 等版本在同时进行研究。

WCDMA 是从 GSM 演进而来，所以许多 WCDMA 的高层协议和 GSM/GPRS 基本相同或相似，比如移动性管理（MM）、GPRS 移动性管理（GMM）、连接管理（CM）以及会话管理（SM）等。移动终端中通用用户识别模块（USIM）的功能也是从 GSM 的用户识别模块（SIM）的功能延伸而来的。

3.1.2 WCDMA 网络的特点

1．工作频段和双工方式

WCDMA 支持两种基本的双工工作方式：频分双工（FDD）和时分双工（TDD）。

在 FDD 模式下，上行链路和下行链路分别使用两个独立的 5MHz 的载频，发射和接收频率间隔分别为 190MHz 或 80MHz。此外，也不排除在现有的频段或别的频段使用其他的收发频率间隔；在 TDD 模式下只使用一个 5MHz 的载频，上下行信道不是成对的，上下行链路之间分时共享同一载频。载频的中心频率为 200kHz 的整数倍，发射和接收同在一个频率上。

2．多址方式

WCDMA 是一个宽带直扩码分多址（DS-CDMA）系统，通过用户数据与扩频码相乘，从而把用户信息比特扩展到更宽的带宽上去。

WCDMA 系统中，数据流用正交可变扩频码（OVSF）来扩频，扩频后的码片速率为 3.84Mchip/s，OVSF 码也被称作信道化码。扩频后的数据流使用 Gold 码为数据加扰，Gold 码具有很好的互相关特性，适合用来区分小区和用户。WCDMA 系统中 Gold 码在下行链路区分小区，在上行链路区分用户。为支持高的比特速率（最高 2Mbit/s），WCDMA 采用了可变扩频因子和多码连接。

3．语音编码

WCDMA 中的声码器采用自适应多速率（Adaptive Multi-Rate，AMR）技术。多速率声码器是一个带有 8 种信源速率的集成声码器，8 种源码速率分别为：12.2kbit/s（GSM-EFR）、

10.2kbit/s、7.95kbit/s、7.40kbit/s(IS-641)、6.70kbit/s(PDC-EFR)、5.90kbit/s、5.15kbit/s和4.75kbit/s。

AMR声码器处理基于20ms的语音帧，相当于在采样频率为8 000次/s时要处理160个样本。多速率声码器的编码方式为代数码激励线性预测编码（Algebraic Code Excited Linear Prediction Coder，ACELP）。多速率ACELP编解码器也表示为MR-ACELP。对于每160个话音样本，通过分析声音信号来提取ACELP模型的参数。话音编码器输出的话音参数比特在传输之前需要按照它们的主观重要性来重新编排顺序，并且重排后，还需要根据它们对错误的敏感性进一步重排。

根据空中接口的负荷以及话音连接的质量，无线接入网络控制AMR话音连接的比特速率。在高负荷期间，就有可能采用较低的AMR速率，在保证略低的话音质量的同时提供较高的容量。如果移动终端离开了小区覆盖范围，并且已经达到了它的最大发射功率，可以利用较低的AMR速率来扩展小区的覆盖范围。合理地利用AMR声码器，就有可能在网络容量、覆盖以及话音质量间按运营商的要求进行折中。

4. 信道编码

WCDMA系统中使用的信道编码类型有两种：卷积编码和Turbo编码。

卷积码已经被广泛使用长达几十年，很多移动通信系统均采用卷积码作为信道编码，比如GSM系统、IS-95系统以及第三代移动通信系统。

Turbo编码开始于20世纪90年代初期，目前已获得广泛应用。Turbo编码在低信噪比条件下具有优越的纠错性能，能够有效降低数据传输的误码率，适于高速率、对译码时延要求不高的分组数据业务。采用Turbo编码技术，可以降低发射功率，进而增加系统容量。在第三代移动通信系统中，Turbo编码被广泛应用于数据业务。考虑到Turbo码的译码需经过多次迭代，译码时延大的缺点，在语音和低速率、对译码时延要求比较苛刻的数据链路中使用卷积码，在其他逻辑信道，如接入、控制、基本数据、辅助码信道中也都使用卷积码。

WCDMA系统中，当业务信道（公用和专用传输信道上）的数据传输速率小于或等于32kbit/s时，采用卷积编码，码率1/2或1/3，约束长度k = 9；数据传输速率大于或等于64kbit/s时，采用Turbo编码。

5. 功率控制

快速、准确的功率控制是保证WCDMA系统性能的基本要求。

功率控制解决的基本问题是远近效应，即解决接收机接收到近距离发射机的信号比较容易，而接收到远距离发射机的信号比较困难的问题。功率控制通过调整发射机的发射功率，使得信号到达接收机时，信号强度基本相等。为了能够及时地调整发射功率，需要快速的反馈，从而减少系统多址干扰，同时也降低了传输功率，可有效满足抗衰落的要求。WCDMA系统采用的快速功率控制速率为1 500次/s，称为内环功率控制，同时应用在上行链路和下行链路，控制步长0.25～4dB可变。

相对于内环功率控制，为了保证服务质量，无论针对上行链路还是下行链路，误块率必须低于设定值，而信干比（SIR）必须高于预定的目标值。功率控制的目的就是找到合适的目标（SIR），保证每条无线链路都能达到要求的服务质量。通常处于较差无线信道条件中的用户要比处于较好无线信道条件中的用户需要更高的目标（SIR）。寻找合适的目标（SIR）

的机制称为外环功率控制。外环功率控制的速率要低得多，最多 100 次/s。

6．切换

切换的目的是为了当 UE 在网络中移动时保持无线链路的连续性和无线链路的质量。WCDMA 系统支持软切换、更软切换、硬切换和无线接入系统间切换，也可以表述为同频小区间的软切换、同频小区内扇区间的更软切换、同一无线接入系统内不同载频间的硬切换和不同无线接入系统间的切换。WCDMA 系统支持与 GSM 系统之间的切换，WCDMA 系统能与 GSM 系统协同工作，能够在引入 WCDMA 后达到增加 GSM 覆盖的目的。

7．同步方式

WCDMA 不同基站间可选择同步和异步两种方式，异步方式可以不采用 GPS 精确定时，支持异步基站运行，室内小区和微小区基站的布站就变得简单了，使组网实现方便、灵活。

8．可变数据速率

WCDMA 系统支持各种可变的用户数据速率，适应多种速率的传输，可灵活地提供多种业务，并根据不同的业务质量和业务速率分配不同的资源。在每个 10ms 期间，用户数据速率是恒定的，然而这些用户之间的数据容量帧与帧之间是可变的，如图 3-2 所示。同时对多速率、多媒体的业务可通过改变扩频比（对于低速率的 32kbit/s、64kbit/s、128kbit/s 的业务）和多码并行传送（对于高于 128kbit/s 的业务）的方式来实现。这种快速的无线容量分配一般由网络来控制，以达到分组数据业务的最佳吞吐量。

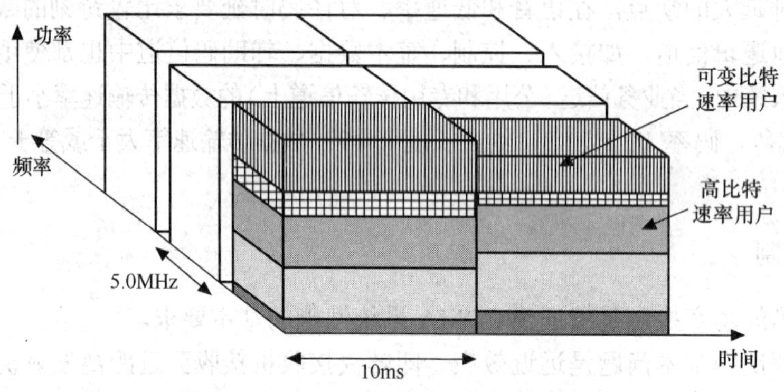

图 3-2　WCDMA 可变数据速率示意图

此外，WCDMA 空中接口还采用一些先进的技术，如自适应天线、多用户检测、下行发射分集、分集接收和分层式小区结构等来提高整个系统的性能。

3.2　WCDMA 网络结构与接口

3.2.1　UMTS 系统结构

UMTS 与第二代移动通信系统在逻辑结构上基本相同。如果按功能划分，UMTS 系统由核心网（CN）、无线接入网（UTRAN）、用户设备（UE）与操作维护中心（OMC）等组成。核心网与无线接入网（UTRAN）之间的开放接口为 Iu，无线接入网（UTRAN）与用户设备（UE）间的开放接口为 Uu 接口，如图 3-3 所示。

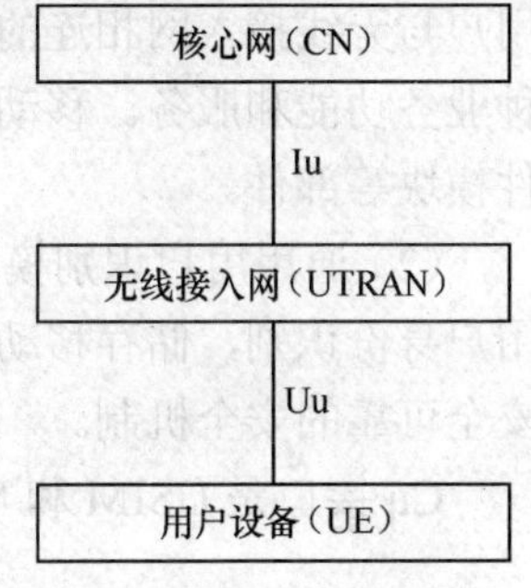

图 3-3 UMTS 的系统结构

核心网是业务提供者，基本功能就是提供服务，承担各种类型业务的定义，包括用户的描述信息、用户业务的定义还有相应的一些其他过程。UMTS 核心网负责内部所有的语音呼叫、数据连接和交换，以及与其他网络的连接和路由选择的实现。

无线接入网（UTRAN）位于两个开放接口 Uu 和 Iu 之间，完成所有与无线有关的功能。UTRAN 主要功能有宏分集处理、移动性管理、系统的接入控制、功率控制、信道编码控制、无线信道的加密与解密、无线资源配置、无线信道的建立和释放等。

用户设备（UE）完成人与网络间的交互。通过 Uu 接口与无线接入网相连，与网络进行信令和数据交换，UE 用来识别用户身份和为用户提供各种业务功能，如普通话音、数据通信、移动多媒体、Internet 应用等。

本书以 R99 版本所示 UMTS 结构和接口为例，介绍 UMTS 网元和接口功能。

3.2.2 UMTS 网元和接口功能

UMTS 网络系统结构如图 3-4 所示，包括的网元和接口功能如下。

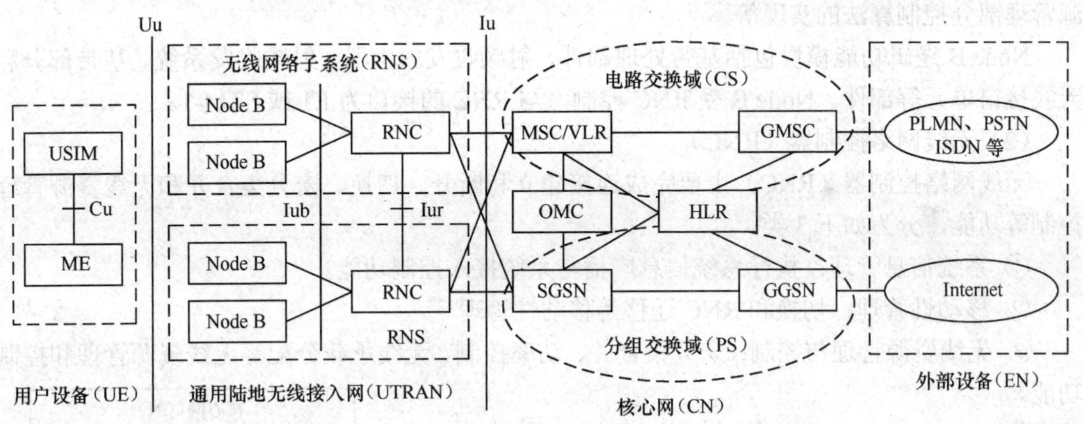

图 3-4 UMTS 网元和接口

1. 用户设备（UE）

用户设备（User Equipment，UE）完成人与网络间的交互，通过 Uu 接口与无线接入网相连，与网络进行信令和数据交换。UE 用来识别用户身份和为用户提供各种业务功能，如普通话音、数据通信、移动多媒体、Internet 应用等。用户设备（UE）主要由移动设备（Mobile Equipment，ME）和通用用户识别模块（Universal Subscriber Identity Module，USIM）两部分组成。

（1）移动设备（ME），即通常所说的手机，有车载型、便携型和手持型。移动设备提供用户与无线接入网相连的交互界面，具有与网络进行信令和数据交换的能力，为用户实现各种业务功能和服务。移动设备包括射频处理单元、基带处理单元、协议栈模块以及应用层软件模块等部件。

（2）通用用户识别模块（USIM）的物理特性与 GSM 的 SIM 卡基本相同。USIM 提供 3G 用户身份识别，储存移动用户的签约信息、电话号码、多媒体信息等，提供保障 USIM 信息安全可靠的安全机制。

Cu 接口是 USIM 和 ME 之间的接口，Cu 接口采用标准接口。

2．通用陆地无线接入网络（UTRAN）

无线接入网（UMTS/Universal Terrestrial Radio Access Network，UTRAN）位于两个开放接口 Uu 和 Iu 之间，完成所有与无线有关的功能。UTRAN 主要功能有宏分集处理、移动性管理、系统的接入控制、功率控制、信道编码控制、无线信道的加密与解密、无线资源配置、无线信道的建立和释放等。UTRAN 由一个或几个无线网络子系统（Radio Network Subsystem，RNS）组成，RNS 负责所属各小区的资源管理。每个 RNS 包括一个无线网络控制器（Radio Network Controller，RNC）、一个或几个 Node B（即通常所称的基站，GSM 系统中对应的设备为 BTS）。

（1）节点 B（Node B）

Node B 的主要功能是 Uu 接口物理层的处理，如扩频、信道编码、速率匹配、交织、调制和解扩、信道解码、解交织和解调，还包括基带信号和射频信号的相互转换功能，无线资源管理部分控制算法的实现等。

Node B 逻辑功能模块包括基带处理部件，射频收发放大器、射频收发系统、基带部分和天线接口单元等部件。Node B 受 RNC 控制，与 RNC 的接口为 E1 或 STM-1。

（2）无线网络控制器（RNC）

无线网络控制器（RNC）主要完成连接建立和断开、切换、宏分集合并和无线资源管理控制等功能，分为如下 3 类：

① 系统信息管理：执行系统信息广播与系统接入控制功能。

② 移动性管理：切换和 RNC 迁移等移动性管理。

③ 无线资源管理与控制：宏分集合并、功率控制、无线承载分配等无线资源管理和控制功能。

（3）CRNC、SRNC、DRNC 的概念

由于 WCDMA 网络存在软切换，可能存在 1 个 UE 和 1 个或多个无线网络子系统（RNS）中的 RNC 连接的情况，因此针对 RNC 所起作用的不同，引入控制 RNC（Control RNC，CRNC）、服务 RNC（Server RNC，SRNC）、漂移 RNC（Drift RNC，DRNC）的概念，如图 3-5 所示。

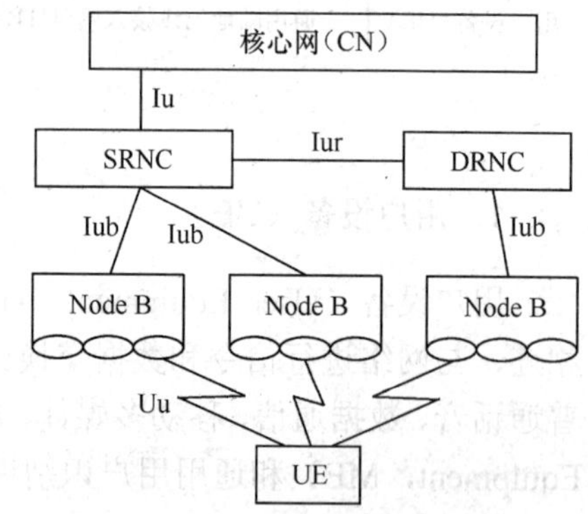

图 3-5　CRNC、SRNC、DRNC 作用示意图

① 控制无线网络控制器（CRNC）：控制 Node B 的操作与维护、接入控制等功能，并与 Node B 直接存在物理连接的 RNC 称为 Node B 的控制无线网络控制器

（CRNC）。CRNC 负责管理整个小区的资源，命令 Node B 配置、重配置或删除对小区资源的使用。

② 服务无线网络控制器（SRNC）：负责 UE 和 CN 之间的无线连接的管理，一个与 UTRAN 相连的 UE 有并且只能有一个 SRNC，通常 SRNC 即是 CRNC，但在软切换过程中可以有例外。

SRNC 负责启动/终止用户数据的传送、控制和 CN 的 Iu 连接以及通过无线接口协议和 UE 进行信令交互。SRNC 执行基本的无线资源管理操作，如无线资源的分配、释放和重配置，切换判决和外环功率控制等。

③ 漂移无线网络控制器（DRNC）：除了 SRNC 以外，UE 所用到的其他 RNC 称为漂移无线网络控制器（DRNC），一个 UE 可以没有也可以有一个或多个 DRNC。一个 DRNC 可以与一个或多个 UE 相连。DRNC 不与 CN 直接相连。DRNC 控制 UE 使用的小区资源，可以进行宏分集合并、分裂。和 SRNC 不同的是，DRNC 不对用户平面的数据进行数据链路层的处理，而在 Iub 和 Iur 接口间进行透明的数据传输。

需要指出以上 3 个概念是从逻辑上进行描述的。实际一个 RNC 通常包含 CRNC、SRNC、DRNC 的功能，这 3 个概念是从不同层次上对 RNC 的描述。CRNC 是从管理整个小区公共资源的角度引出的概念。而 SRNC 和 DRNC 是针对一个具体的 UE 和 UTRAN 的连接中，从专用数据处理的角度进行区分的。

（4）UTRAN 接口与协议

UTRAN 接口均为开放的标准接口，不同厂家的设备可以很容易地互联互通。

Uu 接口是 WCDMA 系统的无线接口。UE 通过 Uu 接口接入到 UMTS 系统的固定网络部分 UTRAN，Uu 接口是 UMTS 系统中最重要的开放接口。Iu 接口是连接 UTRAN 和 CN 的接口。类似于 GSM 系统的 A 接口和 Gb 接口。Iub 接口是连接 Node B 与 RNC 的接口。Iur 接口是无线网络控制器（RNC）之间连接的接口，Iur 接口是 UMTS 系统特有的接口，用于对 UTRAN 中移动台的移动管理。比如在不同的 RNC 之间进行软切换时，移动台所有数据都是通过 Iur 接口从正在工作的 RNC 传到 DRNC。UTRAN 接口和协议如表 3-1 所示。

表 3-1　　UTRAN 接口和协议

接口名称	接口位置	协议
Iu	CN-UTRAN	RANAP
Iur	RNC-RNC	RNSAP
Iub	RNC-Node B	NBAP
Uu	Node B-UE	WCDMA

3. 核心网（CN）

核心网承担各种类型业务的提供以及定义，包括用户的描述信息、用户业务的定义还有相应的一些其他过程。UMTS 核心网负责内部所有的语音呼叫、数据连接和交换，以及与其他网络的连接和路由选择的实现。不同协议版本核心网之间存在一定的差异。

R99 版本的核心网完全继承了 GSM/GPRS 核心网的结构，由电路域（CS）和分组域（PS）组成，兼容 2G 无线接入和 WCDMA 无线终端接入。CS 域负责电路型业务，由 GMSC、MSC

和 VLR 等功能实体组成。PS 域实现移动数据分组业务，由 SGSN 和 GGSN 组成，而 HLR，AuC 等功能实体由电路域和分组域共用。R4 版本在电路域提出了承载独立的核心网，运用分层设计的思想，实现业务逻辑与控制、承载之间的分离，引入了软交换技术，达到了 CS 域传输和 PS 域分组传输的相互独立和统一，保证网络层的协议能独立于不同的传输方式（ATM、IP、STM 等传输方式）。R5 版本则叠加了 IP 多媒体子系统，包括提供 IP 多媒体业务的所有实体。R6 以后的版本，网络结构方面变化不大，主要是对已有功能的增强，或增加一些新的功能。核心网结构将在下节专门进行分析。

4．外部网络（EN）

核心网的电路交换域（CS）通过 GMSC 与外部网络相连，如公用电话交换网（PSTN）、综合业务数据网（ISDN）及其他公共陆地移动网（PLMN）。

核心网的分组交换域（PS）通过 GGSN 与外部的 Internet 及其他分组数据网（PDN）等相连。

3.2.3 基于 R99、R4、R5/R6 的核心网结构

UMTS 核心网的标准化工作由 3GPP 组织完成。从网络演进的角度看，R99 网络中核心网完全继承了 GSM/GPRS 的结构，包括电路域和分组域两部分，引入了新的无线接入技术（WCDMA），兼容 GSM/GPRS 无线终端接入。R4 网络中的主要变化是在核心网电路域提出了承载和控制独立的概念，而在无线接入网没有太多变化。在 R5 网络中，核心网叠加了 IP 多媒体子系统（IMS），无线接入网引入了 HSDPA 技术，无线接入网和核心网中采用全 IP 传输。在 R6 网络中，网络架构变化不大，考虑更多的是增加了新的功能或对已有功能的增强。目前 R8 版本已于 2008 年 12 月冻结，3GPP 中还有 R9 等版本在同时进行研究。

1．R99 网络结构及接口

（1）R99 网络结构

R99 版本网络结构如图 3-6 所示，图中所有功能实体都可作为独立的物理设备，在实际应用中一些功能实体可以组合到同一个物理实体中，如 MSC/VLR、HLR/AuC、SGSN/MSC/VLR 等，相应接口将变为内部接口。

R99 版本电路域的功能实体包括 GMSC、MSC、VLR 等。可以根据需求的不同将 MSC 设置为短消息—交换中心（SMS-GMSC）、短消息—移动交换中心（SMS-IWMSC）等。为实现不同网络间互通，系统配置了互操作功能（IWF），IWF 通常与 MSC 组合在一起。

R99 版本分组域的功能实体包括服务 GPRS 支持节点（SGSN）和网关 GPRS 支持节点（GGSN），作为无线用户和固定网络之间分组交换业务的桥梁，为用户提供分组数据业务。

R99 版本核心网还包括 CS 域和 PS 域共用的 HLR、AuC、EIR 等功能实体。各功能实体间通过不同的接口相连，与 GSM/GPRS 网络结构相比，增加了 Iu 接口，核心网通过 A 接口和 Gb 接口可以与 GSM/GPRS 无线网络相通，保证了系统与 GSM/GPRS 系统的兼容性。为支持 3G 业务，有些功能实体需增添相应的接口协议，另外需对原有的接口协议进行改进。

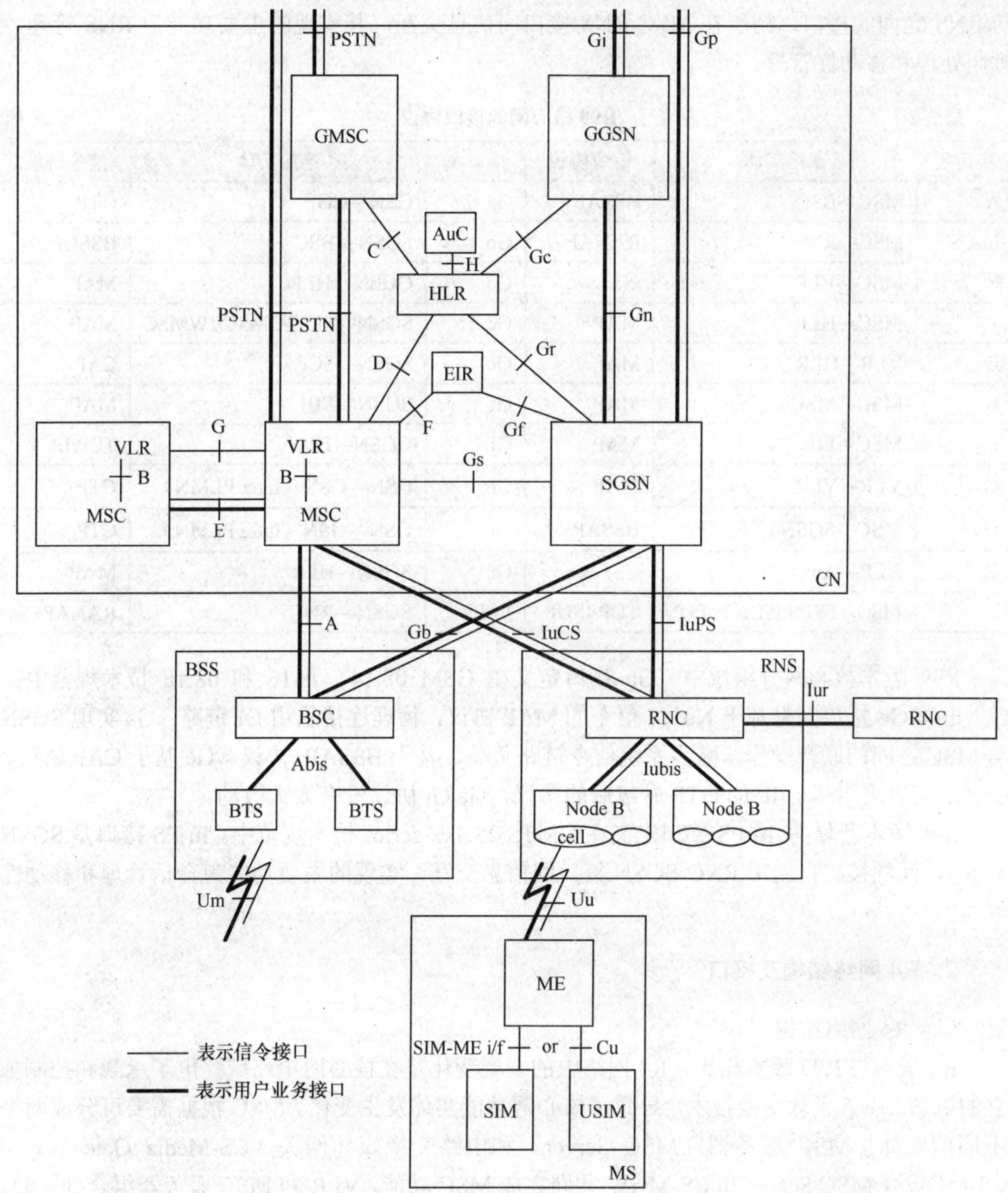

图 3-6 R99 版本网络结构图

（2）R99 核心网的接口与协议

R99 核心网的接口协议如表 3-2 所示。R99 版本核心网电路域中，A 接口和 Abis 接口及协议定义在 GSM 08-series 技术规范中。B，C，D，E，F 和 G 接口是以 No.7 信令方式实现相应的移动应用部分（MAP）协议，物理连接采用 2.048Mbit/s 的 E1 链路，用来完成数据交换。H 接口未提供标准协议，为内部接口。

Iu-CS 接口定义在 UMTS 25．4xx-series 技术规范中，为新增的接口。Iu-CS 接口是 MSC 与 RNS 之间的接口，用于在 MSC-RNS 接口间信息交互，其实现的主要功能为 RNS 管理、呼叫处理和移动性管理。

表 3-2　　R99 核心网的接口协议

接口名	连接实体	信令协议	接口名	连接实体	信令协议
A	MSC—BSC	BSSAP	Ga	GSN—CG	GTP
Iu-CS	MSC—RNS	RANAP	Gb	SGSN—BSC	BSSGP
B	MSC—VLR		Gc	GGSN—HLR	MAP
C	MSC—HLR	MAP	Gd	SGSN—SMS-GMSC/IWMSC	MAP
D	VLR—HLR	MAP	Ge	SGSN—SCP	CAP
E	MSC—MSC	MAP	Gf	SGSN—EIR	MAP
F	MSC—EIR	MAP	Gi	GGSN—PDN	TCP/IP
G	VLR—VLR	MAP	Gp	GSN—GSN（Inter PLMN）	CTP
Gs	MSC—SGSN	BSSAP+	Gn	GSN—GSN（Intra PLMN）	CTP
H	HLR—AuC		Gr	SGSN—HLR	MAP
	MSC—PSTN/ISDN/PSPDN	TUP/ISUP	Iu-PS	SGSN—RNC	RANAP

R99 版本核心网分组域中，Gb 接口定义在 GSM 08.14、08.16 和 08.18 技术规范中；Gc/Gr/Gf/Gd 接口则是基于 No．7 信令的 MAP 协议，物理连接采用 E1 链路；Gs 实现 SGSN 与 MSC 之间的联合操作，减少系统信令链路负荷，基于 BSSAP+协议。Ge 基于 CAP 协议，Gn/Gp 接口采用基于 IP 的 GTP 升级后的协议，Ga/Gi 协议没有太大改动。

R99 版本新增的 Iu-PS 接口定义在 UMTS 25.4xx-series 技术规范中。Iu-PS 接口是 SGSN 与 RNC 间的接口，用于 RNC-SGSN 接口间信息交互，实现的主要功能为会话管理和移动性管理。

2．R4 网络结构及接口

（1）R4 网络结构

R4 版本与 R99 版本相比，R4 网络中的主要变化是在核心网电路域提出了承载和控制独立的概念，引入了软交换技术，导致了核心网功能实体发生变化。MSC 根据需要可分成两个不同的实体：MSC 服务器（MSC Server）和电路交换媒体网关（CS-Media Gate Way，CS-MGW），MSC Server 和 CS-MGW 共同完成 MSC 功能，VLR 和 MSC 服务器组合到一起。GMSC 也分成 GMSC 服务器（GMSC-Server）和 CS-MGW 两个功能实体。R4 版本中 PS 域的功能实体 SGSN 和 GGSN 没有改变，与外界的接口也没有改变。其他的功能实体 HLR、AuC、EIR 等，相互间关系也没有改变，如图 3-7 所示。

R4 核心网电路域变化的实体功能介绍如下。

① MSC 服务器（MSC Server）。MSC Server 用来处理信令，独立于承载协议。它主要由 MSC 的呼叫控制和移动控制单元组成，负责完成 CS 域的呼叫、媒体网关管理、移动性管理、认证、资源分配、计费等功能，还包括 R4 版本核心网电路域提供的其他业务。

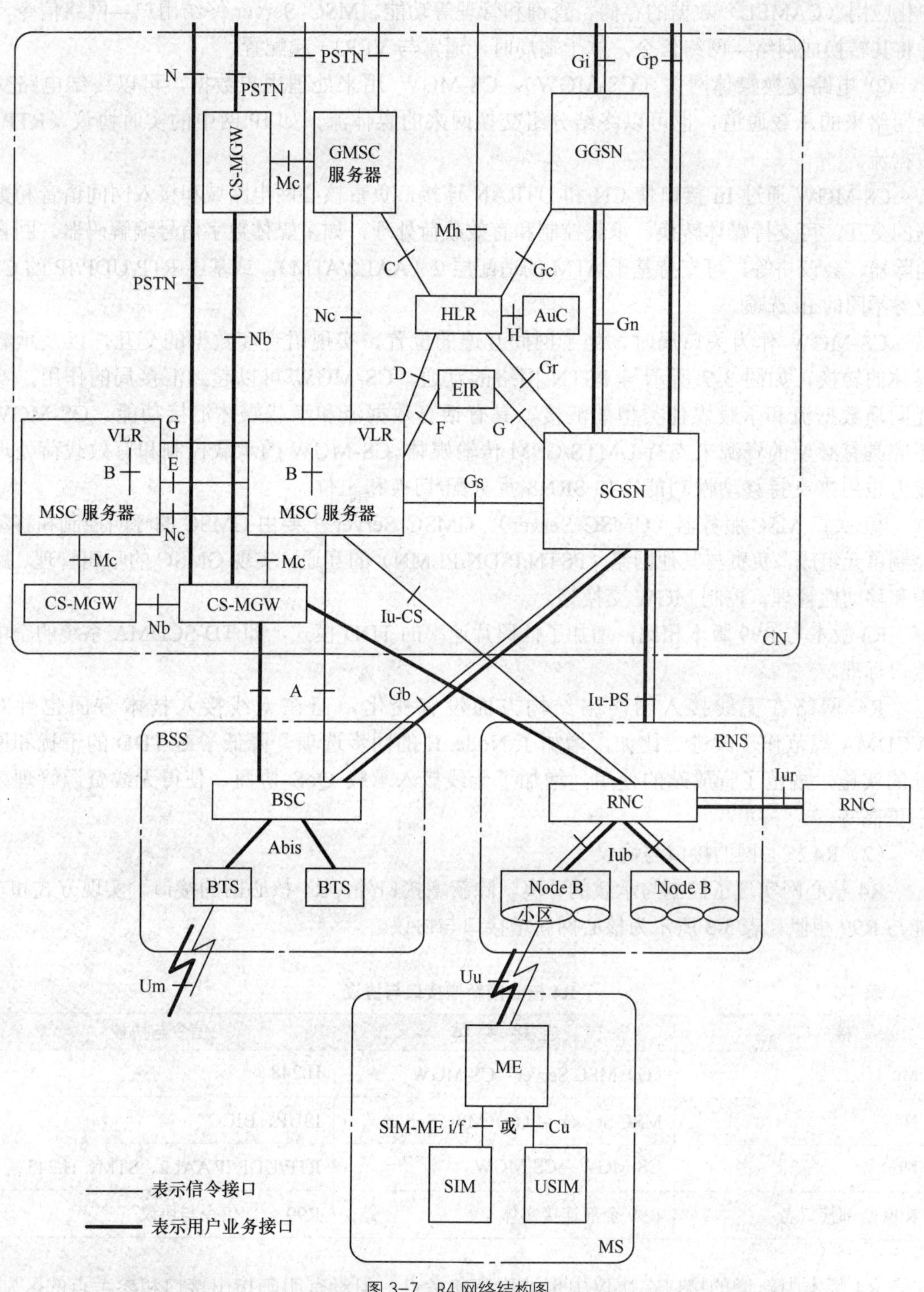

图 3-7 R4 网络结构图

MSC Server 可以与 VLR 一起配置，完成移动用户业务数据和相关移动网络增强逻辑用户化应用（CAMEL）数据的存储、查询和管理等功能。MSC Server 终结用户—网络信令，并将其转换成网络—网络信令，位于端局时，通常与 VLR 一起配置。

② 电路交换媒体网关（CS-MGW）。CS-MGW 用来处理用户数据，可以终结电路交换网络来的承载通道，也可以终结分组交换网来的媒体流，如 IP 网中的实时协议（RTP）数据流。

CS-MGW 通过 Iu 接口使 CN 和 UTRAN 连接，负责核心网电路域和接入网间语音和数据的交互，可支持媒体转换、承载控制和有效载荷处理，如多媒体数字信号编解码器、回音消除器、会议桥等，可支持基于 ATM 的适配层 2（AAL2/ATM），或基于 RTP/UDP/IP 的 CS 业务不同的 Iu 选项。

CS-MGW 作为关口局时，处于网间互连的位置，实现语音和数据的交互，以及承载媒体的转换，如图 3-7 所示与 PSTN 网络的互通。CS-MGW 可以起到汇接局的作用，实现同质数据流和承载媒体类型的汇接，具有话音数据流和承载媒体汇接功能。CS-MGW 还应具有必要的资源来支持 UMTS/GSM 传输媒体。CS-MGW 的承载控制和有效载荷处理能力也用来支持移动性功能，如 SRNS 重分配/切换和定位。

③ 关口 MSC 服务器（GMSC Server）。GMSC Server 主要由 GMSC 的呼叫控制和移动控制单元组成，负责与其他网络（PSTN/ISDN/PLMN）的互通，实现 GMSC 的呼叫管理、路由和移动性管理，控制 MGW 交换等。

R4 版本与 R99 版本相比，增加了低码片速率的 TDD 模式，即 TD-SCDMA 系统的空中接口标准。

R4 网络在无线接入网网络结构方面没有变化，但在无线接入技术方面也针对 WCDMA 规范作了改进。比如，增加了 Node B 的同步选项，降低了对 TDD 的干扰和网管的实施，规范了直放站的使用，增加了无线接入承载 QoS 协商，使得无线资源管理效率更高等。

（2）R4 核心网的接口与协议

R4 核心网实现了控制与承载的分离，除新增接口外，R4 核心网的接口、实现方式和功能与 R99 相似。表 3-3 所示为核心网新增接口与协议。

表 3-3　　R4 核心网新增接口与协议

接　口　名	连 接 实 体	信令与协议
Mc	（G）MSC Server—CS-MGW	H.248
Nc	MSC Server—（G）MSC Server	ISUP、BICC
Nb	CS-MGW—CS-MGW	RTP/UDP/IP AAL2、STM、H.245
R99 全部接口名	R99 全部连接实体	R99 全部信令与协议

R4 版本中新增的接口在协议中也被称为参考点，但没有明确指出接口和参考点的区别。通常认为它们具有相同的含义。R4 核心网的新增接口及功能如下。

① Mc 接口：（G）MSC 服务器与 CS-MGW 间的接口，承载方式为 IP 和 ATM，遵从 H.248

标准。Mc 接口支持不同呼叫模式和媒体处理方式的灵活连接，支持开放结构，可以根据需要进行扩展，可以动态共享 MGW 物理节点资源，也支持动态共享不同域间的传输资源。能实现特殊的移动网络功能，如 SRNC 重定位和切换等。

H.248 是媒体网关控制协议，用于物理分开的多媒体网关单元控制的协议，能把呼叫控制从媒体转换中分离出来。

② Nc 接口：MSC Server 与（G）MSC Server 间的接口，通过该接口，使不同网络间的通话能顺利进行。如果 Nc 接口承载方式为 IP 和 ATM，Nc 接口将采用与承载无关的承载独立呼叫控制（Bear Independent Call Control，BICC）协议。如果 Nc 接口承载方式为 TDM，Nc 接口将采用 ISUP。比如 Nc 的协议可以是综合业务数字网用户部分（ISUP）或改进 ISUP。在软交换系统间的互通协议方面，电话业务域间采用 BICC 协议，多媒体业务域之间采用 SIP，电话业务域和多媒体业务域之间采用 BICC 协议。

与承载无关的呼叫控制（Bearer Independent Call Control，BICC）协议是 ITU-TSG11 小组制订的。BICC 协议的主要目的是解决呼叫控制和承载控制分离的问题，使呼叫控制信令可在各种网络上承载，包括 MTP（消息传递部分）、SS7 网络、ATM 网络、IP 网络。BICC 协议由 ISUP（ISDN 用户部分）演变而来，是传统电信网络向综合多业务网络演进的重要支撑工具。

会话初始协议（Session Initiation Protocol，SIP）是一个应用层的信令控制协议，用于创建、修改和释放一个或多个参与者的会话。这些会话可以是 Internet 多媒体会议、IP 电话或多媒体分发。会话的参与者可以通过多播（Multicast）、单播（Unicast）或两者的混合体进行通信。

③ Nb 接口：CS-MGW 与 CS-MGW 间的接口，用于执行承载控制和数据传输。用户数据的传输方式可以是 RTP/UDP/IP 或 AAL2/ATM。Nb 接口上的用户数据传输和承载控制可以有不同的方式，如同步传送模式（STM），RTP/H.245 方式等。

H.245 是 H.323 多媒体通信体系中的控制信令协议，主要用于处于通信中的 H.323 终点或终端间的端到端 H.245 信息交换。

3. R5 网络结构及接口

R5 版本是全 IP（或全分组化）的第一个版本，R5 版本的 PLMN 基本网络结构（无 IMS 部分）如图 3-8 所示。R5 版本的网络结构和接口形式与 R4 版本基本一致，所不同的是当 PLMN 包括 IMS 时，HLR 被 HSS 所替代；BSS 和 CS-MSC、MSC 服务器之间支持 A 接口以及 Iu-CS 接口；BSC 和 SGSN 之间也同时支持 Gb 及 Iu-PS 接口。

R5 版本在无线接入网方面的改进如下。

① 提出高速下行分组接入（HSDPA）技术，使下行数据速率峰值可达 14.4Mbit/s。HSDPA 技术将在后面的章节介绍。

② Iu，Iur，Iub 接口增加了基于 IP 的可选择传输方式，保证无线接入网实现全 IP 化。

R5 版本在核心网（Core Network，CN）方面，在 R4 基础上增加了 IP 多媒体子系统（IMS），它和 PS 域一起实现了实时和非实时的多媒体业务，并可实现与 CS 域的互操作，包括 IMS 子系统的 R5 版本网络结构如图 3-9 所示。

PSTN
PSTN
Go
Gi
Gp
T-SGW
R-SGW
CS-MGW
GMSC 服务器
Mc
GGSN
Mh
C
Gc
PSTN
Nc
HSS (HLR)
H
AuC
Gn
Nb
D
EIR
Gr
F
Gf
G
VLR
VLR
E
B
B
Gs
SGSN
MSC 服务器
MSC 服务器
Nc
Mc
Mc
CS-MGW
CS-MGW
Nb
CN
A
Gb
Iu-CS
Iu-CS
Iu-PS
Iu-PS
BSS
RNS
Iur
BSC
RNC
RNC
Abis
Iub
BTS
BTS
Node B
Node B
小区
Um
Uu
ME
SIM-ME i/f
或
Cu
SIM
USIM
MS
表示信令接口
表示用户业务接口

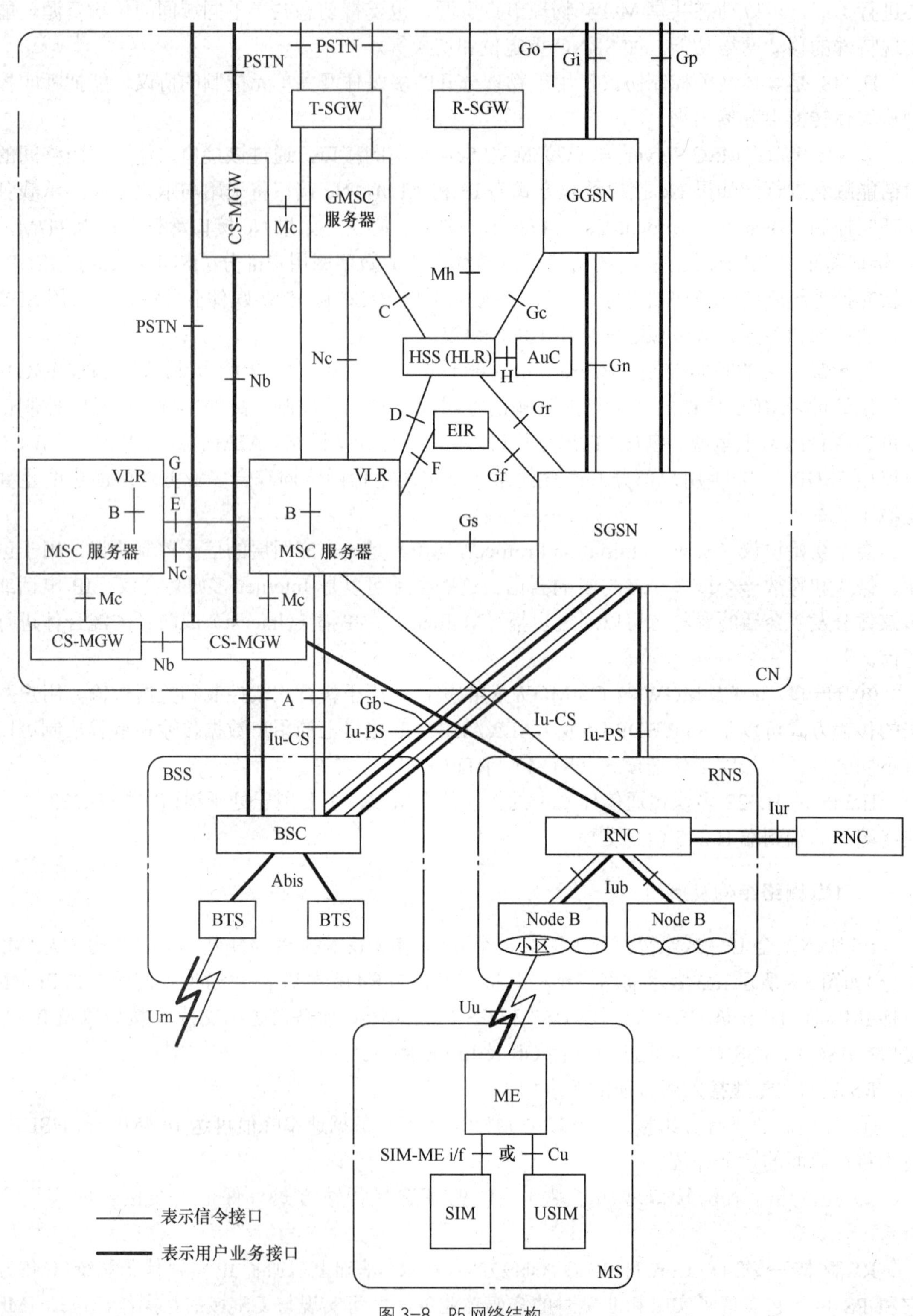

图 3-8 R5 网络结构

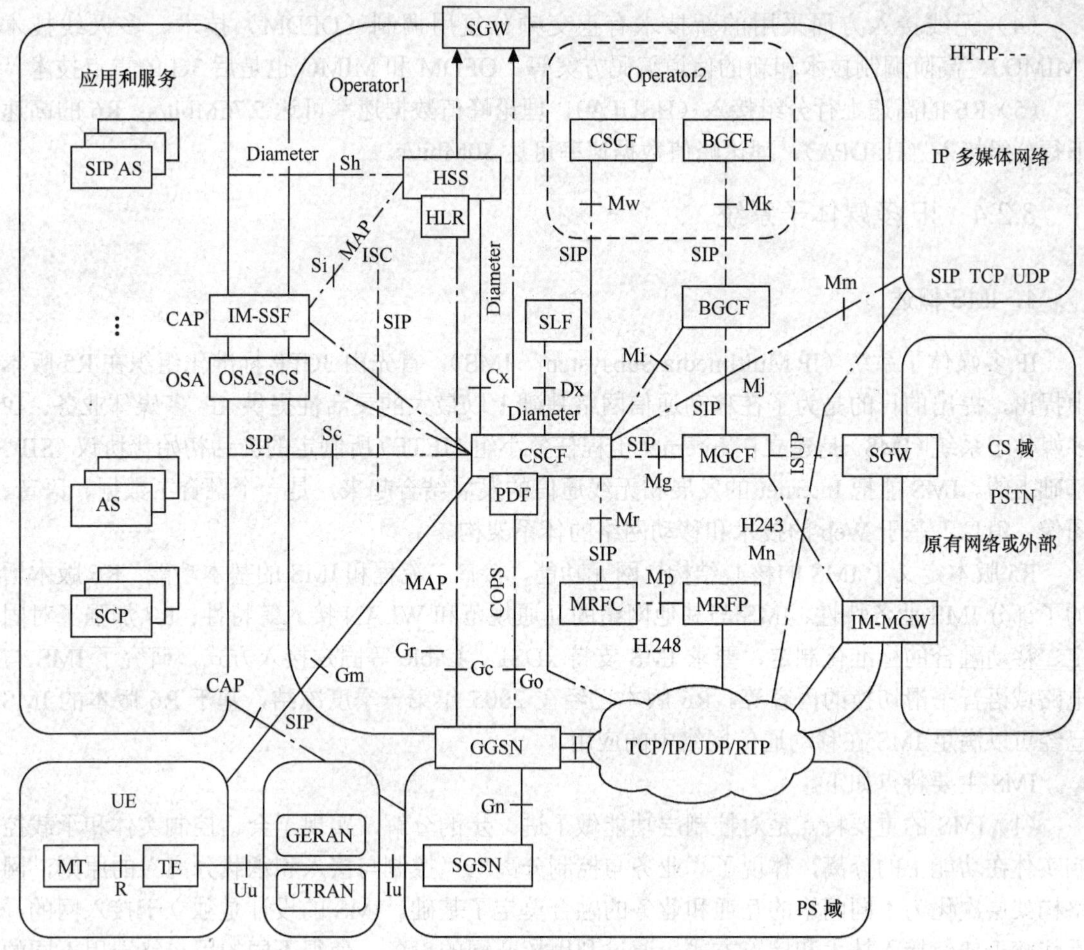

图 3-9　含 IMS 子系统的 R5 版本网络结构

IMS 是在基于 IP 的 PS 域的基础上构架的，IMS 控制平面信令采用基于 IP 的 SIP。具有 IMS 功能的移动终端由 WCDMA 接入网（或其他无线接入网）接入网络，与分组域的 GGSN 经 Go 接口与 IMS 网络呼叫会话控制功能实体（CSCF）相连，由 IMS 网络负责信令的处理，IMS 引发的数据传输直接由 GGSN 连接到外部应用服务器或数据网。

4．R6 版本网络结构

与 R5 版本相比，网络结构没有太大的变动，主要是对已有功能的增强，增加了一些新的功能特性。R6 研究的主要内容如下。

（1）PS 域与承载无关的网络框架，研究是否在分组域也实行控制和承载的分离，将 SGSN 和 GGSN 分为 GSN Server 和媒体网关的形式。

（2）在网络互操作方面，研究 IMS 与 PLMN/PSTN/ISDN 等网络的互操作，以实现 IMS 与其他网络的互联互通；研究 WLAN-UMTS 网络互通，保证用户使用不同的接入方式时切换不中断业务。

（3）在业务方面，研究包括多媒体广播/多播业务（MBMS）、Push 业务、Presence、PoC（Push-To-Talk over Cellular）业务、网上聊天业务及数字权限管理等。

（4）无线接入方面采用的新技术有正交频分复用调制（OFDM）技术、多天线技术（MIMO）、高阶调制技术和新的信道编码方案等，OFDM 和 MIMO 也是后 3G 的重点技术。

（5）R6 的高速上行分组接入（HSUPA），理论峰值数据速率可达 5.76Mbit/s；R6 的高速下行分组接入（HSDPA），理论峰值数据速率可达 30Mbit/s。

3.2.4 IP 多媒体子系统

1．IMS 概述

IP 多媒体子系统（IP Multimedia Subsystem，IMS），首先由 3GPP 标准化组织在 R5 版本中提出，提出的目的是为了在移动通信网络基础上以最大的灵活性提供 IP 多媒体业务。IP 多媒体子系统（IMS）是建立在 Internet 工程任务小组（IETF）所制定的会话初始化协议（SIP）基础上的。IMS 能把 Internet 的发展和无线通信的发展结合起来，是一个融合了数据、语音、图像、消息、基于 Web 的技术和移动网络的体系架构。

R5 版本定义了 IMS 的核心结构、网元功能、接口、流程和 IMS 的基本功能；R6 版本增加了部分 IMS 业务特性、IMS 与其他网络的互通规范和 WLAN 接入等特性；R7 加强了对固定、移动融合的标准化制定，要求 IMS 支持 xDSL、Cable 等固定接入方式，研究了 IMS 与电路域语音平滑切换的内容等。R6 版本已经在 2005 年第一季度冻结，基于 R6 版本的 IMS 已经可以满足 IMS 在移动通信网络中的应用。

IMS 主要特点如下。

（1）IMS 的重要特点是对控制层功能做了进一步的分解，实现了会话控制实体和承载控制实体在功能上的分离，体现了“业务与控制分离”、“控制与接入和承载分离”的原则，网络构架层次化为不同网络的互通和业务的融合奠定了基础。IMS 的设计是独立于接入网的，不依赖于任何接入技术和接入方式。通过利用核心网的设备，使得不同的用户终端用不同的接入方式接入 IMS 网络，支持各种融合业务的公共平台，提供新型的基于 IP 的交互式多媒体业务。

（2）IMS 继承了移动通信系统特有的网络技术，继续使用归属网络和访问网络的概念，支持用户全程全网漫游能力，具有切换功能，集中用户数据管理等。

（3）IMS 中重用了 IETF 组织制定的互联网技术和协议。会话控制层采用了具有灵活性和标准化的开放接口 SIP。网络层选用 IPv6，同样运用域名系统（Domain Name System，DNS）协议进行地址解析。终端用户安全认证、授权和计费沿用计算机网络中 AAA 方式，使用 RADIUS 协议基础上开发的 Diameter 协议。

（4）IMS 业务应用平台支持多种业务，能为 SIP 用户提供全程全网漫游能力和虚拟归属业务环境（VHE）能力。IMS 在原有 UMTS 技术基础上，提供根据用户、业务、数据流、内容、事件、时间等的更多计费手段，通过新的在线计费功能，运营商还可以实时控制业务流程。

（5）IMS 由多个标准化组织定义并发展完善，如 3GPP/3GPP2、ITU-T、IETF 和 ETSI 等，IMS 越来越受到业界的关注。

2．IMS 的主要功能实体

3GPP IMS 的主要功能实体如图 3-10 所示，包括呼叫会话控制功能（CSCF）、归属用户服务器（HSS）、媒体网关控制功能（MGCF）、IP 多媒体-媒体网关功能（IM-MGW）、多媒体资源功能控制器（MRFC）、多媒体资源功能处理器（MRFP）、签约定位器功能（SLF）、出口网关控制功能（BGCF）、信令网关（SGW）、应用服务器（AS）、多媒体域业务交换功能（IM-SSF）、业务能力服务器（OSA-SCS）等。

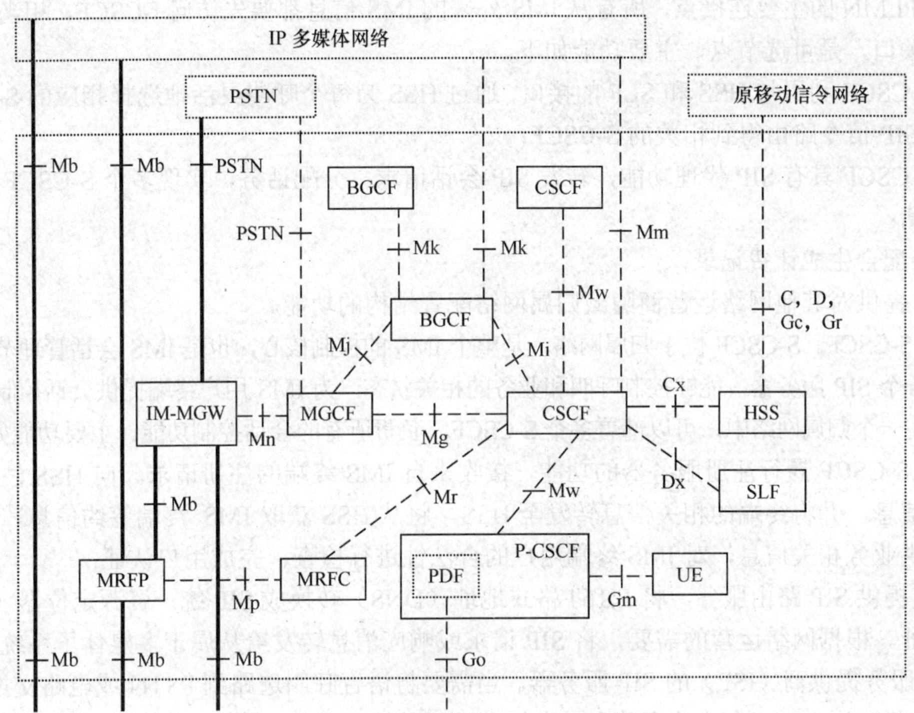

图 3-10　IMS 的主要功能实体示意图

按功能划分，IMS 的主要功能实体大致分为 6 大类别：会话管理和路由类（CSCF）、数据库（HSS、SLF）、网间互通（BGCF，MGCF，IM-MGM，SGW）、业务提供类（AS，MRFC，MRFP）、支撑（SEG，PDF）和计费（CHF）类。下面简要介绍主要功能实体的功能。

（1）呼叫会话控制功能

呼叫会话控制功能（CSCF）是 IMS 网络中最重要的功能实体之一，是一个 SIP 服务器，负责处理 SIP、IMS 中信令信号。CSCF 实现多媒体会话控制、地址翻译，以及对业务协商进行服务转换等功能。根据 CSCF 在网络中的位置和实现功能的不同，CSCF 分为代理 CSCF（P-CSCF）、查询 CSCF（I-CSCF）和服务 CSCF（S-CSCF）三类，可以在一个物理实体上实现，不过 CSCF 功能只能属于以上三类之一。

① P-CSCF。P-CSCF 位于被访问网络，是 IMS 终端访问 IMS 的入口点，即 IMS 终端发出或者 IMS 终端接收的所有的请求都要通过 P-CSCF，P-CSCF 主要功能如下。

- P-CSCF 功能相当于 SIP 的代理服务器，负责对双向的 SIP 信令流进行转发，即来自或发送给 IMS 移动台的 SIP 信令流都必须经过 P-CSCF；
- P-CSCF 还具有和安全有关的功能，P-CSCF 在该终端发起注册规程时得到该服务器的名字，承载资源的鉴权，对 SIP 信令提供保护，支持终端与 P-CSCF 间的加密过程；
- 生成计费记录；

- P-CSCF 和 IMS 终端间实现对 SIP 消息进行压缩与解压缩处理功能；
- P-CSCF 内部的策略判决功能（PDF）模块对多媒体业务的 QoS 要求进行策略判决，管理服务质量。

② I-CSCF。I-CSCF 位于用户归属网络，是从访问网络到归属网络的入口点，也是 IMS 与其他 PLMN 的主要连接点，所有从 IMS 外来的 IMS 信息都要先访问 I-CSCF，相当于 IMS 网络的关口，是可选节点，主要功能如下。

- CSCF 利用与 HSS 和 SLF 的接口，通过 HSS 为每个呼叫灵活地选择相应的 S-CSCF，并通过 SIP 信令路由得到相关的 S-CSCF；
- CSCF 具有 SIP 代理功能，转发 SIP 会话请求，分配话务，实现多个 S-CSCF 之间的负荷平衡；
- 配合生成计费记录；
- 提供对其他网络运营商隐藏归属网络配置结构的功能。

③ S-CSCF。S-CSCF 位于归属网络，是整个 IMS 的控制核心，也是 IMS 会话管理节点，本质上是一个 SIP 服务器，能够控制呼叫和业务的相关状态，为 IMS 用户终端提供会话控制和注册服务。在一个归属网络中，可以部署多个 S-CSCF，负责所有的会话控制功能。主要功能如下。

- S-CSCF 履行注册服务器的功能，接收来自 IMS 终端的注册请求，向 HSS 注册自身的地址信息，并将终端的相关信息转发至 HSS，将从 HSS 获取 IMS 终端签约信息，为终端用户提供业务相关信息，对 IMS 终端用户的合法性进行检查，完成用户认证；
- 提供 SIP 路由服务，将 E.164 格式地址（DNS）转换成 SIP 统一资源定位器（URL）格式地址。根据网络运营的需要，将 SIP 请求或响应消息转发给从属于多媒体子系统以外的 Internet 服务提供商（ISP）的 SIP 服务器。当需要将语音呼叫选路到 PSTN 或电路交换域时，S-CSCF 可以将 SIP 请求或响应消息转发给出口网关控制功能（BGCF）模块；
- 生成计费记录（CDR），进行离线计费或发给在线计费系统进行在线计费。

（2）媒体网关控制功能

媒体网关控制功能（MGCF）是使 IMS 用户和 CS 域用户之间可以进行通信的网关，IMS 用户和 CS 用户间的所有会话的控制信令都要经过 MGCF。MGCF 的主要功能如下：

① 控制 IM-MGW 中媒体信道与连接控制相关部分的呼叫状态；

② IMS 用户和 CS 用户之间可以进行通信的网关；

③ 根据从传统网络中来的呼叫路由号码选择 CSCF，与 CSCF 通信；

④ 进行 CS 用户与 IMS 的呼叫控制协议的转换，完成 ISUP/BICC 与 SIP 间的转换；

⑤ 接收本网络以外的信息并转发到 CSCF/IM -MGW。

（3）归属用户服务器

归属用户服务器（HSS）是 IMS 中的中心数据库，由 R5 版本之前的 HLR 升级而来，不仅服务 CS 域、PS 域，提供 HLR/AuC 功能，还能满足 IMS 子系统的相关功能，主要功能如下。

① HSS 用于存储所有用户和业务相关的数据信息。存储在 HSS 中的数据主要分为用户安全数据、位置信息、接入参数和用户服务签约信息等。HSS 与 CSCF 之间的接口为 Cx 接口，协议为 Diameter；

② 通过该接口 IMS 用户获取所要求的 S-CSCF 信息，将基本的 IMS 签约信息下载到 S-CSCF；

③ 在注册过程中执行用户接入和漫游权限的识别，提供用户/网络所需的鉴权信息；

④ HSS 提供与 IM-SSF 接口，实现电路域的 CAMEL/INAP 业务在 IMS 网络的继承；

⑤ 提供与增值业务平台 SIP AS，OSA-SCS，SCP 接口。

（4）IP 多媒体—媒体网关

IP 多媒体—媒体网关（IM-MGW）提供电路交换域的网络（PSTN，GSM）和 IMS 之间的用户平面连接。它终结来自电路交换网的承载信道和来自分组数据网（如 IP 网络中的 RTP 流）的媒体流，并执行这些终结之间的转换。IM-MGW 拥有并维护回声消除器、编码器等资源，IM-MGW 受 MGCF 控制进行资源管理。

（5）多媒体资源功能

多媒体资源功能（MRF）在归属网络提供多媒体信息源，包括多媒体资源功能控制器（MRFC）和多媒体资源功能处理器（MRFP）两部分，这两部分分别完成媒体流的控制和承载功能。MRFC 用于支持与承载相关的服务，通过 H.248 和 RTSP 控制 MRFP 资源，产生相应的计费记录。MRFP 包括会议桥、通知音和声码器等资源，提供被 MRFC 所请求和指示的多媒体资源，如混合到达的媒体流（有多个通话方存在），媒体流的处理（语音转换、媒体分析）等。

MRFC 与 S-CSCF 通过 Mr 接口相连，MRFC 通过 Mp 接口控制 MRFP，Mp 接口连接 IPv6 网络。通常由 AS 通过 S-CSCF 提出资源请求，MRFC 依据相应请求，分配会议标识、多方通话时语音数据的混合等相应的资源。

（6）签约定位器功能

签约定位器功能（SLF）作为一种地址解析机制，应用在网络中部署了多个独立可寻址的 HSS 时，SLF 作为一个简单的数据库，用来将用户地址映射到不同的 HSS。通过查询 SLF，使得 I-CSCF，S-CSCF 和 AS 能够找到拥有给定用户身份的签约数据的 HSS 地址。SLF 通过 Dx 接口接入 IMS，对于单个 HSS 的网络环境并不需要 SLF。

（7）出口网关控制功能

出口网关控制功能（BGCF）是一个 SIP 服务器，根据 S-CSCF 的请求，负责选择到 CS 域或 PSTN 互通的出口位置，所选择的出口点既可以与 BGCF 处于同一网络中，也可以处于另一个网络中。如果 BGCF 与出口点处于同一网络中，选择相连的 MGCF，并把 SIP 信令前转给 MGCF；如果 BGCF 与出口点不在同一网络中，BGCF 就把 SIP 信令转发给与电路交换域相连网络的 BGCF，进行进一步的会话处理；对于不同运营商的 IMS 网络互通，不需经过 BGCF。

（8）应用服务器

应用服务器（AS）是在 IMS 中提供增值多媒体服务的 SIP 实体，不仅可以向 IMS 提供多媒体服务，也可以向其他网络提供业务；可以位于用户所在网络中，也可位于第三方网络中。AS 所提供的服务并不只局限于基于 SIP 的服务，还可以与移动增强逻辑的特定用户应用（CAMEL，Customized Applications for Mobile Enhanced Logic）IP 相连接，提供多媒体服务交换功能。一个 AS 可以专用于提供一个服务，也可以提供多个服务；而用户可以拥有多种服务，所以一个用户可以拥有一个或多个 AS。

（9）信令网关

信令网关（SGW）连接 CS（PSTN）网络，用于不同信令网的互联，负责传输层信令的转换。它与 MGCF 之间通过 H.248 进行交互，实现 SS7 的信令传输和基于 IP 的信令传输间的信令转换。SGW 能够检测会话的发生，并通知 MGCF。但 SGW 不对应用层（如 BICC、ISUP）的消息进行解释。

3. IMS 接口及协议

3GPP IMS 接口及协议汇总如表 3-4 所示。

表 3-4　　IMS 接口及协议汇总

参考点	对应的实体	协议
Gm	UE—CSCF	SIP
Mw	P-CSCF—I-CSCF—S-CSCF	SIP
Cx	CSCF—HSS	Diameter
Dx	CSCF—SLF	Diameter
Sh	SIP AS—OSA SCS—HSS	Diameter
Si	IM-SSF—HSS	MAP
Dh	SIP AS—OSA—SCF—IM-SSF—HSS	Diameter
Mg	MGCF—CSCF	SIP
Mi	CSCF—BGCF	SIP
Mj	BGCF—MGCF	SIP
Mk	BGCF—BGCF	SIP
Mr	CSCF—MRFC	SIP
Mp	MRFC—MRFP	H.248
Mn	MGCF—IM-MGW	H.248
Ut	UE—AS	HTTP
Go	PDF—GGSN	COPS
Gq	CSCF—PDF	Diameter

各主要参考点特点及功能简介如下。

（1）Gm 连接了 UE 和 IMS 网络，是用户终端（UE）与 P-CSCF 间的接口，采用基于 UDP/IP 承载的 SIP，用于传输 UE 和 IMS 之间的所有 SIP 信令消息。通过 Gm 参考点完成的 3 类功能为注册、会话控制和事务处理。

（2）Mw 就是负责 CSCF 内部的参考点，支持 P-CSCF，I-CSCF，S-CSCF 之间的信息交互，同样采用基于 UDP/IP 承载的 SIP。通过 Mw 参考点完成的功能也大致分为 3 类，即注册、会话控制和事务处理。

（3）Mg 参考点将电路交换域的边缘功能实体 MGCF 连接到 IMS，实现与 CS 域（PSTN）网络的互通。通过 Mg 参考点，MGCF 可以将来自 CS 域的会话信令转发到 I-CSCF，以及 MGCF 到 S-CSCF 的 SIP 会话双向路由功能。Mg 参考点使用的协议是基于 UDP/IP 承载的 SIP。

（4）Mn 参考点描述 MGCF 和 IM-MGW 之间的接口，MGCF 通过该接口，对接入的不同呼叫模型、不同媒体等进行控制。该参考点使用了基于 SCTP/IP 承载的 H.248 协议。

（5）Mi 参考点是 BGCF 与 CSCF 间的接口。当 S-CSCF 探测到会话需要被路由到电路交换域（PSTN）时，将使用 Mi 参考点将这个会话转发给 BGCF，完成 BGCF 和 CSCF 之间的会话控制信令的传递。Mi 参考点使用的协议是基于 UDP/IP 承载的 SIP。

（6）Mj 参考点是 BGCF 与 MGCF 间的接口。当 BGCF 通过 Mj 参考点接收到一个会话信令的时候，它会选择出口到电路交换域，若出口在相同的网络，它就会通过 Mj 参考点将这个会话转发给 MGCF，完成 BGCF 和 MGCF 之间的会话控制信令的传递功能。Mj 参考点使用的协议是基于 UDP/IP 承载的 SIP。

（7）Mk 参考点是 BGCF 与 BGCF 间的接口，主要用于主被叫不在同一个网络的呼叫。当 BGCF 通过 Mi 参考点接收到一个会话信令时，它会选择出口的电路交换域，若出口在另一个网络，那么它就会通过 Mk 参考点转发给另一个网络中的 BGCF。Mk 参考点使用的协议是基于 UDP/IP 承载的 SIP。

（8）Mm 参考点是 CSCF 与外部 IP 网络间的接口。通过 Mm 参考点，CSCF 可以接收来自其他 SIP 服务器或者终端的会话请求。同样，CSCF 能将 IMS 终端用户发起的请求转发给其他多媒体网络。Mm 参考点使用的协议是基于 UDP/IP 承载的 SIP。

（9）Mr 参考点是 CSCF 与 MRFC 间的接口，主要用于传递来自 SIP AS 的资源请求到 MRFC。当 S-CSCF 需要激活与承载相关的业务时，它将通过 Mr 参考点发送 SIP 信令给 MRFC。Mr 参考点使用的协议是基于 UDP/IP 承载的 SIP。

（10）Mp 参考点位于 MRFC 与 MRFP 之间，是 MRF 的内部接口。允许 MRFC 控制 MRF 提供的媒体流资源，比如控制 MRFP 放音、DTMF 收发等。该参考点与基于 SCTP/IP 承载的 H.248 标准完全兼容。

（11）Go 参考点是 GGSN 与 PCF 之间的接口。通过该参考点 IMS 作为控制平面与作为用户平面的 GPRS 网络进行信息交换，确保两者之间的 IMS 业务流的 QoS、源地址和目的地址与协商的值相匹配。此外，该参考点还具有计费关联的功能。Go 参考点使用的协议是基于 TCP/IP 承载的公共开放策略服务（COPS）协议。

（12）Cx 参考点是 CSCF 与 HSS 之间的接口，支持 CSCF 与 HSS 之间的信息交互。通过这个参考点，当用户注册或者收到会话时，I-CSCF 和 S-CSCF 可以使用保存在 HSS 中的用户和服务数据。完成的功能主要包括位置管理、用户数据处理和用户认证。 该参考点使用的协议是基于 SCTP/IP 承载的 Diameter 协议。

（13）Dx 参考点是 CSCF 与 SLF 之间的接口，用于查询 SLF 获得给网络中的用户寻找签约的 HSS 地址的解析过程，该参考点总是与 Cx 参考点结合使用。Dx 参考点使用基于 SCTP/IP 承载 Diameter 协议。

3.3 UTRAN 接口协议结构

3.3.1 UTRAN 接口协议模型

UMTS 系统是模块化设计的，模块之间通过网络协议互联。UMTS 网络接口采用用户面与控制面分离、无线网络层与传输网络层相分离的设计原则，以保证层间和逻辑体系上的相互独立性，尽可能地满足了开放性和可升级性的要求，便于协议的修改和扩充。UTRAN 是 UMTS 系统的无线接入网部分，为 UMTS 系统设计的主要部分。UMTS 分层结构、UTRAN 接口协议的通用模型、内部接口（Iu，Iur 和 Iub）的协议栈结构和作用为本节的主要内容。

1. UMTS 分层结构

从功能方面考虑，UMTS 分为接入层（AS）和非接入层（NAS）两大部分，两者之间的接口称为业务接入点（SAP），如图 3-11 所示，图中各业务接入点（SAP）用椭圆来表示。

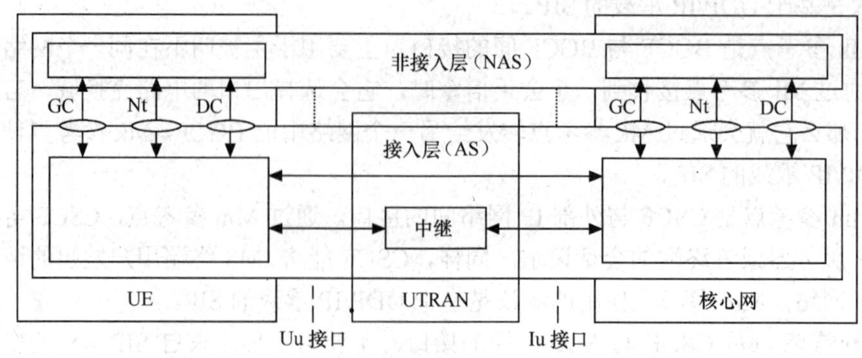

图 3-11 UMTS 分层结构

接入层（AS）是指 UE 和 UTRAN 间的无线接口协议集、UTRAN 和 CN 间的接口协议集。非接入层（NAS）指 UE 和 CN 间的核心网协议，对于 UTRAN 是透明传输的。UTRAN 只与接入层协议有关，在 UE 和核心网络之间传输数据时起中继作用。

接入层为非接入层提供了以下 3 种类型的业务接入点：通用控制业务接入点（GC-SAP）、专用控制业务接入点（DC-SAP）和寻呼及通告业务接入点（Nt-SAP）。

2．UTRAN 接口协议模型

UTRAN 接口通用协议模型如图 3-12 所示。接口协议分为两层二平面。两层指从水平的分层结构来看，分为无线网络层和传输网络层。二平面指从垂直面来看，每个接口分为控制面和用户面。UTRAN 内部的 3 个接口（Iu，Iur 和 Iub）都遵循统一的基本协议模型结构。

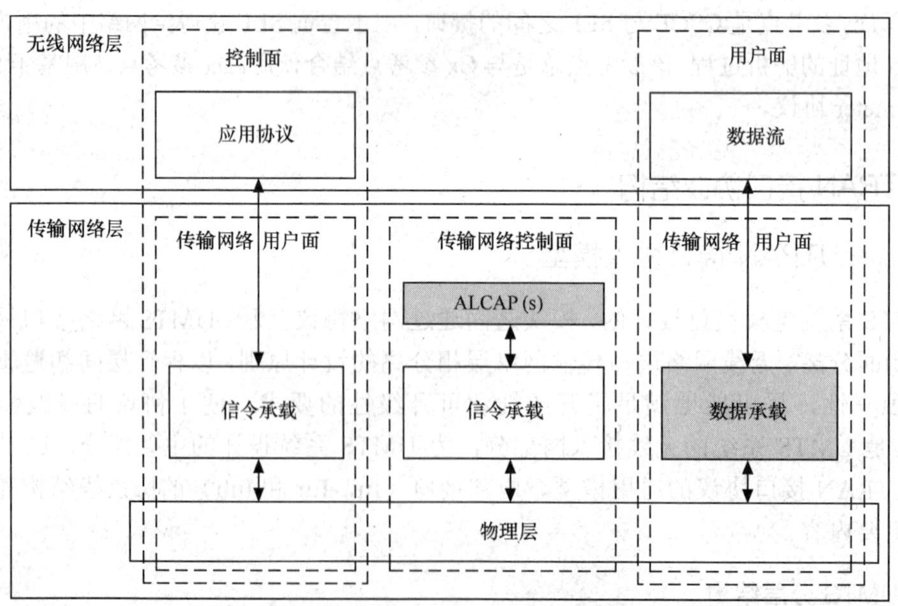

图 3-12 UTRAN 接口的协议栈模型

（1）水平面

从水平的分层结构来看，协议结构分为无线网络层和传输网络层。

① 无线网络层处理所有与 UTRAN 有关的事务，所有 UTRAN 相关的信息只有在无线网络层才是可见的。

无线网络层由控制平面和用户平面组成。无线网络层控制平面包括应用协议和用于传输这些应用协议的信令承载。无线网络层用户平面包括数据流和用于承载这些数据流的数据承载。

② 传输网络层是指 UTRAN 选用的标准传输技术，与 UTRAN 本身的功能无关，主要是已有的传输技术规范。3GPP 并不对传输层的协议进行特殊定义，3GPP 在 R99 版本中选用 ATM 传输技术。如果在传输层需要使用更先进的传输层技术，如 IP 技术，那么仅需要将无线网络层中的传输资源映射到新引入的传输技术就可以了，不需要对无线网络层进行大的修改。

传输网络层由控制平面和用户平面组成。传输网络层控制平面使得无线网络层控制平面应用协议与传输网络层用户平面的数据承载所选用的技术无关。传输网络层用户平面用于用户平面的数据承载和应用协议的信令承载。

（2）垂直面

从垂直面来看，每个接口分为控制面和用户面。考虑到处于不同层的功能不同，分为无线网络控制面、无线网络用户面、传输网络控制面和传输网络用户面。

① 无线网络控制平面用于处理接口上的控制信令协议，由各种应用协议和传输网用户面的信令承载组成。应用协议包括 Iu 接口上的无线接入网络应用部分（Radio Access Network Application Part，RANAP）协议、Iur 接口上的无线网络系统应用部分（Radio Network System Application Part，RNSAP）协议及 Iub 接口上的节点 B 应用部分（Node B Application Part，NBAP）协议。信令承载资源的建立总是通过操作维护功能来完成的，可以与传输网控制面的信令承载一样，也可以不一样。

控制平面应用协议的一个功能就是建立无线网络层的承载，应用协议使用的参数并不需要体现传输层技术实现的细节，只是一些通用的承载参数。如果传输层建立传输承载的过程比较复杂，那么这一建立无线承载的过程也不需要由应用协议来完成。在这种情况下，传输层的控制平面的接入链路控制应用部分（Access Link Control Application Part，ALCAP）协议被用来完成这一工作，无线网络层的控制平面只要将一个映射传输资源的标识传给 ALCAP 即可。

② 无线网络用户平面用于处理相应接口传输的用户数据，包括在该接口传输的数据流和与数据流对应的数据承载，数据流由接口上的一个或者多个帧协议定义。

③ 传输网络控制面不包含任何无线网络层的信息，包括 ALCAP 以及它所使用的信令承载。传输层控制面的 ALCAP 用于在接口的两个网络节点之间建立该接口上用户面的传输承载。传输层控制面是控制平面和用户平面之间的一个联系的桥梁，由于传输层控制面的引入，才使得无线网络层的应用协议完全独立于传输层技术。

ALCAP 协议用于无线网络用户面数据流的承载建立。传输网络控制面建立传输网络用户面的数据时，需要由无线网络层应用协议的信令信息触发 ALCAP 协议，再由 ALCAP 控制建立起传输网络用户面的数据承载所需要的传输承载。无线网络控制面的底层传输承载不需要 ALCAP 协议。如果没有 ALCAP 信令事务，就不再需要传输网络控制面了。

④ 传输网络用户面包括无线网络层用户面的数据承载以及应用协议的信令承载。数据承载由传输网络控制面实时控制，信令承载由操作维护功能控制完成。

3. ATM 技术简介

3GPP R99、R4 版本规定在 UTRAN 中使用 ATM 传输技术作为各个接口的底层传输协议，并涉及不同的 ATM 适配层类型，如 AAL2 和 AAL5 等。未来的无线接入网的结构也向全 IP 化的方向演进，但是现阶段无线接入网主要还是使用 ATM 技术。

通信网络中，语音和数据在网络中进行传输时，可以采用电路交换或者分组交换的方式。电路交换方式即根据终端或者业务的要求，在通信双方之间预先建立起一条端到端的支持特定速率的通信通路，此通路在信息交换过程中将一直保持，直到信息传送结束。电路交换方式具有时延低、处理速率快、可提供高速的实时信息连续传输的优点，但也存在由于速率固定导致网络资源利用率低的缺点。而分组方式则相对灵活，采用存储—转发方式，可以实现一条传输通路上多个呼叫的统计复用，将可变比特率传送的信息分成组，以信息组为单位进行复用和交换，动态分配网络资源，从而提高了信道利用率。分组方式适于非连续性和突发性数据的传送，但由于时延大、对于实时性要求高的数据业务如何保证数据传输的 QoS 是分组交换必须面对的问题。

异步传送模式（ATM）是分组交换方式的一种，它吸收了分组交换的高效率和电路交换的高速率的特点，ATM 网络被设计为高速率、低时延的复用和交换网络。它能够根据不同速率灵活地分配带宽和 QoS，并且采用固定长度的信元格式，因而便于采用硬件处理，处理速度较高，适合语音、数据和图像等业务的传送。

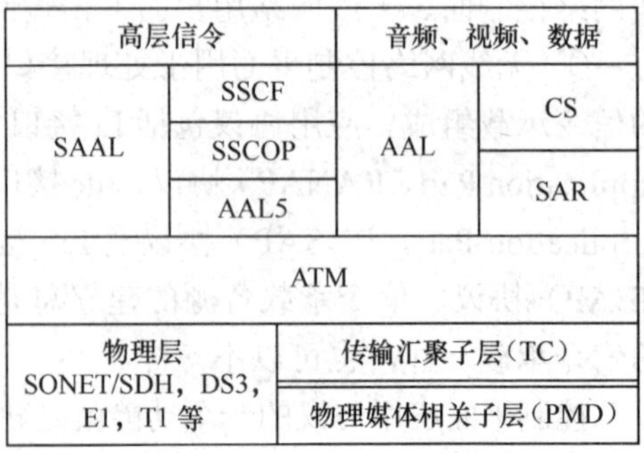

（1）ATM 协议的分层结构

ATM 协议层从逻辑上可以分为 4 个独立的通信层，即物理层、ATM 层、ATM 适配层（AAL 和 SAAL）和作为高层协议的应用层，如图 3-13 所示。各协议层功能的简单描述如表 3-5 所示。ATM 网络协议分层之间的数据传输过程简述如下。

<table>
<tr><td colspan="2">高层信令</td><td colspan="2">音频、视频、数据</td></tr>
<tr><td rowspan="3">SAAL</td><td>SSCF</td><td rowspan="3">AAL</td><td rowspan="2">CS</td></tr>
<tr><td>SSCOP</td></tr>
<tr><td>AAL5</td><td>SAR</td></tr>
<tr><td colspan="4">ATM</td></tr>
<tr><td colspan="2" rowspan="2">物理层
SONET/SDH，DS3，
E1，T1 等</td><td colspan="2">传输汇聚子层（TC）</td></tr>
<tr><td colspan="2">物理媒体相关子层（PMD）</td></tr>
</table>

图 3-13　ATM 协议的分层结构

表 3-5　ATM 协议层功能描述

协　议		功　　能
AAL 层	会聚子层（CS）	向高层提供接口，在发/收端加入控制信息，分割/恢复用户数据。
	分段与重组子层（SAR）	信元组和数据单元相互转换
ATM 层		信头产生和提取、信元复用与解复用、虚电路（VCI）/虚通路（VPI）转换、流量控制
物理层	传输会聚子层（TC）	信元速率解耦、信元校验序列产生和检验、信元产生（定界）、传输帧适配、传输帧传输/恢复
	物理媒介相关子层（RMD）	线路编码比特定时、物理媒体接入

① 将高层的数据流经 AAL 组成 48byte 的信息段，并将此信息段传送到 ATM 层，或者 AAL 将从 ATM 层接收到的 ATM 信元解封装后形成 48byte 的信息单元传送到高层。

② ATM 层用于将 AAL 接收到的数据形成信元并传送到目的地，或者将从物理层所接收

到的信元经由 AAL 传送到高层。ATM 信元为 53byte，每个信元都有一个与特定连接相对应的标识符，用以进行本地点到点的选路功能。

③ 物理层提供 ATM 层信元的传输通路。

表 3-5 中没有体现信令 ATM 适配层（Signaling ATM adaptation Layer，SAAL）的功能，UTRAN 接口控制面的信令传输是基于 AAL5 之上的 SAAL 协议传输的，保证在 AAL5 基础上，满足信令传输的要求。业务连接专用协议（Service specific connection oriented protocol，SSCOP）是专门设计为满足信令可靠传输的协议。专用业务处理功能（Service specific co-ordina tion function，SSCF）完成上层协议和 SSCOP 层的映射。

（2）ATM 物理层

ATM 物理层主要提供 ATM 信元的传输通路，它与 ATM 层之间交换的信元大小为 53byte。物理层根据物理介质的特性形成传送帧，并采用物理实体进行比特流的传送和接收。物理层分为传输汇聚（TC）子层和物理介质相关（PMD）子层。

① 传输汇聚（TC）子层完成 ATM 信元到传输介质的传输帧的嵌入，传输帧中有效 ATM 信元的提取等工作。TC 子层主要功能为信元速率解耦、信元校验序列产生和检验、信元产生（定界）、传输帧适配和传输帧传输/恢复等。

- 信元速率解耦的作用是通过插入一些空闲信元将 ATM 层信元速率适配成传输线路的速率；
- 传输帧传输/恢复、传输帧适配是针对 SDH、PDH 等具有帧结构的传输系统而言的，在这些系统中传送 ATM 信元时，必须将 ATM 信元装入传输帧中。如果 ATM 信元不通过任何传输帧，直接在物理介质上传输，就不再需要 TC 子层。

② 物理媒介相关子层（PMD）向物理介质提供 ATM 信元的传输通道，进行物理通路上的信号检测、比特定时信息以及比特流的传送。ATM 允许使用光纤、同轴电缆、双绞线等物理介质进行传输。用户网络接口可以基于 STM-1、STM-4 和 E1 等。

（3）ATM 层

ATM 层以信元为单位进行通信，并为上层的 AAL 提供服务，它与物理介质的类型，以及物理层所具体传送的业务类型无关。

ATM 层将从 AAL 接收到的 48byte 的数据增加 5byte 包头形成信元，包头中包括虚通路和虚电路标识，以及其他信息，ATM 采用 53byte 的信元传送实时或非实时数据，然后将信元复用到虚电路中并按顺序进行传送。

ATM 节点之间采用永久虚电路（PVC）或交换虚电路（SVC）连接。PVC 是网络管理功能建立的双向点到点或点到多点的逻辑连接。SVC 是在呼叫处理需要时动态建立的双向点到点或点到多点的逻辑连接。

ATM 层基本功能包括信元操作、信元复用/解复用、虚电路/虚通路转换和流量控制等功能。

① 信元操作完成信元头部产生/消除和信元识别/提取工作。信元头部产生/消除用于提供与 AAL 层信息字段的交互。信元识别/提取则完成信元的优先级控制。

② 信元复用/解复用是指发送端 ATM 层将具有不同 VPI/VCI（VPI，虚拟通路号；VCI，虚拟电路号）的信元复用在一起交给物理层；接收端 ATM 层识别物理层送来的信元的 VPI/VCI，并将各信元送到不同的模块处理。

③ 虚电路/虚通路转换。VPI 和 VCI 仅具有本地意义，发送侧为每个信元附加 VPI/VCI

信息，网络中间节点则进行 VPI/VCI 的翻译和重新分配。

④ 流量控制功能用以控制本地功能并管理 ATM 网络中的访问和传输机制。

（4）ATM 适配层（AAL）

AAL 位于 ATM 层之上，主要作用是将高层的应用层信息映射到 ATM 层的信元结构中，用于扩展和增强 ATM 层的能力，以适合各种特定业务的需要。AAL 的具体功能包括数据的分割和恢复、差错控制、同步和时钟恢复、流量控制和多种数据流的复用等。

① AAL 负责将上层传来的信息分割成 ATM-SDU，然后传给 ATM 层，同时，将 ATM 层传来的 ATM-SDU 组装、恢复后再传给上层。

② AAL 的差错控制机制可以采用差错检测，也可以采用基于信元或基于 AAL 帧的纠错方法，提供不同级别的差错保护。

③ AAL 将定时信息作为 AAL-PDU 承载的控制信息，保证在接收端恢复出时钟同步信息，确保发收的信息速率尽可能接近。

④ 通过 AAL 接收缓冲区吸收信元延时抖动，并进行流量控制。

⑤ AAL 通过在 AAL-PDU 提供标识，对多个源的数据流实行复用。

考虑到业务的复杂性，所有的 AAL 分为会聚子层（CS）和分段重组子层（SAR）。CS 主要进行与各类业务相关的处理，如时延、时延抖动、丢失、定时等。CS 子层又可以进一步细分为业务特定会聚子层（SSCS）和公共部分会聚子层（CPCS）。SAR 层的主要功能是将各类业务处理成 ATM 层所需的固定长度分组，以及将 ATM 层的固定长度分组恢复成原先的格式。

根据源和目的之间的定时要求、比特率要求和连接方式，ITU-T 将 ATM 业务定义为 A、B、C、D 四种类型，并相应地定义了 AAL1、AAL2、AAL3/4 和 AAL5 进行承载，如表 3-6 所示。

表 3-6　ATM 业务分类和对应的 AAL 类型

<table>
<tr><th>业务 / 参数</th><th>A 类</th><th>B 类</th><th>C 类</th><th>D 类</th></tr>
<tr><td>定时需求</td><td colspan="2">需要</td><td>不需要</td><td></td></tr>
<tr><td>比特率</td><td>固定速率</td><td colspan="3">可变速率</td></tr>
<tr><td>连接方式</td><td colspan="4">面向连接</td></tr>
<tr><td rowspan="2">AAL 类型</td><td rowspan="2">AAL1</td><td rowspan="2">AAL2</td><td>AAL3</td><td>AAL4</td></tr>
<tr><td colspan="2">AAL5</td></tr>
<tr><td>业务举例</td><td>电路交换业务</td><td>可变速率的语音和视频</td><td>面向连接数据传输
帧中继、TCP/TP</td><td>无连接数据传输
SMDS</td></tr>
</table>

A 类业务：提供面向连接的固定比特率（CBR）业务，具有严格定时关系的应用，常见业务为 64kbit/s 语音业务、固定码率非压缩的视频通信。

B 类业务：提供面向连接的可变比特率（VBR）业务，常见业务为压缩的分组语音通信和压缩的视频传输。

C 类业务：提供面向连接的可变比特率的数据服务，不需要在发和收之间提供定时信息或时钟同步，适用于文件传递和数据网业务。

D 类业务：提供无连接数据业务，常见业务为数据报业务和数据网业务。

针对 4 种业务种类，ITU-T 定义了相应 AAL 协议与之相对应（AAL1～AAL4）。由于 AAL 中没有必要区分面向连接和无连接方式，所以后来将 AAL3 和 AAL4 合并为 AAL3/4，并将 AAL3/4 作了简化，制定了 AAL5 协议。

3GPP 规范中对 UTRAN 各个接口上使用 ATM 适配层技术作出了明确规定，其中 AAL1、AAL2 和 AAL5 在 WCDMA 中都有所应用，各接口信令的传输层协议均使用 SAAL。

3.3.2 Iu 接口

1. Iu 接口结构及功能

Iu 接口是 UTRAN 与核心网之间的接口，也可以看作 RNC 与 CN 之间的一个参考点。UTRAN 与核心网电路域的接口称为 Iu-CS，与核心网分组域的接口称为 Iu-PS，与小区广播系统之间的接口称为 Iu-BC，Iu 接口结构如图 3-14 所示。Iu-CS 和 Iu-PS 接口由控制面和用户面构成。Iu-BC 接口只有一个平面，既包括控制信息也包含用户信息。

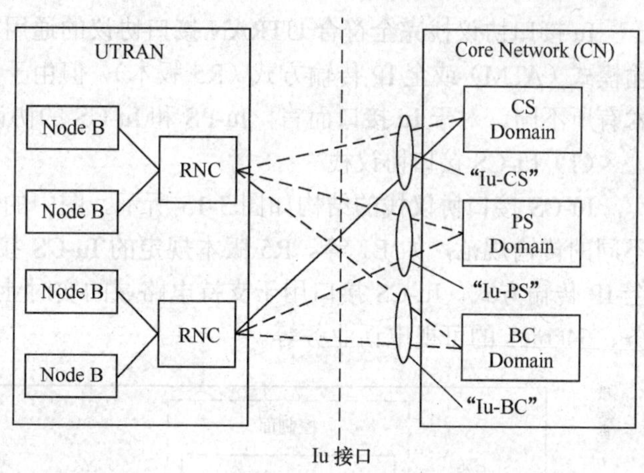

图 3-14 Iu 接口结构

（1）Iu-CS 和 Iu-PS

① Iu-CS 和 Iu-PS 接口的控制面。RANAP 是 Iu 接口控制面的应用协议，完成 CN 和 UTRAN 间所有过程的控制，能在 UE 和 CN 间透明传输信息。Iu-CS 和 Iu-PS 接口的控制面使用 RANAP 完成核心网与 RNC 之间的信令交互，Iu 接口控制面的的主要功能如下：

- 传输 UE 与核心网之间非接入层的信令消息，RNC 不处理这些 RANAP 的内容，而是将这些消息进行透明传输。RNC 在此的功能主要是完成空中接口的 RRC 信令消息和 Iu 接口上的 RANAP 消息的映射。
- 完成 Iu 接口上 RNC 与核心网之间的控制功能，如无线接入承载（RAB）的管理、无线资源管理、安全模式控制、过载控制、位置报告、错误指示及资源重配等功能。无线接入承载（RAB）是指 UE 到核心网之间的传输承载，RANAP 负责 RAB 的建立、修改以及释放，并完成 RAB 特征参数到 Iu、Uu 承载的映射。
- 具有移动性管理功能，可以跟踪移动用户的位置信息并对用户进行寻呼，如位置区报告、SRNS 重定位和寻呼、系统内或系统间硬切换。SRNS 重定位功能是将 UE 与核心网的接入点从原来的 SRNC 转变到新的目标 SRNC，通过 SRNC 重定位功能，改变 UE 的 Iu 接口位置。

② Iu-CS 和 Iu-PS 接口的用户面。Iu-CS 和 Iu-PS 接口的用户面主要用来在 RNC 与核心网之间传输业务数据，同时也会完成一些用户面特有的控制功能。Iu 接口用户面的主要功能如下。

- 提供基于 RAB 的用户平面操作模式：透明模式或支持模式，同时根据不同的模式形成相应的帧结构。用户平面操作模式由 CN 在 RAB 建立时根据 RAB 特性决定，可因 RAB 的修改而改变。在透明模式下，在 Iu 接口上传输的数据没有特定的帧格式，如 GTP-U 数据；在支持模式下，用户数据按照预定义的格式进行传输，如使用预定 SDU 大小的模式，SDU 大小与 AMR 语音编码对应。

- 完成用户面业务数据传输使用的相关参数的配置、用户面速率控制及时间调整功能，时间调整功能负责实现 Iu 接口上数据传输的同步。

（2）Iu-BC

RNC 与 CN 的广播域（也称为小区广播中心）之间的接口称为 Iu-BC，服务区内广播协议（Service Area Broadcast Protocol，SABP）是 Iu-BC 接口的应用协议，完成消息处理、负载处理等功能，使 CN 中的小区广播中心通过小区广播业务发送移动用户小区广播信息。

2. Iu 接口协议栈

Iu 接口协议栈完全符合 UTRAN 接口协议的通用模型，总体来说，采用 3 层共享异步传输模式（ATM）或全 IP 传输方式（R5 版本），但由于分组域与电路域的业务特性以及传输技术有所不同，对于 Iu 接口而言，Iu-PS 和 Iu-CS 的协议栈结构也有所不同。

（1）Iu-CS 接口协议栈

Iu-CS 接口协议栈的结构如图 3-15 所示。图中的物理层为与物理介质的接口，可以选择不同的传输规范，如 E1 等。R5 版本规定的 Iu-CS 接口协议栈相应于 ATM 传输方式增加了全 IP 传输方式。Iu-CS 接口用于支持电路域的实时业务，典型的电路域业务有 AMR 语音服务、64kbit/s 的可视电话业务等。

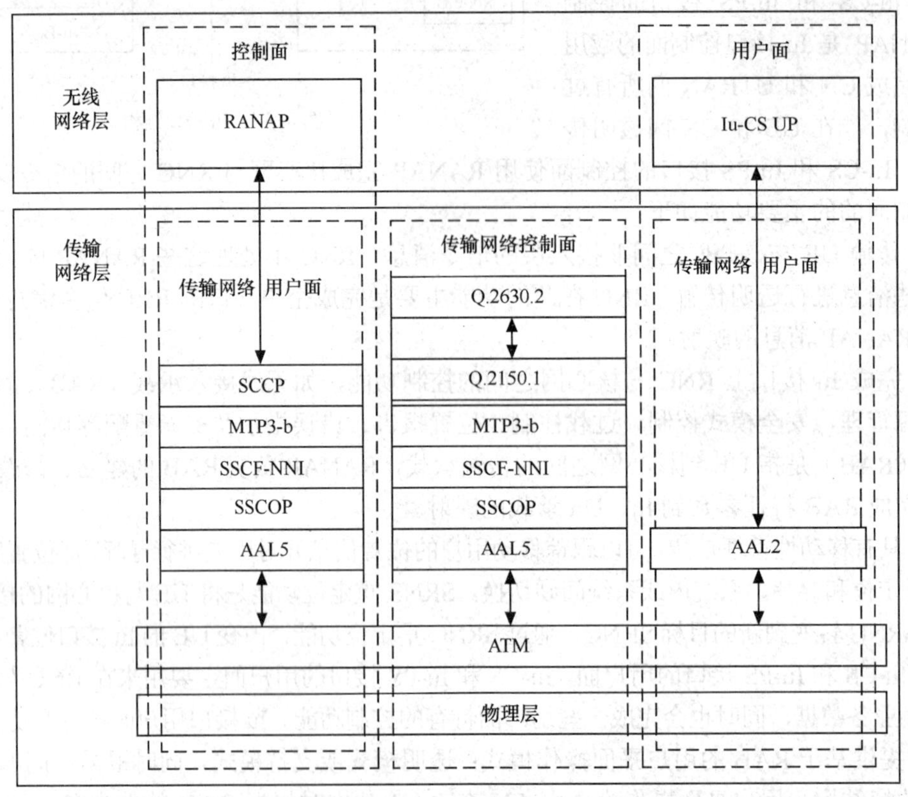

图 3-15 Iu-CS 接口协议栈的结构

在传输网络的用户面，RANAP 消息是作为 SCCP 消息的载荷在 Iu 接口上进行传输。其底层使用 MTP3-b、SAAL（SSCF、SSCOP 和 AAL5）来传输 SCCP 消息。SCCP 用来提供面向连接或无连接的服务，进行 RANAP 信息的传送和承载；MTP3-b 利用 ATM 承载完成 SCCP 及 RANAP 等信令信息的传送；其中 SSCF、SSCOP 和 AAL5 属于 SAAL-NNI，SSCF 负责将高层信息映射到 SSCOP，并进行 SAAL 连接的管理。SSCOP 提供 SAAL 链路建立和释放机制，将高层信息适配到 ATM 信元。AAL5 采用 VC 和 VP 链路完成信令数据的传送。

在传输网络的控制面，采用 ALCAP（Q.2630.2）进行传输网络的用户面 AAL2 链路的建立和释放控制，控制用户面数据传输链接的建立和释放。ALCAP 的底层使用 Q.2150.1、MTP3-b、SSCF、SSCOP 和 AAL5 实现信令传输。Q.2150.1 主要完成 Q.2630.2 协议与 MTP3-b 协议之间的转换功能。

在 Iu-CS 的用户面，使用 AAL2 作为支持实时业务适配层协议，承载 Iu-CS UP 协议，用来传输与无线接入承载（RAB）相关的用户数据。AAL2 的建立和释放受 ALCAP（Q.2630.2）的控制。

（2）Iu-PS 协议栈结构

Iu-PS 协议栈的结构如图 3-16 所示。Iu-CS 是 RNC 与 MSC 之间的接口，它负责完成电路域相关的呼叫流程。Iu-PS 则是 RNC 与 SGSN 之间的接口，负责处理数据业务。

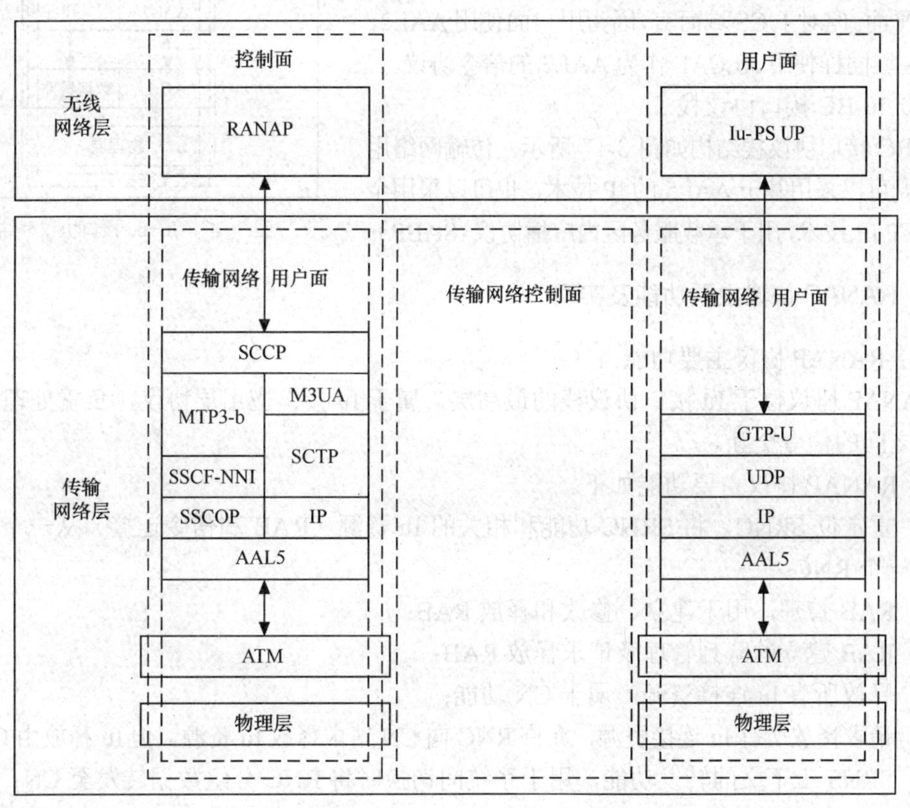

图 3-16 Iu-PS 协议栈结构

在 Iu-PS 控制面，包括 RANAP 和基于宽带 No.7 信令系统协议的信令承载和基于 IP 的信令承载。PS 域与 CS 域一样可以使用 SAAL（SSCF/SSCOP/AAL5）协议作为信令传输的适配层。

出于向全 IP 网络演进的考虑，也允许在 Iu-PS 控制面使用 SIGTRAN（M3UA/SCTP/IP）协议作为信令传输承载协议。SIGTRAN 是 IETF 定义的用于在 IP 网络上传输 No.7 信令（SS7）

的协议栈，根据上层应用的不同，它有不同的适配层：

M2UA 适配 MTP2 的上层协议，如 MTP3；

M3UA 适配 MTP3 的上层协议，如 SCCP；

SUA 适配 SCCP 层的上层协议，如 TCAP，MAP 等。

简单控制传输协议（SCTP）是 IETF 专门为信令传输要求设计的传输层协议，它与 TCP、UDP 是一个层次的协议，克服了 TCP 的一些不适合信令传输的缺点，SCTP 可以为上层协议提供可靠性、按顺序发送的传输机制，同时又向上层协议提供灵活的复用机制。

在 Iu-PS 用户面，使用更适合分组数据传输的 AAL5 适配层协议，在 AAL5 之上则使用 GTP-U/UD P/IP。网络层只要通过指定 IP 地址和 GTP 的隧道标识就可以标识用户面的传输层资源了，这些信息已经包含在 RANAP RAB 分配消息中，所以 Iu-PS 没有采用传输网络控制平面。但对于 CS 域而言，因为用户面使用 AAL2，所以 CS 域同样使用 ALCAP 作为 AAL2 的信令协议。

（3）Iu-BC 接口协议栈

Iu-BC 接口协议栈结构如图 3-17 所示，传输网络用户平面既可以采用基于 AAL5 的 IP 技术，也可以采用全 IP 的 TCP/IP 技术，用于承载服务区内广播协议（SABP）。

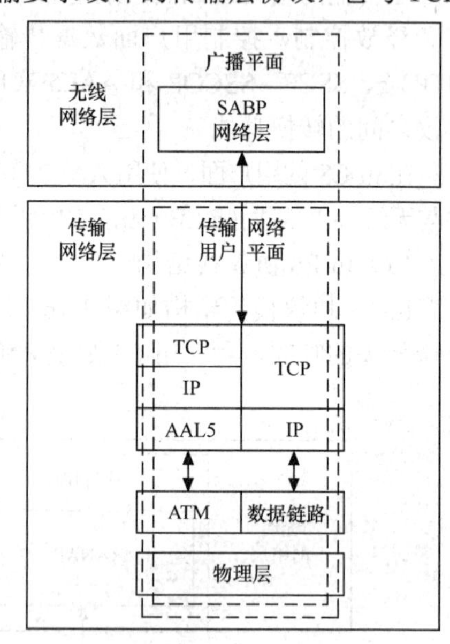

图 3-17　Iu-BC 接口协议栈结构

3. RANAP 协议主要功能及实现

（1）RANAP 协议主要功能

RANAP 协议位于 Iu 接口协议栈的最高层，属于 Iu 接口应用层协议，负责处理 UTRAN 和 CN 之间的信令交互。

① RANAP 协议主要功能如下。

- 重定位 SRNC，将 SRNC 功能和相关的 Iu 资源（RAB 和信令连接）从一个 RNC 转移到另一个 RNC；
- RAB 管理，用于建立、修改和释放 RAB；
- RAB 建立的队列管理及请求释放 RAB；
- 释放所有 Iu 连接资源，属于 CN 功能；
- 请求释放所有 Iu 连接资源，允许 RNC 向 CN 请求释放 Iu 资源，但 Iu 释放由 CN 管理；
- SRNS 上下文的转发功能，用于系统间切换时将 RNC 分组数据转发至 CN；
- 控制 Iu 接口上的过载及 Iu 接口复位；
- 给 RNC 发送 UE 公共标识符（UE Common Id），即永久的 NAS UE 标识；
- 寻呼用户；
- 对特定的 UE 设置跟踪模式；
- 在 UE 和 CN 间透明传送 NAS 信令信息，包括触发 Iu 信令连接建立的初始 UE 消息传输、已建立 Iu 连接上直接传输 NAS 信令信息和 UTRAN 周期性向其覆盖区内用户发送的

CN 信息广播；

- 控制 UTRAN 中的安全模式，并发送加密和完整性保护等信息（密钥）给 UTRAN；
- 允许 CN 通过设置模式使 UTRAN 报告 UE 的位置信息；
- 允许将实际的位置信息从 RNC 传送到 CN；
- 负责对 UTRAN 中特定 RAB 没成功传送数据量进行报告；
- 通用错误形式的报告。

② 根据业务接入点（SAP）的不同，RANAP 业务可以分为 3 组。

- 通用控制业务（GC），与 RNC 和逻辑 CN 域间的整个 Iu 接口有关，通过通用控制 SAP 接入 CN，使用 Iu 信令承载提供的无连接信令传送。
- 寻呼及通告业务（Nt），与特定的 UE 或特定区域内的所有 UE 有关，通过通告 SAP 接入 CN，使用 Iu 信令承载提供的无连接信令传送。
- 专用控制业务(DC)，与一个UE有关，通过专用控制SAP接入CN。提供此业务的RANAP功能与 UE 的 Iu 信令连接相关联，Iu 信令连接使用 Iu 信令承载提供的面向连接信令传送实现。

③ 信令传送将为 RANAP 提供面向连接的数据传送业务和无连接的数据传送业务两类业务模式。

- 面向连接的数据传送业务由 RNC 和 CN 域间的信令连接支持，每个激活的 UE 都有自己的信令连接，可以根据需要动态地建立和释放信令连接，支持顺序传递 RANAP 消息。如果中断信令连接，就通知 RANAP。
- 无连接的数据传送业务。在 RANAP 消息不能到达对等的 RANAP 实体的情况时通知 RANAP。

（2）RANAP 功能的实现

RANAP 功能通过一个或多个 RANAP 基本过程（Elementary Procedures，EP）实现。一个 EP 是一个 RNS 与 CN 之间的交互单元。每个 RANAP 功能可以通过一个或多个 EP 过程完成。按照请求信息和响应信息，EP 分为 3 类。

① 第 1 类 EP：包含请求、响应信息的 EP。响应信息为成功或失败，成功表示 EP 接受并处理，失败表示 EP 不成功或超时。

② 第 2 类 EP：只有请求，没有响应信息的 EP，通常认为都发送成功。

③ 第 3 类 EP：包含一个请求、多个响应信息的 EP。

R99 定义的 RANAP 基本过程分别如表 3-7、表 3-8 和表 3-9 所示。

表 3-7　　RANAP 的第 1 类 EP

基 本 过 程	请求/响应信息
Iu 释放	Iu Release Required
安全模式控制	Security Mode Command/Complete
复位	Reset/Acknowledge
复位资源	Reset Resource/Acknowledge
重定位准备	Relocation Required/ Command
重定位资源分配	Relocation Resource Allocation
重定位取消	Relocation Cancel/Acknowledge
数据量报告	Data Volume Report Request/Report
SRNS 上下文转发	SRNS Context Transfer Request/Response

表 3-8 RANAP 的第 2 类 EP

基本过程	请求信息
RAB 释放请求	RAB Release Request
寻呼	Paging
公共 ID	Common ID
位置报告控制	Location Reporting Control
位置报告	Location Report
初始 UE 信息	Initial UE Message
直接传送	Direct Transfer
错误指示	Error Indication
重定位检测	Relocation Detect
重定位完成	Relocation Complete
过载控制	Overload Control
CN Invoke Trace	CN Invoke Trace
CN 去激活追踪	CN Deactivate Trace
SRNS 数据转发初始化	SRNS Data Forwarding Initiation
SRNS 上下文从源 RNC 到 CN 转发	SRNS Context Forwarding from Source RNC to CN
SRNS 上下文从 CN 到目标 RNC 转发	SRNS Context Forwarding to Target RNC from CN

表 3-9 RANAP 的第 3 类 EP

基本过程	请求/响应信息
RAB 设定	RAB Assignment request/Response×N（N≥1）

3.3.3 Iub 接口

1．Iub 接口的协议栈

Iub 接口作为 RNC 与 Node B 之间的接口，负责所有 RNC 与 Node B 之间的通信过程。Iub 接口的协议栈结构如图 3-18 所示。

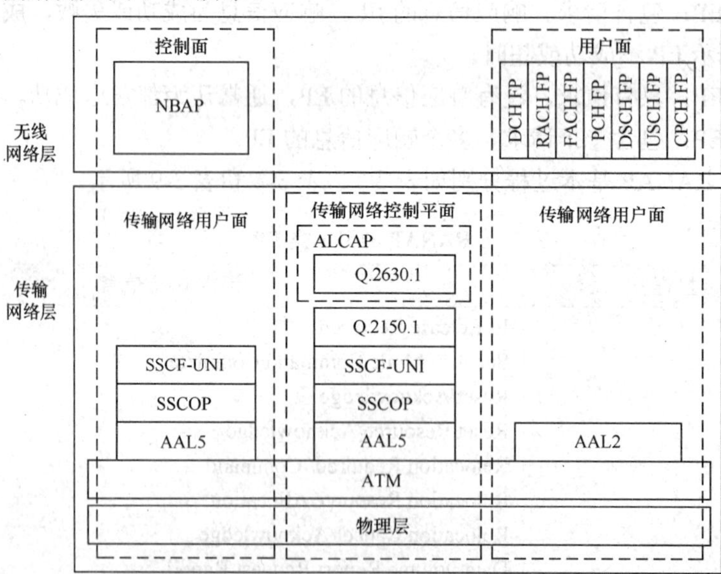

图 3-18 Iub 接口的协议栈结构

与 UTRAN 接口的协议模型一致，Iub 接口分为控制面和用户面，其中控制面根据功能的不同又分为无线网络控制面和传输网络控制面。

无线网络控制面中的节点 B 应用部分（Node B Application Part，NBAP）是 RNC 与 Node B 之间的控制协议，但 NBAP 并不关心底层所用传输协议的细节。

传输网络控制面采用基于 AAL5、SAAL 和 Q.2150 承载的 ALCAP（Q.2630）协议，ALCAP（Q.2630）是 AAL2 的控制协议，用于在 Iub 接口上完成 AAL2 的分配和释放等相应功能，控制用户面数据的传输连接。

Iub 接口的用户面采用 AAL2 承载的 Iub RACH、CPCH（FDD）、FACH、DSCH、USCH（TDD）数据流，对于不同的传输信道，Iub 接口的用户面使用不同传输信道的 FP 来进行。

RNC 与 Node B 之间使用的物理层可以是 E1、STM-1 等。

Iub 接口的传输网络层都使用 ATM 技术，用户面则使用 AAL2 协议，上面定义的每个 Iub 用户面对应一个 AAL2 链路上的资源。如果在 Iub 接口使用 TCP 来传送用户面数据，可以将用户面传输承载映射为一条 TCP 连接标识就可以了。

2．NBAP 协议的功能及实现

（1）NBAP 的功能

NBAP 作为 Iub 接口上的无线网络层的控制面信令协议主要具有以下功能。

① 小区的配置和管理。CRNC 能够管理 Node B 中的小区配置信息。CRNC 通过 NBAP 消息进行各种操作，包括在 Node B 内生成小区，对小区内的基本系统参数进行重配置以及删除小区。

② 公共传输信道的管理。CRNC 能够管理 Node B 中的公共传输信道。CRNC 通过此功能可以对属于某个特定小区的公共信道资源进行建立、重配置、删除操作。一方面是配置基站上物理层的相关参数，包括公共传输信道和公共物理信道的一些相关参数；另一方面，还对 Iub 接口上用户面的传输层资源的操作，如传输层资源的分配、重配、释放等操作。NBAP 消息并不负责用户面传输层资源的管理，但 NBAP 过程会触发 ALCAP 的相应过程来完成这一功能。

③ 系统广播信息的管理。CRNC 管理 Node B 中某个特定小区内系统广播消息的调度和内容的更新。

④ 资源事件管理。Node B 可以向 CRNC 汇报当前 Node B 中的资源状态。

⑤ 配置协调功能。保证 CRNC 和 Node B 两个网络节点对无线资源配置信息保持同步。

⑥ 无线链路管理功能。此功能和公共传输信道管理功能类似，只是无线链路对应的是专用信道资源。该功能使 CRNC 管理 Node B 中专用资源的无线链路。CRNC 可以为一个特定 UE 建立、重配、增加、删除无线链路。一方面是指在 Node B 中配置传输信道和物理信道的相关参数；另一方面是指预留、修改或者删除无线链路。

⑦ 公共资源测量和专用资源测量过程。CRNC 启动或终止 Node B 中的测量，并报告测量结果。

⑧ 下行链路功率漂移的调整功能。CRNC 防止一个 UE 使用的各个无线链路彼此之间的功率漂移。

⑨ 通用错误形式的报告。

（2）NBAP 功能的实现

NBAP 协议包含 CRNC 与 Node B 之间交互的基本过程（Elementary Procedures，EP），

由请求信息和可能的响应信息组成。EP 分为两类，第 1 类 EP 需要应答，用以表示成功接收或者不成功接收，第 2 类 EP 无须应答，都被认为正确接收。R99 定义的 NBAP 基本过程分别如表 3-10 和表 3-11 所示。

表 3-10　　NBAP 的第 1 类 EP

基 本 过 程	请求/响应信息
小区建立	Cell Setup Request/Response/Failure
小区重配置	Cell Reconfiguration Request/Responese/Failure
小区删除	Cell Deletion Request/Response
公共传输信道建立	Common Transport Channel Setup Request /Reaponse/Failure
公共传输信道重配置	Common Transport Channel Reconfiguration Request/Response/Fai lure
公共传输信道删除	Common Transport Channel Deletion Request/Response
审计	AUDIT REQUEST/Response
闭塞资源	Block Resoirce Request/Response/Failure
无线链路建立	Radion Lik Setup Request/Request/Response/Faillure
系统信息更新	System Information Update Request/Response/Failure
公共测量启动	Common Measurement Initiation Request/Response/Failure
无线链路增加	Radio Link Addition Request/Response/Failure
无线链路删除	Radio Link Deletion Request/Request/Response
同步的无线链路重配准备	Radio Link Reconfiguration Prepare/Ready/Failure
异步的无线链路重配置	Radio Link Reconfiguration Request /Rseponse/Failure
专用测量启动	Dedicated Measurement Initiatioon Requret /Response/Failure
重启	RESET REQUEST/Response

表 3-11　　NBAP 的第 2 类 EP

基 本 过 程	请求/响应信息
资源状态指示	Resource Status Indication
审计请求	Audit Requirde Indication
公共测量结果报告	Common Measurement Report
公共测量中止	Common Measurement Termination Request
公共测量失败	Common Measurement Failure Indication
同步的无线链路重配置	Radio Lihk Reconfiguration Commit
同步的无线链路重配置取消	Radio Lihk Reconfiguration Cancellation
无线链路失败	Radio Lihk Failure Indication
无线链路恢复	Radio Lihk Restore Indication
专用测量结果报告	Dedicated Measurement Report
专用测量中止	Dedicated Measurement Termination Request
专用测量失败	Dedicated Measurement Failure Indication
下行链路功率控制	Dl Power Control Request
压缩模式控制命令	Compressed Mode Command
解闭资源	Unblock Resource Indication
错误指示	Error Indication

3.3.4 Iur 接口

在 GSM 网络中，两个 BSC 之间是没有逻辑接口的，而在 WCDMA 中，为了更好地满足对用户移动性的支持，引入了任意两个 RNC 之间的逻辑接口 Iur。与 Iu 接口相同，水平方向分为无线网络层和传输网络层；垂直方向分为控制面和用户面，如图 3-19 所示。在无线网络层控制面是无线网络子系统应用部分（RNS Application Part，RNSAP）协议，用户面是 Iur FP 协议。

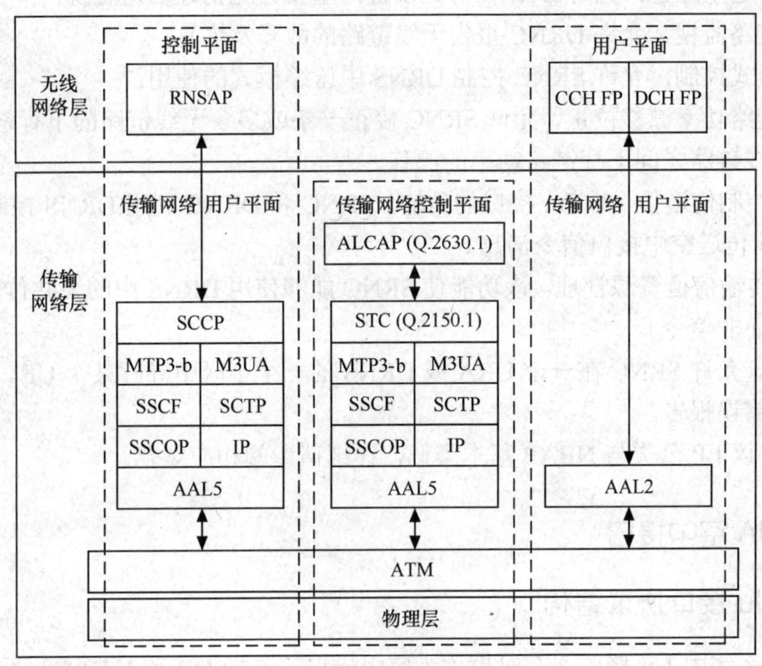

图 3-19 Iur 接口协议栈结构

1. Iur 接口协议栈结构

Iur 接口传输网络层的传输网络用户面由基于 SAAL 的 MTP3-b 和 SCCP 组成，或者基于 SCTP 和 M3UA 组成。SAAL 包含 SSCF、SSCOP 和 AAL5 等 3 部分。

SSCF 负责将高层需求信息映射到 SSCOP 及 SAAL 连接的管理；SSCOP 提供 SAAL 链路建立以及信令实体之间的信令信息的可靠传送，并负责将高层协议信息适配到 ATM 信元中，AAL5 提供 VC 和 VP 链路进行信令数据的传送；MTP3-b 采用 ATM 承载进行 SCCP 以及 RASAP 等信令信息的传送；SCCP 用以提供面向连接或无连接的服务，进行 RASAP 信息的传送和承载。

Iur 接口的传输网络控制面采用基于 AAL5、SAAL 和 MTP3-b 承载的 ALCAP 协议，用以进行传输网络用户面的 AAL2 链路的建立和释放。传输网络控制面主要完成 AAL2 连接的建立以及相关功能，控制用户面数据传输的连接建立。Q.2630 为 AAL2 连接的信令控制层，Q.2150 为信令传输转换层，完成 Q.2630 协议与 MTP3-b 协议之间的转换功能。

Iur 接口的用户面采用 AAL2 承载 Iur 数据流，AAL2 链路的建立和释放受 ALCAP 的控制。Iur 用户面协议位于 Iur 接口上无线网络层的用户平面内。

2. RNSAP 主要功能

无线网络层协议（RNSAP）负责 RNC 和 RNC 之间的信令交换，接收来自传输层的数据传送服务，是 Iur 接口的应用层协议，其主要功能如下。

（1）无线链路相关功能。

① 无线链路管理，允许 SRNC 对 DRNS 中专用资源的管理；

② 物理信道重配置，允许 DRNC 为无线链路重新分配物理信道资源；

③ 无线链路监视，允许 DRNC 报告无线链路的故障及恢复；

④ 压缩模式控制，允许 SRNC 控制 DRNS 中压缩模式的使用；

⑤ 下行链路功率漂移校正，允许 SRNC 校正一条或多条无线链路的下行链路功率等级，以避免多条无线链路之间下行链路功率的漂移。

（2）公共控制信道信令在 Iur 接口的传输。SRNC 和 DRNC 利用 DRNS 控制的 CCCH 在 UE 和 SRNC 间传送空中接口信令消息。

（3）公共传输信道资源管理。该功能使 SRNC 能够使用 DRNS 中的公共传输信道资源传输数据业务（而非信令）。

（4）寻呼。允许 SRNC 在一个 URA 或 DRNS 的一个小区中寻呼某个 UE。

（5）通用错误报告。

RNSAP 协议 EP 分类与 NBAP 基本类似，详细请参阅相应规范。

3.4 WCDMA 空中接口

3.4.1 Uu 接口协议结构

WCDMA 系统中 Uu 接口，有时也称为空中接口，是指 UE 和 UTRAN 之间的接口，通过使用无线传输技术（RTT）将 UE 接入到系统固定网络部分。Uu 接口协议用于在 UE 和 UTRAN 之间传送用户数据和控制信息，建立、重新配置和释放无线承载业务。

空口接口的协议结构如图 3-20 所示（图中只包括了在 UTRAN 中可见的协议）。每一个方框代表一个协议实体，椭圆表示业务接入点（SAP），协议实体间的通信通过 SAP 进行。

空口接口的协议结构分为两面三层，垂直方向分为控制平面和用户平面，控制平面用来传送信令信息，用户平面用来传送语音和数据。水平方向分为 3 层：

第 1 层（L1）：物理层；

第 2 层（L2）：数据链路层；

第 3 层（L3）：网络层。

其中第 2 层又分为几个子层：媒体接入控制（MAC）子层、无线链路控制（RLC）子层、分组数据汇聚协议（PDCP）子层和广播/多播控制（BMC）子层。

PDCP 和 BMC 只存在于用户平面。在控制平面，L3 分为多个子层（图中没有画出），其中最低的子层是无线资源控制（RRC）子层，它与 L2 进行交互并且终止于 UTRAN。RRC 中其他子层虽然属于接入层面，但是终止于核心网，因此不作介绍。

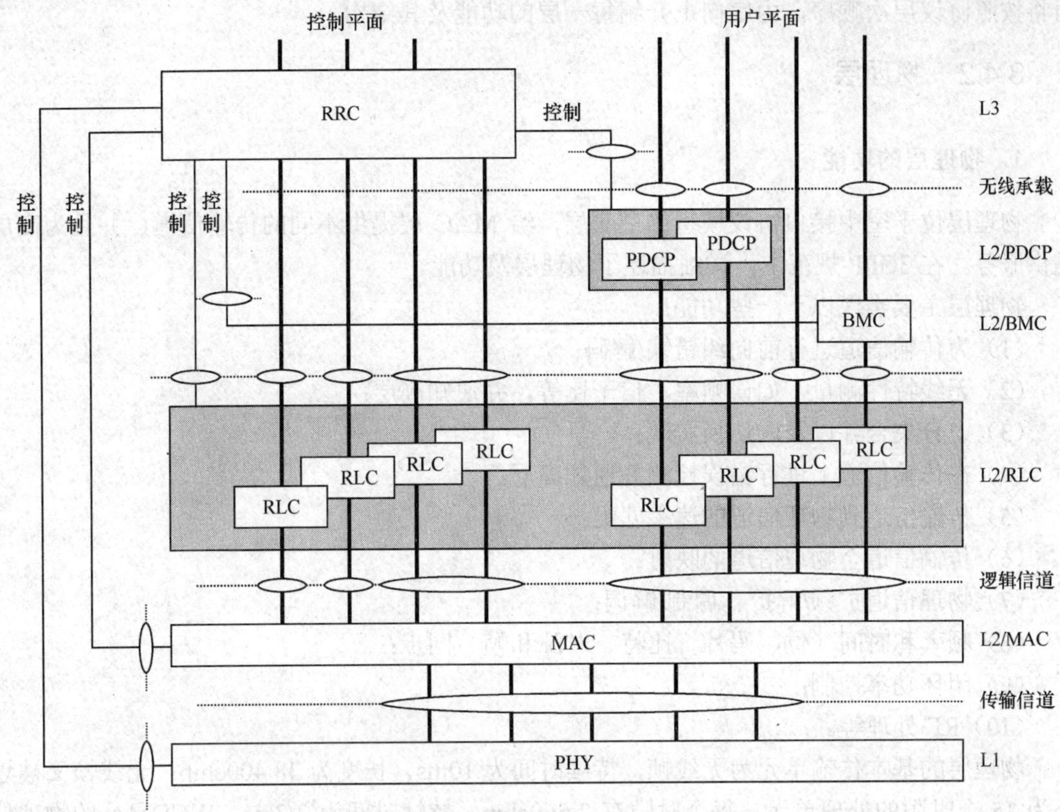

图 3-20 空口接口的协议结构

无线承载指在 RRC 和 RLC 层之间传送信令，也指在应用层和 L2 之间传送用户数据。通常，在用户平面，L2 提供给高层的业务称为无线承载（RB）；在控制平面，RLC 提供给 RRC 的无线承载称为信令无线承载（SRB）。

物理层通过传输信道向 MAC 层提供服务，传输数据的类型及特点决定了传输信道的特征，规定了如何传输数据。MAC 层通过逻辑信道向 RLC 层提供服务，逻辑信道的特征反应了传输的数据类型，将逻辑信道映射到传输信道。RLC 层在控制层面提供服务给 RRC，在用户平面，RLC 提供服务给应用层，包括 PDCP、BMC 子层还有其他高层用户平面功能。不同的业务通过不同类型的 SAP 接入。

PDCP 只定义于分组交换（PS）域，主要完成包头压缩/解压缩，为移动数据业务提供无线承载。BMC 为使用非确认模式的公共用户数据在用户平面提供广播/多播业务，提供小区消息广播。

RRC 层通过业务接入点向高层提供业务。在 UE 侧，高层协议使用 RRC 提供的业务；在 UTRAN 侧，Iu 接口上无线接入网络应用部分（RANAP）使用 RRC 提供的业务。所有高层信令（移动性管理、呼叫控制、会话管理等）都被压缩成 RRC 消息在空中接口传送。

从图 3-20 中可以看到，RRC 与 RLC、MAC 层、物理层之间存在连接，这些连接提供了 RRC 层间控制业务。RRC 也与 PDCP 和 BMC 之间存在连接。与低层的这些连接，保证 RRC 能够配置低层协议实体的参数，包括物理信道、传输信道和逻辑信道的参数。同时，通过这些控制接口，命令低层进行某种特定的测量，低层可向 RRC 层发送测量报告和错误信息。下面将按照协议层次顺序，由底向上介绍每一层的功能及其结构。

3.4.2 物理层

1. 物理层的功能

物理层位于空中接口协议模型的最底层，给 MAC 层提供不同的传输信道，并且为高层提供服务。在 3GPP 规范中，详细描述了物理层及功能。

物理层主要实现以下一些功能：

（1）为传输信道进行前向纠错编/解码；

（2）无线特性测量，如误帧率、信干比等，并通知高层；

（3）宏分集合并以及软切换实现；

（4）在传输信道上进行错误检测并通知高层；

（5）传输信道到物理信道的速率匹配；

（6）传输信道至物理信道的映射；

（7）物理信道扩频/解扩、调制/解调；

（8）频率和时间（位、码片、比特、时隙和帧）同步；

（9）闭环功率控制；

（10）RF 处理等。

物理层的基本传输单元为无线帧，持续时间为 10ms，长度为 38 400chip；无线帧又被划分为 15 个时隙的处理单元，每个时隙有 2 560chip，持续时间为 2/3ms。WCDMA 的物理信道帧结构如图 3-21 所示。物理层的信息速率随着符号速率的变化而变化，而符号速率则取决于扩频因子。

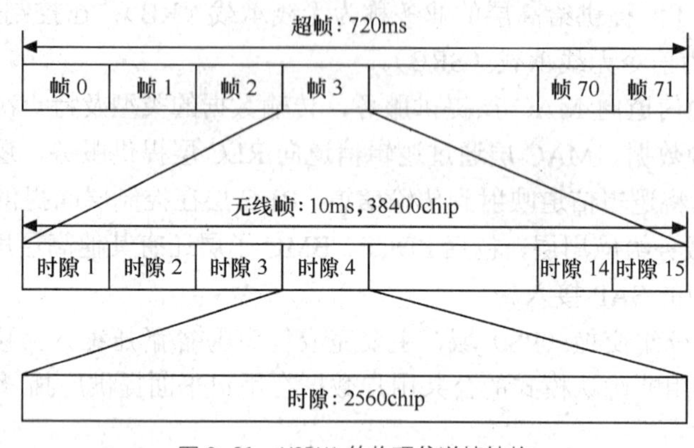

图 3-21 WCDMA 的物理信道帧结构

2. 物理信道

物理信道的特征可由载频、扰码、信道化码（可选的）和相对相位来体现。按照信息的传送方向，物理信道可分为上行物理信道（UE 至 Node B）和下行物理信道（Node B 至 UE）；按照物理信道是否由多个用户共享还是一个用户使用分为专用物理信道和公共物理信道，如图 3-22 所示，其中 HS-SCCH、HS-PDSCH、HS-DPCCH 为在 R5 中引入的信道，将在后面的章节介绍。

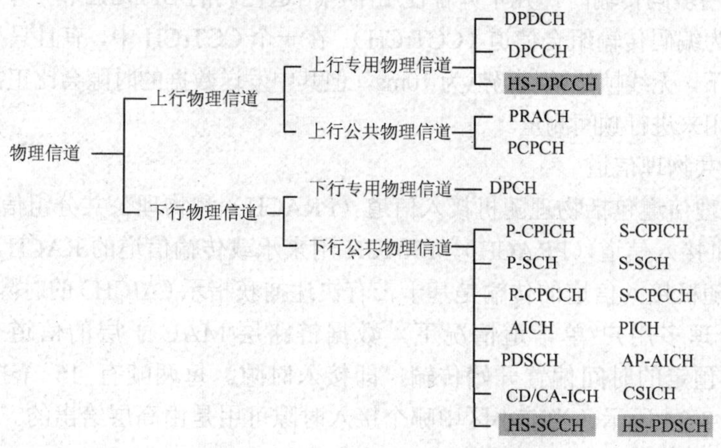

图 3-22 WCDMA 物理信道示意图

（1）上行专用物理信道

上行专用物理信道包括上行专用物理数据信道(DPDCH)和上行专用物理控制信道(DPCCH)。

上行 DPDCH 用于承载专用传输信道（DCH）的用户数据，在每个无线链路中可以有 0 个、1 个或多个上行 DPDCH，上行 DPDCH 数据速率可以逐帧改变，取决于选定的扩频因子。上行 DPCCH 用于传输物理层产生的控制信息。物理层的控制信息包括支持信道估计以进行相干检测的已知导频比特（Pilot）、发射功率控制指令（TPC）、反馈信息（FBI）以及一个可选的传输格式组合指示（TFCI）。TFCI 将复用在上行 DPDCH 上的不同传输信道的瞬时参数通知给接收机，并与同一帧中要发射的数据对应起来。在每个物理层连接中有且仅有一个上行 DPCCH。上行专用物理信道的帧结构如图 3-23 所示。

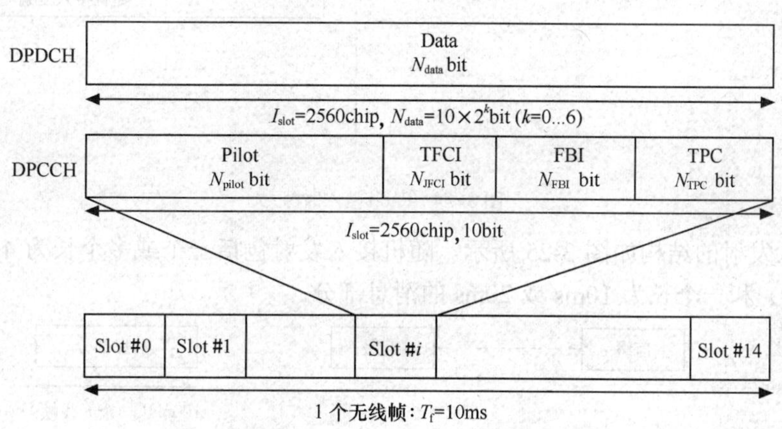

图 3-23 上行 DPDCH/DPCCH 的帧结构

图中的参数 k 决定了每个上行 DPDCH/DPCCH 时隙的比特数。它与物理信道的扩频因子 SF 有关，$SF = 256/2^k$。上行 DPDCH 的扩频因子变化范围为 256～4，DPDCH 对应的数据速率为 15kbit/s～960kbit/s。DPCCH 的扩频因子始终固定等于 256，这样每个上行 DPCCH 时隙有 10bit。

在上行链路中，DPDCH 和 DPCCH 并行传输，依靠不同的信道化码（OVSF，可变扩频增益码）进行区分；上行专用物理信道可以进行多码传输，获得更高的数据速率，最多可使用 6

个并行码。当使用多码传输时，几个并行使用不同信道化码的DPDCH和一个DPCCH组合起来进行传输，称为编码传输组合信道（CCTrCH）。在一个CCTrCH中，有且只有一个DPCCH。

在压缩模式下，无线帧的帧长仍然为10ms，但其中发送数据的时隙会比正常模式下少2～3个，空出的时隙用来进行频间测量。

（2）上行公共物理信道

上行公共物理信道包括物理随机接入信道（PRACH）和物理公共分组信道（PCPCH）。

① 物理随机接入信道（PRACH）。PRACH用来承载传输信道的RACH，可用于低速的数据传输。物理随机接入信道的传输是基于带有快速捕获指示（AICH）的时隙ALOHA方式。ALOHA是在处理多用户/单信道情况下，数据链路层MAC子层的信道分配解决协议。

UE在一个预定的时间偏置开始传输，即接入时隙。每两帧有15个接入时隙，间隔5 120chip，如图3-24所示。当前小区中哪个接入时隙可用是由高层给出的。

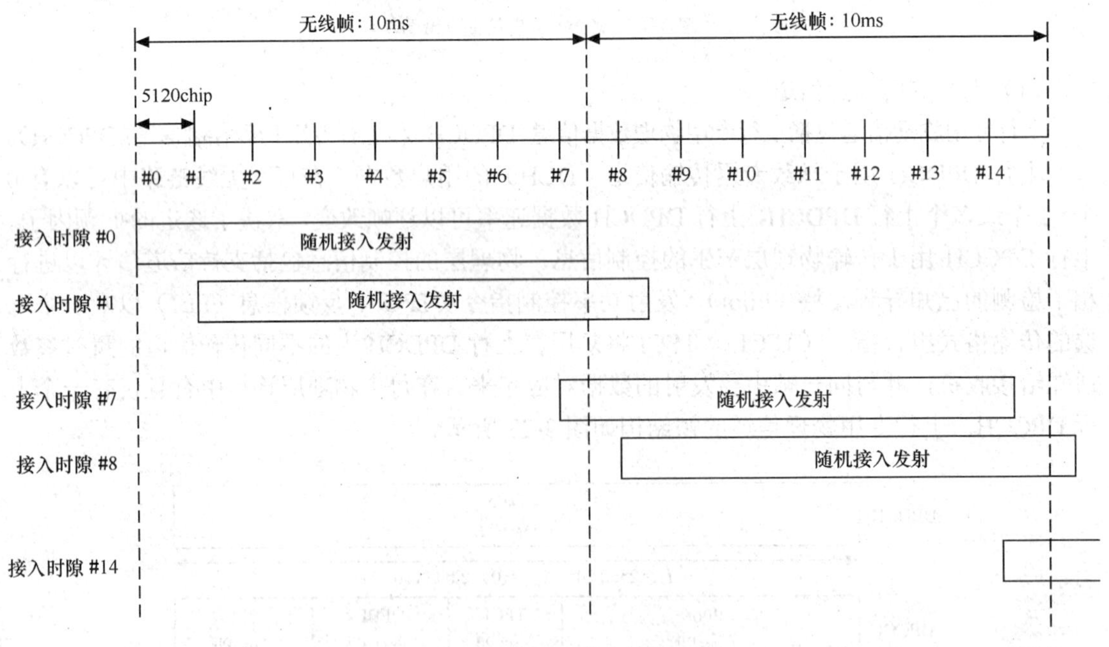

图3-24 RACH接入时隙

随机接入发射的结构如图3-25所示。随机接入发射包括一个或多个长为4 096chip的前缀（SF = 256）和一个长为10ms或20ms的消息部分。

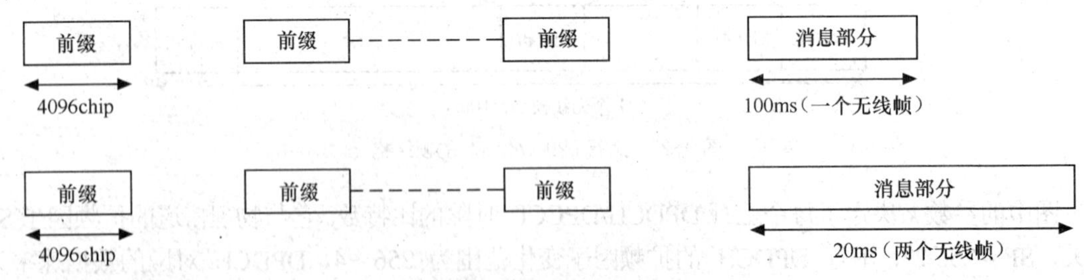

图3-25 随机接入发射的结构

- RACH前缀：随机接入的前缀长度为4 096chip，是对一个长度为16chip特征码（signature）的256次重复。总共有16个不同的特征码，由哈德玛矩阵生成，如表3-12所示。

各个特征码之间完全正交，进而保证了基站在同一个接入时隙同时可以响应多个接入请求。

表 3-12　　RACH 前缀码

接入前导 Signature	Signature 的值															
	0	1	2	3	4	5	6	7	8	9	10	11	12	13	14	15
P_0（n）	1	1	1	1	1	1	1	1	1	1	1	1	1	1	1	1
P_1（n）	1	−1	1	−1	1	−1	1	−1	1	−1	1	−1	1	−1	1	−1
P_2（n）	1	1	−1	−1	1	1	−1	−1	1	1	−1	−1	1	1	−1	−1
P_3（n）	1	−1	−1	1	1	−1	−1	1	1	−1	−1	1	1	−1	−1	1
P_4（n）	1	1	1	1	−1	−1	−1	−1	1	1	1	1	−1	−1	−1	−1
P_5（n）	1	−1	1	−1	−1	1	−1	1	1	−1	1	−1	−1	1	−1	1
P_6（n）	1	1	−1	−1	−1	−1	1	1	1	1	−1	−1	−1	−1	1	1
P_7（n）	1	−1	−1	1	−1	1	1	−1	1	−1	−1	1	−1	1	1	−1
P_8（n）	1	1	1	1	1	1	1	1	−1	−1	−1	−1	−1	−1	−1	−1
P_9（n）	1	−1	1	−1	1	−1	1	−1	−1	1	−1	1	−1	1	−1	1
P_{10}（n）	1	1	−1	−1	1	1	−1	−1	−1	−1	1	1	−1	−1	1	1
P_{11}（n）	1	−1	−1	1	1	−1	−1	1	−1	1	1	−1	−1	1	1	−1
P_{12}（n）	1	1	1	1	−1	−1	−1	−1	−1	−1	−1	−1	1	1	1	1
P_{13}（n）	1	−1	1	−1	−1	1	−1	1	−1	1	−1	1	1	−1	1	−1
P_{14}（n）	1	1	−1	−1	−1	−1	1	1	−1	−1	1	1	1	1	−1	−1
P_{15}（n）	1	−1	−1	1	−1	1	1	−1	−1	1	1	−1	1	−1	−1	1

- RACH 消息：随机接入信道消息部分的结构如图 3-26 所示。10ms 长的消息部分被分为 15 个时隙，每个时隙长度为 2 560chip。每个时隙包括两部分，一个是 RACH 传输信道所映射的数据部分，另一个是传送控制信息的控制部分。数据和控制部分并行发射传输。一个 10ms 消息部分由一个无线帧组成，而一个 20ms 的消息部分则由两个连续的 10ms 无线帧组成。数据部分长度为 10×2^kbit，其中 $k=0$～3，分别对应扩频因子 256～32。控制部分为 8 个已知的导频比特，用来支持用于相干检测的信道估计和 2 个 TFCI 比特，对消息的控制部分来说，对应扩频因子为 256。

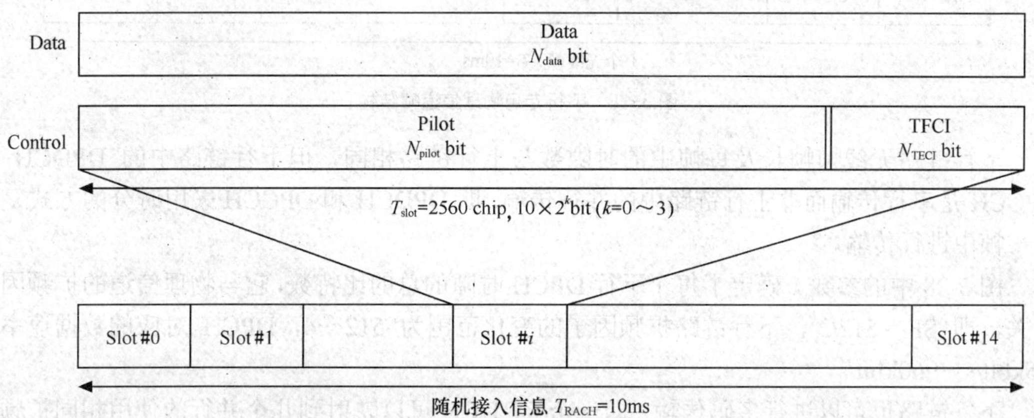

图 3-26　随机接入消息部分的结构

② 物理公共分组信道（PCPCH）。PCPCH 用来承载 CPCH，CPCH 是上行传输信道。物理公共分组信道的传输是基于带有快速捕获指示的数字侦听多重访问与碰撞检测（DSMA-CD）方式。

上行公共分组物理信道的帧结构如图 3-27 所示。每帧长为 10ms，分为 15 个时隙，每个时隙长度为 2 560chip，等于一个功率控制周期。数据部分有 10×2^kbit，这里 $k = 0$～6 分别对应于扩频因子为 256～4。

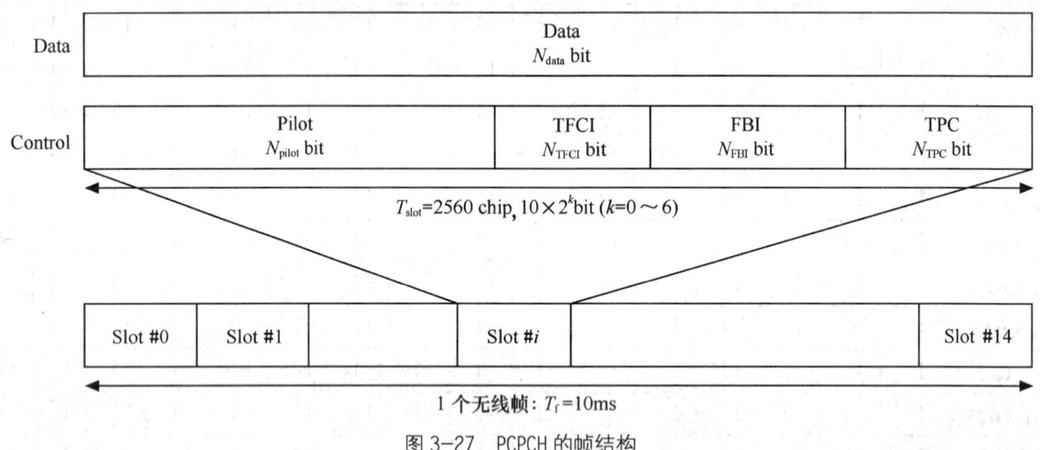

图 3-27　PCPCH 的帧结构

（3）下行专用物理信道

下行链路只有一种专用物理信道，即专用物理信道（DPCH），用于传送物理层控制信息和用户数据。下行链路帧结构如图 3-28 所示。

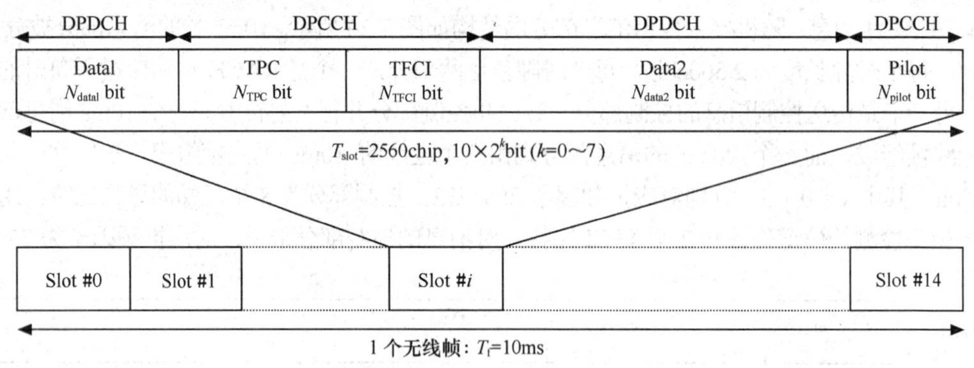

图 3-28　下行专用物理信道帧结构

下行链路无线帧帧长及每帧中的时隙数与上行链路相同，但下行链路中的 DPDCH 和 DPCCH 是串行传输而非上行链路中的并行传输，即 DPDCH 和 DPCCH 采用时分的方式复用在一帧中进行传输。

图 3-28 中的参数 k 确定了每个下行 DPCH 时隙的总的比特数，它与物理信道的扩频因子有关，即 $\mathrm{SF} = 512/2^k$，下行链路扩频因子的变化范围为 512～4，DPCH 对应的数据速率为 7.5kbit/s～960kbit/s。

下行链路也可以进行多码传输，即一个 CCTrCH 可以映射到几个并行的使用相同扩频因子的下行 DPCH，而多个 CCTrCH 可以映射到多个使用不同扩频因子的下行 DPCH。当映射到不同的 DPCH 中的几个 CCTrCH 发射给同一个 UE 时，不同 CCTrCH 映射的 DPCH 可使用不同的扩频因子。

（4）下行公共物理信道

下行公共物理信道包括公共导频信道（CPICH）、同步信道（SCH）、公共控制物理信道（CCPCH）、下行物理共享信道（PDSCH），其中捕获指示信道（AICH）、接入前导捕获指示信道（AP-AICH）、寻呼指示信道（PICH）、冲突检测/信道分配指示信道（CD/CA-ICH）、CPCH 状态指示信道（CSICH）均采用固定扩频因子（SF = 256），无传输信道向它们映射，限于篇幅，不作介绍。

① 公共导频信道（CPICH）。CPICH 为固定速率（30kbit/s，SF = 256）的下行物理信道，用于传送预定义的比特/符号序列。CPICH 又分为主公共导频信道（P-CPICH）和辅公共导频信道（S-CPICH），它们的用途不同。CPICH 为其他物理信道提供相位参考，如 SCH 等。P-CPICH 的重要功能是用于切换和小区选择/重选时进行测量，终端根据收到的 CPICH 的接收电平进行切换测量。CPICH 没有传输信道向它映射，也不承载高层信息。其帧结构如图 3-29 所示。

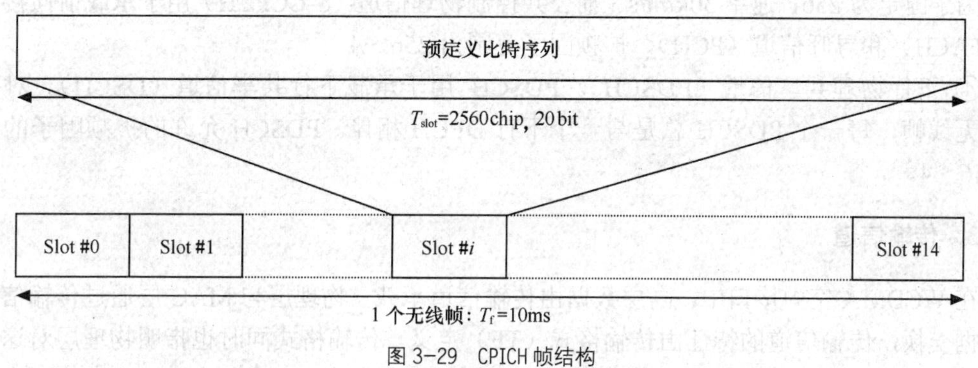

图 3-29 CPICH 帧结构

P-CPICH 有以下一些特性：

- 主公共导频信道的信道化码是固定的；
- 主公共导频信道选用主扰码加扰；
- 一个小区或扇区只有一个主公共导频信道；
- 主公共导频信道在整个小区或扇区范围内广播。

S-CPICH 有以下一些特性：

- 可以使用任意的 SF = 256 的信道化码；
- 可以选用主扰码或辅扰码进行加扰；
- 一个小区中可以不用辅扰码，也可以使用一个或多个辅扰码；
- 可在整个小区或扇区内发送，也可只在小区或扇区的一部分区域内发送。

② 同步信道（SCH）。SCH 包括主同步信道（P-SCH）和辅同步信道（S-SCH）。同步信道是一个用于小区搜索的下行链路信号。P-SCH 由一个长度为 256chip 的调制码组成，每个时隙发射一次，一个系统中所有小区的主同步码都是相同的。通过搜索主同步码可以确定时隙同步。S-SCH 长度为 256chip，终端一旦识别出 S-SCH，可以获得帧同步和小区所从属组的信息。

SCH 没有传输信道向它映射，与主公共物理控制信道是时分复用的，复用时隙 2 560chip 中的前 256 码片，如图 3-30 所示。

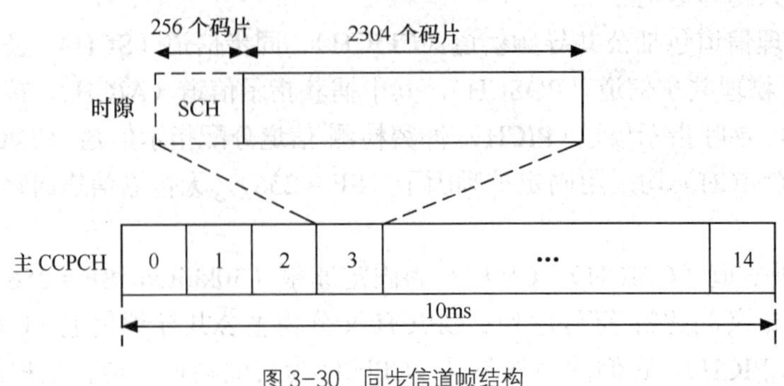

图 3-30　同步信道帧结构

③ 公共控制物理信道（CCPCH）。CCPCH 包括主公共控制物理信道（P-CCPCH）和辅公共控制物理信道（S-CCPCH）。主公共控制物理信道（P-CCPCH）用于承载广播信道（BCH），扩频因子固定为 256，速率 30kbit/s。辅公共控制物理信道（S-CCPCH）用于承载前向接入信道（FACH）和寻呼信道（PCH），扩频因子范围为 256～4。

④ 下行物理共享信道（PDSCH）。PDSCH 用于承载下行共享信道（DSCH）。对于每一个无线帧，每一个 PDSCH 总是与一个下行 DPCH 相伴。PDSCH 允许的扩频因子的范围为 256～4。

3．传输信道

在 WCDMA 空中接口中，高层数据由传输信道承载，物理层与 MAC 层通过传输信道进行数据交换，传输信道的特性由传输格式（TF）定义，传输格式同时也指明物理层对这些传输信道的处理方式。

传输信道分为专用传输信道和公共传输信道。专用传输信道仅存在一种形式，即 DCH（Dedicated Channel），属于双向传输信道，用来传输特定用户物理层以上的所有信息，包括业务数据以及高层控制信息，能够实现以 10ms 无线帧为单位的业务速率变化、快速功率控制和软切换。

公共传输信道包括广播信道（BCH）、前向接入信道（FACH）、寻呼信道（PCH）、随机接入信道（RACH）、公共分组信道（CPCH）和下行共享信道（DSCH）。

（1）广播信道（BCH）

BCH 是一个下行传输信道，用于广播整个网络或某小区特定的信息。广播的信息有小区中可用的随机接入码字和接入时隙，小区中其他信道采用的传输分集方式等。为了保证广播信道能够被终端正确接收，广播信道一般采用较高的功率发送，以确保所有用户都能够正确接收。

（2）前向接入信道（FACH）

FACH 是一个下行传输信道，它被用于向给定小区中的终端发送控制信息或突发的短数据分组。一个小区中可有多个 FACH，为了确保所有终端都能够正确接收，必须有一个 FACH 以较低的速率进行传输。FACH 没有采用快速功率控制，使用慢速功率控制。

（3）寻呼信道（PCH）

PCH是一个下行传输信道，用于在网络和终端通信初始时发送与寻呼过程相关的信息。PCH必须保证在整个小区内都能被接收。

（4）随机接入信道（RACH）

RACH是一个上行传输信道，用来发送来自终端的控制信息和少量的分组数据，如请求建立连接等，需要在整个小区内能够被接收。RACH使用冲突检测技术，采用开环功率控制。

（5）公共分组信道（CPCH）

CPCH是一个上行传输信道，是RACH信道的扩展，用来发送少量的分组数据。CPCH采用冲突检测技术和快速功率控制。

（6）下行共享信道（DSCH）

DSCH是一个下行传输信道，用来发送用户专用数据/控制信息。可以由多个UE共享，一个或多个DCH联合使用。DSCH支持快速功率控制和逐帧可变比特速率，并不要求整个小区都能接收。

4．物理层成帧的基本概念

无论MAC子层到物理层的数据流，还是物理层到MAC子层的数据流（传输块/传输块集），都需要经过从传输信道到物理信道的映射，以便在无线传输链路上进行传输。下面介绍实现传输信道到物理信道的映射中涉及到的基本概念。

（1）传输块

当传输信道数据被发送到物理层时，它是以传输块的形式发送的。传输块是物理层和MAC层交换数据的基本数据单元，物理层将为每一个传输块添加CRC。传输块的长度称为传输时间间隔（TTI），TTI的取值可以为10ms、20ms、40ms和80ms。对于一个给定的传输信道，物理层每隔一个TTI从MAC层请求数据，然后MAC层决定传输块的数目。

（2）传输块集合

传输块集合是在一个TTI期间内，在MAC子层和物理层之间使用同一传输信道进行交流的一组传输块，它可能包含0个、1个或多个传输块。图3-31说明这些定义。

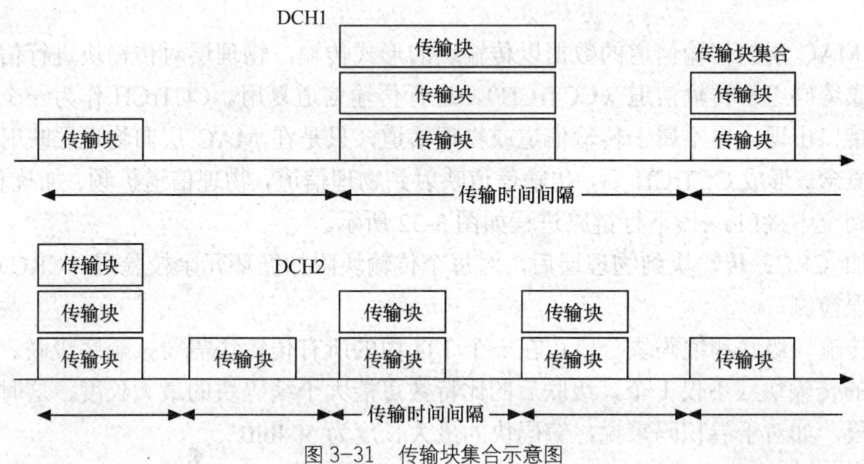

图3-31　传输块集合示意图

（3）传输格式（TF）

传输格式定义了 MAC 层在一个 TTI 期间内向物理层发送传输块集合的格式。传输格式中有动态部分和半静态部分。

① 动态部分：传输格式指定了传输块的大小（即每块的比特数）和传输块集合中的传输块数目。例如，假定一个传输块大小为 320bit，则传输格式可定义为 TF$n = n \times 320$，这里的 n 代表了传输块的数目，可以为 0 或者是其他正整数。

② 半静态部分：传输格式指定了 TTI 长度、纠错方式以及 CRC 的大小，其中纠错方式又由编码方案、编码速率和速率匹配参数 3 部分组成。

（4）传输格式集（TFS）

在传输块传输的时候，可能有很多种传输格式可供选择。某一个传输信道所有传输格式（TF）的集合称为传输格式集（TFS）。在一个传输格式集中，所有传输格式的半静态部分都相同。传输格式动态部分决定了传输信道的瞬时速率，通过改变传输块的大小和传输块的个数可以改变传输信道中承载业务的速率。

（5）传输格式组合（TFC）

物理层复用了一个或多个传输信道，多个传输信道可复用到一个编码组合传输信道（CCTrCh）上。每个传输信道都有一系列相应的传输格式集，不同传输信道的传输格式集可能不同（在给定的 TTI 内，一个传输信道使用一种传输格式），所以在映射不同的传输信道到一个 CCTrCh 上时，会出现多种不同的有效传输格式组合。每一种有效的传输格式组合称为一个传输格式组合（TFC）。

（6）传输格式指示（TFI）

传输格式指示对应于传输格式集（TFS）中某一特定传输格式。在 MAC 层和物理层交换传输块集（TFS）时，用来说明某一传输信道所选用的传输格式。

（7）传输格式组合指示（TFCI）

传输格式组合指示（TFCI）用来说明当前 CCTrCH 所采用的信道复用方式。MAC 在每一个传输信道发送传输块集（TFS）时会通过 TFI 向物理层说明传输格式，物理层再把所有并行传输信道的传输格式指示（TFI）进行组合构成 TFCI。

5. 上/下行链路进程

来自 MAC 层的传输信道的数据以传输块的形式传输，物理层对传输块进行信道编码等处理，形成编码组合传输信道（CCTrCH），进行传输信道复用。CCTrCH 作为一个逻辑概念不在空中接口出现，也不属于传输信道或物理信道，只是在 MAC 层向物理层映射时出现的一个逻辑概念。形成 CCTrCH 后，传输信道映射到物理信道，物理信道扩频、加扰和调制后，数据发送到空中接口。上/下行链路进程如图 3-32 所示。

（1）加 CRC：传输块到物理层后，对每个传输块附加循环冗余校验码（CRC），作为传输块的错误检测。

（2）传输块级联和编码块分段：在一个 TTI 内的所有传输块需要按顺序级联。如果在一个 TTI 中的传输块数不仅 1 个，级联后的比特数可能大于编码块的最大长度，这时需要进行编码块分段。如对于卷积码来说，编码块的最大长度为 504bit。

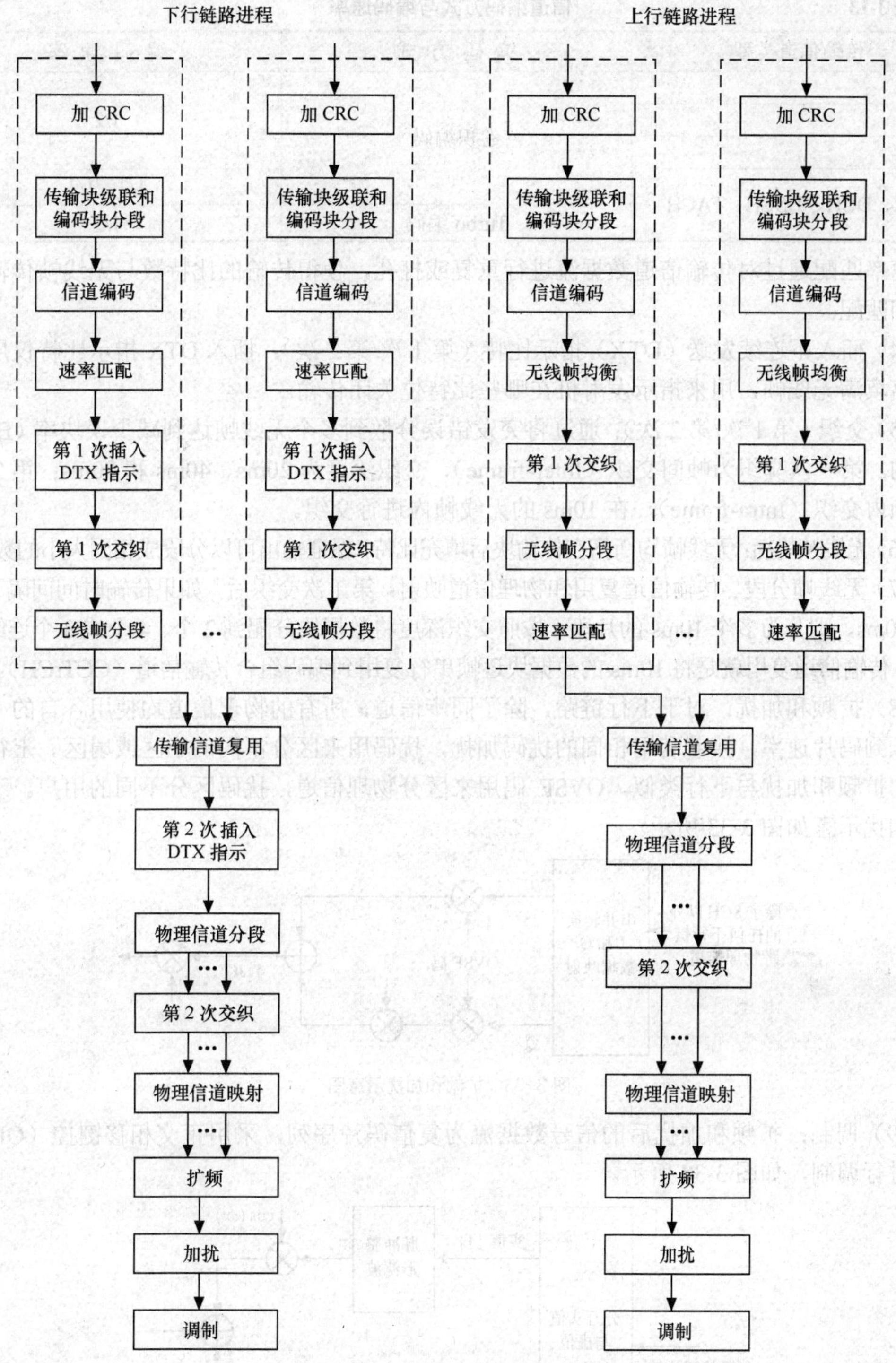

图 3-32 物理层上下行链路进程

（3）信道编码与速率匹配：WCDMA 系统使用的两种信道编码类型为卷积编码和 Turbo 编码。信道编码方式与编码速率如表 3-13 所示。

表 3-13　　信道编码方式与编码速率

传输信道类型	编 码 方 式	编 码 速 率
BCH	卷积编码	1/2
PCH		
PACH		
CPCH、DCH、DSCH、FACH		1/2，1/3
	Turbo 编码	1/3

速率匹配通过对传输信道数据流进行重复或打孔，使得传输的比特数与无线帧传输的比特数相匹配。

（4）插入不连续发送（DTX）指示比特（第 1 次/第 2 次）：插入 DTX 指示比特仅用在下行链路填满无线帧，用来指示发射机在哪些比特位关闭传输。

（5）交织（第 1 次/第 2 次）：通过将突发错误分散到多个无线帧达到减少误块率（BLER）的目的。第一次交织为帧间交织（Inter-frame），交织深度为 20ms、40ms 和 80ms；第 2 次交织为帧内交织（Intra-frame），在 10ms 的无线帧内进行交织。

（6）无线帧均衡：无线帧均衡指在传输块后填充比特，保证输出可以分段成相同大小的数据段。

（7）无线帧分段、传输信道复用和物理信道映射：第 1 次交织后，如果传输时间间隔（TTI）长于 10ms，则分为多个 10ms 的片段，按照交织深度将数据块分配到 2 个、4 个或 8 个连续的无线帧；传输信道复用就是将 10ms 的数据块逐帧串行复用到编码组合传输信道（CCTrCH）。

（8）扩频和加扰：对于下行链路，除了同步信道，所有的物理信道均使用各自的 OVSF 码扩频到码片速率，接着利用相同的扰码加扰，扰码用来区分不同的小区或扇区。上行物理信道的扩频和加扰与下行类似，OVSF 码用来区分物理信道，扰码区分不同的用户。下行扩频和加扰示意如图 3-33 所示。

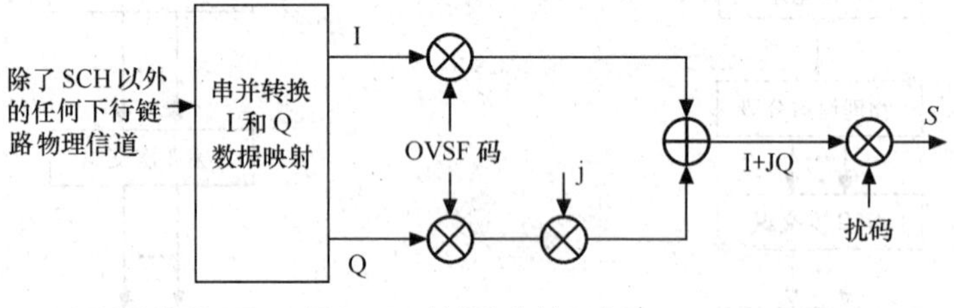

图 3-33　扩频和加扰示意图

（9）调制：扩频和加扰后的信号数据流为复值码片序列，采用正交相移键控（QPSK）方式进行调制，如图 3-34 所示。

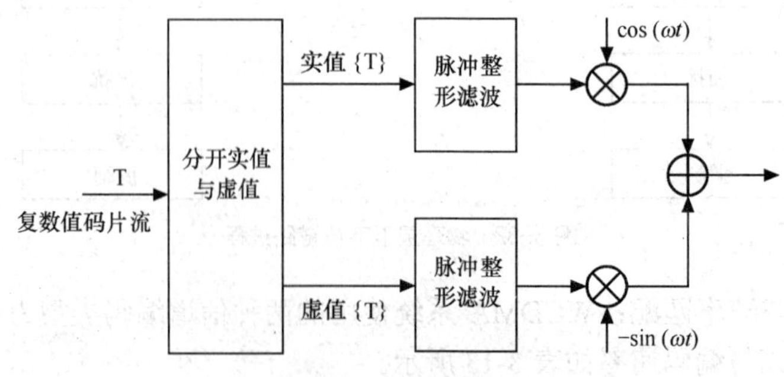

图 3-34　下行调制方式

3.4.3 数据链路层

数据链路层使用物理层提供的服务，并向第3层提供服务。数据链路层划分为媒体接入控制（MAC）子层、无线链路控制（RLC）子层、分组数据汇聚协议（PDCP）子层和广播/多播控制（BMC）子层。其中MAC和RLC由控制面与用户面共用，PDCP和BMC仅用于用户面。

1. 媒体接入控制（MAC）子层

（1）MAC子层功能

MAC子层位于物理层之上，向高层提供无确认的数据传送、无线资源重分配和测量等服务，通过物理层提供的传输信道借助逻辑信道与上层交换数据。完成的主要功能如下：

① 逻辑信道与传输信道间的映射；

② 根据瞬时源速率为每个传输信道选择适当的传输格式（TF），保证高的传输效率；

③ 通过选择高比特速率或低比特速率的传输格式，实现一个UE的数据流之间优先级处理；

④ 通过动态调度为不同的UE间进行优先级处理；

⑤ 把高层来的协议数据单元（PDU）复用成传输块后发送给物理层，或者把从物理层来的传输块解复用成高层的PDU，对于专用信道适用于相同QoS参数的业务，PDU是对等协议层之间进行交流的基本数据单元；

⑥ 测量逻辑信道业务量并向RRC报告，此测量报告有可能引发对无线承载/或传输信道参数的重新配置；

⑦ 在RRC层的命令下，MAC子层执行传输信道类型转换；

⑧ 为在RLC子层使用透明模式传输的数据进行加密；

⑨ 为RACH和CPCH选择接入类别和等级。

（2）MAC子层结构

MAC子层由MAC-b、MAC-c/sh和MAC-d 3个逻辑实体构成，如图3-35所示。

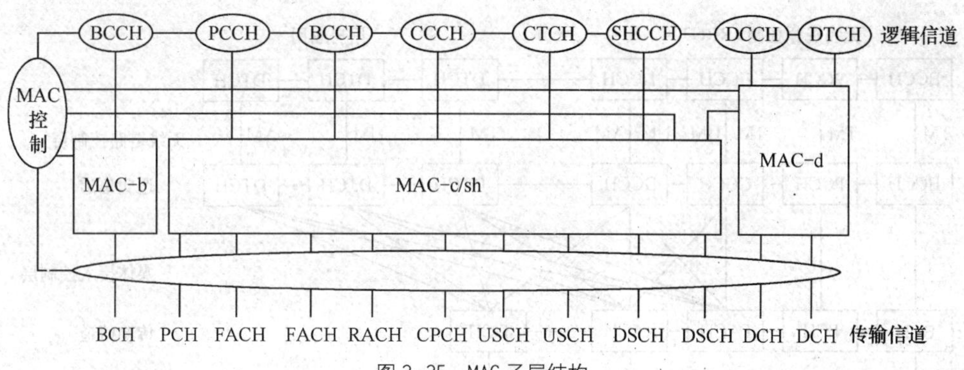

图3-35 MAC子层结构

① MAC-b实体负责处理广播信道（BCH）。在每个UE中有一个MAC-b实体，在UTRAN的每个小区中有一个MAC-b实体，位于Node B中。

② MAC-c/sh实体负责处理公共信道和共享信道，包括寻呼信道（PCH）、前向接入信道（FACH）、随机接入信道（RACH）、公共分组信道（CPCH）和下行链路共享信道（DSCH）。

对于 MAC-c/sh 实体，与承载的具体业务有关，为每个正在使用共享信道的 UE 分配一个 MAC-c/sh 实体，在 UTRAN 的每个小区中有一个 MAC-c/sh 实体，位于 CRNC 中。

③ MAC-d 实体，负责处理专用传送信道（DCH）。在每个 UE 中有一个 MAC-d 实体，在 UTRAN 的每个小区中有一个 MAC-d 实体，位于 SRNC 中。

（3）逻辑信道

MAC 子层通过逻辑信道与高层进行数据交互，在逻辑信道上提供不同类型的数据传输业务。逻辑信道是 MAC 子层向 RLC 子层提供的数据传输服务，表述承载的任务和类型。逻辑信道根据不同数据传输业务定义逻辑信道的类型。

逻辑信道通常分为两类：控制信道，用来传输控制平面信息；业务信道，用来传输用户平面信息。逻辑信道共有 6 类，分别介绍如下。

① 控制信道

- 广播控制信道（BCCH），广播系统控制信息的下行信道；
- 寻呼控制信道（PCCH），传输寻呼信息的下行信道；
- 公共控制信道（CCCH），在网络和 UE 之间发送控制信息的双向信道，主要供进入一个新的小区并使用公共信道的 UE 或没有建立 RRC 连接的 UE 使用；
- 专用控制信道（DCCH），用于在 UE 和 RNC 之间传送专用控制信息的点对点双向信道，在 RRC 连接建立的过程中建立；

② 业务信道

- 专用业务信道（DTCH），服务于一个 UE，传输用户信息的点对点双向信道；
- 公共业务信道（CTCH），向全部或者一组特定 UE 传输信息的点到多点下行信道。

（4）逻辑信道、传输信道和物理信道之间的映射关系

如图 3-36 所示，逻辑信道先映射到传输信道，传输信道再映射到物理信道。根据信道类型的不同，可以是一对一的映射，也可以是一对多的映射。图中一些物理信道与传输信道之间没有映射关系（如 SCH，AICH 等），它们只承载与物理层过程有关的信息。这些信道对高层而言不是直接可见的，但对整个网络而言，每个基站都需要发送这些信道信息。

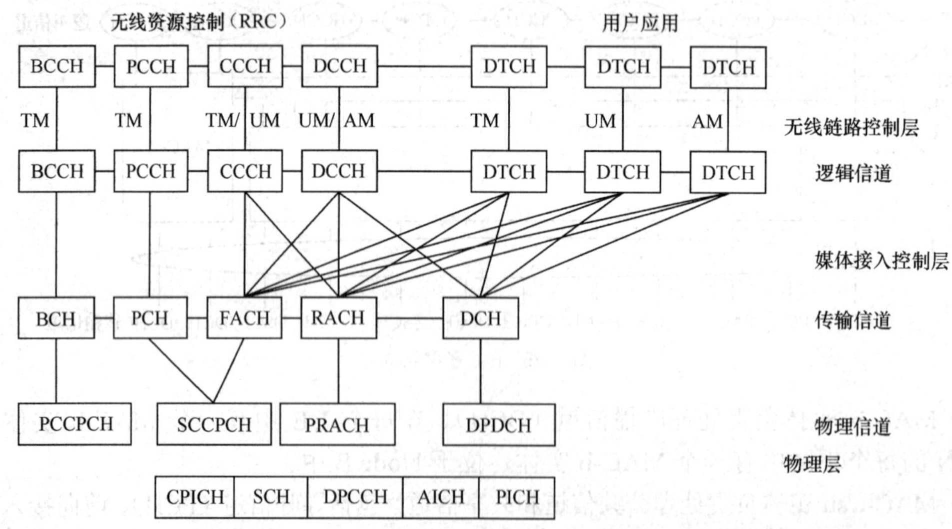

图 3-36 逻辑信道、传输信道和物理信道之间的映射（R99 版本）

2．无线链路控制（RLC）子层

（1）RLC子层主要功能

① 数据分段和重组：根据实际传输格式，RLC子层对高层来的长度变化的PDU进行分割成为RLC的净负荷单元，此负荷单元经处理后称为RLC PDU；将低层来的RLC PDU重组为变长的高层PDU。

② 级联和填充：服务数据单元（SDU）是协议栈中层与层或层与子层之间进行交流的基本数据单元。如果RLC SDU中的内容不能填满整数个RLC PDU，就把下一个RLC SDU的第一段与当前RLC SDU的最后一段进行级联，进而构成RLC PDU；当不能应用级联而且传输的数据不能填满给定RLC PDU的大小时，剩下的部分用填充比特填满。

③ 用户数据传输和纠错：RLC支持确认模式、非确认模式和透明模式3种数据传输模式；在确认模式下，RLC通过重传提供纠错功能。

④ 高层PDU顺序传输和复制检测：为采用确认模式传输的数据提供顺序发送的功能，否则系统支持乱序发送；复制检测收到的RLC PDU，保证合成的高层PDU只向上层提供。

⑤ 流量控制：接收RLC实体可以控制对端信息发送的速率。

⑥ 序列检查：序列检查用于非确认模式，在RLC PDU被重组到RLC SDU中时，通过检查RLC PDU中的序列号，检测错误的RLC SDU。错误的RLC SDU将被丢弃。

⑦ 协议错误检测与恢复：检测并纠正在RLC操作中的错误并进行恢复。

⑧ 加密：适用于非透明模式下数据传输，加密算法与MAC子层的方法相同。

（2）RLC子层结构

RLC子层支持3种传输模式：透明模式（Tr）、非确认模式（UM）和确认模式（AM）。透明模式和非确认模式的实体是单向实体，可以配置为发送实体或者接收实体；确认模式实体是双向实体，包含发送侧和接收侧，可同时进行收发。RLC子层的结构如图3-37所示。

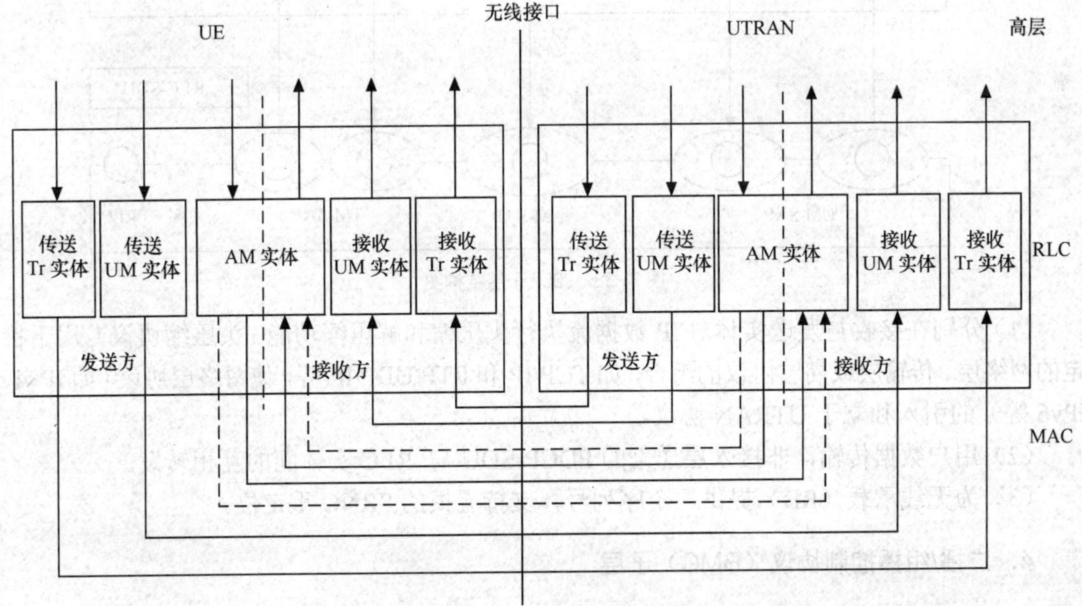

图3-37 RLC子层结构

各种传输模式的特点如下。

① 透明模式不为高层数据增加任何开销，错误的 PDU 将被标记或丢弃，不保证数据的正确传输。在特殊的情况下，也可以具有有限的分段/重组功能，但需要在无线承载建立过程中进行协商。

② 非确认模式下发送的 PDU 添加了 RLC 的头并含有序列号，收端可以根据这个序列号判断数据的完整性。错误的 PDU，将根据配置被丢弃或者标记。因为没有使用重传机制，无法保证数据的正确传输。小区广播和基于 IP 的语音业务（VoIP）一般采用非确认模式。

③ 确认模式使用自动重发请求机制来保证数据的传输，纠错、按顺序传送、重复检测、流控制是确认模式所特有的功能。确认模式是分组业务标准的 RLC 模式，如网页浏览、电子邮件下载等一般采用确认模式。

3. 分组数据汇聚协议（PDCP）子层

分组数据汇聚协议（PDCP）子层仅存在于用户平面，提供分组域业务。高层通过 SAP 配置 PDCP，如图 3-38 所示。PDCP 子层主要功能如下。

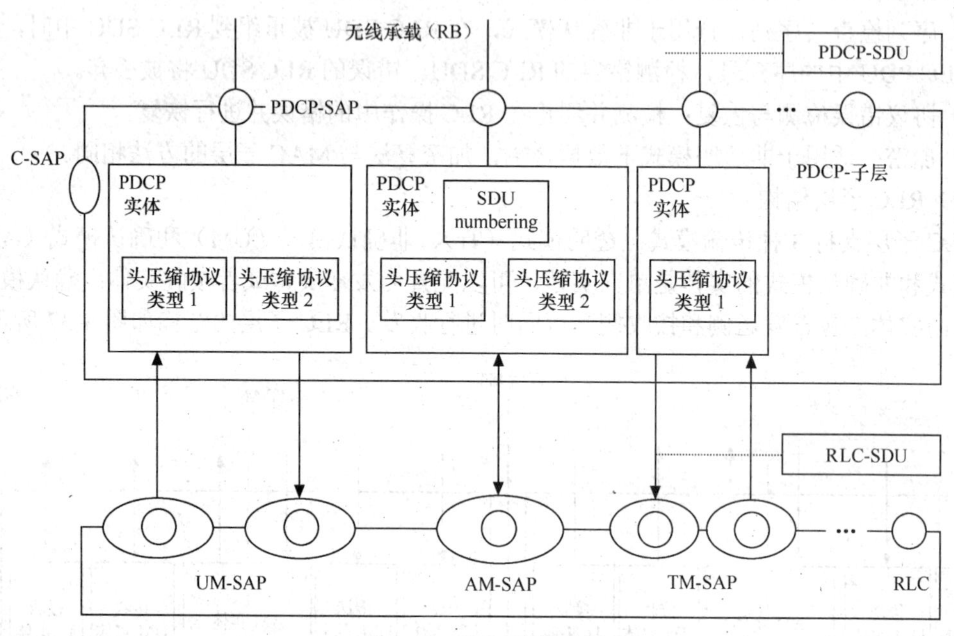

图 3-38 PDCP 子层结构图

（1）分别在接收与发送实体对 IP 数据流执行头压缩和解压缩功能。头压缩协议专用于特定的网络层、传输层或高层协议的组合，如 TCP/IP 和 RTP/UDP/IP 等，使网络层协议（如 IPv4、IPv6 等）的引入独立于 UTRAN 协议。

（2）用户数据传输，非接入层送来的 PDCP-SDU 与 RLC 实体间的互相转发。

（3）为无线承载（RB）提供一个序列号，支持无损的 SRNC 重定位。

4. 广播/组播控制协议（BMC）子层

广播/组播控制协议（BMC）子层仅存在于用户平面，以无确认方式提供公共用户的广播/

多播业务。BMC 子层结构如图 3-39 所示。BMC 主要功能如下。

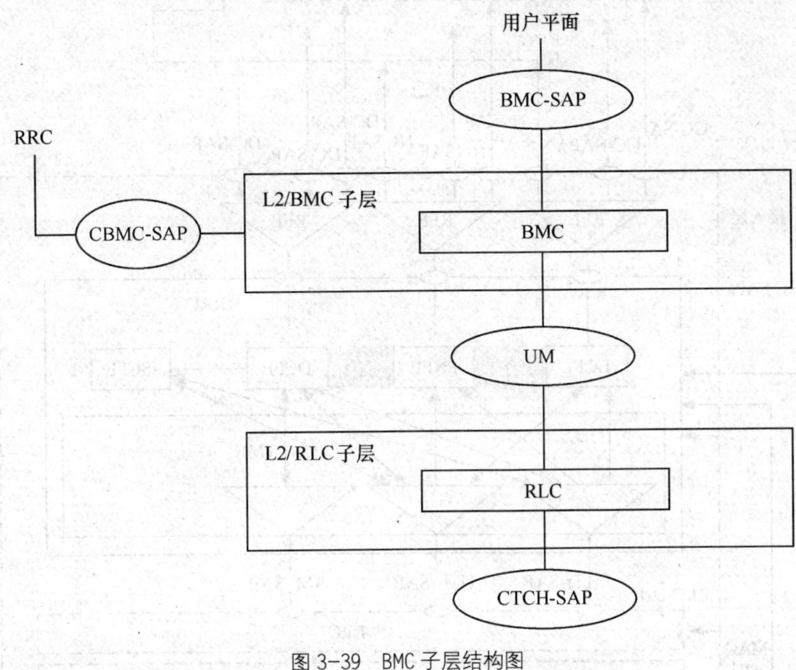

图 3-39 BMC 子层结构图

（1）小区广播消息的存储；

（2）为小区广播业务进行业务量检测和无线资源请求；

（3）BMC 消息的调度；

（4）向 UE 发送 BMC 消息；

（5）向高层 NAS 传递小区广播消息。

3.4.4 无线资源控制层

RRC 层属于控制平面，UE 和 UTRAN 间的控制信令主要是无线资源控制（RRC）层消息，控制接口管理和对低层协议实体的配置。RRC 层主要完成的功能有：接入层控制、系统信息广播、RRC 连接管理、无线承载管理、RRC 移动性管理、无线资源管理、寻呼和通知、高层信息路由功能、加密和完整性保护、功率控制、测量控制和报告等。

1. RRC 层结构

RRC 层通过业务接入点向高层提供业务。在 UE 侧，高层协议使用 RRC 提供的业务；在 UTRAN 侧，Iu 接口上无线接入网络应用部分（RANAP）使用 RRC 提供的业务。所有高层信令（移动性管理、呼叫控制、会话管理等）都被压缩成 RRC 消息在空中接口传送。UE 侧 RRC 模型结构如图 3-40 所示。UTRAN 侧的 RRC 模型如图 3-41 所示。

RRC 层通过通知业务接入点（Nt-SAP）、专用业务接入点（DC-SAP）和通用控制接入点（GC-SAP）向高层提供服务。RRC 层功能实体如下。

（1）路由功能实体（RFE）：处理高层消息到不同的移动管理/连接管理实体（UE 侧）或不同的核心网络域（UTRAN 侧）的路由选择。

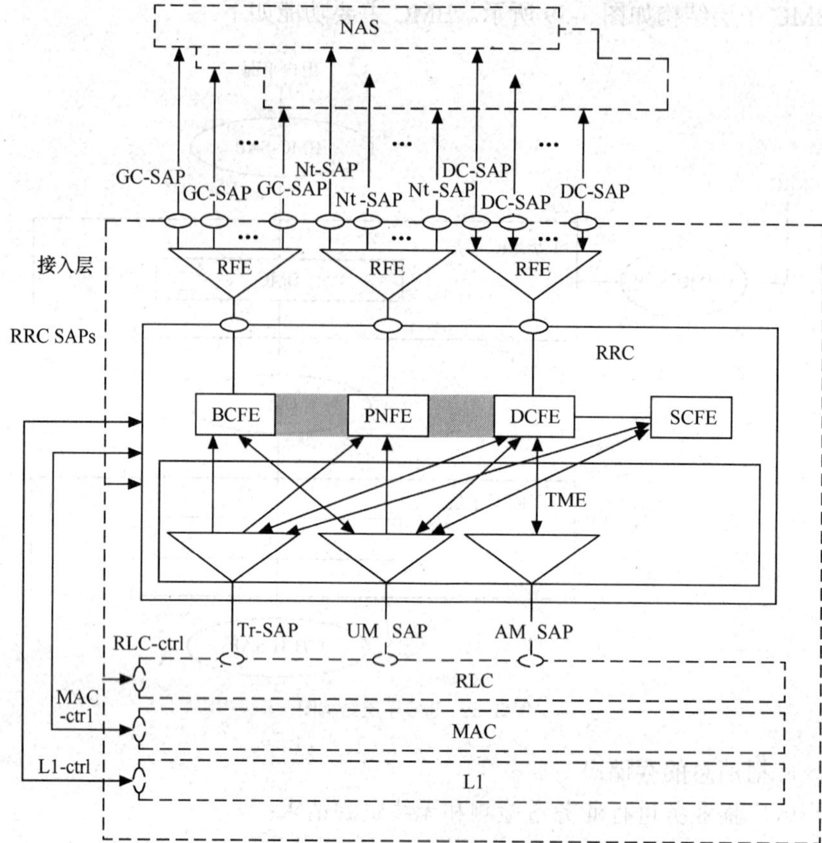

图 3-40 UE 侧 RRC 模型

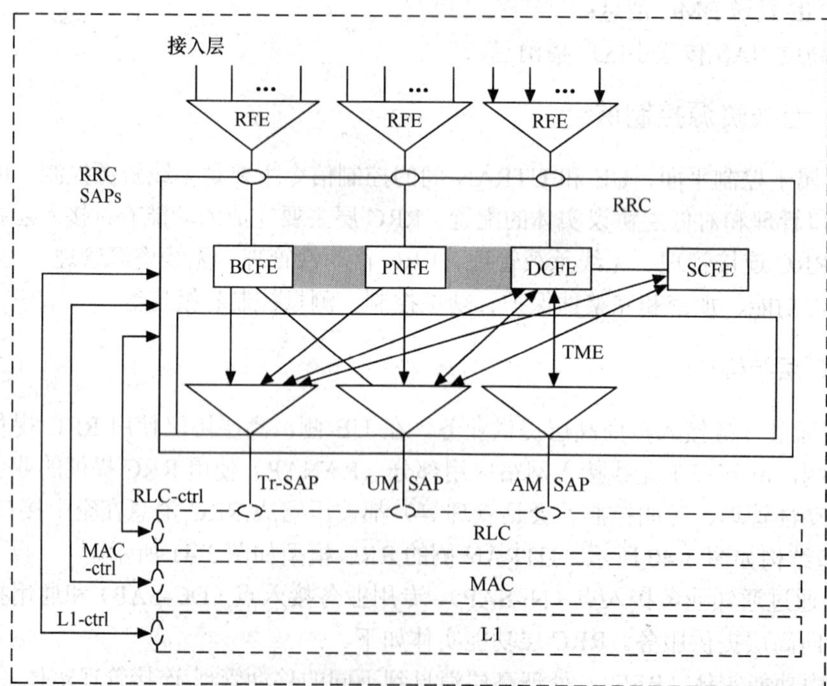

图 3-41 UTRAN 侧 RRC 模型

（2）广播控制功能实体（BCFE）：处理系统信息的广播。在 RNC 中，每个小区都至少有一个 BCFE。

（3）寻呼及通告控制功能实体（PNFE）：控制对还未建立 RRC 连接的 UE 的寻呼。在 RNC 中，对由这个 RNC 控制的小区都至少有一个 PNFE 实体。

（4）专用控制功能实体（DCFE）：处理一个特定 UE 的所有功能和信令。SRNC 中，对每个与这个 RNC 连接的 UE，都有一个 DCFE 实体与之相对应。

（5）共享控制功能实体（SCFE）：控制 PDSCH 和 PUSCH 的分配，用于 TDD 模式。

（6）传输模式实体（TME）：处理 RRC 层内不同实体和 RLC 接入点之间的映射。

2. RRC 层的状态

RRC 的各种状态模式及各种模式间的转换关系如图 3-42 所示，其中包括：UTRAN 连接模式和 GSM 连接模式在电路域的状态转移；UTRAN 连接模式和 GSM 连接模式在分组域的状态转移；空闲模式和 UTRAN 连接模式间的转移；UTRAN 连接模式内的 RRC 状态转移。

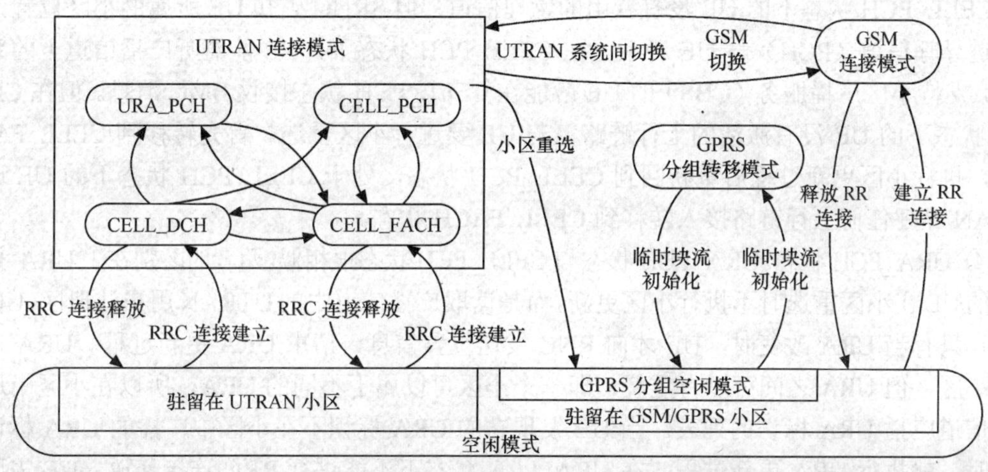

图 3-42 RRC 的各种状态模式及各种模式间的转换关系

（1）空闲模式

当 UE 处于空闲模式时，UE 与接入层之间不存在任何连接。没有激活的电路业务或分组业务，但它可能已在网络中注册，在指定的时间，监听寻呼指示信道及相关的寻呼信息。空闲模式的 UE 由非接入层标识，如 IMSI，TMSI 和 P-TMSI。

打开电源后，UE 便处于空闲模式，驻留在 UTRAN 小区。当 UE 收到系统的寻呼后，通过随机接入信道作出响应，要求 UTRAN 建立 RRC 连接。如果 UE 发起呼叫，通过随机接入信道要求 UTRAN 建立 RRC 连接。RRC 连接建立后，UE 进入连接模式。根据需要传送的数据量、分组突发是否频繁决定进入 CELL_DCH 或 CELL_FACH 状态。如果 RRC 连接建立失败，UE 回到空闲模式。

（2）UTRAN 连接模式

在连接模式时，UE 与 UTRAN 已建立了 RRC 连接，UTRAN 确知 UE 位置信息，为 UE 分配了无线网络临时标识符（RNTI），用于在公共传输信道时识别 UE。UTRAN 连接模式有四种状态：CELL_DCH，CELL_FACH，CELL_PCH 和 URA_PCH 状态。

① CELL_DCH 状态。处于空闲模式的 UE 通过建立 RRC 连接，或从 CELL_FACH 状态建立一个专用物理信道进入 CELL_DCH 状态。在 CELL_DCH 状态下，UE 被分配一个专用的物理信道，并且 UE 的 SRNC 知道 UE 所在小区或激活集，UE 和 UTRAN 通过专用物理信道交互数据。如果 UE 移动到其他小区，UE 与新小区建立专用物理信道并释放旧小区的专用物理信道。处于 CELL_DCH 状态的 UE 通过释放 RRC 连接进入空闲模式。

② CELL_FACH 状态。UE 可以从空闲模式或连接模式的其他 3 种状态转换到 CELL_FACH 状态。处于 CELL_FACH 状态的 UE 没有专用的物理信道，但可以使用 RACH 和 FACH 信道用于信令消息和少量用户平面数据的传输。在 CELL_FACH 状态下，UE 能监听广播信道（BCH）以捕获系统信息、执行小区重选并在重选后向 RNC 发送小区重选消息，RNC 由此获知 UE 的位置。CELL_FACH 状态通过建立专用物理信道转移到 CELL_DCH 状态，UTRAN 上层可能要求 UE 进行状态转移，如转移到 CELL_PCH 状态或 URA_PCH 状态。当 UE 释放了 RRC 连接后，UE 即进入空闲模式。

③ CELL_PCH 状态。UE 可以从 CELL_FACH 或 CELL_DCH 状态转换到 CELL_PCH 状态。CELL_PCH 状态下的 UE 没有专用的物理信道，但 SRNC 确知 UE 所属的小区位置，可以通过寻呼信道（PCH）与 UE 联系。在 CELL_PCH 状态下，UE 能监听广播信道上的系统信息，支持小区广播服务（CBS）的 UE 应能在 CELL_PCH 状态接收 BMC 消息。但在 CELL PCH 状态下的 UE 没有激活的上行链路。若 UE 要进行小区重选，首先转移到 CELL_FACH 状态，执行小区更新过程后重新回到 CELL_PCH 状态。处于 CELL_PCH 状态下的 UE 通过 UTRAN 寻呼任何上行链路接入转移到 CELL_FACH 状态。

④ URA_PCH 状态。URA_PCH 状态与 CELL_PCH 状态很相似。两者的区别在于 URA_PCH 状态的 UE 在小区重选时不执行小区更新，而是读取广播信道中的 UTRAN 用户注册区（URA）标识，只有当 URA 改变时，UE 才向 RNC 发送位置信息，请求 URA 更新过程。URA 包括许多小区，但 URA 之间可以有重叠，即一个小区可以属于不同的 URA，所以在小区中通过广播信道广播 URA 标识的列表。当 UE 发现它的 URA 标识不在小区中广播的 URA 标识列表中时，就执行 URA 更新过程。在 URA_PCH 状态下不能进行 RRC 连接释放，UE 需要先转移到 CELL_FACH 状态执行释放信令。

（3）RRC 各种状态间的转换关系

下面以移动台开机、寻呼过程和业务实现过程为例，介绍 RRC 状态的变化。

① 移动台开机，在空闲模式下，首先完成小区搜索过程，完成小区驻留；

② 当小区更新时，移动台将进入 CELL_FACH 状态，完成小区更新所需的少量信令数据的传输；

③ 小区更新结束，RRC 连接保持则由 CELL_FACH 状态到 CELL_PCH 状态，如果 RRC 连接释放则进入空闲模式；

④ 移动台进入 CELL_PCH 状态之后将侦听 PICH 消息，如果侦听到 PICH 上有对自己的寻呼消息时，进入 CELL_FACH 状态；

⑤ 随数据量增加，移动台申请专用信道之后，进入 CELL_DCH 状态并维持通信；业务量下降则继续返回 CELL_FACH 状态；业务结束，移动台进入 URA_PCH 状态或 CELL_PCH 状态。

3.5 WCDMA网络中的编号计划

3.5.1 UMTS网络的服务区域划分

在蜂窝移动通信网络中，为了向用户提供服务，网络需要随时掌握移动用户所在位置，网络需要进行位置和服务区域管理。UMTS网络的服务区域划分如图3-43所示。

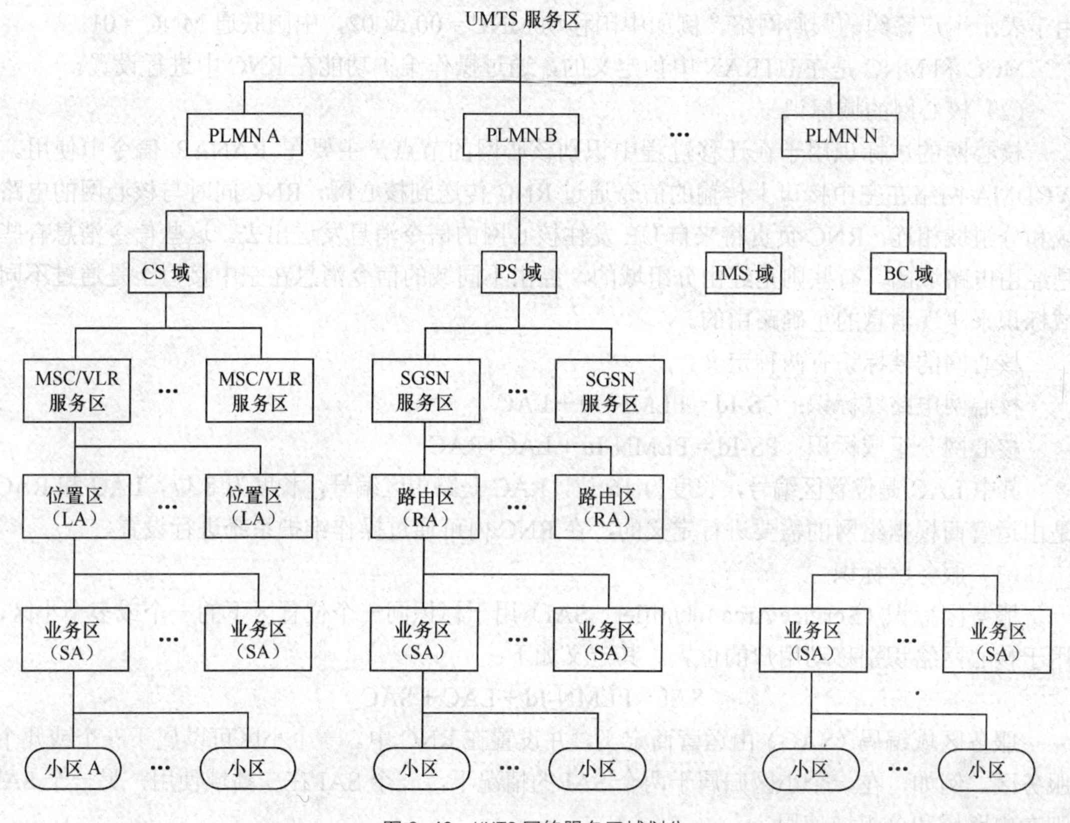

图3-43 UMTS网络服务区域划分

与GSM网络的服务区域相比，UMTS网络分为电路域（CS）、分组域（PS）、广播域（BC）及IMS域（R5版本），新增了业务区（SA）的概念。网络实体的编号和用户编号对于呼叫处理过程以及用户的移动性管理过程都是非常重要的。网络的编号计划与网络结构、网络功能及移动性管理等紧密相关。

3.5.2 WCDMA网络中的编号计划

1. 与服务区有关的编号

蜂窝移动通信最基本的区域单位就是小区，而根据网络结构、网络提供服务的需要，多个小区的集合可以使用不同的网络标识来表示。下面给出WCDMA网络中与服务区划分有关的一些网络标识。

（1）PLMN 标识（PLMN-Id）

移动网络（PLMN）是通过 PLMN-Id 来进行标识的。一个小区只能属于一个 PLMN。

PLMN-Id = MCC + MNC

其中 MCC 和 MNC 含义如下：

- 移动国家号码（Mobile Country Code，MCC），MCC 包含 3 个十进制数。MCC 用于表示一个移动用户所属的国家，例如中国的 MCC 号是 460。
- 移动通信网号码（Mobile Network Code，MNC），MNC 包含 2～3 个十进制数。MNC 用于表示用户签约的归属网络，例如中国移动 MNC = 00 或 02，中国联通 MNC = 01。

MCC 和 MNC 是在 UTRAN 中预定义的，通过操作维护功能在 RNC 中进行设置。

（2）核心网的域标识

核心网的域标识用于在迁移过程中识别核心网的节点，主要在 RANAP 信令中使用。WCDMA 网络在空中接口上传输的信令通过 RNC 传送到核心网，RNC 同时与核心网的电路域和分组域相连，RNC 负责将来自 UE 发往核心网的信令消息发送出去。这些信令消息有些是经由电路域的，有些则是经由分组域的，经由不同域的信令消息在空中接口上是通过不同域标识来实现消息的正确路由的。

核心网的域标识有两种定义：

核心网电路域标识：CS-Id = PLMN-Id + LAC

核心网分组域标识：PS-Id = PLMN-Id + LAC+RAC

其中 LAC 是位置区编号，长度为 16 位，RAC 是路由区编号，长度为 8 位，LAC 和 RAC 是由运营商根据组网的需要进行定义的，在 RNC 内可通过操作维护系统进行设置。

（3）服务区标识

服务区标识（Service Area Identifier，SAI）用于标识同一个位置区下的一个或多个小区，用于核心网络识别移动用户的位置。其定义如下：

SAI = PLMN-Id + LAC + SAC

服务区域编码（SAC）由运营商定义，并设置在 RNC 中。一个小区可以属于一个或几个服务区。例如，在一个小区归属于两个 SAI 的情况下，一个 SAI 在广播域使用，另一个 SAI 则在电路域和分组域使用。

（4）位置区标识

位置区标识（Location Area Identity，LAI）用于标识位置区。位置区的大小从范围上来说是指用户在移动的过程中不需要对 VLR 中位置信息进行更新的区域。通过位置区，网络可以找到移动台所处位置的大致范围，从而有利于对移动台进行寻呼。LAI 的定义如下：

LAI = MCC + MNC + LAC

LAC 的长度为 16 位，理论上同一 PLMN 中可定义最多 65 536 个不同位置区。

移动台在开机的时候首先要做电路域的位置更新，即移动台将当前所处小区的位置区告知核心网，核心网将移动台当前所处网络的信息在 HLR 中进行位置更新，这样可以使用户的归属网络知道用户当前所处的网络在何处，也就使用户总能在他所漫游的网络中被寻呼到。在用户移动的过程中，终端通过对比保存的 LAI 和网络广播的 LAI 是否一致，判断是否需要位置更新，当用户当前所处小区所属的位置区发生了变化，LAI 比对不同，移动台需要进行位置更新过程。

（5）路由区标识

路由区标识（Routing Area Identification，RAI）用于标识分组域的路由区。RAI 的定义如下：

RAI = MCC + MNC + LAC + RAC

路由区是一个与位置区类似的概念。当用户在移动过程中，用户驻留小区的 RAI 发生改变时，移动台就会发起路由区更新过程。一个位置区可以包括多个路由区，一个路由区总是处在某一个位置区的内部，一个小区只能属于一个路由区。

（6）小区全球标识

小区全球标识（Cell Global Identity，CGI）在 UMTS 服务区内的设置是唯一的，CGI 的定义如下：

CGI = MCC + MNC + LAC + CI

小区标识（Cell Identity，CI）为 2 字节长，在位置区内唯一，小区是蜂窝移动通信系统中区域划分的最小单元。

本节介绍的 WCDMA 网络标识如图 3-44 所示。

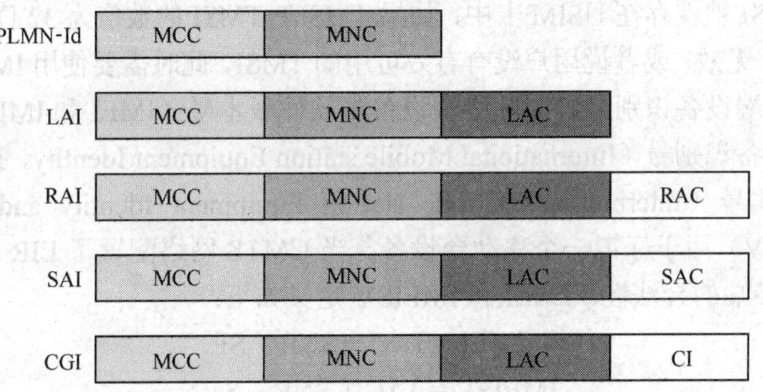

图 3-44 WCDMA 网络标识

2. WCDMA 中移动终端用户的标识

在 WCDMA 中，移动用户（UE）通过装有 USIM 卡的终端接入网络。UE 可以有很多个标识用来区分其身份，这些标识有些是永久性的，有些则是临时性的。

（1）移动用户号码（MSISDN）

移动用户号码（Mobile Station International ISDN Number，MSISDN）为用户的电话号码簿号码。移动用户的 MSISDN 与 ISDN 号码格式兼容。MSISDN 定义如下：

MSISDN = CC + NDC + SN

其中 CC、NDC 和 SN 的含义如下。

① 国家代码（Country Code，CC）表示注册用户所属的国家，如中国为 86；

② 国内接入码或称网络号（National Destination Code，NDC），由 3 位数字组成（N1N2N3），如中国移动的 NDC 目前为 134～139；

③ 用户号码（Subscriber Number，SN）由运营者分配，体现用户 HLR 和序列号，组成方式为 H0H1H2H3ABCD，其中，H0H1H2H3 为 HLR 的识别号，ABCD 为每个 HLR 中移动用户的号码。

（2）国际移动用户识别码（IMSI）

国际移动用户识别码（International Mobile Subscriber Identity，IMSI）存储在用户的 USIM 卡中，在核心网的用户签约信息中，也使用 IMSI 作为用户身份标识，IMSI 存储在归属 HLR 和访问 VLR 中。每个移动用户会被分配唯一一个全球移动用户标识号 IMSI。用户的 IMSI 是为了加强用户身份标识的保密性。IMSI 定义如下：

$$IMSI = MCC + MNC + MSIN$$

MCC 和 MNC 在 PLMN 标识中做了介绍，移动用户识别号（Mobile Subscriber Identification Number，MSIN）用于唯一地标识用户的身份。

（3）临时用户身份识别（TMSI 和 P-TMSI）

为了避免 IMSI 在空中接口频繁传送，防止 IMSI 被盗用，保证移动网络的安全，系统采用了临时用户身份识别（Temporary Mobile Subscriber Identities，TMSI）的保护手段。一个移动台可以被分配两种 TMSI：一种用于通过 MSC 提供的服务；另一种用于通过 SGSN 提供的服务（称为 P-TMSI）。TMSI 和 P-TMSI 存储在 VLR 和 SGSN 中，只在访问的 VLR 和 SGSN 中有效。一旦用户被分配了 TMSI/P-TMSI，则此 TMSI/P-TMSI 用来在 CS/PS 域的服务中标识 UE。

TMSI/P-TMSI 被保存在 USIM 卡中，如果 TMSI/P-TMSI 的数值为 32 位全“1”，则表示用户 TMSI/P-TMSI 无效，或者说用户没有有效可用的 TMSI，此时需要使用 IMSI 作为用户标识。

（4）国际终端设备识别号和国际终端设备与软件版本号（IMEI 和 IMEISV）

国际终端设备识别号（International Mobile station Equipment Identity，IMEI）和国际终端设备与软件版本号（International Mobile station Equipment Identity and Software Version Number，IMEISV）用于标识一个移动台设备。当 UMTS 网络配置了 EIR 网元时，可以利用 IMEI 判断移动终端的合法性。IMEI 和 IMEISV 定义如下：

$$IMEI = TAC + SNR + SP$$

$$IMEISV = TAC + SNR + SVN$$

其中 TAC、SNR、SP 和 SVN 的含义如下：

① TAC 为 8 位十进制数的设备型号核准号码，由型号认证中心分配；

② SNR 为手机的出厂序号，由 1～6 位数字组成；

③ SP 为 1 位备用段；

④ SVN 为 2 位的软件版本号。

IMEI 为 15 位十进制数，最后一位用于校验。IMEISV 为 16 位十进制数。

（5）移动用户漫游号码（MSRN）

移动用户漫游号码（Mobile Station Roaming Number，MSRN）是由用户在漫游时由访问网络 VLR 临时分配的一个号码，MSRN 用于在访问网络中标识移动用户。一旦 MSRN 释放后，该 MSRN 由 VLR 重新分配使用。MSRN 与用户的 MSISDN 具有相同的格式。

（6）无线网络临时标识（RNTI）

TMSI 是移动网络在核心网层次上为用户分配的临时身份标识，无线网络临时标识（Radio Network Temporary Identity，RNTI）是接入网 UTRAN 在接入网层次上为用户分配的临时身份标识，用于在 UTRAN 中及 UE 与 UTRAN 间的信令消息中标识 UE，长度为 16bit。RNTI 和 TMSI 的对应关系只被 UE 和 UTRAN 知道。RNTI 有 s-RNTI（Serving RNC RNTI）、d-RNTI（Drift RNC RNTI）、c-RNTI（Cell RNTI）、u-RNTI（UTRAN RNTI）、DSCH-RNTI 及 HS-DSCH RNTI。

① s-RNTI 是由 SRNC 分配给每一个建立 RRC 连接的 UE 的临时身份标识。

② d-RNTI 是由 DRNC 分配的 UE 临时身份标识，在 SRNC 和 DRNC 中会保持 s-RNTI 和 d-RNTI 的对应关系。

③ 当一个 UE 接入一个新的小区时，控制该小区的 CRNC 会为 UE 分配一个 c-RNTI。CRNC 知道同一 UE 的 d-RNTI 和 c-RNTI 的关系。

④ u-RNTI 则是在 UTRAN 水平上 UE 的临时身份标识。

⑤ DSCH-RNTI 由 CRNC 在建立 DSCH（FDD/TDD）或者 USCH（TDD）信道时分配。

⑥ HS-DSCH RNTI 由 CRNC 在建立 HS-DSCH 信道时分配。

（7）IP 地址

当 UE 发起一个分组呼叫时，UE 会使用一个 IP 地址，IP 地址可以是一个 IPv4 地址，也可以是一个 IPv6 地址。

WCDMA 网络中的编号计划还包括与网络结点有关的编号（MSC，GSN，HLR 等）、信令点编码、IP 多媒体域有关的编号、UTRAN 专用资源的编号等。这些编号的正确使用都是网络正常运行的保证，限于篇幅不一一介绍了。

小　结

1．WCDMA 系统网络结构按功能划分，由核心网（CN）、无线接入网（UTRAN）、用户设备（UE）与操作维护中心（OMC）等组成。核心网与无线接入网（UTRAN）之间的开放接口为 Iu 接口，无线接入网（UTRAN）与用户设备（UE）间的开放接口为 Uu 接口。用户设备（UE）主要由移动设备（ME）和通用用户识别模块（USIM）两部分组成。UTRAN 由一个或几个无线网络子系统（RNS）组成。每个 RNS 包括一个无线网络控制器（RNC）、一个或几个 Node B。为了从逻辑上描述 RNC 的功能，引入了 SRNC，DRNC，CRNC 的概念。

2．R99 版本核心网电路域、分组域的功能实体与 GSM/GPRS 基本一致，为支持 3G 业务，增加了 Iu 接口，核心网通过 A 接口和 Gb 接口可以与 GSM/GPRS 无线网络相通。有些功能实体增添了相应的接口协议，同时对原有的接口协议进行了改进。

3．R4 版本与 R99 版本相比，在核心网电路域提出了承载和控制独立的概念，引入了软交换技术。R4 版本在无线接入网网络结构方面没有变化，但在无线接入技术方面针对 WCDMA 规范作了改进，增加了 TD-SCDMA 系统的空中接口标准。R4 核心网变化的实体有 MSC 服务器（MSC Server）、电路交换媒体网关（CS-MGW）和关口 MSC 服务器（GMSC Server），新增接口：Mc，Nc，Nb 接口。

4．R5 版本在无线接入网方面，提出高速下行分组接入（HSDPA）技术，Iu、Iur、Iub 接口增加了基于 IP 的可选择传输方式，保证无线接入网实现全 IP 化；在 CN 方面，在 R4 基础上增加了 IP 多媒体子系统（IMS）。

5．IMS 的主要功能实体包括呼叫会话控制功能（CSCF）、归属用户服务器（HSS）、媒体网关控制功能（MGCF）、IP 多媒体—媒体网关功能（IM-MGW）、多媒体资源功能控制器（MRFC）、多媒体资源功能处理器（MRFP）、签约定位器功能（SLF）、出口网关控制功能（BGCF）、信令网关（SGW）、应用服务器（AS）、多媒体域业务交换功能（IM-SSF）、业务能力服务器（OSA-SCS）等。按功能划分，IMS 的主要功能实体大致分为 6 大类别。

6. UTRAN是UMTS系统的无线接入网部分。UTRAN接口通用协议模型分为两层二平面。两层指从水平的分层结构来看，分为无线网络层和传输网络层。二平面指从垂直面来看，每个接口分为控制面和用户面。UTRAN内部的3个接口（Iu，Iur和Iub）都遵循统一的基本协议模型结构。

7. Iu接口是UTRAN与核心网之间的接口，也可以看作RNC与CN之间的一个参考点。UTRAN与核心网电路域的接口称为Iu-CS，与核心网分组域的接口称为Iu-PS，与小区广播系统之间的接口称为Iu-BC。RANAP协议位于Iu接口协议栈的最高层，属于Iu接口应用层协议，负责处理UTRAN和CN之间的信令交互。RANAP功能通过一个或多个RANAP基本过程（EP）实现。按照请求信息和响应信息，EP分为3类。

8. Iub接口作为RNC与Node B之间的接口，负责所有RNC与Node B之间的通信过程。协议结构与UTRAN接口的协议模型一致。无线网络控制面中的NBAP是RNC与Node B之间的控制协议，但NBAP并不关心底层所用传输协议的细节。NBAP协议包含CRNC与Node B之间交互的基本过程（EP），EP分为两类。

9. 在GSM网络中，两个BSC之间是没有逻辑接口的，而在WCDMA中，为了更好地满足对用户移动性的支持，引入了任意两个RNC之间的逻辑接口Iur。协议结构与UTRAN接口的协议模型一致，在无线网络层控制面是无线网络子系统应用协议（RNSAP），用户面是Iur FP协议。RNSAP负责RNC和RNC之间的信令交换，接收来自传输层的数据传送服务，是Iur接口的应用层协议。

10. WCDMA系统中Uu接口（空中接口）协议结构分为两面三层，垂直方向分为控制平面和用户平面。水平方向分为3层：物理层、数据链路层、网络层。数据链路层又包括媒体接入控制（MAC）层、无线链路控制（RLC）层、分组数据汇聚协议（PDCP）层和广播/多播控制（BMC）层。其中MAC和RLC由控制面与用户面共用，PDCP和BMC仅用于用户面。

11. 在WCDMA空中接口中，物理信道的特征可由载频、扰码、信道化码（可选的）和相对相位来体现。按照信息的传送方向，物理信道可分为上行物理信道和下行物理信道；按照物理信道是否由多个用户共享还是一个用户使用分为专用物理信道和公共物理信道。

12. 实现传输信道到物理信道的映射中涉及的基本概念包括：传输块、传输块集合、传输格式、传输格式集、传输格式组合、传输格式指示、传输格式组合指示。

13. 物理层位于空中接口协议模型的最底层，MAC子层位于物理层之上，物理层与MAC层通过传输信道进行数据交换，不同传输信道必须由不同的物理信道承载。MAC层通过逻辑信道与高层进行数据交互，在逻辑信道上提供不同类型的数据传输业务。通过物理层提供的传输信道借助逻辑信道与上层交换数据。逻辑信道、传输信道和物理信道间有特定的映射关系。

14. 来自MAC层的传输信道的数据以传输块的形式传输，物理层对传输块进行信道编码等处理，形成编码组合传输信道（CCTrCH）。形成CCTrCH后，传输信道映射到物理信道，物理信道扩频、加扰和调制后，数据发送到空中接口。

15. RLC层支持3种传输模式：透明模式、非确认模式和确认模式。透明模式和非确认模式的实体是单向实体，可以配置为发送实体或者接收实体；确认模式实体是双向实体，包含发送侧和接收侧，可同时进行收发。

16. UE和UTRAN间的控制信令主要是无线资源控制（RRC）层消息。RRC子层通过通知业务接入点（Nt-SAP）、专用业务接入点（DC-SAP）和通用控制接入点（GC-SAP）向高层提供服务。RRC 的各种状态及各种模式间可以相互转换，UTRAN 连接模式有 4 种状态：CELL_DCH，CELL_FACH，CELL_PCH 和 URA_PCH 状态。

17．与 GSM 网络的服务区域相比，UMTS 网络分为电路域（CS）、分组域（PS）、广播域（BC）及 IMS 域（R5 版本），新增了业务区（SA）的概念。网络实体的编号和用户编号对于呼叫处理过程以及用户的移动性管理过程都是非常重要的。网络的编号计划与网络结构、网络功能及移动性管理等紧密相关。

练 习 题

1．简述 WCDMA 系统的主要特点。

2．画出 WCDMA 系统网络结构图，说明各网元和主要接口的功能。

3．说明 SRNC 和 DRNC 的功能和区别。

4．描述 R4 版本中，WCDMA 核心网的变化，说明 MSC Server 和 MGW 的功能。

5．说明 R5 版本中，WCDMA 核心网和无线接入网的变化。

6．简述 IMS 的主要功能实体和功能。

7．画出 UTRAN 接口协议模型，说明其结构特点。

8．说明 ATM 协议各层的作用。

9．描述 Iu 接口结构及功能。

10．画出 WCDMA 系统中无线接口 Uu 的协议结构，简述各层的名称、功能和各层关系。

11．画出 WCDMA 物理信道分类图，注明信道的中文和英文缩略语名称。

12．说明传输信道和逻辑信道的作用，画出物理信道、传输信道和逻辑信道映射关系示意图。

13．简述 MAC 子层的主要功能。

14．简述 RLC 子层的主要功能及其传输模式。

15．简述 RRC 子层的主要功能，分析 RRC 的各种状态及各种模式间转换关系示意图。

16．举例说明 WCDMA 网络中有哪些与服务区有关的编号。

第4章 WCDMA系统主要工作过程

了解了 WCDMA 系统网络结构、各网元和接口的工作原理后，本章将介绍 WCDMA 系统主要工作过程，主要内容如下：

- 小区的系统信息广播
- 网络选择及小区选择和重选
- 随机接入过程
- 寻呼过程
- 无线资源控制（RRC）连接建立过程
- WCDMA 系统中不同切换过程的分析
- WCDMA 系统安全措施，主要介绍鉴权过程、信令和业务数据的加密、数据完整性保护等
- WCDMA 系统中电路域和分组域呼叫的建立过程

4.1 WCDMA 系统的基本工作过程

4.1.1 小区的系统信息广播

小区的系统信息广播是 UE 获得系统参数信息的方式。UE 通过对小区广播信息的监听，读取该小区的系统广播信息，得到需要的系统配置信息，据此 UE 可以执行后续动作。

系统信息由信息单元构成，携带接入层和非接入层的信息。系统信息单元以系统信息块的方式传达给 UE，每个系统信息块包含有一个或多个系统信息单元。系统信息块有主信息块（Master Information Block，MIB）、调度块（Scheduling Block，SB）和普通系统信息块（Regular System Information Block，SIB）3 种类型。

1．系统信息块的构成

系统信息块的数目定义为一个主信息块（MIB）、两个调度块（SB）和 18 个普通系统信息块（SIB）。系统信息块按照主信息块、调度块和普通系统信息块组成树状结构。

（1）主信息块（MIB）

UTRAN 每隔 80ms 发送一次 MIB，一个小区中的 MIB 的相关信息是相对固定的，网络通过 MIB 告知 UE 如何读取相应的系统广播信息。MIB 的结构如图 4-1 所示。

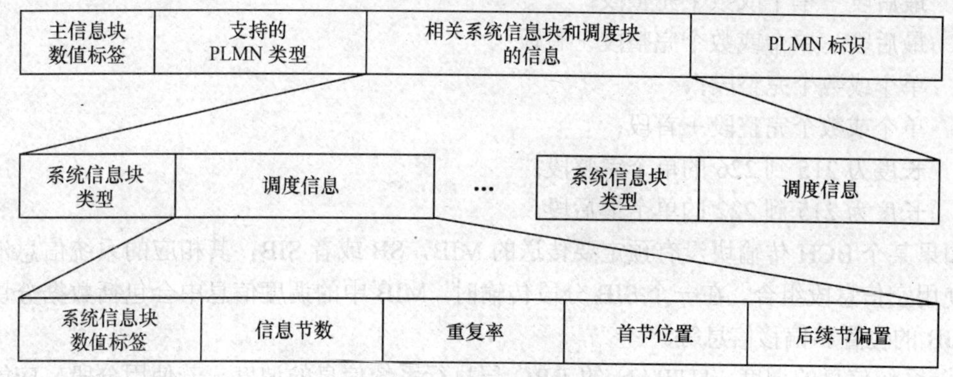

图4-1 MIB的结构

MIB包含如下的信息单元：主信息块（MIB）数值标签、支持的PLMN类型、相关系统信息块和调度块的信息以及PLMN标识。

① MIB数值标签是一个整数值，取值范围为1～8。

② 支持的PLMN类型、PLMN标识表明PLMN的类型、移动通信国家码（MCC）和移动网络码（MNC）。网络通过MIB告知UE所在小区的网络标识号。

③ 相关系统信息块和调度块的信息包含有SIB类型信息以及每个SIB和SB的调度信息。调度信息包括SIB的数值标签、信息段数目、SIB重复周期、首段在小区位置以及后续段的偏置量等信息。

（2）调度块（SB）

系统信息块经由BCH信道广播，在一组系统信息消息中传送，BCH的TTI为固定的20ms，也就是说MIB/SIB消息在物理信道上的传输以两个物理帧长为单位进行映射。系统信息消息的长度必须与一个BCH传输块的大小相匹配，需要系统信息的调度。

① 系统信息块的分段和级联。如果编码后的系统信息块比系统信息消息长，则分段并分别在多个消息中传送。反之，如果编码后的系统信息块比系统信息消息短，那么UTRAN中的RRC将会把多个系统信息块或者其他信息段级联在同一个消息中。

对于一个系统信息块，3GPP规范定义了4种不同类型的信息段：首段、后续段、最后段和完整段。首段、后续段和最后段用于传送一个MIB，SB或SIB的信息分段，而完整段则用于传送一个完整的MIB，SB或SIB。

每个信息段都含有一个报头和一个数据部分，数据部分用来传送编码后的系统信息，而报头则携带SIB类型以及与信息段类型有关的参数。SIB类型用于标识该信息段是属于MIB、SB或SIB中的哪一种。与信息段类型有关的参数有两个：信息段数目（SEG_COUNT）和信息段序号。

UTRAN可以在同一个系统信息消息中将一个或者多个不同长度的信息段组合在一起，每个系统信息消息中包含下列组合中的一种及其合并的情况。

- 空信息段；
- 首段；
- 后续段；
- 最后段；
- 最后段＋首段；

- 最后段 + 单个或数个完整段；
- 最后段 + 单个或数个完整段 + 首段；
- 单个或数个完整段；
- 单个或数个完整段 + 首段；
- 长度为 215 到 226 的单个完整段；
- 长度为 215 到 222 的单个最后段。

如果某个 BCH 传输块没有预定要传送的 MIB，SB 或者 SIB，其相应的系统信息消息就需要使用空信息段组合。在一个 SIB 分段传输时，MIB 中的调度信息中会包括数据分块的数目、SIB 的位置和偏移信息等。

② 系统信息的调度。UTRAN 的 RRC 层执行系统信息的调度。若使用分段，应能分别调度每个段。

为允许短重复周期的系统信息块和多帧分段的系统信息块的混合传输，UTRAN 可以复用不同系统信息块的段。复用和解复用由 RRC 层完成。

在一个 BCH 传输信道广播的每个系统信息块的调度由以下参数定义。

- 段的数目（SEG_COUNT）。
- 重复周期（SIB_REP），此值对所有段相同。
- 第一段在小区系统帧号一个循环周期中的位置（SIB_POS (0)）。由于系统信息块以周期 SIB_REP 重复，对于所有的段，SIB_POS(i), $i = 0,1,2,\cdots$,SEG_COUNT-1，必须小于 SIB_REP。
- 随后段的偏移按升序索引顺序（SIB_OFF(i)，$i = 1$，2，…，SEG_COUNT-1），随后段的位置按公式进行计算：SIB_POS(i) = SIB_POS(i-1) + SIB_OFF(i)。

调度基于小区系统帧号（SFN）。一个帧的 SFN，对应于一个特定段 i($i = 0,1,2,\cdots$, SEG_COUNT-1)，关系如下：

SFN 模 SIB_REP = SIB_POS(i)

在 FDD 和 TDD 模式，主信息块的调度是固定的。对于 TDD，UTRAN 可以应用多种允许的主信息块重复周期中的一种。UTRAN 使用的值并未告知，UE 只能通过试验和错误来确定。

（3）系统信息块（SIB）

不同的 SIB 消息代表不同的小区系统信息。SIB 分为很多类型，从类型 1 到类型 18，除了 SIB 类型 15.2、15.3 和 16 以外，所有其他使用数值标签的 SIB 的内容在每次出现时都不会改变。SIB 类型 15.2、15.3 和 16 可能会多次出现，而且每次出现的内容不同。在这种情况下，系统的调度信息会指示这些系统信息块每次出现的时机。所有不使用数值标签的系统信息块，每次出现的内容可能不同。

2．SIB 消息内容

（1）系统信息块类型 1（SIB1）

如图 4-2 所示，SIB1 中主要包括核心网和 UE 信息。

① 核心网域信息包括核心网域识别、核心网域特定 NAS 信息和核心网域特定 DRX 周期系数。公共 NAS 信息和核心网域特定 NAS 信息定义在 CS 和 PS 核心网络规范中，这些信息包括位置区域码、路由区域码以及周期性位置更新的计时器等。网络还会通知 UE 网络运行模式。

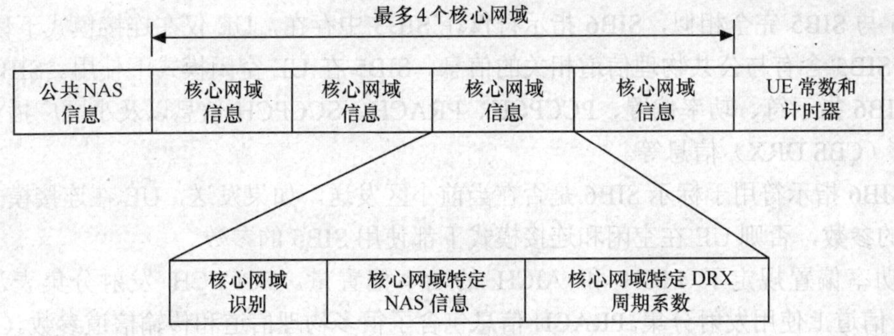

图 4-2 SIB1 的消息结构

② 在空闲模式、CELL_PCH 状态或者 URA_PCH 状态下，UE 使用核心网域特定非连续接收（DRX）周期系数来决定监听寻呼信道的时间周期。不同的 UE 常数和计时器具有各种不同的用途，例如，T302 定义了 UE 尝试进行小区更新或者 URA 更新的时间。

（2）系统信息块类型 2（SIB2）

SIB2 中一个重要参数即为 URA Id 列表信息，即小区所属的 UTRAN 注册区（URA）。SIB2 含有至多 8 个在当前小区中有效的 URA 标识。如果一个小区有多个有效 URA 标识，UTRAN 会在 UE 进入 URA_PCH 状态时指定 UE 使用哪一个 URA 标识。

传统的小区概念特指小区所在天线信号可以覆盖的区域。WCDMA 中引入的 URA 的概念可以理解为一个逻辑上的概念，一个 URA 可以包括多个小区，一个小区也可以属于多个 URA。

（3）系统信息块类型 3（SIB3）和类型 4（SIB4）

SIB4 与 SIB3 完全相似，SIB4 指示符仅在 SIB3 中存在，UE 仅在连接模式下使用 SIB4 的参数。SIB3 在 UE 空闲模式下使用。图 4-3 所示为 SIB3 的结构。SIB3 所含系统消息为：SIB4 指示符、小区重选参数、小区接入限制参数和小区标识。

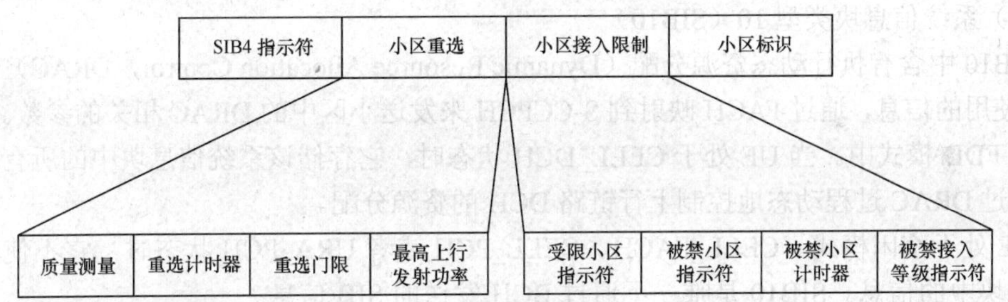

图 4-3 SIB3 消息结构

① SIB4 指示符用来指示当前小区是否发送 SIB4。如果发送，UE 在连接模式下将使用 SIB4 中的参数，否则 UE 在空闲和连接模式下都使用 SIB3 中的参数。

② 小区重选包括小区选择和重选信息。通过质量测量用来决定小区是否适合，重选门限（包含滞后量）和重选计时器用于小区重选的计算，最大上行链路发射功率决定了 UE 在当前小区中可允许的最大发射功率。

③ 小区接入限制包括受限小区指示符、被禁小区指示符、被禁小区计时器和被禁接入等级指示符。允许运营商对小区的接入特性进行限制。

④ 小区标识用 28 位二进制数表示。

（4）系统信息块类型 5（SIB5）和类型 6（SIB6）

SIB6 与 SIB5 完全相似，SIB6 指示符仅在 SIB5 中存在，UE 仅在连接模式下使用 SIB6 的参数。SIB5 含有与公共物理信道相关的信息。SIB5 在 UE 空闲模式下使用。SIB5 系统信息包括 SIB6 指示符、功率偏置、PCCPCH、PRACH、SCCPCH 信息以及小区广播业务的非连续接收（CBS DRX）信息等。

① SIB6 指示符用于标示 SIB6 是否在当前小区发送。如果发送，UE 在连接模式下将使用 SIB6 的参数，否则 UE 在空闲和连接模式下都使用 SIB5 的参数。

② 功率偏置规定了 PICH 和 AICH 的功率偏置量。PCCPCH 发射分集表示是否在 PCCPCH 信道上使用发射分集。PRACH 信息包含了很多物理信道和传输信道参数。CBS DRX 信息包含有计算小区广播业务的 DRX 周期的参数。

③ SCCPCH 信息也包含了很多物理信道和传输信道参数，例如扩展因子、信道码号、相对于 PCCPCH 的时间偏移量、PICH 信道码、每帧的寻呼指示符数目以及用于 PCH 和 FACH 的传输格式集和传输信道组合集等。

（5）系统信息块类型 7（SIB7）

SIB7 含有与上行链路 PRACH 传送相关的快速变化参数，含有上行链路干扰、动态保持级别和超时因子等信息。

① 上行链路干扰用于计算 PRACH 传送过程中的初始接入前导的功率。

② MAC 层用 PRACH 的动态保持级别值决定试图通过 PRACH 的接入尝试的优先级。

③ 超时因子作为一个控制变化的机制，用于保证 UE 拥有正确的 SIB7 参数。

（6）系统信息块类型 8（SIB8）和类型 9（SIB9）

SIB8、SIB9 含有在小区中使用的 CPCH 信息，它仅在 FDD 模式下使用。当 UE 处于连接模式时，它存储此系统信息块中的所有相关信息。但是，当 UE 处于空闲模式时，它并不使用此系统信息块的信息。

（7）系统信息块类型 10（SIB10）

SIB10 中含有执行动态资源分配（Dynamic Resource Allocation Control，DRAC）过程的 UE 所使用的信息，通过 FACH 映射到 S-CCPCH 来发送小区中的 DRAC 相关的参数。SIB10 仅用在 FDD 模式中。当 UE 处于 CELL_DCH 状态时，它存储该系统信息块中的所有相关信息，通过 DRAC 过程动态地控制上行链路 DCH 的资源分配。

UE 处于空闲模式、CELL_FACH、CELL_PCH 或者 URA_PCH 状态时，它不使用此系统信息块中的信息。SIB10 是唯一不通过 BCH 发送的 SIB 信息。

（8）系统信息块类型 11（SIB11）和类型 12（SIB12）

SIB11、SIB12 含有小区中使用的测量控制信息。SIB12 除了不含 SIB12 指示符以外，其他的信息与 SIB11 相同。UE 仅在连接模式下才使用 SIB12 的参数。

SIB11 包含了 SIB12 指示符、FACH 测量时机信息和测量控制信息。

① SIB12 指示符标明 SIB12 是否传送。

② FACH 测量时机信息包含了 UE 在 CELL_FACH 状态下，进行小区重选测量时所需要的相关信息，用于控制 UE 的异频测量和系统间测量动作。FDD、TDD 和异系统（RAT）间指示符分别表示 UE 是否应该执行 FDD、TDD 和 RAT 间的测量。

③ 测量控制信息包含小区选择/重选、同频测量、异频测量、系统间测量、数据量测量等测量控制信息。UE 内部测量信息规定 UE 是否需要测量 UE 发射功率、通用地面无线接入

（Universal Terrestrial Radio Access，UTRA）载波接收信号强度指示（Received Signal Strength Indicator，RSSI）、UE 接收、发射的时延。

（9）系统信息块类型 13（SIB13）

SIB13 中含有 ANSI-41 系统信息。规范中还定义了 SIB13.1、13.2、13.3 和 13.4，分别包含 ANSI-41 RAND 信息、ANSI-41 用户区域识别信息、ANS-41 私有邻区列表信息以及 ANSI-4l 全球业务重新定向信息。

（10）系统信息块类型 14（SIB14）

SIB14 仅用在 3.84Mchip/s 的 TDD 模式下。它包含有空闲模式和连接模式下公共和专用物理信道的上行链路外环功率控制信息。

（11）系统信息块类型 15（SIB15）

SIB15 含有基于 UE 或者 UE 辅助定位方法的信息。在 3GPP 规范中还定义了 SIB 类型 15.1、15.2、15.3、15.4 和 15.5，分别包括 UE 定位差分 GPS（DGPS）修正所需要的信息，GPS 导航模式的信息，含有电离层延迟、协调通用时间偏移以及年历的相关信息，加密信息以及辅助定位方法的相关信息。

（12）系统信息块类型 16（SIB16）

SIB16 含有无线承载、传输信道和物理信道的相关参数，不论 UE 处于空闲模式或连接模式，它都将存储这些参数。此类型的信息块可能多次出现，每次针对每种预定义配置。

（13）系统信息块类型 17（SIB17）

SIB17 包含快速变化的参数，这些参数用于配置连接模式中使用的共享物理信道。它仅应用在 TDD 模式下。

（14）系统信息块类型 18（SIB18）

SIB18 的信息中列出了相邻小区的 PLMN 标识，总共有 3 种列表：同频邻区列表、异频邻区列表和异系统间的邻区列表（用于 GSM）。UE 在处于空闲模式和连接模式下使用不同的邻区列表，这些列表提供了 UE 重选等效 PLMN 中的小区所需要的相关信息。

3. 小区的系统信息广播过程

小区的系统信息广播过程简述如下：Node B 通过 NBAP 消息从 RNC 获得最新的系统广播信息块的内容和相应的调度信息，使用逻辑信道 BCCH 对系统信息进行广播。一般情况下，SIB10 使用 FACH 传输信道发送，其他所有 SIB（包括 MIB 和 SB）都是在 BCH 传输信道上发送。BCH 传输信道映射到物理信道 P-CCPCH 上，物理信道 P-CCPCH 使用固定的信道码。

当 UE 开机后第一次选定一个适合的小区时，UE 可以知道该小区使用的下行主扰码，又因为 P-CCPCH 使用固定的信道码，UE 可以从 P-CCPCH 上读取该小区所有的系统信息消息。UE 可以存储该小区的系统信息消息，所以当 UE 移动到另一个小区的覆盖范围内，又返回原先驻扎的小区时，UE 可以使用它存储的系统信息消息，而不必再次从 P-CCPCH 读取。

4.1.2 网络选择及小区选择和重选

1. 空闲模式下的 UE

UE 在开机之后为了获得网络的服务，空闲模式下的 UE 需要执行 PLMN 选择和重选、小区选择及重选和位置登记过程，这3个过程之间的关系如图4-4所示。

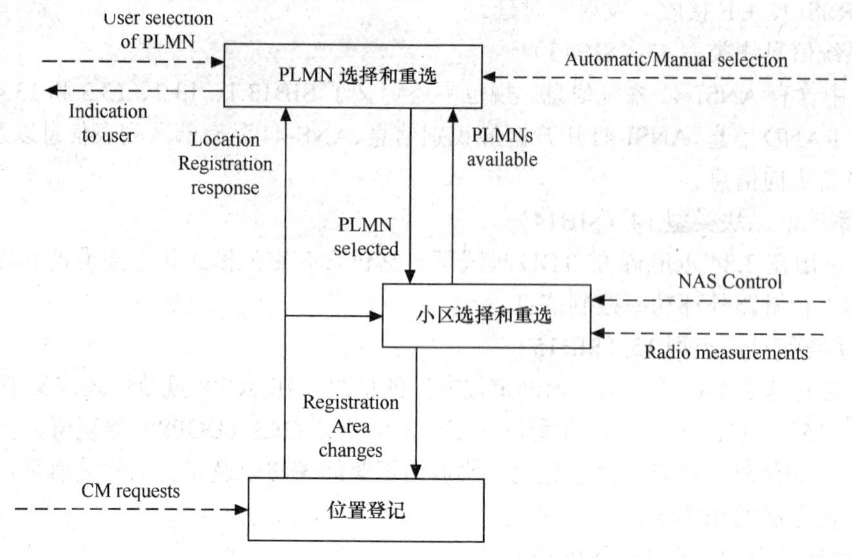

图 4-4 UE 选择网络示意图

UE在开机后，首先要寻找和选择PLMN网络，接着选择属于此PLMN网络的小区，通过系统信息可以了解邻近小区的信息，UE 选择一个信号最好的小区驻留，然后通过小区进行注册和位置更新。通过注册可以判断用户和网络的合法性，位置更新可以保证网络在某个范围内找到UE，从而能正确完成对UE的寻呼。

UE成功的驻留在小区后，将具有如下功能：

（1）能接收所属PLMN的系统信息；

（2）小区内可以发起随机接入过程；

（3）可以接收网络的寻呼信息；

（4）可以接收小区的广播业务。

随着UE的移动，当前小区和邻近小区的信号强度都在不断变化，UE还要根据测量到的无线信号，进行小区的重新选择，UE需要选择一个最合适的小区驻留，也即为小区重选过程。合适小区（Suitable Cell）是指此小区满足UE驻留的条件，UE可以在其中获得正常的服务。当UE重选小区后，如果小区的位置区（LA）或路由区（RA）发生改变，UE将发起位置更新过程。

2．PLMN 网络选择

PLMN网络选择和重选的目的是选择一个可用的PLMN（Available PLMN）网络，可用网络（Available PLMN）是指UE在一个网络中至少存在一个可用小区（Acceptable Cell）。

根据3GPP规范，UE在开机之后，会首先选择注册的PLMN（Registered PLMN，RPLMN），RPLMN是UE上次注册成功的网络。如果在手机内没有RPLMN，或者RPLMN不可用，或者UE在RPLMN中登记失败，UE将会按照优先级生成一个PLMN列表，UE按照网络选择模式继续执行其他PLMN选择过程。

网络选择模式有两种可以使用，自动选择和手动选择（Automatic/Manual selection）。自动选择模式通常为UE按照PLMN的优先级顺序自动地选择PLMN网络，而手动选择模式将可用网络呈现给用户，由用户选择 PLMN 网络。

（1）自动选择模式

UE 根据 USIM 卡中存储的 PLMN 网络列表信息，自动选择 PLMN 顺序如下：

① 选择归属网络（Home PLMN，HPLMN），HPLMN 是指网络标识中的移动国家码（Mobile Country Code，MCC）和移动网络码（Mobile Network Code，MNC）与 UE 中 IMSI 中的 MCC 和 MNC 值相同的网络；

② 按优先级选择用户控制的网络以及接入方式（User Controlled PLMN Selector with Access Technology）；

③ 按优先级选择运营商控制的网络以及接入方式（Operator Controlled PLMN with Access Technology）；

④ 随机选择其他接收信号质量较好的 PLMN 网络；

⑤ 按照信号质量的降序排列选择 PLMN 网络。

（2）手动选择模式

如果使用手动选择模式，则 UE 将向用户显示可用的网络，UE 将按照顺序显示以下符合条件的网络（以下的网络中，不满足条件的将不被显示），然后由用户自己来选择使用哪个网络：

① 显示 HPLMN；

② 显示 USIM 中存储的用户控制的网络及接入方式（User Controlled PLMN Selector with Access Technology）；

③ 显示 USIM 卡中存储的运营商控制的网络及接入方式（Operator Controlled PLMN Selector with Access Technology）；

④ 随机选择其他接收信号质量较好的 PLMN 网络；

⑤ 按照信号质量的降序排列选择 PLMN 网络。

一旦 UE 已经选择了一个 PLMN，UE 就要执行小区搜索过程，从而在被选择的 PLMN 中选择一个合适的小区驻留下来，接着将使用小区选择流程。

3. 小区选择

（1）小区选择过程常用术语

小区选择过程如图 4-5 所示。

图中一些专用术语解释如下：

① 合适小区（Suitable Cell）：UE 可以驻留的小区，在其中能获得正常服务。

② 可用小区（Acceptable Cell）：满足小区选择 S 准则的小区，UE 只能在可用小区中进行受限服务，如紧急呼叫。

③ 正常驻留（Camped normally）：UE 驻留在小区中，可以获得正常服务，这个小区一定是合适小区。

④ 驻留小区（Camped on any cell）：UE 驻留在小区中，可以获得受限服务，这个小区一定是可用小区。

当选定 PLMN 后，从开始点 1 开始选择小区。

（2）存储信息小区选择过程

如果在 UE 中存储着被选择的 PLMN 网络中相关信息，则 UE 执行存储信息小区选择

（Stored Information Cell Selection）流程。

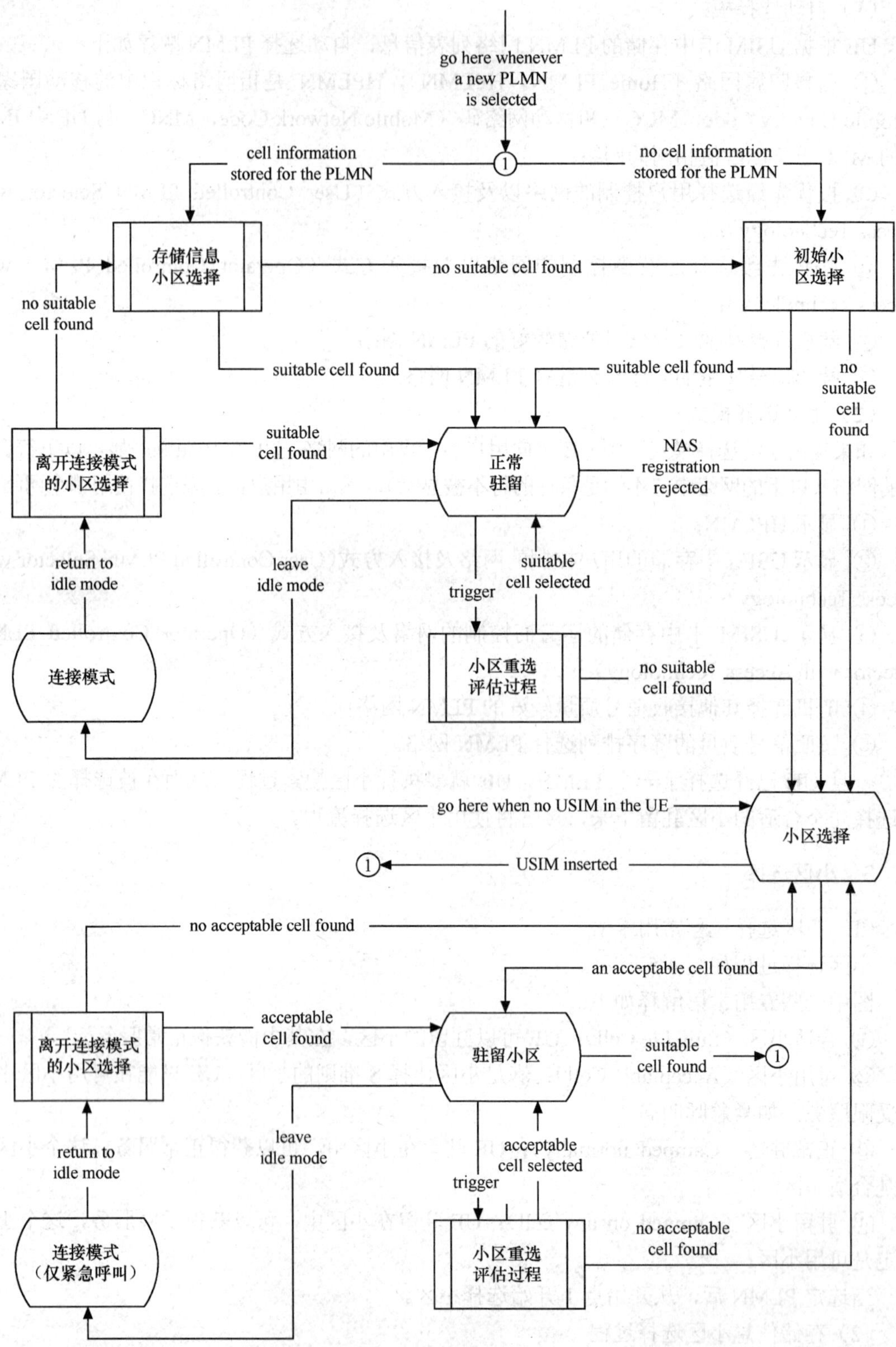

图 4-5　小区选择过程

UE 中会存有小区使用的载频信息、下行扰码等，另外也会包含小区的其他信息。使用存储信息执行小区搜索过程，可以使 UE 更快地读取网络信息，与网络建立连接。

（3）初始小区选择过程

如果在 UE 中并没有被选择 PLMN 网络的相关信息，则 UE 需要执行初始小区选择（Initial Cell Selection）流程。初始小区选择过程主要包括小区搜索和读广播信道、判决等环节。

① 小区搜索。小区搜索的步骤主要包括时隙同步、帧同步和码组识别、扰码识别。

- 时隙同步：UTRAN 中的所有主同步码都是相同的，并且在每个时隙的前 256 码片中发送。UE 使用主同步码去获得该小区的时隙同步。
- 帧同步和码组识别：UTRAN 中，辅助同步码一共有 16 个，长度为 256 码片，在每个时隙中是不同的。15 个辅助同步码的组合就构成一个辅助同步码序列。辅助同步码的序号为扰码码组的序号，规范中给出 64 组辅助同步码序列，64 组码序列的共性是循环移位后的结果是唯一的。UE 使用辅助同步码进行相关实现帧同步，并对小区的扰码组进行识别。
- 扰码识别：确定扰码组后，分别对 8 个主扰码进行相关检测，UE 通过 CPICH 确定小区主扰码，然后检测 PCCPCH，UE 就可以读取广播信道信息。

② 读取广播信道信息。通过读取广播信道信息，根据 MIB 的消息内容，UE 可以判断当前找到的 PLMN 是否就是要找的 PLMN。如果是 UE 要找的 PLMN，UE 将读 SIB3，取得小区选择和重选信息。如果不是，UE 从小区搜索重新开始。

③ 判决。UE 使用 S 准则判断搜索到的小区是否属于合适小区。如果是合适小区，UE 将驻留下来，并读其它所需要的系统信息，随后 UE 将发起位置登记过程。

（4）S 准则

使用 S 准则进行小区选择的相关参数如表 4-1 所示。

表 4-1　　小区选择的相关参数

参　数	含　义
S_{qual}	小区选择质量值（dB）
S_{rxlev}	小区选择使用接收信号水平值（dB）
$Q_{qualmeas}$	测量的小区信号质量值。指小区的导频信道 CPICH 的 E_C/N_0（dB）
$Q_{rxlevmeas}$	测量的小区中接收信号水平值。指小区导频信道 CPICH 的 RSCP（dBm）
$Q_{qualmin}$	最小的小区信号质量值（dB），如果小区的信号质量低于此值，则可以认为 UE 脱离当前小区的服务区
$Q_{rxlevmin}$	最小的小区信号水平值（dBm），如果小区的信号强度低于此值，则可以认为 UE 脱离了当前小区的服务区
$P_{compensation}$	max（UE_TXPWR_MAX_RACH_P_MAX，0）（dB）
UE_TXPWR_MAX_RACH	UE 使用 RACH 接入网络时使用的最大发射功率（dBm）
P_MAX	UE 的最大载频发射功率（dBm）

S_{qual} 和 S_{rxlev} 是进行小区选择的两个指标。

$$S_{qual} = Q_{qualmeas} - Q_{qualmin}$$

$$S_{rxlev} = Q_{rxlevmeas} - Q_{rxlevmin} - P_{compensation}$$

$P_{compensation}$ = max(UE_TXPWR_MAX_RACH − P_MAX，0)

$Q_{qualmin}$，$Q_{rxlevmin}$，UE_TXPWR_MAX_RACH 等参数可以在系统广播信息中读取到。

$P_{compensation}$值是因UE的最大发射功率P_MAX受限引起的补偿值。

网络在给出UE_TXPWR_MAX_RACH参数时，只是从网络覆盖等角度给出UE执行随机接入过程时在可以使用的RACH上的最大发射功率，并没有考虑UE自身的特性。如果网络给出的RACH最大发射功率大于某个特定UE其自身所允许的最大发射功率P_MAX，即对于这个特定的UE而言，尽管使用最大的发射功率，可能仍然小于网络设定的RACH最大功率值。这时，UE的最大发射功率值将成为网络覆盖的瓶颈。

对于最大发射功率P_MAX小于UE_TXPWR_MAX_RACH的UE而言，即使与其他的UE都处在相同的网络内，读取相同的系统参数，网络的覆盖范围还是相当于缩小了。所以对于这种UE而言，其小区选择的准则与其他UE是不同的。$P_{compensation}$值就是因UE的最大发射功率P_MAX限制而引起的补偿值。如果UE的P_MAX不存在这种限制，这个补偿值就不是必须的了。

当小区中信号的测量结果满足以下条件时，满足小区选择的S准则。

$$\begin{cases} S_{qual}>0 \\ S_{rxlev}>0 \end{cases}$$

- $S_{qual}>0$ 意味着UE测量到的小区导频质量（E_c/N_o）好于网络设定的$Q_{qualmin}$值。
- $S_{rxlev}>0$ 意味着 UE 测量到的小区导频信道的强度（RSCP）高于网络设定的 $Q_{rxlevmin}$ 域值的同时，还要额外附加一个$P_{compensation}$值。

如果$S_{qual}>0$、$S_{rxlev}>0$，则UE认为此小区即为一个合适小区，UE就会选择这个小区驻留下来，UE将在这个小区中监听小区中的系统广播消息和寻呼消息，随后UE将发起位置登记过程或者发起随机接入过程等动作。

如果不满足上述条件，UE将测量邻区的$Q_{qualmeas}$和$Q_{rxlevmea}$，进而算出邻区的S_{qual}和S_{rxlev}，并判断邻区是否满足上述条件。如果UE确定任何一个邻区满足S准则，UE就驻留在此小区中，UE将在这个小区中监听小区中的系统广播消息和寻呼消息，随后UE将发起位置登记过程或者发起随机接入过程等动作。

小区选择的S准则不仅在小区选择时使用，在小区重选时候选小区同样要满足这个S准则。

4．小区重选

（1）小区重选过程

一旦UE选择一个合适的小区驻留下来，UE就会产生一个候选小区列表，这包括已经被选择的小区以及相邻小区。有关相邻小区的信息，UE可以从当前驻留小区的系统广播消息中获得。

小区重选过程就是UE监测相应的系统广播信息，并执行测量过程，依据小区重选准则执行小区重选过程，从候选小区列表中找到更合适的小区驻留下来的过程。UE在空闲（IDLE）模式和RRC连接模式下（CELL_FACH，CELL_PCH，URA_PCH），都可能进行小区重选过程。

小区重选过程分为分层小区结构（Hierachical Cell structure，HCS）和没有使用HCS两种情况。不使用HCS情况时可以看作是使用HCS的特例。使用HCS时，小区的重选准则为H准则，重选过程相对复杂，不使用HCS时小区的重选准则为R准则。为了易于理解，下面将介绍没有使用HCS时，小区的重选准则R准则。

（2）R准则

使用R准则进行小区重选的相关参数如表4-2所示。

表 4-2　　小区重选的相关参数

参　数	含　义
$Q_{meas,s}$	当前服务小区的测量质量
Q_{hyst1_s}	小区重选的指标设为 CPICH RSCP 时，测量的迟滞参数
Q_{hyst2_s}	小区重选的指标设为 CPICH E_c/N_0 时，测量的迟滞参数
$Q_{meas,n}$	邻小区的测量质量
$Q_{offset1_{s,n}}$	小区重选的指标设为 CPICH RSCP 时，测量的偏置参数
$Q_{offset2_{s,n}}$	小区重选的指标设为 CPICH E_c/N_0 时，测量的偏置参数

R 准则决定当前服务小区和其他合适邻小区的排名。排名最高的小区被选为小区重选的新小区。服务小区的 R 准则定义为：

$$R_s=Q_{meas,s}+Q_{hyst_s}$$

其中，$Q_{meas,s}$ 是服务小区的测量信号质量，Q_{hyst_s} 是应用于服务小区的迟滞参数，$Q_{meas,s}$ 可以代表 CPICH RSCP 和 CPICH E_c/N_0 两者的测量值。当 $Q_{meas,s}$ 代表 CPICH RSCP 的测量值时，Q_{hyst_s} 等于 Q_{hyst_s} ,是应用在 CPICH RSCP 测量的迟滞参数。类似地，当 $Q_{meas,s}$ 代表 CPICH E_c/N_0 的测量值时，Q_{hyst_s} 等于 Q_{hyst2_s}，是应用在 CPICH E_c/N_0 测量的迟滞参数。

邻小区的 R 准则定义为：

$$R_n=Q_{meas,n}-Q_{offset_{s,n}}$$

其中，$Q_{meas,n}$ 是邻小区的测量质量，$Q_{offsct_{s,n}}$ 是应用于邻小区的偏置参数。$Q_{meas,n}$ 和 $Q_{offsct_{s,n}}$ 的应用同服务区的 R 准则。

服务小区的 R_s 通过实测信号质量加上迟滞参数，邻小区的 R_n 通过实测信号质量减去偏置参数，相当于服务小区的覆盖范围得到了放大。这避免了小区重选的频繁发生，有效地克服乒乓效应的影响。

UE 根据计算得到的服务小区和邻区的 R 值，对所有的小区进行排序，完成小区的重选过程。

4.1.3　随机接入过程

UE 没有被分配专用信道资源之前，如果希望和网络建立连接，UE 只能利用上行随机接入信道（RACH）发送接入请求。UE 发起接入请求的原因可以为：移动台始呼、移动台发送寻呼响应、用户登记等。UE 通过 RACH 向基站发送的第一条消息为一条 RRC 消息。

1．RRC 层与接入相关的信息

物理层收到来自 RRC 层与接入相关的主要信息如下：

（1）PRACH 前缀扰码；

（2）基于时长的消息长度，10ms 或 20ms；

（3）AICH 传送时间参数；

（4）对应于每一种接入服务等级（Access Service Class，ASC）的可用前导特征码和 RACH 子信道集合；

（5）功率增加步长；

（6）前导试探周期次数和随机后退参数；

（7）前导的初始功率；

（8）传输格式集合参数，包括每种传输格式对应的随机接入消息中数据部分和控制部分之间的功率偏置。功率偏置值以 dB 为单位，是最后一次传送的前导和随机接入消息控制部分的功率差。

2．随机接入过程

ASC 最初在 UE 发送 RRC 连接请求消息时由 RRC 设定。对于其他所有的 RACH 传送，由 MAC 层设定 ASC。PRACH 过程如图 4-6 所示，图中 $T_{p\text{-}a}$、$T_{p\text{-}m}$ 和 $T_{p\text{-}p}$ 的含义如下：

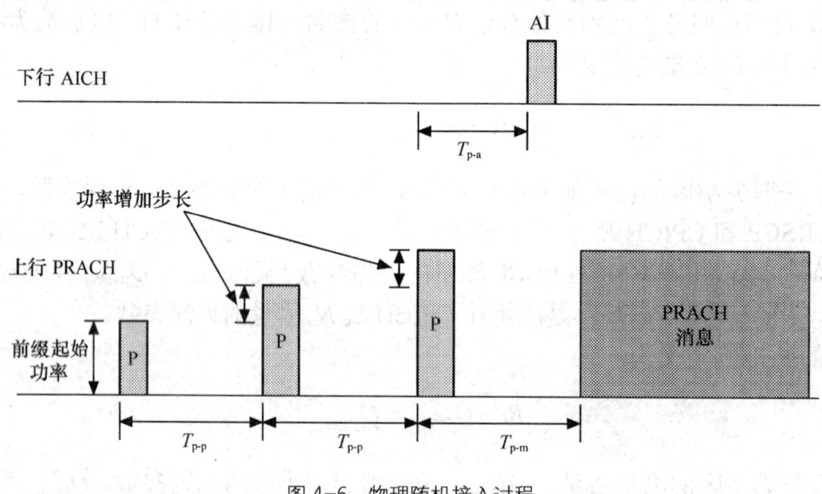

图 4-6　物理随机接入过程

- $T_{p\text{-}a}$：PRACH 的接入前导与 AICH 的接纳之间的时间间隔；
- $T_{p\text{-}m}$：最后一个接入前导与 PRACH 发送的消息之间的时间间隔；
- $T_{p\text{-}p}$：一个接入序列的两个相邻接入前导之间的时间间隔。

$T_{p\text{-}a}$、$T_{p\text{-}m}$ 和 $T_{p\text{-}p}$ 的长度取决于 AICH 传送时间参数。$T_{p\text{-}a}$ 可以是 1.5 或 2.5 个接入时隙（2ms 或 3.33ms），$T_{p\text{-}m}$ 则可以是 3 或 4 个接入时隙。（4ms 或 5.33ms），并且 $T_{p\text{-}p}$ 大于或等于 $T_{p\text{-}m}$。

物理随机接入过程描述如下。

（1）根据 RRC 和 MAC 提供的信息确定可用/PRACH 接入时隙，并且根据给定的 ASC，从可用的 RACH 子信道组中随机选择一个接入时隙，从可用的特征码组中随机选择一个特征码。随机函数必须保证每个可用的子信道都有相同的概率被选中。

（2）设置重传的最大次数。计算前导初始功率。用选定的 PRACH 接入时隙、特征码和发射功率传送前导。

（3）如果在 PRACH 接入时隙对应的 AICH 接入时隙中，没有侦测到对应的捕获指示，网络方没有回应。UE 将执行下列步骤，重新发送接入前导。

① 根据给定的 ASC，从可用的 RACH 子信道组中选定下一个可用的接入时隙。

② 根据给定的 ASC，从可用的特征码组中随机选择一个特征码。

③ 按功率增加步长提高前导发射功率，即为接入前导的爬坡过程，功率增加步长值是固定的，网络通过系统消息广播。如果前导发射功率超过了最大允许的功率 6dB，UE 将退出物理随机接入过程。

④ 检查前导的重传次数是否大于最大次数。如果不大于，则重新发送接入前导；否则将退出物理随机接入过程。

（4）如果在和PRACH接入时隙相对应的AICH接入时隙中，侦测到和选用的特征码相对应的非确认（NACK）捕获指示，表示网络方拒绝UE的接入，UE将退出物理随机接入过程。

如果在和PRACH接入时隙相对应的AICH接入时隙中，侦测到和选用的特征码相对应的确认（ACK）捕获指示，UE将停止发送接入前导，在最后一个前导的接入时隙后面3或4个时隙发送随机接入消息。

（5）完成物理随机接入过程。

随机接入过程可以看作UE寻求最佳发射功率的过程，避免了初始发射功率的盲目性，进而保证了系统性能。

4.1.4 寻呼过程

移动通信系统中UE的位置不是固定的，为了建立一次呼叫，核心网（CN）根据无线接入网应用部分（RANAP）协议，通过Iu接口向UTRAN发送寻呼消息，UTRAN则将CN寻呼消息通过Uu接口上的寻呼过程发送给UE，使得被寻呼的UE发起与CN的信令连接建立过程，一个不处于通信状态的用户需要被激活时，寻呼过程是必需的。3GPP 定义了第一类型寻呼和第二类型寻呼两种寻呼类型，应用中将根据UE的运行模式和状态来选择寻呼类型。

1. 第一类型寻呼

当UE处于空闲模式、CELL_PCH或者URA_PCH状态时，使用第一类型寻呼，如图4-7所示。

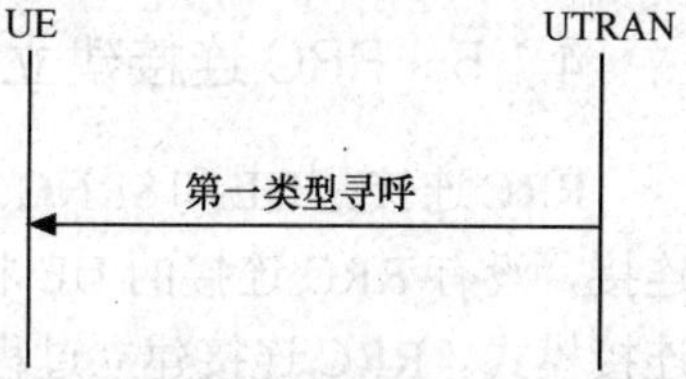

图4-7 第一类型寻呼

（1）第一类型寻呼主要作用

① 当UE处于空闲模式下，为了建立一次呼叫或信令连接，网络侧的高层发起第一类型寻呼过程，用来建立RRC连接以实现呼叫。

② 当UE处于CELL_PCH或URA_PCH状态时，UTRAN发起寻呼以触发UE状态迁移到CELL_FACH状态，第一类型寻呼用来在分组数据会话中恢复传送用户数据。

③ 当系统信息发生改变时，UTRAN发起空闲模式、CELL_PCH或者URA_PCH状态下的寻呼，触发UE读取更新后的系统信息。

（2）第一类型寻呼消息的内容

第一类型寻呼消息是由消息类型、寻呼记录列表（可选）、数个寻呼记录和BCCH修改信息（可选）等信息所组成。寻呼记录列表给出寻呼记录的数目。寻呼记录用于空闲模式或者连接模式下的寻呼。空闲模式寻呼记录含有寻呼原因、核心域标识和被寻呼UE标识。连接模式寻呼记录含有u-RNTI、寻呼原因、核心域标识和寻呼记录标识。BCCH修改信息包含MIB数值标签或者修改的时间等。

（3）第一类型寻呼过程中用到的主要参数

① 寻呼的非连续接收（DRX）周期。当UE处于空闲模式、CELL_PCH或者URA_PCH状态时，系统可以采用非连续接收（DRX）来延长电池使用时间。在空闲模式下，每个核心

网络都定义有一个DRX周期。在连接模式下，UTRAN也会定义一个DRX周期。每个UE根据寻呼时机和寻呼指示符来确定在一个DRX周期内的何时UE必须监听寻呼指示符。DRX周期是UE寻呼监听时机之间的时间间隔。

② 寻呼时机。寻呼时机是指UE需在PICH信道上监听其寻呼指示符的时刻，它用系统帧号（SFN）来表示。寻呼指示符会告诉UE它是否需要读取相关的SCCPCH以查看随后而来的第一类型寻呼消息。寻呼时机根据UE的IMSI、DRX周期长度和SCCPCH的数目进行计算得到。

③ 寻呼指示符。寻呼指示符令UE读取SCCPCH上的寻呼消息，寻呼指示符值（PI）由RRC层计算。PI、寻呼时机和每帧中寻呼指示符的数量一起，被物理层用来计算寻呼指示符比特在PICH上的位置。

寻呼的非连续接收（DRX）周期决定了UE醒来的时间间隔，UE在寻呼时机监听PICH上的寻呼指示符，UE按照寻呼指示符在SCCPCH上读取相应的寻呼信息。

2．第二类型寻呼

当UE处于连接模式CELL_DCH状态或者CELL_FACH状态时使用第二类型寻呼，如图4-8所示。

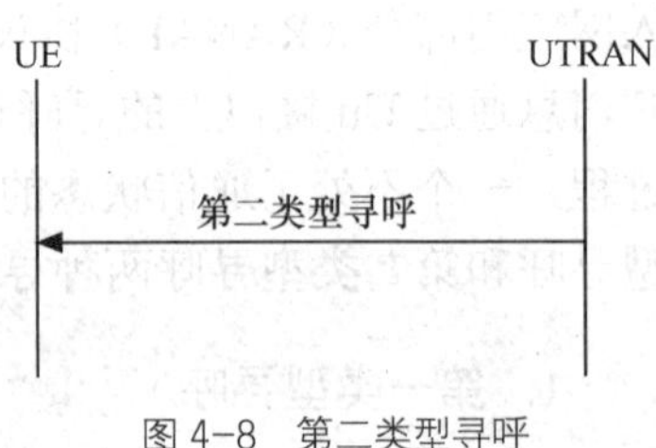

图4-8　第二类型寻呼

第二类型寻呼消息包含消息类型、RRC执行标识、寻呼原因、核心网域标识和寻呼记录类型标识。第二类型寻呼消息在DCCH信道上发送，然后映射到DCH或FACH。在UE已经和网络建立链接的情况下，UTRAN发送第二类型寻呼消息给UE以建立第二个链接，比如同时建立语音和数据呼叫。

4.1.5　RRC连接建立过程

RRC连接是UE和SRNC之间进行信令交互的一条逻辑通路，每个UE最多只有一个RRC连接，没有RRC连接的UE状态称为空闲状态（IDLE），有RRC连接的UE状态称为RRC连接模式。RRC连接建立过程说明了UE如何建立与UTRAN的信令通路，是UE与网络进行信令交互的前提条件。

1．RRC连接建立过程

RRC连接总是由UE发起请求而由UTRAN建立和释放。当RRC连接建立以后，UE从空闲模式转换到CELL_DCH或CELL_FACH状态。在专用物理信道（DCH）上建立RRC的信令流程如图4-9所示。主要过程如下。

（1）RRC连接请求

当UE请求建立RRC连接的时候，它发送RRC连接请求消息到SRNC。此消息在逻辑信道CCCH上发送，映射到传输信道RACH/PRACH发送，与PRACH对应的还有一个下行的AICH。在RRC连接请求消息的信息单元中包括RRC连接建立原因、初始UE标识、协议出错指示和RACH测量结果等信息。

① UE请求建立RRC连接的原因如下。

- 产生会话业务呼叫；
- 产生流业务呼叫；

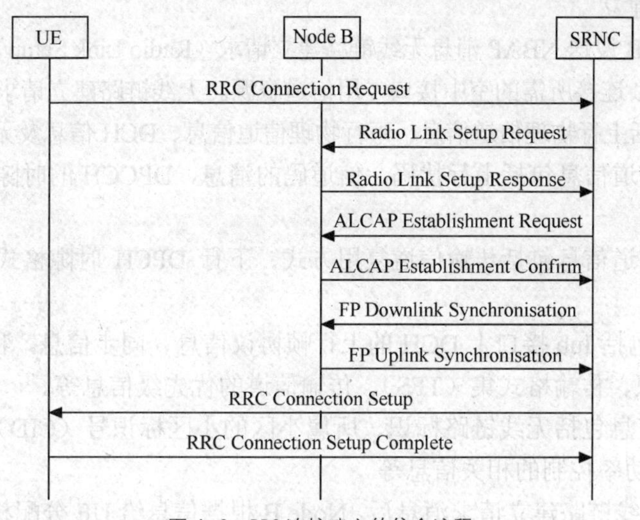

图4-9　RRC连接建立的信令流程

- 产生交互式业务呼叫；
- 产生背景业务呼叫；
- 终止对话业务呼叫；
- 终止流业务呼叫；
- 终止交互式业务呼叫；
- 终止背景业务呼叫；
- 紧急呼叫；
- 不同优先级业务；
- 注册；
- 分离；
- 短消息；
- 重新建立呼叫。

② 在初始UE标识信息单元里，UE可以依次使用TMSI，P-TMSI，IMSI或IMEI来标明UE，TMSI为首选而IMEI为末选。

③ 协议出错指示符只有对或错（TRUE或FALSE）两种。当UE请求建立RRC连接的时候，它会重复发送RRC连接请求消息，直到收到含有有效配置信息的RRC连接建立消息或重复发送次数达到了计数器T300给出的最大值为止。如果已经达到了最大重发次数而RRC连接仍然无法建立，UE将继续停留在空闲状态。在每次发送RRC连接请求消息时，UE会启动T300计时器，在计时器超时之前UE会一直等待UTRAN的响应。当超时之后，UE便开始再发送RRC连接请求消息。

④ RACH测量结果包含当前服务小区及UE监控小区的测量结果。UTRAN可根据这些测量结果来计算决定是否需要进行切换。

根据RRC连接请求的原因和系统资源配置情况，SRNC决定是否接受RRC连接请求。如果接受RRC连接请求，再决定将RRC连接建立在专用信道上还是公共信道上，接着根据确定的分配方案，SRNC为UE分配RNTI，选择合适的L1（层1）和L2（层2）参数。

（2）无线链路建立

SRNC 向 Node B 发送 NBAP 消息无线链路建立请求（Radio Link Setup Request）消息，请求 Node B 分配 RRC 连接所需的空中接口专用信道资源。无线链路建立请求（Radio Link Setup Request）消息中包括上行物理信道信息、下行物理信道信息、DCH 信息及无线链路信息等。

① 上行物理信道信息包括上行扰码、信道码的消息，DPCCH 的时隙格式，上行物理信道 SIR 目标值等。

② 下行物理信道信息包括传输信道复用方式、下行 DPCH 时隙格式及功率控制的相关信息等。

③ DCH 信息包括 Iub 接口上 DCH 的上行帧协议信息、同步信息，特定 DCH 的参数信息，比如 DCH 标识、传输格式集（TFS）、传输信道的优先级信息等。

④ 无线链路信息包括无线链路标识、所属小区的小区标识号（CID）、同步信息、下行链路的码字信息及功率控制的相关信息等。

Node B 收到无线链路建立请求消息后，Node B 根据信息给 UE 分配相应的无线资源，无线资源分配完成后，将向 SRNC 回送无线链路建立响应（Radio Link Setup Response）消息，完成无线网络层的参数交互，通知 RNC 有关传输层的地址信息和 Iub 承载建立所需的信息。

（3）Iub 承载建立

SRNC 向 Node B 发送 ALCAP 消息建立请求（Establish Request）消息，分配 Iub 接口上的 AAL2 承载资源。AAL2 承载资源的建立通过 ALCAP 来实现。ALCAP 为传输网络层控制平面相应协议的集合。通过 ALCAP 的信令交互过程，在 Iub 接口的用户面上为 UE 分配专用的传输层资源，Node B 向 SRNC 回送 ALCAP 消息建立确认（Establish Confirm）消息。

（4）帧同步

帧协议使用专用传输信道（DCH）或公共传输信道进行通信和信息交互，实现 SRNC 和 Node B 之间的上下行同步和用户数据帧传输。完成用户面的同步后，网络端为 UE 分配所有的专用资源，SRNC 向 UE 发送 RRC 连接建立（Connection Setup）消息。

（5）RRC 连接建立

当 SRNC 收到 UE 的 RRC 连接请求消息之后，它回应一个 RRC 连接建立消息，接受请求；或者回应一个 RRC 连接拒绝消息，拒绝请求。

RRC 连接建立消息提供 UE 进入 CELL_DCH 状态或 CELL_FACH 状态需要的所有信息。SRNC 在逻辑信道（CCCH）/传输信道（FACH）上发送 RRC 连接建立（Connection Setup）消息到 UE。RRC 连接建立消息包括初始 UE 标识、新的 U_RNTI 和 C_RNTI 分配、UTRAN DRX 参数、缺省配置模式、缺省配置标识、重新建立计时器、UE 功能要求、信令无线承载参数、上行链路传输信道信息、下行链路传输信道信息、频率信息、上行链路无线资源和下行链路无线资源等。

① 初始 UE 标识。初始 UE 标识供 UE 决定是否读取或忽略 RRC 连接建立消息的其他内容。UE 会将此标识值和 RRC Connection Request 中的标识值相比较，如果两个值不相符，UE 便忽略该消息的其他内容，否则将读取该消息的其他内容，并按照网络方的消息采取相应的动作。

② 信令无线承载参数。信令无线承载参数按照 TS 25.331 的规定，SRNC 会配置 3 个或 4 个信令无线承载（SRB1～SRB4），SRB1 和 SRB2 分配给 RRC，SRB3 和可选的 SRB4 分配给 NAS。分配给 RRC 的 2 个 SRB 中，SRB1 为非确认模式（UM）传输，SRB2 为确认模式（AM）传输。分配给 NAS 的 2 个 SRB 为确认模式（AM）传输。如果没选用 SRB4，NAS 信令将由

SRB3 传送，如果选用 SRB4，SRB4 则传送优先级低的信令。所有的信令无线承载（SRB）将映射到不同的逻辑控制信道（DCCH）上，之后复用到同一个 DCH 上。要建立的无线承载信息单元里隐藏有“RB 映射信息”信息单元，它提供了如何从逻辑信道映射到传输信道的信息。

③ 上/下行链路传输信道信息单元。上/下行链路传输信道信息单元包含有准许使用的传输格式组合以及与传输信道具体有关的其他信息，例如传输信道类型、传输信道号、信道编码方式、速率匹配参数、误块率（BLER）等。

④ 上/下行链路无线资源信息单元。上/下行链路无线资源信息单元提供了 UE 进入连接模式 CELL_DCH 状态时所需要的物理专用信道信息，例如功率控制信息、扩频因子、扰码号及物理信道的参数等信息。

（6）RRC 连接建立完成

UE 收到 RRC 连接建立消息后会开始动作，初始化无线承载、传输信道和物理信道配置，停止计时器 T300，完成空中接口同步，在成功进入连接模式之后通过 DCH 发送 RRC 连接建立完成消息给 SRNC。RRC 连接建立完成消息包括启动列表、核心网域标识、UE 无线接入能力、UE 无线接入能力扩展等内容。

① 启动列表。启动列表列出了每一个核心网域的启动（START）参数，用于加密及完整性保护安全过程。

② UE 无线接入能力和 UE 无线接入能力扩展。UE 无线接入能力和 UE 无线接入能力扩展包括 UE 支持的协议版本，支持 PDCP 能力、RLC 能力、传输信道能力、射频能力、物理信道能力、多模能力、安全能力和测量能力等。比如是否进行加密、所用频段、发射及接收的频率间隔、UE 发射功率级别、定位方法以及在异频间或不同系统间进行测量时是否需要压缩模式等。

UE 使用 DCH 建立信令连接占用资源示意图如图 4-10 所示。

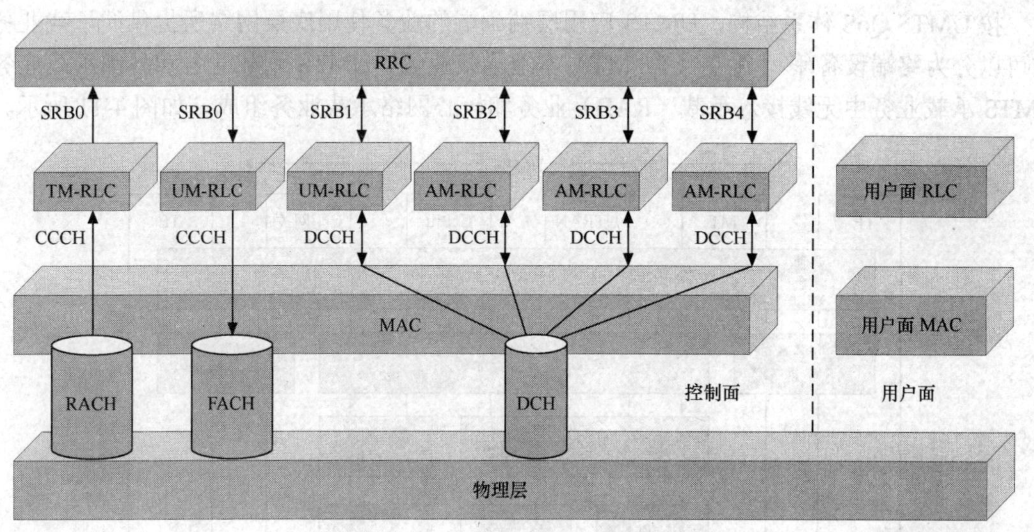

图 4-10　RRC 连接建立资源

如果 RRC 连接建立在公共传输信道（FACH/RACH）上，则 UE 仍然具有相应的信令无线承载（SRB）和专用逻辑控制信道，在传输信道层次使用系统已经配置好的公共信道资源（FACH/RACH）来传输专用控制信息。在物理信道层次上，使用与 FACH 相对应的 S-CCPCH 以及与 RACH 相对应的 PRACH。限于篇幅，建立在公共传输信道（FACH/RACH）上 RRC

连接建立过程不再介绍。

2. RRC 连接释放

RRC 连接释放即断开 RRC 连接，包括 UE 和 SRNC 间所有的 RAB 和 SRB，所有的信令连接也断开了。

在 RRC 连接释放过程中，NAS 层在通话结束时先执行释放过程并释放无线承载。当信令无线承载释放后，UTRAN 便跟着释放 RRC 连接。RRC 连接释放消息包含有释放原因。常见的释放原因如下。

（1）正常事件；

（2）异常抢先释放；

（3）拥塞；

（4）重新建立驳回；

（5）用户无活动；

（6）指定信令连接重新建立。

当 UE 收到 RRC 连接释放消息时，RRC 就会把释放原因传送给 NAS 层，NAS 层会解读并采取适当行动。通常来说，UE 会执行 RRC 连接释放过程，并通过确认模式 RLC 在 DCCH 信道上发送 RRC 连接释放完成消息给低层，以便通过低层将释放完成。

4.1.6 RAB 的建立

1. 无线接入承载的概念

按 UMTS QoS 体系结构，UMTS 应用层端到端的业务使用底层网络所提供的承载业务，它可以分为终端设备/移动终端（TE/MT）本地承载业务、UMTS 承载业务和外部承载业务。UMTS 承载业务由无线接入承载（RAB）业务和核心网络承载业务组成，如图 4-11 所示。

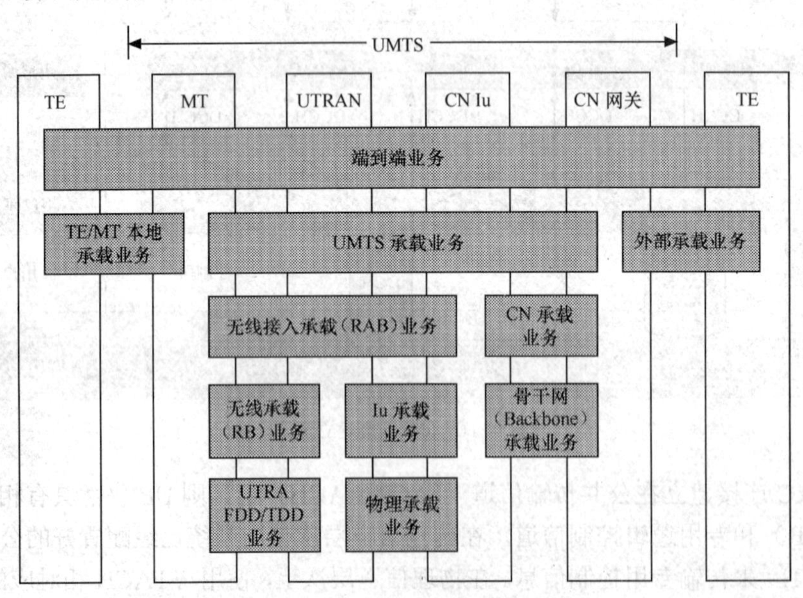

图 4-11　UMTS QoS 体系结构

无线接入承载（Radio Access Bearer，RAB）业务根据 QoS 要求提供用户终端（MT）和 CN Iu 之间用户语音、数据及多媒体业务的加密传送。RAB 业务包含无线承载（RB）业务和 Iu 承载业务。RAB QoS 需求映射到无线承载（RB），依靠无线承载（RB）提供底层传输功能。为了能够支持不同的错误保护机制，UTRAN 和 MT 需要能够将用户流根据 RAB 业务需求分割/重组成不同的子流。无线承载（RB）业务根据子流的可靠性要求处理属于这个子流的用户流信息。RAB 在 UTRAN 中通过多个 RAB 子流予以识别，这些子流对应于具有不同 OoS 特性（如可靠性等）的 NAS 业务数据流。RAB 子流随着 RAB 的建立而建立，随着 RAB 的释放而释放。

2. 无线接入承载的建立

UE 要完成 RRC 的连接建立后，才能建立 RAB。根据无线资源状态，RAB 的建立过程有如下情形。

（1）DCH-DCH，RRC 使用 DCH，RAB 准备使用 DCH；

（2）RACH/FACH-RACH/FACH，RRC 使用 CCH，RAB 准备使用 CCH；

（3）RACH/FACH-DCH，RRC 使用 CCH，RAB 准备使用 DCH。

下面以 DCH-DCH 同步情况为例，介绍 RAB 的建立过程，如图 4-12 所示。

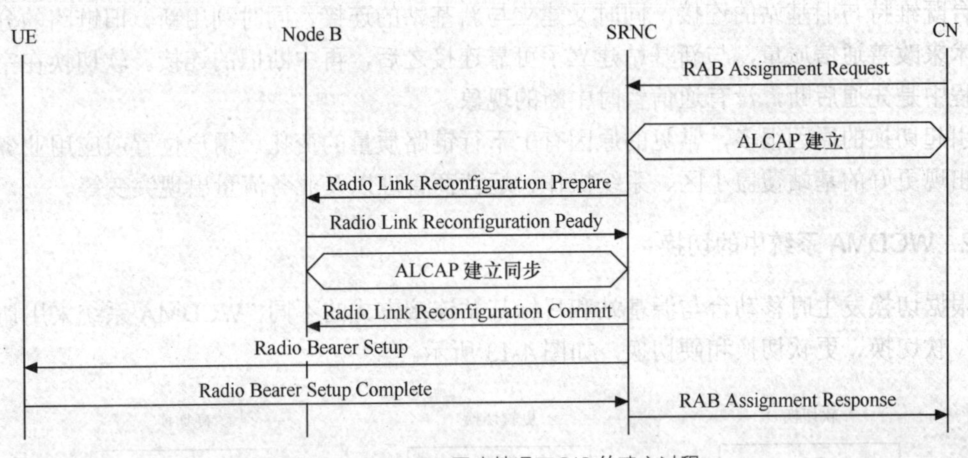

图 4-12 DCH-DCH 同步情况下 RAB 的建立过程

RAB 建立的基本过程如下。

（1）CN 向 UTRAN 发送 RAB 指配请求消息（Radio Access Bearer Assignment Request），请求建立 RAB；

（2）SRNC 收到 RAB 建立请求后，SRNC 发起建立 Iu 接口（ALCAP 建立）与 Iub 接口的数据传输承载。

① SRNC 向 Node B 发送 NBAP 协议的无线链路重配置准备（Radio Link Recongiguration Prepare）消息，请求 Node B 在已有的无线链路上增加承载 RAB 的专用传输信道（DCH）。Node B 分配资源后，向 SRNC 返回无线链路重配置准备完成（Radio Link Recongiguration Ready）消息。

② SRNC 与 Node B 间完成 Iub 接口的用户传输承载的建立过程，建立 ALCAP 同步。

③ SRNC 向 Node B 发送无线链路重配置执行（Radio Link Reconfiguration Commit）消息。

（3）SRNC 向 UE 发起 RB 建立请求（Radio Bearer Setup）消息，UE 完成 RB 建立后，向 SRNC 返回 RB 建立完成（Radio Bearer Setup Complete）消息；

（4）SRNC 向 CN 返回 RAB 指配响应（Radio Access BearerAssignment Response）消息，结束 RAB 的建立过程。

4.2 WCDMA 系统中的切换

4.2.1 切换

1．切换的概念

切换通常指越区切换，移动台从一个基站覆盖的小区进入到另一个基站覆盖的小区的情况下，为了保持通信的连续性，将移动台与当前基站之间的通信链路转移到移动台与新基站之间的通信链路的过程称为切换。根据切换方式不同，通常分为硬切换和软切换两种情况。

硬切换过程中，移动台先中断与旧基站的连接，然后再进行与新基站的连接，通信链路有短暂的中断时间。硬切换在空中接口过程中是先断后通，当切换时间较长时，将影响用户通话；软切换是指移动台在载波频率相同的基站覆盖小区之间的信道切换。软切换过程中，移动台既维持与旧基站的连接，同时又建立与新基站的连接，同时利用新、旧链路的分集合并技术来改善通信质量，与新基站建立了可靠连接之后，再中断旧的连接。软切换在空中接口过程中是先通后断，没有通信暂时中断的现象。

引起切换的原因很多，常见的原因有上下行链路质量的变化、用户位置或应用业务的变化、出现更好的基站覆盖小区、系统操作、运营商管理以及业务流量出现突变等。

2．WCDMA 系统中的切换

根据切换发生时移动台与源基站和目标基站连接方式的不同，WCDMA 系统采用切换方式有：软切换、更软切换和硬切换，如图 4-13 所示。

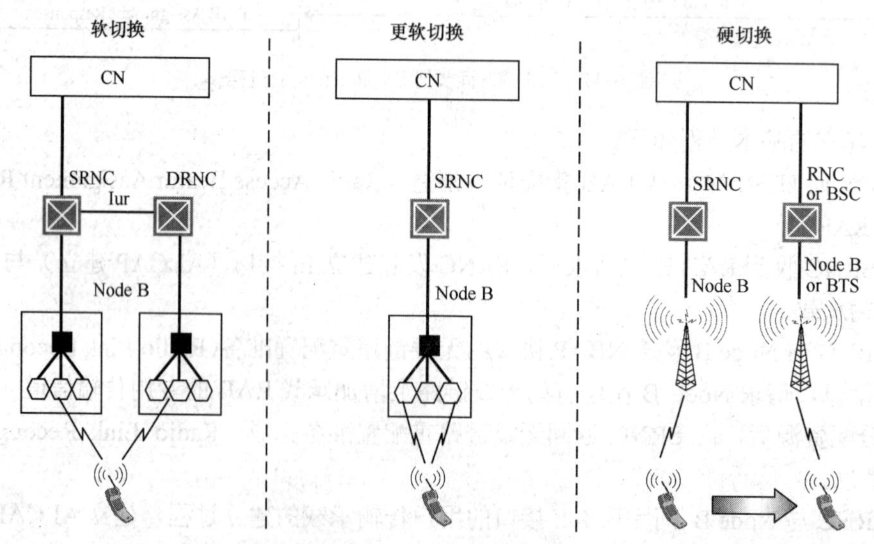

图 4-13 WCDMA 系统中的切换

软切换同时与多个小区保持通信，接收端利用宏分集技术降低了接收信号衰落的概率，减少了移动台发射功率，在小区边缘采用软切换有助于降低掉话率。更软切换是软切换的一种特殊情况，这种切换发生在同一基站的具有相同频率的不同扇区之间。

软切换和更软切换的区别在于：更软切换发生在同一个 Node B 范围内，分集信号在 Node B 做最大增益合并，而软切换发生在两个 Node B 之间，分集信号在 RNC 做选择合并。

软切换可以应用于具有相同频率的直扩 CDMA 系统信道之间。软切换的作用具有矛盾性，一方面软切换在两个基站覆盖区的交界处起到了业务信道的分集作用，减少移动台发射功率和频繁切换造成的掉话。另一方面，由于占用多个信道资源增加了系统的复杂性，对上行链路和下行链路的性能会造成影响。尽管如此，软切换仍是 WCDMA 系统的核心技术之一。

WCDMA 系统中硬切换包括同频、异频和异系统之间 3 种情况。如果目标小区与原小区同频率，属于不同的 RNC，并且 RNC 之间没有 Iur 接口，就会发生同频硬切换，同一小区内部码字间切换也是硬切换。异频间硬切换指 WCDMA 系统内不同载频间的切换。异系统硬切换包括FDD模式和TDD模式之间的切换，WCDMA系统和GSM系统之间的切换，WCDMA 和 cdma2000 之间的切换，以及与采用其他无线接入技术的系统之间的切换。异频和异系统之间的硬切换需要应用压缩模式进行异频和异系统的测量。

3. 切换过程

（1）切换过程简介

切换过程通常分为以下 3 个步骤：无线测量、网络判决、系统执行。

① 在切换测量阶段，移动台要测量下行链路的信号质量、该移动台所属的小区及临近小区的信号质量，基站需要测量上行链路的信号质量；

② 在切换判决阶段，测量结果与预定义的门限值比较，以决定是否执行切换，同时要进行接纳控制，防止由于新用户的加入而降低已有用户的质量；

③ 在执行阶段，移动台进入软切换状态，与一个新的基站或小区建立通信链路或释放旧的通信链路。

移动台周期性地测量服务基站和相邻基站导频信道的信号强度，并把测量结果通知 RNC。RNC 根据测量结果判决切换的目标小区，并通知移动台完成切换。切换是在 UE 辅助下完成的。测量是由 UE 和 Node B 完成的，判决在 RNC 中进行，执行在 UE、Node B 和 RNC 共同协作下完成。在 WCDMA 系统的切换过程中，除了硬切换外，主要是软切换过程。

（2）切换过程常用术语

① 激活集：正在与移动台软切换/更软切换相连接的基站（小区）形成的集合。

② 监测集（相邻集）：移动台对于列在该集里的小区要进行测量和报告，但是导频强度还没有强到可以增加到激活集里。当其中某个小区的信号强度升高到某种程度时，UE 发出的测量报告将触发 UTRAN，将该小区放入到激活集中。

③ 检测集：不包括在激活集和监测集中但能被 UE 检测到的小区。UE 可以发送这些小区的测量报告，触发 UTRAN，将它们放入到激活集或监测集中。前提是这些小区必须是当前激活集内某个小区的邻区，才可以加进激活集，否则需要重新优化邻区列表。

（3）WCDMA 系统软切换过程

WCDMA 系统软切换原理示意如图 4-14 所示。图中报告门限值是软切换中要加入或删除激活集中的小区门限；ΔT是留给动作触发的时间；导频的E_c/I_0是经测量后导频的信号强度；WCDMA 系统中一个典型的软切换过程如下。

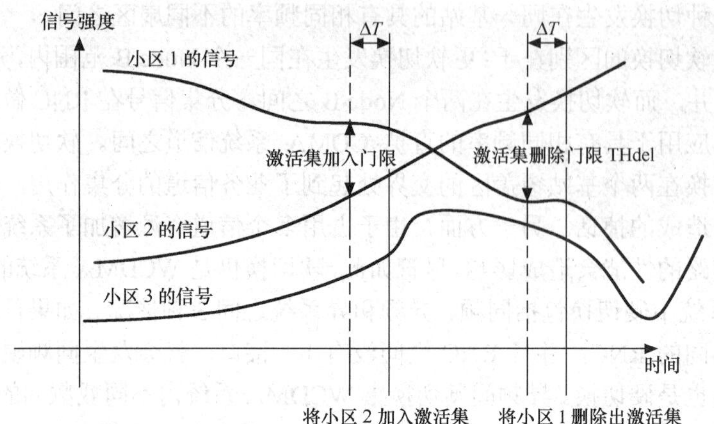

图 4-14 WCDMA 软切换原理示意图

移动台首先搜索所有小区导频并测量其强度，移动台合并计算导频的所有多径分量的E_c/I_0来作为该导频的强度。当该导频强度E_c/I_0达到激活集里小区门限强度，并持续ΔT时间，如果此时激活集没有满，它就向原基站发送一条导频测量消息，通知原基站，原基站将移动台的报告送往网络，网络则让新的基站安排一个业务信道给移动台，并且原基站发送一条消息指示移动台开始切换。当收到来自原基站的切换指示消息后，移动台将新基站纳入激活集（图中小区 2），开始对新基站和原基站的业务信道同时进行解调。接着移动台会向基站发送一条切换完成消息，通知基站自己已经根据命令开始对两个基站同时接收、解调，该过程也被称为无线链路增加。

随着移动台的移动，可能激活集中两个基站的某一方的的导频强度E_c/I_0弱到最小，并持续ΔT时间，移动台将发送导频测量消息。两个基站接收到导频强度测量消息后，将此消息送至网络，网络再返回相应切换指示消息，然后基站发切换指示消息给移动台，移动台将达不到激活集门限的信号移出激活集（图中小区 1）。此时移动台只与目前激活集内的导频所代表的基站保持通信，同时会发一条切换完成消息告诉基站，表示切换已经完成，该过程也被称为无线链路释放。

4.2.2 软切换/更软切换

软切换/更软切换可以在呼叫建立时和 UE 处于 CELL_DCH 状态时发生。UE 根据激活集、监测集和检测集中导频信号质量的变化，动态地添加或删除小区。

1. 呼叫建立时的软切换/更软切换

呼叫建立时，UE 根据 SIB11 中的测量信息来执行测量并和 RRC 连接请求消息一起通过 RACH 发送。测量信息包括测量和报告的内容、邻小区的信息以及通过 RACH 进行报告的最大小区数量。邻小区信息包括 UE 所驻留的当前小区的邻区使用的下行主扰码。UTRAN 定义了可报告的小区数量，最大为 6 个邻小区加上当前小区。通常建议报告当前小区和两个最好的邻小区。然而，大多数实际情况下，通过 RACH 报告的只有当前小区。

针对 UE 发来的测量报告，UTRAN 将使用特定的准则来判断所报告的小区是否可以在呼叫建立时加入到激活集。

当 UE 从空闲模式、CELL_PCH 或 URA_PCH 状态转换为 CELL_DCH 状态时，有可能直接进入软切换/更软切换。

2. UE 在 CELL_DCH 状态下的软切换/更软切换

当UE进入CELL_DCH状态时，会将从SIB11接收到的所有相关的信息存储起来，继续执行测量和发送报告。在 CELL_DCH 状态中，UE 每隔一个测量周期（200ms）做一次同载频内的抽样测量，抽样测量之后的结果，将和定义事件触发报告的门限值作比较，判断是否执行软切换。UMTS标准制定了6种主要的同载频FDD测量报告事件，记为1A、1B、1C、1D、1E和1F。

当一个新的小区应该被加入到激活集中时，用1A事件和1E事件来通知UTRAN。1A和1E的区别在于1A的触发门限是相对的，1E的触发门限是绝对的。1A和1E可以单独使用，也可以联合使用。

当一个小区应该从激活集中去除时，用1B事件和1F事件来通知UTRAN。1B和1F的区别在于1B的触发门限是相对的，1F的触发门限是绝对的。1B和1F可以单独使用，也可以联合使用。

当一个激活集中的小区应该被另一个小区替换时，用1C事件来通知UTRAN。

1D事件对软切换作用不大，通常可以用在对UE所处位置的定位、同频硬切换及HSDPA最佳小区变更上。下面分析不同的触发报告事件。

3. 同载频 FDD 测量报告事件

我们将以 CPICH E_c/I_o 作为测量和报告为例，详述 1A、1B、1C、1E 和 1F 报告事件。

CPICH E_c/I_o 定义为接收到的码片的能量与带内噪声功率密度之比。CPICH E_c/I_o 的参考点是UE处的天线连接器，测量在基本CPICH上进行。CPICH E_c/I_o 除用于切换评估外，还可用于小区选择和重选，是评估小区信号质量的重要指标。

（1）1A 报告事件

当一个小区的主CPICH满足式（4-1）时会触发1A报告事件，这个小区便被加入到激活集中。

$$10\log(M_{\text{New}}) + CIO_{\text{New}} \geqslant W_{1\text{A}} 10\log\left\{\sum_{i=1}^{N_{\text{A}}} M_i\right\} + (1-W_{1\text{A}})10\log(M_{\text{Best}}) - (R_{1\text{A}} - H_{1\text{A}}/2) \tag{4-1}$$

其中：

M_{New} 是进入报告范围的小区导频的测量结果；

CIO_{New} 是小区进入报告范围的小区特定偏置值；

$W_{1\text{A}}$ 是个权重常数，取值从 0.0～2.0，步长为 0.1；

M_i 是激活集小区导频的测量结果；

N_{A} 是当前激活集中影响报告范围的小区个数

M_{Best} 是激活集中最强小区的导频测量结果；

$R_{1\text{A}}$ 是 1A 事件的报告范围常数，以 dB 为单位；

$H_{1\text{A}}$ 是 1A 事件的迟滞值，以 dB 为单位。

迟滞值和小区特定偏置值为对测量报告事件进行调整的参数。

1A 事件发生的例子如图 4-15 所示，假设激活集的大小为 3，权重常数为 0。开始时，UE 处于 2 路软切换，P-CPICH 1 和 P-CPICH 2 处于激活集。当 P-CPICH 3 进入报告范围时，UE 检测到 1A 事件。当过了触发时间后，P-CPICH 3 一直在报告范围内，接着 UE 报告 1A 事件给 UTRAN。

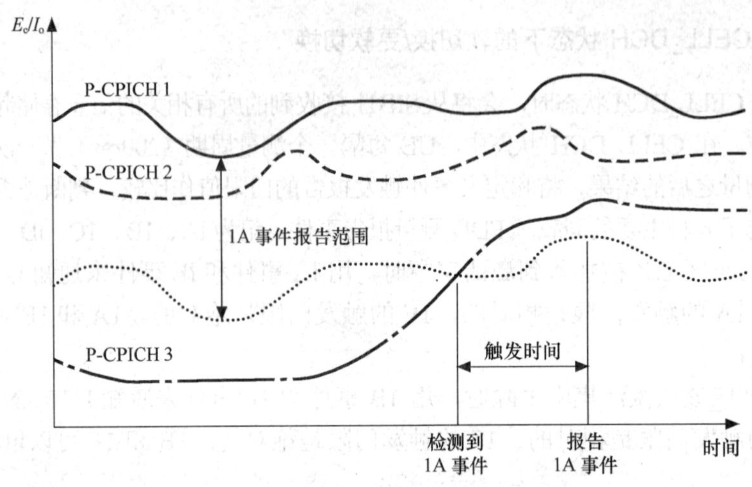

图 4-15 1A 事件举例

（2）1B 报告事件

当一个小区的主 CPICH 满足式（4-2）时会触发 1B 报告事件，这个小区会从激活集中去除。只有在当前的激活集的小区数大于 1 的时候才会发生 1B 事件。

$$10\log(M_{\text{Old}})+CIO_{\text{Old}}\geqslant W_{1\text{B}}10\log\left\{\sum_{i=1}^{N_A}M_{\text{i}}\right\}+(1-W_{1\text{B}})10\log(M_{\text{Best}})-(R_{1\text{B}}-H_{1\text{B}}/2) \quad (4\text{-}2)$$

其中：

M_{Old} 是离开报告范围的小区导频的测量结果；

CIO_{Old} 是小区离开报告范围的小区特定偏置值；

$W_{1\text{B}}$ 是个权重常数，取值从 0.0～2.0，步长为 0.1；

M_{i} 是影响激活集小区的导频报告范围的测量结果；

N_{A} 是当前激活集中影响报告范围的小区个数；

M_{Best} 是激活集中最强小区的导频测量结果；

$R_{1\text{B}}$ 是 1B 事件的报告范围常数，以 dB 为单位；

$H_{1\text{B}}$ 是 lB 事件的迟滞值，以 dB 为单位。

1B 事件发生的例子如图 4-16 所示，假设激活集的大小为 2，权重常数为 0。开始，UE 处于 2 路软切换，P-CPICH1 和 P-CPICH 2 处于激活集。当 P-CPICH 2 离开报告范围时，UE 检测到 1B 事件。当过了触发时间后，UE 报告 1B 事件给 UTRAN。接收到 UE 送来的测量报告后，UTRAN 将 P-CPICH 2 从激活集中去除，此时 UE 不再处于软切换。

（3）1C 报告事件

如果激活集已满，当监控集小区的主 CPICH 满足式（4-3）时会触发 1C 报告事件，这时，最弱的主 CPICH 会从激活集中去除，而较强的主 CPICH 会加入到激活集。

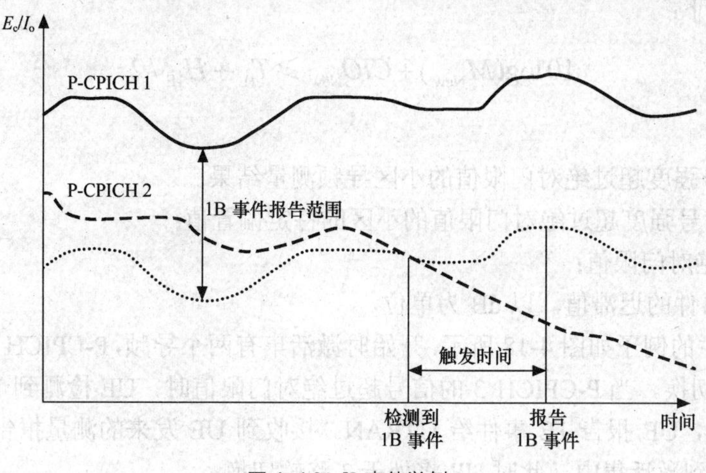

图 4-16 1B 事件举例

$$10\log(M_{New}) + CIO_{New} \geqslant 10\log(M_{InAS}) + CIO_{InAS} + H_{1C}/2 \tag{4-3}$$

其中：

M_{New} 是将要激活集的最佳候选小区的测量结果；

CIO_{New} 是小区进入报告范围的小区特定偏置值；

M_{InAS} 是激活集中最差小区的测量结果；

CIO_{InAS} 是激活集中最差小区的小区个别偏置值；

H_{1C}是1C 事件的迟滞值，以 dB 为单位。

1C 事件发生的例子如图 4-17 所示，假设激活集的大小为 3。最初，P-CPICH 1，P-CPICH2 和 P-CPICH 3 处于激活集中，UE 处于 3 路软切换中。当 P-CPICH 4 的信号强于 P-CPICH 3 时，UE 检测到 1C 事件。当过了触发时间后，UE 报告 1C 事件给 UTRAN。接收到 UE 送来的测量报告后，UTRAN 用 P-CPICH 4 取代激活集中的 P-CPICH 3。

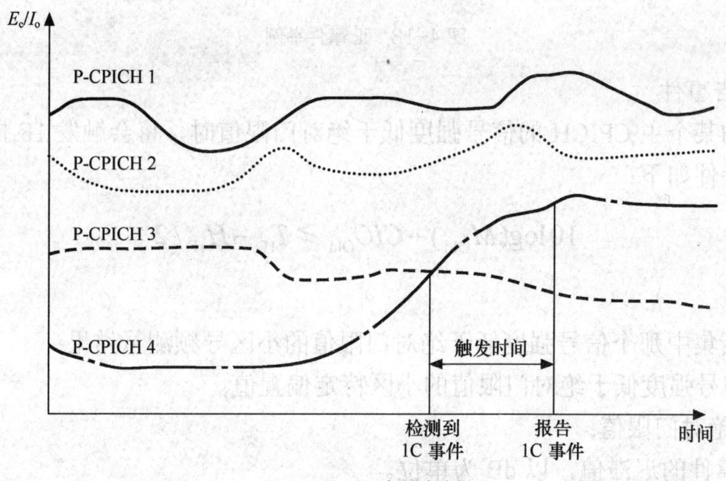

图 4-17 1C 事件举例

（4）1E 报告事件

当某个主 CPICH 的信号强度超过一个绝对门限值时，将会触发 1E 报告事件。1E 报告事件的触发条件如下：

$$10\log(M_{\text{New}})+CIO_{\text{New}} \geqslant T_{1\text{E}}+H_{1\text{E}}/2 \tag{4-4}$$

其中：

M_{New} 是信号强度超过绝对门限值的小区导频测量结果；

CIO_{New} 是信号强度超过绝对门限值的小区的特定偏置值；

$T_{1\text{E}}$ 是一个绝对门限值；

$H_{1\text{E}}$ 是 1E 事件的迟滞值，以 dB 为单位。

1E 事件发生的例子如图 4-18 所示，开始时激活集有两个导频，P-CPICH 1 和 P-CPICH 2，UE 处于 2 路软切换。当 P-CPICH 3 的信号超过绝对门限值时，UE 检测到 1E 事件。当过了触发时间的时候，UE 报告 1E 事件给 UTRAN。接收到 UE 发来的测量报告后，UTRAN 将 P-CPICH 3 加入到激活集中，此时 UE 将处于 3 路软切换。

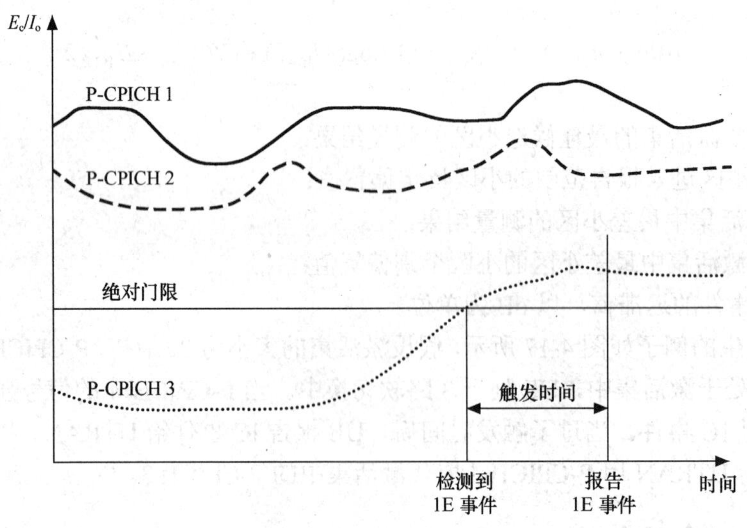

图 4-18　1E 事件举例

（5）1F 报告事件

当激活集的某个主 CPICH 的信号强度低于绝对门限值时，将会触发 1F 报告事件。lF 报告事件的触发条件如下：

$$10\log(M_{\text{Old}})+CIO_{\text{Old}} \geqslant T_{1\text{F}}-H_{1\text{F}}/2 \tag{4-5}$$

其中：

M_{Old} 是激活集中那个信号强度低于绝对门限值的小区导频测量结果；

CIO_{Old} 是信号强度低于绝对门限值的小区特定偏置值；

$T_{1\text{F}}$ 是一个绝对门限值；

$H_{1\text{F}}$ 是 1F 事件的迟滞值，以 dB 为单位。

1F 事件发生的例子如图 4-19 所示，开始时 P-CPICH 1 和 P-CPICH 2 处于激活集，UE 处于 2 路软切换。当 P-CPICH 2 低于绝对门限值时，UE 检测到 1F 事件。当过了触发时间的时候，UE 报告 1F 事件给 UTRAN。接收到 UE 发来的测量报告后，UTRAN 将 P-CPICH 2 从激活集中去除，此时UE不再处于软切换中。

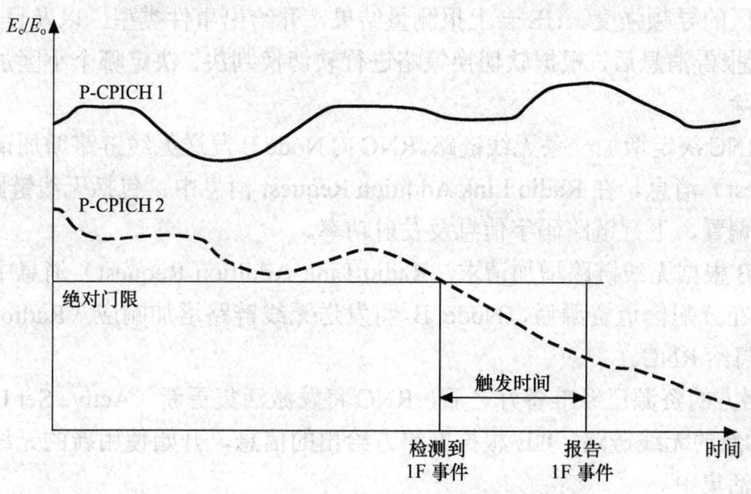

图 4-19 1F 事件举例

4. 软切换/更软切换信令流程

软切换状态下，网络侧与UE会有多条无线链路存在，上行连路上不同无线链路的信号可以在RNC测合并。不过如果多条无线链路均在Node B接收，可以在Node B进行无线信号的最大比合并，只发生在Node B内部的软切换定义为更软切换，更软切换不需要为新的链路建立Node B和RNC间的传输承载。

（1）更软切换流程

更软切换添加无线链路的信令流程如图4-20所示。UE通过上报同频测量事件1A来通知网络方一个小区的信号质量变好并且进入了报告范围，网络方根据测量报告，执行更软切换流程，在激活集中增加导频。更软切换流程主要步骤如下。

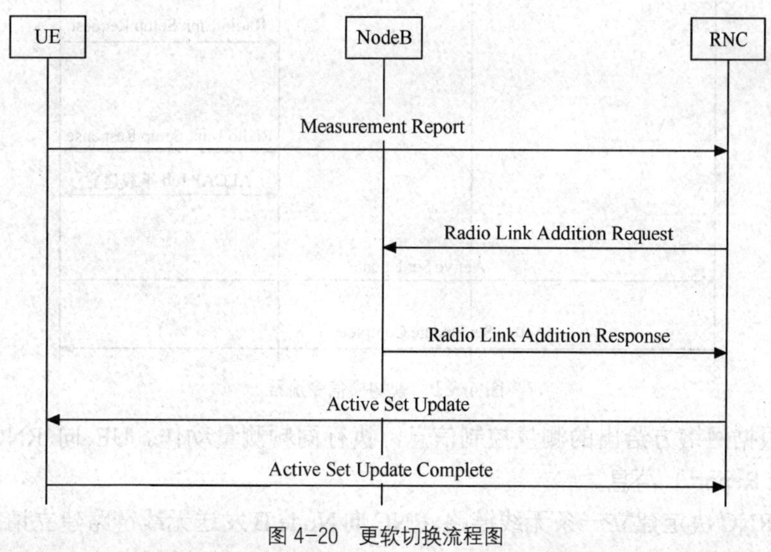

图 4-20 更软切换流程图

① UE根据网络方给出的测量控制信息，执行同频测量动作。UE向RNC发测量报告

（Measurement Report）消息。在此 Measurement Report 消息中，包括激活集中的小区和 6 个最强监视集小区的导频强度。UE 会上报测量结果，并给出事件类型，以及目标小区的扰码。RNC 收到测量报告消息后，根据软切换策略进行软切换判决，决定哪个小区加入到激活集还是从激活集删除。

② 如果 RNC 决定增加一条无线链路，RNC 向 Node B 发送无线链路增加请求（Radio Link Addition Request）消息。在 Radio Link Addition Request 消息中，包括无线链路 Id、小区 Id、帧偏置、码片偏置、下行链路码字信息及发射功率。

③ Node B 根据无线链路增加请求（Radio Link Addition Request）消息中的信息分配无线信道资源。在分配信道资源后，Node B 将发送无线链路增加响应（Radio Link Addition Response）消息给 RNC。

④ 在网络方的资源已经准备好之后，RNC 将发激活集更新（Active Set Update）消息给 UE，通知添加新的无线链路。UE 根据网络方给出的信息，开始使用新的无线链路，将新的小区添加到激活集中。

⑤ UE 向 RNC 发送激活集更新完成（Active Set Update Complete）消息，指示更软切换过程结束。接着 RNC 通过测量控制消息重新给 UE 下发新的小区配置参数。

（2）软切换流程

软切换是指在同频小区、不同 Node B 间的切换过程，Node B 可以在同一 RNC 中，也可以在不同 RNC 中。下面介绍同一 RNC 中的软切换流程，如图 4-21 所示，主要步骤如下。

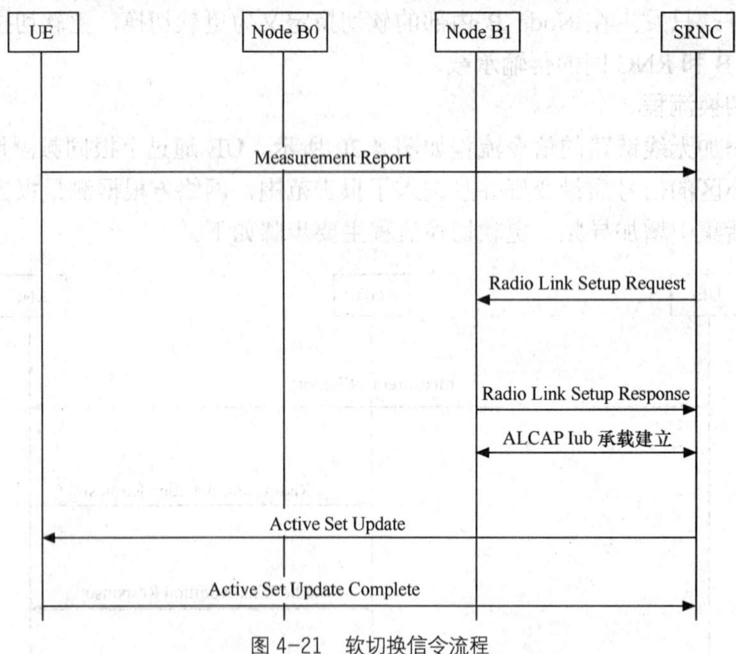

图 4-21 软切换信令流程

① UE 根据网络方给出的测量控制信息，执行同频测量动作。UE 向 RNC 发测量报告（Measurement Report）消息。

② 如果 RNC 决定建立一条无线链路，RNC 向 Node B 发送无线链路建立请求（Radio Link Setup Request）消息。在 Radio Link Setup Request 消息中，包括无线链路 Id、小区 Id、帧偏置、码片偏置、下行链路码字信息及发射功率等。

③ Node B 根据无线链路建立请求（Radio Link Setup Request）消息中的信息分配无线信道资源。在分配信道资源后，Node B 将发送无线链路建立响应（Radio Link Setup Response）给 RNC。

④ RNC 使用 ALCAP 协议在 Iub 接口上启动 Iub 数据传输承载建立过程。

⑤ 在网络方的资源已经准备好之后，RNC 将发激活集更新（Active Set Update）消息给 UE，通知添加新的无线链路。

⑥ UE 向 RNC 发送激活集更新完成（Active Set Update Complete）消息，指示软切换过程结束。接着 RNC 通过测量控制消息重新给 UE 下发新的小区配置参数。

软切换过程通常需要 Iub 数据传输承载的建立，如果为不同 RNC 间的软切换，还需要 Iur 数据传输承载的建立。

4.2.3 压缩模式

压缩模式，也称为时隙化模式，是指一种传输模式，信息传输在时域上被压缩而产生出一个传输间隔。压缩模式也可以认为通过传输时间的压缩或减少来产生一段传输间隔，UE 的接收机可以利用这段间隔调谐到另外一个载频上进行测量。

压缩模式在载频间和不同系统间测量中起着很重要的作用。传输间隔的长度是用无线帧的时隙来衡量的。图 4-22 所示是一个压缩模式传输的例子。在压缩模式传输期间，被压缩的无线帧的瞬时功率将有所增加以保证传输质量不受处理增益（扩频因子）降低的影响。功率增加的大小是由压缩的方式来决定的。

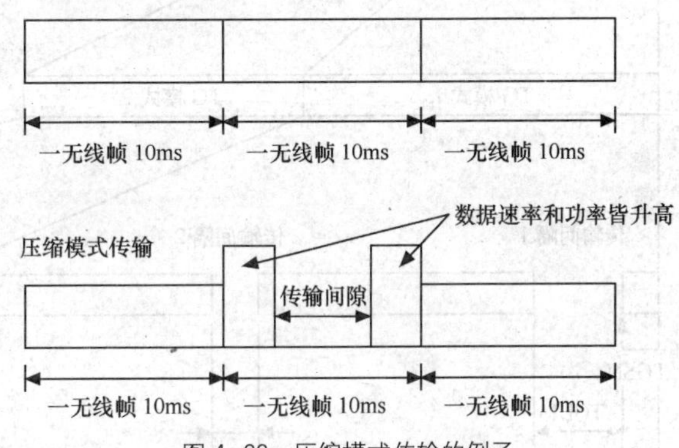

图 4-22 压缩模式传输的例子

由于一个终端一般只有一套收发信机，所以在切换过程中工作频率发生改变时，UE 就要通过压缩模式来测量目标频率小区或目标异系统小区的信号质量。在压缩模式下，UE 可测量另一载频而不丢失在服务小区的专用信道上传输的任何数据。

1. 压缩模式实现方法

UMTS 系统设计中定义了 3 种实现压缩模式的方法，包括高层协议调度、减少扩频因子和打孔方式。

（1）高层协议调度

协议高层根据终端压缩模式来调整调度信息，降低来自高层的数据速率。通过限制允许的传输格式组合，实质上产生一个传输间隔。这个方法可用于上下行链路，适用于分组数据传输，因为分组数据传输本身就是突发传输方式。但是这种方式不适用于电路交换的情形。

（2）减少扩频因子

被压缩的无线帧上的扩频因子将减小一半，以便在更少的时间内传输同样数量的比特，产生出一段时隙不需要发射信号。它可用于上下行链路，一般要求扩频因子大于 4。

（3）打孔方式

通过物理层复用过程中的打孔技术来降低数据速率，因此必须抽掉足够的物理信道比特以产生传输间隔。打孔方式的优点是对小区信道码的使用没有影响，但抽掉过多的物理信道比特会导致信息丢失。这种方法只应用于下行信道。

压缩模式实际上是由 RRC 层控制的，通过配置传输层和物理层有关参数来实现。

2. 传输间隔式样序列

如果 UE 采用压缩模式来进行载频间和不同系统间测量，UTRAN 必须提供传输间隔式样序列（Transmission Gap Pattern Sequence，TGPS）。一个传输间隔式样序列包含两种交替的传输模式 1 和 2。每种模式在一个传输间隔式样长度（Transmission Gap Pattern Length，TGPL）内提供一或两个传输间隔。传输间隔式样序列采用传输间隔式样序列标识（Transmission Gap Pattern Sequence Identifier，TGPSI）来识别。图 4-23 所示是一个传输间隔式样序列的例子，包含的参数描述如下。

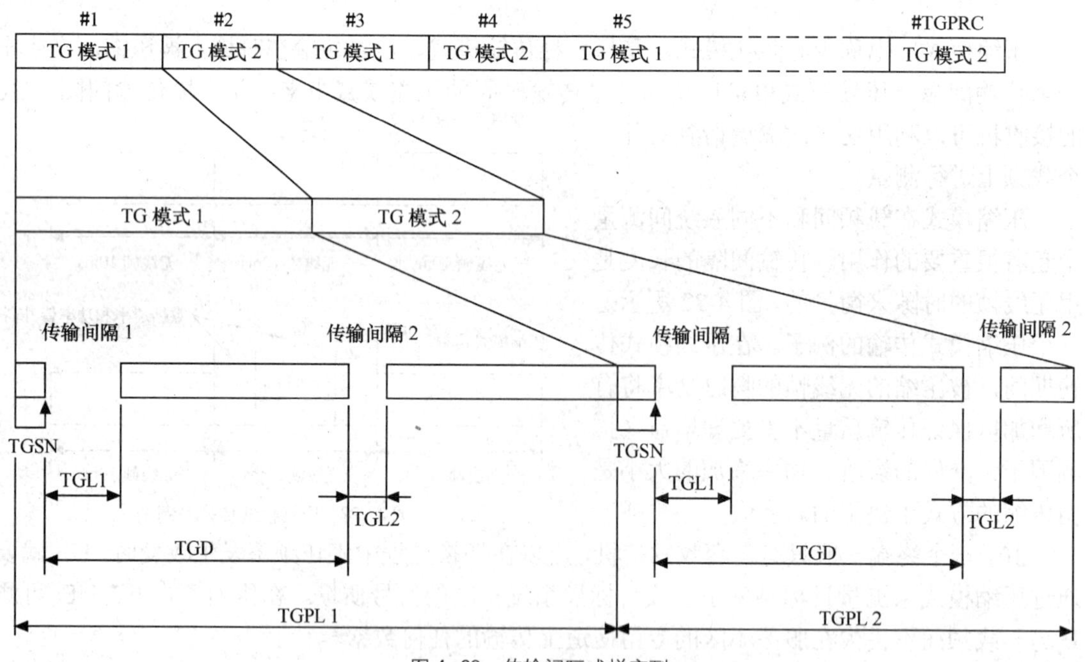

图 4-23　传输间隔式样序列

① 传输间隔连接帧号（TGCFN）是在 TGPS 内的第一个传输间隔式样 1 中的第一个无线帧，用于 Node B 和 UE 的压缩模式同步。

② 传输间隔式样重复数目（Transmission Gap Pattern Repetition Count，TGPRC）是传输间隔式样序列中的传输间隔式样的重复数目。

③ 传输间隔起始时隙号（TGSN）为在传输间隔式样第一个无线帧内的第一个传输间隔的时隙号。

④ 传输间隔长度 1（TGL1）是在传输间隔式样内的第一个传输间隔的长度，用时隙数来表示。传输间隔长度 2（TGL2）是在传输间隔式样内的第二个传输间隔的长度，也用时隙数来表示。如果高层没有明确指明，则 TGL2=TGL 1。

⑤ 传输间隔式样长度（Transmission Gap Pattern Length，TGD）是同一传输间隔式样内两个连续传输间隔起始时隙的时间差，用时隙数来表示。如果高层没有为该参数设值，则在传输间隔式样将只有一个传输间隔。

3. 传输间隔

WCDMA 网络设计中，传输间隔的长度不能大于 14 个时隙，即传输间隔的最大长度是 9.33ms。而且，每个无线帧中可能的传输间隔时隙数最大是 7。因此，如果一个传输间隔大于 7 个时隙，它必须占用两个连续的无线帧。可以将传输间隔设置在物理帧的不同位置。图 4-24 和图 4-25 分别表示单帧和双帧传输间隔例子。

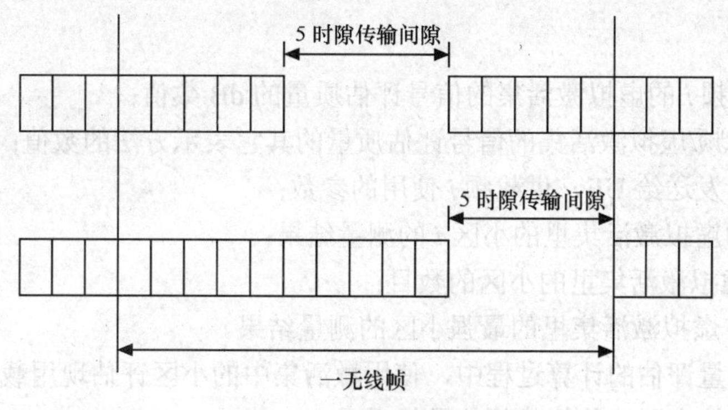

图 4-24　单帧传输间隔

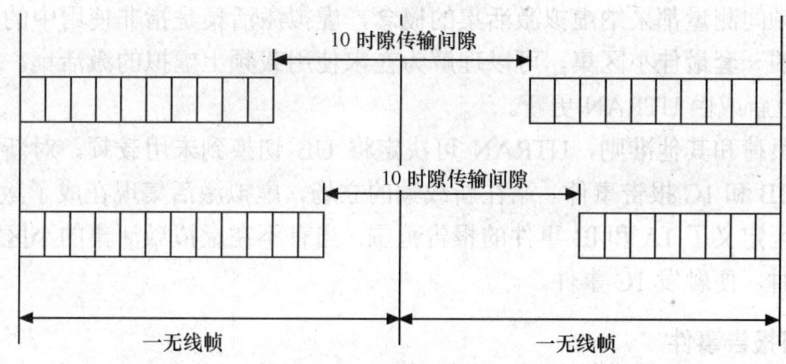

图 4-25　双帧传输间隔

TGL 压缩模式期间的长度可取 3、4、5、7、10 和 14。其中 3、4、5、7 可以通过单帧或双帧方式实现，但是 10 和 14 必须采用双帧方式。

用 N_{first} 代表连续空闲时隙的起始时隙号，其取值为 0～14。并且，用 N_{last} 代表间隔的最后空闲时隙号。在压缩模式中，在传输间隔长度内，从时隙 N_{first}～N_{last} 不能用作数据传输。

如果 $N_{first}+TGL\leqslant 15$，则 $N_{last}=N_{first}+TGL-1$，这就叫单帧传输间隔。

如果 $N_{first}+TGL>15$，则 $N_{last}=(N_{first}+TGL-1)\bmod 15$（在下一无线帧），这就叫双帧传输间隔。对于双帧传输间隔，N_{first} 和 TGL 的选择必须保证在每个无线帧中至少 8 个时隙不是空闲的。

4.2.4　载频间切换

对于获得 3G 牌照的运营商而言，一般不会仅使用一个载频，需要多个载频进行扩容。对于载频间切换，仅仅测量同频小区是不够的。UTRAN 会在测量控制消息中发送载频间测量报告信息。UE 需要测量异频小区并发送导频测量报告。对于异频小区，除了同频测量报告准则以外，还备有载频间测量报告准则。

1．载频间切换

载频间切换由 2A～2F 载频间报告事件触发。这些报告事件是基于载频信号质量估计结果。载频信号质量评估的定义如下：

$$Q_{\text{frequency j}} = 10\log(M_{\text{frequency j}}) = W_j 10\log\left\{\sum_{i=1}^{N_{\text{Aj}}} M_{ij}\right\} + (1-W_j)10\log(M_{\text{Best j}}) \tag{4-6}$$

其中，

$Q_{\text{frequency}\,j}$ 是载频 j 的虚拟激活集的信号评估质量的 dB 数值；

$M_{\text{frequency}\,j}$ 是载频/虚拟激活集的信号评估质量的其它表示方法的数值；

W_j 是 UTRAN 发送给 UE，供载频 j 使用的参数；

M_{ij} 是载频 j 的虚拟激活集里的小区 i 的测量结果；

$N_{\text{A}j}$ 是载频 j 虚拟激活集里的小区的数目；

$M_{\text{best}\,j}$ 是载频 j 虚拟激活集里的最强小区的测量结果。

在载频信号质量评估的计算过程中，使用激活集中的小区评估现用载频信号的质量，并使用虚拟激活集中的小区评估新载频信号的质量。

所有的载频间测量都采纳虚拟激活集的概念，虚拟激活集是指非使用中的载频（以下简称未用载频）的一套最佳小区集，可以理解为在未使用载频上虚拟的激活集。虚拟激活集可以由 UE 自主更新或由 UTRAN 更新。

根据小区负荷和其他准则，UTRAN 可决定将 UE 切换到未用载频。对新载频的小区使用同载频 lA、1B 和 1C 报告事件。站在新载频的立场，虚拟激活集现在成了激活集。针对虚拟激活集的小区定义了 1A 和 lB 事件的报告范围。当有不在虚拟激活集的小区强于虚拟激活集的某个小区时，便触发 1C 事件。

2．载频间报告事件

载频间报告事件包括 2A～2F 的报告事件，适用范围、触发条件及其参数含义如表 4-3 所示。

表 4-3　载频间报告事件

报告事件	适用范围	触发条件及参数含义
2A	用于更换最佳载频	$Q_{\text{NotBest}} \geqslant Q_{\text{best}} + H_{2\text{A}}/2$ 式中： Q_{NotBest} 是该未用载频的评估质量； Q_{Best} 是现用载频的评估质量； $H_{2\text{A}}$ 是 2A 事件的迟滞值
2B	现用载频的评估质量低于一定的门限值而且有一个未用载频的评估质量高于一定的门限值的时候	$Q_{\text{Non used}} \geqslant \text{T}_{\text{Non used 2B}} + H_{2B}/2$ $Q_{\text{Used}} \leqslant \text{T}_{\text{used 2B}} - H_{2B}/2$ 式中： $Q_{\text{Non used}}$ 是高于绝对门限值的未用载频的评估质量； $T_{\text{Non used 2B}}$ 是未用载频的绝对门限值； $H_{2\text{B}}$ 是事件的迟滞值； Q_{Used} 是现用载频的评估质量 $T_{\text{Used 2B}}$ 是现用载频的绝对门限值

续表

报告事件	适用范围	触发条件及参数含义
2C	某个未用载频的评估质量高于一定的门限值时	$Q_{\text{Non used}} \geqslant T_{\text{Non used 2C}} + H_{2C}/2$ 式中： $Q_{\text{Non used}}$ 是未用载频的信号质量估计值； $T_{\text{Non used 2C}}$ 是未用载频的绝对门限值； H_{2C} 是 2C 事件的迟滞值
2D	现用载频的评估质量低于一定的门限值时	$Q_{\text{Used}} \leqslant T_{\text{Used 2D}} - H_{2D}/2$ 式中： Q_{Used} 当前使用频率的信号质量估计值； $T_{\text{Used 2D}}$ 是 2D 事件现用载频的绝对门限值； H_{2D} 是 2D 事件的迟滞值
2E	未用载频的评估质量低于一定的门限值时	$Q_{\text{Non used}} \leqslant T_{\text{Non nsed 2E}} - H_{2E}/2$ 式中： $Q_{\text{Non used}}$ 是未用载频的信号质量估计值； $T_{\text{Non used 2E}}$ 是未用载频的绝对门限值； H_{2E} 是事件 2E 的迟滞值
2F	现用载频的评估质量高于一定的门限值	$Q_{\text{Used}} \geqslant T_{\text{Used 2F}} + H_{2F}/2$ 式中： Q_{Used} 当前使用频率的信号质量估计值； $T_{\text{Used 2F}}$ 是现用载频的绝对门限值； H_{2F} 是事件 2F 的迟滞值

4.2.5 系统间切换

系统间切换是指将 UE 与 UTRAN 的连接转到另一种无线接入技术（如 WCDMA 系统和 cdma2000、TD-SCDMA、GSM 等系统之间的切换），或者将 UE 与其他无线技术之间的连接转到 UTRAN 上。本节将介绍 WCDMA 和 GSM 间的系统间切换。

1. 系统间切换

执行系统间切换的首要条件是 UE 是双模手机，具备系统间切换的能力。UTRAN 在测量控制消息中发送一个包含有关系统间切换测量信息单元。UE 在测量控制消息中定义了 GSM 相邻小区，系统间测量报告事件的触发准则。当触发条件满足时，UE 将执行系统间切换过程。对于 WCDMA 到 GSM 的切换，需要使用压缩模式来进行系统间测量。

UE 在比较 UTRAN 信号质量和其他系统小区的信号质量时，载频的信号质量定义如下：

$$Q_{\text{UTRAN}} = 10\log(M_{\text{UTRAN}}) = W10\log\left\{\sum_{i=1}^{N_A} M_i\right\} + (1-W)10\log(M_{\text{Best}}) \quad (4\text{-}7)$$

其中：

Q_{UTRAN} 是当前 UTRAN 载频的评估质量的 dB 数值；

M_{UTRAN} 是当前 UTRAN 载频的评估质量的其它表示法数值；

W 是 UTRAN 发送给 UE 的参数；

M_i 是激活集中小区 i 的测量结果；

N_A 是激活集中小区的数目；

M_{Best}是激活集中最强小区的测量结果。

2．触发事件

系统间报告事件包括3A～3D的报告事件，适用范围、触发条件及其参数含义如表4-4所示。

表4-4　系统间报告事件

报告事件	适用范围	触发条件公式及其参数含义
3A	现UTRAN载频的评估质量低于一定的门限值，并且其他系统载频的评估质量高于一定的门限值	$Q_{Used} \leqslant T_{Used} - H_{3A}/2$ 且 $M_{Other\ RAT} + CIO_{Other\ RAT} \geqslant T_{Other\ RAT} + H_{3A}/2$ 式中： Q_{used}是UTRAN载频信号质量的估计值； T_{Used}应用于UTRAN载频上的信绝对门限值； H_{3A}是与测量事件3A相关的迟滞值； $M_{Other\ RAT}$是其他系统（如GSM）上信号质量估计值； $CIO_{Other\ RAT}$是其他系统小区的小区特定偏置； $T_{Other\ RAT}$是应用与其他系统的绝对门限值
3B	其他系统载频的评估质量低于一定的门限值	$M_{Other\ RAT} + CIO_{Other\ RAT} \leqslant T_{Other\ RAT} - H_{3B}/2$ 式中： $M_{Other\ RAT}$是其他系统（GSM）上信号质量估计值； $CIO_{Other\ RAT}$是其他系统小区的小区特定偏置； $T_{Other\ RAT}$是应用与其他系统的绝对门限值 H_{3B}是与测量事件3B相关的迟滞值
3C	其他系统载频的评估质量高于一定的门限值	$M_{Other\ RAT} + CIO_{Other\ RAT} \geqslant T_{Other\ RAT} + H_{3C}/2$ 式中： $M_{Other\ RAT}$是其他系统（如GSM）上信号质量估计值； $CIO_{Other\ RAT}$是应用与其他系统的绝对门限值 $T_{Other\ RAT}$是应用与其他系统的绝对门限值 H_{3C}是与测量事件3C相关的迟滞值
3D	其他系统中的最佳小区发生改变	$M_{New} \geqslant M_{Best} + H_{3D}/2$ 式中： M_{New}是其他系统（如GSM）上新小区的质量测量值； M_{Bset}是其他系统上已有小区的质量测量值； H_{3D}是与测量事件3D相关的迟滞值

3．系统间切换信令流程

WCDMA向GSM的电路域切换信令流程如图4-26所示。

当WCDMA所处的载频的信号强度低于某个门限值时，UE会向网络侧发送测量报告。RNC决定执行系统间测量，会启动压缩模式，并把压缩模式相关的参数发送给Node B和UE。WCDMA向GSM的切换信令流程如下。

（1）在得到网络侧压缩模式指令后，UE会测量相邻GSM小区的相关参数，如载频RSSI，频段指示和BSIC标识等，并向RNC发送测量报告（Measurement Report）消息。

（2）如果GSM小区的信号超过一个给定的门限，而WCDMA小区信号不满足条件，则RNC决定执行WCDMA向GSM的系统间切换。RNC会向核心网发送一个RANAP重定位请求（Relocation Required）消息，其中会包含系统间切换参数。

（3）核心网将系统间切换消息转发给目标 GSM BSS，GSM BSS 将预留系统间切换所需要的资源，然后发送切换命令（Handover Command）给核心网，GSM BSS 已经为切换分配专用信道资源，核心网会将切换命令通过 RNC 转发给 UE。

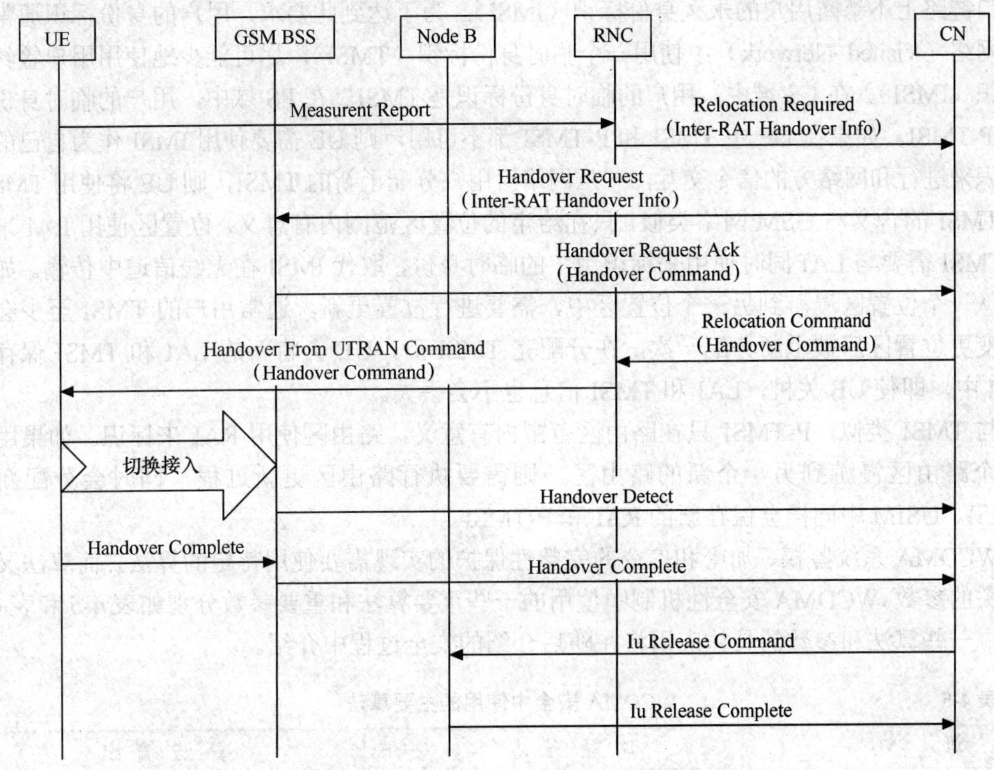

图 4-26　WCDMA 向 GSM 的切换信令流程

（4）UE 根据 RNC 信息在 GSM BSS 接入，并在接入成功后发送一个切换完成（Handover Complete）消息给 GSM BSS，GSM BSS 将切换完成消息发送给核心网。

（5）核心网向 UTRAN 发送 Iu 释放命令（Iu Release Command）消息用于拆除所有 UTRAN 和 Iu 接口上与 UE 呼叫相关的专用资源，UTRAN 回应 Iu 释放完成（Iu Release Complete）消息给核心网。在 UTRAN 侧的专用资源被成功释放。

WCDMA 系统中，GSM 和 WCDMA 系统间切换不仅包括电路域的双向切换，还包括分组域的双向切换。实际应用中可以根据覆盖情况采用不同的切换策略。

4.3　WCDMA 系统安全

移动通信系统的安全除了与有线通信系统相同的部分外，重点需要考虑移动通信系统特殊的部分——空中接口部分的安全问题，即网络接入的安全问题。WCDMA 系统的安全机制继承了 GSM 系统的安全架构，同时对 GSM 的安全机制进行了改进。WCDMA 系统的接入安全主要包含以下几个方面：

（1）临时身份标识（TMSI）的使用；

（2）系统中用户与网络的相互鉴权；

（3）空中接口信令数据的完整性保护；

（4）空中接口数据的加密。

临时身份标识（TMSI）的使用是为了满足用户标识的保密性而引入的，即要求保证在空中接口链路上不暴露用户的永久身份标识（IMSI）。为了达到此要求，用户的身份标识通常在访问网络（Visited Network）中使用一个临时身份标识（TMSI），尽可能少地使用用户签约身份标识（IMSI）。在CS域中，用户的临时身份标识是TMSI。在PS域中，用户的临时身份标识是P-TMSI。如果在UE中TMSI和P-TMSI都不可用，则UE需要使用IMSI作为自己的身份标识来进行和网络方的信令交互，一旦网络给用户分配了新的TMSI，则UE将使用TMSI。

TMSI的含义与GSM网络类似，只在给定的位置区范围内有意义。位置区使用LAI来标识，TMSI需要与LAI同时使用来标识用户的临时身份，取代IMSI在无线信道中传输。如果用户从一个位置区漫游到另一个位置区中，需要进行位置更新。通常用户的TMSI至少会在用户变更位置区后被重新分配一次。在分配完TMSI后，UE会将新的LAI和TMSI保存在USIM中，即使UE关机，LAI和TMSI信息也不会丢失。

与TMSI类似，P-TMSI只在路由区范围内有意义，路由区使用RAI来标识。如果用户从一个路由区漫游到另一个新的路由区，则需要执行路由区更新过程，同时会分配新的P-TMSI。USIM中同样会保存新的RAI和P-TMSI。

WCDMA系统鉴权、加密和信令的完整性保护的实现需要使用特定的算法，而算法又需要相关的参数。WCDMA安全性机制中使用的一些重要算法和重要参数分别如表4-5和表4-6所示，一些算法和参数的具体应用将在随后介绍的安全过程中介绍。

表4-5　WCDMA安全中使用的主要算法

算　法	功能描述	算法输出
f0	产生鉴权使用的随机数	RAND
f1	网络鉴权功能	MAC-A/XMAC-A
f1*	网络鉴权功能的重新同步	MAC-S/XMAC-S
f2	用户鉴权功能	RES/X-RES
f3	产生加密键CK	CK
f4	产生完整性保护键IK	IK
f5	产生匿名键AK	AK
f5*	在鉴权重同步过程中产生AK	AK
f8	UMTS中的加密算法	密文
f9	UMTS中的完整性保护算法	MAC-I/XMAC-I

表4-6　WCDMA安全中使用的主要参数

参　数	定　义	比特长度
K	在USIM中和AuC中预先存储的键值	128
RAND	AuC中产生的随机数	128
SQN	序列号	48
AK	匿名键	48
AMF	鉴权管理参数	16

续表

参 数	定 义	比特长度
MAC	消息鉴权码	64
CK	加密键	128
IK	完整性保护键	128
RES	用户响应	32～128
XRES	网络方希望移动台给出的响应	32～128
AUTN	鉴权参数	128 = 16 + 64 + 48
AUTS	鉴权重同步参数	96～128
MAC-I	用于数据完整性保护的消息鉴权码	32

4.3.1 鉴权过程

WCDMA 中的安全认证过程完全是双向的，这样做使整个安全认证过程更加严密，提高了系统的可靠性。空中接口加密和完整性保护相应算法所需要的加密键（Cipher Key，CK）和完整性保护键（Integrity Key，IK）是在安全认证过程中产生的，这样使空中接口的加密和安全性保护过程建立在成功安全认证的基础之上，从而使整个安全机制更加合理和严密。

用户与网络交互的过程中，鉴权功能在以下情况下可能被调用。

（1）当用户在网络中第一次注册时，网络方必须触发一个鉴权过程，以实现网络和用户的双向身份认证；

（2）在呼叫处理过程中，位置更新、GPRS 的附着、GPRS 去附着等过程中也可以触发鉴权过程。

1．鉴权过程功能

鉴权过程是几乎所有移动通信系统必须具备的功能，没有鉴权也就没有合法身份的验证。WCDMA 的鉴权过程具有如下功能。

（1）网络方检查移动台发送的身份标识是否合法；

（2）提供鉴权参数五元组中的随机数数组；

（3）向移动台提供新的加密键（CK）；

（4）向移动台提供新的完整性保护键（IK）；

（5）允许移动台验证网络方的合法性。

2．鉴权中心鉴权参数的生成

（1）五元组包括的鉴权参数

① *RAND*（Random Challenge），随机数；

② *XRES*（Expected User Response），网络方希望移动台给出的响应；

③ *AUTN*（Authentication token），鉴权参数；

④ *CK*（Cipher key），加密键；

⑤ *IK*（Integrity key），完整性保护键。

（2）鉴权参数的生成

在归属网络鉴权中心产生鉴权参数五元组的原理如图 4-27 所示。

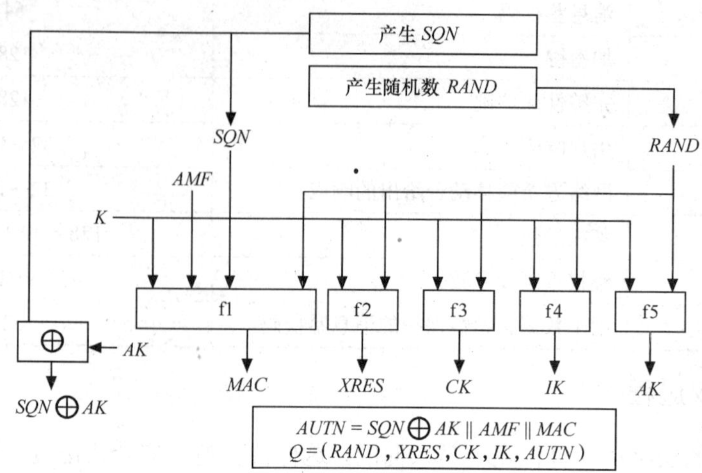

图 4-27 鉴权中心鉴权参数的产生

鉴权参数的生成过程中用到的参数有：

① *K* 是一个保存在 USIM 中和 AuC 中的 128bit 的二进制数；

② *SQN* 是一个 48bit 的序号，在生成一个鉴权参数时，AuC 总是要使用新 *SQN*，有关 *SQN* 是否更新的确认是在 USIM 端来完成的；

③ *AMF* 为 16bit 二进制数；

④ *RAND* 由伪随机序列发生器生成。

其他鉴权参数的计算公式如下：

$$XRES = f2_K(RAND);$$

$$CK = f3_K(RAND);$$

$$IK = f4_K(RAND)。$$

AUTN 的生成还与 *SQN* 有关。

$$MAC = f1_K(SQN \| RAND \| AMF);$$

$$AK = f5_K(RAND);$$

$$AUTN = SQN \oplus AK \| AMF \| MAC。$$

消息鉴权码（*MAC*）用于用户对网络进行鉴权，终端用户会通过收到的鉴权参数自己计算一个 *XMAC*，并将 *XMAC* 与收到的 *MAC* 值进行比较，以此来检查网络的合法性。

最后得到鉴权五元组（Quintets）*Q*＝（*RAND*，*XRES*，*CK*，*IK*，*AUTN*）。

3. USIM 中的鉴权及鉴权参数的生成

USIM 中的鉴权过程如图 4-28 所示。

移动台在接收到来自网络的鉴权请求消息后，移动台会根据其中的 RAND 和 AUTN 参数作以下处理。

（1）USIM 计算匿名键 *AK*，$AK = f5_K(RAND)$。接着根据 *AK* 值恢复 *SQN*，$SQN = (SQN \oplus AK) \oplus AK$。

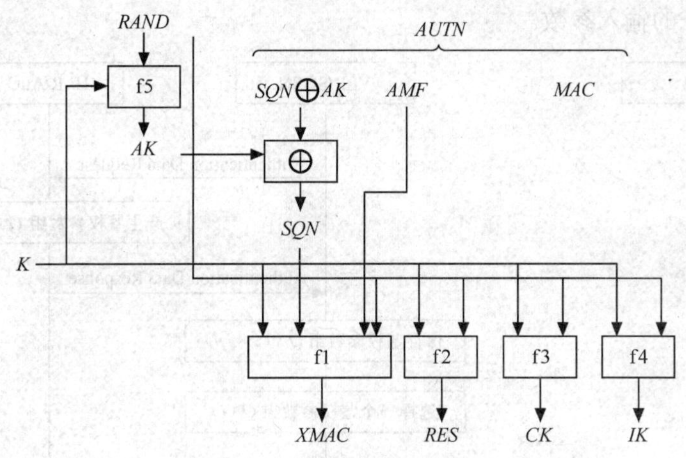

图 4-28 USIM 中的鉴权过程

（2）USIM 计算 *XMAC* 值，$XMAC = \mathrm{f1}_{\mathrm{K}}\,(SQN \parallel RAND \parallel AMF)$。

（3）在 USIM 侧的鉴权过程中也需要计算 *CK*、*IK*、*RES* 几个参数。

$$RES = \mathrm{f2}_{\mathrm{K}}\,(RAND);$$

$$CK = \mathrm{f3}_{\mathrm{K}}\,(RAND);$$

$$IK = \mathrm{f4}_{\mathrm{K}}\,(RAND)。$$

USIM 将 *XMAC* 值和从网络方接收到的 *MAC* 进行比较，如果二者不相同，则移动台向 VLR/SGSN 发送鉴权拒绝消息，指示网络鉴权不成功，同时，VLR/SGSN 也可能发起一个新的身份检查或者鉴权过程；如果二者相等，则表明已经通过网络方的合法性认证。

USIM 中也会确认恢复出的 *SQN* 值是否在正确范围。如果 *SQN* 超出了有效数值范围，则 USIM 会发送鉴权拒绝消息，指示网络鉴权不成功；如果对 *SQN* 的检查通过，将回复用户鉴权响应消息。

4．WCDMA 中的鉴权与键值协商过程

鉴权的前提条件是用户和网络方都拥有一个鉴权参数 *K*，*K* 是一个 128bit 的二进制数，每个用户使用不同的 *K*，*K* 只在用户的 USIM 中和用户归属网络中的鉴权中心（AuC）保存。WCDMA 中的鉴权与键值协商过程如图 4-29 所示。

（1）移动用户所属的 VLR 或 SGSN 向用户归属网络的 HLR/AuC 发送鉴权请求（Authentication Data Request）消息。在用户的归属网络中，AuC 产生鉴权参数组后，HLR/AuC 向 VLR/SGSN 发送鉴权响应（Authentication Data Response）消息。在此消息中包含用户的一个或多个鉴权参数组，最多的鉴权参数组为 5 个。

（2）VLR/SGSN 在收到鉴权参数组消息后，将所有鉴权参数组保存在本地的数据库中。然后 VLR/SGSN 会从来自归属网络 HLR/AuC 的鉴权参数组中选择一个特定的鉴权参数组 *Q*(*i*)，并将 *Q*(*i*)中的两个参数 *RAND* 和 *AUTN* 通过一个 NAS 层消息发送至移动台侧。在移动台侧检查 *AUTN* 的正确性，通过这一机制来完成用户对网络测合法性的检查。

（3）VLR/SGSN 在收到用户的 *RES* 参数后，会与已经保存的 *X-RES* 参数进行比较，如果二者一致，则表示通过了网络方对用户的鉴权，至此双向鉴权过程已经完成。

（4）最后网络方和用户方将会选择相应的 *CK*(*i*)和 *IK*(*i*)，这两个参数分别作为加密算法

和完整性保护算法的输入参数。

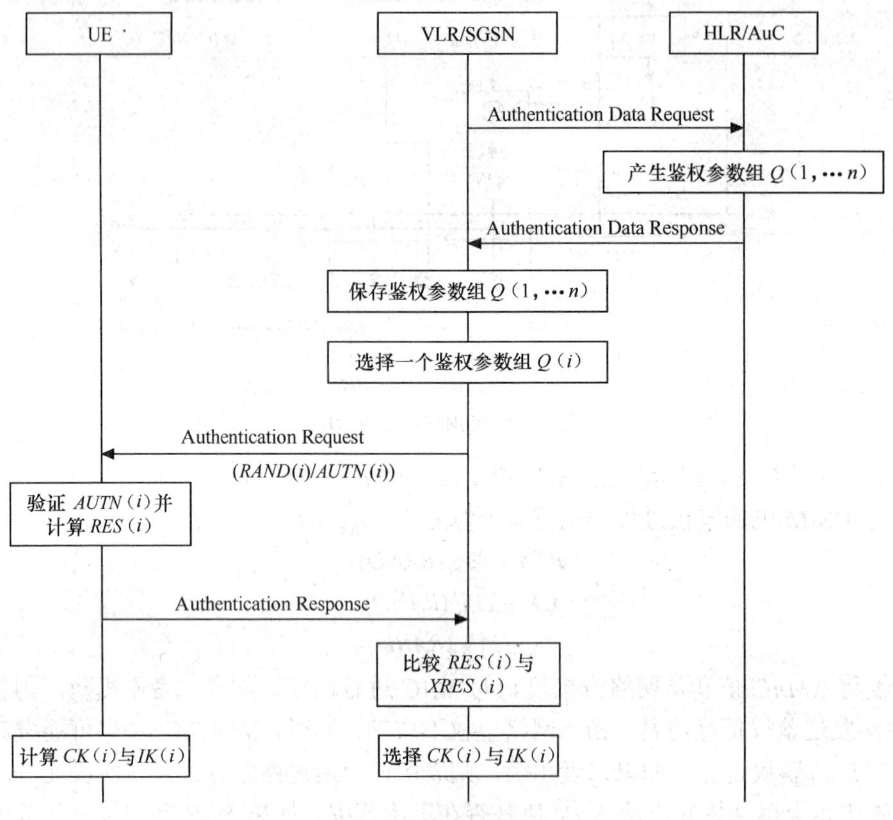

图 4-29 WCDMA 中的鉴权与键值协商过程

在键值的生成过程中，*CK* 和 *IK* 这两个主要参数并没有在空中接口中进行传输，而是通过约定的方法保证双方拥有相同的数值。加密和完整性保护功能都是在 RNC 和 UE 两端完成的，VLR/SGSN 还会通过 Iu 接口的 RANAP 消息来通知 RNC 使用的 *CK*、*IK* 参数、加密算法和完整性保护算法。

4.3.2 信令和业务数据的加密

无线通信系统中空中接口数据传输的开放性使得网络与终端的发射数据更容易被截获、进而被恶意攻击，通过对空中接口数据的加密过程可以有效地提高整个系统的安全性。WCDMA 在空中接口无线链路的加密主要包括以下内容：

（1）加密键的生成；

（2）加密算法的实现；

（3）用户数据的加密；

（4）信令的加密。

加密键的生成是在鉴权过程中完成的，而加密算法的实现则是通过安全模式信令过程来完成的。用户数据的加密和空中接口信令的加密是双向的，分别在 RNC 和 UE 中完成，SRNC 和 UE 需要保存和加密相关的上下文（如 CK 等）。

根据传输模式的不同，信令和业务数据的加密功能可以在 RLC 子层或 MAC 子层来完成。

如果无线承载使用非透明的 RLC 模式(有应答方式或者无应答方式),加密在 RLC 子层完成;如果无线承载使用透明 RLC 模式，则加密在 MAC 子层完成。

图 4-30 所示为使用加密算法 f8 得到加密用的键流数据块，并通过这个加密用的键流数据块与未加密的明文数据流进行异或运算，从而得到在空中接口传送的密文。非法用户即使得到了空中接口传送的密文，由于缺少恢复明文所需的加密用的键流数据块，同样不能正确读出明文的内容。在接收端，通过一组同样的参数可以得到加密时使用的加密用的键流数据块，这样通过加密用的键流数据块与密文进行异或操作，就可以将明文恢复出来，完成业务数据的解密。

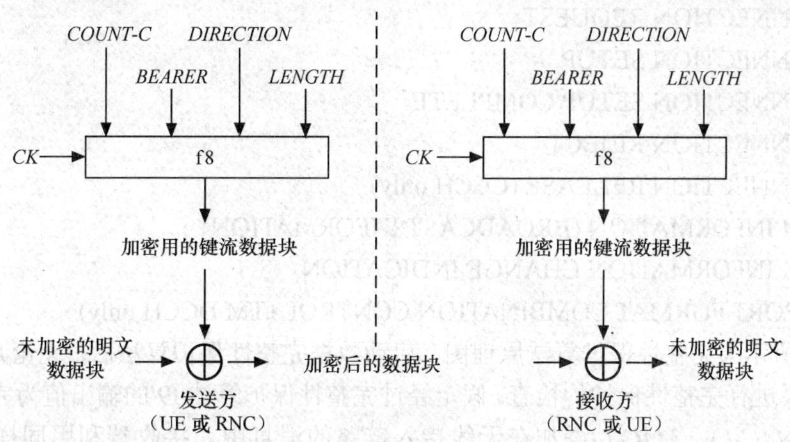

图 4-30 WCDMA 空中接口加密算法

产生“加密用的键流数据块”的输入参数如下。

(1) 加密键(Cipher Key，*CK*)，鉴权过程中生成。

(2) 加密序列号(*COUNT-C*)，为与时间有关的参数，与时间的相关性通过 RRC 消息的序号 *SN* 来实现。

(3) 无线承载标识(*BEARER*)，为了避免所有的无线承载使用同一组加密参数而引入的参数，保证每个无线承载有一个 *BEARER*。

(4) 加密数据的传输方向(*DIRECTION*)，为了避免上下行加密键流不同而引入的参数。

(5) 键流长度(*LENGTH*)，用于指示需要生成的键流数据块的长度。

4.3.3 数据完整性保护

数据的完整性保护是指在数据的收端和发端之间检验数据是否正确传输的一种机制。通常在发送端根据完整性保护算法将完整性检查的信息加入到数据中进行发送，在接收端根据接收到的数据中含有的完整性保护信息对接收到的数据进行检查。

WCDMA 系统在用户端和网络间传输的多数控制信令信息需要数据的完整性保护，并且数据完整性保护过程是双向的，即在用户端和网络端都需要进行完整性保护。根据 3GPP 的规定，只对信令数据进行完整性保护，完整性保护主要包含以下内容。

(1) 完整性保护键的生成;

(2) 完整性保护算法的实现。

完整性保护键的生成是在鉴权过程中完成的，完整性保护算法的实现是通过安全模式协商信令过程来完成的。

作为 WCDMA 系统安全性的一部分，UE 和 SRNC 需要对空中接口的 RRC 消息实行完整性保护（完整性保护仅限于信令消息，对于业务数据，不需要进行完整性保护）。除以下信令消息外，所有的信令消息都需要完整性保护。

HANDOVER TO UTRAN COMPLETE

PAGING TYPE 1

PUSCH CAPACITY REQUEST

PHYSICAL SHARED CHANNEL ALLOCATION

RRC CONNECTION REQUEST

RRC CONNECTION SETUP

RRC CONNECTION SETUP COMPLETE

RRC CONNECTION REJECT

RRC CONNECTION RELEASE (CCCH only)

SYSTEM INFORMATION (BROADCAST INFORMATION)

SYSTEM INFORMATION CHANGE INDICATION

TRANSPORT FORMAT COMBINATION CONTROL (TM DCCH only)

图 4-31 所示为完整性保护算法原理图，启动数据完整性保护算法后，无论是在 UE 侧还是网络侧都要进行完整性保护的检查。假定经过完整性保护算法 f9 的输出值为完整性保护消息鉴权码（*MAC-I*），*MAC-I* 添加在无线接入链路的消息中。接收端利用同样的方法计算 *XMAC-I*，并与接收端收到的 *MAC-I* 进行比较。如果 *XMAC-I* 与 *MAC-I* 一致，则通过数据完整性保护；如果 *XMAC-I* 与 *MAC-I* 不一致，则数据完整性保护失败。完整性保护功能对于上行和下行方向是同时有效的，上行和下行分别使用不同的参数。

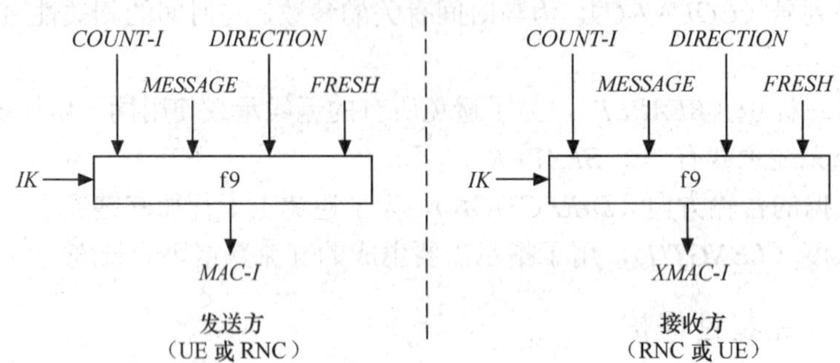

图 4-31　完整性保护算法

完整性保护算法中的主要输入参数如下。

（1）完整性保护键值（Integrity Key，*IK*），鉴权过程中产生；

（2）加密序列号（*COUNT-I*），为与时间有关的参数，与时间的相关性通过 RRC 消息的序号 *SN* 来实现；

（3）RNC 中产生的随机数（*FRESH*），每个用户只有一个随机数，通过使用 *FRESH*，保证每次完整性保护时使用新的参数；

（4）加密数据的传输方向（*DIRECTION*），为了避免上下行完整性保护算法的不同而引入的参数；

（5）*MESSAGE* 为信令数据。

4.4 WCDMA 系统中呼叫的建立过程

WCDMA 系统可以完成多种类型的呼叫业务，主要包括电路域的语音业务、视频业务，分组域的数据业务，语音和数据的并发业务等。语音业务采用自适应多速率（AMR）业务的形式。下面分别介绍 AMR 语音业务、视频业务和分组数据业务的呼叫流程。

4.4.1 电路域呼叫过程

1. 电路域语音呼叫过程

（1）移动用户主叫（MOC）

移动用户 AMR 语音业务主叫过程如图 4-32 所示。主要过程如下。

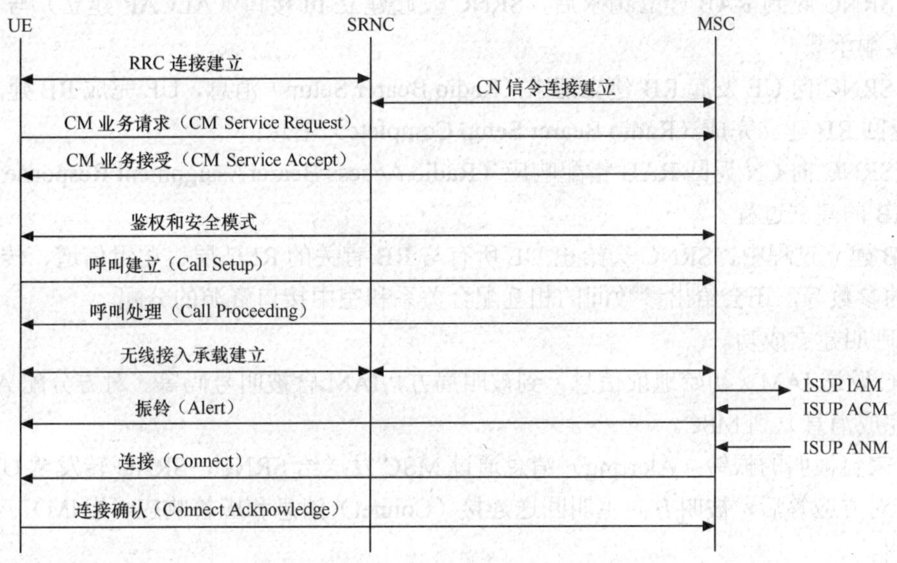

图 4-32 移动用户主叫过程

① RRC 连接建立。为了成功进行呼叫，UE 将发起 RRC 连接建立过程，建立起与 RNC 之间的信令连接。对于 NAS 协议，因为是终结于核心网的，所以 RNC 不对 RRC 消息中承载的 NAS 消息进行解析。RRC 连接可以建立在 FACH 或者 DCH 上。

② CM 业务处理。RNC 建立起与 CN 之间的信令连接后。UE 发起 CM 业务接入请求（CM Service Request）消息到核心网表明所需要的服务，其中连接管理（CM）为 UMTS 电路域非接入层的子层。CM Service Request 消息用于 UE 向网络方请求 CM 子层的服务，包括 CS 域连接的建立、短消息传输和定位服务等。此处 CM 业务接入请求消息内容为 UE 需要建立移动用户主叫过程，SRNC 直接将消息传送到核心网。

UE 和核心网间的信令交互需要建立专用的信令连接。在空中接口上，使用 RRC 连接用于传输 NAS 信令消息，Iu 接口上通过 SCCP 连接来实现，RANAP 消息通过 SCCP 消息来承载。系统接受 CM 业务接入请求（CM Service Request）消息后，回传 CM 业务接入接受（CM Service Accept）消息，接着系统发起鉴权和加密过程。

③ 鉴权和安全模式。鉴权过程需要完成网络和 UE 之间相互的鉴权认证、UE 和核心网之间和安全性算法相关的键值的更新（完整性保护键 IK、加密键 CK）、安全模式的设

定等。实现核心网、SRNC、UE 间有关系统完整性保护、加密需要的参数、算法的协商。

④ 呼叫控制。UE 向 MSC 发送呼叫控制（Call Control，CC）建立（Setup）消息，在建立（Setup）消息中主要包括主叫号码信息、被叫号码信息、呼叫需要的传输承载资源信息（语音、传真等）等。Setup 消息也可以用于其它通信系统，如 Q.931、GSM 系统等。

核心网向 UE 回送呼叫处理（Call Proceeding）消息，用于指示核心网已经确认 UE 发出的被叫号码正确与否，如果正确核心网将按照 UE 的呼叫请求进行路由处理。

⑤ 无线接入承载（RAB）建立。CN 响应 UE 的业务请求，要求 RNC 建立相应的无线接入承载（RAB），以提供业务所需的 QoS 和用户面信息。

- CN 向 UTRAN 发送 RAB 指配请求（RAB Access Bearer Assignment Request）消息，请求建立 RAB；
- SRNC 收到 RAB 建立请求后，SRNC 发起建立 Iu 接口（ALCAP 建立）与 Iub 接口的数据传输承载；
- SRNC 向 UE 发起 RB 建立请求（Radio Bearer Setup）消息，UE 完成 RB 建立后，向 SRNC 返回 RB 建立完成（Radio Bearer Setup Complete）消息；
- SRNC 向 CN 返回 RAB 指配响应（Radio Access BearerAssignment Response）消息，结束 RAB 的建立过程。

RAB 建立过程中，SRNC 会给出 UE 所有与 RB 有关的 RLC 层、逻辑信道、传输信道、物理层的参数等，还会给出参数间的相互配合关系和空中接口资源的分配。

⑥ 呼叫建立成功。

MSC 发送 IAM（初始地址信息）到被叫局方，IAM 含被叫号码等。对方分配 ACM（发送地址完成消息）到 MSC。

- 来自被叫的振铃（Alerting）消息通过 MSC 发送给 SRNC，SRNC 转发至 UE；
- 对方应答后，被叫方向主叫回送连接（Connet）消息和应答响应（ANM），表示可以接收呼叫。
- UE 收到连接（Connet）消息后，将发送连接确认（Connet Acknowledge）消息作为应答。

至此，主叫和被叫间成功建立了语音通路。

（2）移动用户被叫（MTC）

移动用户作为被叫时，假定用户已经附着在网络上，即 UE 通过 IMSI 附着过程完成了注册过程，移动用户处于空闲（Idle）状态，那么核心网络需要通过发送寻呼消息来请求 UE 建立相应的连接。接收到寻呼消息后，UE 将启动相应的连接建立过程，其过程与移动用户作为主叫的流程大致类似，如图 4-33 所示。下面假设被叫所在的 MSC 接收到来自主叫 MSC 的 IAM（初始地址消息），其中包含被叫移动用户的号码等信息。移动用户被叫（MTC）呼叫过程如下。

① 寻呼过程。由于 UE 处于空闲模式，所以 MSC 需要通过 RANAP 寻呼（Paging）消息，由 UTRAN 发起寻呼过程。Paging 消息中包括 CN 域指示，NAS UE 号，可选参数如临时 UE 号码、寻呼区域、寻呼原因、DRX 周期长度系数等。UE 在不同的 RRC 状态下，具有不同的寻呼过程。

② RRC 连接。如果不存在 RRC 连接，UE 需要首先发起 RRC 连接建立过程。

RRC 连接建立完成后，UE 发送寻呼响应（Paging Response）消息到 MSC，此时 Iu 信令建立完成。Iu 信令连接建立完成后，如果存在 NAS UE 号（如 IMSI），则 MSC 将发送 Common ID 消息。此过程用于在 RNC 中创建起 UE 号与 UE 所使用的 RRC 连接之间的关系，以便协调CS或PS域的寻呼信息。

③ 鉴权和安全模式。实现核心网、SRNC、UE间有关系统完整性保护、加密需要的参数、算法的协商。

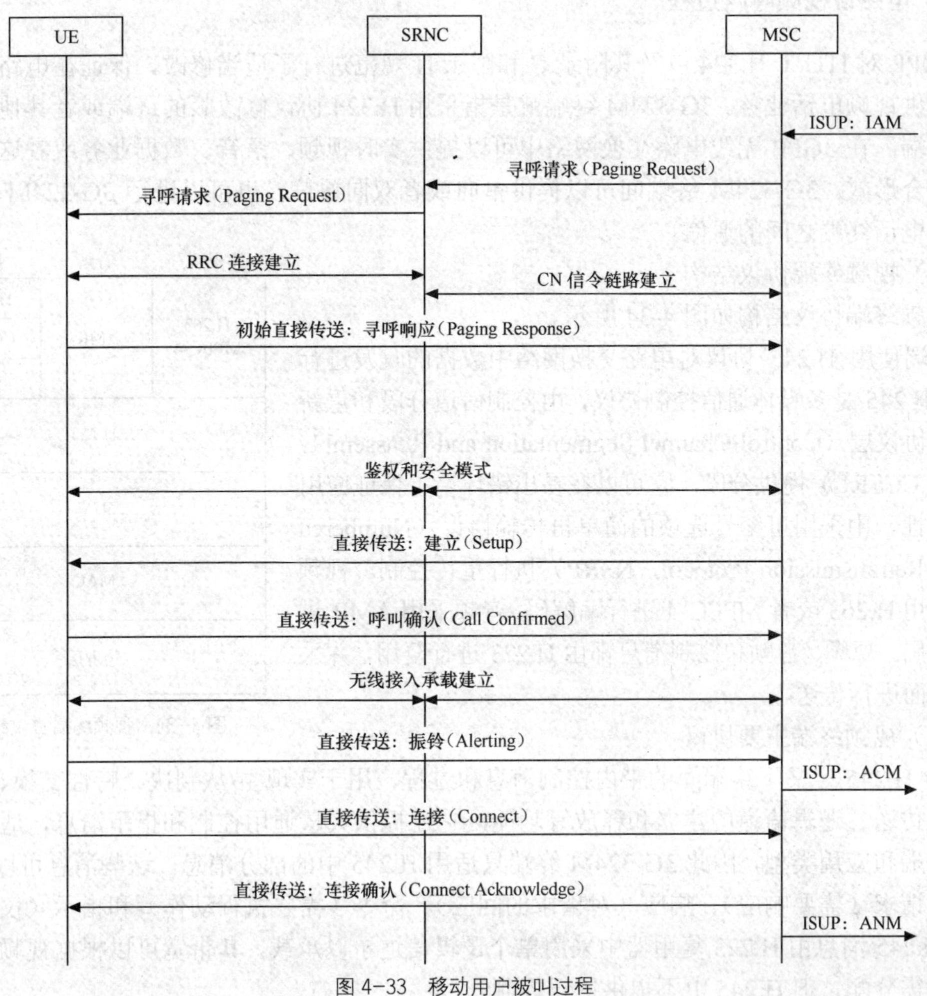

图4-33 移动用户被叫过程

④ 呼叫控制。MSC向UE发送呼叫控制（Call Control，CC）建立（Setup）消息，在Setup消息中主要包括承载特性、进程指示、Alert（振铃）、优先权等。

UE向MSC回送呼叫证实（Call Confirmed）消息，消息中主要包括承载特性、流标识SI（用于进行RAB与话务信道之间的关联）等。接收到Call Confirmed消息后，MSC将启动RAB建立过程。

⑤ RAB建立。RAB建立过程同移动用户主叫过程。

⑥ 呼叫成功。

- 如果Setup消息中包含Alerting单元，则话务信道分配完成后，UE侧发送振铃（Alerting）消息。
- MSC收到振铃消息后，发送地址完成消息（Address Complete Message，ACM）到主叫MSC。UE发送连接（Connect）消息，表示可以接收呼叫。
- 接收到连接（Connect）消息，话务信道设定和连接完成后，MSC发送连接确认

（Connect Acknowledge ）消息到 UE。MSC 发送应答（Answer Message，ANM）到主叫 MSC。

至此，主叫和被叫间成功建立了语音通路。

2. 电路域视频呼叫过程

3GPP 对 ITU-T H.324 以及其附录 C 和附录 H 规范进行了适当修改，保证在电路交换网络中提供视频电话业务。3G-324M 终端就是指采用 H.324 协议修改版的终端或者其他各种类型的终端，在 3GPP 无线电路交换网络中可以提供实时视频、语音、数据业务或者这几种业务的组合形式。3G-324M 终端间可以提供单向或者双向通信，也可以进行 3G-324M 与其他多媒体电话终端之间的通信。

（1）视频终端协议结构

视频终端协议结构如图 4-34 所示。

视频	音频	控制
H.263 MPEG-4	AMR	H.245 CCSRL NSRP
H.223		
RLC		
MAC		
物理层		

图 4-34　视频终端协议结构

终端使用 H.245 协议对电路交换网络中数据的收发进行协商。H.245 是多媒体通信控制协议，由控制信道分段和重新装配的协议层（Control Channel Segmentation and Reassembly Layer，CCSRL）提供分段，它可以在易出错环境下保证应用的可靠性。由采用可编号选项的简单再传输协议（Numbered Simple Retransmission Protocol，NSRP）执行重传控制。视频数据采用 H.263 或者 MPEG-4 进行编解码，音频采用 AMR 进行编解码。视频、音频和控制消息都由 H.223 进行复用，并采用用户面进行传送。

（2）视频终端主要协议

① H.245 定义了终端间的带内控制消息和过程，用于实现主/从判决、特性交换、H.223 复用表传送、逻辑信道的建立和释放等功能，它还提供大量通用控制和指示消息，适用于多数的终端和应用类型，因此 3G-324M 终端只适用 H.245 中的部分消息，这些消息可以分为 4 类，即请求（需要响应）、响应（对请求的回应）、命令（需要执行动作）和指示（仅提供信息）。H.245 消息由 H.223 复用器中采用单个逻辑信道予以承载，其带宽可以根据视频和音频呼叫按需分配，但 H.245 中不提供错误控制。

② H.324 最早设计用于 V.34 调制解调器，目前也支持 ISDN 和无线网络应用，因此它可以作为 3GPP 多媒体编解码的基础。为了作用于无线网络，H.324 定义了系统整体体系结构，并引入了控制（H.245）、复用（H.223）、视频（H.261 和 H.263）、文本（T.140）和音频（G.273.1）。

③ H.261 的视频编码标准出现在 1990 年的 ITU.H.261，是基于 ISDN 上视频会议的标准，引进了诸如动画预报和块传输等特性，这些都为生成高质图片奠定了基础，但 H.261 在动画信息的处理总量上有所限制。H.261 的格式有两种，分别有不同的解析度：QCIF：176 × 144 和 CIF：352 × 288。CIF 全名为 Common Intermediate Format，主要是为了要支援各种不同解析度的电影而被定义出來，例如 NTSC，PAL 电视系统。而 QCIF 则是 Quarter-CIF，也就是 CIF 解析度的一半。H.261 可以提供 64kbit/s 以及更高的视频质量。由于 H.261 一开始是架构在 ISDN B 上面，而 ISDN B 的传输速度为 64 kbit/s，所以 H.261 也被称为 Px64 (x = 1 to 30)。由于 H.261 对带宽的需求也很大（64kbit/s 到 2MB/s），所以主要定位在电路交换网络系统。

④ H.263 是 H.261 的扩展，其最初版本中定义了 4 个附属规范，用以提供增强编码的模

式操作。规范 F 为高级预测模式（Advanced Prediction Mode）；规范 D 为无限制运动向量（Unrestricted Motion Vectors）；规范 E 为算术编码（Arithmetic Coding），用以替代可变长度编码；规范 G 为 PB 帧（PB-frames），用以支持类似 MPEG 的双向预测。H.263 + 为新版本，增加了考虑高误差环境下的问题，因此更适合于 3GPP 多媒体编解码的应用。

⑤ MPEG-4 Visual（ISO/IEC 14496.2）是通用视频编解码规范，它的高效性和低错误率使得它更适合于 3G-324M 的应用。MPEG-4 提供多种格式的输入，它与 H.263 相兼容。

⑥ G273.1 用于多媒体业务中语音和其他音频信号的低速压缩，其速率为 5.3kbit/s 和 6.3kbit/s。

⑦ AMR 编解码使用 8 种源速率，分别为 12.2kbit/s、10.2kbit/s、7.95kbit/s、7.40kbit/s、6.70kbit/s、5.90kbit/s、5.15kbit/s 和 4.75kbit/s，更适合 3GPP 无线环境的变化和要求。

（3）视频呼叫流程

3G-324M 终端之间的呼叫过程与 AMR 语音建立过程类似，只是其中的无链路重配置、RAB 建立、呼叫建立（Setup）等消息具体内容有所不同，体现出视频数据业务的特性。其中包括信息传送特性、信息传送速率为 64kbit/s、传送模式为电路模式、速率适配（H.223/H.245）、主被叫号码等。3G-324M 终端之间视频主被叫呼叫流程如图 4-35 所示。

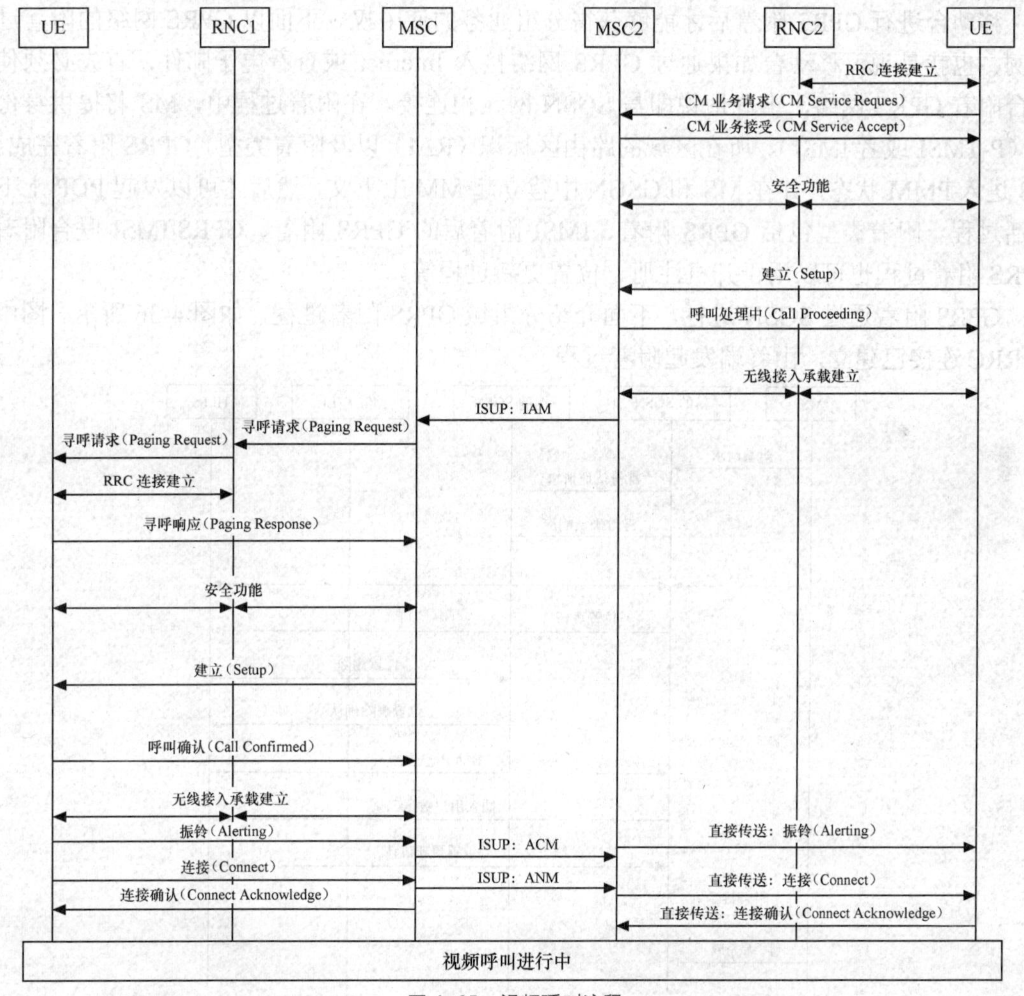

图 4-35 视频呼叫流程

4.4.2 分组域呼叫过程

分组域呼叫与电路域呼叫一样，也可以分为移动用户主叫和移动用户被叫两种情况。呼叫过程主要包括如下子过程。

- RRC 连接的建立；
- GPRS 附着/业务请求过程；
- 鉴权和安全模式；
- PDP 上下文激活过程；
- 无线接入承载（RAB）建立。

RRC 连接的建立、鉴权和安全模式、无线接入承载（RAB）建立的应用在电路域的呼叫过程中已经进行了分析，本节将介绍 GPRS 附着/业务请求过程和 PDP 上下文激活过程，最后简单介绍分组域呼叫过程。

1. GPRS 附着/业务请求过程

（1）GPRS 附着过程

移动台进行 GPRS 附着后才能够获得分组业务的使用权。下面以 GPRS 网络的附着过程为例，也就是说，移动台如果通过 GPRS 网络接入 Internet 或查看电子邮件，首先必须使移动台附着 GPRS 网络，准确地说即与 SGSN 网元相连接。在附着过程中，MS 将提供身份标识（P-TMSI 或者 IMSI）、所在区域的路由区标识（RAI）以及附着类型。GPRS 附着完成后，MS 进入 PMM 状态，并在 MS 和 GSGN 中建立起 MM 上下文，然后才可以发起 PDP 上下文激活过程。附着类型包括 GPRS 附着、IMSI 附着后的 GPRS 附着、GPRS/IMSI 联合附着。GPRS 附着过程也可以用于开机注册、位置更新过程等。

GPRS 附着通过 SGSN 进行，下面介绍分组域 GPRS 附着过程，如图 4-36 所示。图中假定 RRC 连接已建立，由终端发起附着过程。

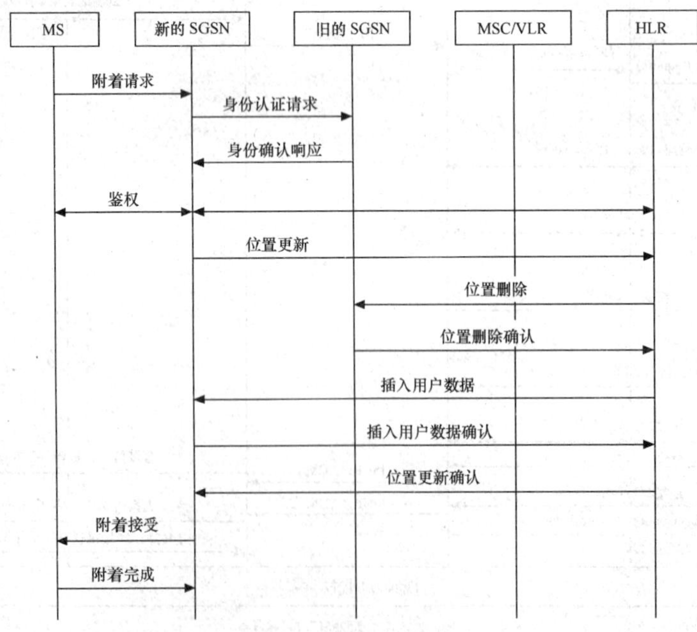

图 4-36 GPRS 附着过程

① 首先移动台向新的SGSN发送附着请求消息，消息中包括P-TMSI（没有P-TMSI时用IMSI）、旧的RAI、附着类型、旧的P-TMSI签名等参数。

② 新的SGSN收到附着请求消息后，向旧的SGSN发出身份认证请求，消息中包括P-TMSI（没有P-TMSI时用IMSI）、旧的RAI、附着类型、旧的P-TMSI签名等参数。旧的SGSN若能识别该移动台，将向新的SGSN发送身份确认响应消息，消息中包括移动台的IMSI和鉴权参数。

③ 新的SGSN取得移动台的标识和鉴权参数后，将完成鉴权加密程序，完成安全模式设置。

④ 通过HLR获得用户签约信息，在终端、HLR与SGSN内部形成用户的移动管理上下文（MM Context）。

⑤ 如果新的SGSN接受了移动台的附着请求，向移动台发送附着接受消息，消息中包括新的P-TMSI、P-TMSI签名等。移动台向新的SGSN发回附着完成消息。

终端在未进行附着之前脱离UMTS网络，处于PMM空闲状态（PMM-Idle），不能处理数据业务。附着之后进入PMM连接（PMM-Connected）状态，可以进行PDP上下文激活过程，进行IP地址的申请。

（2）业务请求过程（Service Request）

Service Request过程可以用处于PMM-Idle状态的3G UE建立与3G SGSN之间的安全连接，Service Request流程也可以用处于PMM-Connected状态的3G UE为激活的PDP上下文预留专用资源。业务请求的原因可以为信令或者数据。当业务类别指示为数据时，在移动用户和SGSN之间建立信令连接，且分配激活PDP上下文所需的资源。当业务类别指示为信令时，在MS和SGSN之间建立信令连接，用于发送上层信令信息，如激活PDP上下文请求等，激活PDP上下文所需要的资源不予分配。

分组域呼叫的建立过程中，UE与SGSN之间的信令连接，可以由GPRS附着过程发起，也可以由业务请求过程发起。

2．PDP上下文激活过程

PDP上下文保存了用户面进行隧道转发的所有信息，与某个接入网络（APN）相关的地址映射以及路由信息，包括RNC/GGSN的用户面IP地址、隧道标识和QoS等。移动用户通过激活PDP上下文得到动态地址以随时通过GGSN接入特定数据网络。

PDP上下文激活是指网络为移动台分配IP地址，使移动台成为IP网络的一部分，数据传送完成后，再删除该地址。PDP上下文激活过程可以由用户发起，也可以由网络发起。图4-37所示为用户发起PDP上下文激活过程的示意图。

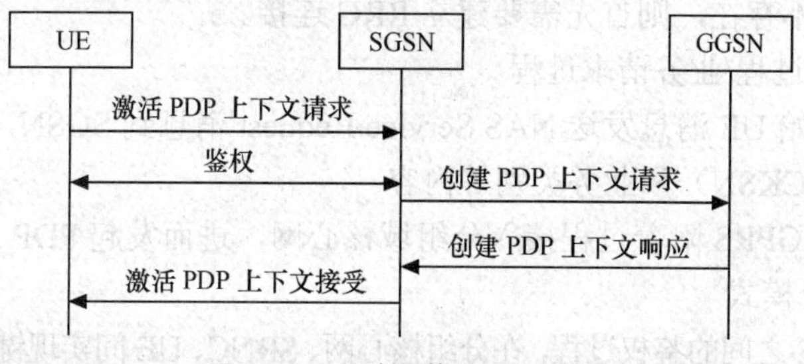

图4-37 UE发起的上下文激活

（1）UE向SGSN发出激活PDP上下文请求消息，消息中包括请求的QoS、NSAPI、PDP

地址、PDP 配置选项和 APN 等。

（2）SGSN 根据收到的激活 PDP 上下文请求消息内容，完成鉴权加密程序。

（3）SGSN 根据收到的 APN 消息，解析出 GGSN 地址。SGSN 创建一个从 GGSN 到 SGSN 的 GTP 隧道，传送分组数据，用 TID 标识。SGSN 向 GGSN 发出“创建 PDP 上下文请求”消息，消息内容包括 APN、TID、PDP 地址和请求的 QoS。接着 GGSN 将向 SGSN 返回创建 PDP 上下文响应消息，消息内容包括 TID、PDP 地址和协商的 QoS 等。

（4）SGSN 收到创建 PDP 上下文响应消息后，将在 PDP 上下文中插入相应新的消息。向 MS 返回激活 PDP 上下文接受消息，该消息中包括 LLC SAPI、协商的 QoS、PDP 地址和无线优先权等。

移动台收到激活 PDP 上下文接受消息后，即进入 PDP 激活状态，表明 UE 与 GGSN 间可以进行分组数据传输。

3. 分组域呼叫建立过程

分组域主叫呼叫建立过程过程如图 4-38 所示。

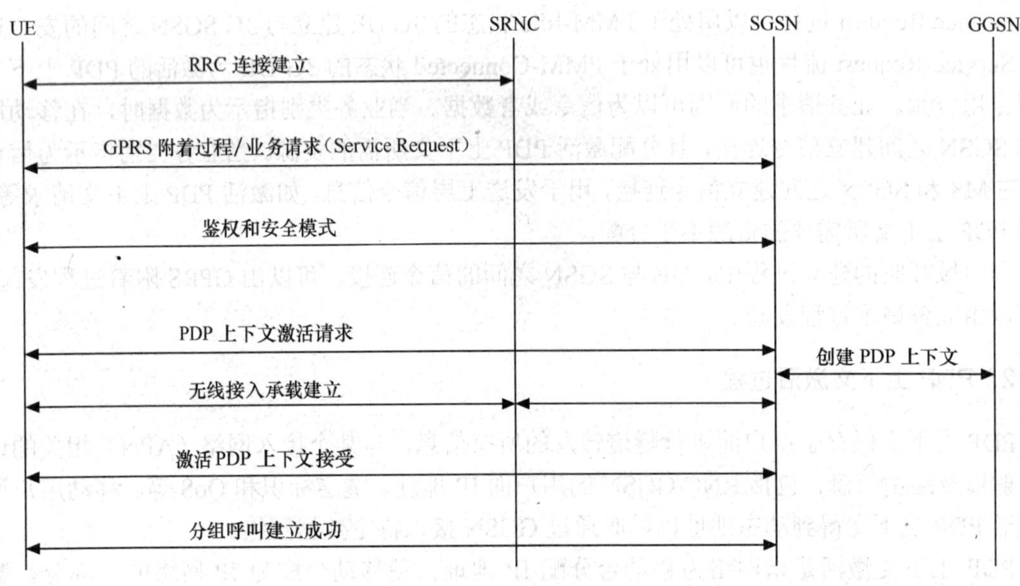

图 4-38　分组域呼叫建立过程

（1）RRC 连接的建立

如果 RRC 连接不存在，则首先需要建立 RRC 连接。

（2）GPRS 附着过程/业务请求过程

UE 可以通过初始 UE 消息发送 NAS Service Request 消息到 SGSN，其中包括 P-TMSI、RAI、密钥序列号（CKSN）和业务类别等内容。

UE 也可以通过 GPRS 附着过程接入分组域核心网，进而发起 PDP 上下文激活过程。

（3）鉴权和安全模式

完成核心网与 UE 之间的鉴权过程，在分组核心网、SRNC、UE 间实现键值与安全模式的协商。

（4）PDP 上下文激活请求

如果网络在 PMM-Connected 模式，UE 将发送 PDP 上下文激活请求消息到 SGSN，包括请求的 NSAPI、QoS、PDP 地址、APN 消息协议配置选项等。

（5）创建 PDP 上下文

GGSN 检查 UE 的 PDP 上下文是否已经存在，并根据 APN 信息为用户分配 IP 地址，或者执行可选的网络鉴权（如 Radius）过程。如果所请求的 QoS 不支持，GGSN 可以拒绝 PDP 请求。然后，GGSN 回应 Activate PDP context Response 消息到 SGSN。

（6）无线接入承载（RAB）建立

SGSN 还将发送 RAB 建立请求消息对每个激活的 PDP 上下文重新建立 RAB，包括 NSAPI、RAB 号、TEID、QoS 特性、SGSN 地址等。

（7）激活 PDP 上下文接受

SGSN 发送 Activate PDP Context Accept 消息到 UE。包括协商的 QoS，无线优先权，可选的 PDP 地址和 PDP 类别等。UE 接收到 Activate PDP Context Accept 消息后，如果网络协商后的 QoS 特性与 UE 所请求的 QoS 不同，则 UE 可以接受此 QoS，也可以重新发起 PDP 激活过程。如果 UE 接受网络侧的 QoS，则 PDP 激活过程完成，UE 就可以进行数据收发。

至此，完成了分组域主叫呼叫的建立过程。

小 结

1．小区的系统信息广播是 UE 获得系统参数的方式。UE 通过对小区广播信息的监听，读取该小区的系统广播信息。系统信息消息由信息单元构成，携带着接入层和非接入层的信息。系统信息单元以系统信息块的方式传达给 UE，每个系统信息块包含有一个或多个系统信息单元。系统信息块有主信息块（MIB）、调度块（SB）和普通系统信息块（SIB）3 种类型。

2. UE 在开机之后为了获得网络的服务，空闲模式下的 UE 需要执行 PLMN 选择和重选、小区选择及重选和位置登记过程。PLMN 网络选择模式有自动选择和手动选择两种模式。小区选择有存储信息小区选择过程和初始小区选择过程。

3．UE 没有被分配专用信道资源之前，如果希望和网络建立连接，UE 只能利用上行公共信道 RACH 发送接入请求。UE 发起接入请求的原因可以为：移动台始呼、移动台发送寻呼响应、用户登记等。UE 通过 RACH 向基站发送的第一条消息为一条 RRC 消息。随机接入过程可以看作 UE 寻求最佳发射功率的过程。

4．移动通信系统中 UE 的位置不是固定的，为了建立一次呼叫，CN 根据无线接入网应用部分（RANAP）协议，通过 Iu 接口向 UTRAN 发送寻呼消息，UTRAN 则将 CN 寻呼消息通过 Uu 接口上的寻呼过程发送给 UE，使得被寻呼的 UE 发起与 CN 的信令连接建立过程。3GPP 定义了第一类型寻呼和第二类型寻呼两种寻呼类型。

5．RRC 连接是 UE 和 SRNC 之间进行信令交互的一条逻辑通路，每个 UE 最多只有一个 RRC 连接，没有 RRC 连接的 UE 状态称为空闲状态（IDLE），有 RRC 连接的 UE 状态称为 RRC 连接模式。RRC 连接建立过程说明了 UE 如何建立与 UTRAN 的信令通路，是 UE 与网络进行信令交互的前提条件。RRC 连接总是由 UE 发起请求而由 UTRAN 建立和释放。

6．UMTS 应用层端到端的业务使用底层网络所提供的承载业务，它可以分为 TE/MT 本地承载业务、UMTS 承载业务和外部承载业务。UMTS 承载业务由无线接入承载（RAB）业务和核心网络承载业务组成。RAB 业务包含无线承载（RB）业务和 Iu 承载业务。RAB QoS

需求映射到无线承载（RB），依靠无线承载（RB）提供底层传输功能。

7. 切换通常指越区切换，移动台从一个基站覆盖的小区进入到另一个基站覆盖的小区的情况下，为了保持通信的连续性，将移动台与当前基站之间的通信链路转移到移动台与新基站之间的通信链路的过程称为切换。根据切换方式不同，通常分为硬切换和软切换两种情况。WCDMA 系统采用切换方式有：软切换、更软切换和硬切换。切换过程通常分为以下三个步骤：无线测量、网络判决、系统执行。

8. 软切换状态下，网络侧与 UE 会有多条无线链路存在，上行连路上不同无线链路的信号可以在 RNC 侧合并。不过如果多条无线链路均在 Node B 接收，可以在 Node B 进行无线信号的最大比合并，只发生在 Node B 内部的软切换定义为更软切换，更软切换不需要为新的链路建立 Node B 和 RNC 间的传输承载。

9. 压缩模式是信息传输在时域上被压缩而产生出一个传输间隔。UE 的接收机可以利用传输间隔调谐到另外一个载频上进行测量。在载频间和不同系统间测量中起着很重要的作用。UMTS 系统设计中定义了 3 种实现压缩模式的方法，包括高层协议调度、减少扩频因子和打孔方式。

10. 对于载频间切换，UTRAN 会在测量控制消息中发送载频间测量报告信息。UE 需要测量异频小区并发送导频测量报告。对于异频小区，除了同频测量报告准则以外，还备有载频间测量报告准则。载频间切换由 2A～2F 载频间报告事件触发。这些报告事件是基于载频信号质量估计结果。

11. 系统间切换是指将 UE 与 UTRAN 的连接转到另一种无线接入技术，或者将 UE 与其他无线技术之间的连接转到 UTRAN 上。系统间报告事件为 3A～3D 的报告事件。WCDMA 系统中，系统间切换不仅包括 GSM 和 WCDMA 间电路域的双向切换，还包括分组域的双向切换。实际应用中可以根据覆盖情况采用不同的切换策略。

12. WCDMA 系统的安全机制继承了 GSM 系统的安全架构，同时对 GSM 的安全机制进行了改进。WCDMA 系统的接入安全主要包含临时身份标识（TMSI）的使用、系统中用户与网络的相互鉴权、空中接口信令数据的完整性保护、空中接口数据的加密。

13. WCDMA 中的安全认证过程完全是双向的。空中接口加密和完整性保护相应算法所需要的加密键（CK）和完整性保护键（IK）是在安全认证过程中产生的，这样使空中接口的加密和安全性保护过程建立在成功安全认证的基础之上，从而使整个安全机制更加合理和严密。

14. 无线通信系统中空中接口数据传输的开放性使得网络与终端的发射数据更容易被截获、进而被恶意攻击，通过对空中接口数据的加密过程可以有效地提高整个系统的安全性。WCDMA 在空中接口无线链路的加密主要包括加密键的生成、加密算法的实现、用户数据的加密、信令的加密。

15. 数据的完整性保护是指在数据的收端和发端之间检验数据是否正确传输的一种机制。通常在发送端根据完整性保护算法将完整性检查的信息加入到数据中进行发送，在接收端根据接收到的数据中含有的完整性保护信息对接收到的数据进行检查。完整性保护主要包含完整性保护键的生成和完整性保护算法的实现。

16. 电路域语音呼叫时，移动用户主叫（MOC）过程主要包括 RRC 连接建立、CM 业务处理、鉴权和安全模式、呼叫控制、RAB 建立、呼叫建立成功子过程。移动用户作为被叫时，接收到寻呼消息后，UE 将启动相应的连接建立过程，其过程与移动用户作为主叫的流程大致类似。

17．3G-324M 终端就是指采用 H.324 协议修改版的终端或者其他各种类型的终端，在 3GPP 无线电路交换网络中可以提供实时视频、语音、数据业务或者这几种业务的组合形式。3G-324M 终端间可以提供单向或者双向通信，也可以进行 3G-324M 与其他多媒体电话终端之间的通信。3G-324M 终端之间的呼叫过程与 AMR 语音建立过程类似，只是其中的无线链路重配置、RAB 建立、建立（Setup）等消息具体内容有所不同，体现出视频数据业务的特性。

18．分组域呼叫与电路域呼叫一样，也可以分为移动用户主叫和移动用户被叫两种情况。呼叫过程中 RRC 连接的建立、鉴权和安全模式、无线接入承载（RAB）建立与电路域的呼叫过程近似，不同的是增加了 GPRS 附着/业务请求过程和 PDP 上下文激活过程。

练　习　题

1．描述 PLMN 网络选择的过程，说明不同选择方式的特点。
2．描述小区选择/重选的过程。
3．物理随机接入过程的作用是什么？请描述物理随机接入过程。
4．寻呼过程的作用是什么？两种寻呼类型各自的特点如何？
5．RRC 连接建立的作用是什么？描述 RRC 连接建立过程。
6．RAB 的作用是什么？描述 RAB 的建立过程。
7．WCDMA 系统中采用了哪些切换技术？不同的切换技术各自特点如何？
8．同载频 FDD 测量报告事件有哪些？描述各自的适用范围、触发条件及其参数含义。
9．分析 WCDMA 系统向 GSM 系统的电路域切换流程。
10．WCDMA 系统的接入安全包括哪些方面？
11．描述 WCDMA 系统中的鉴权与键值协商过程。
12．WCDMA 系统中信令和业务数据的加密是如何实现的？
13．描述 WCDMA 系统中电路域移动用户语音呼叫的主叫过程。
14．WCDMA 系统中电路域视频呼叫过程和语音呼叫过程有何异同？
15．描述 WCDMA 系统中分组域移动用户的主叫过程。

第5章 TD-SCDMA 移动通信系统

时分同步码分多址（Time Division Synchronous CDMA，TD-SCDMA）是第三代移动通信系统采用的 3 大主流技术标准之一。TD-SCDMA 核心网与 WCDMA 核心网基本相同，所不同的地方在于无线接入网络部分。本章重点介绍与 TD-SCDMA 系统空中接口相关的技术，主要内容如下：

- TD-SCDMA 系统的主要特点
- TD-SCDMA 空中接口协议结构
- TD-SCDMA 逻辑信道、传输信道和物理信道相互间映射关系
- TD-SCDMA 物理信道的功能、分层、帧结构和突发结构
- TD-SCDMA 信道编码与复用、扩频、加扰及调制技术
- TD-SCDMA 系统的码分配
- TD-SCDMA 系统的基本物理过程
- TD-SCDMA 系统采用的关键技术

5.1 概述

TD-SCDMA 标准是中国信息产业部电信科学研究院在国家主管部门的支持下，根据多年的研究而提出的具有一定特色的第三代移动通信系统标准。TD-SCDMA 于 2001 年 3 月被第三代移动通信合作伙伴项目组织（3GPP）列为第三代移动通信采用的 5 种技术中的 3 大主流技术标准之一，与 UMTS 和 IMT-2000 的建议完全融合，其标准包含在 3GPP 的 R4 版本中，成为 TD-SCDMA 可完全商用版本的标准。

TD-SCDMA 核心网与 WCDMA 核心网基本相同，所不同的地方在于无线接入网络部分。TD-SCDMA 的目标是要确立一个具有高频谱效率和高经济效益的先进的移动通信系统，与 WCDMA 和 cdma2000 标准比较，TD-SCDMA 拥有独特的特点。

1. 混合多址方式

TD-SCDMA 系统采用混合多址接入方式。TD-SCDMA 无线传输方案是 FDMA、TDMA 和 CDMA 三种基本多址技术的结合应用，如图 5-1（a）所示，图 5-1（b）所示为 WCDMA/cdma 2000 多址方式示意图。鉴于智能天线与联合检测技术相结合应用在 TD-SCDMA 系统，相当于引入了空分多址（SDMA）技术，所以也可以认为 TD-SCDMA 系统综合运用了 TDMA/CDMA/FDMA/SDMA

多址接入技术。TD-SCDMA 采用的混合多址方式降低了小区间的干扰，允许更为密集的频谱复用，提高了传输容量和频谱利用率，增加了规划灵活性，支持单载波和多载波方式。

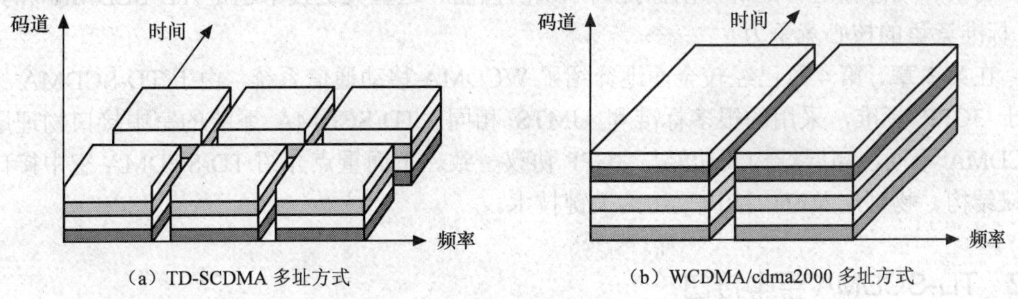

（a）TD-SCDMA 多址方式　　（b）WCDMA/cdma2000 多址方式

图 5-1 TD-SCDMA 和 WCDMA/cdma2000 多址方式

2．TDD 双工方式

TD-SCDMA 采用 TDD 双工方式。在 TDD 模式下，通过周期性地转换传输方向，允许在同一个载波上交替地进行上下行链路传输。TDD 方案的优势在于可以改变上下行链路间转换点的位置，当进行对称业务时，选择对称的转换点位置；当进行非对称业务时，可在一个适当的范围内选择转换点位置。这样，对于对称和非对称两种业务，TDD 模式都可提供最佳的频谱利用率和最佳的业务容量，特别适合移动 Internet 业务。

对于 TD-SCDMA 系统，采用 TDD 双工方式，系统收发信使用同一频段，上下行链路的无线环境一致性好，适合使用智能天线技术，但也存在一定的不足，比如要求基站间必须同步，需要较大的瞬时发射功率等。

TD-SCDMA 的信号带宽为 1.28MHz，载波间隔为 1.6MHz，码片速率为 1.28Mchip/s。采用 TDD 方式，仅需单载波 1.6MHz 的频带就可提供速率达 2Mbit/s 的 3G 数据业务。若带宽为 5MHz 则支持 3 个载波，使频率规划灵活，频谱利用更充分，组网能力增强，频谱利用率远远高于采用 FDD 方式的其他 3G 技术。

3．TD-SCDMA 的物理信道

TD-SCDMA 的基本物理信道特性由频率、码和时隙决定。其帧结构将 10ms 的无线帧分成两个 5ms 子帧，每个子帧中有 7 个常规时隙和 3 个特殊时隙。信道的信息速率与符号速率有关，符号速率由 1.28Mchip/s 的码片速率和扩频因子（SF）所决定。

4．TD-SCDMA 核心网络

TD-SCDMA 核心网络基于 GSM/GPRS 网络的演进，并保持与它们的兼容性。TD-SCDMA 支持多种通信接口，与 WCDMA 接口 Iu、Iub、Iur 等多种接口相同，可以单独组网或作为无线接入网和 WCDMA 混合组网，具有较好的网络兼容性和灵活的组网方式，支持 2G 向 3G 演进和平滑过渡。

5．TD-SCDMA 网络中的关键技术

TD-SCDMA 作为 CDMA TDD 的一种，具备 TDD 的所有优点，如混合多址方式，上下

行链路特性的一致，时隙按上下行链路所需数据量进行动态分配等。TD-SCDMA 独特的帧结构保证它可以采用一些先进的物理层技术，主要有智能天线技术、联合检测技术、上行同步、接力切换和动态信道分配等，从而提高系统的性能。这些关键技术也是 TD-SCDMA 和其它 3G 标准竞争的核心竞争力。

在第 3 章、第 4 章已经较全面地介绍了 WCDMA 移动通信系统，由于 TD-SCDMA 标准源于 3GPP 标准，采用的很多标准和 UMTS 相同。TD-SCDMA 系统的空中接口物理层与 WCDMA 不同，高层结构及功能与 3GPP 协议一致。下面重点介绍 TD-SCDMA 空中接口的协议结构、物理层及空中接口采用的关键技术。

5.2 TD-SCDMA 空中接口

5.2.1 TD-SCDMA 空中接口协议结构

1. TD-SCDMA 空中接口的协议结构

TD-SCDMA 空中接口协议结构如图 5-2 所示。

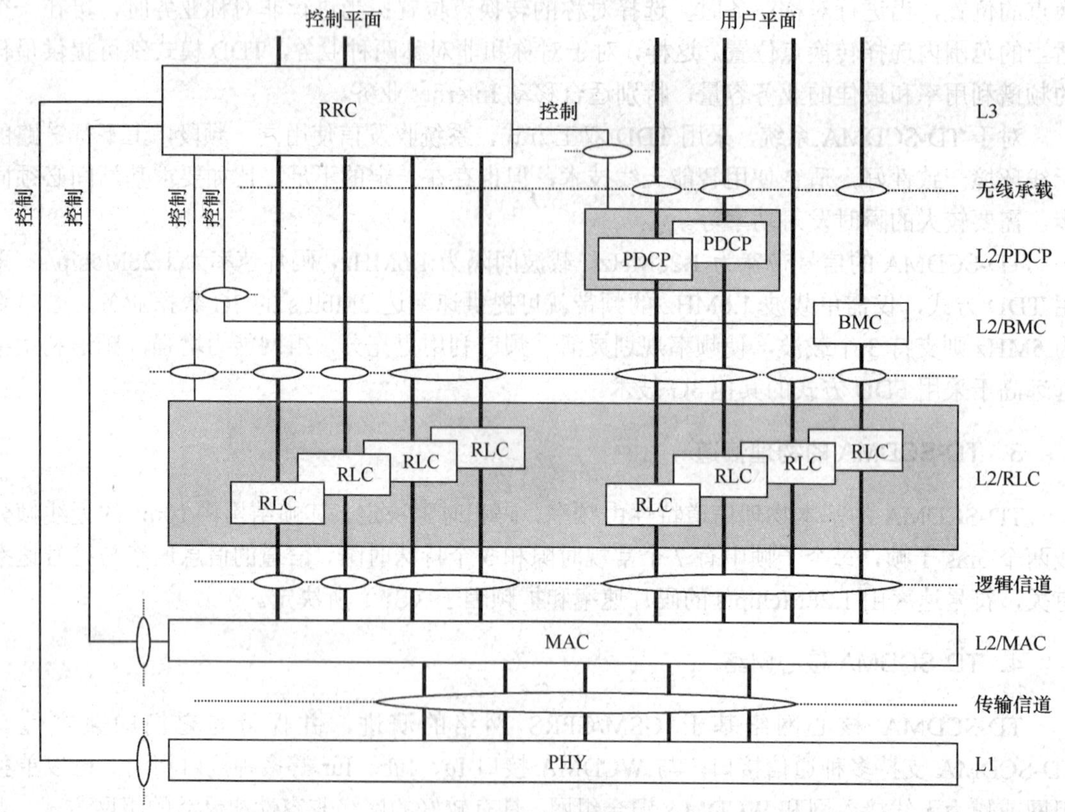

图 5-2 空中接口协议结构

与 WCDMA 的空中接口协议结构一样，TD-SCDMA 系统的空中接口（Uu）的协议结构分为 3 层：物理层、数据链路层和网络层，其中数据链路层由媒体接入控制（MAC）子层、无线链路控制（RLC）子层、分组数据协议汇聚（PDCP）子层和广播/多播控制（BMC）子层组成。

从不同协议层如何承载用户各种业务的角度将信道分成3类：逻辑信道、传输信道和物理信道。

2．TD-SCDMA 系统信道介绍

（1）逻辑信道

逻辑信道是 MAC 子层向 RLC 子层提供的数据传输服务，表述承载的任务和类型。逻辑信道根据不同数据传输业务定义逻辑信道的类型。逻辑信道通常分为两大类：用来传输控制平面信息的控制信道和传输用户平面信息的业务信道。控制信道包括广播控制信道（Broadcast Control Channel，BCCH）、寻呼控制信道（Paging Control Channel，PCCH）、公共控制信道（Common Control Channel，CCCH）、专用控制信道（Dedicated Control Channel，DCCH）和共享控制信道（Share Control Channel，SHCCH）。业务信道包括公共业务信道（Common Traffic Channel，CTCH）和专用业务信道（Dedicated Traffic Channel，DTCH）。TD-SCDMA 逻辑信道的分类与 WCDMA 基本一致，只是在控制信道里增加了共享控制信道（SHCCH），作为在网络和终端之间传输控制信息的双向信道，完成对上下行共享信道控制功能。

（2）传输信道

传输信道是由物理层向 MAC 子层提供的数据传输服务，定义了信息通过无线接口进行传输的方式。传输信道可分为两类：某一时刻信道上的信息是发送给所有用户或一组用户的公共传输信道，信道上的信息在某一时刻只发送给单一用户的专用传输信道。

① 公共传输信道

考虑到 TD 增强技术，公共传输信道有7类：

- 广播信道（Broadcast Channel，BCH）：用于广播系统和小区的特有信息的下行传输信道。
- 寻呼信道（Paging Channel，PCH）：当系统不知道移动台所在的小区时，用于向移动台发送控制信息的下行传输信道。
- 前向接入信道（Forward Access Channel，FACH）：当系统知道移动台所在的小区时，用于向移动台发送控制信息的下行传输信道，也可以承载一些短的用户信息数据分组。
- 随机接入信道（Random Access Channel，RACH）：用于承载来自移动台信息的上行传输信道，也可以承载一些短的用户信息数据分组。
- 上行共享信道（Uplink Share Channel，USCH）：由几个 UE 共享的上行传输信道，用于承载专用控制数据或业务数据。
- 下行共享信道（Downlink Share Channel，DSCH）：由几个 UE 共享的下行传输信道，用于承载专用控制数据或业务数据。
- 高速下行共享信道（High Speed Downlink Share Channel，HS-DSCH）：由几个用户共享的下行传输信道，对应一条或多条共享控制信道。

② 专用传输信道

仅有一类专用传输信道（Dedicated Channel，DCH），可用于上下行链路和特定 UE 之间的用户信息或控制信息的承载网络。

（3）物理信道

TD-SCDMA 系统中，物理信道是由频率、时隙、码字共同定义的，建立一个物理信道的同时，也就给出了它的初始结构。按其承载的不同信息被分成了不同的类别，有用于承载传输信道数据的物理信道，也有仅用于承载物理层自身信息的物理信道。

物理信道分为两大类：专用物理信道（Dedicated Physical Channel，DPCH）和公共物理信道（CPCH），共有12种不同的物理信道。包括主公共控制物理信道（Primary Common Control Physical Channel，P-CCPCH）、辅助公共控制物理信道（Secondary Common Control Physical Channel，S-CCPCH）、快速物理接入信道（Fast Physical Access Channel，FPACH）、物理随机接入信道（Physical Random Access Channel，PRACH）、下行导频信道（Downlink Pilot Channel，DwPCH）、上行导频信道（Uplink Pilot Channel，UpPCH）、物理上行共享信道（Physical Uplink Share Channel，PUSCH）、物理下行共享信道（Physical Downlink Share Channel，PDSCH）、寻呼指示信道（Paging Indicator Channel，PICH）、HS-DSCH的共享控制信道（Shared control Channel for HS-DSCH，HS-SCCH）、高速物理下行共享信道（High Speed Physical Downlink Share Channel，HS-PDSCH）、HS-DSCH的共享信息信道（Shared Information Channel for HS-DSCH，HS-SICH）、广播多播（Multimedia Broadcast/Multicast Services，MBMS）指示信道（MBMS Indicator Channel，MICH）及物理层公共控制信道（Physical Layer Common Control Channel，PLCCH）。具体定义将在5.2.3节介绍。

（4）逻辑信道、传输信道和物理信道之间的映射关系

逻辑信道位于RLC子层和MAC子层之间。传输信道承载逻辑信道的内容，位于MAC子层和物理层之间。物理信道在物理层中，承载传输信道的内容，将传输信道的内容变换为适合在空中接口传输的形式进行传输，使用特定的载波频率、扩频码以及时隙来标识物理信道。

逻辑信道和传输信道之间，传输信道和物理信道之间有特定的映射关系，如图5-3所示。逻辑信道与传输信道的映射可以为一对一的映射关系，也可以为一对多或多对一的映射关系。传输信道的数据通过物理信道来承载，除FACH和PCH为两传输信道映射到同一物理信道S-CCPCH外，其他传输信道到物理信道的映射都为一对一的映射关系，所有的传输信道都有一个物理信道来与之相对应，而部分物理信道与传输信道并没有映射关系，这些物理信道仅传输物理层自身的信息。

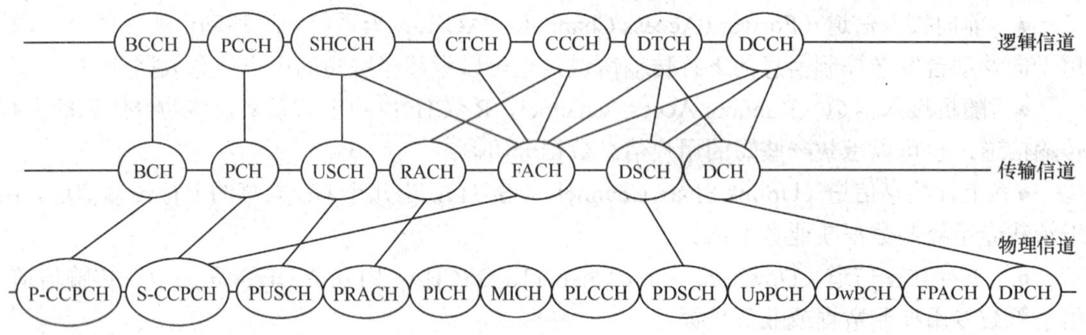

图5-3 逻辑信道、传输信道与物理信道之间的映射关系

5.2.2 TD-SCDMA物理层

物理层是空中接口的最底层，支持数据流在物理介质上的传输，向高层提供数据传输业务。每种无线传输技术的基本性能和特点是由其物理层所确定的，3G三大主流技术的主要区别在于物理层的空中接口技术。下面将介绍TD-SCDMA物理层的功能、物理信道分层、帧结构和突发结构。

1. TD-SCDMA物理层的主要功能

TD-SCDMA物理层的主要功能如下：

（1）传输信道错误检测和上报；
（2）传输信道前向纠错（FEC）编码和解码；
（3）传输信道的复用和解复用及传输信道和编码的组合；
（4）传输信道到物理信道的映射；
（5）物理信道的调制/扩频和解调/解扩；
（6）频率和系统时钟（码片、比特、时隙和子帧）同步；
（7）功率控制；
（8）物理信道的功率加权和合并；
（9）射频处理；
（10）上行同步控制；
（11）速率匹配；
（12）无线特性测试，包括误帧率（FER）、信号干扰噪声比（SIR）、到达方向（DOA）等；
（13）智能天线的上行和下行波束赋形；
（14）智能天线的UE定位。

2．TD-SCDMA物理信道分层

TD-SCDMA物理信道的（信号格式）结构分为4层：超帧（系统帧）、无线帧、子帧和时隙/码道。一个超帧长720ms，由72个无线帧组成，每个无线帧长10ms，TD-SCDMA将每个无线帧分为两个相同的5ms子帧，两个子帧的结构完全相同，子帧是系统无线发送的最小单位。每个子帧由7个常规时隙和3个特殊时隙组成，3个特殊时隙分别是下行导频时隙（Downlink Pilot Time Slot，DwPTS）、上行导频时隙（Uplink Pilot Time Slot，UpPTS）和保护间隔（GP），如图5-4所示。时隙用于在时域上区分不同用户信号，具有TDMA的特性，每个物理信道都有其特有的时隙结构。

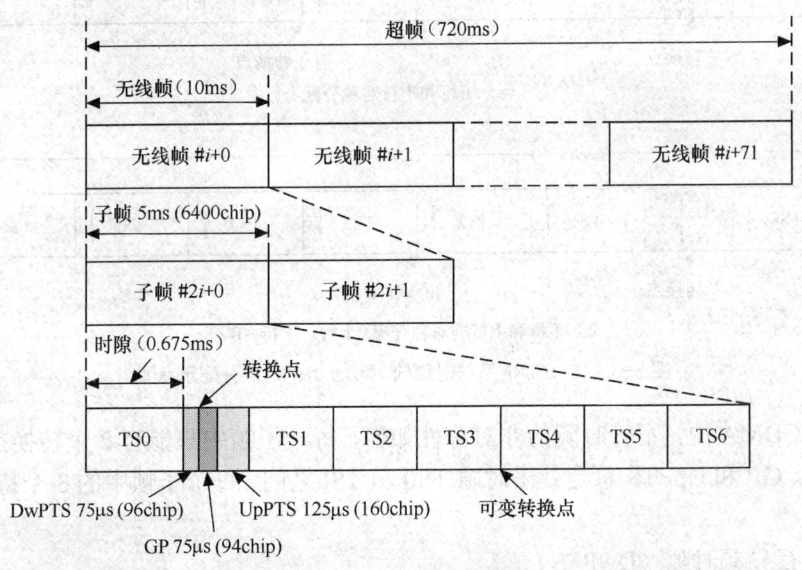

图5-4 TD-SCDMA物理信道的分层结构

建立一个物理信道的同时，也就给出了它的起始帧号。物理信道的持续时间可以无限长，

也可以由定义资源分配的持续时间来确定。

3．TD-SCDMA 物理信道帧结构

TD-SCDMA 系统物理信道的帧结构设计考虑了支持智能天线和上行同步等新技术的应用。TD-SCDMA 无线子帧结构如图 5-5 所示。

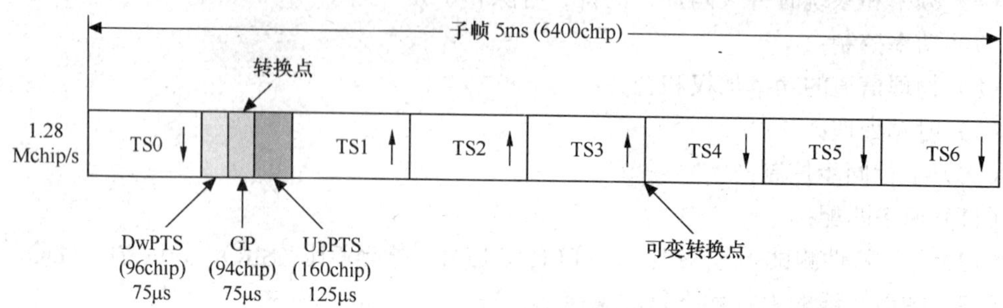

图 5-5　TD-SCDMA 无线子帧结构

在图 5-5 中，每个子帧由长度为 675us 的 7 个常规时隙和 3 个特殊时隙组成。在 7 个常规时隙中，TS0 总是分配给下行链路，而 TS1 总是分配给上行链路。上行时隙和下行时隙之间用转换点来分开，每个 5ms 的子帧有两个转换点，其中有一个是可变转换点。通过灵活地配置上行和下行时隙的个数，使 TD-SCDMA 可以适用于上下行对称业务或非对称的业务模式。图 5-6 示意了 TD-SCDMA 系统通过调整子帧结构可变转换点的位置来提供对称业务或非对称业务。

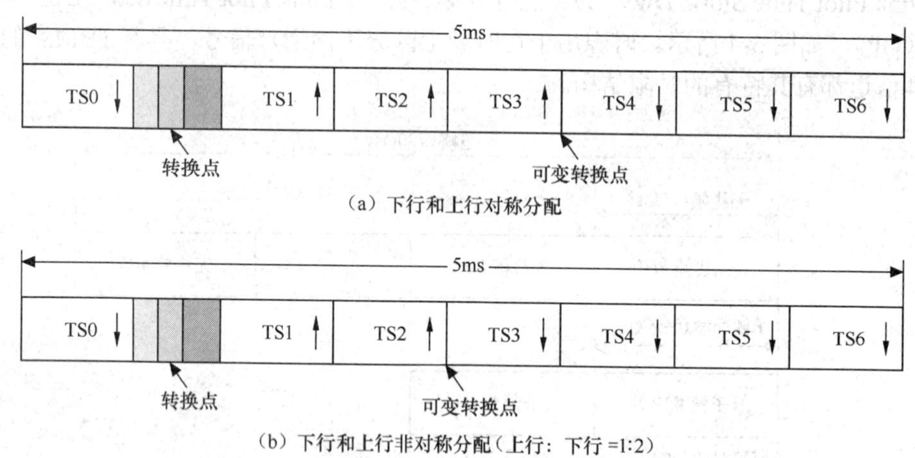

图 5-6　TD-SCDMA 系统对称/非对称业务的时隙分配示意图

在 TD-SCDMA 中，不管时隙的非对称性如何，每一子帧中只能有 2 个转换点。3 个特殊时隙 DwPTS、GP 和 UpPTS 总是处于时隙 TS0 和 TS1 之间，每个子帧中的 3 个特殊时隙作用如下。

（1）下行导频时隙（DwPTS）

下行导频时隙（DwPTS）用于下行链路同步和初始小区搜索。DwPTS 由长为 64chip 的下行同步码（SYNC-DL）和长为 32chip 的保护间隔（GP）组成，其时隙结构如图 5-7 所示。

SYNC-DL 是一组 PN 码，用于区分不同的相邻小区，系统中定义了 32 个码组，每组对应一个 SYNC-DL 序列，为 64 位长的基本二进制序列，在规范中可查到。SYNC-DL PN 码集在蜂窝网络中可以复用。DwPTS 的发射必须要满足覆盖整个区域的要求，因此不采用智能天线赋形技术。TD-SCDMA 系统中使用独立的 DwPTS 的原因是解决在蜂窝和移动环境下，TDD 系统的小区搜索问题，将 DwPTS 放在单独的时隙，便于下行同步的迅速获取，还可以减小对其他下行信号的干扰。

（2）上行导频时隙（UpPTS）

上行导频时隙（UpPTS）主要用于随机接入过程中 UE 与 Node B 的初始同步，即建立上行同步。当 UE 处于空中登记和随机接入状态时，将首先发射 UpPTS，当得到网络的应答后，才发送随机接入信道（RACH）信息。UpPTS 由长为 128chip 的上行同步码（SYNC-UL）和 32chip 的保护间隔（GP）组成，其时隙结构如图 5-8 所示。SYNC-UL 是一组 PN 码，用于在接入过程中区分不同的 UE。TD-SCDMA 系统中使用独立的 UpPTS 的原因是用户终端在随机接入时还没达到上行同步。如果此时接入信号和正在工作的码道混在一起，势必对工作中的码道带来较大干扰，Node B 也较难识别此接入请求。如果采用独立的 UpPTS 可以避免干扰，较好地解决随机上行同步和识别的问题。

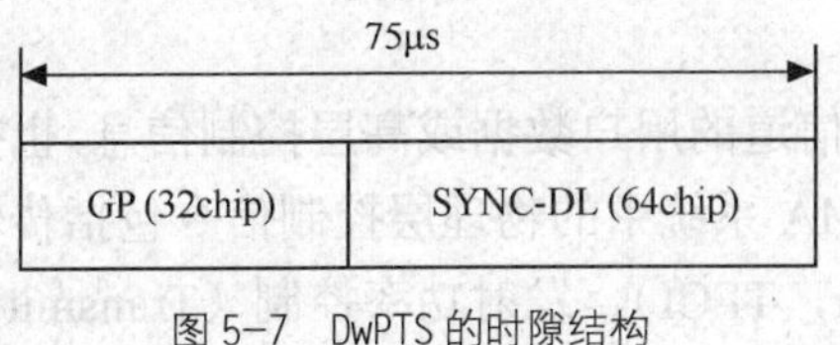

图 5-7 DwPTS 的时隙结构

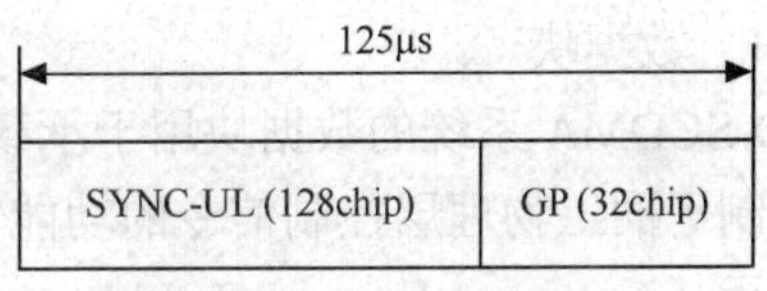

图 5-8 UpPTS 的时隙结构

（3）保护间隔（GP）

保护间隔（GP）是在 Node B 侧，由发射向接收转换的保护间隔，GP 的设计决定了 TD-SCDMA 系统小区的覆盖范围。较大的保护间隔可以防止 UpPTS 和 DwPTS 信号相互干扰，还可以允许 UE 在发出上行同步信号时进行一些时间提前。GP 时长为 75us（96chip），可确保小区覆盖半径为 11.25km。

因为 TD-SCDMA 技术有上行同步的要求，所以必须保证 Node B 侧信号的接收与发射必须同步，需要 UE 的发射必须提前。如果 UE 接收到的下行信号有 t 时间的延迟，那么它发射的上行信号就要提前 t 时间，UE 的接收与发射就有 $2t$ 的延迟。那么就有

$$t = R/c$$

式中，R 为小区半径，c 为电磁波在空中的传播速度 $c = 3\times10^8$m/s。

当 $2t$ 小于等于保护间隔（GP）的时间 75us 时，DwPTS 与 UpPTS 之间不会产生干扰，代入得 t =（GP 的时长）/2 = 75/2 = 37.5μs。

TD-SCDMA 小区无干扰覆盖最大半径（R）= 电波传播速度×允许的延迟（t）

$$= 3\times10^8\times37.5\times10^{-12}\times10^{-3}$$

$$= 11.25\text{km}$$

4. TD-SCDMA 突发结构

在 TDMA 信道上一个时隙中的信息格式称为突发（Burst）。TD-SCDMA 系统采用的突发结构如图 5-9 所示，突发由两个长度分别为 352chip 的数据块、一个长度为 144chip 的中间

码和一个长度为16chip的保护间隔（GP）组成。数据块的总长度为704chip。数据块中所包含的符号数与扩频因子有关，突发的数据部分由信道码和扰码共同扩频，扩频因子可取1、2、4、8或16，如表5-1所示。

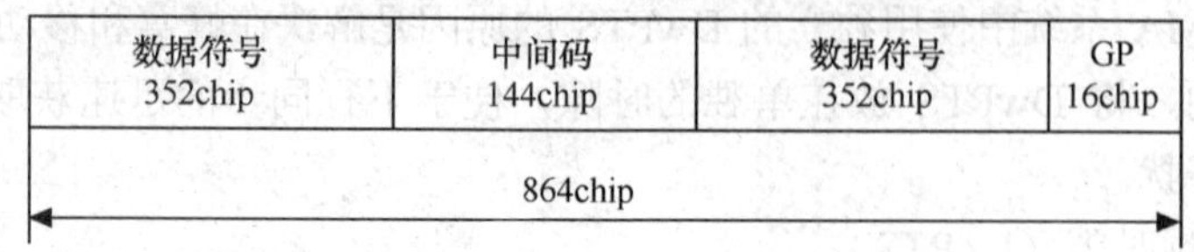

图5-9 TD-SCDMA系统的突发结构

表5-1 突发中每个数据块包含的符号数

扩频因子	每个数据块符号数（N）
1	352
2	176
4	88
8	44
16	22

（1）数据块

TD-SCDMA系统的数据块用于承载来自传输信道的用户数据或高层控制信息，也提供了传送控制平面上物理层控制信令的功能。TD-SCDMA系统中的物理层控制信令包括传输格式组合指示（Transport Format Combination Indicator，TFCI）、发射功率控制（Transmit Power Control，TPC）和同步偏移（Synchronization Shift，SS）。物理层控制信令在相应物理信道的数据部分发送，与数据部分具有相同的扩频操作。如果物理层控制信令存在，则位于紧邻中间码的位置，物理层控制平面的控制信令结构如图5-10和图5-11所示。

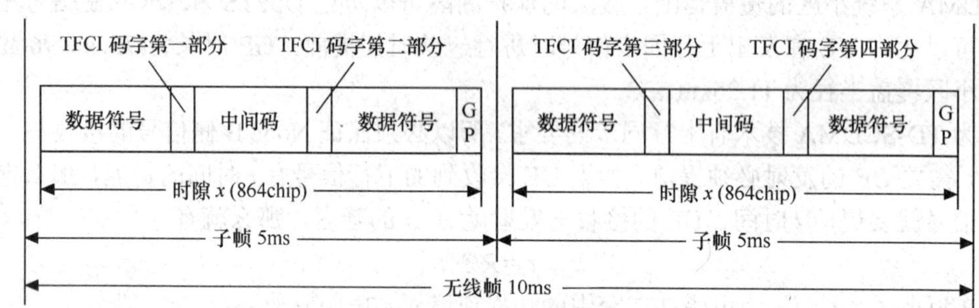

图5-10 不发送SS和TPC时的物理层控制信令结构

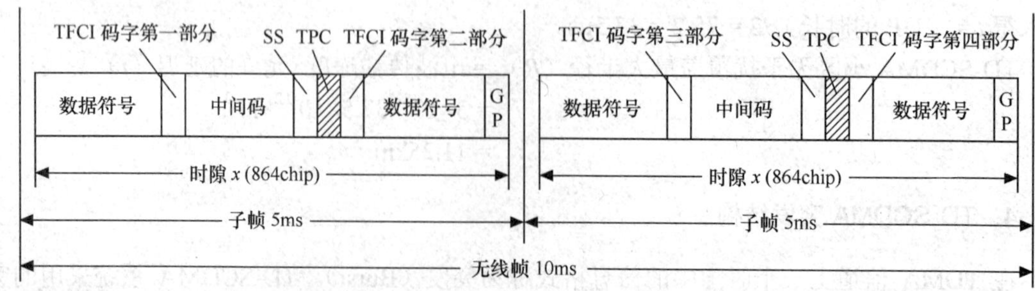

图5-11 发送SS和TPC时的物理层控制信令结构

对于每个用户，TFCI 的信息每 10ms 在无线帧中发送一次。编码后的 TFCI 符号分为 4 部分，均匀分布装载在两个 5ms 无线子帧内。TFCI 的发送是由协议高层信令配置的。

对于每个用户，TPC 信息每 5ms 在无线子帧中发送一次，这使得 TD-SCDMA 系统可以进行快速功率控制，功率控制的速度是每秒 200 次。

对于每个用户，SS 信息每 5ms 在无线子帧中发送一次。SS 用于命令 UE 每 M 帧进行一次时序调整，调整步长为（k/8）T_c，其中 T_c 为码片周期，M 值和 k 值由网络设置，并在小区中进行广播。上行的突发结构中没有 SS 信息，但是 SS 位置予以保留，以备将来使用。

（2）中间码

突发结构中的中间码用来作为训练序列，在接收端进行信道解码时用于信道估计、测量，如上行同步的保持以及功率测量等，不携带用户信息。TD-SCDMA 系统的基本中间码长度为 128chip，个数为 128 个，分成 32 个码组，每组 4 个，传输时不进行扩频，与经过基带处理和扩频的数据一起发送。一个小区采用哪组中间码由基站决定，因此 4 个基本中间码基站是知道的，当下行同步建立后，移动设备也清楚所使用的中间码。在同一小区内，同一时隙内的不同用户所采用的中间码由一个基本的中间码经循环移位后产生。

5.2.3 TD-SCDMA 物理信道

TDD 模式下的物理信道是把一个突发信息在所分配的无线帧的特定时隙中发射。无线帧的分配可以是连续的，即每一帧的相应时隙都分配给某物理信道。无线帧的分配也可以是不连续的，即将部分无线帧中的相应时隙分配给该物理信道。TD-SCDMA 系统的物理信道分为专用物理信道和公共物理信道。下面介绍主要的物理信道。

1．专用物理信道（DPCH）

专用传输信道（Dedicated Channel，DCH）映射到专用物理信道（DPCH）。物理层将根据需要将来自一条或多条 DCH 的数据组合在一条或多条编码复合传输信道（Coded Composite Transport Channel，CCTrCH）内，之后依据所配置物理信道的容量将 CCTrCH 数据映射到物理信道的数据块。多个并行的专用物理信道可用于支持更高的数据速率，这些并行的物理信道可以采用不同的信道化码同时发射，称为多码传输。对于多码传输，UE 在同一时隙可以配置多个 DPCH，若 UE 的多时隙能力允许，这些物理信道可以位于不同的时隙。DPCH 支持上行和下行数据传输，通常下行采用智能天线赋形。

2．公共物理信道（CPCH）

（1）主公共控制物理信道（P-CCPCH）

广播传输信道（Broadcast Channel，BCH）映射到主公共控制物理信道（P-CCPCH），仅承载来自 BCH 的信息。在 TD-SCDMA 系统中，P-CCPCH 的位置是固定在无线子帧的 TS0 下行时隙，由 TS0 进行传送。采用固定扩频因子 $SF = 16$。P-CCPCH 需要向整个覆盖区广播系统信息，不需要天线赋形。在一个时隙的突发结构中，P-CCPCH 不支持 TFCI。在时隙 0（TS0），中间码支持空码传输分集（SCTD）和信标功能。

（2）辅助公共控制物理信道（S-CCPCH）

寻呼传输信道（PCH）和前向传输信道（FACH）可以映射到一个或多个辅助公共控制物理信道（S-CCPCH），承载来自传输信道 PCH 和 FACH 的数据，使 PCH 和 FACH 的数量可以满足不同的需要。S-CCPCH 所使用的码和时隙在小区中广播。S-CCPCH 采用固定扩频因子（$SF = 16$），S-CCPCH 支持传输格式指示（TFCI），但不支持同步偏移（SS）和发射功率控制（TPC）。

（3）物理随机接入信道（PRACH）

随机接入传输信道（RACH）映射到一个或多个上行的物理随机接入信道（PRACH），承载来自 RACH 的数据。可以根据运营者的需要，灵活确定 RACH 的容量。PRACH 的扩频因子为 4、8 或 16。其配置（使用的时隙和码道）通过 BCH 在小区中广播。

（4）快速物理接入信道（FPACH）

快速物理接入信道（FPACH）是 TD-SCDMA 系统所独有的，FPACH 没有对应的传输信道，不承载传输信道的信息。它作为 Node B 对 UE 发出的 UpPTS 信号的应答，用于支持建立上行同步。FPACH 上的内容包括定时调整、功率调整等。FPACH 使用固定扩频因子（$SF = 16$），其配置（使用的时隙和码道）通过小区系统信息广播。

（5）物理上行共享信道（PUSCH）

上行共享传输信道（USCH）映射到物理上行共享信道（PUSCH）。PUSCH 支持传送 TFCI 和 TPC 信息。PUSCH 可以使用的扩频因子为 1、2、4、8、16。UE 使用 PUSCH 进行发送是由高层信令选择的。PUSCH 可供多个用户同时使用，一个用户也可以同时使用多个 PUSCH。

（6）物理下行共享信道（PDSCH）

下行共享传输信道（DSCH）映射到物理下行共享信道（PDSCH），PDSCH 支持传送 TFCI、SS 和 TPC 信息。扩频因子为 1 或 16。通常使用 3 种通知方法用来告知用户在 DSCH 上有需要解码的数据：

① 使用相关信道或 PDSCH 上的 TFCI 信息；

② 使用在 DSCH 上的用户特有的中间码，它可从该小区所用的中间码集中导出来；

③ 使用高层信令。

当使用中间码时，将使用 UE 特定的中间码分配方案。如果 UTRAN 分配给 UE 的中间码是在 PDSCH 中发送的，则 UE 将对 PDSCH 进行解码。

（7）寻呼指示信道（PICH）

寻呼指示信道（PICH）没有对应的传输信道，用来承载寻呼指示信息的下行物理信道。它的扩频因子为 16，PICH 的配置在小区系统信息中广播。

5.2.4 传输信道编码和复用

来自高层和 MAC 层的数据流成为在物理信道可以发射的信号，一般需要经过传输信道编码和传输信道复用，再映射到物理信道对应的时隙位置，经扩频调制、加扰和射频调制发送；接收则是发送的逆过程。

图 5-12 所示是 TD-SCDMA 用户平面上的物理层传输链路，表示从传输信道到物理信道的映射过程，即几个传输信道是怎样复用到一个或多个专用物理数据信道（DPDCH）上的。

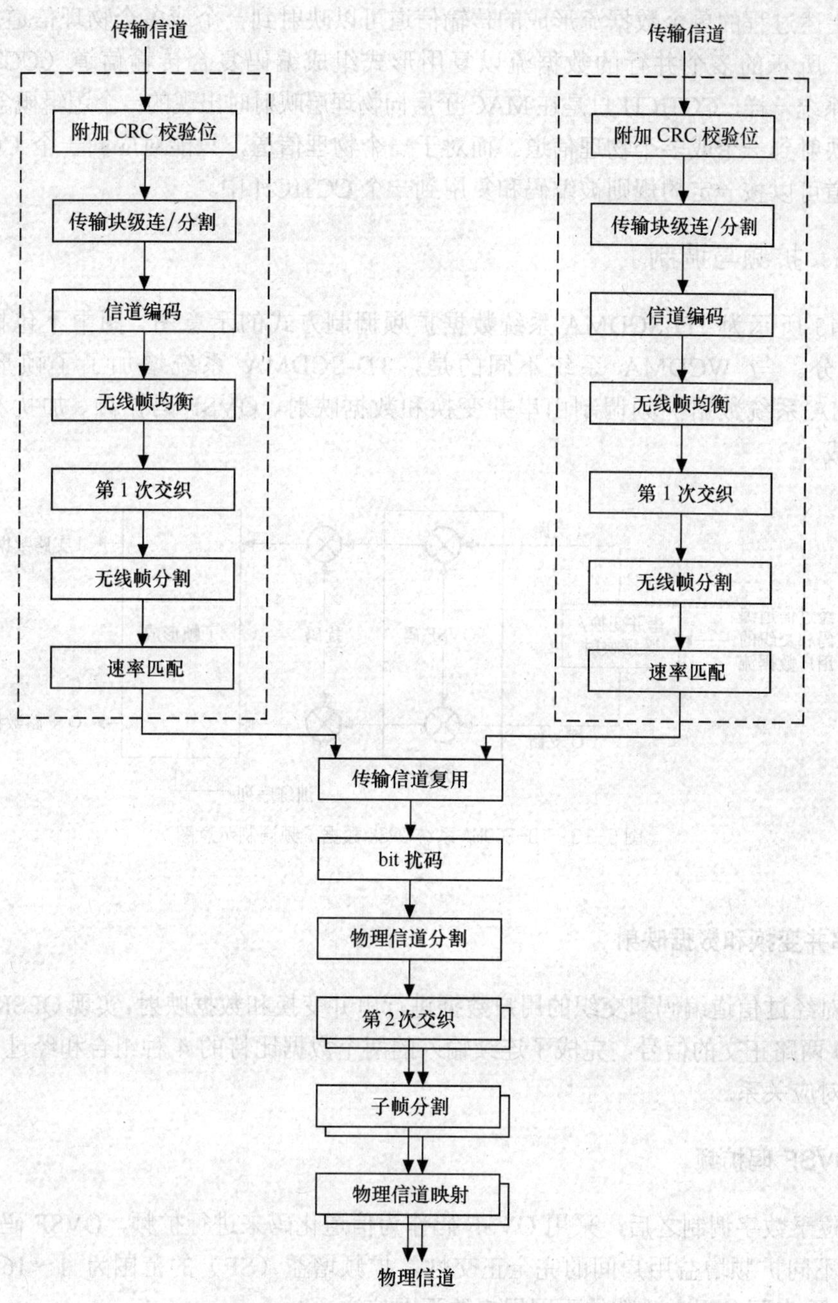

图 5-12 传输信道编码/复用

物理层与 MAC 子层在相同的时间段使用同一传输信道交换的数据块集合称为传输块集。到达编码/复用单元的数据以传送块集的形式，在每个传输时间间隔（TTI）传输一次，TTI 从集合{5ms，l0ms，20ms，40ms，80ms}中取值。

编码/复用要经过以下步骤：给每个传送块加 CRC 校验位、传送块级联/编码块分割、信道编码、无线帧尺寸均衡、第 1 次交织、无线帧分割、速率匹配、传输信道的复用、比特加扰、物理信道的分割、第 2 次交织、无线子帧分割，最后完成到物理信道的映射。

经过上述过程的单个数据流形成的传输信道可以映射到一个或多个物理信道。也可以由如图 5-12 所示的多个并行的数据流以复用形式组成编码复合传输信道（CCTrCH）。与 WCDMA 系统一样，CCTrCH 只是在 MAC 子层向物理层映射时出现的一个逻辑概念。CCTrCH 同样可以映射到一个或多个物理信道。而对于一个物理信道，只能对应同一个 CCTrCH。不同传输信道可以按一定的规则被编码和复用到一个 CCTrCH 中。

5.2.5 扩频与调制

图 5-13 所示为 TD-SCDMA 系统数据扩频调制方式的示意图，图中不包括正交的射频调制部分。与 WCDMA 系统不同的是，TD-SCDMA 系统增加了子帧形成部分。TD-SCDMA 系统数据扩频调制由串并变换和数据映射、OVSF 码扩频、加扰和子帧形成 4 部分组成。

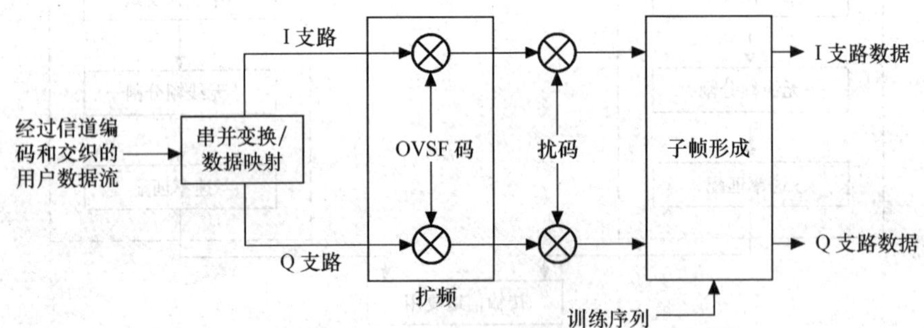

图 5-13 TD-SCDMA 系统 QPSK 数据扩频调制示意图

1. 串并变换和数据映射

通过对经过信道编码和交织的用户数据进行串并变换和数据映射，实现 QPSK 数据调制，产生 I、Q 两路正交的信号，完成了连续输入的两个数据比特的 4 种组合和经过 QPSK 调制后的相位对应关系。

2. OVSF 码扩频

扩频位于数字调制之后，采用 OVSF 码作为信道化码来进行扩频，OVSF 码的最大特点是能保持不同扩频增益用户间的完全正交性。扩频增益（SF）的范围为 1～16。信道化码（OVSF）用来区分同一时隙的不同用户的不同信道。

3. 加扰

扰码用的数据序列与扩频后的数据流具有相同的码片速率，扩频后采用长度固定为 16 的二进制扰码进行加扰。经过扰码，解决了多个发射机使用相同码字扩频的问题，可以用来区分小区。TD-SCDMA 系统共有 128 个扰码可以使用，分为 32 个码组，每个码组内的 4 个扰码可在一个小区循环使用，如表 5-2 所示。

表 5-2 基本中间码、扰码、SYNC-UL 码、SYNC-DL 码与码组之间的对应关系

码 组	关 联 码			
	SYNC-DL	SYNC-UL	扰 码 编 号	基 本 中 间
码组	0	0…7	0	0
			1	1
			2	2
			3	3
码组	1	8…15	4	4
			5	5
			6	6
			7	7
⋮	⋮	⋮	⋮	⋮
码组	31	248…255	124	124
			125	125
			126	126
			127	127

4．子帧形成

在加扰后的数据流形成无线子帧的成帧过程中，需要插入训练序列码，即中间码（Midamble）。中间码用于进行信道估计、功率控制测量、波束赋形和频率校正等。中间码在设计时已经达到要求的码片速率，是不经过扩频和加扰的，在每个常规时隙的中间发送，发送功率与数据符号相同。在同一小区内，同一时隙内的不同用户所采用的中间码，是由一个基本的中间码经循环移位后产生的，TD-SCDMA 系统有 128 个中间码，分成 32 组，每组 4 个，如表 5-2 所示。

I、Q 支路数据输出后，将通过滚降系数为 0.22 的升余弦滚降滤波器脉冲成型，然后分别用正交的载波进行射频调制后，合路发出。

TD-SCDMA 系统对 5.2kbit/s、64kbit/s、144kbit/s、384kbit/s 的上行和下行业务均采用 QPSK 调制方式；当提供 2Mbit/s 业务时采用 8PSK 调制方式。对 HSDPA 业务采用 16QAM 甚至 64QAM 调制方式。码片速率保持 1.28Mchip/s 不变，扩频增益的范围为 1～16。

5.2.6 TD-SCDMA 系统的码分配

标识小区的码称为下行同步码（SYNC-DL）序列，在下行导频时隙（DwPTS）发射。基站将在小区的全方向或在固定波束方向发送 DwPTS，同时起到导频和下行同步的作用。在整个系统中，共有 32 个长度为 64chip 的 SYNC-DL 码。

随机接入的特征信号为上行同步码（SYNC-UL），在上行导频时隙（UpPTS）发射。随机接入和切换过程中需要上行同步，当 UE 准备进行空中登记和随机接入时将发射 UpPTS。在整个系统中，共有 256 个长度为 128chip 的 SYNC-UL 码。

中间码、SYNC-DL、SYNC-UL 都是直接以码片速率的形式给出，不需要扩频，也不需要进行加扰处理。在 3GPP 规范中，以实数值的形式给出，不需要任何生成过程。每个

码组与基本中间码、扰码、SYNC-UL 码、SYNC-DL 码之间有确定的对应关系，如表 5-2 所示。

5.2.7 N 频点技术

TD-SCDMA 系统中，多载频系统是指一个小区可以配置多于一个载波频段的系统，并称这样的小区为多载频小区。通常多载频系统将相同地理覆盖区域的多个小区（假设每个载频为一个小区）合并到一起，共享同一套公共信道资源，从而构成一个多载频小区，称这种技术为 N 频点技术。通过使用 N 频点技术，依靠增加系统的载频数量可以解决单个 TD-SCDMA 载频所能提供的用户数量有限的问题，进而提高热点地区的系统容量覆盖。N 频点原理示意图如图 5-14 所示。

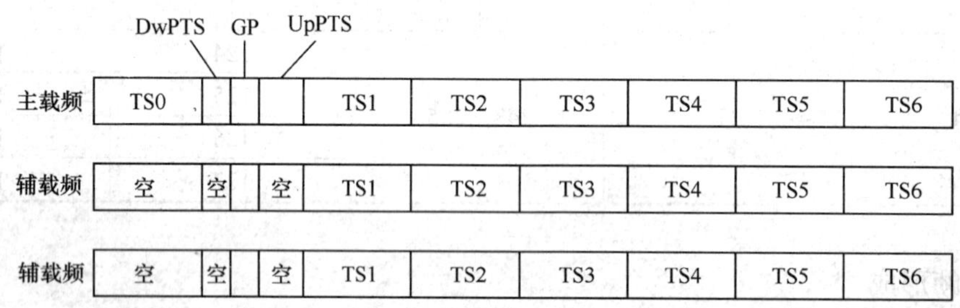

图 5-14 N 频点原理示意图

在充分考虑多载频系统的特殊性以及保持现有单载波系统的最大程度稳定性的前提下，对 TD-SCDMA 多载频系统特作以下约定：

（1）针对每一小区，从分配到的 *n* 个频点中确定一个作为主载频，其他载频为辅助载频。承载 P-CCPCH 的载频称为主载频，不承载 P-CCPCH 的载频称为辅载频。在同一个小区内，仅在主载频上发送 DwPTS 和广播信息（TS0）。对支持多频点的小区，有且仅有一个主载频，多个频点使用一个共同的广播信道。

（2）主载频和辅助载频使用相同的扰码和基本中间码。

（3）公共控制信道（DwPCH，P-CCPCH，PICH，SCCPCH，PRACH）等规定配置在主载频上，信标信道总在主载频上发送。

（4）同一用户的多时隙配置应限定为在同一载频上。

（5）同一用户的上下行配置在同一载频上。

（6）辅载频的 TS0 暂不使用。

（7）主载频和辅载频的时隙转换点建议配置为相同。

5.3 TD-SCDMA 系统物理层主要工作过程

在 TD-SCDMA 系统中，很多技术都需要物理层的支持。这种支持体现为相关的物理层处理过程。移动终端（UE）从开机开始，到发出第一个随机接入请求为止，需要经历小区搜索、上行同步、随机接入 3 个基本过程。

5.3.1 小区搜索

移动台（UE）开机后，首先测量 TD-SCDMA 系统频带内各载波功率，并将测得的功率按强弱排序，并从最强的载波开始搜索。接着必须进入小区搜索过程，驻留到服务的移动通信网络，才能进行通信。TD-SCDMA 系统初始小区选择或搜索利用下行导频物理信道（DwPTS）和广播传输信道（BCH）进行，采用了独特的 4 步搜索过程。

第 1 步：搜索 DwPTS

UE 利用 DwPTS 中下行同步码序列（SYNC-DL）与某一小区的 DwPTS 建立下行同步。SYNC-DL 是 TD-SCDMA 系统预定的 64 位 PN 序列，最多可以有 32 种可能的选择，UE 必须要识别出在该小区可能要使用的 32 个 SYNC-DL 中的哪一个 SYNC-DL 被使用。这一步通常是通过一个或多个匹配滤波器（或类似的装置）与接收到的 SYNC-DL 进行匹配来实现，得到最大相关峰值的码被确认为当前小区使用的 SYNC-DL，根据相关峰值的位置可以初步认定系统下行链路的定时信息。

第 2 步：识别扰码和基本中间码

UE 需要确认小区主公共控制信道（P-CCPCH）上的中间码和对应的扰码。DwPTS 紧随 TS0 的 P-CCPCH 之后，DwPTS 中有 SYNC-DL。在 TD-SCDMA 系统中，共有 128 个互不重叠的中间码。基本中间码的序号除以 4 就是 SYNC-DL 的码号，每个 SYNC-DL 对应一组 4 个不同的基本中间码，32 个 SYNC-DL 和 32 个中间码组一一对应。也就是说，一旦 SYNC-DL 确定之后，UE 也就知道了该小区采用了哪 4 个中间码，这时 UE 可以采用试探法和错误排除法确定 P-CCPCH 到底采用了哪个中间码。

在一帧中使用的基本中间码均是由相同的中间码经过循环移位生成。由于每个基本中间码与扰码是相对应的，知道了基本中间码也就知道了扰码。根据确认的结果，UE 可以进行下一步或返回到第一步。

第 3 步：控制复帧同步

UE 搜索在 P-CCPCH 中 BCH 的复帧主指示块（Master Indication Block，MIB）的位置。为了准确读出 BCH 中的信息，UE 需要知道每一帧的系统帧号。系统帧号出现在物理信道 QPSK 调制时相位变化的排列图案中，它是由经过 QPSK 调制的 DwPTS 的相位序列（相对于在时隙 TS0 上的 P-CCPCH 的中间码）来标示。通过对 n 个连续的 DwPTS 时隙进行检测可以取得复帧同步，确定 MIB 在控制复帧中的位置，也即确定了 BCH 信息在 P-CCPCH 帧结构中的位置。根据复帧同步的结果，UE 可以决定是否执行下一步或回到第 2 步。

第 4 步：读 BCH 信息

UE 利用前几步已经识别出的扰码、中间码、复帧读取搜索到小区的一个或多个广播信道（BCH）上的广播信息，进而得到小区的配置等公共信息。根据解码 BCH 读取结果的成败，UE 决定是完成小区搜索还是返回以上几步。

5.3.2 上行同步

TD-SCDMA 系统中，上行同步是 UE 发起一个业务呼叫前必需的过程，如果 UE 仅驻留在某小区而没有呼叫业务时，UE 不需启动上行同步过程。此处的上行同步是指空中接口的同步，并不包括网络之间的同步。通过上行同步，可以让使用正交扩频码的各个码道在解扩时完全正交，相互间不会产生多址干扰。减小了由于每个 UE 发射的码道信号到达 Node B 的时间不同，造成码道非正交所带来的干扰，提高了系统容量和频谱利用率，还可以简化硬件，降低成本。

TD-SCDMA 系统的上行同步过程主要用在随机接入过程和切换过程前，用于建立 UE 和 Node B 之间的初始同步，也可以用于当系统失去上行同步时的再同步，其同步精度一般要求在 1/8～1 个码片的宽度。UE 开机之后，它必须首先与小区建立下行同步。只有建立了下行同步，UE 才能开始建立上行同步。

1. 上行同步的建立

在下行链路上，UE 可以从 Node B 接收到下行同步信号，但是 UE 到 Node B 的距离还是无法确定，可能会导致 UE 的上行发射信号不能同步到达 Node B。为了减小对常规时隙的干扰，上行信道首先在 UpPTS 这个特殊时隙发射 SYNC-UL 序列，SYNC-UL 突发的发射时刻可通过对接收到的 DwPTS 或 P-CCPCH 的功率估计来确定。UpPTS 时隙专门用作 UE 与系统建立上行同步，不包含用户的业务数据。系统中每个 DwPTS 序列号对应 8 个 SYNC-UL 码字，UE 根据收到的 DwPTS 信息，确定将使用的 SYNC-UL 序列。

Node B 采用相关运算的方法，在搜索窗内通过对 SYNC-UL 序列的检测，Node B 可估计出接收功率和时间，然后通过快速物理接入信道（F-PACH）向 UE 发送反馈信息，调整下次发射的发射功率和发射时间，以便建立上行同步。如果 UE 在 4 个子帧内没有收到来自 Node B 的应答，则认为上行同步请求失败，UE 将会随机延迟一段时间，重新开始尝试上行同步过程。

2. 上行同步的保持

由于 UE 的移动，它到 Node B 的距离总是在变化，所以整个通信过程中需要保持上行同步。TD-SCDMA 系统中上行同步的保持是根据接收到的下行链路的定时信息，发送下行链路的定时提前量来实现的，可以利用每一个上行突发中的中间码来保持上行同步。

在每一个上行时隙中，各个 UE 的中间码不相同。Node B 可以在同一个时隙通过测量每个 UE 的中间码来估计不同 UE 的信道冲激响应，接着估计每一个 UE 的发射功率和发射时间偏移，然后在下一个可用的下行时隙中发射同步偏移（Synchronization Shift，SS）命令和功率控制（Power Control，PC）命令，以使 UE 可以根据这些命令分别适当调整它的发送时间和发射功率。上行同步的更新有三种可能情况：增加一个步长、减少一个步长或保持不变。上行同步的调整步长是可配置和再设置的，取范围为 1/8～1 码片持续时间。同步检测和控制是每个子帧（5ms）进行一次。

5.3.3 随机接入过程

当高层需要在 RACH 上传送消息的时候，物理层的随机接入过程就将启动。TD-SCDMA 系统的随机接入过程与 WCDMA 有很大的不同，UE 必须首先完成上行同步过程。

1．随机接入准备

当UE处于空闲模式下，它将维持下行同步并读取小区广播信息。从该小区所用到的DwPTS，UE可以得到为随机接入而分配给UpPTS物理信道的8个上行同步码（SYNC-UL）码。

从小区广播信息中UE可以知道码集中的哪个SYNC-UL将被使用，物理随机接入信道（PRACH）、快速物理接入信道（FPACH）和S-CCPCH（承载FPACH传输信道）采用的码、扩频因子、中间码和时隙的信息，还包括了SYNC-UL与FPACH资源、FPACH与PRACH资源、PRACH资源与P/S-CCPCH资源的相互关系。因此，当UE发送SYNC-UL序列时，UE可以知道接入时所使用的FPACH资源、PRACH资源和CCPCH资源使用情况。此外，在物理层随机接入过程初始化之前，还会收到来自RRC子层和MAC子层的设置信息。

2．随机接入过程

随机接入过程的示意图如图5-15所示。第（1）、（2）步即为建立上行同步的过程，后续的进程为资源请求过程。

（1）UE从它要接入的小区所采用的8个可能的SYNC-UL码中随机选择一个，并在UpPTS物理信道上将它发送到Node B。

（2）Node B检测来自UE的UpPTS信息。Node B根据收到的到达时间和接收功率确定发射功率更新和定时调整的指令，并在接收到UpPTS信息后的4个子帧内通过FPACH将它发送给UE。FPACH中包含用于UE进行交叉检测的签名码信息和相对帧号，即接收到被确认的签名码之后的帧号。

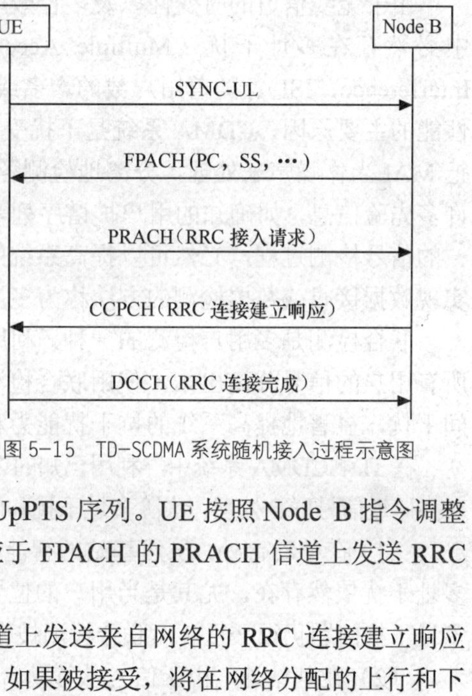

图5-15 TD-SCDMA系统随机接入过程示意图

（3）UE收到FPACH（与所选签名码对应的FPACH）控制信息时，表明Node B已经收到了UpPTS序列。UE按照Node B指令调整发射时间和功率，并确保在接下来的两帧后，在对应于FPACH的PRACH信道上发送RRC接入请求消息。

（4）基站将会在对应于PRACH的CCPCH信道上发送来自网络的RRC连接建立响应消息。该消息指示UE发出的随机接入是否被接受，如果被接受，将在网络分配的上行和下行链路专用信道上通过FACH建立起上、下行链路。

（5）UE收到来自网络的RRC连接建立响应消息后，在DCCH信道上向网络发送证实消息。至此，随机接入过程就完成了。

3．随机接入冲突处理

在有可能发生冲突的情况下，或在较差的传播环境中，Node B不发射FPACH，也不能接收SYNC-UL。在这种情况下，UE就得不到Node B的任何响应。因此，UE在一个随机延迟后必须通过新的测量，来调整发射时间和发射功率，并重新发射SYNC-UL码序列。

应该注意，每次发射或重发（两步方案），UE都将重新随机地选择SYNC-UL和UpPCH，最可能在 UpPCH 上发生冲突，而 RACH 资源单元几乎不会发生冲突，这也保证了在同一个上行时隙中可同时对 RACH 和常规业务进行处理。

5.4 TD-SCDMA 系统关键技术

TD-SCDMA 标准的提出虽然较晚于其他标准，但也正是因为这一点，TD-SCDMA 吸纳了 20 世纪 90 年代移动通信领域最为先进的技术，包括智能天线、联合检测、上行同步、动态信道分配和接力切换等，这些关键技术也是 TD-SCDMA 和其他 3G 标准竞争的核心竞争力。智能天线技术已在 3G 关键技术中进行介绍。

5.4.1 联合检测技术

1．联合检测基本概念

由于无线信道的时变性以及多径效应等，对于 CDMA 系统，码字不可能理想正交，系统中必然存在多址干扰（Multiple Access Interference，MAI）和码间干扰（Inter Symbol Interference，ISI）。随着用户数的增多或者某些用户功率的增强，MAI 成为影响系统容量和性能的主要原因，CDMA 系统是干扰受限的系统。传统的 CDMA 检测算法，即 Rake 接收，把 MAI 当作噪声来处理，分离地检测各个用户的信号，导致系统容量的下降。但 MAI 里有许多先验信息，如确知的用户扩谱序列等。如果能利用 MAI，把所有用户的检测看作一个统一的信号检测过程，必然可以提高系统的容量。对每个用户的检测都利用多个用户的信息去实现数据接收或数据检测的方法称为多用户检测。

联合检测是多用户检测的一种，利用所有与 ISI 和 MAI 相关的先验信息，在一步之内将所有用户的信号分离出来。使用联合检测技术，理论上可以完全抑制本小区的多址干扰和码间干扰，显著地提高系统的抗干扰能力和容量。

在 TD-SCDMA 系统中，利用已知的训练序列（中间码）进行不同码道的信道冲击响应估计，对多码道信号联合处理，去除多址干扰和码间串扰。联合检测的作用主要体现在以下两个方面。

（1）在移动台处，虽然基站的智能天线波束赋形极大地降低了多用户干扰的强度，但是多址干扰依然存在，尤其是当用户的位置非常靠近时，智能天线空分多址的作用受到限制，多址干扰问题仍很严重。而联合检测技术能很好地解决这种情况下的小区内的多址干扰问题。

（2）在基站处，由于信号从移动台沿多径到达基站，因此上行同步技术只能保证主径在一定范围内的同步。联合检测技术把同一时隙中多个用户的信号及多径信号一起处理，精确地检测出各个用户的信号，克服了这方面的缺点。

2．联合检测和智能天线的结合

研究表明，无论是智能天线技术还是联合检测技术，单独使用都难以在容量和质量两个方面同时达到 IMT-2000 的要求。将智能天线技术和联合检测技术结合起来应用的方法示意图如图 5-16 所示。

首先对每个天线阵元接收到的中间码分别作联合信道估计，接着将所有的信道估计按照用户划分，对每个用户作到达方向（Direction of Arrival，DOA）估计，计算每个用户的天线加权值，将得到的加权值对所有天线阵元的信号进行所有用户信道冲激响应的联合估计，最后用得到的信道估计结果和基于 DOA 计算的加权矢量进行多用户联合检测。这种方法对移动目标的情况下能够取得比较好的跟踪和检测效果。

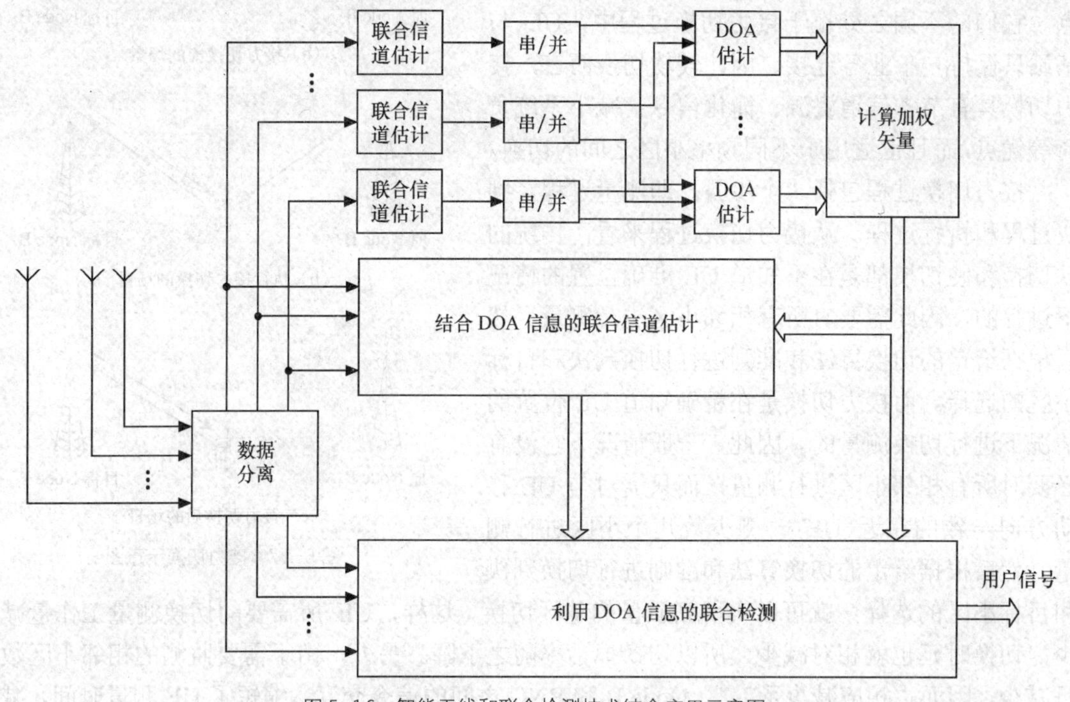

图 5-16 智能天线和联合检测技术结合应用示意图

5.4.2 接力切换

接力切换是 TD-SCDMA 系统的核心技术之一，是介于硬切换和软切换之间的一种新的切换方法，TD-SCDMA 系统的接力切换概念不同于硬切换与软切换，在切换之前，目标基站 Node B 已经获得移动台 UE 比较精确的位置信息，因此在切换过程中 UE 断开与原基站的连接之后，能迅速切换到目标基站。接力切换示意图如图 5-17 所示。

在切换过程中，首先将上行链路转移到目标小区，而下行链路仍与原小区保持通信，经过暂短的分别收发过程后，再将下行链路也转移到目标小区，完成接力切换。

移动台比较精确的位置信息，主要是通过对移动台的精确定位技术来获得。在 TD-SCDMA 系统中，移动台的精确定位应用了智能天线技术。Node B 利用天线阵估计 UE 的 DOA，然后通过信号的往返时延，确定 UE 到 Node B 的距离，基站可以确知 UE 的位置信息。如果来自一个基站的信息不够，可以让几个基站同时监测移动台并进行定位。由于网络有 UE 的准确位置信息，所以系统可以采用接力切换方式。

接力切换虽然在某种程度上与硬切换类似，同样是在“先断后连”的情况下，但是由于其实现是以精确定位为前提，因而与硬切换相比 UE 可以迅速地切换到目标小区，降低了切换时延，减小了切换引起的掉话率。接力切换与硬切换相比，两者都具有较高的资源利用率、较为简单的算法，以及系统相对较轻的信令负荷等优点。不同之处在于接力切换断开原 Node B 并与目标 Node B 建立通信链路几乎是同时进行的，因而克服了传统硬切换先断后通方式的掉话率较高、切换成功率较低的缺点。

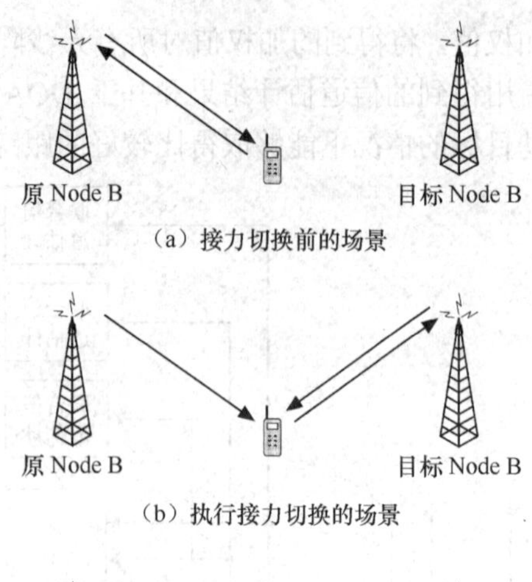

（a）接力切换前的场景

（b）执行接力切换的场景

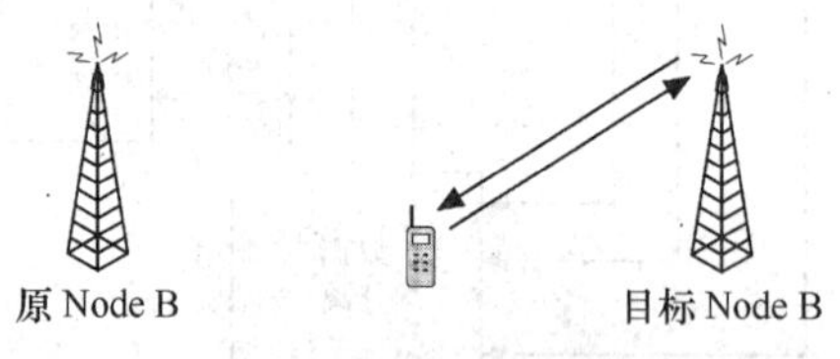

（c）接力切换后的场景

图 5-17　接力切换示意图

接力切换与软切换相比，两者都具有较高的切换成功率、较低的掉话率以及较小的上行干扰等优点。它们的不同之处在于接力切换过程中，UE 与基站只保持一条业务连接，因此较软切换而言，接力切换具有节省信道资源、简化信令、减小系统负荷等优点，而且也适用于不同频率小区之间的切换。

接力切换过程包括 3 个步骤，即测量过程、判决过程和执行过程。从接力切换过程来看，传统的软切换和硬切换都是在不知道 UE 准确位置的情况下进行的，因此需要对所有相邻小区进行测量，然后根据给定的切换算法和准则进行切换判决和目标小区的选择。而接力切换是在精确知道 UE 位置的情况下进行切换测量的。因此，一般情况下它没有必要对所有相邻小区进行测量，而只需对与 UE 移动方向一致的靠近 UE 一侧少数几个小区进行测量。然后根据给定的切换算法和准则进行切换判决和目标小区的选择，就可以实现高质量的越区切换。这样，UE 所需要的切换测量工作量减少，切换时延也就相对减少，所以切换掉话率随之下降。另外，由于需要监测的相邻小区数目减少，因而也相应减少了 UE、Node B 和 RNC 之间的信令交互，缩短了 UE 测量时间，减轻了网络负荷，进而使系统性能得到优化。

5.4.3 动态信道分配

信道分配算法可以分为固定信道分配（Fixed Channel Allocation，FCA）和动态信道分配（Dynamic Channel Allocation，DCA）两种。FCA 根据预先估计的覆盖区域的业务负荷，将可用信道分配给特定小区。根据某种频率再用模式，每个小区被固定分配了某个信道集合，所有在该小区的呼叫都必须使用分配给该小区的信道，相同的信道只有在一定距离间隔之外的其他小区才可以得到使用。如果该小区的所有信道都被占用，则该呼叫被阻塞，用户得不到服务。FCA 的主要优点是简单，不需复杂的信道选择。只要分配给该小区的信道集合中有未使用的信道，就可以为该小区内的一个呼叫建立一个通信链路。FCA 的主要缺点是频谱利用率低，不能很好地适应网络中负荷的变化需求。由于在 2G 系统中主要以话音业务为主，不同用户使用的业务对于信道的需求基本相同，因此在信道分配上大都采用 FCA。

在 DCA 中小区和信道之间没有固定的关系。所有的信道都被集中到一起分配，只要该信道能够提供足够的链路质量，任何小区都可以将该信道分配给呼叫。在通信系统运行过程中，DCA 根据当前的网络状态、系统负荷和业务的 QoS 参数，动态地将信道分配给某个用户。在一定的区域内，几个小区可用信道资源被集中起来，由无线网络控制器（RNC）管理。RNC 将根据小区呼叫阻塞概率、候选信道的使用频率、信道的再用距离等诸多代价函数，动态地将信道分配给呼叫。DCA 的优点是频率利用率高，无须信道预规划，可自动适应网络中负载和干扰的变化，非常适合网络中负载变化大的情况。缺点是相对于固定分配实现较为复杂，系统开销也比较大。

TD-SCDMA 系统中的任何一条物理信道都是通过它的载频/时隙/扩频码的组合来标记的，信道分配实质上就是无线资源的分配过程。采用 DCA 是 TDD 模式的优势之一，能够灵活地分配时隙资源，动态地调整上下行时隙的个数，从而可以灵活地支持对称及非对称的业务。

5.4.4 软件无线电

软件无线电（Software Defined Radio，SDR），就是采用数字信号处理技术，在可编程控制的通用硬件平台上，利用软件来定义实现无线终端的各部分功能，包括前端接收、中频处理以及信号的基带处理等，即整个无线终端从高频、中频、基带直到控制协议部分全部由软件编程来完成。

软件无线电的核心是将 A/D 和 D/A 变换器尽可能地靠近天线，而无线通信功能尽可能地采用软件进行定义。软件无线电的基本思想是将硬件作为其通用的基本平台，把尽可能多的无线及个人通信功能通过可编程软件来实现，使其成为一种多工作频段、多工作模式、多信号传输与处理的无线电系统。也可以说，是一种用软件来实现物理层连接的无线通信方式。使用软件无线电，无线通信系统结构具有很好的通用性，功能实现灵活，系统互联和升级变得非常方便。通过改变软件来实现新业务和使用新技术，大大降低了新通信产品开发成本和周期。所以这一技术也成为 TD-SCDMA 系统的关键技术之一。

软件无线电技术主要涉及数字信号处理硬件（DSPH）、现场可编程器件（FPGA）、数字信号处理（DSP）等。目前，软件无线电技术基本上实现了其基本功能，即硬件数字化、软件可编程化、设备可重复配置性，能解决多频、多模式、多业务的终端问题和基站问题。

软件无线电在 3G 中的主要应用如下。

（1）软件无线电为 3G 终端和基站提供了一个开放化、模块化的系统结构，其功能灵活、系统改进与升级方便。利用一个硬件平台，采用不同的软件可以实现不同标准之间的互操作。

（2）智能天线技术是 3G 的核心关键技术。利用软件无线电技术可实现智能天线结构，获得空间参数，包括 DOA 估计、计算射频通道权重和天线波束赋形。

（3）软件无线电可实现各种信号处理软件，包括各类无线信令规则与处理软件、信号流变换软件、调制解调算法软件、信道纠错编码软件、信源编码软件等。

软件无线电基本结构框图如图 5-18 所示。

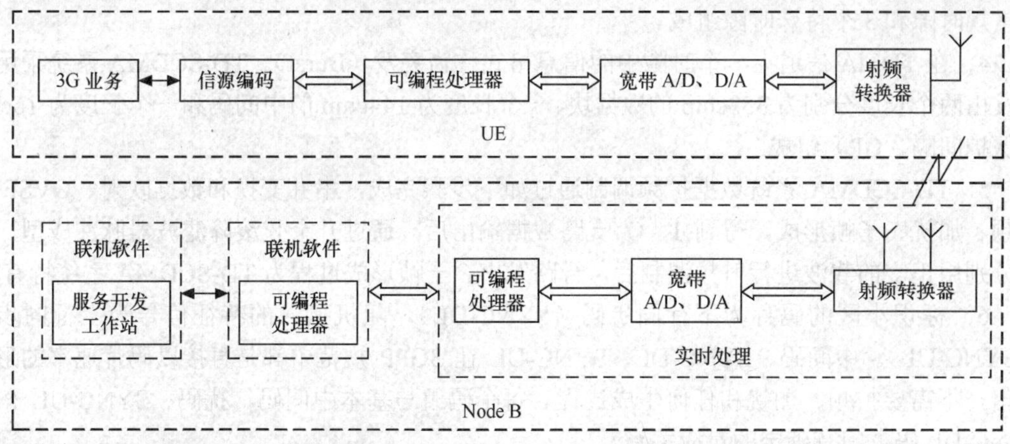

图 5-18 软件无线电基本结构框图

软件无线电主要部分的功能如下。

（1）射频部分：这是软件无线电中唯一需要用模拟硬件电路实现的部分，射频前端技术包括：宽带线性射频高功率放大器，宽带低噪声放大器和宽带模拟上下变频器及宽带中放。

（2）A/D 和 D/A 部分：要求高速率、高分辨率和高质量。主要功能是宽带模拟信号和高速数字信号的互换。根据奈奎斯特采样定理，对带限信号的采样率应大于信号最高频率的 2 倍，通常采用过采样，即大于 2.5 倍。另外由于接收的宽带模拟信号强度悬殊，要求有较大的动态范围和高分辨率。要实现这 3 个要求，一般采用并行取样和带通取样。将 A/D 放在中频之前，优势是可以在信号检测和解调部分使用数字处理，可利用硬件编程完成部分数字处理功能，可对有限的资源（处理器容量、存储量和 I/O 带宽等）统一优化分配。

（3）中频处理部分：将含有多路信道的宽带信号变换成仅含一路的窄带信号，并将其取出。

（4）基带处理部分：将单一信道的信号进行调制/解调，编码/译码等。

软件无线电的发展趋势是体系结构化和软件模块化，结构数学分析化、面向对象化，而且软件无线电正朝着认知化、智能化和计算机化发展。

小　结

1．TD-SCDMA 被第三代移动通信合作伙伴项目组织（3GPP）列为三大主流技术标准之一，包含在 3GPP 的 R4 版本中。TD-SCDMA 与 WCDMA 核心网结构基本相同，不同的地方在于无线接入网络部分。

2．TD-SCDMA 系统的空中接口（Uu）的协议结构与 WCDMA 的空中接口协议结构一样。从不同协议层如何承载用户业务的角度将信道分成 3 类：逻辑信道、传输信道和物理信道，相互间有特定的映射关系。TD-SCDMA 逻辑信道的控制信道增加了共享控制信道（SHCCH）；传输信道定义了信息通过无线接口进行传输的方式，物理信道是由频率、时隙、码字共同定义的。

3．TD-SCDMA 物理信道的帧结构分为 4 层：超帧（系统帧）、无线帧、子帧和时隙/码道。一个超帧长 720ms，由 72 个无线帧组成，每个无线帧长 10ms，每个无线帧分为两个相同的 5ms 子帧，2 个子帧的结构完全相同，子帧是系统无线发送的最小单位。每个子帧由 7 个常规时隙和 3 个特殊时隙组成。

4．在 TDMA 信道上一个时隙中的信息格式称为突发（Burst）。TD-SCDMA 系统采用的突发由两个长度分别为 352chip 的数据块、一个长度为 144chip 的中间码和一个长度为 16chip 的保护间隔（GP）组成。

5．TD-SCDMA 系统数据扩频调制通过如下步骤完成，串并变换和数据映射、OVSF 码扩频、加扰、子帧形成，得到 I、Q 支路数据输出后，通过升余弦滚降滤波器脉冲成型，然后分别用正交的载波进行射频调制后，合路发出。子帧形成过程为 TD-SCDMA 系统特有。

6．标识小区的码称为下行同步码（SYNC-DL），随机接入的特征信号为上行同步码（SYNC-UL）。中间码、SYNC-DL、SYNC-UL 在 3GPP 规范中都是直接以码片速率的形式给出，不需要扩频、加扰和任何生成过程。每个码组与基本中间码、扰码、SYNC-UL 码、SYNC-DL 码之间有确定的对应关系。

7．移动台（UE）开机后，首先测量 TD-SCDMA 系统频带内各载波功率，并将测得的功率按强弱排序，并从最强的载波开始搜索。接着必须进入小区搜索过程，驻留到服务的移动通信网络，才能进行通信。TD-SCDMA 系统初始小区选择或搜索利用下行导频物理信道（DwPTS）和广播传输信道（BCH）进行，采用了独特的 4 步搜索过程。

8．TD-SCDMA 系统的上行同步过程主要用在随机接入过程和切换过程前，通过上行同步，可以让使用正交扩频码的各个码道在解扩时完全正交，相互间不会产生多址干扰。这种方法减小了由于每个 UE 发射的码道信号到达 Node B 的时间不同，造成码道非正交所带来的干扰，提高了系统容量和频谱利用率，还可以简化硬件，降低成本。

9．当高层需要在 RACH 上传送消息的时候，物理层的随机接入过程就将启动。TD-SCDMA 系统的随机接入过程与 WCDMA 有很大的不同，UE 必须首先完成上行同步过程。

10．联合检测是多用户检测的一种，利用所有与多址干扰（MAI）和码间干扰（ISI）相关的先验信息，在一步之内将所有用户的信号分离出来。在 TD-SCDMA 系统中，利用已知的训练序列进行不同码道的信道冲击响应估计，对多码道信号联合处理，去除 MAI 和 ISI。

11．接力切换是 TD-SCDMA 系统的核心技术之一，是介于硬切换和软切换之间的一种新的切换方法，TD-SCDMA 系统的接力切换在切换之前，目标基站已经获得移动台比较精确的位置信息。接力切换过程包括 3 个步骤，即测量过程、判决过程和执行过程。

12．信道分配算法可以分为固定信道分配（FCA）和动态信道分配（DCA）两种。FCA 可用信道分配给特定小区。DCA 中小区和信道之间没有固定的关系，所有的信道都被集中到一起分配，只要该信道能够提供足够的链路质量，任何小区都可以将该信道分配给呼叫。采用 DCA 是 TDD 模式的优势之一，能够灵活地分配时隙资源，动态地调整上下行时隙的个数，从而可以灵活地支持对称及非对称的业务。

13．软件无线电采用数字信号处理技术，在可编程控制的通用硬件平台上，利用软件来定义实现无线终端的各部分功能，即整个无线终端从高频、中频、基带直到控制协议部分全部由软件编程来完成。

练 习 题

1．介绍 TD-SCDMA 系统的特点。

2．描述 TD-SCDMA 系统传输信道和物理信道的映射关系，介绍物理信道的种类和功能。

3．画出 TD-SCDMA 系统物理信道 4 层结构和无线子帧结构，说明各时隙的作用和 TDD 方式的优势。

4．TD-SCDMA 帧结构中 DwPTS 和 UpPTS 之间的 GP 为多少？理论上能够支持多大的覆盖范围？

5．结合 TD-SCDMA 系统的突发结构，说明中间码的功能。

6．简述传输信道编码与复用过程，说明 CCTrCH 的应用。

7．简述 TD-SCDMA 系统小区搜索过程。

8．简述 TD-SCDMA 系统随机接入过程。

9．描述 TD-SCDMA 系统接力切换主要过程，接力切换与软切换和硬切换相比，有何不同？

10．说明动态信道分配（DCA）和固定信道分配（FCA）各自的特点。

第6章 HSPA网络技术

为了在移动网络基础上以最大的灵活性提供高速数据业务，移动通信领域新技术层出不穷，本章主要介绍如下内容：

- HSDPA/HSUPA 网络的特点及演进
- HSDPA/HSUPA 对 R99/R4 版本无线网络结构的影响
- HSDPA 的关键技术及空中接口的变化
- HSUPA 的关键技术及空中接口的变化
- TD-SCDMA 系统中 HSPA 技术的特点
- HSPA+的主要目标、网络结构和采用的主要技术

6.1 概述

国际电信联盟 1998 年提出了第三代移动通信系统的标准化要求，主要目标就是希望第三代移动通信系统能同时提供电路交换业务和分组交换业务，最高传输速率为 2Mbit/s。随着信息社会对无线 Internet 业务需求的日益增长，2Mbit/s 的传输速率已远远不能满足需求，第三代移动通信系统正逐步采用各种速率增强型技术。第三代移动通信系统高速数据传输解决方案具有非对称性、峰值速率高、激活时间短等特点，可以有效利用无线频谱资源，增加系统的数据吞吐量。

cdma2000 lx 系统增强数据速率的下一个发展阶段称为 cdma2000 lx EV，其中 EV 是 Evolution（演进）的缩写，意指在 cdma2000 lx 基础上的演进系统。cdma2000 lx EV 不仅要和原有系统保持后向兼容，而且要能够提供更大的容量，更佳的性能，满足高速分组数据业务和语音业务的需求。cdma2000 lx EV 又分为两个阶段：cdma2000 lxEV-DO 和 cdma2000 lxEV-DV。相关内容将在第 7 章介绍。

WCDMA 和 TD-SCDMA 系统增强数据速率技术为 HSDPA/HSUPA，HSDPA/HSUPA 统称 HSPA。文中如不特别说明，HSDPA/HSUPA 均指 WCDMA 系统采用的速率增强技术，下面依次介绍基于 WCDMA 系统和 TD-SCDMA 技术的 HSPA 技术。

1．HSPA 的概念

（1）HSDPA

3GPP 在 2002 年 3 月发布的 R5 版本中引入了高速下行链路分组接入（High Speed

Downlink Packet Access，HSDPA）技术，HSDPA 技术通过使用在 GSM/EDGE 标准中已有的方法来提高分组数据的吞吐量，这些方法包括自适应调制和编码技术（Adaptive Modulation and Coding，AMC）、混合自动重传请求技术（Hybrid Automatic Repeat on Request，HARQ）。HSDPA 业务信道使用 Turbo 编码，可以在 2ms 内进行动态资源共享，包括共享码道资源和功率资源。HSDPA 增加了物理信道，并采用多码传输方式、短传输时间间隔、快速分组调度技术和先进的接收机设计等，使小区下行峰值速率达到 14.4Mbit/s。

为了实现 HSDPA 的功能特性，在物理层规范中引入了 1 个传输信道和 3 个物理信道。

① 高速下行共享信道（High Speed Downlink Shared Channel，HS-DSCH）：承载下行链路用户数据的传输信道，信道共享方式主要是时分复用和码分复用，最基本的方式是时分复用，即按时间段分给不同的用户使用，这样 HS-DSCH 信道化码每次只分配给一个用户使用。另一种方式就是码分复用，在码资源有限的情况下，同一时刻，多个用户可以同时传输数据。传输时间间隔（TTI）或交织周期恒定为 2ms。HS-DSCH 扩频因子固定为 16，考虑到预留可用的信道码，最多可映射到 15 个物理信道。除了 QPSK 调制外，引入了高阶的 16QAM 调制。HS-DSCH 可以根据信道条件快速适配传输格式，采用快速调度技术、增量冗余的 HARQ 技术等。

② 高速下行物理共享信道（High Speed Physical Downlink Share Channel，HS-PDSCH）：HS-DSCH 与 HS-PDSCH 互相映射。15 个 HS-PDSCH 信道用于承载 HS-DSCH 信道，连续 15 个 OVSF 信道码可用于 15 个 HS-PDSCH。传输时间间隔（TTI）为 2ms，扩频因子固定为 16。

③ 高速下行共享控制信道（High Speed Shared Control Channel for HS-DSCH，HS-SCCH）：承载 HS-DSCH 上用来解码的物理层控制信令，传输 HS-DSCH 信道解码所必需的控制信息。HS-SCCH 参数包括信道码和调制方式的信息、传输块尺寸和 HARQ 参数的信息。如果 HS-DSCH 没有承载数据，就不需要发送 HS-SCCH。每个 UE 最多支持 4 个 HS-SCCH。传输时间间隔（TTI）为 2ms，扩频因子为 128。

④ 高速上行专用物理控制信道（High Speed Dedicated Physical Control Channel for HS-DSCH，HS-DPCCH）：承载上行链路的控制信令，主要是 HARQ ACK/NACK 信息以及下行链路质量的反馈信息（CQI）。传输时间间隔（TTI）为 2ms，扩频因子为 256。

在 R6 版本中新增了一种物理信道，部分专用物理信道（Fractional Dedicated Physical Channel，F-DPCH），当所有下行业务都已经由 HS-DSCH 承载时，可以启用 F-DPCH。

（2）HSUPA

3GPP 在 2004 年 12 月发布的 R6 版本中引入了增强型上行链路技术，初期是在增强型上行链路专用信道（E-DCH）的项目下启动的，又可以称为高速上行链路分组接入（High Speed Uplink Packet Access，HSUPA）技术，考虑到上行链路的特点，HSUPA 对如下技术进行了深入研究。

① 上行的物理层快速混合自动重传请求（HARQ）；

② 上行的基于 Node B 的快速调度技术；

③ 更短的传输时间间隔；

④ 上行采用高阶调制；

⑤ 快速的专用信道建立。

E-DCH 的定义中引入了 5 条新的物理信道。

① 增强专用物理数据信道（E-DCH Dedicated Physical Data Channel，E-DPDCH）：负责承载 E-DCH 传输信道，传输用户数据。E-DPDCH 采用复帧结构，由 5 个 2ms 传输时间间隔（TTI）的子帧构成，总帧长为 10ms，与 R99 版本相同，可依据不同情况选择合适的帧长。

② 增强专用物理控制信道（E-DCH Dedicated Physical Control Channel，E-DPCCH）：负责传输与 E-DPDCH 有关的控制信息。E-DPCCH 与 E-DPDCH 码分复用构成一个码分复用传输信道（CCTrCH），为 Node B 解码 E-DPDCH 提供相关信息。

③ 绝对授予信道（E-DCH Absolute Grant Channel，E-AGCH）：承载了调度产生的用于直接指定 E-DCH 传输速率的绝对分配信令。

④ 相对授予信道（E-DCH Relative Grant Channel，E-RGCH）：承载了调度产生的用于相对调整 E-DCH 传输速率的相对分配信令。

⑤ HARQ 确认指示信道（E-DCH HARQ Acknowledgement Indicator Channel，E-HICH）：供 Node B 将 HARQ ACK /NACK 消息反馈给 UE。E-HICH 的功能与 HSDPA 的 HS-DPCCH 类似，即用来提供 HARQ 反馈信息。但它不包含 CQI 消息，因为 HSUPA 不支持自适应调制与编码。

HSUPA 技术可提高上行链路容量和数据业务传输效率，使小区上行峰值速率能达到 5.76Mbit/s。HSUPA 后向兼容 R99/R4/R5 版本，但 HSUPA 不依赖 HSDPA，没有升级到 HSDPA 的网络可以直接引入 HSUPA。

HSDPA/HSUPA 不是一个独立的功能，其运行需要 R99/R4 中的基本过程，如小区选择、同步、随机接入等基本过程保持不变，改变的是从用户终端设备到 Node B 之间传送数据的方法。HSDPA/ HSUPA 技术是对 WCDMA 技术的增强，不需对已存的 WCDMA 网络进行较大的改动。也可以越过 WCDMA 网络，直接部署 HSDPA/HSUPA 网络。采用 HSDPA/HSUPA 技术可以提供上下行的高速数据传输，满足高速发展的多媒体业务的需求。

3GPP 引入无线系统的高速解决方案（HSPA）是一些无线增强技术的集合，可以在现有技术的基础上使上下行峰值速率有很大的提高，并不针对具体的空中接口技术。HSPA 技术同时适用于 WCDMA FDD、UTRA TDD 和 TD-SCDMA 三种不同模式。其在不同系统中的实现方式是十分相似的。由于空中接口技术的不同，导致不同模式间存在具体的差异，比如具体的时隙格式、扩频因子等。下面介绍 TD-SCDMA 系统中 HSPA 技术特点。

2. TD-HSPA

（1）TD-HSDPA

对 TD-SCDMA 和 WCDMA 而言，HSDPA 采用的关键技术是基本一致的，实现方式也非常相似，两者不同的地方主要体现在如下几点。

① 帧结构不同。由于 WCDMA 和 TD-SCDMA 两种制式本身帧结构的不同导致 W-HSDPA 和 TD-HSDPA 帧结构的不同，W-HSDPA 子帧是 2ms，而 TD-HSDPA 子帧是 5ms。W-HSDPA 允许用户在较短的持续时间内把数据分配到一个或多个物理信道，使网络能在时域和码域重新调整它的资源分配。

② 信道结构不同。W-HSDPA 和 TD-HSDPA 都有传输信道（HS-DSCH）。HS-DSCH 信道共享方式为时分复用+码分复用。W-HSDPA 中的扩频因子为 16，最多映射 15 条物理信道。TD-HSDPA 扩频因子为 1 或 16，最多映射 16 条物理信道。

HSDPA 引入的物理信道总共有 3 类。W-HSDPA 物理层引入了高速下行共享物理信道（HS-PDSCH）、高速共享控制信道（HS-SCCH）和高速专用物理控制信道（HS-DPCCH）三个信道。TD-HSDPA 物理层引入的信道有高速下行共享物理信道（High Speed Physical downlink shared Channel，HS-PDSCH）、高速共享控制信道（High Speed Shared Control Channel，HS-SCCH）和高速共享信息信道（High Speed Shared Information Channel，HS-SICH）三个信道。HS-DSCH 与 HS-PDSCH 互相映射，承载下行业务数据。

虽然 W-HSDPA 和 TD-HSDPA 都使用 HS-SCCH，调制方式都是 QPSK，但扩频因子不同，分别为 128 和 16。W-HSDPA 使用的 HS-DPCCH 是一个专用信道，扩频因子为 256，它在上行链路方向承载HARQ确认（ACK/NACK）信息和信道质量指示（CQI）信息。而TD-HSDPA中与W-HSDPA对应的上行控制信道是 HS-SICH，该信道的扩频因子为 16，它是一个共享信息信道。

③ TD-SCDMA 的 N 频点特性。W-HSDPA 理论峰值速率可达 14.4Mbit/s。而对于 3GPP R5 中定义的 TD-SCDMA HSDPA，1.6MHz 带宽上理论峰值速率可达到 2.8Mbit/s。因此，与 W-HSDPA 相比，TD-SCDMA HSDPA 单个载波上可提供的下行峰值速率偏低，难以满足用户对更高速率分组数据业务的需求。

TD-SCDMA 在已经发布的基于 3GPP R4 的第一版行业标准中，引入 N 频点特性。2005 年，业内提出了将 N 频点特性和 HSDPA 特性有机结合起来，通过多载波捆绑的方式提高 TD-SCDMA HSDPA 系统中单用户峰值速率，即所谓的多载波 HSDPA 方案。

多载波 HSDPA 方案的主要技术原理是发送给一个用户的下行数据需在多个载波上同时传输，由位于 Node B 的 MAC-hs 协议层对数据进行分流，即将数据流分配到不同的载波，各载波独立进行编码映射、调制发送。UE 接收时，则需要有同时接收多个载波数据的能力，各个载波独立进行译码处理后，由 UE 内的 MAC-hs 协议层进行合并。多个载波上的 HS-PDSCH 物理信道资源为多个用户终端以时分或者码分的方式共享，一个用户终端可同时分配一个或者多个载波上的 HS-PDSCH 物理信道资源。

采用 N 个载波的多载波 HSDPA 方案，理论上可以获得 N 倍 2.8Mbit/s 的峰值速率，如 3 载波的 HSDPA 方案理论的峰值速率可以达到 8.4Mbit/s。

（2）TD-HSUPA

2003 年 6 月，3GPP RAN 第 20 次全会上，对 TDD 上行链路增强的可行性研究被列为研究项目（Study Itern）。研究目的是考察 Node B 快速调度、HARQ 和 AMC 等上行链路增强技术对提高上行链路的覆盖和吞吐量，降低时延的可行性和性能。

HSUPA 的引入对无线网络协议框架的影响，主要包括需引入新的增强型上行传输信道（Enhanced Uplink Channel，E-UCH）以及新的 MAC 功能实体。

3．HSPA 的演进（HSPA+）

HSPA+是在 HSPA 基础上的演进，在关键技术上，它保留了 HSPA 的如下特征：快速调度、混合自动重传（HARQ）、下行短帧（2ms）、上行可变帧长（10ms/2ms）、自适应调制和编码，同时保留了 HSPA 的所有信道及特征：HS-PDSCH、HS-SCCH、HS-DPCCH、E-DPCCH、E-DPDCH、E-RGCH、E-AGCH、E-HICH、F-DPCH 等。因此，它向下完全兼容 HSPA 技术，但为了支持更高的速率和更丰富的业务，HSPA+也引入了更多的新技术：

（1）MIMO 技术；

（2）分组数据连续传输技术；

（3）上下行均采用更高阶调制；

（4）接入网架构的优化。

HSPA+由 3GPP R7 版本定义。通过采用新技术，HSPA+能够实现 28Mbit/s 的高速数据传输。与使用 OFDMA 技术的 LTE 不同，HSPA+和目前的 WCDMA 一样都是基于 CDMA 技术。

HSPA+是一个全 IP、全业务网络，同时它后向兼容原有 R99/HSPA 网络以及相应的终端，因此 HSPA+的网络部署不会带来旧用户终端的更换，较好地保护了用户的原有投资。它与 LTE 不具有兼容扩展性，同时它们的标准进度基本相似。因此，运营商是选择直接部署 LTE 还是选择某种过渡阶段的 HSPA+技术，最终取决于业务的发展、频率的规划等问题。

6.2 HSPA 网络结构

6.2.1 引入 HSPA 对 R99/R4 版本无线网络结构的影响

HSPA 叠加在 WCDMA 网络之上，既可以与 WCDMA 共享一个载波，也可以部署在另一个载波上。在两种方案中，HSPA 和 WCDMA 可以共享核心网和无线网的所有网元，包括基站（Node B）、无线网络控制器（RNC）、GPRS 服务支持节点（SGSN）以及 GPRS 网关支持节点（GGSN）等。WCDMA 和 HSPA 还可以共享站址、天线和馈线。从 WCDMA 到 HSPA 需要进行软件升级，基站和无线网络控制器还需要更新一些硬件。

1. 引入 HSDPA 对 R99/R4 版本无线网络结构的影响

引入 HSDPA 对 R99/R4 版本无线网络结构的影响示意图如图 6-1 所示。图中灰色部分为 R99/R4 版本无线网络结构升级为 HSDPA 网络（R5 版本）需变化的内容。

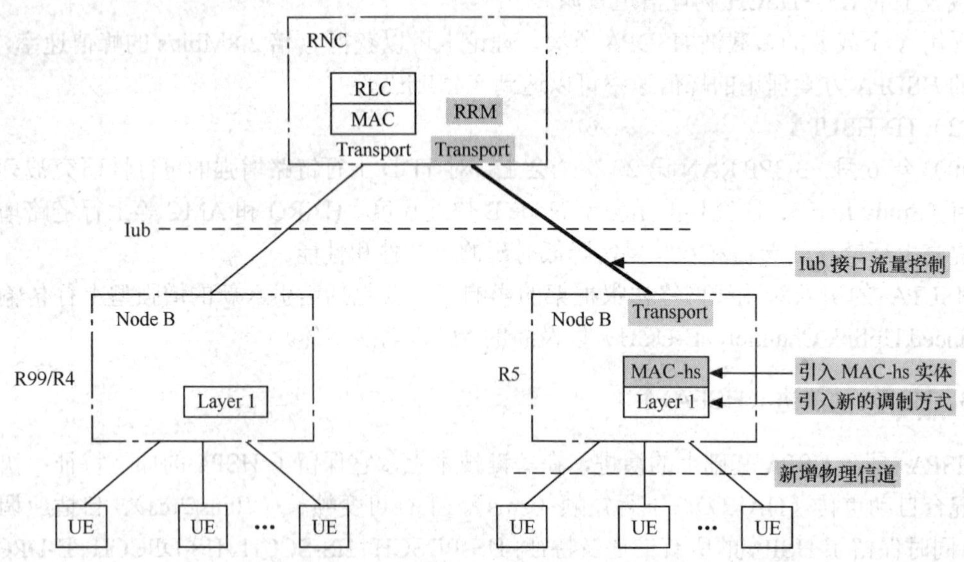

图 6-1 引入 HSDPA 对 R99/R4 版本无线网络结构的影响示意图

基于 R99/R4 版本无线网络结构引入 HSDPA 功能，对 Node B 改动比较多，对 RNC 主要是修改算法协议软件，硬件影响很小。

如果在R99/R4版本设备中已考虑了HSDPA功能升级要求（如16QAM、缓冲器及处理器的性能等），那么实现HSDPA功能不需要硬件升级，只要软件升级即可。现在很多厂家都可通过软件升级支持HSDPA功能。

（1）对Node B的影响

① MAC层增加了新的MAC-hs实体，实现HARQ和快速调度；

② 增加了新的传输信道（HS-DSCH）与物理信道（HS-PDSCH、HS-SCCH和HS-DPCCH）；

③ 引入16QAM调制解调方式，对射频功放提出更高要求；

④ 支持Iub接口数据的流量控制。

（2）对RNC的影响

① RRM算法增强。最基本的无线资源管理（Radio Resource Management，RRM）算法包括接纳控制、资源分配和移动性管理。

- 接纳控制。接纳控制主要用来判决HSDPA终端的新用户是否允许接入小区，是否使用HSDPA提供的服务，由RNC完成。

由于HS-PDSCH物理信道是共享信道，因此HSDPA接纳控制与R99/R4不同。在接纳控制时需要充分考虑流类、交互类和背景类业务自身的特点以及HS-DSCH的工作特点进行调度，充分发挥HS-DSCH共享信道的高速特性。RNC实施接纳判决时需要考虑功率资源、HSDPA承载数据吞吐量、HSDPA业务用户数、Node B和UE的功能等因素。

- 资源分配。资源分配一般指为HSDPA分配功率和码字的功能。如果系统规划适当，那么接入控制和分组调度可以尽量避免过载，但也不能排除无线环境恶化情况下用户的功率突发升高导致系统过载的情况。因此，无线资源管理需要通过负载控制手段使系统快速恢复到稳定状态。

HSDPA的负载控制与R99的区别只是在下行，HSDPA中下行降低负载的策略有：降低HSDPA可用的总功率；减少分组业务的数据吞吐量；强制切换到另一个载频或GSM系统；强制某些低优先级用户掉话。

- 移动性管理。HSDPA网络中不使用软切换，在某一个时刻，数据仅仅是从一个小区传送到用户设备（UE），需要新增针对HSDPA用户的移动性管理功能，切换期间需要对Node B缓冲区进行有效的管理。

② 传输接口信令需要修改。HSDPA的引入还要求增加和修改UTRAN内部所使用的控制面协议，简介如下。

- 在Iub/Iur上新增数据和控制帧。
- NBAP（Iub接口）：Node B应用部分（NBAP）协议，NBAP使RNC能够管理Node B上的资源。HS-DSCH构成了一种额外的Node B资源类型，也需要使用NBAP进行管理。
- RNSAP（Iur接口）：无线网络子系统应用部分（RNSAP）在两个RNC的Iur接口上实现，也受到了HSDPA的影响，因为在这种情况下，Node B中的HSDPA相关资源由不同Node B的控制RNC（CRNC）和服务RNC（SRNC）管理。
- RRC协议（Uu接口）：无线资源控制（RRC）协议，负责一系列UTRAN专用功能，包括无线承载（Radio Bearer）管理等。

③ 相应的传输接口带宽需要增加（如 Iub、Iu 接口等）。

（3）HSDPA 对 UE 的影响

① 要求 UE 新增 MAC-hs 层；

② 对基带处理能力进行增强，使其可处理多码并传；

③ 新增对 16QAM 解调的支持；

④ 要求终端具有更大的内存；

⑤ 对更先进的接收机和接收算法的支持；

⑥ 提供 12 类 HSDPA 终端。

HS-PDSCH 的扩频因子固定为 16（$SF = 16$），采用不同调制方式（QPSK 或 QAM）时，12 类 HSDPA 终端特性如表 6-1 所示。

表 6-1　　12 类 HSDPA 终端特性

HS-DSCH 类别	可接受最大的 HS-P DSCH 码数	最小 TTI 间隙	调制方式	最大峰值速率
类别 1	5	3	QPSK&16-QAM	1.2Mbit/s
类别 2	5	3	QPSK&16-QAM	1.2Mbit/s
类别 3	5	2	QPSK&16-QAM	1.8Mbit/s
类别 4	5	2	QPSK&16-QAM	1.8Mbit/s
类别 5	5	3	QPSK&16-QAM	3.6Mbit/s
类别 6	5	1	QPSK&16-QAM	3.6Mbit/s
类别 7	10	1	QPSK&16-QAM	7.3Mbit/s
类别 8	10	1	QPSK&16-QAM	7.3Mbit/s
类别 9	15	1	QPSK&16-QAM	10.2Mbit/s
类别 10	15	1	QPSK&16-QAM	14.4Mbit/s
类别 11	5	2	QPSK	900kbit/s
类别 12	5	1	QPSK	1.8kbit/s

2．HSUPA 对 R99/R4 版本网络结构的影响

HSUPA 的目标是在上行方向改善容量和数据吞吐量，降低专用信道的延迟。3GPP 规范提供的主要增强功能是定义了一条新的传输信道，成为增强专用信道（E-DCH）。与 HSDPA 一样，E-DCH 同样依赖于物理层和 MAC 子层的改进。但其中的区别在于 HSUPA 并没有引入新的调制方式，而是使用 WCDMA 中现有的调制方式 QPSK。因此，HSUPA 中并没有实现 AMC；与 HS-DSCH 不同，E-DCH 支持软切换，MAC 子层在 Node B 和 RNC 之间的变化不同，Node B 负责 HARQ 处理和调度等即时功能，位于 RNC 中的相关 MAC-es 实体则负责顺序传送 MAC-es 帧，这些帧可能来自目前为 UE 服务的不同 NodeB；E-DCH 与 HS-DSCH 还有一个显著差异是，E-DCH 可以同时支持 2ms 和 10ms 的 TTI（HS-DSCH 要求 2ms 的 TTI）。具体要求使用哪个 TTI，取决于 UE 的类型。

引入 HSUPA 对 R99/R4 版本网络结构的影响与 HSDPA 类似，简介如下。

（1）对 Node B 的影响

① MAC层增加了新的MAC-e实体，实现HARQ重传和调度功能。

上行调度类似于一种非常快的功率控制机制。由于WCDMA的扩频作用，UE的发射功率与发送信息的数据速率直接关联。高数据速率低扩频因子UE的发射功率要高于高扩频因子低码元速率UE所要求的发射功率。由于E-DCH是一条专用信道，因此极有可能各个UE同时传输数据，因此会在Node B上引入干扰。所以，Node B必须调节E-DCH中发射信号的各个UE的功率电平，以避免达到功率极限。

HSUPA的上行调度的目的与HSDPA中的不同：HSDPA中调度器的目的是为多个用户分配HS-DSCH资源（时隙和码字），而HSUPA中上行调度器的目标是为各个E-DCH用户分配所需要的尽可能多的容量（发射功率），以保证Node B不会产生功率过载。

② 增加了新的物理信道（E-DPDCH、E-DPCCH、E-AGCH、E-RGCH和E-HICH）；

③ 支持Iub接口数据的流量控制。

（2）对RNC的影响

① MAC-es实体在RNC中实现，完成分组数据的重排。

由于HSUPA的软切换和HSUPA物理层重传会导致分组数据顺序的错乱，因而RNC中也增加了新的功能实体。当多个 Node B 接收到数据后，由于软切换的原因，从不同Node B到达的分组的顺序可能发生改变，为了对同一分组流的顺序进行重排，就需要在MAC-es中添加重排功能。这样新添加的MAC-es的“顺序传送”功能可以保证从终端发送出来的数据以正确的顺序提供给上层。如果排序功能由Node B来处理，由于对于丢失的分组，Node B必须等待激活集中其他Node B的正确接收，因此Node B中便会引入不必要的时延。

② 最基本的RRM算法包括接纳控制、资源分配和移动性管理等需要改进。

③ 传输接口信令需要修改，相应的传输接口带宽需要增加（如Iub、Iu接口等）。

（3）HSUPA对UE的影响

① 要求UE新增MAC-e和MAC-es层；

② 对基带处理能力进行增强，使其可处理多码并传；

③ 要求终端具有更大的内存；

④ 增加上行调度功能；

⑤ 提供6类HSUPA终端。

不同类型终端之间的主要区别在于终端的多码能力和对2ms TTI的支持，如表6-2所示。

表6-2　　　　HSUPA终端特性

类　型	E-DPDCH最大数量和最小扩频因子	支持的TTI/ms	最大数据速率/（Mbit/s）	
			10 msTTI	2 msTTI
1	1×SF4	10	0.72	*N/A*
2	2×SF4	2、10	1.45	1.45
3	2×SF4	10	1.45	*N/A*
4	2×SF4	2、10	2	2.91
5	2×SF2	10	2	*N/A*
6	2×SF4+2×SF4	2．10	2	5.76

6.2.2 HSPA 的用户协议结构

R99/R4 协议层的基本功能对HSPA来说均是有效的。其无线接口协议结构如图6-2所示。详细功能已在3.4节介绍过。

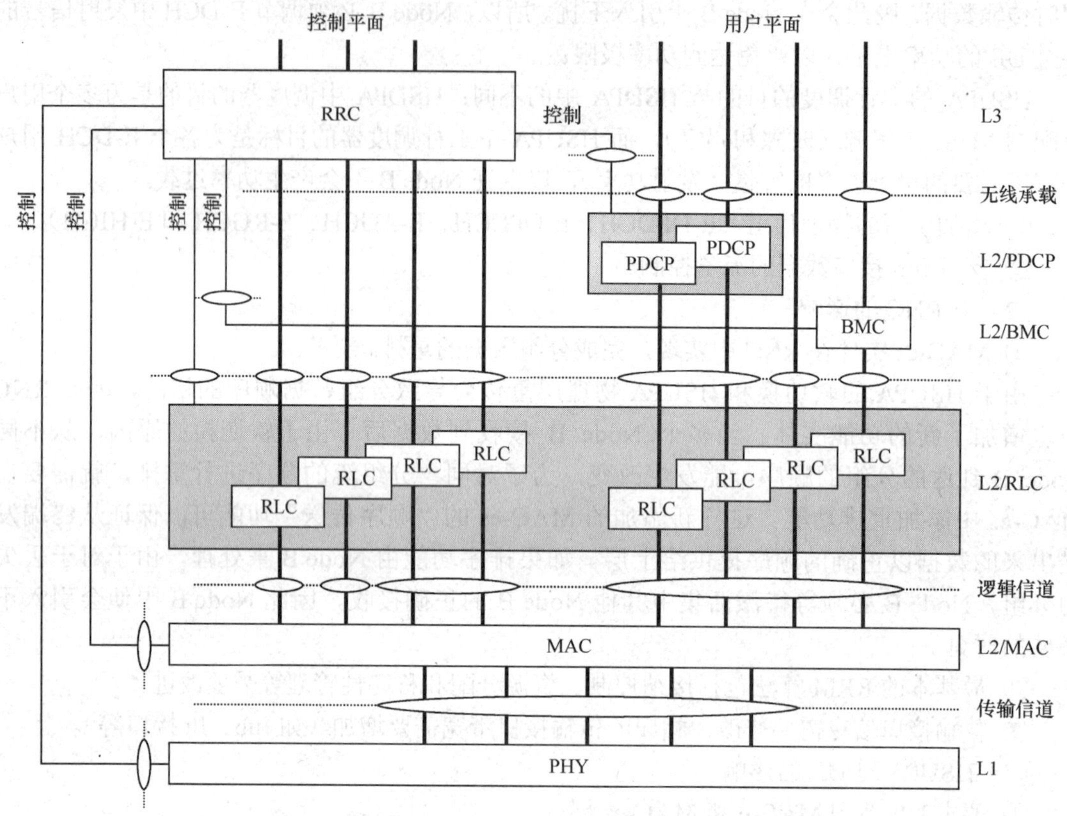

图6-2 R99/R4 无线接口协议结构

HSDPA和HSUPA在用户协议结构中都引入了新的组件。图6-3所示为HSDPA和HSUPA用户数据在无线接口中的结构，对处理用户数据的新协议实体用阴影显示。控制面信令可以简单地连接到RLC并通过DCH或者HSPA来承载信令。图中给出了多个PDCP和RLC实体，表示可以允许多个并行业务。

1. HSDPA 用户面协议结构

HSDPA用户面协议结构如图6-4所示，图中给出了HSDPA中特定的增加部分以及它们在网元中的位置。RNC保留了MAC-d实体，但是除了保留传输信道转换功能外，其他所有功能，例如调度和优先级处理都转移到了新协议实体 MAC-hs。RLC 层基本没有变化。

但是在R6版本的非确认模式（Unacknowledged Mode，UM）RLC中引入了一些对业务（例如VoIP业务）的优化。如果工作在确认模式（Acknowledged Mode，AM）RLC中，当物理层传输失败或者发生不同移动性事件（例如服务HS-DSCH小区的改变）时，物理层的重传仍然由RLC子层处理。

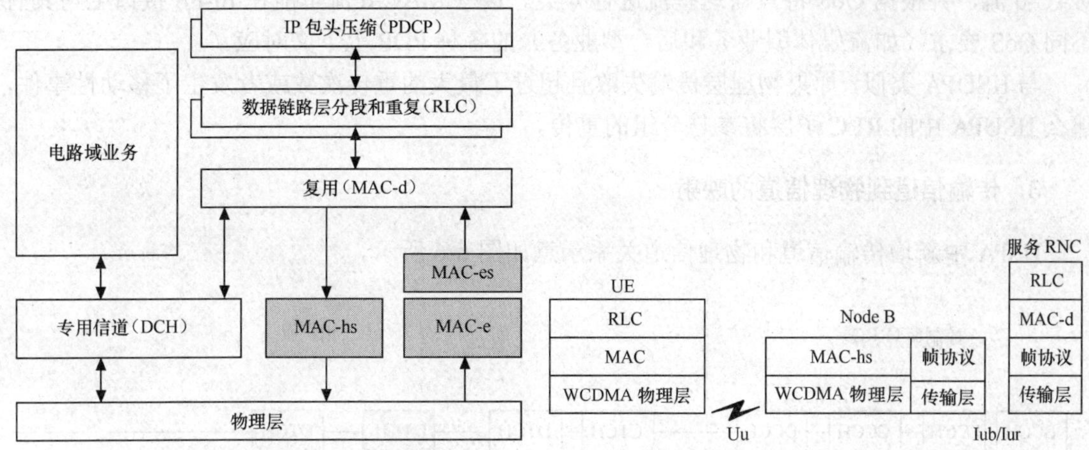

图 6-3　HSPA 用户数据在无线接口中的架构　　　　图 6-4　HSDPA 用户面协议结构

MAC 层新增了 MAC-hs 实体位于 Node B 而不位于 RNC，其作用主要是负责处理与 HS-DSCH 有关的第二层功能，具体功能如下。

（1）处理 HARQ 协议，产生 ACK /NACK 消息。

（2）对子帧进行重新排序。

（3）多个 MAC-d 流被复用成一个 MAC-hs 流，并从一个 MAC-hs 流解复用为多个 MAC-d 流。

（4）下行分组调度。

2．HSUPA 用户面协议结构

HSUPA 用户面协议结构如图 6-5 所示，HSUPA 在 NodeB 中同样增加了类似的新 MAC 实体，即 MAC-e。虽然控制信息来自 RNC，而能力请求是从 UE 发送到 Node B，由于调度能力已经移到了 Node B 上，所以终端（UE）中也包含了新的 MAC 实体（MAC-es/s）。

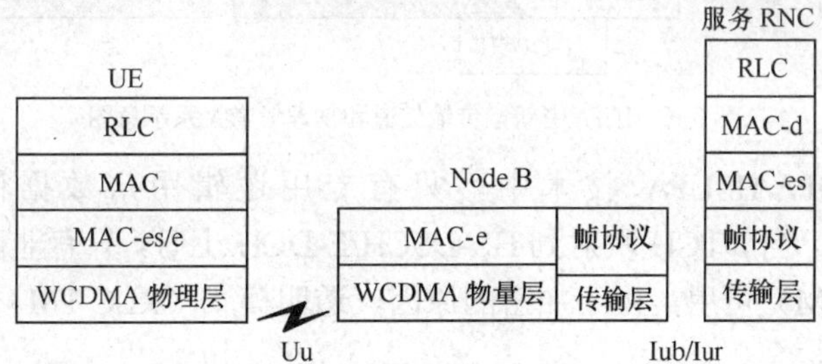

图 6-5　HSUPA 用户面协议结构

UE、Node B 和 SRNC 引入了新的 MAC 实体，其具体功能如下。

（1）MAC-e 同时在 UE 和 NodeB 中出现，处理 HARQ 重传和调度。这是一个低阶 MAC-e 层，与物理层非常近。

（2）MAC-es 实体在 UE 和 SRNC 中实现。在 UE 中，它在一定程度上负责把多条 MAC-d 流量复用到同一条 MAC-es 流上。在 SRNC 中，该实体负责顺序传送 MAC-es PDU，解复用

MAC-d 流，并根据 QoS 特点对这些流进行分类。这些 MAC-d 流可能在 Iu-PS 接口上与具有不同 QoS 要求（如流媒体型业务和后台型业务）的各种 PDP 上下文对应。

与 HSDPA 类似，如果物理层传输失败且超过了最大的重传次数或者发生了移动性事件，那么 HSUPA 中的 RLC 子层将参与分组的重传。

3．传输信道到物理信道的映射

HSPA 中新增传输信道和物理信道关系示意如图 6-6 所示。

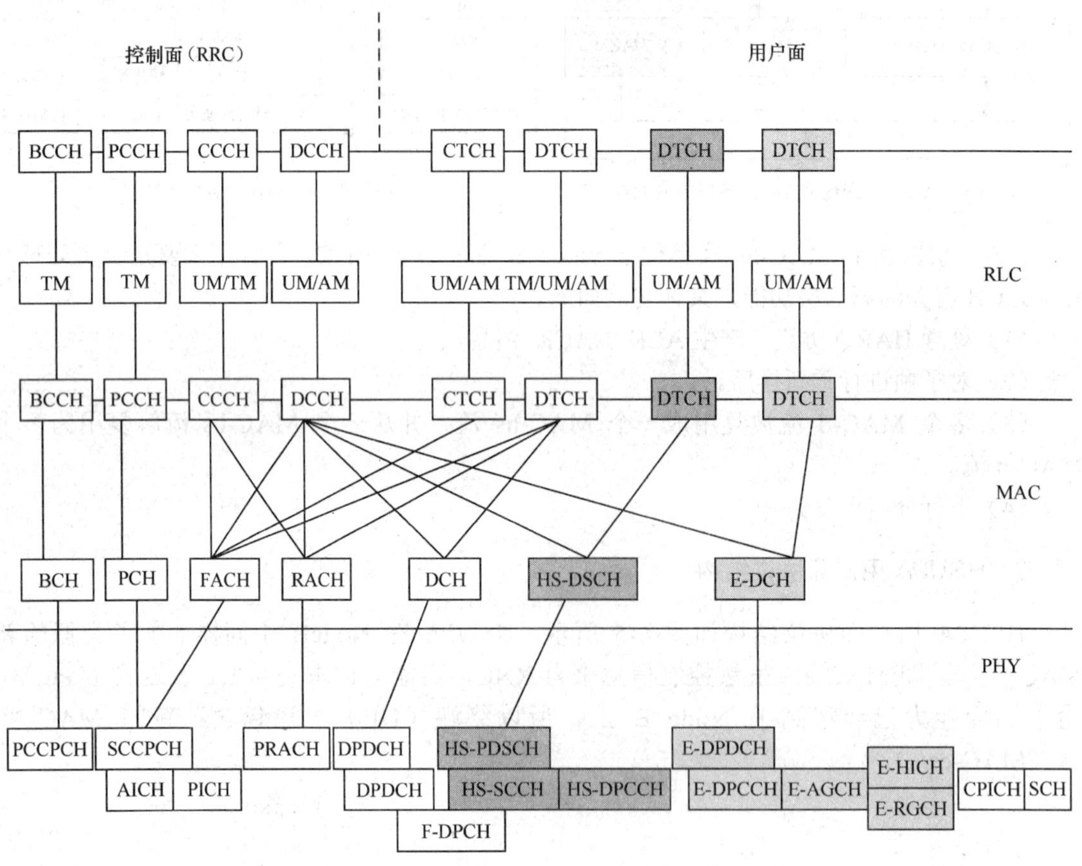

图 6-6　HSPA 中新增传输信道和物理信道关系示意图

在目前的 HSDPA/HSUPA 技术中，只有专用逻辑用户数据信道可以被映射到 HS-DSCH/E-DCH 上。当 DTCH 映射到 HS-DSCH/E-DCH 上时，只有非确认模式（RLC UM）和确认模式（RLC AM）可用，由于加密的原因，透明模式（RLC TM）不可用。

6.3 高速下行分组接入

6.3.1 HSDPA 系统中的关键技术

高速下行分组接入（HSDPA）系统中选用的关键技术与 WCDMA 不完全一致，WCDMA 的重要特征——可变扩频因子（SF）、软切换技术和快速功率控制不再适用。取而代之的关键技术是自适应调制与编码技术（AMC）、混合自动重传请求技术（HARQ）、快速调度、码分配与复用、功率分配和支持多种不同 UE 能力等。

1. 自适应调制与编码技术（AMC）

AMC 是根据无线信道的变化和终端能力自动选择合适的调制和编码方式，网络端根据用户瞬时信道质量和目前资源占用状况选择最合适的下行链路调制和编码方式，使用户达到尽量高的下行数据吞吐量。当无线信道条件好或干扰弱时，用户数据发送可以采用高阶调制和高速率的信道编码方式，从而得到高的峰值速率；而当无线信道条件不好或干扰强时，网络侧则选取低阶调制方式和低速率的信道编码方案来保证通信质量。

自适应调制与编码（AMC）的工作原理示意如图 6-7 所示。Node B 基于每次 UE 上报的无线信道质量指示（Channel Quality Indicator，CQI）和相关信道的传输功率测量结果决定调制和编码方案。可以通过调整 Turbo 码编码器的编码速率、速率匹配的速率、调制方式和多码传输的码字数量来改变传输速率，但必须保证最后的码片速率为 3.84Mchip/s。

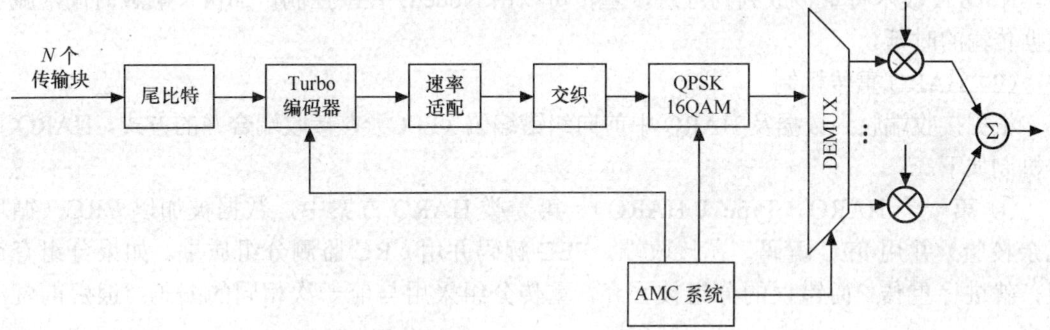

图 6-7　AMC 系统结构

由于 AMC 不是通过调整发射功率，而是通过调整调制和编码来进行信道适应，系统中的干扰变化不那么剧烈。AMC 的应用也有局限性，AMC 对测量错误和时延很敏感，调度器必须清楚信道的质量；信道估计错误会导致调度器选择错误的数据速率，移动信道的多变性导致信道测量报告的延迟，增加了测量的错误干扰。

2. 混合自动重传请求技术（HARQ）

数据传输的可靠性是通过重传来实现的，当前一次尝试传输失败时，就要求重传分组数据，这样的传输机制就称之为自动请求重传（Automatic Repeat on Request，ARQ）。ARQ 具有高可靠性、低复杂度的特点，但它的效率低、时延大，不适合无线传播环境；前向纠错编码技术（Forward Error Correction，FEC）有效性较高，但可靠性比 ARQ 低，复杂度也较高；将二者结合起来，优势互补，就产生了混合型 ARQ，即 HARQ 技术。ARQ 协议或实现机制主要有选择重复（Selective Repeat，SR）、停止等待（Stop and Wait，SAW）和 *N* 通道停止等待（SAW）三种。

(1) ARQ 协议

① 选择重复（SR）。一般对时延不敏感，对接收到有错误的数据块进行重传。要求传送端必须对每一个它发送的数据块进行序号标识。UE 必须存储传送窗口内每个传输块的样本，

需要存储的传输块数目越多，相应地 UE 存储空间也要求越大。接收端准确无误地确定每个传输块的传输序列号，对包含传输序列号的信令的传输提出了很高的要求。

② 停止等待（SAW）。发送方只在发送的数据块被正确接收之后才开始对下一个数据块进行操作，系统只需一个比特的序列号用来区分当前的数据块和下一个待传输的数据块，所需的控制开销较小。用于指示传输块是否被正确解码的确认信息也只需简单的一个比特，所需的确认信息开销也较小。在同一时间内只传输一个数据块，所以对 UE 内存的要求也较低。不过 SAW 也存在相应的问题，发送端在发送下一个数据块之前必须等待接收到确认消息，在等待确认信息期间，信道处于空闲状态，浪费了系统资源。

③ N 通道 SAW。在一个信道上同时并列执行 *N* 个 SAW 协议，当下行链路被某个 SAW 用于传输数据块时，上行链路可用于传输其他 SAW 的确认信息，充分利用系统资源，但是要求接收端必须能够存储 *N* 个传输块的信息。

通常 R99/R4 系统选用选择重复（SR）协议，HSDPA 采用 *N* 通道 SAW 协议。R99/R4 采用了传统的 ARQ 方法，重传功能在 RLC 实现，传输信道都连接到 RNC，由 RNC 控制重传。HSDPA 技术将重传放到物理层，重传可以由 Node B 直接控制，加快了响应时间，减小数据传输的时延。

（2）HARQ 重传机制

根据接收端收到数据及 HARQ 中前向纠错编码（FEC）在接收端合并的方式，HARQ 重传机制如下。

① 第一类 HARQ（Type I HARQ）。第一类 HARQ 方案中，数据被加以 CRC（循环冗余校验）并用 FEC 编码。在接收端，FEC 解码并用 CRC 监测分组质量。如果分组有错误，就进行重传，而错误的分组被丢弃，重传分组采用与前一次相同的编码，浪费的资源较多。

② 第二类 HARQ（Type II HARQ）。第二类 HARQ 方案叫做递增冗余（IR）的 ARQ 方案。首次传输数据块时，没有或带有少量的冗余比特，如果传输失败，开始重传。重传的数据块不是首次所传数据块的简单复制，而是增加了冗余部分。在接收端将两次收到的数据块进行合并。相当于先后重传数据不相关，合并时产生了时间分集增益，虽然编码速率会有所降低，但提高了编码增益。

③ 第三类 HARQ（Type III　HARQ）。第三类 HARQ 方案也属于增量冗余（IR）方案，它与第二类 HARQ 不同的是重传数据块不仅包含冗余比特，还有系统比特，重传数据具有自解码能力。因此接收端可以直接从重传码字当中解码以恢复数据，也可以将出错重传码字与已有缓存的码字进行合并后解码，可以克服信道快速变化对系统性能的影响。

3．HSDPA 的传输时间间隔（TTI）

R99/R4 版本中，无线帧长固定为 10 ms ，而传输时间间隔（TTI）可以为 10 ms、20ms、40ms 和 80ms。在每个无线帧的边界，物理层可以请求 MAC 子层发送数据。当 TTI 大于 10ms 时，数据必须分割成 10ms 长的数据片断，每个 10ms 的数据片断会复用到码复合传输信道（Coded Composite Transport Channel，CCTrCH）的一个 10ms 的无线帧上。

在 HSDPA 系统中，传输时间间隔固定为 2ms，包含 3 个时隙。也就是说，HSDPA 在 2ms 的子帧上传输。每一 2ms 的 TTI 内，HSDPA 业务信道上的码字数量、编码速率和调制方式都可以重新选择。HSDPA 系统在传输信道上没有任何复用。在每个 2ms 的 TTI 中，信道都采用固定的扩频因子 16。

4. 快速分组调度技术

调度即是对系统有限共享资源进行合理分配，使资源利用率达到最大化。调度算法控制着共享资源的分配，在很大程度上决定着整个系统的行为。在 HSDPA 中，分组调度功能从 RNC 转移到了 Node B，这样就大大加速了数据分组的调度速度。下行分组传输调度按照 UE 反馈的信道质量来执行。调度由 Node B 完成，与 RNC 无关。每隔 2ms 执行一次调度。不同的调度算法对系统性能影响很大，常用的调度算法有轮询调度、最大载干比（C/I）调度算法、比例公平算法等。

（1）轮询调度

轮询调度以循环分配资源的方式保障用户间的公平性。从算法的复杂性考虑，由于轮询调度无优先级指标，不需排序，因此它是复杂度最低的简易算法。但是，由于轮询调度没有考虑无线信道的质量，也没有利用终端（UE）上报的无线信道质量信息，因此轮询算法不能达到较高的系统容量。

（2）最大载干比（C/I）调度算法

最大载干比（C/I）调度算法在每一帧都选择载干比最高的终端（UE）进行服务，因此使系统在每一帧都能够尽量选择高阶调制方式，从而可以达到尽可能高的数据传输速率和高的系统容量。从算法的复杂度来看，由于该算法需要对 C/I 进行排序，因此该算法的复杂度要比轮询算法的复杂度高。但是由于最大载干比（C/I）调度算法没有考虑用户间的公平性，在实际的网络中，通常距离 Node B 较近的 UE 会获得较好的无线信道质量，因为 C/I 较高，而在小区边缘的 UE，其 C/I 往往会很低，在这种情况下，如果使用最大 C/I 调度算法，那么在小区边缘的用户终端（UE）很可能长时间无法得到相应的服务。

（3）比例公平调度算法

比例公平调度算法在轮询算法和最大载干比之间提供了折中，根据用户的瞬时可达数据速率和平均服务数据速率的比值来调度用户，使每个用户具有相等的被服务的概率。该算法在系统吞吐量和公平性之间提供了很好的平衡。

此外对于不同 QoS 的实现，将会给调度器带来新的约束，用户的公平性主要由 QoS 的需求来决定。

6.3.2 HSDPA 的物理层

1. HSDPA 新引入的物理信道

为了实现 HSDPA 的功能特性，R5 版本在物理层规范中引入了 1 个传输信道高速下行共享信道（High Speed Downlink share Channel，HS-DSCH）和 3 个物理信道高速物理下行共享信道（High Speed Physical downlink Share Channel，HS-PDSCH）、HS-DSCH 的共享控制信道（High Speed Shared Control Channel for HS-DSCH，HS-SCCH）和 HS-DSCH 的专用物理控制信道（High Speed Dedicated Physical Control Channel for HS-DSCH，HS-DPCCH）。高速下行共享信道（HS-DSCH）是 HSDPA 用来承载实际用户数据的传输

信道。HS-DSCH 在物理层被映射到高速下行物理共享信道（HS-PDSCH）。此处重点介绍 HS-PDSCH 的特性。

为了承载 HSDPA 业务，不仅需要 HS-PDSCH、HS-SCCH、HS-DPCCH 信道，而且还需要 A-DPCH（Associated Dedicated Physical Channel）信道，即 R99 中的 DPCH。A-DPCH 对于 HSDPA 业务来说是必需的，用于传输 RRC 信令，并且 DL-DPCH 可以辅助 HS-SCCH 信道的功率控制，UL -DPCH 可以辅助 HS-DPCCH 信道的功率控制。

在 R6 协议中，为了节省码资源，新引入了部分专用物理信道（Fractional Dedicated Physical Channel，F-DPCH）。F-DPCH 并不是取代 A-DPCH，在 R6 协议中两信道是同时存在的，当 HSDPA 用户接入时，网络侧既可以选择 F-DPCH 信道，也可以选择 A-DPCH 信道为 UE 服务。

下面依次介绍 3 个物理信道（HS-PDSCH，HS-SCCH，HS-DPCCH）的基本特点。

（1）高速物理下行共享信道（HS-PDSCH）

① HS-PDSCH 的帧结构。HS-PDSCH 信道是下行物理信道，用于承载传输信道 HS-DSCH，扩频因子固定为 16，理论上，可用的码字数量最多为 16，不过考虑到公共信道和伴随的 DCH 需要占用码资源，最大可用码字数量为 15，这些码字可以供单用户使用，也可以供多用户共享。调制方式可以是 QPSK 或 16QAM，信道编码采用 1/3 Turbo 编码，包含两级速率匹配。HS-PDSCH 的帧结构如图 6-8 所示。

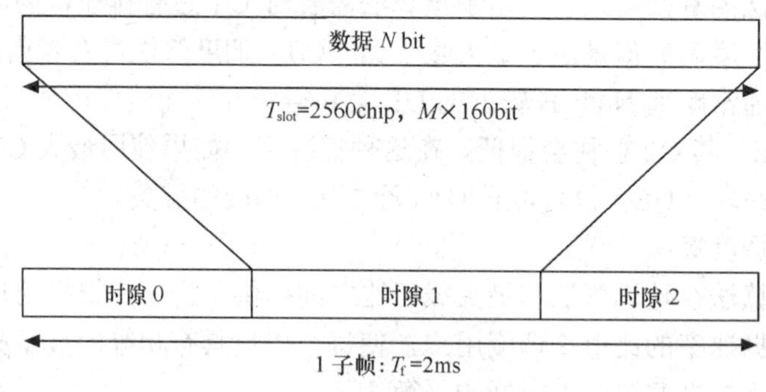

图 6-8 HS-PDSCH 的帧结构

图 6-8 中 M 为每个调制符号所代表的比特数。对于 QPSK 而言，$M=2$，在 2ms TTI 内物理信道比特数为 960bit，也就是 480kbit/s；对于 16QAM 而言，$M=4$，在 2ms TTI 内物理信道比特数为 1920bit，也就是 960kbit/s。

图 6-9 所示是 HS-PDSCH 信道在 2ms 内传输最大传输块时的编码过程，在 2ms TTI 内可以传输的最大的 MAC-hs PDU 为 27 952bit，最大的物理信道比特数为：15（HS-PDSCH 的码道数）×1920（每码道的物理信道比特数）=28 800bit。所以如果 15 个码道并行传输，并且采用 16QAM 进行调制，HS-PDSCH 可传的最大的 MAC-hs 速率为 27 952bit/2ms=13.9Mbit/s，而最大的物理信道速率为 28 800bit/2ms = 14.4Mbit/s。

② HS-PDSCH 的编码过程。HS-PDSCH 的编码过程比 R99 简单，因为它不需要处理 DTX 或压缩模式。由于某一时刻只有一个激活的传输信道（HS-DSCH），省掉了传输信道复用和解复用的操作。HSDPA 相对于 R99 所特有的新功能有比特扰码、16QAM 星座重排和

HARQ 功能。HS-PDSCH 的编码过程如图 6-10 所示。

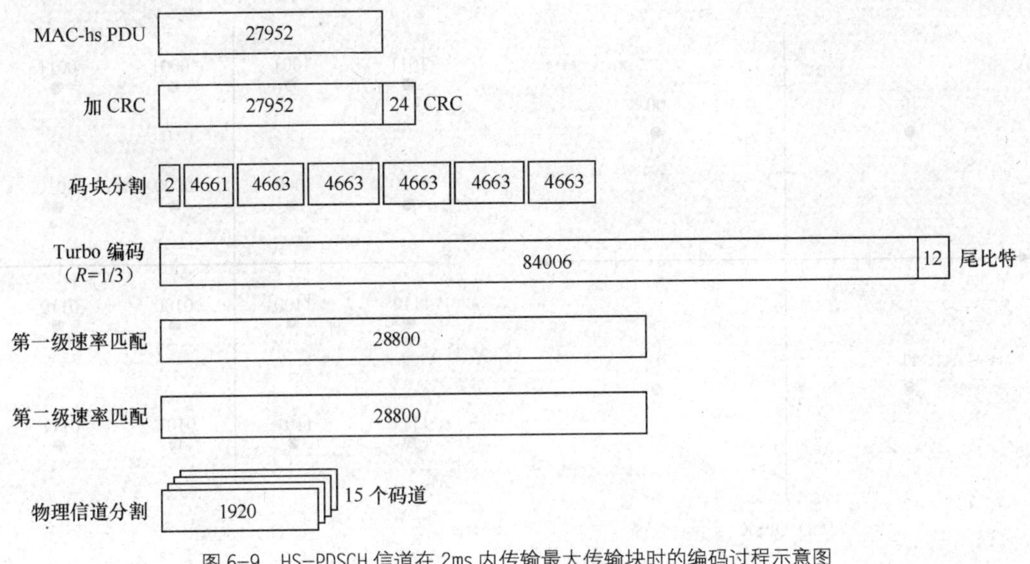

图 6-9 HS-PDSCH 信道在 2ms 内传输最大传输块时的编码过程示意图

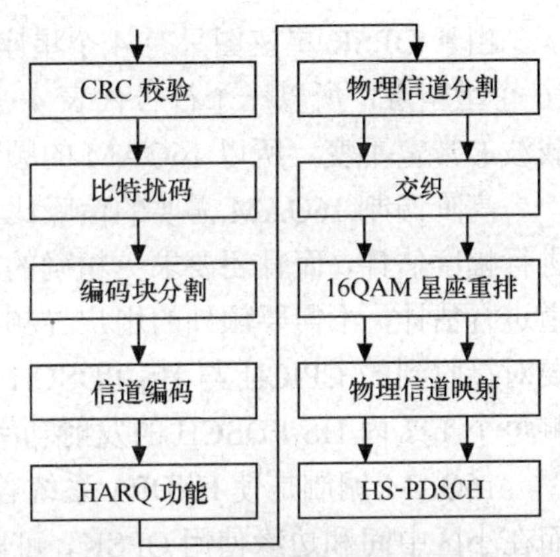

图 6-10 HS-PDSCH 的编码过程

- 循环冗余校验（CRC）功能是为了检测传输块传输的正确与否。
- 比特扰码功能是为了避免长时间的出现连‘1’或连‘0’序列，使终端难以估计 HS-DSCH 的功率，因为长时间的连“1”或连“0”会使 16QAM 解调时幅度估计非常困难。所有用户的物理层都引入物理层扰码操作，可以保证解调具有良好的信号特性。
- 编码块分割功能将大于 5114bit 的数据块分成若干段，使每段长度小于或等于 5114bit，然后输入到 Turbo 编码器分别进行编码，使输入 Turbo 编码器的最大传输块为 5114。
- 信道编码采用码率为 1/3 的 Turbo 码。
- HARQ 功能由两级速率匹配功能组成，完成 Turbo 编码器输出比特到物理信道比特的映射。HS-PDSCH 的速率匹配分为两级：第一级完成 Turbo 编码器输出比特到 HARQ 虚拟缓冲器的映射；第二级速率匹配在冗余参数的控制下完成第一级输出的比特到物理信道比特的映射。速率匹配的引入是为了使传输块编码速率的粒度更小，更精确适应信道条件，同时也使重传可以采用与第一次相同或不同的传输格式。
- 物理信道分割功能将速率匹配之后的数据按照码道数进行分段，然后输入到各个物理信道交织器中。每个物理信道分别进行交织，对于 QPSK 使用单交织器，16QAM 使用两个交织器。
- 16QAM 星座重排功能是 16QAM 特有的，用于比特间可靠度的平衡。
- 完成 HS-PDSCH 的编码过程。

③ HS-PDSCH 引入新的调制技术。HS-PDSCH 的调制技术与 R99 DPCH 不同，除了采

用 QPSK 外，还引入了高阶调制技术 16QAM。QPSK 和 16QAM 的星座图如图 6-11 所示。

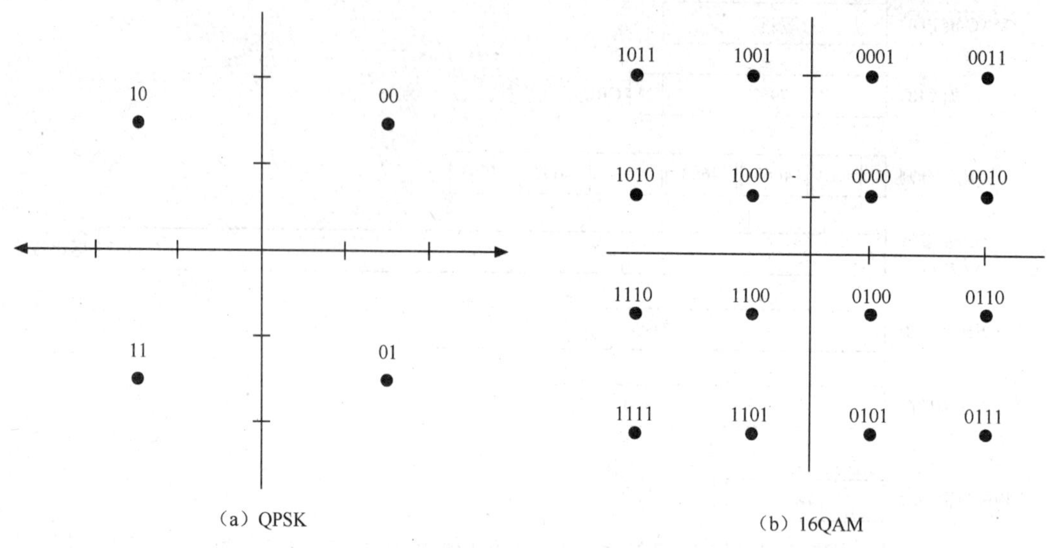

（a）QPSK　（b）16QAM

图 6-11　QPSK 与 16QAM 的星座图

由于 QPSK 星座图只有 4 个星座点，所以一个符号代表 2 个比特，而 16QAM 星座图有 16 个星座点，所以一个符号代表 4 个比特。HSDPA 的引入并没有改变码片速率，也就是每载波的带宽不变，所以 16QAM 的频谱效率与 QPSK 相比提高一倍。

高阶调制 16QAM 需要的信噪比比 QPSK 高，还将引入新的判决边界。16QAM 不仅要求进行幅度估计，而且还要求更精确的相位估计。在下行链路，相位估计可以直接由 CPICH 信道进行估计，不需要额外的用户导频开销，但要求 CPICH 具有较好的信号质量。幅度估计需要对接收到的 CPICH 与 HS-PDSCH 的功率差进行估计。这样在使用 16QAM 调制时，基站侧每个 TTI 内 HS-PDSCH 的发射功率是不能改变的。

16QAM 调制是使 HSDPA 系统容量提高的重要技术。通过在小区附近区域使用 16QAM，而在小区中间和边缘使用 QPSK，可以充分利用信道条件，显著提高信道质量好时的吞吐率。R99 在信道质量好时是通过减少功率来适应链路的，把省下来的功率给小区边缘的用户使用，HSDPA 整体的功率利用效率高于 R99。

（2）高速共享控制信道（HS-SCCH）

HS-SCCH 是下行的物理信道，它的引入是为了承载译码 HS-PDSCH 所需的物理层信令，从而使终端可以获得解调需要的正确码字，所以 HS-DSCH 工作过程中总是要伴随着 HS-SCCH。HS-SCCH 的扩频因子为 128，调制方式为 QPSK，信道编码为卷积码，采用一级速率匹配，其帧结构如图 6-12 所示，每个时隙可以传送 40bit 的信息。

HS-SCCH 上没有导频和功率控制信息，其相位参考与 HS-DSCH 是一致的，HS-SCCH 和 HS-PDSCH 的定时关系如图 6-13 所示，HS-SCCH 承载的信令包含两部分。

① 第一部分（时隙 0）：包括解扩正确的码字和相应的调制信息，具体为信道化码、调制方式。UE 将在时隙 2 的开始时刻启动 HS-PDSCH 解扰解扩过程，避免 UE 侧码片级的数据缓存；

② 第二部分（时隙 1 和时隙 2）：包括传输块大小指示、HARQ 进程号、版本参数（RV）、

新数据指示等。第二部分信息将会在时隙2结束后的一段时间内解出来，在没解出之前，要缓存HS-PDSCH解码后的符号级数据，第二部分信息解出之后进行HS-PDSCH的速率匹配、软比特合并、Turbo译码等操作。

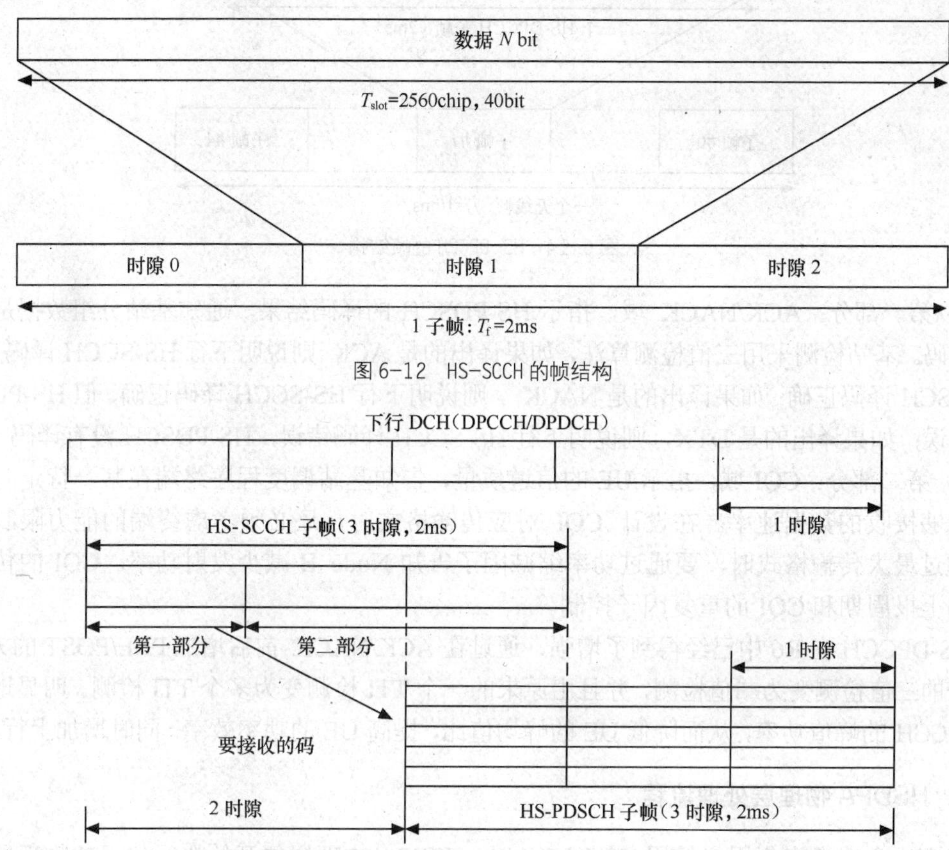

图6-12 HS-SCCH的帧结构

图6-13 HS-SCCH和HS-PDSCH的定时关系

根据码复用所支持的最大用户数，UTRAN分配相应数目的HS-SCCH。每个终端最多可以监控4条HS-SCCH。对于一个小区来说，HS-SCCH数量可能大于4条。

在HSDPA中，小区中配一条HS-SCCH码道时，多用户只能通过时分复用的形式共享HS-PDSCH，在某一时刻只有一个用户接收数据。

而当配置多条HS-SCCH码道时，通过码字复用，在一个TTI内可以有多个用户，在一个TTI内调度的用户数最多为分配给HS-SCCH的码道数。根据信道质量、剩余功率、剩余码道、用户数据量等情况决定每个用户的数据速率。

（3）高速专用物理控制信道（HS-DPCCH）

HS-DPCCH是上行的物理信道，用于承载终端到Node B的上行反馈信息以保证链路自适应和物理层重传，承载信息包括HS-PDSCH译码信息（ACK/NACK）和信道质量指示信息（Channel Quality Information，CQI）。HS-DPCCH的扩频因子固定为256。引入HS-DPCCH后DPCH的信道结构保持不变。引入HS-DPCCH之后的负面影响是UE的峰均值比（PAR）增加，导致UE的有效发射功率降低，同时也会影响上行覆盖。HS-DPCCH的帧结构如图6-14所示，主要包括两部分。

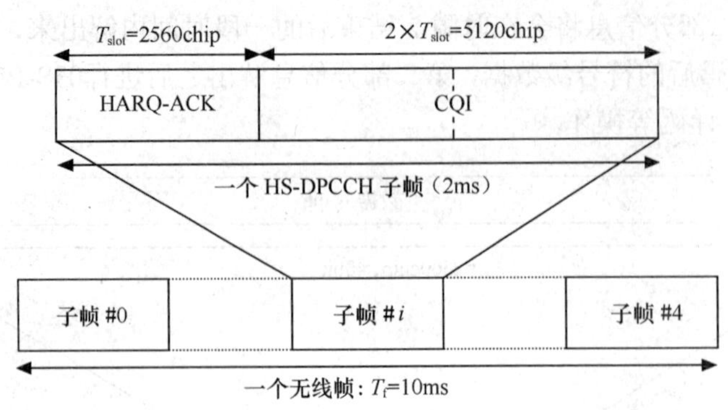

图 6-14 HS-DPCCH 的帧结构

① 第一部分：ACK/NACK 域，指示 HS-PDSCH 的译码结果，通知基站分组数据是否被正确解码。基站检测采用三值检测算法，如果译出的是 ACK 则说明下行 HS-SCCH 译码正确，HS-PDSCH 译码正确；如果译出的是 NACK ，则说明下行 HS-SCCH 译码正确，但 HS-PDSCH 译码错误；如果译出的是 DTX，则说明下行 HS-SCCH 译码错误，HS-PDSCH 没有译码。

② 第二部分：CQI 域，指示 UE 的信道质量，告知基站调度程序终端在某一特定时间内预计能够接收的数据速率。在设计 CQI 对应传输格式时，还必须考虑终端的能力限制，当 CQI 超过最大传输格式时，要通过功率缩减因子告知 Node B 减少发射功率。CQI 的传输受 CQI 的上报周期和 CQI 的重复因子控制。

HS-DPCCH 在 R6 中已经得到了增强，通过在 ACK/NACK 前后增加 PRE/POST 的方案，使原来的三值检测变为二值检测，并且由原来的一个 TTI 检测变为多个 TTI 检测。明显地降低 HS-DPCCH 的峰值功率，从而降低 UE 的峰均值比，提高 UE 的功率效率，同时增加上行覆盖。

2．HSDPA 物理层处理流程

当有一个或者多个用户使用 HS-DSCH 时，HSDPA 物理层便开始执行如下的物理层处理过程，接着数据会在 Node B 的缓存中暂存。HSDPA 物理层处理流程如下。

（1）Node B 中的调度器每 2ms 对在缓存中有数据的每个用户评估信道状况、缓存状态、最后一次传输的时间、挂起的重传等。调度器的调度准则由制造商自己定义实现。

（2）当 UE 决定在一个特定的 TTI 中发起业务时，Node B 会识别必需的 HS-DSCH 参数，包括码字数目、是否使用 16QAM 和 UE 能力。

（3）Node B 在相应 HS-DSCH 的 TTI 之前 2 个时隙开始发送 HS-SCCH。假设在前面的 HS-DSCH 帧中没有该用户的数据，那么 HS-SCCH 的选择（最多从 4 个信道中选）是任意的。如果前面的 HS-DSCH 帧中有该用户的数据，必须使用相同的 HS-SCCH。

（4）UE 监测由网络给定的特定 HS-SCCH 集（最多有 4 个 HS-SCCH），如果 UE 对属于该用户的 HS-SCCH 的第一部分进行了正确译码，那么该 UE 将对 HS-SCCH 的剩余部分进行译码，并将 HS-DSCH 中的必要码字进行缓存。

（5）UE 对 HS-SCCH 的第二部分译码后，就可以决定数据应属于哪一个 ARQ 过程，并确定是否与缓存中的数据进行合并。

（6）在 R6 中，前导频序列代替了原来的 ACK/NACK 域，如果网络中对该功能进行了配置（以前 TTI 中没有分组数据），该前导频序列的发送是基于 HS-SCCH 译码，而不是针对

HS-DSCH。

（7）对组合数据进行解码后，根据对HS-DSCH数据进行CRC计算，UE在上行方向发送ACK /NACK 指示符。

（8）如果网络在连续的TTI时间内向同一个UE连续发送数据，那么UE将使用与前一个TTI内相同的HS-SCCH。

（9）在R6中，当数据流结束后，UE在ACK/NACK域发送后导频序列，前提是网络启用了该功能。

就UE对下行分组传送的响应而言，HSDPA操作是同步的。然而，对重传的分组来说，网络侧是异步的。

从HS-SCCH的接收来看，如图6-15所示，UE对于不同事件间的定时信息的定义是非常准确的，从HS-DSCH的解码开始，到在上行方向HS-DPCCH发送ACK/NACK 结束。从HS-DSCH的TTI结束到ACK/NACK 传输开始有7.5时隙的反应时间。7.5时隙的值是准确的，任何变化都是为了上行HS-DPCCH和上行DPCCH/DPDCH码元的对准，因而定时值应在256chip的窗口内变化。

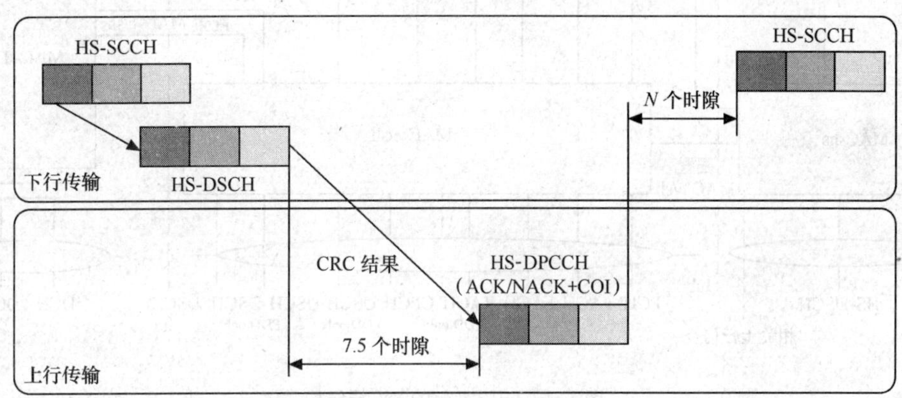

图6-15 单HARQ过程中物理信道的定时关系

在R6中，前导频序列和后导频序列的使用对于定时是没有影响的，但是第一个分组的ACK/NACK时隙用于前导频序列，如图6-16所示。相应的，当传输结束时（或者至少UE无法检测到HS-SCCH时），后导频序列将在ACK /NACK的位置传输。

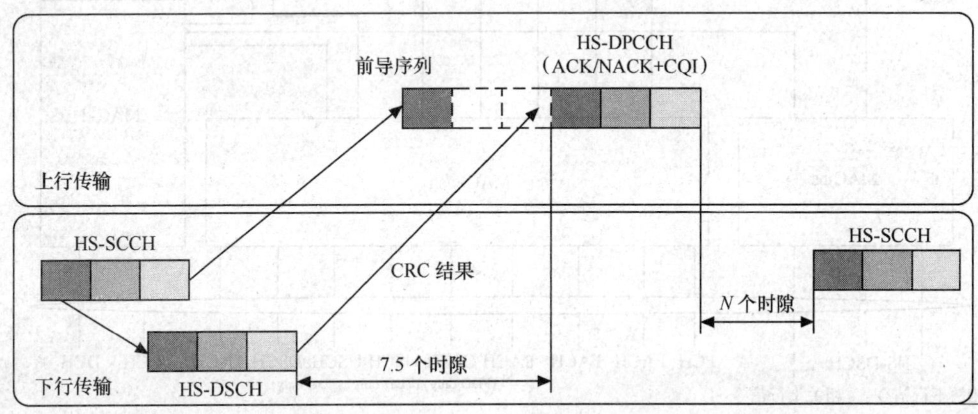

图6-16 R6中具有前/后导频序列的工作模式

6.3.3 HSDPA 的 MAC 子层结构

1. MAC 子层结构

引入 HSDPA 技术对高层的影响主要体现在 MAC 子层，MAC 子层新增 MAC-hs 实体，实体位于 Node B 和 UE 侧，使得 MAC-hs 直接面对空中接口的物理层，控制 HSDPA 用户共享资源的分配和数据调度。相关 HS-DSCH 的 MAC 子层操作都是在这里完成的。除了必要的流控和优先级处理外，还要完成 HARQ 协议的相关操作，包括调度、重传和重排等。HSDPA 系统 UTRAN 和 UE 侧的 MAC 子层结构如图 6-17 和图 6-18 所示。在 MAC-hs 和 MAC-d 或 MAC-c/sh 之间，增加了数据流控和数据传输功能，MAC-d 的数据流通过 Iur/Iub 接口，经过 MAC-c/sh 流控后透传给 MAC-hs，或经过 Iur/Iub 接口直接传送到 MAC-hs，MAC-hs 通过 Iur/Iub 接口由 RLC 不断载入新的数据。

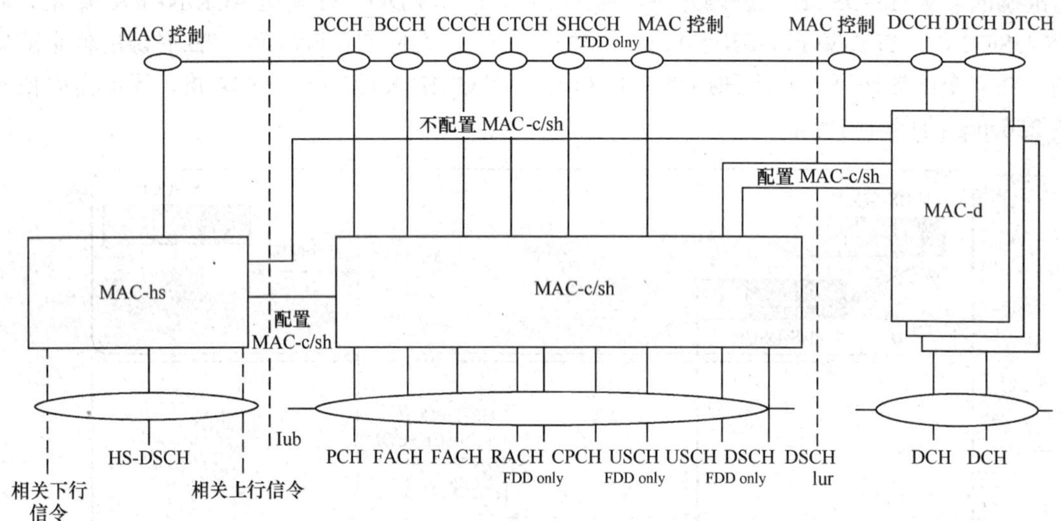

图 6-17 UTRAN 侧的 MAC 层结构

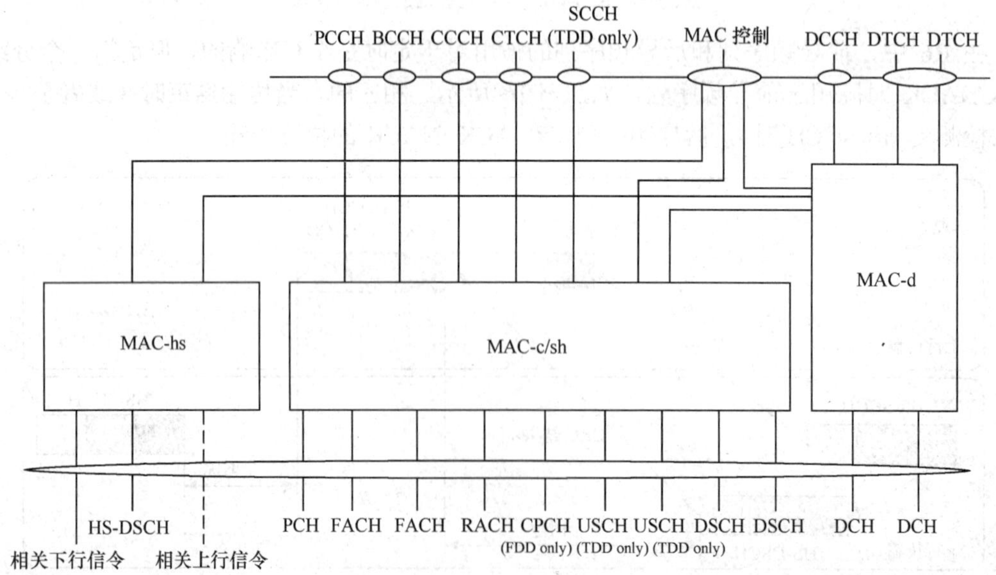

图 6-18 UE 侧的 MAC 子层结构

2. UTRAN 侧的 MAC-hs 结构

UTRAN 侧的 MAC-hs 结构如图 6-19 所示，包括流控实体、调度/优先级处理实体、HARQ 实体和传输格式和资源合并（Transport Format Resource Combination，TFRC）选择实体。

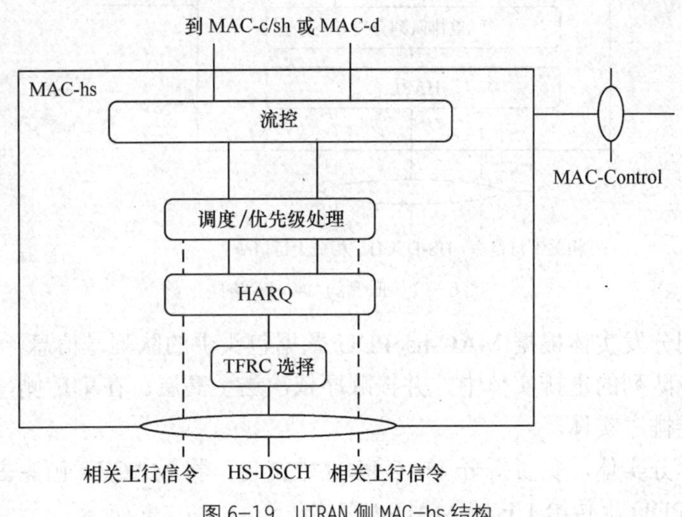

图 6-19 UTRAN 侧 MAC-hs 结构

（1）流控实体通过对空中接口传输能力执行动态检测，控制来自 MAC-d 和 MAC-c/sh 的数据流，从而满足空中接口的能力。通过流据流的控制减小数据链路层的时延和拥塞。对于每个具有单独优先级的 MAC-d 数据流，流控是独立的。

（2）调度/优先级处理实体协调数据流和 HARQ 之间的资源，根据 ACK /NACK 反馈情况决定是否重传，根据用户优先级和调度策略，以及信道质量指示确定用户传输数据块的大小，设置优先级队列、数据块的编号。按照信道质量好的用户尽量满足最大传输速率的方式，使小区吞吐量达到较高的水平。

（3）HARQ 实体处理 HARQ 进程，支持 SAW 协议，实现 HSDPA 用户多进程的数据传输，每用户协议支持最大 8 个进程。每个 TTI 传输的 HS-DSCH 数据对应一个 HARQ 进程。

（4）TFRC 选择实体根据信道情况和资源情况选择合适的传输格式（TFC），分配 HS-SCCH 和 HS-PDSCH 信道码，选择调制方式。

3. UE 侧的 MAC-hs 结构

UE 侧的 MAC-hs 结构如图 6-20 所示，UE 侧的 MAC-hs 直接和 MAC-d 相连，MAC-d 同时和 MAC-c/sh 也有连接，但是协议规定，在一个 UE 内部，MAC-d 只能同时和 MAC-hs、MAC-c/sh 中的一个连接。UE 侧的 MAC-hs 结构主要包括 HARQ 实体、重排队列分发实体、重排和拆分实体。

（1）HARQ 实体负责处理 HARQ 协议，接收各个进程解调后的 MAC-hs PDU 数据包，并根据 CRC 校验，验证接收到的 MAC-hs PDU 是否正确，随后产生 ACK/NACK 反馈给上行信道 HS-DPCCH。

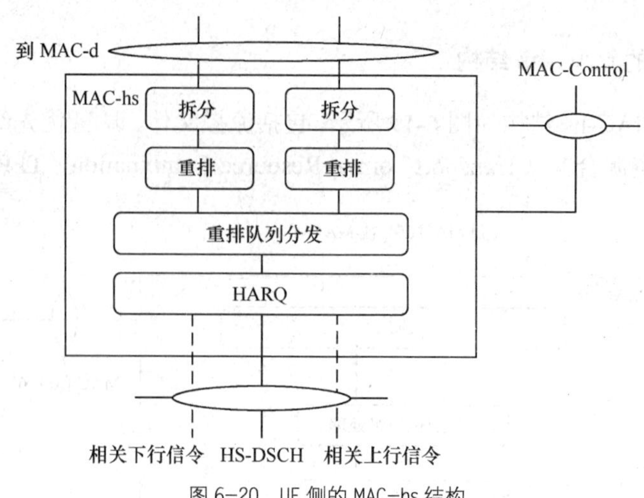

图 6-20　UE 侧的 MAC-hs 结构

（2）重排队列分发实体根据 MAC-hs PDU 数据包头中的队列号信息，将 MAC-hs PDU 数据包分送到对应队列的重排实体中，并按顺序依次送至高层。在 UE 侧，每个优先级和传输信道都有一个重排序实体。

（3）重排和拆分实体，负责拆分 MAC PDU 数据包，将 MAC-hs 包头去掉，填充比特去掉后，将 MAC-d PDU 上传给 UE 的 MAC-d 实体。

6.4　高速上行分组接入

为了提高上行链路数据传输速率、增大覆盖范围、同时减小时延，高速上行分组接入（HSUPA）系统结合上行链路的特点，借鉴了 HSDPA 中采用的物理层的快速 HARQ、快速分组调度、短的传输时间间隔等技术，同时上行链路中引入了新的扩频因子和软切换技术。在 HSUPA 系统中，新增了一个增强型专用信道（E-DCH）传输 HSUPA 业务。下面简要介绍 HSUPA 关键技术、物理层和 MAC 层的新变化。

6.4.1　HSUPA 关键技术

1．上行链路快速 HARQ

采用 HSUPA 技术后，上行链路使用了快速物理层数据包重传机制（HARQ），数据的重传在移动终端和 Node B 间直接进行。上行链路快速 HARQ 的原理允许 Node B 在没有正确接收上行链路分组数据时要求终端设备重传。而且，Node B 可以利用不同的方法来合并单个分组的多次重传，因而降低了各次传输需要的接收 E_c/N_0。图 6-21 所示为上行链路 HARQ 重传方式与 R99 RLC 级别的重传机制的比较。

HSUPA 系统中的 Node B 收到终端发送的数据包后，通过空中接口向终端发送 ACK /NACK 消息，如果 Node B 接收到的数据包正确，将发送 ACK 消息；如果 Node B 接收到的数据包不正确，将发送 NACK 消息。移动终端根据 ACK /NACK 消息，可以迅速重传发错的数据包。由图 6-21 中可见，对于 HSUPA 重传技术，由于数据没有在 Iub 接口传输，还使用了软合并（SC）和增量冗余（IR）技术，保证了重传数据包的传输正确率。

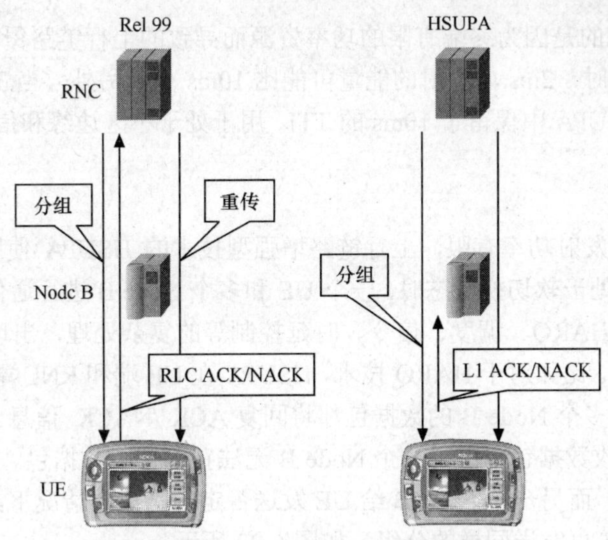

图 6-21 R99 与增强型上行链路的重传机制

2．上行链路快速分组调度

R99/R4 系统中上行链路调度是基于 RNC 的。RNC 根据来自各 Node B 的上行链路负荷测量报告和来自各 UE 的业务测量报告，向 UE 发送数据速率集（TFC）信息，控制上行数据速率。因为节点间需要更高层的信令，调度延迟和调度周期需要花费时间。

HSUPA 系统中，上行链路调度基于 Node B。用 Node B 的物理层调度方案，大大减小了调度信令回路时延，调度周期比较短，而且 Node B 已有的物理层测量信息可以用来作为调度的基础。这确保更及时地进行调度决策，以及更有效地利用上行链路空中接口可用的容量，更好地利用链路资源，提高系统的吞吐量。

在 HSUPA 系统的调度过程中，为了保证 Node B 发出准确的调度指令，确定用户的上行数据传输速率和发送功率，UE 周期性地向 Node B 报告调度信息。当 UE 向 Node B 发出申请后，Node B 调度器根据收到的调度信息，采用不同的调度算法准则，算出各个用户的优先级，并对各用户排队，参考用户申请的传输速率，对队列中的用户确定分配的传输速率。

由于 HSUPA 系统中调度周期明显缩短，对上行链路空中接口的容量可以进行更多的动态控制。只要某个 UE 停止发送，或者降低它的传输数据速率，该 UE 空闲的容量就迅速而有效地被分配给其他 UE。这样做的好处是，上行链路负荷的目标工作点可以接近于最大的负荷水平，而不会增加过负荷的概率。

3．短帧长

HSUPA 的帧大小有两种选择：2ms 和 10ms。

在 HSDPA 下行链路中引入 2ms 发送时间间隔（TTI）的想法是由于 HS-PDSCH 传输没有采用功率控制。而在上行链路引入 2ms 的 TTI 的想法是希望降低 HARQ 的重传延迟，可以更好地配合 HARQ 和快速调度的实施，提高网络和终端的吞吐量。采用 2ms 的 TTI 可以提高响应速度，使系统提供实时视频、流媒体等多媒体业务成为可能，可以提高终端用户的服务质量。

2ms 的 TTI 面临的是因为终端有限的功率资源而导致的上行链路覆盖问题。当每个 TTI 中含有同样多的数据时，2ms 内发射的能量可能比 10ms 少。另外，当 TTI 降为 2ms 时，交织增益也会减少。HSUPA 中保留了 10ms 的 TTI，用于处于小区边缘和信道条件较差的环境。

4．软切换

由于移动台终端发射功率有限，上行链路增强型技术的 HSUPA 使用了软切换技术，可以带来软切换增益。处于软切换状态时，一个 UE 和多个 Node B 进行通信，相应带来 Node B 接收数据包的合并、HARQ、调度、信令、时延控制等的复杂处理，出现在 HSDPA 系统中不会出现的复杂因素。比如对于 HARQ 技术，HSUPA 在 UE 端和 RNC 端需要对多个 Node B 的数据包进行合并，多个 Node B 的数据包都将回复 ACK /NACK 信息。软切换的增益来自一个 Node B 正确接收数据包，而另一个 Node B 无法正确接收数据包。因此一个 Node B 给 UE 发送肯定的确认，而另一个 Node B 给 UE 发送否定的确认的情况下，网络已经接收到了该数据，UE 便不应该再发送同样的分组，如图 6-22 所示。

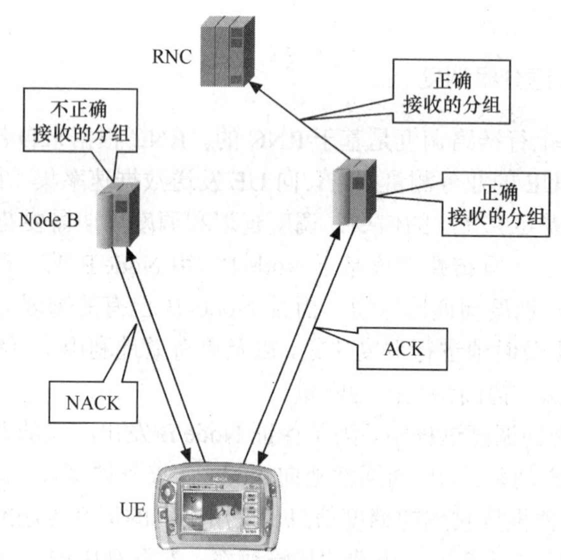

图 6-22 上行链路 HARQ 的软切换

6.4.2 物理层信道结构的变化

HSUPA 对物理层结构作了一些改进，在上行链路中引入增强型专用信道所带来的基本问题是 R99 的信道结构会受到影响。上行链路数据传输可以保持不变，但是信令给物理层提出了一些新的要求。HSUPA 新增的上行信道有：增强的专用传输信道（Enhanced DCH，E-DCH），增强上行专用物理信道（E-DCH Dedicated Physical Data Channel，E-DPDCH），上行控制信令物理信道（E-DCH Dedicated Physical Control Channel，E-DPCCH）。下行控制信令物理信道包括 E-DCH HARQ 确认指示信道（E-DCH HARQ Acknowledgement Indicator Channel，E-HICH）、E-DCH 相对授权信道（E-DCH Relative Grant Channel，E-RGCH）和 E-DCH 绝对授权信道（E-DCH Absolute Grant Channel，E-AGCH）。

与 HSDPA 一样，Node B 中加入了一个用于 HSUPA 的上行调度器。但是，调度功能的目的与 HSDPA 中的不同：HSDPA 中调度器的目的是为多个用户分配 HS-DSCH 资源（时隙和码字），而 HSUPA 中上行调度器的目标是为各个 E-DCH 用户分配所需要的尽可能多的容量（发射功率），以保证 Node B 不会产生功率过载。

HSUPA 中，E-DCH 传输信道终止于 Node B，Node B 端新增加了 MAC-e 实体，可以执行快速调度、基于物理层的重传机制，缩短了传输时延。而 R99 版本中上行传输信道 DCH 终止于无线网络控制器（RNC），数据的调度和重传须由 RLC 执行，传输时延较大。表 6-3 给出 E-DCH 与 DCH 信道特点的比较。

表 6-3　E-DCH 与 DCH 对比

技术指标	E-DCH	DCH
重传机制	L1 层的 HARQ	RLC 层的 HARQ
信道编码	Turbo 编码	Turbo 编码和卷积编码
TTI	2ms 或 10ms	10ms

E-DCH 传输信道映射到物理信道（E-DPDCH）的过程如图 6-23 所示。图中同时给出 R99/R4 版本中 DCH 的映射过程。

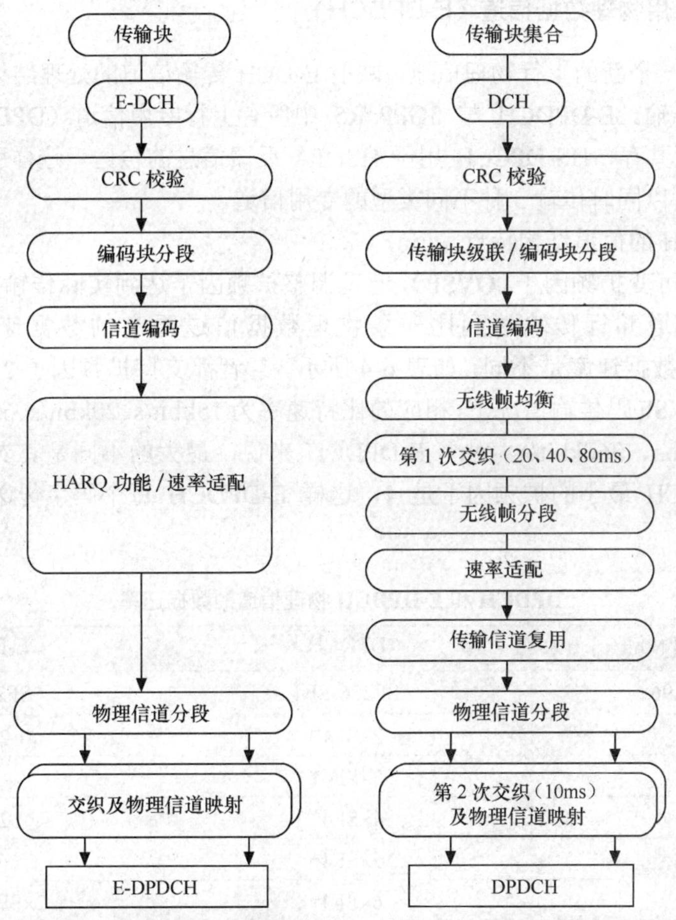

图 6-23　E-DCH 传输信道映射到物理信道的过程

（1）CRC 校验：E-DCH 的 CRC 校验总是把一个 24bit 的 CRC 添加到从 MAC 子层接收

的传输块上。而 DCH 的 CRC 长度可以配置为 0bit，8bit，12bit，16bit 或 24bit。

（2）编码块分段：E-DCH 的编码块分块模块将输入块分段为 5114bit 的编码块。而 DCH 编码块的最大尺寸取决于所使用的编码（Turbo 码为 5114bit，卷积码为 504lbit）。

（3）信道编码：E-DCH 的信道编码采用 1/3 码率的 Turbo 码。DCH 的信道编码可以是 1/2、1/3 码率的卷积码，也可以是 1/3 码率的 Turbo 码。

（4）HARQ 功能/速率适配：E-DCH 的物理层 HARQ 功能/速率适配模块，将信道编码输出比特与可利用的物理信道比特相适配，并产生增量冗余 HARQ 所需的不同冗余版本。

（5）物理信道分段：E-DCH 的物理信道分割模块在多个 E-DPDCH 之间分配信道比特。在 DCH 处理流程中的相应模块也具有相同功能。

（6）交织及物理信道映射：E-DCH 对无线帧的比特进行交织，将要传输的数据比特映射到物理信道（E-DPDCH）。

下面依次介绍 HSUPA 新增的上行物理信道特点及功能。

1．E-DCH 专用物理数据信道（E-DPDCH）

E-DPDCH 是一个新的上行物理信道，映射 E-DCH 传输信道的处理结果，用于实现从终端到基站的数据传输。E-DPDCH 与 3GPP R5 中所有上行专用信道（DPDCH、DPCCH 和 HS-DPCCH）并行共存，HS-DPCCH 用于 HSDPA 反馈信息的传送。这样引入 HSUPA 后，在上行方向最多可以同时传输 5 种不同类型的专用信道。

（1）E-DPDCH 的信道结构特点

① 支持正交可变扩频因子（OVSF），通过调整扩频因子达到实际传输的数据比特需求。通过支持多条信道并行传输达到比一条物理数据信道更高的数据速率。DPDCH 和 E-DPDCH 支持的数据速率是不同，如表 6-4 所示。二者都支持扩频因子 256、128、64、32、16、8 和 4，在单 OVSF 码传输情况下，相应的比特速率为 15kbit/s、20kbit/s、60kbit/s、120kbit/s、240kbit/s、480kbit/s、960kbit/s。对于 E-DPDCH 来说，最大的不同是其支持的最小扩频因子是 2，而 DPDCH 最小的扩频因子是 4，这样 E-DPDCH 每个码字传送的信道比特就是 DPDCH 的 2 倍。

表 6-4　　DPDCH 和 E-DPDCH 物理信道的数据速率

信道比特速率/（Mbit/s）	DPDCH	E-DPDCH
0.015～0.96	SF256-SF4	SF256-SF4
1.92	2×SF4*	2×SF4
2.88	3×SF4*	—
3.84	4×SF4*	2×SF2
4.8	5×SF4*	—
5.76	6×SF4*	2×SF4+2×SF2

* 实际应用中 DPDCH 不支持多码传输

② 使用 BPSK 调制以及相同的快速功率控制技术。

③ E-DPDCH 支持快速物理层 HARQ 和基于 Node B 的快速调度。

④ E-DPDCH 支持 2ms 的 TTI。而 DPDCH 仅支持 10ms 的无线帧，当使用 2ms TTI 时，10ms 的无线帧必须分成 5 个独立的子帧。

（2）E-DPDCH 的帧结构

E-DPDCH 的帧结构如图 6-24 所示。当使用 10ms 的 TTI 时，E-DPDCH 无线帧使用 15 个时隙用于传输 E-DCH 传输信道所处理的传输块。在 2ms 的 TTI 时候，每个 2ms 子帧传输一个 E-DCH 传输块。

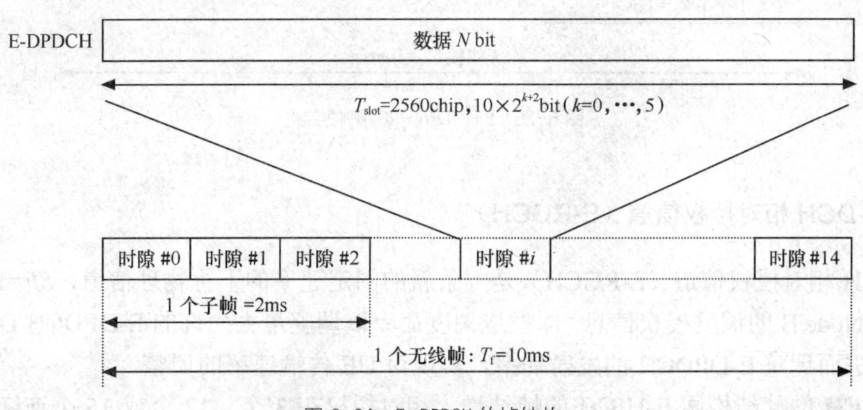

图 6-24 E-DPDCH 的帧结构

E-DPDCH 工作时需要 DPCCH 的支持。DPCCH 中的导频用于信道估计和信干比（SIR）计算，功率控制比特用于下行的功率控制。为了保证接收机清楚 E-DPDCH 使用的传输格式，需要新控制信道（E-DPCCH）发送传输格式信息，E-DPCCH 与 E-DPDCH 信道必须配合使用，不能独立存在。

2. E-DCH 专用物理控制信道（E-DPCCH）

E-DPCCH 是一条新的上行物理信道，用于从终端向基站传输 E-DPDCH 的控制信息，也就是说用于传输相应数据信道的解码信息。与 E-DPDCH 一样，E-DPCCH 与 3GPP R5 所有的上行专用信道并存，并且总是与 E-DPDCH 成对出现。

E-DPCCH 具有与 E-DPDCH 相同的帧结构，使用固定扩频因子 SF=256，在 2ms 的子帧时间内能够传送 30 个信道比特。

3. E-DCH HARQ 确认指示信道（E-HICH）

E-DCH HARQ 确认指示信道（E-HICH）是一条新下行物理信道，具有固定扩频因子 SF=128，E-HICH 信息采用 BPSK 调制，具体调制方式取决于发送 E-HICH 的小区，用于发送上行数据包传输确认或否认信息。如果 Node B 正确接收 E-DPDCH 的分组数据，则反馈接收正确数据的确认信息（ACK），否则将反馈错误数据的确认信息（NACK）。

E-HICH 的帧结构如图 6-25 所示。HARQ 确认指示符通过 3 个或 12 个连续时隙进行发送。3 个和 12 个时隙周期分别用于 E-DCH TTI 被设置为 2ms 和 10ms 的情况。

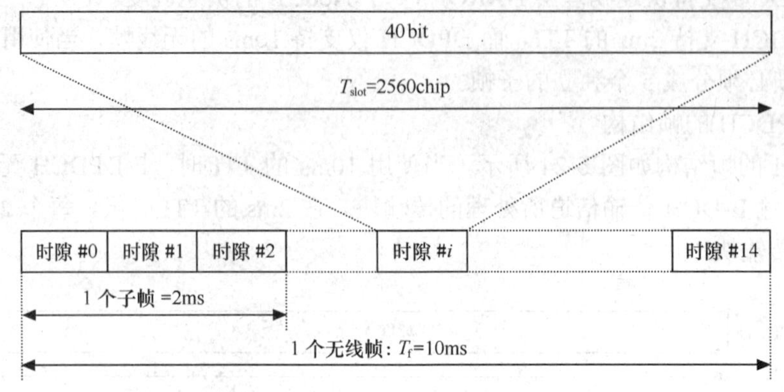

图 6-25 E-HICH/E-RGCH 帧结构

4．E-DCH 相对授权信道（E-RGCH）

E-DCH 相对授权信道（E-RGCH）是一条新的固定速率的下行物理信道，*SF*=128，用于传输服务 Node B 的调度授权信息，即发送调度命令以调整最大允许的 E-DPDCH/DPCCH 的功率比，进而调整 E-DPDCH 的发射功率，实现对 UE 传输速率的调整。

E-RGCH 的帧结构同 E-HICH 的帧结构。相对授权在 3 个、12 个或 15 个连续的时隙中传送。3 个和 12 个时隙时长可用于控制小区为 E-DCH 服务小区且 E-DCH TTI 分别为 2ms 和 10ms 的 UE。15 时隙时长用于控制小区不在 E-DCH 服务小区中的 UE。

5．E-DCH 绝对授权信道（E-AGCH）

E-DCH 绝对授权信道（E-AGCH）是一条新的固定速率下行公共物理信道，SF=256，用于传输 Node B 调度机制判决的绝对授权值。绝对授权值指示 UE 使用数据信道传输（E-DPDCH）所允许的相对发送功率，即在当前的传输中所采用的业务与导频的功率比，从而等效地告诉 UE 可以使用的最大传输数据速率。

E-AGCH 的帧结构如图 6-26 所示。如果 E-DCH 的 TTI 为 2ms，E-AGCH 的 TTI 也为 2ms。如果 E-DCH 的 TTI 为 10ms，E-AGCH 发出的绝对授权指示将在 5 个子帧里重复。

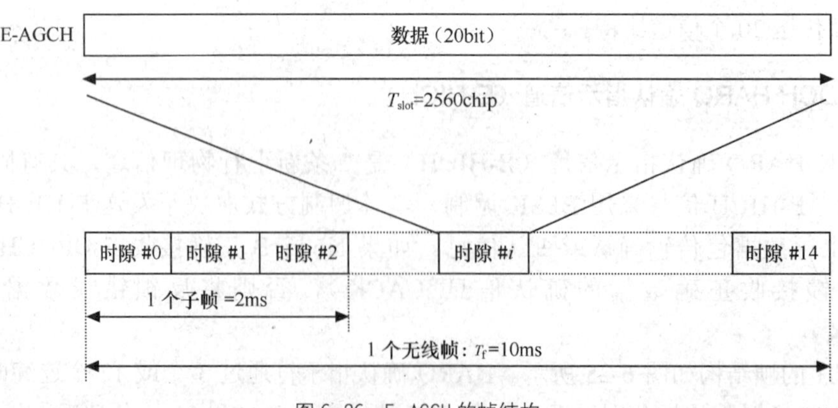

图 6-26 E-AGCH 的帧结构

6.4.3 HSUPA 的 MAC 子层结构

1. MAC 子层结构

在 HSUPA 中，为了支持增强型上行专用传输信道（E-DCH），在 UE 侧和 UTRAN 侧引入了新的 MAC 子层实体 MAC-es 和 MAC-e，负责处理 E-DCH 的标准功能，如图 6-27 和图 6-28 所示。

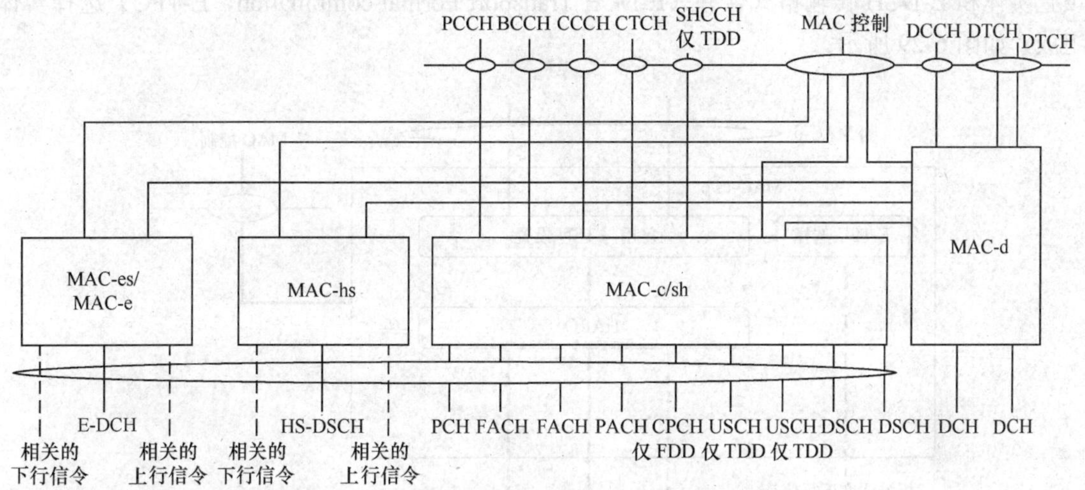

图 6-27 UE 侧的 MAC 子层结构

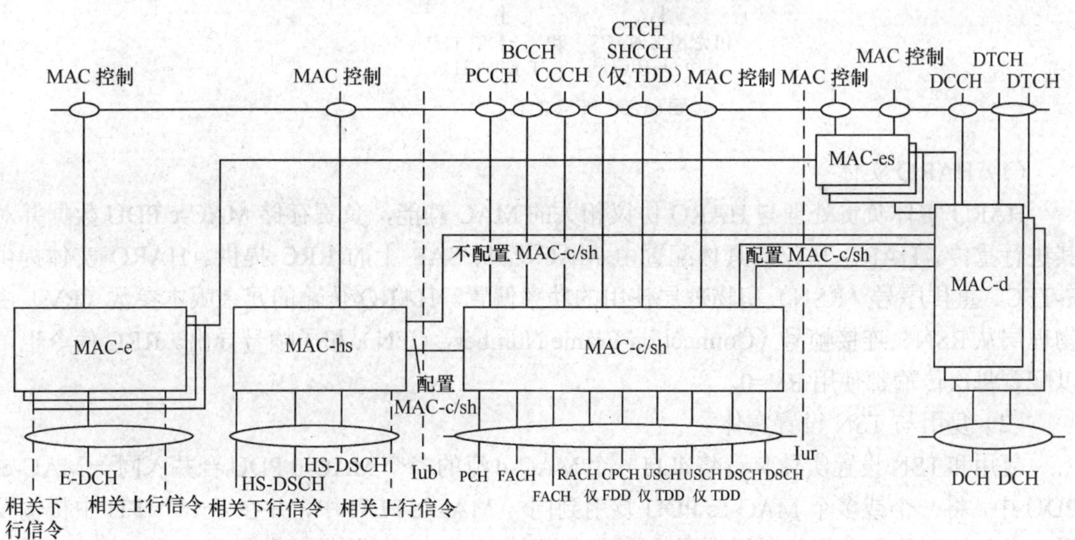

图 6-28 UTRAN 侧的 MAC 子层结构

UE 侧的 MAC 子层结构包括一个由 E-DCH 控制的 MAC-es/MAC-e 实体。从 MAC-d 到 MAC-es/MAC-e 之间建立了新的连接，MAC-es/MAC-e 和 MAC 控制之间也增加了新的连接。

UTRAN 侧的 MAC 结构新增 MAC-e 实体和 MAC-es 实体。对于每个使用 E-DCH 的 UE 来说，每个 Node B 应该配置一个 MAC-e 实体，相应的 SRNC 配置一个 MAC-es 实体。MAC-e

位于Node B，负责E-DCH的接入，同时保持与SRNC的MAC-es相连，MAC-es与MAC-d相连接。对于控制信息，在MAC-e和Node B的MAC控制之间定义了一个新的连接，在MAC-es和SRNC侧的MAC控制之间也定义了一个新的连接。

2．UE侧的MAC-es/e

UE侧的MAC-es和MAC-e的功能不再细分，MAC-es/e主要完成E-DCH的处理。在UE侧的MAC-es/e由HARQ实体、复用与传输序列号（Transmission Sequence Number，TSN）设置实体和E-DCH传输格式合并（E-DCH Transport Format combination，E-TFC）选择实体组成，如图6-29所示。

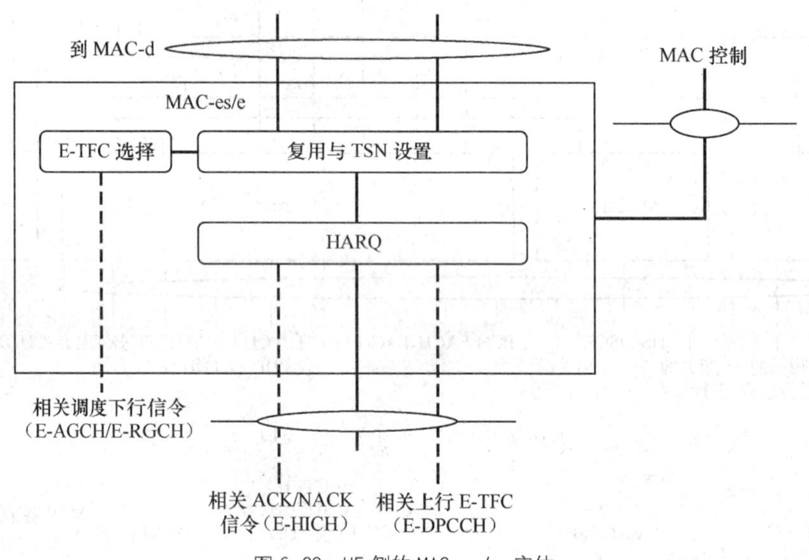

图6-29 UE侧的MAC-es/e实体

（1）HARQ实体

HARQ实体负责处理与HARQ协议相关的MAC功能，负责存储MAC-e PDU数据并对其进行重传。HARQ协议的具体配置由MAC控制SAP上的RRC提供。HARQ实体提供E-TFC、重传序号（RSN）和物理层使用的功率偏置。HARQ传输的冗余版本参数（RV）由物理层从RSN、连接帧号（Connection Frame Number，CFN）和子帧号导出。RRC信令也可以配置每次传输都使用RV=0。

（2）复用与TSN设置实体

复用和TSN设置实体负责将来自一个MAC-d流的多个MAC-d PDU合并入同一MAC-es PDU中，将一个或多个MAC-es PDU复用到同一MAC-e PDU中，并在下一个TTI中传输发送。此外该实体还负责基于每个逻辑信道为每个MAC-es PDU管理和设置TSN。

（3）E-TFC选择实体

在每个TTI中，UE将根据从Node B中收到的调度信息，由MAC层从中选择一个最合适的传输格式，传输格式包括当前TTI传输的传输块大小以及复用该传输块中的各个RLC缓冲区中的数据量。E-TFC选择实体负责根据从UTRAN接收到调度信息（相对授予和绝对授予）选择E-TFC，并负责在映射到E-DCH的不同流之间做出判决。E-TFC实体的具体配置由 MAC 控制 SAP 上的 RRC 提供。

3．Node B 的 MAC-e

Node B 中为每个 UE 提供了一个 MAC-e 实体和一个 E-DCH 调度器功能。Node B 中 MAC-e 和 E-DCH 调度器处理 HSUPA 相关功能。MAC-e 和 E-DCH 调度器组成实体如图 6-30 所示。

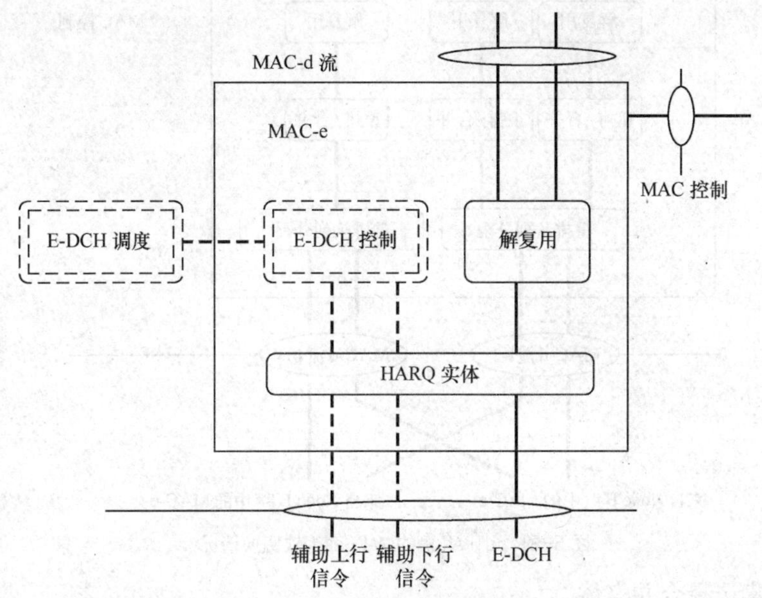

图 6-30　Node B 的 MAC-e 实体

（1）E-DCH 调度实体

该功能管理 UE 之间的 E-DCH 小区资源，根据调度请求，确定和发送调度授权。

（2）E-DCH 控制实体

E-DCH 控制实体负责接收调度请求，发送调度授权给当前的 HSUPA 用户。

（3）解复用实体

解复用实体负责 MAC-e PDU 的解复用，将 MAC-es PDU 前转到相应的 MAC-d 流。

（4）HARQ 实体

同一 HARQ 实体可以支持多个 HARQ 进程。每个进程负责产生指示 E-DCH 传输状态的 ACK 或 NACK，HARQ 实体处理 HARQ 协议所需的所有任务。

4．RNC 的 MAC-es

对于每个 UE，RNC 中有一个 MAC-es 实体，专门负责 E-DCH 的处理。MAC-es 子层处理 Node B 中 MAC-e 实体上传的数据流， UTRAN 侧的 MAC-es 组成实体如图 6-31 所示。

（1）重排队列分配实体

重排队列分配实体基于 RNC 配置，将 MAC-es PDU 路由到相应的重排序缓存区中。

（2）重排序实体

来自不同的 MAC-d 数据流中的数据在不同的重排序队列中被重排。每个逻辑信道有一个重排队列。重排序实体根据所接收到的 TSN 和 Node B 标记（CFN、子帧号）对接收到的

MAC-es PDU 重新排序。重排实体的数量由 RNC 控制。

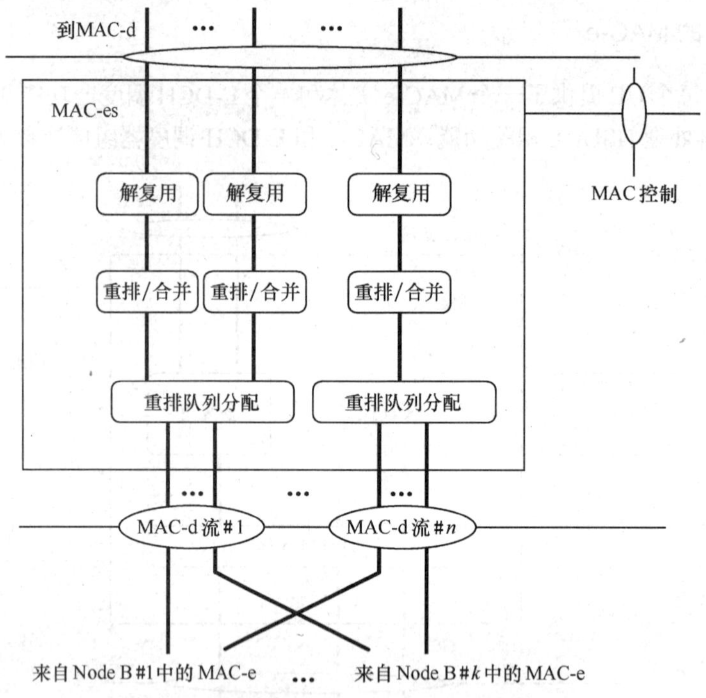

图 6-31 UTRAN 侧的 MAC-es（软切换情况）

（3）宏分集选择合并实体

在涉及多个 Node B 的软切换中，对每一个 UE 在 RNC 中的 MAC-es 实体，将接收来自不同 Node B 的 MAC-es PDU，MAC-es 实体可以根据每个 TTI 的帧质量来进行选择。该功能在 MAC-es 中实现（同一个 Node B 内的软合并在该 Node B 中实现），也意味着重排功能从 E-DCH 激活集中的每个 Node B 接收 MAC-es PDU。3GPP 规范中没有规定具体实现。

（4）解复用实体

解复用实体负责分解 MAC-es PDU。对 MAC-es PDU 进行分解时，将 MAC-es 头部删除，提取 MAC-d PDU，然后传送到 MAC-d。

6.5 TD-SCDMA 系统中的 HSPA 技术

6.5.1 TD-HSDPA

通过采用 HSDPA 技术，使得 TD-SCDMA 系统的下行峰值速率有很大的提高。TD-HSDPA 中采用了自适应调制和编码（AMC）技术、混合自动重传请求（HARQ）技术；增强了 Node B 的处理功能，引入了 MAC-hs 实体；引入了 4 条新信道：1 条承载业务的传输信道和 3 条物理信道，传输信道为高速下行共享信道（High Speed Downlink Shared Channel），HS-DSCH，物理信道分别为高速下行共享物理信道（High Speed Physical Downlink Shared Channel，HS-PDSCH）、高速上行共享信息信道（High Speed Shared Information Channel，HS-SICH）和高速下行共享控制信道（High Speed Shared Control Channel，HS-SCCH）。

TD-HSDPA 系统采用的关键技术和 W-HSDPA 中类似，不再细述。下面依次介绍 TD-HSDPA 系统引入新信道的特点，多载波 TD-HSDPA 引入的原则。

1. TD-HSDPA 新引入的信道

（1）高速下行共享信道（HS-DSCH）

高速下行共享信道（HS-DSCH）是下行传输信道，它映射到的物理信道为高速下行共享物理信道（HS-PDSCH）。TD-HSDPA 的所有下行业务数据都由 HS-DSCH 进行承载，很多低层实现都是在 HS-DSCH 上进行的。对不同的 UE，可以通过时分复用和码分复用的方式来实现共享。根据 UE 的处理能力，一个 UE 可以进行多码传输。HS-PDSCH 的扩频因子为 16 或者 1。

① HS-DSCH 信道的编码过程。由于 TD-HSDPA 中引入了自适应调制编码（AMC）和混合自动重传请求（HARQ）等技术，使得 HS-DSCH 编码过程与 TD-SCDMA 中不同，如图 6-32 所示。

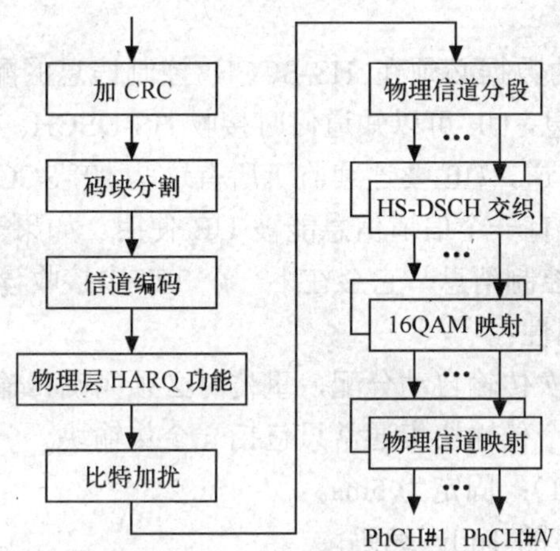

图 6-32 HS-DSCH 信道的编码过程

与 TD-SCDMA 信道编码过程相比，HS-DSCH 的编码过程主要多了 HARQ 功能和 16QAM 星座重排两步。这也体现了 TD-HSDPA 底层最主要的技术。另外，由于 16QAM 调制的存在，HS-DSCH 的交织也和其他信道不同。

② HS-DSCH 信道的特征如下：

- 一个 HS-DSCH 只在一个 CCTrCH 中进行信息处理和解码；
- 在一个 UE 中只有一个 CCTrCH 是为 HS-DSCH 配置的；
- CCTrCH 可以映射到一个或者多个物理信道；
- 在每个 CCTrCH 中只有一个 HS-DSCH；
- 仅存在于下行链路；
- 可以进行波束成形；
- 除功率控制外，可以采用链路自适应技术；
- 可在整个蜂窝中进行广播；
- 总是与 DPCH 和一个或者多个共享物理信道 HS-SCCH 对应进行信息传输。

③ HS-DSCH 物理层模型。TD-SCDMA 的下行信令结构基于相关的专用物理信道和共享物理信道，支持 HS-DSCH 的下行信令信息由 HS-SCCH 进行传输，UE 侧下行链路物理层模

型如图 6-33 所示，为具有 DCH 和 HS-DSCH 时的物理层模型。

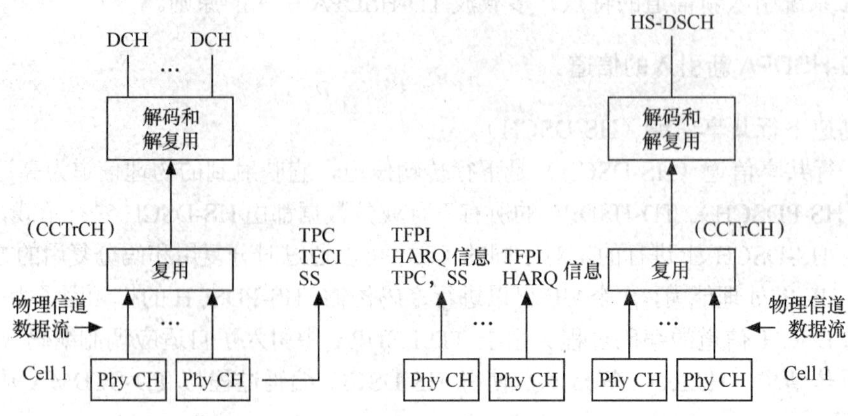

图 6-33　DCH 和 HS-DSCH 对应的下行链路物理层模型

UE 接收 HS-DSCH 的数据必须在 HS-SCCH 控制信息的配合下才能完成。通过接收 HS-SCCH 上的控制信令消息，UE 可以知道何时接收 HS-DSCH。在一个 UE 上最大可以使用一组 4 个 HS-SCCH 控制信道，UE 要连续监听所有这些 HS-SCCH。在任何一个指定的 TTI 内，这些 HS-SCCH 中至多有一个信道信息能被 UE 使用。如果一个 UE 监测到一个特定的 HS-SCCH 上有传输给它的控制消息，它会在下一个 TTI 中接收该 HS-SCCH 控制信息。

④ HS-DSCH 信道的属性：

- 传输块大小：第一次传输自动分配，重传时必须明确传输块的大小。
- 传输块集大小：一个传输块集通常只包括一个传输块。
- 传输时间间隔（TTI）：固定为 5ms。
- 编码参数：1/3 码率的 Turbo 编码。
- 调制方式：第一次传输和重传时是动态的。UE 必须支持 QPSK 调制，如果 UE 能力允许，可以支持 16QAM。
- 冗余版本：动态。
- CRC 大小：固定大小 24bit，每个 TTI 中有一个 CRC。

（2）高速共享下行控制信道（HS-SCCH）

高速共享下行控制信道（HS-SCCH）是 TD-HSDPA 专用的下行物理信道，用于承载所有相关底层控制信息。UE 接收 HS-DSCH 的数据必须要在 HS-SCCH 控制信息的配合下才能完成。HS-SCCH 被所有发起 HSDPA 业务的 UE 所共享，但对单个 HS-DSCH 的 TTI 来说，每个 HS-SCCH 只为一个 UE 承载 HS-DSCH 相关的下行信令。

HS-SCCH 上的控制信息主要包括用户设备标识（UE Identifier，UE-ID）、传输格式资源指示（Transport Format Resource Indicator，TFRI）、HARQ 等相关信息。

（3）高速上行共享信息信道（HS-SICH）

高速上行共享信息信道（HS-SICH）是 TD-HSDPA 共享的上行物理信道，用于反馈相关的上行信息，主要包括 HARQ ACK/NACK 信息和信道质量指示（Channel Quality Indicator，CQI）。CQI 是一个非常重要的反馈信息，用于指示当前信道质量。信道估计在 UE 侧完成。根据估计结果，UE 按照已知的 HS-PDSCH 资源分配状态选取合适的 CQI 进行反馈。CQI 同样需要很高的可靠度，因为 Node B 根据 CQI 决定下一次发送的传输格式。

2. 多载波 TD-HSDPA

多载波 TD-HSDPA 技术方案以现有行标中的 *N* 频点方案作为多载波 TD-HSDPA 技术的基础，在 MAC 子层进行数据分流，以完善和提高 TD-HSDPA 技术，更好地支持分组业务，满足运营商对高速分组数据业务的需求。引入多载波 TD-HSDPA 方案时遵循如下原则。

(1) 尽量不修改 3GPP R5 HSDPA 协议（物理信道 HS-SCCH 和 HS-SICH 信道结构不变）；

(2) 多载波仅针对 HSDPA 信道，即一个给定的 UE 将在一个或者多个载波上接收和发送信息；

(3) 在考虑对实现复杂度（尤其是终端实现复杂度）影响的前提下，尽可能兼容 3GPP R5 规范中定义的支持单载波 TD-HSDPA 的 UE，TD-HSDPA 规范的制订要基于 3GPP R5 相关的协议进行。

6.5.2 TD-HSUPA

HSUPA 是上行链路方向针对分组业务的优化和研究，它是继 HSDPA 之后，TD-SCDMA 标准的又一次重要演进。TD-HSUPA 中通过使用 AMC、HARQ 及快速调度等技术获得增强的上行用户速率和系统吞吐量；在 UE 和 Node B/RNC 的 MAC 子层引入了 MAC-e/MAC-es 实体，完成相关调度、优先级处理、反馈、重传等功能，可以显著地提高调度和传输/重传的速度，减少数据传输的整体时延；TD-HSUPA 引入了新的增强专用信道（Enhanced Channel，E-DCH）和对应的 E-DCH 上行物理信道（E-DCH Physical Uplink Channel，E-PUCH）。同时，为了完成相应的控制、调度和反馈，HSUPA 在物理层引入了 E-DCH 随机接入上行控制信道（E-DCH Random Access Uplink Control Channel，E-RUCCH）、E-DCH 绝对授权信道（E-DCH Absolute Grant Channel，E-AGCH）和 E-DCH HARQ 指示信道（E-DCH HARQ Acknowledgement Indicator Channel，E-HICH）。

目前对于 TD-HSUPA 的技术引入，首先实现对单载波 TD-HSUPA 的标准化，这样可以有效地保证终端的实现和成熟度。与 TD-HSDPA 类似，TD-HSUPA 最终将采用多载波方式。将多个载波捆绑在一起提供 HSUPA 业务，并使 *N* 频点特性和 HSUPA 特性有机结合。

与对 TD-HSDPA 技术的介绍类似，下面介绍 TD-HSUPA 系统引入新信道的特点。

1. 物理层模型

UE 侧上行链路和下行链路物理层模型如图 6-34 和图 6-35 所示，都是具有 DCH 和 HS-DSCH 时的 E-DCH 模型。

UE 侧上行链路物理层模型中，E-PUCH 承载相应的传输信道 E-DCH。E-UCCH 作为传输上行 E-DCH 控制信息的信道，直接复用到 E-PUCH。E-RUCCH 用于 UE 在没有资源授权的情况下请求授权以进行数据传输。

UE 侧下行链路物理层模型中，E-AGCH 用于 Node B 向 UE 传递调度资源授权信息。E-HICH 用于 Node B 向 UE 反馈每个传输块的 ACK/NACK 信息。一个单载波小区中最多可以包含 4 条 E-AGCH 信道和 4 条 E-HICH 信道。

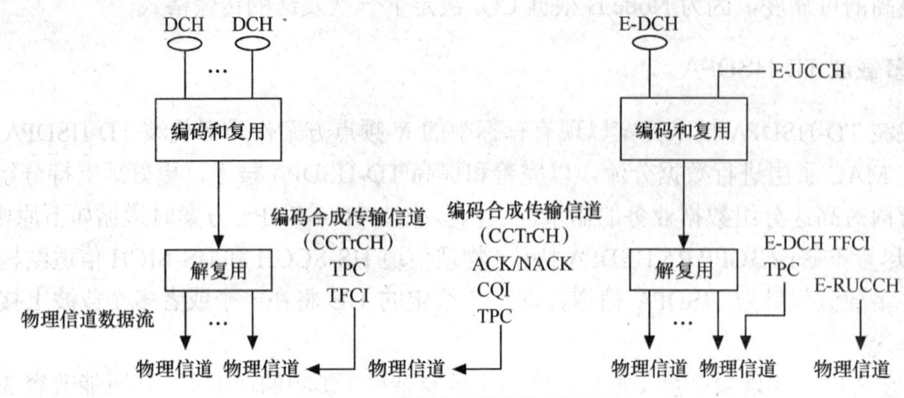

图 6-34 UE 侧上行链路物理层模型

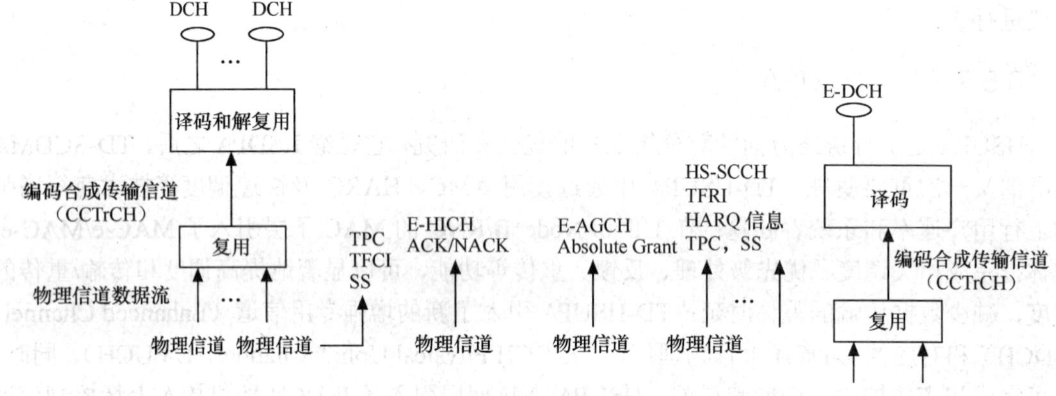

图 6-35 UE 侧下行链路物理层模型

2．物理信道

（1）E-PUCH

E-PUCH 是在 Node B MAC-e 的调度实体控制下的物理资源，映射到 CCTrCH 的 E-DCH 传输信道。E-PUCH 物理资源被定义为非调度资源和调度资源。非调度资源由 RNC 通过高层信令进行分配，而调度资源由 Node B 的 MAC-e 的调度实体进行控制分配。

E-PUCH 支持以下物理层特性：

① 有效扩频因子 16、8、4、2、1；

② QPSK/16QAM 调制；

③ E-UCCH 的传输；

④ TPC 的传输；

⑤ 16chip 长度的保护间隔；

⑥ 可以采用默认的和 UE 特定的 Midamble 分配方式。

E-PUCH 还与上行控制信道（E-UCCH）复用。E-UCCH 作为传输上行 E-DCH 控制信息的信道，直接映射到 E-PUCH，单个时隙内是否有 E-PUCH 和 E-UCCH 复用，以及一个 E-DCH TTI 内 E-UCCH 的个数都取决于高层的配置，即调度的 E-UCCH 个数由 E-AGCH 分配，非调度的 E-UCCH 个数由 RRC 信令分配。E-UCCH 必须始终伴有发送功率控制（TPC）命令字。如果一个时隙不发送 E-UCCH，那也不发送 TPC。

E-UCCH 传输的上行控制信息包括传输块大小选择码、重传序列号、HARQ 进程 ID 等。

（2）E-AGCH

E-AGCH 是一个新的下行物理信道，用于 Node B 向 UE 传递调度资源授权信息，它包含功率授权信息、时隙授权信息、码道授权信息、E-HICH 指示、E-UCCH 的个数指示、资源持续时间指示、E-AGCH 循环序列号等。

（3）E-HICH

E-HICH 用于 Node B 向 UE 反馈每个 E-DCH 传输块的 ACK/NACK 信息。一个小区内 E-HICH 的数量由系统配置。调度用户和非调度用户的确认指示在不同的 E-HICH 上发送。

一个调度用户的调度传输最多能够配置 4 条 E-HICH。采用哪个 E-HICH，对于特定的调度用户由 E-AGCH 特定的标识来表示，对于非调度用户则由高层通知。非调度用户的 E-HICH 不仅承载确认指示，而且承载 TPC 和 SS 命令。

（4）E-RUCCH

E-RUCCH 用于 CELL_DCH 状态下的 UE 在没有资源授权的情况下请求授权以进行数据传输，其传输方式为抢占式的接入方式，过程与 PRACH 相同，并且可以和 PRACH 共享物理码道。E-RUCCH 包括的内容为 E-DCH 无线网络临时标识（E-RNT）和当前的调度信息（SI）。E-RNTI 就是 UE 的 E-DCH 无线网络标识。调度信息（SI）包含服务小区和邻小区路径损耗、UE 功率余量和 E-DCH 缓存区状态。

6.6 HSPA 技术演进（HSPA+）

随着全球移动通信的快速发展，HSPA 网络的大量部署，如何保护 HSPA 阶段对网络的投资，在尽可能不改变现有系统的基础上，通过一些增强技术的引入，在相同带宽下达到接近 LTE 的性能是 HSPA+阶段需要解决的问题。HSPA+是由拥有较多 HSDPA、HSUPA 专利的厂商、已部署或即将部署 HSDPA 网络的运营商希望 3G 拥有一个较长的生命周期而提出的技术方案。

1．设计目标

HSPA+的设计目标如下。

（1）HSPA+要在 5MHz 内达到与 LTE 一样的频谱效率；

（2）HSPA+要尽可能实现与 LTE 共享部分资源，如 LTE 的核心网等；

（3）简化或减少网络节点数量；

（4）HSPA+要作为一个仅仅使用高速数据信道（HS-DSCH，E-DCH）的分组网络；

（5）HSPA+网络应该后向兼容 R99/HSPA 的终端；

（6）希望能在现有的 3G 网络上进行小规模的升级即可支持 HSPA+的功能。

2．HSPA 网络结构的演进方案

HSPA+对网络结构进行了扁平化处理，将 RNC/Node B 合二为一，不改变原有的 Iu 接口，只是对无线侧进行简单的软件升级，增加了容量，缩短了时延。

HSPA 的引入没有改变原有 WCDMA R99 网络结构，只是进行了软件升级。HSPA+与

HSPA 网络结构具有如下异同：

（1）可共享核心网络，Iu 接口没有改变；

（2）Node B+（HSPA+中的 Node B）具有 RNC 的功能，消除了 Iub，增加了 Iur 处理量；

（3）降低了用户面时延，HSPA+用户面协议终止于 Node B+，而 HSPA 终止于 RNC；

（4）降低了控制面时延，HSPA+控制面协议终止于 Node B+，而 HSPA 终止于 RNC；

（5）由于移动而导致的信令处理量加大；

（6）HSPA+网络兼容 HSPA 下的 UE，但是对于基于 CS 域的语音需要转移到原有的 SRNC 下进行处理；

（7）由于引入频繁的 SRNC 重定位，移动性变弱。

3．HSPA+引入的新技术

HSPA+是在 HSPA 基础上的演进，在关键技术上，它保留了 HSPA 的如下特征：快速调度、混合自动重传（HARQ）、下行短帧 2ms、上行 10ms/2ms、自适应调制和编码，同时保留了 HSDPA/HSUPA 的所有信道及特征等。HSPA+完全兼容 HSPA 技术，但为了支持更高的速率和更丰富的业务，HSPA+也引入了更多的新技术。

（1）MIMO 技术

MIMO（Multiple Input/Multiple Output，多输入、多输出）技术是指在发射端和接收端分别使用多个发射天线和接收天线，从而提高数据速率，减少误比特率，改善无线信号传送质量。MIMO 技术的工作原理将在第 8 章介绍。

（2）分组数据的连续传输

分组数据的连续传输用于优化 HSPA+网络上的分组数据传输，使得用户可以长时间地保持连接状态，而不是频繁地终止、建立连接，使得用户可以感受到的连接时延减小，从而提供一种“永远在线”的用户体验。

为保持数据连接的可持续性，需要对每个用户都分配并保持控制信道的连接，而业务信道则是偶尔通过控制信令进行分配。由于业务信道采用共享信道，分配是十分迅速的。但是为了保证业务信道的快速分配，所需的控制信道将长期占用系统资源。从网络的角度来看，上行控制信道将会引起上行的噪声增加，干扰到其他用户的传输，减小覆盖范围。从用户的角度来看，也会造成 UE 的电池消耗。因此，有必要对控制信道进行优化，减少其负荷。采用的技术有上行的非连续传输（DTX）、下行的非连续接收（DRX）和对 HS-SCCH 的修订。

（3）引入高阶调制

为进一步提高速率，HSPA+在下行引入 64QAM，一个符号代表 6bit，同时它与 MIMO 的有效配合，将使下行峰值速率达到 42Mbit/s。HSPA+在上行引入了 16QAM 的调制方案，使上行峰值速率从 HSUPA 时的 5.76Mbit/s 提升到 28Mbit/s。高阶调制方式涉及 L1/L2/L3 三层以及 Iub/Iur 接口规范的修订。

（4）增强的 CELL_FACH 状态

UE 处于何种状态与 UE 在哪个信道上进行传输/接收及 UE 所执行的任务相关。其中逻辑信道中的 DCCH 和 DTCH 只在 CELL_DCH 和 CELL_FACH 下使用。在 R5 和 R6 中定义的 HSDPA 和 HSUPA 只在 CELL_DCH 状态下使用。而在 HSPA+中，“增强的 CELL_FACH 状态”不仅使得 HSDPA 可以用于 CELL_FACH，还包括 URA_PCH 和 CELL_PCH 状态。主要改进内容如下：

① 通过HSDPA的使用增加UE在CELL_FACH状态下的峰值速率；

② 通过增大高层数据速率，减小CELL_FACH、CELL_PCH及URA_PCH信道用户面/控制面时延；

③ 减小CELL_FACH，CELL_PCH及URA_PCH状态到CELL_DCH状态的转换时延；

④ 通过DTX不连续传输减小CELL_FACH状态下的UE功率消耗。

（5）增强的L2层协议

L1层新技术的引入极大地提高了下行的峰值速率，但是HSDPA在RLC层的峰值速率受限于RLC PDU的大小以及RLC窗尺寸。因此L2层主要改动如下：

① 通过引入可变大小的RLC PDU模式、MAC-hs的复用和MAC-hs的分割增加对高速数据链路层的支持；

② 提供两套协议格式，保证新旧系统的平滑演进；

③ 增加MAC-d复用及RLC级联；

④ 新增MAC-ehs实体，与原有的MAC-hs实体协同工作。

HSPA+是一个全IP、全业务网络，同时它后向兼容原有R99/HSPA网络以及相应的终端，HSPA+的网络部署不会带来旧用户终端的更换，较好地保护了用户的原有投资。它与LTE不具有兼容扩展性，同时它们的标准进度基本相似。那么，运营商是选择直接部署LTE还是选择过渡阶段的HSPA+技术，最终取决于业务的发展、频率的规划等问题。

小　结

1．HSDPA 网络采用的技术包括自适应调制和编码技术（AMC）、混合自动重传请求技术（HARQ）。HSDPA业务信道使用Turbo码，可以在2ms内进行动态资源共享。HSDPA增加了物理信道，并采用多码传输方式、短传输时间间隔、快速分组调度技术和先进的接收机设计等，使小区下行峰值速率达到14.4Mbit/s。

2．HSDPA 和 HSUPA 在用户协议结构中都引入了新的组件。HSDPA 中 RNC 保留了MAC-d 实体，但是除了保留传输信道转换功能外，其他所有功能都转移到了新协议实体MAC-hs，RLC层基本没有变化。MAC子层新增了MAC-hs实体位于Node B，其作用主要是负责处理与HS-DSCH有关的第二层功能。HSUPA在Node B中同样增加了类似的新MAC实体，即 MAC-e。由于调度能力已经移到了 Node B 上，所以终端（UE）中也包含了新的MAC实体（MAC-es/s）。

3．基于R99/R4版本无线网络结构引入HSDPA功能，对Node B改动比较多，对RNC主要是修改算法协议软件，硬件影响很小。如果在R99/R4版本设备中已考虑了HSDPA功能升级要求（如16QAM、缓冲器及处理器的性能等），那么实现HSDPA功能不需要硬件升级，只要软件升级即可。

4．HSUPA系统结合上行链路的特点，借鉴了HSDPA中技术，采用物理层的快速HARQ技术，数据的重传在移动终端和Node B间直接进行。上行链路调度基于Node B物理层快速分组调度方案，减小了调度信令回路时延。采用2ms的TTI可以提高响应速度，保留了10ms的TTI，用于处于小区边缘和信道条件较差的环境。同时上行链路中引入了新的扩频因子和软切换技术。

5．对 TD-SCDMA 和 WCDMA 而言，HSDPA 采用的关键技术是基本一致的，实现方式也非常相似，两者不同的地方主要体现在帧结构不同、信道结构不同。

6．TD-HSDPA 单个载波上可提供的下行峰值速率偏低，难以满足用户对更高速率分组数据业务的需求。在已经发布的基于 3GPP R4 的第一版行业标准中，引入 N 频点特性。通过多载波捆绑的方式提高 TD-HSDPA 系统中单用户峰值速率，即所谓的多载波 HSDPA 方式。

7．TD-HSUPA 中通过使用 AMC、HARQ 及快速调度等技术获得增强的上行用户速率和系统吞吐量；在 UE 和 Node B/RNC 的 MAC 子层引入了 MAC-e/MAC-es 实体，完成相关调度、优先级处理、反馈、重传等功能，可以显著地提高调度和传输/重传的速度，减少数据传输的整体时延。

8．HSUPA 引入了新的增强专用信道（E-DCH）和对应的 E-DCH 上行物理信道（E-PUCH）。同时，为了完成相应的控制、调度和反馈，HSUPA 在物理层引入了 E-DCH 随机接入上行控制信道（E-RUCCH）、E-DCH 绝对授权信道（E-AGCH）和 E-DCH HARQ 指示信道（E-HICH）。与 HSDPA 类似，HSUPA 最终将采用多载波方式，并使 N 频点特性和 HSUPA 特性有机结合。

9．HSPA+是在 HSPA 基础上的演进，在关键技术上，它保留了 HSPA 的如下特征：快速调度、混合自动重传（HARQ）、下行短帧（2ms）、上行可变帧长（10ms/2ms）、自适应调制和编码，同时保留了 HSPA 的所有信道及特征。因此，它向下完全兼容 HSPA 技术，但为了支持更高的速率和更丰富的业务，HSPA+也引入了更多的新技术，如 MIMO 技术、分组数据连续传输技术、上下行均采用更高阶调制、接入网架构的优化等。

练 习 题

1．什么是 HSPA？介绍 HSPA 技术的演进过程。

2．简述引入 HSDPA 对 R99/R4 版本无线网络结构的影响。

3．介绍 TD-HSDPA 和 W-HSDPA 的异同。

4．介绍 HSDPA 主要采用了哪些关键技术。

5．描述 HSDPA 中新增信道的名称和功能。

6．介绍 HSUPA 主要采用了哪些关键技术。

7．描述 HSUPA 中新增信道的名称和功能。

8．描述 TD-HSDPA 中新增信道的名称和功能。

9．描述 TD-HSUPA 中新增信道的名称和功能。

10．比较 HSPA+和 HSPA 的异同。

第7章 cdma2000移动通信系统

cdma2000是美国电信工业协会（TIA）提出的第三代CDMA移动通信系统的技术建议，是IMT2000系统的三大主流技术标准之一，本章主要介绍cdma2000移动通信系统如下内容：

- cdma2000系统的主要特点
- cdma2000 1x网络结构，主要网元和接口功能
- cdma2000 1x空中接口协议结构、物理信道及功能
- cdma2000 1x系统状态及状态转移
- cdma2000 1x网络中基本语音和分组业务的呼叫流程
- cdma2000 1x EV-DO的特点及网络结构
- cdma2000 1x EV-DO空中接口的分层结构
- cdma2000 1x EV-DO组网特点
- cdma2000 1x EV-DV的基本要求及新增物理信道

7.1 概述

7.1.1 cdma2000简介

1995年5月，美国电信工业协会（Telecommunication Industry Association，TIA）正式颁布了窄带CDMA标准（IS-95A），它是CDMA标准系列中第一个投入商用的标准。IS-95A标准在一个业务信道上只能使用一个扩频码。为了满足更高速率数据业务的需求，TIA于1999年3月完成IS-95B标准的制定。IS-95B的目标是在一个业务信道上可连续使用8个码字，通过对物理信道的捆绑应用，使得系统可以提供的最大比特速率达115.2kbit/ s。不过因为要将8个信道的资源分配给一个用户使用，IS-95B的商用系统很少。通常IS-95A和IS-95B总称为IS-95。一般把基于IS-95标准系列的CDMA系统称为CDMAOne系统。CDMAOne可提供无线数据业务，可以直接接入Internet标准协议。但是它无法为用户提供更高速率、更为灵活、且具有不同服务质量等级的业务，也无法向一个用户同时提供多种数据业务。人们习惯将CDMAOne系统称为IS-95 CDMA系统，很少使用CDMAOne系统这个名称。

cdma2000是美国电信工业协会（TIA）提出的第三代CDMA移动通信系统的技术建议，是IMT2000系统的三大主流技术标准之一，也是IS-95标准向第三代移动通信系统演进的技术体制方案。实现cdma2000技术体制的正式标准名称为IS-2000，由TIA制定，并经3GPP2

批准成为第三代移动通信系统的空中接口标准。cdma2000 技术体制向下兼容 IS-95 系统。cdma2000 代表一个体系结构，可以表示一系列的子标准或不同版本的 cdma2000 标准。cdma2000 也可以代表空中接口所采用的技术。

cdma2000 系统的一个载波带宽为 1.25MHz。如果系统分别独立使用每个载波，则称为 cdma2000 1x 系统；如果系统将 3 个载波捆绑使用，则称为 cdma2000 3x 系统。cdma2000 1x 系统的空中接口技术称为 1x 无线传输技术（Radio Transmission Technology，RTT）。与此类似，cdma2000 3x 系统的空中接口技术称为 3x RTT，属于多载波技术。cdma2000 3x 是与 cdma2000 1x 一起提出的规范，但由于各种原因，在这个领域开展的研究很少，厂商和运营商都没有选用这个系统，而 cdma2000 1x 系统已经在世界上多个国家和地区投入商用。

7.1.2 cdma2000 1x 特点

cdma2000 1x 是 cdma2000 移动通信系统发展的第一阶段。其对应的协议版本为 cdma2000 Release 0、cdma2000 Release A 以及 cdma2000 Release B。

美国 TIA 于 1999 年 7 月公布的 cdma2000 Release 0 版本为 cdma2000 标准的第一个版本。它沿用 IS-95B 的开销信道，并增加了新的业务信道和补充信道。为多载波模式定义了物理层，可实现大容量的分组数据业务和语音业务，数据速率可以达到 153.6kbit/ s。

2000 年 3 月，3GPP2 完成了 Release A 版本。Release A 版本增加了新的开销信道及相应的信令，在 Release 0 版本的基础上增加了新的公共信道，采用了无线链路控制（Radio Link Control，RLP）协议来保证全速率数据业务的可靠传输，支持并发业务和增强型的加密协议，同时还提供对多媒体业务的信令支持，其峰值数据速率可达到 307.2kbit/ s。

2002 年 4 月，3GPP2 公布的 Release B 版本与 Release A 版本基本相同，只做了很少的改动。在该版本中，主要增加了补救信道，其作用是在信道分配失效时，使移动台仍有最基本的信道可用，以降低掉话率，提高通话链路的可靠性。

cdma2000 1x 系统前向信道和反向信道均采用码片速率为 1.2288Mchip/s 的单载波直接序列扩频方式，可以与现有的 IS-95 系统后向兼容，并可以与 IS-95B 系统的频段共享或重叠。在 cdma2000 1x 系统中，语音和低速数据业务在基本信道（FCH）上传输，高速数据业务在补充信道（SCH）上传输。与此同时，在网络部分，标准也经历了一个逐渐演进的进程，根据数据传输的特点，引入了分组交换机制，可以支持移动 IP 业务和业务质量（QoS）功能，为支持各种多媒体分组业务打下了基础，从而有利于实现向 3G 的平滑过渡。经过实践验证，cdma2000 1x 是一种成熟的技术。相比 IS-95 系统，cdma2000 1x 系统在空中接口部分引入的新技术如下。

（1）前向链路采用快速功率控制

移动台向基站发出调整基站发射功率的指令，闭环功率控制速率可以达到 800Hz，这样可以对功率进行更为精确的调整，降低了前向链路的干扰，可以达到减少基站发射功率、减少总干扰电平，从而降低移动台信噪比要求，最终可以起到增大系统前向信道容量、节约基站耗电的作用。

（2）增加了反向导频信道

基站利用反向导频信道发出扩频信号捕获移动台的发射，再用 Rake 接收机实现相干解调。与 IS-95 采用非相干解调相比，提高了反向链路性能，降低了移动台发射功率，提高了反向链路容量。

（3）前向链路采用发射分集技术

前向链路采用发射分集技术有两种方式：正交发射分集（OTD）和空时扩展（STS）。前者是先分离数据流，再用不同的正交 Walsh 码对两个数据流进行扩频，并通过两个发射天线发射。后者使用空间两根分离天线发射已交织的数据，使用相同的原始 Walsh 码信道。发射分集技术提高了系统的抗衰落能力，改善了前向信道的信号质量，系统容量也会有进一步的增加。

（4）前向链路引入快速寻呼信道

基站使用快速寻呼信道向移动台发出指令，决定移动台是处于监听寻呼信道还是处于低功耗状态的睡眠状态。移动台便不必长时间连续监听前向寻呼信道，可减少移动台激活时间，减小了移动台功耗，提高了移动台的待机时间。

（5）编码采用 Turbo 码

cdma2000 1x 中，数据业务信道可以采用 Turbo 编码，Turbo 码仅用于前向补充信道和反向补充信道。

（6）灵活的帧长

cdma2000 1x 支持 5ms、10ms、20ms、40ms、80ms 和 160ms 多种帧长，根据不同类型信道选择不同帧长。

（7）定义了新的接入方式

新的接入方式既兼容 IS-95 的接入模式，又对 IS-95 的不足进行了改进，可以减少呼叫建立时间，提高接入效率，并减少移动台在接入过程中对其他用户的干扰。

7.1.3 cdma2000 网络的演进

1. 无线侧的演进

cdma2000 1x 系统的下一个发展阶段称为 cdma2000 1xEV，其中 EV 是 Evolution（演进）的缩写，也是目前国际上研究的重点，意指在 cdma2000 1x 基础上的演进系统。cdma2000 1xEV 不仅要和原有系统保持后向兼容，而且要能够提供更大的容量、更佳的性能，满足数据业务和语音业务的需求。cdma2000 1xEV 又分为两个阶段：cdma2000 1xEV-DO 和 cdma2000 1xEV-DV。DO 指 Data Only 或 Data Optimized，DV 是 Data and Voice 的缩写。

cdma2000 1xEV-DO 通过与语音业务不同的独立载波提供高速数据业务。其前向链路的主要特点是在 CDMA 技术的基础上引入了 TDMA 技术，采用了动态功率控制、快速自适应的调制编码、灵活的调度算法和快速小区交换等技术，从而大幅度提高了数据业务的性能。在实际使用中，cdma2000 1xEV-DO 系统需要使用独立的载波，虽然对资源的控制相对简单，语音业务和高速数据业务之间没有影响。但是，cdma2000 1xEV-DO 不能兼容 cdma2000 1x，移动台也需要使用双模方式来支持语音和数据，不能实现语音业务和高速数据业务之间的资源共享。

为了克服 cdma2000 1xEV-DO 技术在兼容方面的缺点，cdma2000 1xEV-DV 采用了后向兼容思路，既可以与 cdma2000 1x 系统共存在同一个载波中，同时也提高了数据业务的速率和语音业务的容量。cdma2000 1xEV-DV 综合了 cdma2000 1x 和 cdma2000 1xEV-DO 的优点，在 1.25MHz 的带宽内同时提供语音和分组数据业务。cdma2000 1xEV-DV 对应 Release C 和 Release D 两套标准。Release C 主要改进和增强了 cdma2000 1x 的前向链路，前向最高峰值速率可以达到 3.1Mbit/s。Release D 改进和增强了 cdma2000 1x 的反向链路，反向最高峰值速率可以达到 1.8Mbit/s。

2. 网络侧的演进

在无线侧标准不断演进的同时，网络侧标准也经历了从非开放内部接口，到半开放的 ATM 接口，最终到完全开放的 IP 接口，即 cdma2000 ALL-IP 网络。在 cdma2000 网络演进过程中，核心网和无线接入网是独立演进的，这两个网络之间的接口由最初的 TDM 承载变为 IP 承载。为了最大限度地保护运营商现有网络投资，网络演进要保持不同阶段的网络互连互通，尽可能地体现不同网络之间的兼容性。cdma2000 网络向 ALL-IP 演进分为 4 个阶段。

（1）Phase 0 和 Phase 1 阶段基于传统电路模式的无线网络，支持电路交换技术和初始分组交换技术，提供对分组数据会话的切换功能，支持电路域语音业务和分组域数据呼叫同时进行的并发业务，无线接入网侧业务信令采用 IP 方式传输。

（2）Phase 2 阶段也称为传统 MS 域（Legacy MS Domain，LMSD）阶段，核心网络引入软交换思想、基于呼叫控制和承载分离原则，用分组网技术替换时分多路复用（Time Division Multiplexing，TDM）技术，将传统的电路域移动交换机（Mobile Switching Center，MSC）分离为移动交换中心仿真（Mobile Switching Center Emulation，MSCE）和媒体网关（Media Gateways，MGW）两个功能实体，MSCE 提供呼叫控制和移动性管理功能，MGW 提供媒体承载和编解码转换功能。

（3）Phase 3 阶段也称为多媒体域（Multimedia Domain）阶段，包含两个子系统：分组数据子系统（Packet Data Subsystem，PDS）和 IP 多媒体子系统（IP Multimedia Subsystem，IMS），PDS 为 IP 多媒体子系统提供可靠的 IP 承载通道，IMS 为 cdma2000 网络提供移动多媒体相关业务。

3G 业务统一基于一个 ALL-IP 架构上来实现，业务实现形式变得更加容易和丰富。Phase 3 为网络融合提供了很好的契机，分别基于 3GPP2 和 3GPP 标准的移动网络可以实现融合，而且移动网络也可以实现与固定网络的融合。

7.2 cdma2000 1x 网络

7.2.1 cdma2000 1x 网络结构

cdma2000 1x 网络结构是从第二代 IS-95 CDMA 系统演进而来的，与第二代 CDMA 系统显著不同的地方在于增加了分组域交换的数据业务，本节将重点介绍与分组域相关的模块及接口的功能。

1. cdma2000 1x 网络结构

（1）cdma2000 1x 系统网络组成

基于 ANSI-41 核心网的 cdma2000 1x 系统网络结构如图 7-1 所示，网络结构由 4 部分组成。

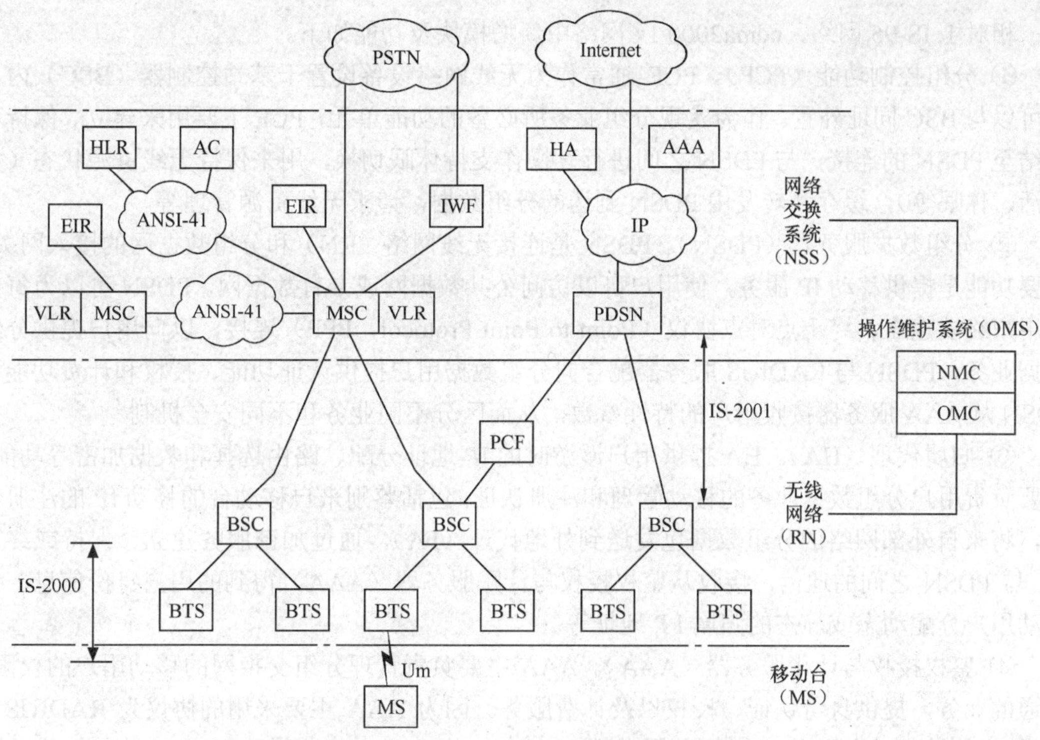

图7-1　cdma2000 1x系统的网络结构

① 移动台（Mobile Station，MS），通过空中接口为用户提供服务的设备，按照不同的射频能力，移动台可以分为车载台、手提式及手机3种类型。

② 无线网络（Radio Network，RN），为移动用户提供服务的无线接入点，实现无线信息传输到有线信息传输的互换，完成无线资源的管理和控制，并与网络交换系统交换信息，包括有基站收发信机（Base Station Transceiver，BTS）、基站控制器（Base Station Controller，BSC）和分组控制功能（Packet Control Function，PCF）。

③ 网络交换系统（Network Switching System，NSS），分为电路域和分组域两部分，为移动用户提供基于电路交换和分组交换的业务，所有的业务都在无线网络中分流。

核心网电路域与IS-95一样，包括BTS、BSC、MSC/VLR和HLR/AUC等网元。网络结构中核心网分组域新增的网元为分组数据服务器（Packet Data Serving Node，PDSN）、归属代理（Home Agent，HA）、鉴权授权与计账服务器（Authentication Authorization and Accounting，AAA）。

④ 操作维护系统（Operation and Maintennce System，OMS），提供在远端操作、管理和维护CDMA网络的能力，包括有网络管理中心（Network Management Centre，NMC）和操作维护中心（Operation and Maintaenance Centre，OMC）两部分。

（2）新增模块及功能

相对于 IS-95 网络，cdma2000 1x 网络中新增模块及功能如下。

① 分组控制功能（PCF）。PCF 通常作为无线网络设备设置于基站控制器（BSC）内，也可以与 BSC 同址外置。作为实现分组业务所必备的功能单元，PCF 主要用来建立、保持和终结至 PDSN 的连接，与 PDSN 之间进行互操作支持休眠切换，用来保持无线资源状态（如激活、休眠等），缓存和转发由 PDSN 到达的分组数据，请求无线资源管理等。

② 分组数据服务器（PDSN）。PDSN 是连接无线网络（RN）和分组数据网的接入网关。主要功能是提供移动 IP 服务，使用户可以访问公共数据网或专有数据网。PDSN 可以为每一个用户终端建立、终止点对点协议（Point to Point Protocol，PPP）连接，以向用户提供分组数据业务。PDSN 与 RADIUS 服务器配合向分组数据用户提供认证功能、授权和计费功能。PDSN 从 AAA 服务器接收用户的特性参数，从而区分不同业务和不同安全机制。

③ 归属代理（HA）。HA 提供用户漫游时的 IP 地址分配、路由选择和数据加密等功能，主要负责用户分组数据业务的移动管理和注册认证，包括鉴别来自移动台的移动 IP 的注册信息，将来自外部网络的分组数据包发送到外地代理（FA），通过加密服务建立、保持或终止 FA 与 PDSN 之间的通信，接收从鉴权授权与计账服务器（AAA）得到的用户身份信息，为移动用户分配动态或静态的归属 I P 地址等。

④ 鉴权授权与计账服务器（AAA）。AAA 主要负责管理分组交换网的移动用户的权限，开通的业务，提供身份认证、授权以及计费服务。因为 AAA 主要采用的协议为 RADIUS，所以 AAA 有时也被称为 RADIUS 服务器。

2．cdma2000 1x 接口简介

IS-2000 是 cdma2000 技术的接口标准或规范，定义了 MS 和 BSC 之间的接口。IS-2000 物理层规范定义了无线传输部分的内容，包括频率参数、扩频参数、系统定时、射频调制、差错控制及物理信道的配置参数等。IS-2001 是第三代移动通信系统采用的互操作性规范，定义了无线网络与网络交换系统的接口，如 BSC 与 MSC 的接口、PCF 与 PDSN 及 BSC 与 PCF 等。

MSC/VLR 与 HLR/AUC 之间的接口基于 ANSI-41 协议。BTS 在小区建立无线覆盖区域用于移动台通信，移动台可以是基于 IS-95 或 cdma2000 1x 制式的手机。BSC 可对多个 BTS 进行控制，Abis 接口用于连接 BTS 和 BSC，A1 接口用于 MSC 与 BSC 之间的信令信息，A2 接口用于传输 MSC 与 BSC 之间的语音信息，A3 接口用于传输 BSC 与业务数据单元（Service Data Unit，SDU）之间的用户业务（包括语音和数据）和信令，A7 接口用于传输 BSC 之间的信令，支持 BSC 之间的软切换。电路域完成用户基于电路交换技术的传统服务，如语音业务、低速的电路数据业务等，同时提供这些服务所需的呼叫控制、移动性管理和用户管理等功能。

PCF 用于转发无线子系统和 PDSN 分组控制单元之间的信息，PDSN 节点为 cdma2000 1x 接入 Internet 的接口模块。A8 接口用于传输 BSC 和 PCF 之间的用户业务，A9 接口用于传输 BSC 和 PCF 之间的信令信息，A10 和 A11 接口都是无线接入网和分组核心网之间的开放接口，A10 接口用于传输 PCF 和 PDSN 之间的用户业务，A11 接口用于传输 PCF 和 PDSN 之间的信令信息。PCF 和 PDSN 通过支持移动 IP 的 A10、A11 接口互连，可以支持分组数据业务传输。

3. 分组业务协议栈

（1）常用协议

cdma2000 分组数据网大量采用已有的 IP 技术，分组核心网逻辑实体及相关接口基于 IETF 协议集。cdma2000 网络中常用的 IETF 协议集为 PPP、IPSec、IKE、隧道协议、传输协议（如 TCP、UDP）、RADIUS 协议等，详细描述请参见相关 IETF 协议。

① PPP 协议。点对点协议（Point to Point Protocol，PPP）是为在对等网络单元之间传送数据包而设计的 TCP/IP 协议簇中链路层协议，封装来自更上层（如 IP 层）的数据分组。PPP 的优点是协议简单，具备用户验证能力，可实现灵活计费、满足动态分配 IP 地址需求及支持上层的多种协议等。

PPP 协议主要由以下 3 部分组成：

- 对上层数据包采用高级数据链路控制（High Level Data Link Control，HDLC）协议，PPP 封装用于消除上层多种协议数据包的歧义，加入帧头、帧尾，使之成为互相独立的数据帧；
- 用于建立、配置和检测数据链路连接的链路控制协议（Link Control Protocl，LCP）；
- 用于建立和配置不同网络层协议的网络控制协议（NCP，Network Control Protocl）簇。NCP 建立和配置不同的网络层协议，PPP 允许同时采用多种网络层协议。

通常，在一次 PPP 链路会话中，协商的双方并没有区分谁是服务器端谁是客户端。为了叙述方便，这里把申请请求 PPP 服务的一端称为用户端，而把能提供 PPP 服务的机构称为互联网服务提供商（Internet Service Provider，ISP）。一般来讲，与 ISP 建立一次正常的 PPP 链路连接，要经历下面 3 个阶段：

- LCP 协商，对 PPP 链路的属性进行协商和配置；
- 用户认证，根据 LCP 协商的鉴权方式（PAP 或 CHAP）执行鉴权操作。

（a）口令验证协议（PAP ），是一种简单的明文验证方式。PAP 通过提供未加密的用户名和密码进行鉴权，安全性相对较低；

（b）挑战—握手验证协议（CHAP）是一种加密的验证方式，能够避免建立连接时传送用户的真实密码。CHAP 对 PAP 进行了改进，不再直接通过链路发送明文口令，而是使用挑战口令以哈希算法（hashing algorithm）对口令进行加密。CHAP 支持三方握手鉴权，支持共享密钥，安全性较高。

- NCP 协商，即负责 IP 地址的动态分配等事务，比如为用户分配 IP 地址、TCP/ IP 包头压缩算法等。

为了建立点对点链路上的通信连接，PPP 链路连接过程如下：首先发送端 PPP 发送 LCP 帧，以配置和测试数据链路；在 LCP 建立好数据链路并协调好所选设备后，发送端 PPP 发送 NCP 帧，以选择和配置一个或多个网络层协议；当所选的网络层协议配置好后，便可以将各网络层协议的数据包发送到数据链路上。配置好的链路将一直处于通信状态，直到 LCP 帧或 NCP 帧明确提示关闭链路，或有其他的外部事件发生。

② IPSec 协议。IPSec（IP Security）的基本思想就是利用认证、加密等方法，在 IP 层为数据传输提供一个安全屏障，同时为 IP 层之上的高层协议和 IP 层之下的传输媒体提供保护。IPSec 能在后台为用户提供透明的安全服务，用户无需自己维护安全口令等相关信息。IPSec

可为运行于 IP 上层的任何一种协议（如 TCP，UDP，ICMP 等）提供安全和验证保护，是目前最易于扩展和较完整的网络安全方案。

IPSec 协议是对 IP 数据分组提供安全保护的协议簇。在数据通信前，通信双方先通过 IKE 进行预共享密钥的交换，实现密钥共享，并进行加密和解密，从而在通信双方之间建立起安全联盟，对通信信息提供安全保护。

IPSec 协议包括安全协议部分和密钥协商部分。

- 安全协议部分由鉴权头（Authentication Header，AH）和封装安全净荷（Encapsulating Security Payload，ESP）两种协议组成。AH 可证明数据的起源地、保障数据的完整性以及防止数据分组的重播。ESP 除具有 AH 的所有能力之外，还可以对数据分组进行加密，以增加置信度。
- 密钥协商部分定义了互联网密钥交换（Internet Key Exchange，IKE）协议，实现安全协议的自动安全参数协商和如何进行身份识别。IKE 协商的安全参数包括加密及鉴权算法、加密及鉴权密钥、通信的保护模式和密钥的生存期等。通过使用数字签名、公共密钥生成算法及预共享加密等安全机制，以实现消息鉴权或消息完整性保护的目的。

③ 隧道协议。隧道技术是 IP 网络中普遍使用的技术，隧道是连接隧道入口及其出口的虚拟链路，数据分组从入口进入隧道，从出口离开隧道。构成隧道的基本要素有承载协议、被承载协议和承载方法。

- 承载协议：指形成隧道外层封装的协议；
- 被承载协议：被封装在隧道内层的传输协议；
- 承载方法：隔离内外层的方法。

隧道协议定义了三种封装方法。

- IP-in-IP 封装。在 IP 分组前面添加外层包头形成此种封装，将 IP 分组作为载荷封装于另一个 IP 分组之中。IP-in-IP 封装可以提供对原 IP 分组的不透明传输，使得所有隧道中间节点的分组路由与原 IP 分组的地址信息无关。IP-in-IP 封装的数据分组，可以采用 IPSec 进行安全保护，适合于 IPv4 和 IPv6。
- 基于包头压缩的 IP-in-IP 封装。基于包头压缩的 IP-in-IP 封装的目的是减小实现隧道所需的额外字节数。除了对内层 IP 分组包头进行压缩外，与 IP-in-IP 封装形式大致相似。这种隧道封装的内层包头压缩到 12 个字节，外层包头为 20 个字节。它的不足之处是不支持 IP 分组的分段功能。
- GRE 封装。通用路由封装（Generic Routing Encapsulation，GRE）优点是能将任意类型的网络层分组封装进另外任意一个网络层分组的协议，更具有通用性。也就是说，可以将指定协议的协议数据单元（Protocol Data Unit，PDU）作为另一种协议分组的净荷，而没必要一定是对 IP 分组进行封装。采用 GRE 封装的 IP 分组包头由外层 IP 包头、GRE 包头及内层 IP 包头组成。

④ 传输协议（TCP/UDP）。TCP（传输控制协议）和 UDP（用户数据报协议）是传输层的传输协议，它们的最大区别就是是否面向连接和面向无连接服务。面向连接服务是指客户和服务器在进行数据发送前，彼此向对方发送控制分组，实施握手过程，使得客户和服务器都做好分组交换准备。面向连接服务可以与其他的服务捆绑在一起，如可靠的数据传输、流量控制和拥塞控制、使用确认和重传机制等。无连接服务则没有握手过程，当一方想发送数

据时就直接发送，没有握手过程、流量控制、拥塞控制和重传机制等，这样数据可能传输得更快，但是在传输过程中可能丢失数据。

- TCP 是一种可靠的、基于肯定应答的、面向连接的传输层协议。它提供基于字节流的顺序传送、复用及检错业务功能。当客户和服务器彼此交换数据前，必须先在双方之间建立一个 TCP 连接，之后才能传输数据。TCP 提供超时重发，丢弃重复数据，检验数据，流量控制等功能，保证数据能从一端传到另一端。
- UDP 是一种不可靠的、面向无连接的传输层协议。UDP 不提供可靠性，它只是把应用程序传给 IP 层的数据报发送出去，但是并不能保证它们能到达目的地。由于 UDP 在传输数据报前不用在客户和服务器之间建立一个连接，且没有超时重发等机制，故而传输速度很快。

⑤ RADIUS 协议。RADIUS（Remote Authentication Dial In User Service）是一种应用层协议，是目前应用最广泛的 AAA 协议。RADIUS 客户端和 RADIUS 服务器之间通过共享密钥认证相互间交互的消息，用户密码采用密文方式在网络上传输，增强了安全性。RADIUS 协议合并了认证和授权过程，即响应报文中携带了授权信息。为了对用户进行鉴权和授权，RADIUS 与 PPP 配合使用。在移动 IP 情况下，RADIUS 还应该与移动 IP 相关扩展配合使用。

（2）cdma2000 1x 分组业务的协议栈模型

cdma2000 分组数据网大量采用已有的 IP 技术，通过在原有网络组成结构中引入分组控制功能（PCF）和分组数据服务节点（PDSN）实现数据传输服务。分组核心网协议接口包括 R-P 接口（RAN 与 PDSN 的接口），P-P 接口（相邻的 PDSN 间接口）和 P_i 接口（PDSN 与因特网间的接口），所采用协议均为 IETF 协议。

当采用简单 IP 时，图 7-2 描述了系统提供分组业务时的协议栈结构。

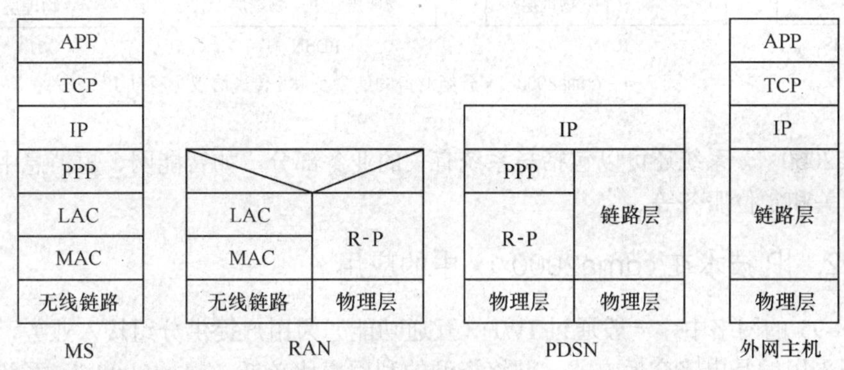

图 7-2 cdma2000 1x 分组业务的数据传送协议（简单 IP）

R-P 接口连接 RAN 与 PDSN，完成无线到有线的转换，由 IS-2000 的互操作接口规范定义，即 A10 和 A11，二者分别用于传输 PCF 与 PDSN 之间的业务数据和信令消息。

PPP 通常用于低速的点对点连接，在 MS 和 PDSN 间实现 IP。PDSN 为每一个用户终端建立和终止 PPP 连接，向用户提供分组数据业务。从 PPP 和 IP 的角度来讲，RAN 仅提供一个信息传送通道。

当采用移动 IP 时，用户数据、控制信令及 IKE 传送的协议栈如图 7-3 和图 7-4 所示。在

图 7-3 中，PDSN 与 HA 采用隧道传送，利用 IPSec 协议对业务数据、控制信令及 IKE 信息提供保护。可以通过 Pi 协商并实现 HA 与 FA 之间隧道。在图 7-4 中，采用 UDP 传送移动 IP 的信令消息，IKE 用于建立 PDSN 与 HA 之间的安全关联（Security Association，SA），负责安全参数的更新。

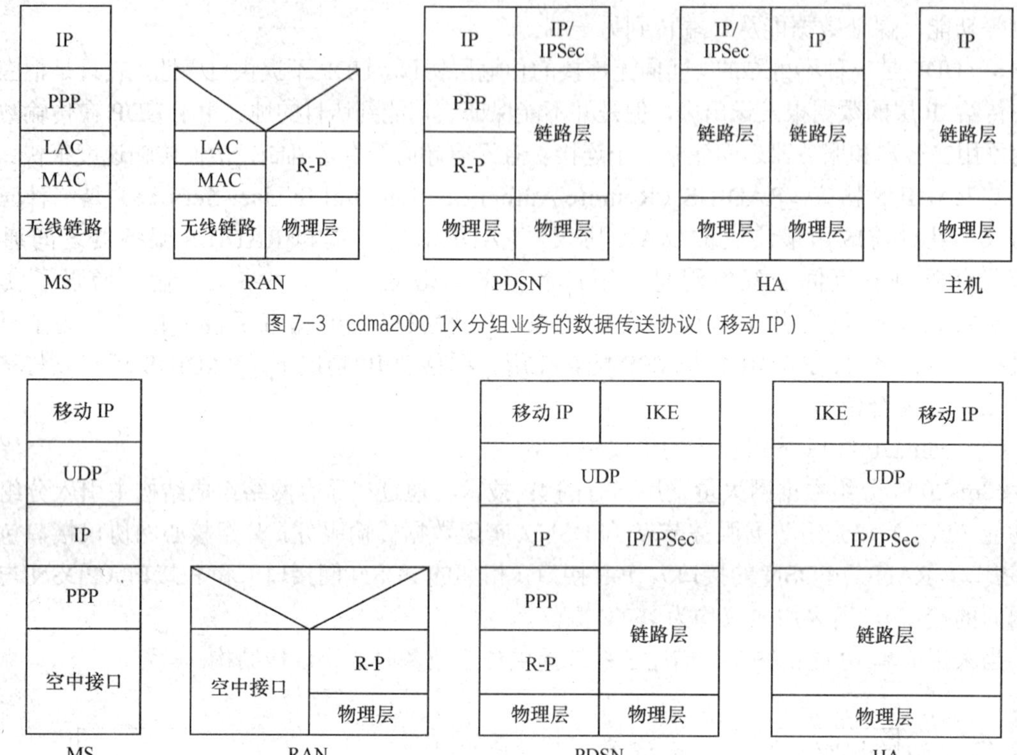

图 7-3　cdma2000 1x 分组业务的数据传送协议（移动 IP）

图 7-4　cdma2000 1x 分组业务的信令及 IKE 传送协议（移动 IP）

cdma2000 1x 系统还可以包括与系统有关的业务部分，如智能网、短消息中心、无线应用协议网关和定位服务等。

7.2.2　IP 技术在 cdma2000 1x 中的应用

在 IS-95 的网络中，一般通过 IWF（互通功能）为用户提供分组接入业务，但移动台和 IWF 之间采用的是电路交换方式，网络资源的利用率比较低。cdma2000 1x 系统的分组域是建立在全 IP 技术基础上的，引入了真正意义上的分组接入方式。cdma2000 1x 提供了简单 IP 和移动 IP 两种分组业务接入方式。

（1）简单 IP

简单 IP 方式采用类似于传统的拨号接入方式和 PDSN 建立 PPP 连接，PDSN 负责与无线接入网连接、数据的转发、用户状态管理和为移动台动态分配一个 IP 地址。用户的 IP 地址一直保持到该移动台移出该 PDSN 的服务范围，或者移动台终止简单 IP 的分组接入。当移动台跨 PDSN 移动时，该移动台的所有通信将重新建立，通信中断。移动台在其归属地和拜访地都可以采用简单 IP 接入方式。

基于简单 IP 的 cdma2000 分组数据网的网络结构如图 7-5 所示。授权与计账服务器（AAA），即鉴权、授权与计费服务器，选用 RADIUS 协议来实现，用于在呼叫建立时，对分组数据用户进行鉴权和授权，判决用户的合法性以及哪类业务对用户是开放的，负责呼叫过程中采集分组数据计费信息。

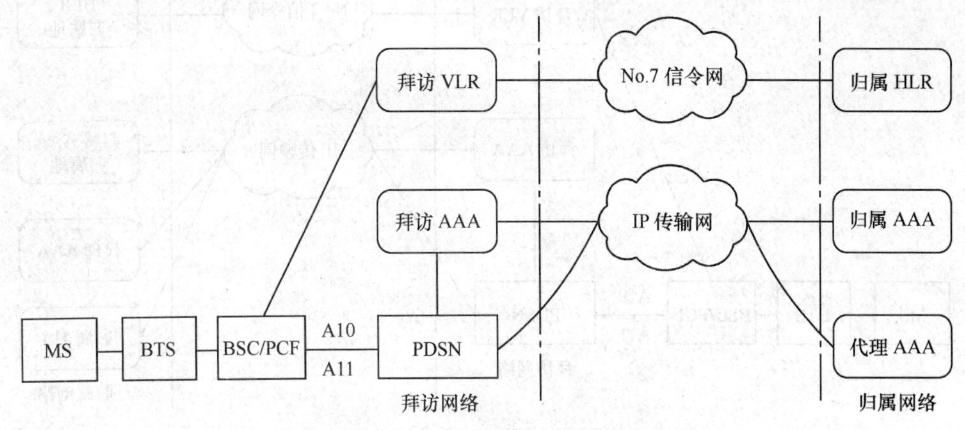

图 7-5　简单 IP 接入网络结构

简单 IP 的呼叫流程简述如下：

① 移动台首先与无线接入网络（RAN）建立空中接口连接；

② RAN 向 PDSN 请求建立链路层连接，PDSN 收到请求后，发出响应消息，并与移动台建立链路层连接；

③ PDSN 向拜访地 AAA 发送接入请求，启动认证过程，AAA 完成认证后，向 PDSN 返回接入允许消息；

④ PDSN 与 MS 建立 PPP 连接，移动用户连接至业务提供网络，开始分组数据的传输。

（2）移动 IP

移动台使用的 IP 地址是其归属网络分配的，不管移动台漫游到哪里，它的归属 IP 地址均保持不变，这样移动台就可以用一个相对固定的 IP 地址和其他节点进行通信了。也就是说，用户在 cdma2000 分组域网络中随意移动，移动 IP 可以保持用户为同一个 IP 地址。

实现移动 IP 接入网络结构如图 7-6 所示，移动 IP 业务主要涉及的功能实体有：移动台（MS）、分组数据节点（PDSN）、归属代理（HA）、鉴权、授权与计帐服务器（AAA）。就网络结构而言，简单 IP 仅比移动 IP 少一个 HA。

归属代理（HA）实际上是 MS 在归属网中的一个路由器，至少有一个接口在归属网络，用于维护移动台的当前位置信息，负责建立 MS 的 IP 地址和转发地址关系。当移动台离开注册网络后，需要向 HA 进行登记，HA 在收到发往移动台的数据包时，通过 HA 与 MS 的转发地址之间的隧道将数据包送往 MS，完成移动 IP 功能。

外地代理（FA）可以是移动台拜访网络的一个路由器，对已在 HA 登记的 MS 提供 IP 地址转发和 IP 选路服务。cdma2000 1x 网络中由 PDSN 承担着 FA 的功能，它为 cdma2000 1x 移动台提供拜访 Internet 或 Intranet 的服务。

与简单 IP 相比，移动 IP 网络中增加的 HA 具有公共的 IP 地址，并且可不位于一个专用网之内。移动用户通过 PDSN/ FA 到 HA 注册，并从 HA 获得 IP 地址，通过在 PDSN/ FA 和 HA 之间建立一条单向（从 HA 到 PDSN）的业务隧道，之后就可以访问互联网络。

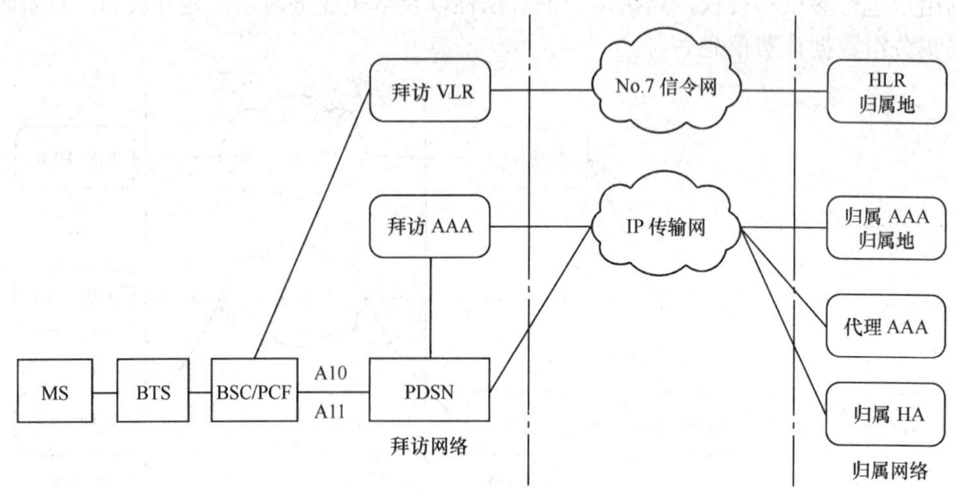

图 7-6　移动 IP 接入网络结构

与简单 IP 的呼叫流程不同，移动 IP 呼叫过程中，在 PPP 连接建立之后，MS 向 PDSN 发出移动 IP 请求信息。PDSN 再次启动认证过程，通过拜访 AAA 向归属 AAA 发出接入请求信息。认证完成后，PDSN 向 HA 发出移动 IP 请求消息，并把接收到的响应消息转发给 MS。最终在 PDSN 与 MS 之间建立 IP 连接。

无线网络技术和 IP 技术的融合是一个必然的发展趋势，cdma2000 1x 也不例外。目前移动用户使用最多的还是简单 IP 的接入方式，通过简单 IP 实现网页浏览、收发 E-mail 等。如果移动用户使用移动 IP 接入方式，移动用户可以方便地获得定位业务、实时被叫、移动 ICQ、移动电子商务等服务。随着新业务的推广，由于简单 IP 技术自身的局限性，移动 IP 技术必将获得广泛应用。

7.2.3　cdma2000 1x 空中接口

1. cdma2000 1x 空中接口的协议结构

与 WCDMA 和 TD-SCDMA 标准一样，cdma2000 1x 的空中接口采用了分层的协议结构，如图 7-7 所示。

cdma2000 1x 空中接口的协议结构中包括物理层、数据链路层及高层，其中数据链路层又分为媒体接入控制（Media Access Control，MAC）子层和链路接入控制（Link Access Control，LAC）子层。cdma2000 1x 空中接口的协议分层结构是在开放系统互连参考模型（Open System Interconnect，OSI）的七层基础上合并而来的，高层对应于 OSI 的 3～7 层。各层的主要功能简述如下。

（1）物理层

物理层处于 cdma2000 1x 空中接口协议体系的最低层，由一系列前向物理信道和反向物理信道组成，通过各种物理信道完成高层信息与空中无线信号之间的相互转换。物理层技术是 cdma2000 1x 技术的基础。物理层的协议详细定义了空中接口物理传输部分的内容，主要包括CDMA系统定时规定、频率参数、射频输出参数、编码与扩频等调制参数、差错控制技术和各种反向、前向物理信道的规范等。

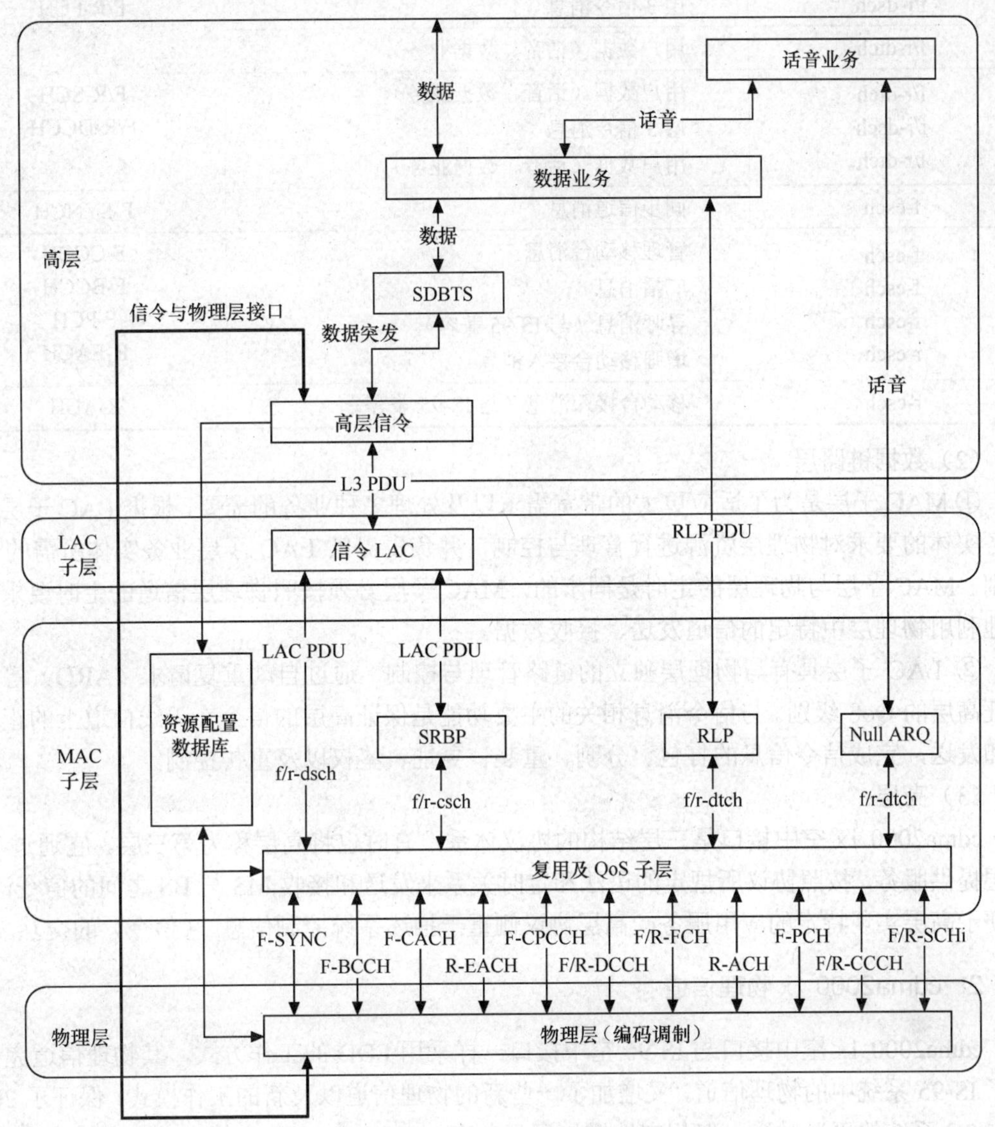

图7-7 cdma2000 1x空中接口协议结构

物理信道是移动台和基站之间承载信息的路径。逻辑信道是移动台和基站之间协议层中的通信路径。通过把信息分成不同的组构成一个逻辑信道。图7-7中物理信道用大写字母命名，逻辑信道用小写字母命名。

逻辑信道的信息最终要在一个或多个物理信道上运载。逻辑信道不需要知道物理层的无线特性。逻辑信道与物理信道的映射关系可以是永久性的，也可以仅仅在一个呼叫期间内进行定义，如表7-1所示。表中f/r-csch表示前/反向公共信令信道，f/r-dsch表示前/反向专用信令信道，f/r-dtch表示前/反向专用业务信道。比如，f-csch承载的信息可以映射到前向同步信道（F-SYNCH）、前向寻呼信道（F-PCH），以及前向广播控制信道（F-BCCH）。

表 7-1　　逻辑信道与物理信道的映射关系

逻辑信道	承载的信息	映射的物理信道
f/r-dsch	层 3 信令消息	F/R-FCH
f/r-dtch	用户数据（话音、数据业务）	
f/r-dtch f/r-dsch f/r-dtch	用户数据（话音、数据业务） 层 3 信令消息 用户数据（话音、数据业务）	F/R-SCH F/R-DCCH
f-csch	同步信道消息	F-SYNCH
f-csch f-csch f-csch r-csch	管理移动台消息 广播消息 寻呼消息（与 IS-95 兼容） 增强移动台接入消息	F-CCCH F-BCCH F-PCH R-EACH
r-csch	移动台接入消息（与 IS-95 兼容）	R-ACH

（2）数据链路层

① MAC 子层是为了适应更大的带宽需求以及处理多种业务的需要，根据 LAC 子层不同业务实体的要求对物理层资源进行管理与控制，并负责提供 LAC 子层业务实体所需的 QoS 级别。MAC 子层与物理层的定时是同步的，MAC 子层必须按照物理层信道的定时要求，及时地利用物理层中特定的信道发送、接收数据。

② LAC 子层具有与物理层独立的链路管理与控制，通过自动重复请求（ARQ）等方式保证高层的 QoS 级别。与信令消息相关的主要功能是保证高层的信令在无线信道上的正确传输和发送，完成信令信息的打包、分割、重装、寻址、鉴权以及重传控制。

（3）高层

cdma2000 1x 空中接口是三层结构的协议体系，有时也将高层称为第三层。它通过 LAC 子层提供服务，按照协议所规定的语法和定时关系来发送和接收 MS 与 BS 之间的信令消息，以便于高层实现特定的应用服务。高层协议侧重于描述系统控制信息 （信令）的交互。

2．cdma2000 1x 物理信道

cdma2000 1x 空中接口与 IS-95 空中接口一样采用 FDD 的工作方式，其物理信道完全包括了 IS-95 系统中的物理信道，又增加了一些新的物理信道以及新的工作模式，保证了 2G 系统向 3G 系统的平滑过渡，但相应地增加了复杂度。

cdma2000 1x 的物理信道从传输方向上分为前向信道和反向信道两大类，前向信道从基站到移动台，反向信道从移动台到基站。根据是针对多个移动台还是针对某个特定移动台，物理信道分为公共信道和专用信道两大类。下面主要介绍 Release C 之前的信道。

（1）前向链路物理信道

cdma2000 1x 前向信道分为公共信道和专用信道。前向链路物理信道由适当的 Walsh 函数或准正交函数进行扩频，并采用了多种分集发送方式来提高容量。前向链路物理信道的分类结构如图 7-8 所示。扩频速率（SR）表示前向或反向信道上的 PN 码片速率。SR1 的前向和反向 CDMA 信道在单载波上均采用 1.228 8Mchip/s 的直接序列扩频（DS）；SR3 的前向信道有 3 个载波，每个载波都用 1.228 8Mchip/s 的 DS 扩频，反向信道在单载波上用

3.686 4Mchip/s 的 DS 扩频。

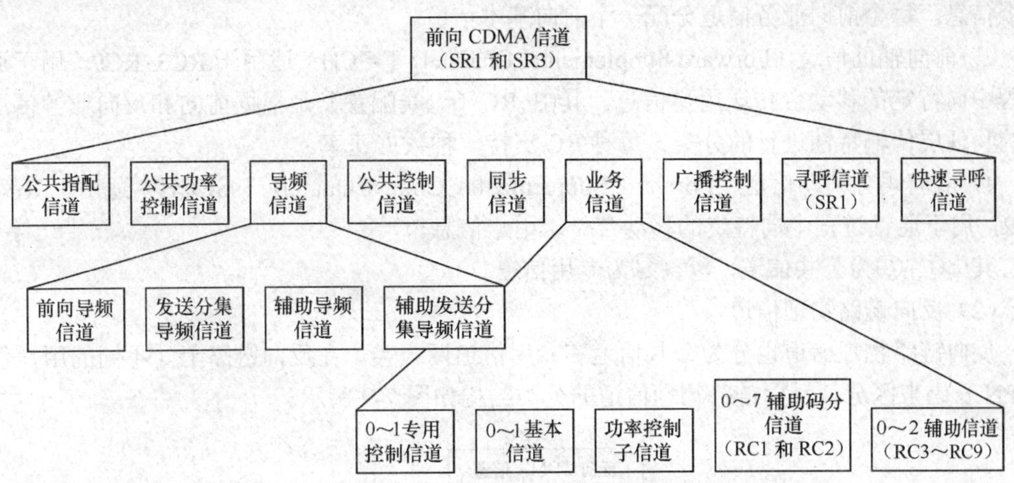

图 7-8 cdma2000 1x 前向链路物理信道结构

① 前向链路中的导频信道包括前向导频信道（Forward Pilot Channel，F-PICH）、发送分集导频信道（Forward Transmit Diversity Pilot Channel，F-TDPICH）、辅助导频信道（Forward Auxiliary Pilot Channel，F-APICH）和辅助发送分集导频信道（Forward Auxiliary Transmit Diversity Pilot Channel，F-ATDPICH）。它们所承载的都是未经调制的扩频信号，作用是使基站覆盖范围内的移动台可以获得基本的同步信息。

② 前向同步信道（Forward Sync Channel，F-SYNCH）用于传送同步信息，在基站覆盖的范围内，处于开机状态的移动台利用它来获得初始的时间同步。

③ 前向寻呼信道（Forward Paging Channel，F-PCH）供基站在呼叫建立阶段传送基站系统信息和控制信息。

④ 前向广播控制信道（Forward Broadcast Control Channel，F-BCCH）用来发送系统开销信息和一些广播消息。

⑤ 前向公共控制信道（Forward Common Control Channel，F-CCCH）用于在未建立呼叫时，基站用来给整个覆盖区的移动台传递系统空中信息以及传给移动台的特定信息，如寻呼消息。前向公共控制信道是经过卷积编码、码序列重复、交织、扰码、扩频和调制的信号。

⑥ 前向快速寻呼信道（Forward Quick Paging Channel，F-QPCH）供基站来通知工作于时隙模式且处于空闲状态的移动台，是否应该在下一个 F-CCCH 或 F-PCH 的时隙上接收 F-CCCH 或 F-PCH。这样，移动台可以不必去监听没有相关消息的时隙，延长移动台的待机时间。

⑦ 前向公共功率控制信道（Forward Common Power Control Channel，F-CPCCH）用于基站对多个反向公共控制信道（R-CCCH）和反向增强接入信道（R-EACH）进行功控，从而实现在移动台接入时对其接入功率进行控制。

⑧ 前向公共指配信道（Forward Common Assignment Channel，F-CACH）用于快速响应反向链路的信道分配，支持反向链路的随机接入。

⑨ 前向专用控制信道（Forward Dedicated Control Channel，F-DCCH）针对特定的移动台在某次呼叫中传递用户和信令信息。

⑩ 前向基本信道（Forward Fundamental Channel，F-FCH）用于特定的基站传输用户和信令信息。每个前向业务信道分配一个前向基本信道。

⑪ 前向辅助信道（Forward Supplemental Channel，F-SCH）适用于 RC3~RC9，用于通话过程中向特定的移动台传送用户信息。其中 RC（无线配置）是根据前向和反向业务信道不同的物理层传输特性进行的分类，每种 RC 支持一种数据速率。

⑫ 前向码分辅助信道（Forward Supplemental Code Channel，F-SCCH）适用于 RC1 和 RC2，用于通话过程中向特定的移动台传送用户信息。

其中①~⑧为公共信道，⑨~⑫为专用信道。

（2）反向链路物理信道

反向链路物理信道也分为公共信道和专用信道两大类。在反向链路上，不同的用户仍然用 PN 长码来区分。反向链路物理信道的分类结构如图 7-9 所示。

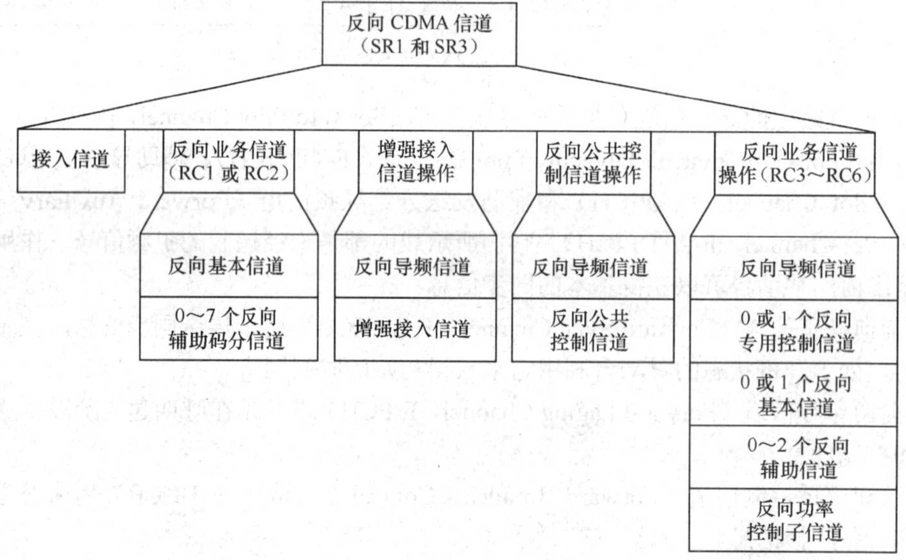

图 7-9 cdma 2000 1x 反向链路信道结构

① 反向导频信道（Reverse Pilot Channel，R-PICH）是一个移动台发射的未调制扩频信号，用于辅助基站进行相关检测。在 cdma2000 1x 系统中，增加了反向导频信道（R-PICH），使得反向链路可以进行相干解调。

② 反向接入信道（Reverse Access Channel，R-ACH）是移动台用来发起同基站的通信或者响应基站发来的寻呼信道消息。接入信道由接入试探组成，一个接入试探由接入前缀和一系列接入信道帧组成。

③ 反向增强接入信道（Reverse Enchanced Access Channel，R-EACH）用于移动台初始接入基站或基站响应移动台信令消息，它采用了随机接入协议，可能用于以下三种接入模式：基本接入模式、功率受控接入模式和预留接入模式。

④ 反向公共控制信道（Reverse Common Control Channel，R-CCCH）用于在没有使用反向业务信道时向 BS 发送用户信息和信令。

⑤ 反向基本信道（Reverse Fundamental Channel，R-FCH）主要承载话音业务以及信令

信息，与IS-95系统是后向兼容的。

⑥ 反向专用控制信道（Reverse Dedicated Control Channel，R-DCCH）功能与F-DCCH类似。用于传送低速的小量数据或相关控制信息，比较适合于突发方式的数据，但不支持语音业务。

⑦ 反向辅助信道（Reverse Supplemental Channel，R-SCH）功能与F-SCH相似，用于在通话中向BS发送用户信息。

⑧ 反向辅助码分信道（Reverse Supplementary Code Channel，R-SCCH）功能与F-SCCH相似，用于在通话中向BS发送用户信息。

其中①～④为公共信道，⑤～⑧为专用信道。

7.2.4 系统状态及状态转移

在cdma2000 1x系统中，按照系统状态和状态转移有效地控制系统的执行。在不同的状态下，通信双方处理的物理信道不同，不同状态之间的转移则是由于系统工作的某些条件发生了变化。从空中接口的协议分层结构来看，对物理层的使用并不是由物理层标准所规定的，而是由物理层以上的高层来定义。

IS-2000协议是AMPS和CDMA兼容的协议。IS-2000协议中，系统的状态和状态的转移描述了移动台和基站之间通信的过程。在不同的状态下，系统的不同转移是当移动台和基站的条件发生变化所触发的。下面将介绍系统的状态及状态之间的转移，通过系统不同状态的转移了解cdma2000 1x系统的呼叫处理流程。

1. 移动台状态

cdma2000 1x系统中移动台有4种状态：移动台初始化状态（Mobile Initialization State），移动台空闲状态（Mobile Idle State），系统接入状态（System Access State），移动台业务信道控制状态（Mobile Control on Traffic Channel State）。

（1）移动台初始化状态：当移动台加电或者一个呼叫结束后，它将进入初始化状态。主要工作包括首先确定工作频段和频点，搜索导频，捕获同步信道，通过导频和同步信道的处理过程，移动台利用导频和同步信道与CDMA系统获得同步，在此状态下移动台选择并捕获一个系统。这个系统可以是模拟系统或CDMA系统。当移动台捕获到系统后，将进入空闲状态。

（2）移动台空闲状态：在空闲状态下移动台监听和检测寻呼信道或前向公共控制信道的消息。主要工作包括：捕获寻呼信道，完成系统配置更新；完成注册、空闲状态下的切换；完成接入准备或寻呼应答、系统重定向和系统鉴权等。移动台一直处于空闲状态，直到它接收来自前向公共控制信道的消息、发起一个寻呼或在反向公共控制信道上完成注册，移动台将进入系统接入状态。

（3）系统接入状态：在系统接入状态下，移动台在反向公共控制信道上发送消息，在前向公共控制信道上接收消息。完成接入状态下的接入过程、切换过程；完成初始业务信道的建立过程。如果始呼成功，移动台将被基站的业务信道所控制。

（4）移动台业务信道控制状态：移动台转向业务信道与基站进行业务通信。完成业务信道建立、业务状态下的通话、注册、鉴权、位置管理、移动性管理及业务状态下会话的结束过程。

图7-10表示了cdma2000 1x系统移动台状态和状态转移关系。

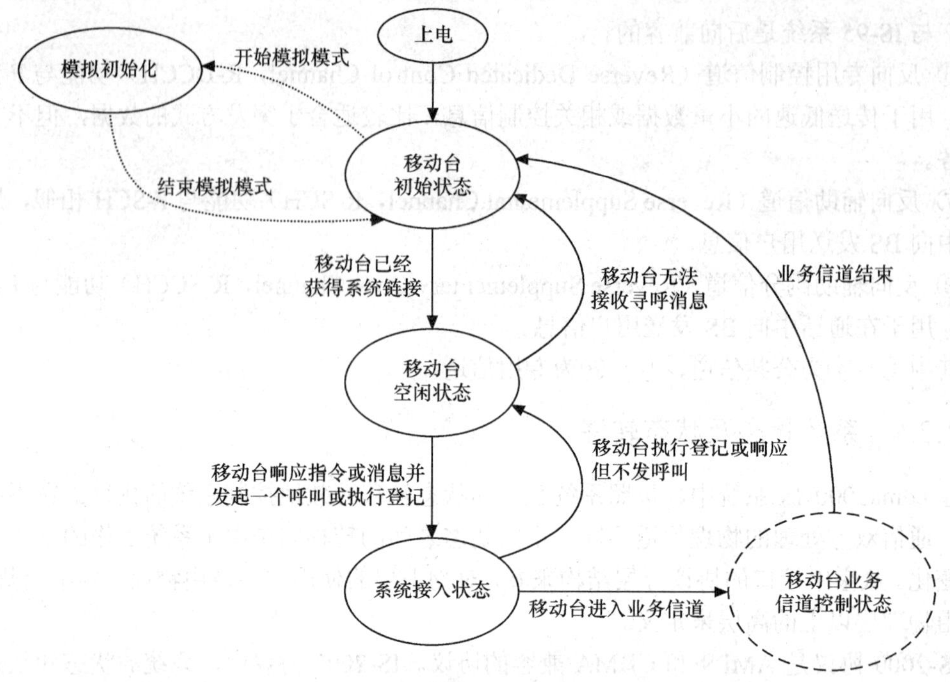

图 7-10 cdma2000 1x 系统移动台状态和状态转移

如果移动台不能接收寻呼信道、前向公共控制信道或广播控制信道消息，或者移动台从CDMA 系统进入 AMPS 系统时，移动台将从空闲状态回到初始化状态重新获得系统或捕获一个新的系统；如果移动台完成注册或收到寻呼响应信息而没有发起呼叫过程，移动台将从系统接入状态回到空闲状态；掉电后移动台将从 4 个状态中的任何一个退出。

2. 移动台初始化状态

移动台加电后就进入初始化状态，初始化状态（Mobile Initialization State）又包含 4 个子状态：系统确定子状态（System Determination Substate）、导频信道捕获子状态（Pilot Channel Acquisition Substate）、同步信道捕获子状态（Sync Channel Acquisition Substate）和定时转换子状态（Timing Change Substate）。初始化状态中的子状态及其转移关系如图 7-11 所示。

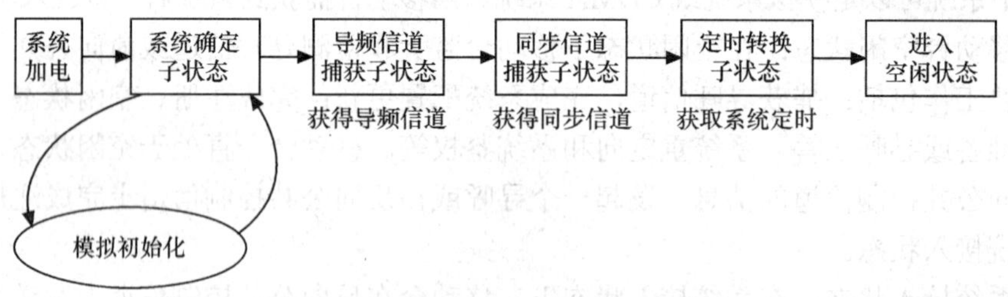

图 7-11 初始化状态中的子状态及其转移关系

（1）系统确定子状态

移动台一旦进入到初始化状态，系统确定子状态是第一个子状态。在这个子状态中，移动台选择小区内多个系统中可用的系统。这个系统可以是模拟系统或数字系统，对于 CDMA 系统而言，可以是 IS-95A/B，也可以是 cdma2000 1x 等。系统确定策略也可由运营商确定，移动台在接收到的消息（服务改变消息）控制下也可以重新选择不同的系统。确定了系统，移动台就将尝试捕获该系统。

（2）导频信道捕获子状态

在导频信道捕获子状态，移动台首先尝试捕获被选系统的前向导频信道，进而获得系统定时信息。导频信道上没有移动台信息，但是体现了基站之间短码相位的不同和接收到基站信号的强弱。移动台通过搜索不同导频偏置的导频信道，找出导频性能最好的导频信道，将自身的短码序列发生器的相位与其对齐。

移动台只能在一个定义的时间限制内（如15s）捕获导频，如果在时间限制内获得导频，则将进入到同步信道捕获子状态；如果在时间限制内没有捕获到导频，那么移动台将返回到系统确定子状态。

（3）同步信道捕获子状态

同步信道捕获子状态中，因为同步信道没有经过长码扰码，知道短码序列移动台就可以捕获同步信道并接收同步信道消息。

同步信道消息包括导频PN相位偏移（PILOT_PN）、系统时间（SYS_TIME）、长码状态（LC_STATE）、系统识别号（SID）、网络识别号（NID）、协议版本号（P_REV）、系统要求的最低版本号（MIN_P_REV）等。这些信息使移动台与长码PN序列同步并随后捕获到公共信号信道，即寻呼信道或前向公共控制信道。移动台也可以从同步信道消息中获得系统配置信息，例如基站支持的最低协议版本号和基站是否支持广播控制信道的信息。

移动台一旦进入这个子状态，就应在特定的时间限制内接收到同步信道消息。如果在时间限制内没有接收到，那么移动台将回到系统确定子状态。

（4）定时转换子状态

在定时转换子状态中，移动台使自己的时间和所提取的、来自于基站的系统时间同步，即需要收发双方的长码和短码严格同步。cdma2000 1x移动通信系统所有基站的数据传输同步于一个公共的CDMA基准时间，这个时间基于全球定位系统（Global Positioning System，GPS）提供的时间，并与国际协调时间（Universal Coordinate Time，UTC）保持同步。

同步过程使用来自同步信道消息的相关参数，如PILOT_PN、SYS_TIME和LC_STATE等来实现。短码序列的周期较短，通过导频信道和同步信道消息中的PILOT_PN值，就可以获得同步；长码同步需要同步信道消息中LC_STATE值，在规定的时间将该值置入移动台的长码序列发生器，实现移动台和基站的长码发生器同步。在移动台完全获得系统同步后，移动台将进入空闲状态。

3. 移动台空闲状态

移动台进入空闲状态后，将不断监视网络的变化。移动台接收寻呼信道并处理寻呼信道消息，为随时发起的业务连接建立做准备。移动台空闲状态完成的主要功能如下：

（1）监测寻呼信道；

（2）注册；

（3）空闲切换；

（4）更新开销信息（系统参数信息、相邻列表消息、信道列表消息、接入参数消息）；

（5）寻呼响应；

（6）MS 起呼；

（7）发送用户消息；

（8）移动台功率控制。

移动台处于空闲状态时，移动台首先监测来自 F-PCH，F-QPCH，F-CCCH 或 F-BCCH 发来的消息，下面介绍移动台监测这些信道的过程。

（1）监测寻呼信道

移动台监听寻呼信道（F-PCH）时，寻呼信道被分为 80ms 的时隙，寻呼信道消息主要分为两类：

① 移动台的特定消息，如寻呼消息；

② 所有移动台的广播消息，如系统参数消息。

移动台监听寻呼信道的方式有两种：非时隙模式和时隙模式。

在非时隙模式下，移动台在所有时间都连续监听寻呼信道（F-PCH）。但是 F-PCH 在没有寻呼的情况下是循环广播系统参数信息，如果采用非时隙模式，需要移动台连续地对 F-PCH 进行解调和解码，并处理其中的消息，电池的消耗会非常快。如果移动台已经获得这些参数且处于空闲状态，不必要重复接收系统广播信息。

在时隙模式下，移动台仅在它分配的寻呼信道时隙内监听寻呼信道（F-PCH），并不连续监听 F-PCH。由于移动台不在所有时间的所有时隙内进行监听，在间隔时间段移动台都处在休眠状态，基带处理器和射频电路减少或停止工作，所以移动台在时隙模式下将使用更少的电源，降低耗电。

在 IS-95 系统中，寻呼信道采用时隙模式。采用时隙模式仍然存在一些问题，从基站端来看，当基站有一个移动寻呼要发送时，基站不能立即发送，这时由于基站必须等待恰当时隙来发送这个寻呼，使得移动台经常不能立刻接收到指定的寻呼。从移动台端来看，移动台通过监听指定的时隙来节省电源功率，而这些指定的时隙仍持续 80ms，在指定的时隙开始时，移动台开始监听整个 80ms 的时隙，但是在时隙内大部分的时间并不存在用来控制移动台的寻呼，这样移动台的寻呼时间就会加长。

在 cdma2000 1x 系统中，加入了前向快速寻呼信道（F-QPCH），F-QPCH 时隙仍持续 80ms，F-QPCH 在每个 F_PCH/F_CCCH 时隙之前提前发送指示比特，通知移动台在随后的时隙基站是否发送与它有关的消息，移动台仅监听分配给自己的寻呼指示比特。如果寻呼指示表示没有给移动台明确的消息，那么移动台就不进行任何动作；如果寻呼指示表示给移动台的消息将要来时，移动台从休眠中醒来并监听寻呼信道时隙，这个寻呼时隙将在当前快速寻呼时隙结束时到达。F-QPCH 的引入，使得移动台更加省电，提高基站端发射效率。

（2）监测前向公共控制信道（F-CCCH）和广播控制信道（F-BCCH）

在 IS-95 系统中，移动台监听寻呼信道的专用和广播消息。但是由于它们不同的排队特征，使得用一个单一寻呼信道发送这两类消息效率很低。广播消息以规则的间隔发送，而专用消息是按需发送。把这两种不同类型的消息在同一个信道上发送导致了寻呼信道的时序安排不是最佳。

在 cdma2000 1x 系统中加入了两个信道：F-CCCH 和 F-BCCH 来减轻寻呼信道的负担。F-CCCH 用来为特殊移动台发送专用消息，F-BCCH 用来为所有移动台发送广播消息。移动台需要监听 F-CCCH 和 F-BCCH 的两类消息。

4. 系统接入状态

在系统接入状态，移动台向基站发送消息或从基站接收消息。系统接入状态包含 6 个子状态：更新开销信息子状态（Update Overhead Information Substate）、寻呼响应子状态（Page Response Substate）、移动台始呼尝试子状态（Mobile Station origination Attempt Substate）、登记接入子状态（Register Access Substate）、移动台指令/ 消息响应子状态（Mobile Station Order/Message Response Substate）、移动台消息发送子状态（Mobile Station Message Transmission Substate）。接入过程中首先进入更新开销信息子状态。如果移动台监测寻呼信道（F-PCH），移动台将在接入信道（R-ACH）发送信息。如果移动台监测前向公共控制信道（F-CCCH）和广播信道（F-BCCH），移动台将在增强接入信道（R-EACH）发送信息，利用 cdma2000 1x 增强的接入过程。

（1）系统接入状态时各子状态及子状态之间的转移

图 7-12 所示为系统接入状态时各子状态及子状态之间的转移示意图。

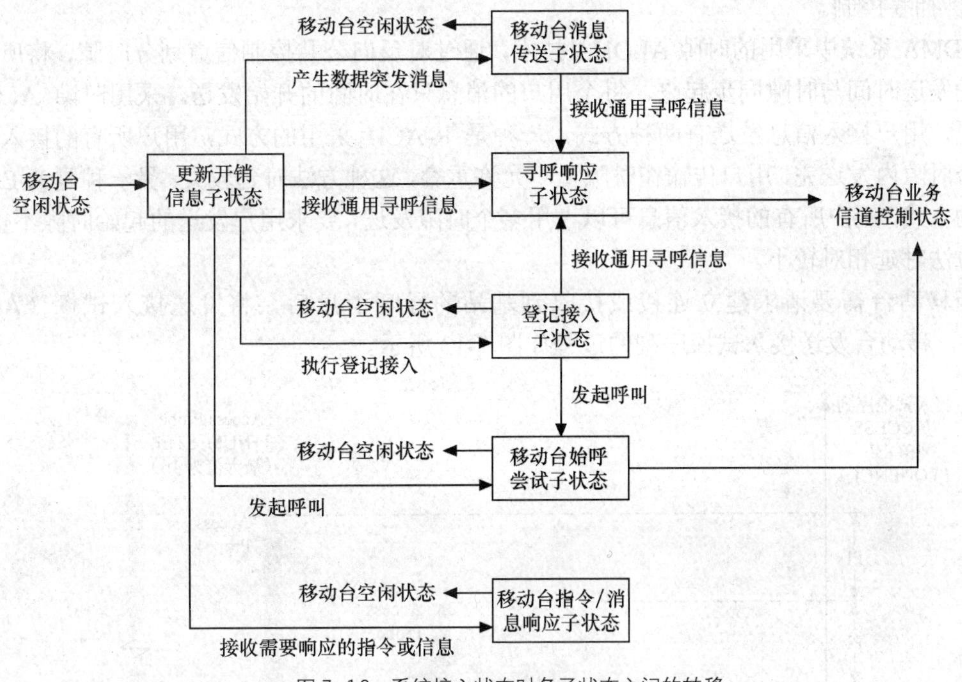

图 7-12　系统接入状态时各子状态之间的转移

① 更新开销信息子状态。在这个子状态，移动台在寻呼信道或广播信道上监听广播开销消息。这些消息包括系统参数消息、接入参数消息、相邻集消息和 CDMA 信道集消息等。

② 寻呼响应子状态。移动台在接收到通用寻呼消息后将转移到这个子状态。在这个子状态中，移动台向基站发射一个寻呼响应消息。在接收到寻呼响应消息后，基站给移动台发送一个信道分配消息或扩展的信道分配消息。更新了相应参数后，移动台就能进入业务信道初始化子状态。

③ 移动台始呼尝试子状态。在移动台始呼尝试子状态中，移动台向基站发送一个始呼消息。当基站接收到这个始呼信道后，基站给移动台发送一个信道分配消息或扩展信道分配消

息。更新了内部参数后，移动台也进入业务信道初始化子状态。

④ 登记接入子状态。在登记接入子状态时，移动台根据收到的更新开销信息向基站发送一个登记消息。在发送了登记消息后，移动台可以返回到移动台空闲状态，也可以开始接收通用寻呼信息或发起呼叫。

⑤ 移动台指令/消息响应子状态。在这个子状态，移动台向基站发送一个确认用来响应接收到的指令或消息。移动台向基站发送了必需的响应之后将返回到移动台空闲状态。

⑥ 移动台消息传送子状态。在这个子状态，移动台向基站发送数据突发消息。这个子状态是可选的。

（2）随机接入技术

移动台随机的选择接入信道，随机接入过程可能产生冲突，为了减少冲突，可采用如下技术；

① 时隙 ALOHA 技术；

② 共享接入信道；

③ 随机的发射时间；

④ 拥塞控制。

CDMA 系统中采用的时隙 ALOHA 技术，通过对反向公共控制信道划分时隙，将所有移动台的发送时间与时隙同步起来，每个用户的消息只在时隙的开始发送。采用时隙 ALOHA 技术时，用户接入信息发送有两种方式，一种是 R-ACH 采用的方式，用户所有的接入信息在一个时隙内发送完，用户传输在时隙上不允许重叠，这种方法时延较大；另一种是 R-EACH 采用的方式，用户所有的接入信息可以占用多个时隙发送，要求用户发送的起始时隙不重叠，这种方法时延相对较小。

当移动台需要请求建立连接或接收到基站的寻呼消息后，将发送接入试探（Access Probe）。移动台发送接入试探序列的过程如图 7-13 所示。

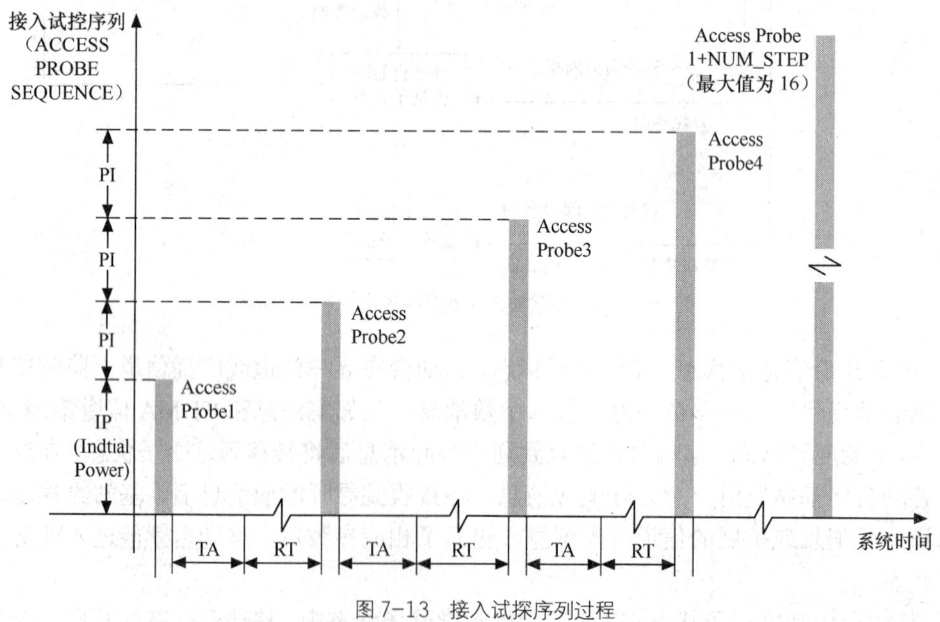

图 7-13 接入试探序列过程

当移动台发送第一个接入试探时，其功率大小为初始功率（Initial Power，IP），初始功率值由移动台根据接收到的前向导频信道强度与前向寻呼信道上的一些系统参数消息计算得到。移动台发送一次接入试探后等待"TA"时间，若未收到基站确认，则认为此次试探失败，再等待"RT"随机时延后开始下次接入试探，并且功率会比前次增加"PI"。这样不断重复，形成了一个接入试探序列。移动台在一个接入试探序列中最多发送接入试探的次数为1+NUM_STEP（最大值为16）。当功率加大到某个水平还不能接入时，实际上可能不是功率不够大，而是发生了接入冲突或系统太忙，因此有最大次数的限制。

多次接入试探构成一个接入试探序列（Access Probe Sequence）。多个接入试探序列构成一次接入子尝试（Access Sub-attempt），所有的接入试探传至同一个基站。多个接入子尝试构成接入尝试（Access Attempt），如图7-14所示。

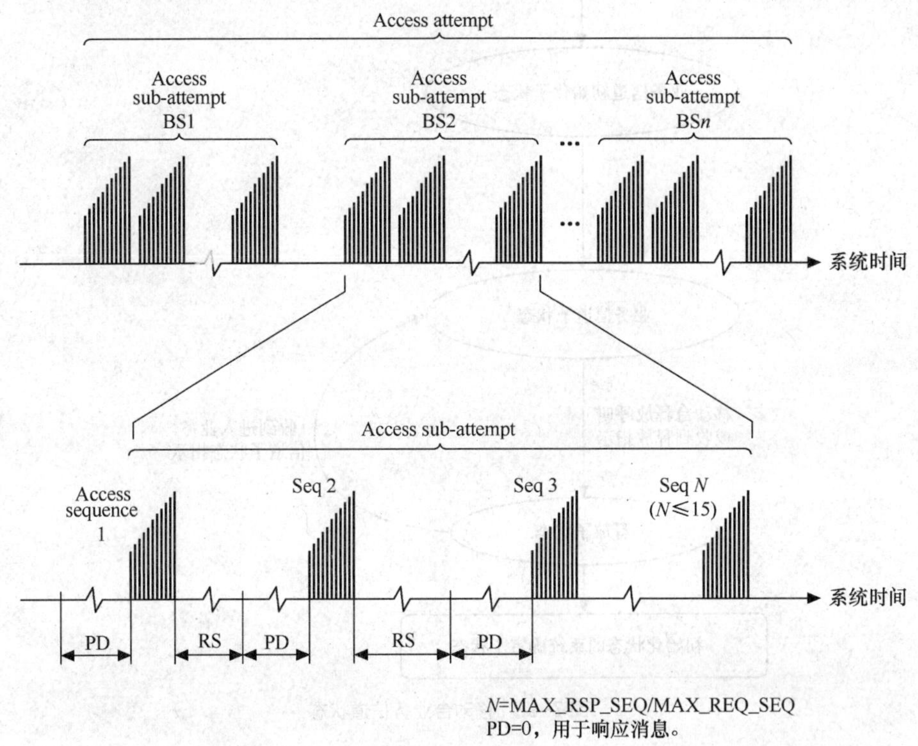

图7-14 接入尝试过程

接入尝试过程分为两类。一类是移动台发起的请求，这一类中的接入试探序列在发送前，需要经过持续性检测（Persistence Delay，PD），产生随机时延，如图7-14所示，用于控制移动台发起呼叫的时间，降低和其他移动台冲突的概率。一类用于响应基站的消息，在发送接入试探序列前，不需要经过持续性检测，可以减少时延，迅速响应基站的消息。

接入尝试的结束有两个判断准则，一个是接入试探序列的次数达到最大（MAX_REQ_SEQ），另一个是移动台收到基站发来的对接入消息的响应（MAX_RSP_SEQ）。

5. 移动台业务信道控制状态

在IS-95系统中，移动台在一个时间仅在一个物理信道上发送信息，为了响应一个消息或接入系统，移动台在接入信道上发送消息，之后当呼叫建立后移动台将在业务信道上发送信息。但是在 IS-2000 系统中，移动台在一个时间能在不止一个物理信道上发送消息，在语音呼叫过程中移动台在基本信道上发送和接收消息，同时它能用专门控制信道或辅助信道发起分组数据呼叫。这就意味着 IS-2000 能同时支持多个呼叫。

（1）移动台业务信道状态

移动台业务信道状态包含 3 个子状态：业务信道初始化子状态（Traffic Channel Initialization Substate）、业务信道子状态（Traffic Channel Substate）和释放子状态（Release Substate），移动台在这 3 个子状态中转移，如图 7-15 所示。

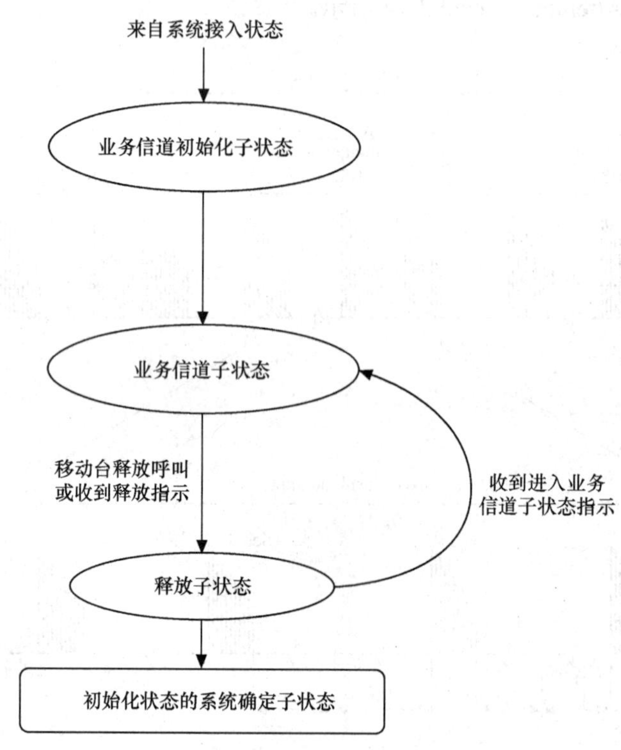

图 7-15 移动台业务信道状态

① 业务信道初始化子状态。在这个子状态，移动台接收前向业务信道信息，并开始在反向业务信道上发送信息，开始建立业务信道。移动台进入业务信道初始化子状态后，首先初始化相应变量。在移动台监听激活集中的所有导频时，它转移到所分配的前向业务编码信道，并设置分配给它的前向和反向业务信道帧的相位偏移。

② 业务信道子状态。在这个子状态，业务信道被激活，移动台在业务信道上进行用户信息交换和处理专用的信号消息。移动台还完成业务信道监督、导频监听和报告、功率控制、切换等功能。

③ 释放子状态。在这个子状态，移动台释放呼叫并释放它所占用的物理信道。在释放呼叫后，移动台返回移动台初始化状态的系统确定子状态。

（2）呼叫控制状态

每次呼叫有独立的呼叫控制状态，呼叫控制子状态包括 4 个子状态：等待命令子状态

（Waiting for Order Substate）、等待移动台响应子状态（Waiting for Mobile Station Answer Substate）、会话子状态（Conversation Substate）和呼叫释放子状态（Call Release Substate），如图 7-16 所示。

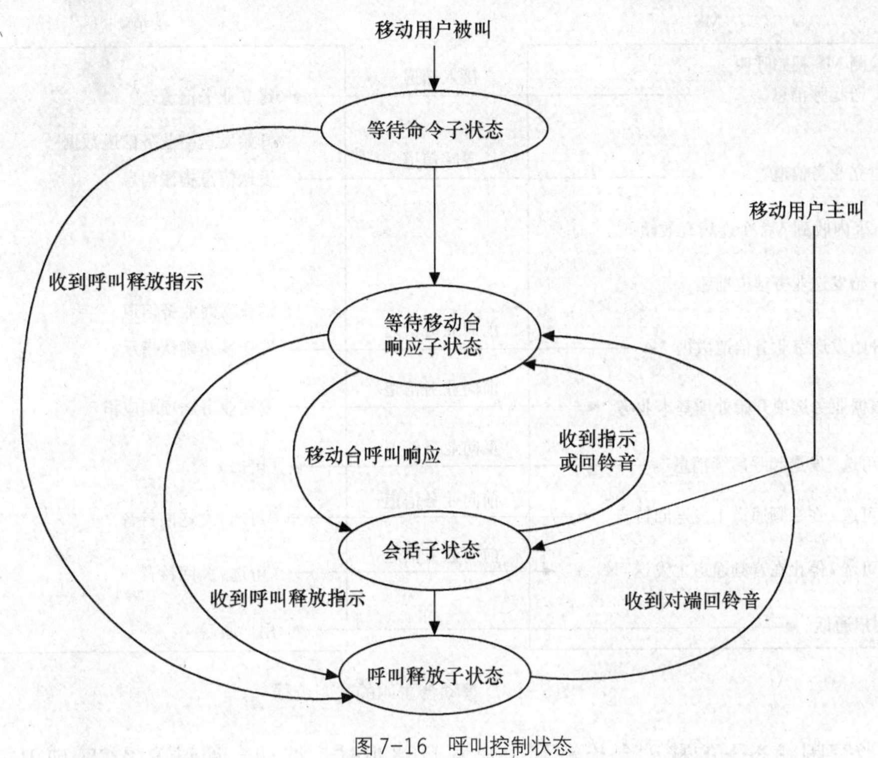

图 7-16　呼叫控制状态

① 等待命令子状态。用户作被叫时，等待使移动台振铃的消息。

② 等待移动台响应子状态。用户作被叫时，等待移动台响应呼叫。

③ 会话子状态。呼叫已建立，正在通信。

④ 呼叫释放子状态。

6. 移动台关机状态

处于移动台关机状态时，移动台将向 CDMA 网络发送关机登记消息，通知网络移动台已经离开网络。如果还有人对这个移动台呼叫，将被告知“被叫用户已关机”的提示，CDMA 网络将不再发送任何寻呼消息。

如果移动台处在一个没有 CDMA 信号的区域，如果有人呼叫这个移动台时，将听到“被叫用户不在服务区“或”被叫用户暂时无法接通”的提示，这时 CDMA 网络向空中发送寻呼消息但不会收到寻呼响应。

7.2.5　移动台呼叫流程

对于 cdma2000 1x 系统，由于可以支持多业务，所以各业务需要自己的呼叫控制实体，每个实体可以有自己的状态转移。

1．基本语音呼叫流程

下面以基本语音呼叫为例，介绍移动台主叫的呼叫流程，如图 7-17 所示。

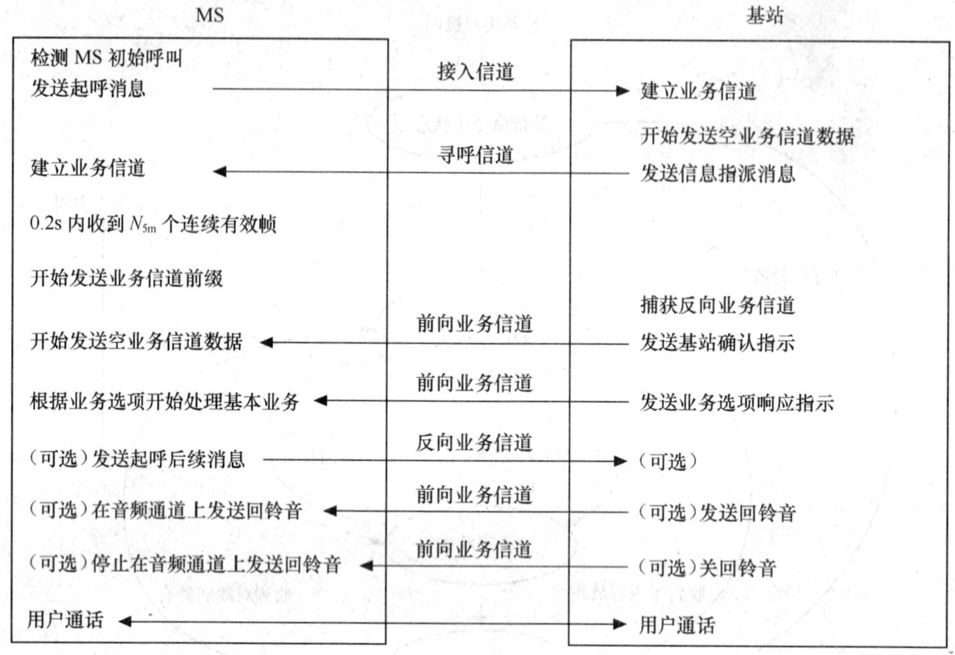

图 7-17　移动台主叫的呼叫流程

（1）当空闲状态下的移动台检测到用户发起呼叫时，移动台通过 R-ACH 或 R-EACH 发送起呼消息（Origination Message），起呼消息中包含了主叫移动台的接入信息，同时在 F-FCH 上发送空业务信道数据（null traffic），进入业务信道初始化子状态。

（2）基站通过 F-PCH 或 F-CCCH 向移动台发送信道指派消息（Channel Assignment Message），消息中包含了所分配业务信道的载波和 Walsh 码。移动台根据这些信息捕获相应的 F-FCH，在 0.2s 内收到 N_{5m} 个连续有效帧才算是对信道建立的有效确认。同时，移动台在反向业务信道 R-FCH 上发送业务信道前缀，以便于基站捕获反向业务信道。

（3）基站捕获反向业务信道后通过 F-FCH 发送基站确认指示 （Base Station Acknowledgement Order），移动台收到后开始发送空业务信道数据，表示确认。空中接口的业务信道建立完成后，进入等待指令子状态。

（4）基站通过 F-FCH 发送业务选项响应指示（Service Option Response Order），同意或拒绝移动台的业务选项请求。

（5）移动台通过 R-FCH 发送可选的起呼后续消息（Origination Continuation Message）。

（6）基站通过 F-FCH 发送由对端交换机送来的回铃音，此时移动台处于等待用户应答子状态。一旦对端用户摘机，基站停止发送回铃音，双方进入通话状态。

2．分组业务的呼叫流程

（1）分组呼叫状态

为适应分组业务数据传输的突发特性并且提高无线资源的利用率，在分组呼叫过程中，系统定义了3种状态。

① 激活态（Active）：MS和基站之间存在无线链路，双方都可以发送数据，无线链路保持，空中接口、A8、A10、PPP连接都存在。

② 休眠态（Dormant）：MS和基站之间不存在无线链路，空中接口、A8连接释放，A10、PPP连接保持。

③ 空闲态（Idle）：MS和基站之间不存在无线链路，空中接口、A8、A10、PPP连接没有建立或已经释放。

3种状态间转移机制如图7-18所示。

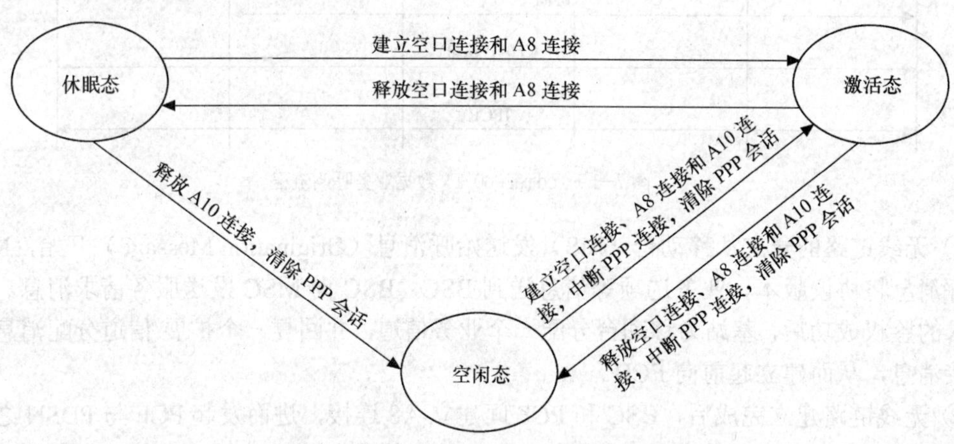

图7-18 分组数据会话的状态及状态转移

MS建立起分组业务后就由空闲态转入了激活态，建立空中接口、A8、A10、PPP连接，随后进行业务数据的传输，在当前数据传输完毕后，MS或基站根据具体情况发起分组的休眠过程转移到休眠状态。

在休眠状态下，如果MS或基站有数据发送，就发起相应的分组激活流程，建立空中接口和A8连接，利用两者之间已经建立好的A10和PPP连接，能够较快地转入激活状态进行数据传输。

如果在休眠状态下长时间没有数据需要发送，即分组已休眠很长时间后，MS和基站则各自释放A10和PPP连接，进入空闲状态。

（2）分组呼叫流程

cdma2000 1x系统中的数据呼叫与语音呼叫有很大的不同，数据呼叫不仅要建立空中接口的无线链路，而且要建立起PPP连接。PPP工作于无线信道之上，在PPP协议层以上则完全是IETF定义的IP协议集，如传输控制协议（TCP）等。

分组数据业务的建立过程主要包括3个环节。

- 空中接口无线链路的建立；
- A接口数据连接的建立，主要指A8和A10接口；
- PPP连接的建立。

图7-19为简单IP网络时数据业务的呼叫流程。

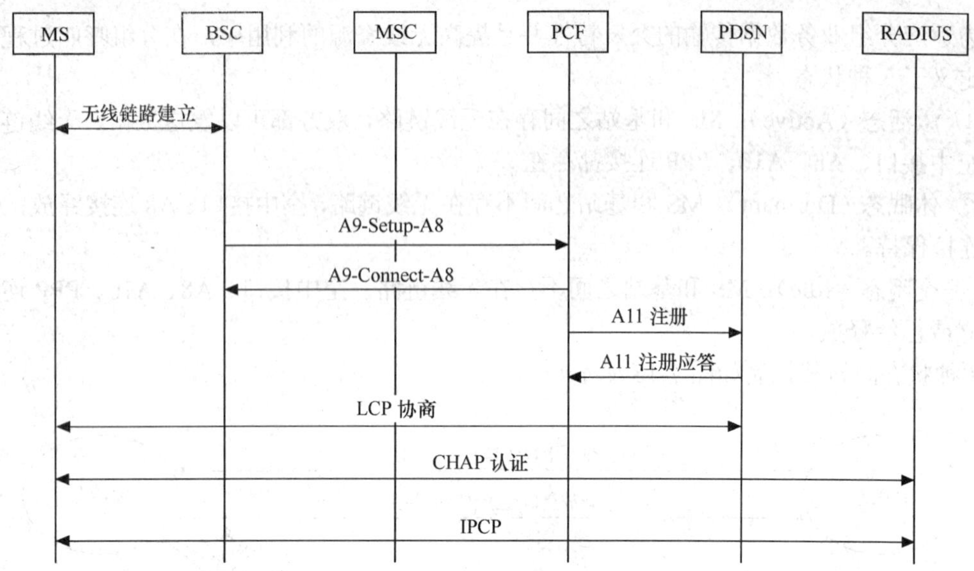

图 7-19 cdma2000 1x 数据业务呼叫流程

① 无线链路的建立从移动台（MS）发送始呼消息（Origination Message）开始，MS 通过始呼消息将协议版本、业务选项等信息送到 BSC；BSC 向 MSC 发送服务请求消息，对始呼请求的鉴权成功后，基站为移动台分配一个业务信道，并回复一个扩展/信道分配消息和服务连接消息，从而建立起前向 FCH。

② 无线链路建立完成后，BSC 和 PCF 间建立 A8 连接，进而发起 PCF 与 PDSN 之间的 A10 连接的建立，在 PCF 与 PDSN 间完成 R-P 链路的建立。A8、A10 连接建立完成后，与无线链路一起在 MS 与 PDSN 之间为 PPP 连接提供承载服务。

③ PPP 是在点对点的链路上的虚拟链路层协议。PPP 连接的建立过程如下。

- 首先是协商参数，MS 与 PDSN 之间通过链路配置协议（LCP）进行 PPP 连接参数的协商，建立链路层连接；
- 接着开始身份认证，认证协议可以选用口令鉴权协议（Password Authentication Procotol，PAP）或质询握手鉴权协议（Challenge Handshake Authentication Procotol，CHAP），MS 在 AAA 服务器上通过响应认证协议进行鉴权；
- LCP、鉴权认证完成后，MS 启动 IP 网络配置协议（IP Control Protocol，IPCP）进程，MS 和 PDSN 通过网络配置协议（NCP）进行 IP 地址的分配，完成 Internet 接入。

PPP 连接建立后，移动台获得了 IP 地址，终端用户和 PDSN 之间就可以开始传送分组数据包。

7.3 cdma2000 1xEV-DO

7.3.1 cdma2000 1xEV-DO 特点

cdma2000 1xEV-DO 概念开始是由 Qualcomm 公司于 1997 年 8 月向 CDMA 发展组织（CDMA Development Croup，CDG）提出的高速数据速率（High Data Rate，HDR）技术。随着技术的成熟，2000 年 3 月，3GPP2 成立了针对 HDR 的工作组并开始标准化工作，1x EV

的名称是在制定标准的过程中得到的，同年 10 月，1x EV-DO 的标准获得通过，在 TIA/ EIA 中编号为 IS-856，在 3GPP2 中编号为 C. S0024。2001 年 12 月，cdma2000 1xEV-DO 成为 cdma2000 家族的一员，为 IMT-2000 标准之一，由 3GPP2 命名为高速分组数据（High Rate Packet Data，HRPD）。

cdma2000 1xEV-DO 系统中语音和数据业务使用不同的载波。该技术的提出充分考虑了分组数据业务和话音业务对资源的需求具有截然不同的特点：分组数据业务一般有突发的特征，可以容忍时延及时延抖动，对差错敏感，前反向需求不对称，QoS 等级多；话音业务相对连续，对时延和时延抖动敏感，能容忍一定的差错，前反向需求对称，QoS 等级相对单一。从当时的技术发展情况来看，这样控制资源相对简单，语音业务和数据业务之间没有相互影响，使两种业务分别得到好的服务质量。缺点是当数据业务或语音业务不多时，系统资源不能充分利用。

虽然 cdma2000 1xEV-DO 是在另外的载波上传送分组数据业务，不支持话音，但它的射频特性却与 IS-95/cdma2000 1x 的射频特性一致，因此在实际部署时能利用原有的资源，提供较好的后向兼容。

cdma2000 1xEV-DO 主要针对的是数据业务，为了和 cdma2000 1x 的话音业务区别，cdma2000 1xEV-DO 规范中没有使用基站（BS）和移动台（MS）这两个概念，而是采用了接入网络（Access Network，AN）和接入终端（Access Terminal，AT）的概念。为了避免使用过多的术语，后面我们不区分 AN/ AT 与 BS/ MS 之间的差别。cdma2000 1xEV-DO 系统在频宽为 1.25MHz 的载波上，前向数据速率最高可达 2. 4Mbit/s，反向可达 153.6kbit/s。其特点如下。

（1）前向链路采用时分复用

cdma2000 1xEV-DO 系统充分利用了数据通信业务的不对称性和数据业务对实时性要求不高的特征，前向链路设计为时分多址方式，不同用户在不同时刻接受服务。当用户没有数据传输时，就不必给用户分配信道。在反向链路上，采取码分多址方式。

（2）速率控制技术

在前向链路上，发射功率保持不变，即不再采用功率控制，而是采用速率控制，是 cdma2000 1x EV-DO 特有的技术。终端根据当前的无线环境向基站申请最佳的传输速率，基站根据服务范围内终端的总体情况快速调整数据发送速率，保证终端尽可能快速地接收信息。反向链路仍然采用和 cdma2000 1x 一样的开环、闭环反向功率控制。

（3）自适应调制编码技术

cdma2000 1xEV-DO 系统能根据信道变化情况快速调整编码调制方案，获得任何时刻所可能达到的最大速率，从而能够充分利用空中链路资源，满足用户需求。系统根据前向链路的传输质量，自适应地采用不同的编码和调制方式，充分利用系统资源来满足用户的需求。

（4）调度算法

在基站中，由一种调度算法决定下一个时隙分配给哪个终端使用。这样，在保证系统综合性能最优的同时，合理安排各终端的业务请求，保证所有用户都能获得适当的服务。

（5）虚拟软切换

在 cdma2000 1xEV-DO 系统中，由于前向链路速率高、功率大和实时数据业务等特点，前向链路的业务信道上没有采用软切换技术，采用的是快速小区交换技术，称为虚拟软切换。

而在前向链路的控制信道以及反向链路上，系统仍采用软切换技术，以保证较好的通信质量。

（6）射频部分的继承性

cdma2000 1xEV-DO 与 IS-95、cdma2000 1x 具有相同的射频特性、码片速率、功率要求、覆盖区域。cdma2000 1xEV-DO 系统可以共享 cdma2000 1x 射频部分，但需要增加相应的 cdma2000 1xEV-DO 专用载频。cdma2000 1xEV-DO 能平滑地从 cdma2000 1x 升级，从而最大限度地保护了运营商的现有投资。

（7）组网灵活

IS-95 和 cdma2000 1x 核心网均基于 ANSI-41 网络结构，而 cdma2000 1xEV-DO 基于 IP 网络结构，并支持和 cdma2000 1x 之间的切换。对于只需要分组数据业务的用户，可以基于 IP 单独组网；同时需要语音和数据业务的用户，可以与 IS-95 和 cdma2000 1x 混合组网。

7.3.2　cdma2000 1xEV-DO 网络结构

cdma2000 1xEV-DO 网络由接入终端（Access Terminal，AT）、无线接入网（Radio Access Network，RAN）、分组核心网（Packet Core Network，PCN）等逻辑实体组成。接入终端与无线接入网间通过空中接口（Um）相连，无线接入网与分组核心网间通过 A 接口相连，分组核心网与外部 IP 网络通过 Pi 接口相连，如图 7-20 所示。

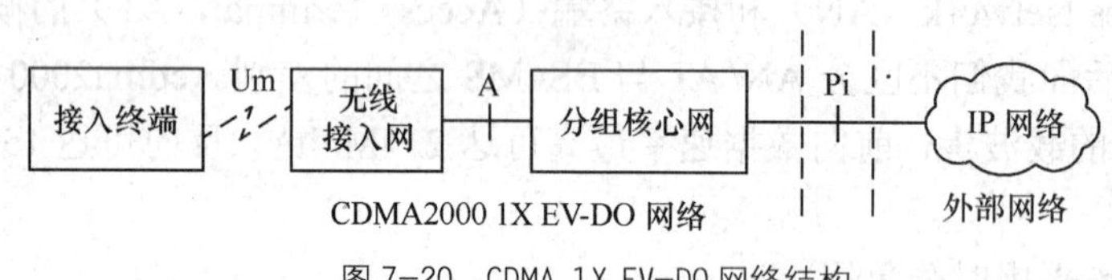

图 7-20　CDMA 1X EV-DO 网络结构

从网络结构上看，cdma2000 1xEV-DO 网络结构与 cdma2000 1x 网络结构基本相同，所不同的是 cdma2000 1x 网络为数据业务专用网络，不存在电路核心网，不支持电路型语音业务；从接口协议上看，cdma2000 1xEV-DO 定义了新的 Um 接口协议，A 接口与 cdma20001x 网络基本相似，分组核心网内部接口协议、与外部 IP 网络的接口协议与 cdma2000 1x 网络基本相同。

1. 接入终端（AT）

接入终端（AT）是提供给用户数据连接的一种设备，等同于 IS-95A/cdma2000 1x 系统中移动台（Mobile Station，MS）的概念，用户可以把接入终端作为调制解调器与计算机连接，也可以直接使用支持分组数据业务的接入终端访问分组数据网。

cdma2000 1xEV-DO 系统的接入终端有单模和双模两种类型。单模终端仅支持 cdma2000 1xEV-DO 网络接入。双模同时支持 cdma2000 1xEV-DO 和 cdma2000 1x 接入，有时把它称为混合接入终端（Hybrid Access Terminal，HAT）。双模接入终端如果只有一套接收/发射机，可以分别在 cdma2000 1x 或 cdma2000 1xEV-DO 系统中使用；如果有两套接收/发射机，可以同时在 cdma2000 1x 或 cdma2000 1xEV-DO 系统中使用，即可以同时使用 cdma2000 1x 提供的语音业务和 cdma2000 1xEV-DO 系统提供的数据业务。

接入终端的组成如图 7-21 所示，包括移动设备（Mobile Equipment，ME）和用户识别模块（User Identity Module，UIM）两部分，ME 由终端设备2（Terminal Equipment，TE2）和移动终端2（Mobile Terminal 2，MT2）组成。

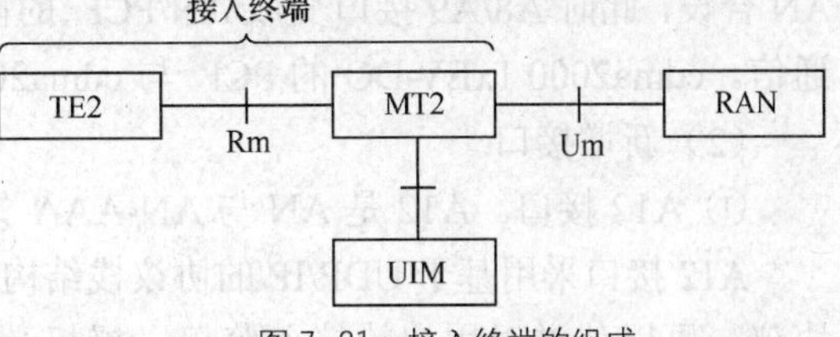

图7-21 接入终端的组成

（1）UIM 作为用户数据和签约信息的存储及处理模块，通过内部接口与MT2 相连。

（2）MT2 作为网络通信设备，可以是手机等移动终端，通过Um 接口与RAN 相连。

（3）TE2 作为数据终端处理设备，可以是手机或便携机，通过Rm 接口与MT2 相连。

根据Rm 协议模型的不同，可以处理不同形式的分组数据。如果采用中继层协议模型，MT2 相当于一个调制解调器，通过外部接口与便携机相连，典型应用即为数据卡。如果采用网络层协议模型，MT2 相当于一个路由器，除具有调制解调功能外，还可以单独提供分组数据业务，典型应用即为手机。

AT 与RAN 之间通过Um 接口相连，为分组数据业务及信令消息提供可靠、高效的无线传送通道。

2．无线接入网

无线接入网提供接入终端与核心网间的无线承载，负责建立和维护无线信道、进行无线资源管理和移动性管理，完成会话控制功能。AT 通过信令消息与PCN 进行业务信息的交互。

无线接入网结构如图7-22 所示，包括接入网（Access Network，AN）、分组控制功能（Packet Control Function，PCF）和接入网鉴权/授权/计费（AN-Authentication，Authorizationand Accounting，AN-AAA）等功能实体。A12 和A13 接口是cdma2000 1xEV-DO 新增接口，A8、A9、A10 和A11 接口的定义与cdma2000 1x 中一致。图7-22 中，实线连接表示用来传送用户数据；虚线连接表示用来传送信令消息。

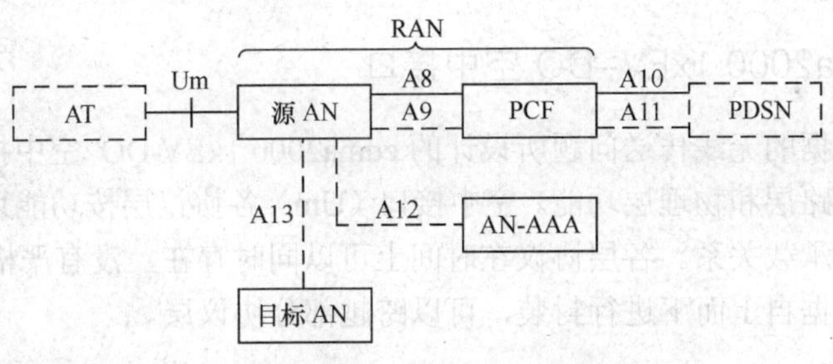

图7-22 无线接入网结构

（1）逻辑实体

① AN。AN 类似于 cdma2000 1x 系统中的基站，可以由基站控制器（Base Station Controller，BSC）和基站收发器（Base Transceiver Station，BTS）组成。AN 是在分组网和接入终端之间提供数据连接的网络设备，主要完成基站收发、呼叫控制及移动性管理功能。

② AN-AAA。AN-AAA 是接入网执行接入鉴权和对用户进行授权的逻辑实体。它通过A12 接口与AN 交换接入鉴权的参数及结果。AN-AAA 可以与分组核心网的AAA 合设，此时需要在AN 与AAA 之间增设A12 接口。接入鉴权功能是可选的，可以选择不实现AN-AAA。

③ PCF。PCF 与 AN 配合完成与分组数据业务有关的无线信道控制功能。PCF 可以与 AN 合设，此时 A8/A9 接口变成 AN/PCF 的内部接口。PCF 通过 A10/A11 接口与 PDSN 进行通信。cdma2000 1xEV-DO 的 PCF 与 cdma2000 1x 的 PCF 功能基本相同。

（2）新增接口

① A12 接口。A12 是 AN 与 AN-AAA 之间的信令接口，其协议栈模型如图 7-23 所示。

A12 接口采用基于 UDP/IP 的协议栈结构，应用层采用远程认证拨号接入服务（RADIUS）协议，可以传送对用户的接入鉴权、授权及计费等信令消息。AN 与 AN-AAA 之间采用客户端服务器模式进行通信，AN-AAA 作为 RADIUS 服务器；AN 作为 RADIUS 服务器的客户端。

② A13 接口。A13 是不同 AN 之间的信令接口，其协议栈结构如图 7-24 所示。

RADIUS
UDP
IP
链路层
物理层

图 7-23 A12 接口协议栈

应用层协议
UDP
IP
链路层
物理层

图 7-24 A13 接口协议栈

A13 接口采用基于 UDP/IP 的协议栈结构。当 AT 在不同 AN 之间进行切换时，通过该接口交换相应信息。

3．核心分组网

核心网分组域与 cdma2000 1x 系统中核心网域相同，通过 IP 网络与多媒体域相连，为终端提供数据业务服务。

7.3.3 cdma2000 1xEV-DO 空中接口

为解决分组数据的无线传送问题所设计的 cdma2000 1xEV-DO 空中接口（Um），主要完成因特网的数据链路层和物理层功能。空中接口（Um）各协议层按功能划分，各协议层之间没有严格的上下层承载关系。各层协议在时间上可以同时存在，没有严格的先后关系。在数据封装上，业务数据自上而下进行封装，可以跨越部分协议层。

1．cdma2000 1x EV-DO 空中接口协议

cdma2000 1x EV-DO 空中接口协议栈如图 7-25 所示，由 7 个协议层组成，从下到上依次为物理层、MAC 层、安全层、连接层、会话层、流层和应用层，各层功能简介如下。

（1）物理层

cdma2000 1xEV-DO 物理层规定了前反向物理信道结构、输出功率大小、数据封装形式、基带及射频处理方法和工作频点等。基带及射频处理部分包括调制编码、序列重复、交织、信道复用、基带成形等步骤。

cdma2000 1xEV-DO 与 cdma2000 1x 使用相同的频段和载波带宽，但混合组网时各自使

用不同的频点号。cdma2000 1xEV-DO 系统的码片速率、带宽、发射功率及基带成形滤波器系数等与 cdma2000 1x 一致。

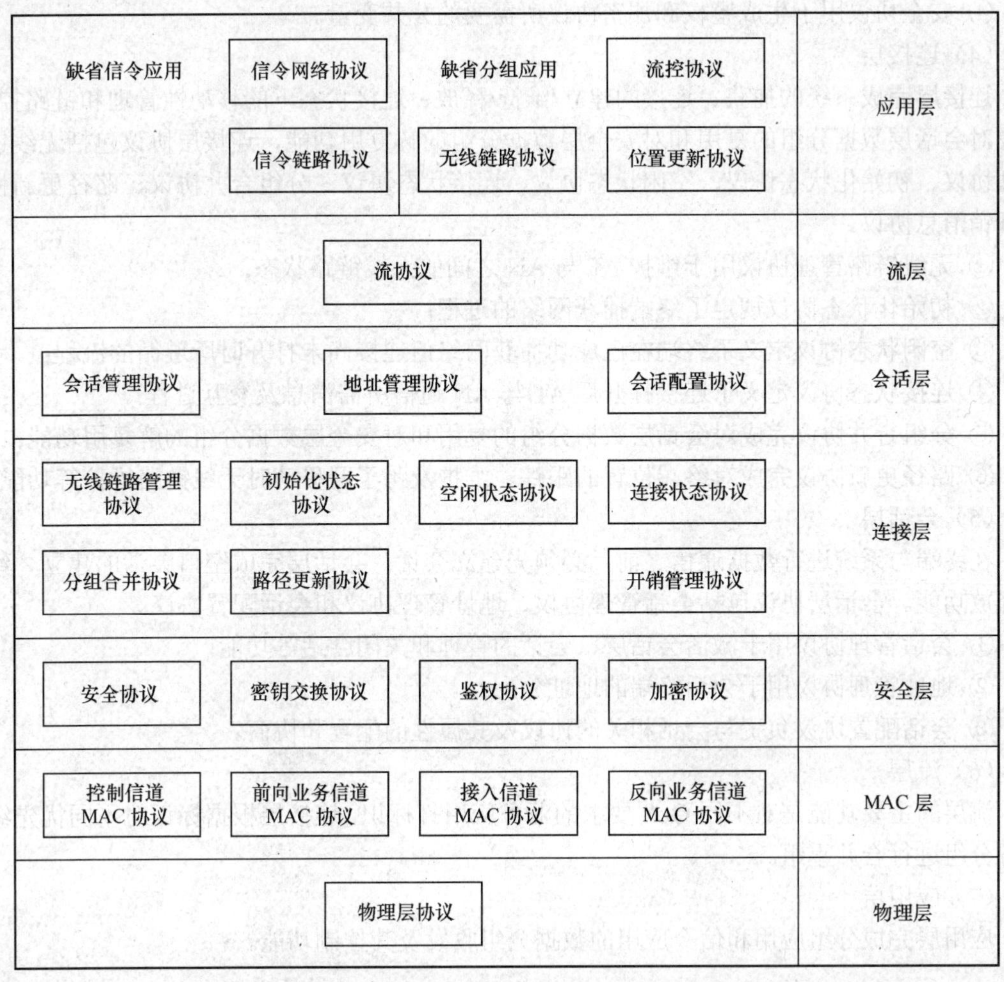

图 7-25 cdma 2000 1xEV-DO 空中接口协议栈

（2）MAC 层

MAC 层完成对物理信道的访问控制功能。MAC 层由控制信道 MAC 协议、接入信道 MAC 协议、前向业务信道 MAC 协议和反向业务信道 MAC 协议组成，它们分别规定了控制信道、接入信道和前反向业务信道的操作规则。

① 控制信道 MAC 协议规定了控制信道的传送方式和时序规则，终端的地址分配和接收控制信道 MAC 层数据分组所必须遵循的规则。

② 接入信道 MAC 协议规定了终端在接入信道上发送信息的时序关系和功率参数；

③ 前向业务信道 MAC 协议规定了前向业务信道的速率控制和复用/解复用方式；

④ 反向业务信道 MAC 协议规定了反向业务信道的捕获和速率选择机制。

（3）安全层

安全层协议包括密钥交换协议、鉴权协议、加密协议和安全协议。

① 密钥交换协议生成空口鉴权协议和数据加密协议所需密钥；

② 鉴权协议完成空口鉴权或分组消息的完整性保护功能；

③ 加密协议完成空中数据加密功能；

④ 安全协议用于生成鉴权和加密协议所需要的公共变量。

（4）连接层

连接层完成系统的捕获、连接的建立/维持/释放、连接状态下的移动性管理和链路控制，以及对会话层数据分组的复用和对安全层数据分组的解复用功能，连接层协议包括无线链路管理协议、初始化状态协议、空闲状态协议、连接状态协议、分组合并协议、路径更新协议和开销消息协议。

① 无线链路管理协议用于维护 AT 与 AN 之间的无线链路状态；

② 初始化状态协议规定了终端捕获网络的过程；

③ 空闲状态协议定义了终端在已成功捕获网络但连接尚未打开时所遵循的流程；

④ 连接状态协议定义了连接打开后 AT 与 AN 通信所需消息及交互过程；

⑤ 分组合并协议完成对会话层数据分组的复用和对安全层数据分组的解复用功能；

⑥ 路径更新协议完成对终端位置的跟踪、维护及跨子网移动时无线链路维护等功能。

（5）会话层

在终端与系统进行数据通信之前，必须先建立会话。会话层完成空口会话的建立、维持和释放功能。会话层协议包括会话管理协议、地址管理协议和会话配置协议。

① 会话管理协议用于激活会话层、会话的管理和关闭会话等功能；

② 地址管理协议用于会话终端的地址分配；

③ 会话配置协议负责与会话相关的协议及其属性的配置和协商。

（6）流层

流层的主要功能是对不同 QoS 要求的业务应用打标识，连接层根据标识对不同优先级的业务分组进行合并重组。

（7）应用层

应用层完成分组应用和信令应用的数据分组收发及其控制功能。

2. 协议通信方式

cdma2000 1xEV-DO 空中接口不同协议层之间及对等协议层之间的通信方式如图 7-26 所示，包含以下 4 类通信接口。

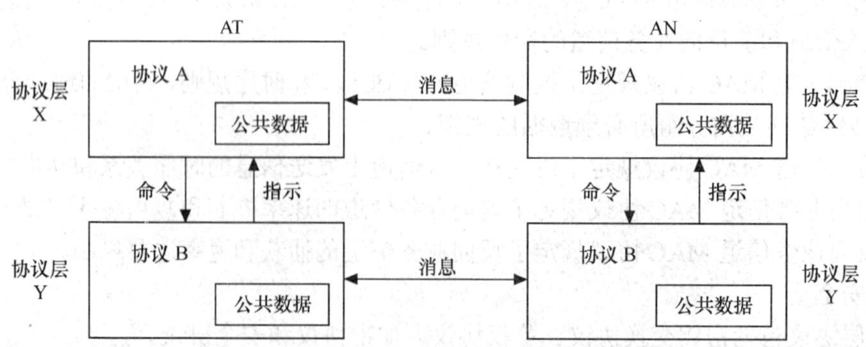

图 7-26 空中接口协议的通信方式

（1）消息（Message）型接口：用于 AT 和 AN 同层协议之间的通信。

（2）命令（Command）型接口：用于 AT 或 AN 内高层协议向低层协议下发命令消息。

（3）指示（Indication）型接口：用于 AT 或 AN 内低层协议向高层协议上报发生的事件。

（4）公共数据（Public Data）型接口：提供对等协议层之间或不同层协议之间的数据共享。

3. cdma2000 1xEV-DO 的物理信道

（1）cdma2000 1xEV-DO 前向链路的物理信道

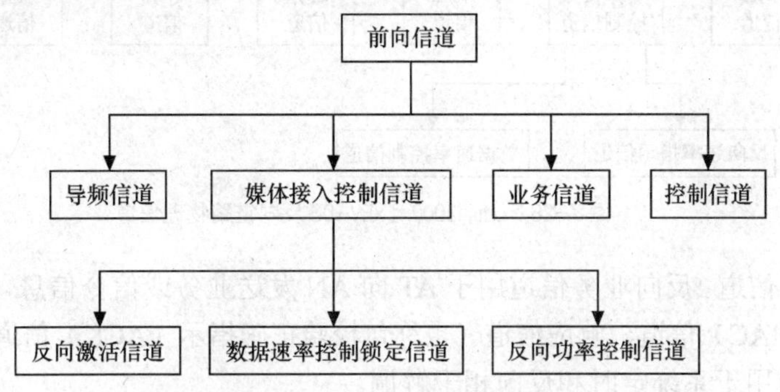

图 7-27　cdma2000 1xEV-DO 前向链路的物理信道

① 导频信道。导频信道主要用于系统捕获、时间和相位恢复及小区信号强度测量。

② 媒体接入控制信道。媒体接入控制信道主要用于实现功率和速率控制等关键技术，包括反向激活信道、数据速率控制锁定信道和反向功率控制信道。

- 反向激活信道通过发射反向激活比特流，可以知道当前反向链路的负载情况，用于指示接入终端（AT）是否调整反向发送速率；
- 数据速率控制锁定信道主要用于发送反向链路质量指示，指示接入网络（AN）是否能够接受 AT 发送的数据速率控制信息；
- 反向功率控制信道用于对反向链路进行功率控制，并调整终端的功率，实现闭环功率控制。

③ 业务信道和控制信道。业务信道和控制信道时分复用，在时间上交替传输。

- 控制信道主要负责向 AT 发送一些控制消息或业务信息，比如终端控制区消息和扇区参数消息等。
- 业务信道由多个用户时分复用，承载物理层业务，用于传输用户数据。前向业务信道主要负责向终端发送业务数据，会话建立后的参数配置消息也通过前向业务信道发送。前向业务信道和控制信道定义有传输格式。

（2）cdma2000 1xEV-DO 反向链路物理信道

cdma2000 1xEV-DO 反向链路是由反向接入信道和反向业务信道两大类组成。如果 AT 没有被分配业务信道，AT 使用接入信道与 AN 通信。AN 中的每个扇区均有一个独立的信道用于接收来自不同 AT 的接入信息。

① 反向接入信道。反向接入信道用来支持用户的快速接入，实现突发短数据包的发送，它是 AT 用来发起呼叫或是响应 AN 寻呼消息而使用的信道，它包括导频信道和数据信道。

- 导频信道提供系统定时和反向相干解调；

- 数据信道传输接入信息或 AT 发送的短数据包。

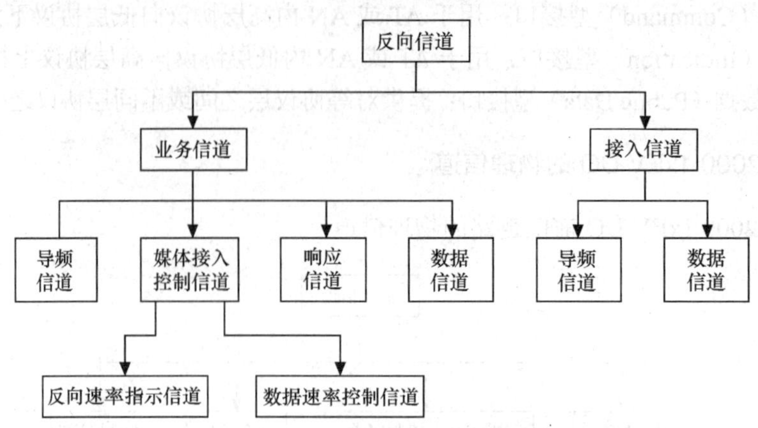

图 7-28 cdma2000 1xEV-DO 反向链路物理信道

② 反向业务信道。反向业务信道用于 AT 向 AN 发送业务或信令信息，它包括导频信道、媒体接入控制（MAC）信道、响应信道（也称包校验正确指示（ACK）信道）和数据信道。

- 导频信道用于系统定时和反向相干解调。
- MAC 信道包括反向速率指示（RRI）信道和数据速率控制（DRC）信道。RRI 信道用于指示反向业务信道的数据速率。DRC 信道用于指示请求的前向业务信道数据速率信息和所选择的服务扇区的信息。
- ACK 信道（也称为响应信道）用于 AT 通知 AN 是否正确收到前向业务信道发出的物理层数据包。
- 数据信道则使用不同的速率发送反向数据业务。

7.3.4 cdma2000 1xEV-DO 组网方式

1. 单独组网

对于无 cdma2000 1x 网络的运营商，如果希望通过 cdma2000 1xEV-DO 网络提供高速分组数据业务，可以单独建设 cdma2000 1xEV-DO 网络。对于 cdma2000 1x 网络运营商，可以单独建设 cdma2000 1xEV-DO 网络，覆盖城区或热点地区为高端用户提供高质量的分组数据业务，用 cdma2000 1x 网络承担郊区及乡镇地区的分组数据业务覆盖，随着分组数据业务的普及，逐渐增加 cdma2000 1xEV-DO 网络的覆盖范围，直至整网覆盖。

2. 混合组网

cdma2000 1x 能提供良好的语音业务，cdma2000 1xEV-DO 能提供良好的高速分组数据业务，两种网络结构具有良好的业务互补性。如果两种网络结构混合组网，将能充分利用原有 cdma2000 1x 网络的投资，共享 cdma2000 1x 在网络规划和优化等方面的经验，从而降低 cdma2000 1xEV-DO 网络规划、建设、优化以及运营等方面的成本。

混合组网参考模型如图 7-29 所示，图中 cdma2000 1xEV-DO 与 cdma2000 1x 共用分组核心网，是否使用独立的无线接入网取决于运营商网络的实际需求。如果已有 cdma2000 1x 网络，接入网可以考虑两种部署方案：升级组网方案和重叠组网方案。

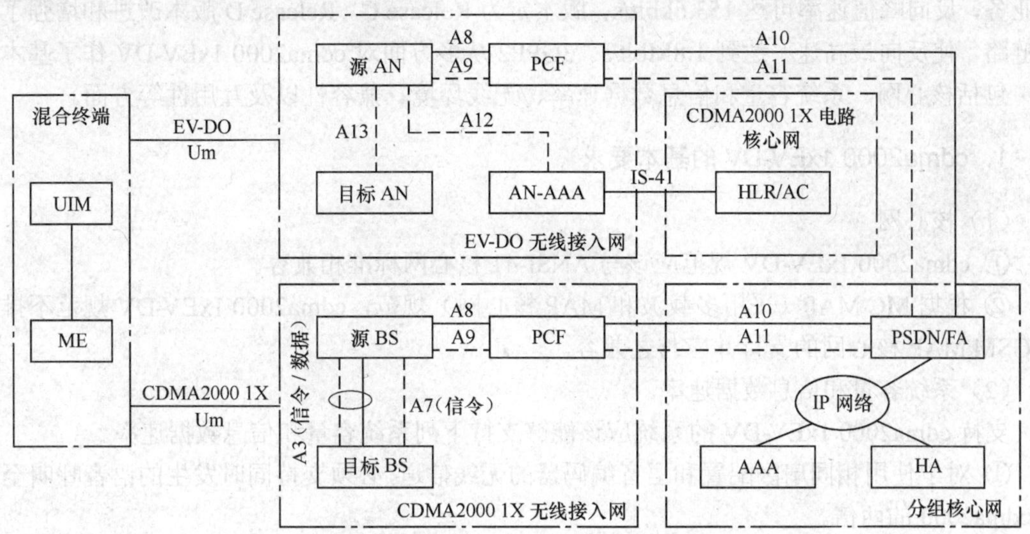

图7-29 cdma2000 1x/cdma2000 1xEV-DO 混合组网示意图

（1）升级组网方案

从cdma2000 1x直接升级到cdma2000 1xEV-DO，要求在同一个机柜内升级基站软件和增加cdma2000 1xEV-DO信道单元，并对BSC、PDSN、AAA进行软件升级，同时增加AN-AAA新设备。

（2）叠加组网方案

叠加组网方案可以分为BSC级叠加组网方案和BTS级叠加组网方案。BSC级叠加网对应于不共BSC的情况，BTS级叠加网对应于共BSC但不共BTS的情况。

在BSC级叠加组网方案中，新增DO-BSC进行cdma2000 1xEV-DO的业务处理和操作维护，新增BTS设备或在原机柜中对BTS作软、硬件升级。cdma2000 1xEV-DO与cdma2000 1x可以共站址、天线和天馈等。

在BTS级叠加组网方案中，cdma2000 1xEV-DO使用独立的基站设备，也可以使用独立的天线和天馈；对cdma2000 1x网络的BSC、PDSN及AAA进行软件升级。这样不影响cdma2000 1x网络布局和覆盖，并且可以结合目标覆盖区的实际情况，更有针对性地规划和部署cdma2000 1xEV-DO网络。

随着技术的发展，考虑到市场对无线数据业务的需求发展情况，从充分利用现有频段资源的角度看，3GPP2在2000年初就提出了一种新的系统方案，将话音和分组数据用户合并在一个载波上传送，且分组数据的传送可以采用和cdma2000 1x中不同的方式，而是和cdma2000 1xEV-DO的方式相似，使得数据用户能充分利用系统剩余的资源，最大限度地提高频带利用率。这种新的方案被称为cdma2000 1xEV-DV。

7.4 cdma2000 1xEV-DV

3GPP2在2002年5月通过的DV规范是在IS-2000的基础上，增加了支持高速的前向分组数据信道的内容，可以在 1.25MHz 的带宽内同时提供语音和高达 3.1Mbit/s 的前向分组数据业务，反向峰值速率可达 153.6kbit/s，版本定为 Release C。Release D 版本改进和增强了反向链路，使反向最高速率达到 1.8Mbit/s。3GPP2 从多方面对 cdma2000 1xEV-DV 作了基本要求，包括核心网、系统容量和信息数据速率、无线环境、兼容性以及互用性等方面。

1. cdma2000 1xEV-DV 的基本要求

（1）核心网

① cdma2000 1xEV-DV 规范应该与 ANSI-41 核心网标准相兼容。

② 根据 MC MAP（采用多载波和 MAP 核心网）规范，cdma2000 1xEV-DV 规范不排除对 GSM MAP 核心网的支持并应与之兼容。

（2）系统容量和信息数据速率

支持 cdma2000 1xEV-DV 的系统应该能够支持下列系统容量和信息数据速率。

① 对于使用相同扇区配置和语音编码器的无线信道，必须支持同时发生的语音呼叫至少是 cdma2000 的两倍。

② 对于任何处于室外高速车载环境的用户，峰值数据速率如下：

- 前向数据传送信道至少达到 1.25Mbit/ s
- 反向数据传送信道至少达到 1.25Mbit/ s；
- 前向和反向的要求必须同时满足。

③ 在室外高速车载环境下，满负荷系统每扇区平均数据速率（吞吐量）如下：

- 前向数据传送信道至少达到 600kbit/ s；
- 反向数据传送信道至少达到 600kbit/ s；
- 前向和反向的要求必须同时满足。

④ 对于任何处于步行速率环境的用户，峰值数据速率如下：

- 前向数据传送信道至少达到 2Mbit/ s；
- 反向数据传送信道至少达到 2Mbit/ s；
- 前向和反向的要求必须同时满足。

⑤ 对于处于室内静止环境的用户，峰值数据速率如下：

- 前向数据传送信道至少达到 2Mbit/ s；
- 反向数据传送信道至少达到 2Mbit/ s；
- 前向和反向的要求必须同时满足。

⑥ 以上所列的所有要求，均应支持前向和反向信道的对称和不对称模式。

⑦ 当 cdma2000 1xEV-DV 工作于 3x 无线配置时，对于系统性能的要求（峰值和系统均值）应按技术标准发展组规定的方式成比例放大。

（3）无线环境

①当基站位置、发送功率和基站天线相同，且移动台具有相同的天线增益时，cdma2000 1xEV-DV 规范应能够配置系统，使系统覆盖超过之前的 cdma2000 标准所能达到的覆盖。

② cdma2000 1xEV-DV 系统频带范围外的发射应满足与 cdma2000 1x 系统相同的要求。

③ cdma2000 1xEV-DV 系统应能支持处于移动环境的移动台和固定台设备。

（4）兼容性

① cdma2000 1xEV-DV 标准应该允许支持 cdma2000 1xEV-DV 的扇区向一个符合cdma2000标准族之前版本的移动台提供服务。

② IS-2000码片速率和频段规划必须支持现有的帧长，但并不排除增加新的帧长。

③ cdma2000 1xEV-DV标准应该许可使用符合cdma2000标准族之前版本的基站的天线配置。

2. 新增物理信道

作为对cdma2000 1x标准的演进，在同一载波上不仅支持基于电路交换的语音和数据业务，而且还支持基于分组交换的高速数据业务。cdma2000 1xEV-DV在保留原有物理信道的基础上（前向导频信道、发送分集导频信道、辅助导频信道、公共功率控制信道等与cdma2000物理层的对应部分相同），新增了一些物理信道。

（1）cdma2000 1xEV-DV前向链路物理信道

cdma2000 1xEV-DV前向链路物理信道如图7-30所示，其中新增的物理信道为前向分组数据信道和前向分组数据控制信道。

① 前向分组数据信道（F-PDCH）用来传送高速数据分组业务，分组数据业务用户按照快速的时分复用方式共用该信道。

② 前向分组数据控制信道（F-PDCCH）用来向使用前向分组数据信道的用户提供控制信息，例如目标移动台的MAC层地址等，在F-PDCH上协助用户接收数据。

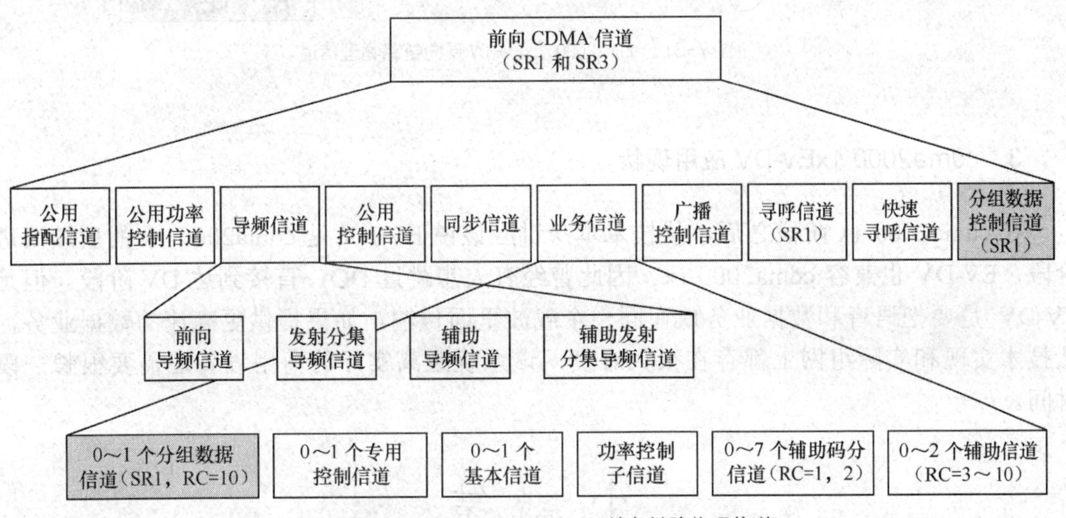

图7-30 cdma2000 1xEV-DV前向链路物理信道

（2）cdma2000 1xEV-DV反向链路物理信道

cdma2000 1xEV-DV反向链路物理信道如图7-31所示，其中新增的支持F-PDCH操作的信道包括反向确认信道和反向信道质量指示信道。

① 反向确认信道（R-ACKCH）负责向基站快速报告前向链路的分组数据是否正确，保证基站可以通过重传等提高通信链路的质量。

② 反向信道质量指示信道（R-CQICH）负责将前向链路的信道质量快速报告给基站。基站根据质量报告对前向链路上的用户进行快速调度，同时能够自适应地选择调制

编码方式。

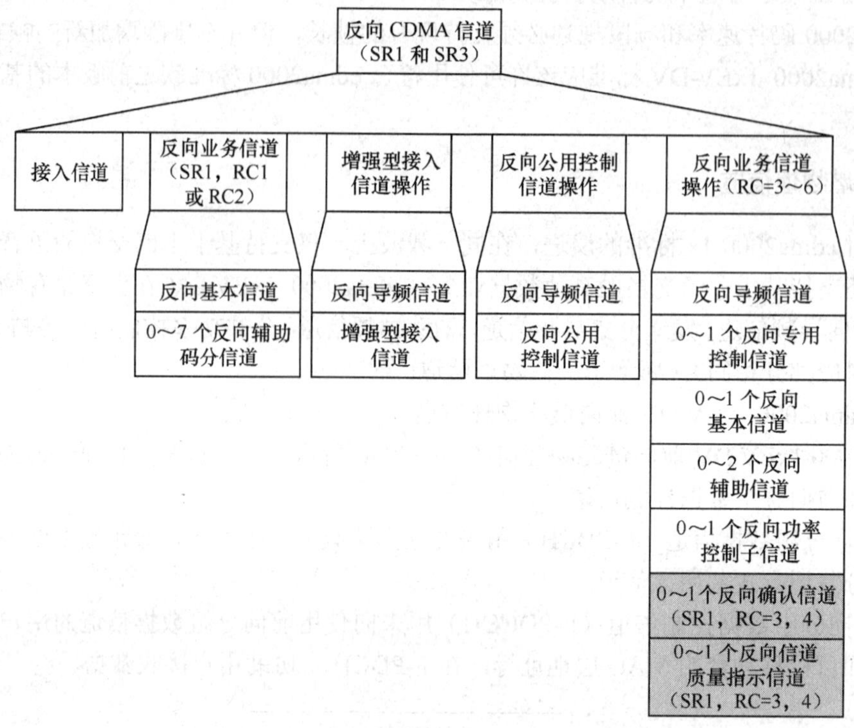

图 7-31　cdma2000 1xEV-DV 反向链路物理信道

3．cdma2000 1xEV-DV 应用现状

在 cdma2000 1x 阶段之后，从技术本身讲应该说 EV-DV 是 cdma2000 1x 的后续演进阶段，EV-DV 也兼容 cdma2000 1x。因此曾经有人想跳过 DO，直接到达 DV 阶段。但是 EV-DV 是要把语音和数据业务放在同一个载波里面传输，如果提供更高速的数据业务，从技术实现和实际组网上都存在很大难度，该系统距离实际的商用设备还需要很长一段时间。

小　　结

1．cdma2000 1x 是 cdma2000 移动通信系统发展的第一阶段。在空中接口部分引入的技术包括前向链路快速功率控制，增加了反向导频信道，前向链路采用发射分集技术，前向链路引入快速寻呼信道，采用 Turbo 编码，灵活可变的帧长，新的接入方式等。

2. 基于 ANSI-41 核心网的 cdma2000 1x 系统结构核心网电路域与 IS-95 一样，包括 BTS、BSC、MSC/VLR 和 HLR/AUC 等网元。网络结构中两个新增的模块是分组控制功能（PCF）和分组数据服务器（PDSN），新增的接口为 A8、A9、A10、A11。IP 技术在 cdma2000 1x 中获得充分的应用，分为简单 IP 方式和移动 IP 方式。

3．cdma2000 空中接口的协议分层结构是在开放系统互连参考模型（OSI）的 7 层基础上合并而来的，高层对应于 OSI 的 3～7 层。cdma2000 空中接口的协议结构包括物理层、数据链路层及高层，其中数据链路层又分为媒体接入控制（MAC）子层和链路接入控制（LAC）子层。

4．cdma2000 1x 的物理信道从传输方向上分为前向信道和反向信道两大类。根据物理信道是针对多个移动台还是针对某个特定移动台分为公共信道和专用信道两大类。前向物理信道由适当的 Walsh 函数或准正交函数进行扩频，并采用了多种分集发送方式来提高容量。在反向链路上，仍然用 PN 长码来区分不同的用户。

5．在 cdma2000 1x 系统中，系统的状态和状态的转移描述了移动台和基站之间通信的过程。在不同的状态下，系统的不同转移是当移动台和基站的条件发生变化所触发的。移动台具有 4 种状态：移动台初始化状态、移动台空闲状态、系统接入状态和移动台业务信道控制状态，各状态间可以相互转换，每种状态拥有相应的子状态。

6．在分组呼叫过程中，系统定义了激活态、休眠态、空闲态，3 种状态可以相互转移。cdma2000 1x 系统中的数据呼叫与语音呼叫有很大的不同，数据呼叫不仅要建立空中接口的无线链路，而且要建立起 PPP 连接。分组数据业务的建立过程主要包括 3 个环节：空中接口无线链路的建立，A 接口数据连接的建立，PPP 连接的建立。

7．cdma2000 1xEV-DO 网络由接入终端、无线接入网、分组核心网等逻辑实体组成。接入终端与无线接入网间通过空中接口（Um）相连，无线接入网与分组核心网间通过 A 接口相连，分组核心网与外部 IP 网络通过 Pi 接口相连。

8．无线接入网提供接入终端与核心网间的无线承载，负责建立和维护无线信道、进行无线资源管理和移动性管理，完成会话控制功能。无线接入网结构包括接入网（AN）、分组控制功能（PCF）和接入网鉴权/授权/计费（AN-AAA）等功能实体。A12 和 A13 接口是 cdma2000 1xEV-DO 新增接口，A8、A9、A10 和 A11 接口的定义与 cdma2000 1x 中一致。

9．cdma2000 1xEV-DO 空中接口协议由 7 个协议层组成，从下到上依次为物理层、MAC 层、安全层、连接层、会话层、流层和应用层。空中接口不同协议层之间及对等协议层之间的通信方式包含 4 类通信接口：消息型接口、命令型接口、指示型接口和公共数据型接口。

10．cdma2000 1xEV-DO 物理层规定了前反向物理信道结构、输出功率大小、数据封装形式、基带及射频处理方法和工作频点等。cdma2000 1xEV-DO 的前向链路物理信道和反向链路物理信道结构为独立的体系。

11．cdma2000 1xEV-DO 网络可以单独组网。cdma2000 1x 能提供良好的语音业务，cdma2000 1xEV-DO 能提供良好的高速分组数据业务。如果两种网络结构混合组网，将能充分利用原有 cdma2000 1x 网络的投资，降低 cdma2000 1xEV-DO 网络规划、建设、优化以及运营等方面的成本。

12．3GPP2 从多方面对 cdma2000 1xEV-DV 作了基本要求，包括核心网、系统容量和信息数据速率、无线环境、兼容性以及互用性等方面。作为对 cdma2000 1x 标准的演进，在同一载波上不仅支持基于电路交换的语音和数据业务，而且还支持基于分组交换的高速数据业务。cdma2000 1xEV-DV 在保留原有物理信道的基础上，新增了两种前向信道和两种反向链路物理信道。

练　习　题

1．简述 cdma2000 系统的演进过程。
2．画出 cdma2000 1x 网络结构，与 IS-95 相比，说明新增功能实体和接口的功能。
3．描述 cdma2000 1x 空中接口的协议模型和各层的功能。
4．说明 cdma2000 1x 的前向链路物理信道和反向链路物理信道的分类和每个信道功能。
5．说明 cdma2000 1x 系统移动台有哪些状态，各状态间关系。
6．简述 cdma2000 1x 系统中的基本语音呼叫过程。
7．简述 cdma2000 1x 系统中分组业务的建立过程，与语音呼叫过程的建立有何不同。
8．描述 cdma2000 1xEV-DO 的特点。
9．画出 cdma2000 1xEV-DO 网络结构，说明新增功能实体和接口的功能。

第 8 章 LTE

3G 技术长期演进（Long Term Evolution,LTE）与以往的移动通信系统不同，无线接入网的空中接口技术和核心网的网络结构都发生了较大的变化。本章主要内容如下：

- LTE 的主要特点和 LTE 的研究现状
- LTE 网络结构
- E-UTRAN 的结构，主要网元和接口的功能
- 核心网（EPC）结构，主要网元和接口的功能
- LTE 空中接口的协议结构及各层功能
- 物理信道、传输信道、逻辑信道的分类及相互间的映射关系
- LTE 关键技术

8.1 概述

1．LTE 概念

近年来，在传统蜂窝移动通信技术高速发展的同时，宽带无线接入技术（如移动 WiMAX）也开始提供移动功能，试图抢占移动通信的部分市场。为了保证 3G 移动通信的持续竞争力，移动通信业界提出了新的市场需求，要求进一步加强 3G 技术，提供更强大的数据业务能力，向用户提供更好的服务，同时具有与其他技术进行竞争的实力。因此，3GPP 和 3GPP2 相应启动了 3G 技术长期演进（Long Term Evolution，LTE）和空中接口演进（Air Interface Evolution，AIE），2007 年 2 月，3GPP2 鉴于新的标准与 cdma2000 1x EV-DO 有较大差别，将新的空中接口标准命名为超移动宽带（Ultra Mobile Broadbandx，UMB），并于 2007 年 4 月正式颁布。

按照 3GPP 组织的工作流程，3G LTE 标准化项目基本上可以分为两个阶段：2004 年 12 月到 2006 年 9 月为研究项目（Study Item，SI）阶段，进行技术可行性研究，并提交各种可行性研究报告；2006 年 9 月到 2007 年 9 月为工作项目（Work Item，WI）阶段，进行系统技术标准的具体制定和编写，完成核心技术的规范工作，并提交具体的技术规范。预计在 2009 年到 2010 年推出成熟的商用产品。

3GPP LTE 地面无线接入网络技术规范已通过审批，被纳入 3GPP R8 版本中，2009 年 3 月份的会议上 R8 版本基本上已经完成了。相比于传统的移动通信网络，LTE 在无线接入技术和网络结构上发生了重大变化。

为了实现 LTE 所需的大系统带宽，从采用的无线接入技术来看，3GPP 不得不选择放弃长期采用的 CDMA 技术，选用新的核心传输技术，即 OFDM/MIMO 技术。OFDM 和 MIMO 技术都是目前移动通信系统中没有采用的技术。要想从目前的网络平滑的演进到 LTE 是比较困难的，所以 LTE 可以被看成是移动通信的一次革命，主要原因是采用了更先进的无线技术，摒弃了电路交换业务，采用全 IP 的结构。

从网络结构上来看，整个网络结构向着扁平化的方向发展，取消了原来的基站控制器的功能实体，整个网络只包括接入网和核心网两层结构。在无线接入网（RAN）结构层面，为了降低用户面延迟，LTE 取消了重要的网元——无线网络控制器（RNC）。在核心网（CN）层面，也取消了传统的电路交换，完全采用基于分组交换的核心网结构，也就是说无论是语音业务还是数据业务全部采用分组交换的方式。和 LTE 相对应的系统框架演进（System Architecture Evolution，SAE）项目正在大大改变系统框架。由 LTE/SAE 为标志的这次变革，与其说是 Evolution（演进），不如说是 Revolution（革命）。这场“革命”使系统不可避免地丧失了大部分后向兼容性，也就是说，从网络侧和终端侧都要做大规模的更新换代。3G LTE 的研究工作主要集中在物理层、空中接口协议和网络架构等方面。

2. LTE 的主要目标

LTE 是 3GPP 主导的一种先进的空中接口技术，被认为是准 4G 技术。LTE 区别于以往的移动通信系统，它完全是为了分组交换业务来优化设计的，无论是无线接入网的空中接口技术还是核心网的网络结构都发生了较大的变化。

（1）LTE 需求

2005 年 6 月魁北克会议上 3GPP 组织最终确定了 LTE 的系统目标，LTE 的主要目标就是定义一个高效的空中接口，这些目标需求主要包括如下几点。

① 系统容量。LTE 要求使用 20MHz 的带宽，下行和上行峰值速率分别达到 100Mbit/s 和 50Mbit/s。相应的频谱效率分别为 5bit/s/Hz 和 2.5bit/s/Hz。支持 FDD 和 TDD 两种模式。除了 20MHz 带宽外，还支持 1.25MHz、1.6MHz、2.5MHz、5MHz、10MHz、15MHz 带宽，灵活的带宽支持可以满足用户对不同业务的速率要求。这里需要说明的是，在 TDD 模式中由于上下行不能同时使用整个带宽发射和接收，所以峰值速率不会到达要求的指标，而在 FDD 模式中由于上下行使用不同的频率，所以能够达到要求的指标。

② 数据传输时延。在 LTE 中，数据传输时延要求在无负载的情况下小于 5ms，无负载是指整个系统被一个用户所使用，没有其他的用户。传输时延包括手机发出信号在空中的传输时延和 LTE 基站的处理时延。对时延的强制要求主要是为了那些实时业务考虑的。在实时业务中，如语音和流媒体，通常人们能够容忍的单方向的最大时延为 400ms，大于 400ms 对语音业务来说是不可接收的。3GPP 标准中对 QoS 要求的传输时延要小于 150ms，这是一个比较理想值。150ms 指的是端到端的时延，即从用户发出信号到接收者收到信号的时延，那么对移动通信系统来说就包括无线链路传输时延、设备处理时延、核心网的传输时延，如果是和非移动用户通信，还包括 PSTN 的处理和传输时延。

③ 终端状态间转换时间。3GPP 中将终端状态间转换时间定义为控制平面时延。在传统的电路交换移动通信系统中，终端一般有两种状态：

- 空闲状态（IDLE）：在这种状态下，其他终端是可以和这个终端建立通话的，但是终端不能进行数据传输。

- 激活状态（ACTIVE）：这种状态下的终端可以进行语音通话或是基于电路交换的数据业务传输。

但是在全分组交换业务的LTE中，由于数据业务的突发性特点，数据传输并不是均匀的，可能终端在比较长的时间内只有少量的数据传输，但是还是要始终保持连接，如在即时通信（如 QQ）中的好友状态信息。那么就需要定义一种新的状态，这种状态一般称为等待状态（STANDBY）。在等待状态下只有少量的数据传输，并且一直处于连接状态。那么LTE中终端的状态就有3种：空闲状态、激活状态和等待状态。对这3种状态间的转换时延要求如下。

- 从空闲状态转换到激活状态一般要求要小于 100ms，这里不包括移动台发起通话中的寻呼过程，也不是整个的呼叫建立过程，只是移动台从空闲状态转换到激活状态的操作时延，这里的操作主要是指为移动台分配资源的过程。
- 激活状态和等待状态的相互转换时延要求小于 50ms。

④ 移动性。在LTE中要求移动台的移动速度在120～350km/h也可以保持正常的通信，在某些频段要求500km/h也可以保持通信。

⑤ 覆盖范围。覆盖范围主要是指小区的半径，即基站位置到小区边界上的移动台的距离。要求覆盖范围小于5km时，要保证用户的速率要求和移动性要求。在小区半径达到30km时，用户速率的轻微下降是可以接收的，但是移动性的要求是不变的。另外对小区半径达到100km，也是允许的，但是在这种情况下，并没有提出性能要求。

⑥ 增强的多媒体广播和多播业务（MBMS）业务。在LTE中要求进一步增强MBMS业务，包括广播模式和单播模式。要求的频谱效率要达到1bit/s/Hz，即在5MHz的带宽内，要提供16个电视业务，每个业务的速率为300kbit/s。另外要求MBMS业务可以使用单独的载波，也可以和其他业务共用载波。

（2）LTE主要性能指标

3GPP LTE的主要性能指标描述如下。

① 支持1.25～20MHz带宽，提供上行50Mbit/s、下行100Mbit/s的峰值数据速率。

② 提高小区边缘的比特率，改善小区边缘用户的性能。

③ 频谱效率达到3GPP R6的2～4倍。

④ 降低系统延迟，用户面延迟（单向）小于5ms，控制面延迟小于100ms。

⑤ 支持与现有3GPP和非3GPP系统的互操作。

⑥ 支持增强型的广播组播（MBMS）业务。

⑦ 实现合理的终端复杂度、成本和耗电。

⑧ 支持增强的IP多媒体子系统（IP Multimedia Subsystem，IMS）和核心网。

⑨ 取消CS（电路交换）域，CS域业务在PS（分组交换）域实现，如采用VoIP。

⑩ 以尽可能相似的技术同时支持成对和非成对频段。

⑪ 支持运营商间的简单邻频共存和邻区域共存。

3. LTE的基本特点

LTE的基本特点包括只支持分组交换的结构和完全共享的无线信道。

（1）只支持分组交换的结构

为了更好地理解 LTE 只采用分组交换的结构，我们有必要回顾一下以前和目前的移动通信系统的结构（以 UMTS 系统为例）。

在 2G 的早期阶段，移动通信主要是为了语音业务设计的，网络结构比较简单，主要包括无线接入网和核心网，无线接入网的设计主要是为语音业务和低速率的电路交换数据业务，而核心网完全是电路交换。

随着 IP 和 Web 业务的发展，GSM 系统演进到能够有效地支持这类业务。无线接入网中采用了 GPRS 和 EDGE 两种演进方案，增加了分组交换的核心网结构，分组交换核心网的作用和电路交换核心网的作用是一样的，主要是支持分组交换和与互联网互通。新增加的分组交换核心网，不仅需要增加新的节点，而且增加了部署和工程费用。

3G 系统与 2G 系统核心网结构并无太大的差别，因为在核心网中同样包含了电路交换和分组交换。只不过在分组交换的核心网上又增加了 IP 多媒体子系统（IMS），IMS 的主要目标是为 3GPP 无线网络中的各种 IP 业务提供了一个通用的业务平台。在 IMS 中主要使用 SIP，SIP 由 IETF 定义。

LTE 的核心网 SAE 的主要目标就是采用一种简化的核心网结构，即分组交换的核心网结构。在无线接入网中采用为分组交换优化的空中接口技术，即全 IP 业务，既支持非实时业务也支持实时业务。电路交换的核心网被取消，那些电路交换的实时业务也可采用分组交互的方式。

（2）完全共享的无线信道

LTE 的无线信道完全采用共享的模式，即多用户共享同一信道，而不管业务的种类和 QoS 要求。因为系统要保证满足所有的用户的 QoS 要求，共享信道加大了资源的调度难度，但是它大大地降低了网络设计和维护的难度。

4．LTE 的研究现状

LTE 项目的启动是为了应对“其他无线通信标准”的竞争。针对 WiMAX“低移动性宽带 IP 接入”的定位，LTE 提出了相对应的需求，如相似的带宽、数据率和频谱效率指标、只支持 PS 域和强调广播多播业务等。同时，出于对 VoIP 和在线游戏的重视，LTE 对用户面延迟的要求近乎苛刻。关于向后兼容的要求似乎模棱两可，从目前的情况看，由于选择了大量的新技术，至少在物理层已难以保持从 UMTS 的平滑过渡。另外，运营商还提出加强广播业务的要求，增加了在单独的下行载波部署移动电视（Mobile TV）系统的需求。

由于 LTE 系统缺乏和 3G 系统的后向兼容性，因此 LTE 系统更适合于在较早阶段（如 2000 年左右）部署了 3G 系统，在 2010 年左右希望大规模更新网络的那些运营商。对于那些近几年刚部署了 3G 系统，在 2015 年左右之前不希望进行“革命性”换代的运营商，LTE 可能不是在近几年内保持市场竞争性的最佳选择。因此 3GPP 又启动了 HSPA（包括 HSDPA 和 HSUPA）的演进项目，又称为“HSPA+”。HSPA+技术的宗旨是要保持和 UMTS 第 6 版本（Rel 6）的后向兼容性，同时在 5MHz 带宽下要达到和 LTE 相仿的性能。

HSPA+的主要工作较多地集中在 RAN2 工作组。在物理层方面，主要将利用目前正在开展的几项研究，如分组数据用户的连续连接、MIMO 等。另外，还可以考虑采用更高阶的调制方式等技术提高系统性能。目前关于 LTE 与 HSPA+的关系得到很多运营商及设备厂商的重视，由于 LTE 重新定义了空中接口和网络架构，所以向 LTE 演进过程中是否跨越 HSPA+尚需商榷。从 HSPA 到 LTE 不能实现真正意义上的平滑过渡，HSPA+作为较理想的过渡方案，强调后向兼容性，通过完善现有协议实现了对 VoIP 更好的支持，技术风险较低，可保护已有投资。LTE 与 HSPA+不矛盾，可以考虑同时部署，毕竟市场的需求距离可以提供峰值速率 100Mbit/s 的 LTE 系统仍然较远，部署 HSPA+可以通过其较好的兼容性进一步提高原系统的能力，并在成本方面取得一些优势。但应明确 LTE 是移动通信系统后续发展演进的方向，代表着移动通信系统目前主流发展方向。

8.2 LTE 的系统结构

8.2.1 LTE/SAE 的网络结构

LTE/SAE 的整个网络结构图如图 8-1 所示，图中不仅包含演进的分组核心网（Evolved Packet Core Network，EPC）和演进的通用地面无线接入网络（Evolved UTRAN，E-UTRAN），还包含了 3G 系统的核心网（CN）和通用地面无线接入网络（UTRAN），在结构图中为了叙述方便只画出了信令接口。在 3G 系统中，电路交换核心网和分组交换核心网分别连接电话网和互联网，IMS 位于分组交换核心网之上，提供互联网接口，通过媒体网关（MGCF）连接公共电话网。E-UTRAN 和 EPC 间主要实体的功能如图 8-2 所示。图中灰色代表逻辑节点中的各层无线协议，其他代表逻辑节点中控制平面的功能实体。

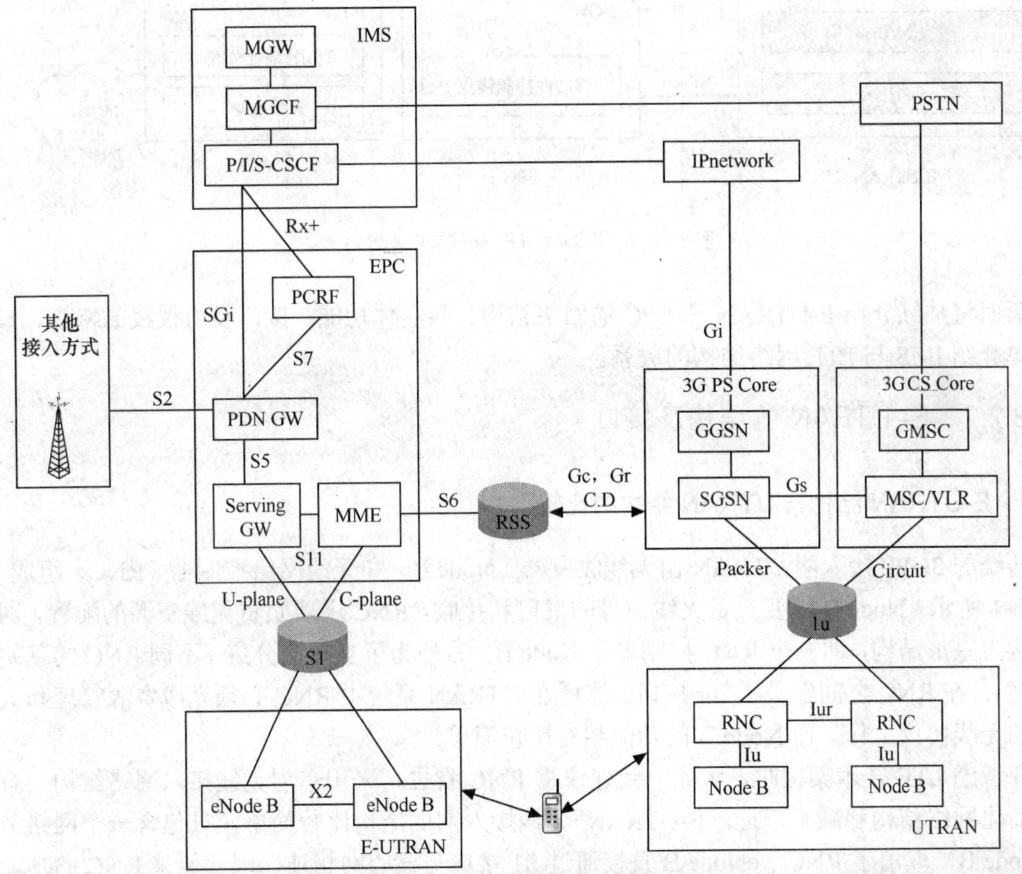

图 8-1 LTE/SAE 的网络结构图

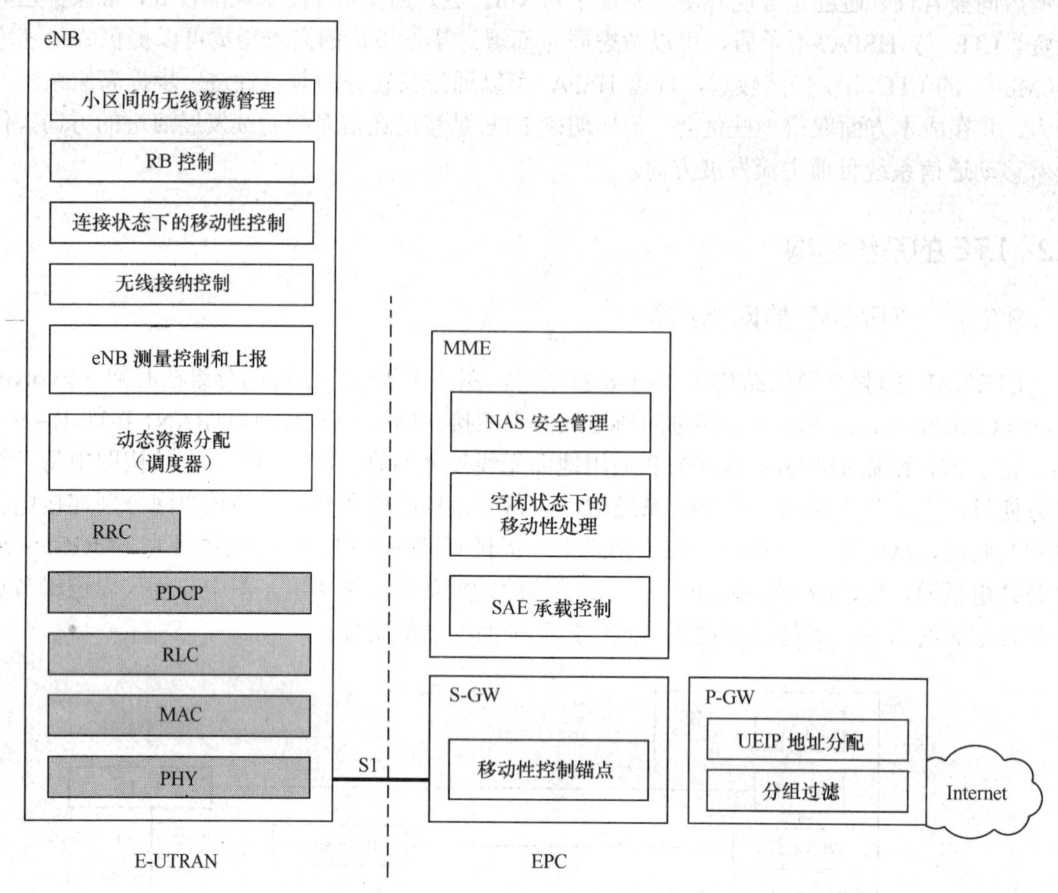

图 8-2 E-UTRAN 和 EPC 间的功能划分

后面将陆续介绍 E-UTRAN 和 EPC 的网络结构、各实体功能、接口及协议栈的特点，最后简单介绍 IMS 与 LTE 网络结构的关系。

8.2.2 E-UTRAN 的结构及接口

1. E-UTRAN 结构与 UTRAN 结构的比较

传统的 3GPP 接入网 UTRAN 由无线收发器（Node B）和无线网络控制器（RNC）组成，如图 8-1 所示。Node B 主要负责无线信号的发射和接收，RNC 主要负责无线资源的配置，网络结构为星形结构，即一个 RNC 控制多个 Node B，另外为了支持宏分集（不同 RNC 的基站间切换），在 RNC 之间定义了 Iur 接口。这样在 UTRAN 系统中 RNC 必须完成资源管理和大部分的无线协议工作，而 Node B 的功能相对比较简单。

在考虑 LTE 技术架构时，大家一致建议将 RNC 省去，采用单层无线接入网络结构，有利于简化网络结构和减小延迟。E-UTRAN 无线接入网的结构比较简单，只包含一个网络节点 eNode B，取消了 RNC，eNode B 直接通过 S1 接口与核心网相连，因此原来 RNC 的功能就被重新分配给了 eNode B 和核心网中的移动管理实体（Mobility Management Entity，MME）

或是服务网关实体（Serving Gateway entities，S-GW）。S-GW 实际上是一个边界节点，如果将它看成核心网的一部分，则接入网主要由 eNode B 构成。

LTE 的 eNode B 除了具有原来 Node B 的功能外，还承担了传统 3GPP 接入网中 RNC 的大部分功能，如物理层、MAC 层、无线资源控制、调度、无线准入、无线承载控制、移动性管理和小区间无线资源管理等。eNode B 和 eNode B 之间采用网格（Mesh）方式直接互连，这也是对原有 UTRAN 结构的重大修改。核心网采用全 IP 分布式结构。

LTE 采用扁平的无线接入网络架构，将对 3GPP 系统的未来体系架构产生深远的影响，逐步趋近于典型的 IP 宽带网络结构。

2．E-UTRAN 主要网元的功能及接口

（1）eNode B 实现的功能

① 无线资源管理（Radio Resource Management，RRM）方面包括无线承载控制（Radio Bearer Control）、无线接纳控制（Radio Admission Control）、连接移动性控制（Connection Mobility Control）和 UE 的上行/下行动态资源分配；

② 用户数据流的 IP 头压缩和加密；

③ 当终端附着时选择 MME，无路由信息利用时，可以根据 UE 提供的信息来间接确定到达 MME 的路径；

④ 路由用户平面数据到 S-GW；

⑤ 调度和传输寻呼消息（来自 MME）；

⑥ 调度和传输广播信息（来自 MME 或者 O&M）；

⑦ 用于移动和调度的测量和测量报告的配置。

（2）E-UTRAN 主要的开放接口

在 eNode B 之间定义了 X2 接口，以网格（mesh）的方式相互连接（所有的 eNode B 可能都会相互连接）。S1 接口是 MME/S-GW 与 eNode B 之间的接口，只支持分组交换。而 3G UMTS 系统中 Iu 接口连接 3G 核心网的分组域和电路域。LTE-Uu 接口是 UE 与 E-UTRAN 间的无线接口，

① X2 接口：实现 eNode B 之间的互连。X2 接口的主要目的是为了减少由于终端的移动引起的数据丢失，即当终端从一个 eNode B 移动到另一个 eNode B 时，存储在原来 eNode B 中的数据可以通过 X2 接口被转发到正在为终端服务的 eNode B 上。

② Sl 接口：连接 E-UTRAN 与 CN。开放的 S1 接口，使得 E-UTRAN 的运营商有可能采用不同的厂商设备来构建 E-UTRAN 与 CN。

③ LTE-Uu 接口：Uu 是 UE 接入到系统固定部分的接口，是终端用户能够移动的重要接口。

3．E-UTRAN 通用协议模型

E-UTRAN 接口的通用协议模型如图 8-3 所示，这个通用协议模型是 E-UTRAN 接口协议设计的一个总体要求，适用于 E-UTRAN 相关的所有接口，即 S1 和 X2 接口。设计原则继承了 UMTS 系统中 UTRAN 接口的定义原则，各协议层和各平面在逻辑上彼此独立。如果将来需要的话，可以对协议栈和平面的一些部分进行修改。

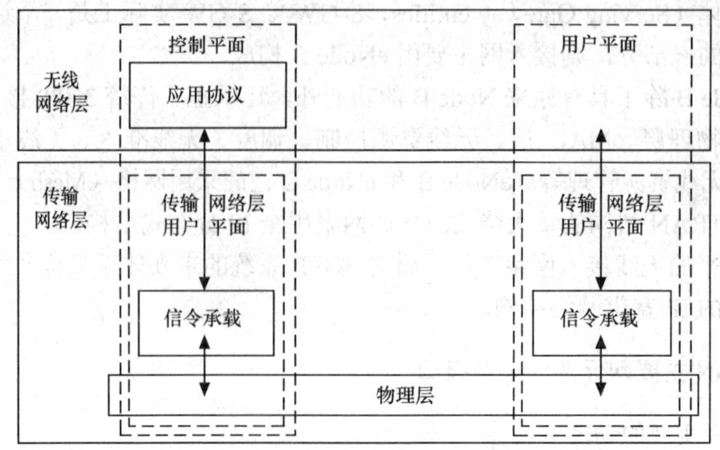

图 8-3 E-UTRAN 通用协议模型

E-UTRAN 通用协议模型由无线网络层和传输网络层两个主要层组成。E-UTRAN 功能在无线网络层实现。传输网络层利用标准的传输技术，E-UTRAN 仅仅是选择使用这些标准传输技术进行网络传输。

控制平面供所有 E-UTRAN 控制信令使用，控制平面包括应用协议，比如 Sl-AP 和 X2-AP 以及信令承载。应用协议用来在无线网络层建立承载等。

用户平面负责用户发送和接收的所有信息，即负责数据流的数据承载。在传输网络层，这些数据流是由隧道协议规范化了的数据流。

用户平面的数据承载和控制平面应用协议的信令承载均由传输网络用户平面负责。

4．E-UTRAN 主要接口的协议栈

（1）eNode B 之间的接口 X2

① X2 用户平面。X2 用户平面协议栈如图 8-4 所示。E-UTRAN 的传输网络层是基于 IP 传输的，UDP/IP 之上是利用 GTP-U（GPRS Tunneling Protocol User Plane）来传送用户面协议数据单元（Protocol Data Unit，PDU）。GTP-U 应用在 LTE 系统作了扩展。

② X2 控制平面。X2 接口的控制平面协议栈如图 8-5 所示。传输网络层是利用 IP 和流控制传输协议（Stream Control Transmission Protocol，SCTP），而应用层信令协议为 X2 接口应用协议（X2 Application Protocol，X2-AP）。

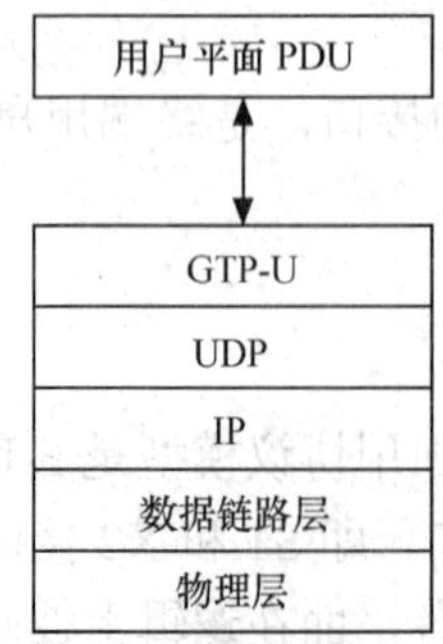

图 8-4 X2 接口用户平面

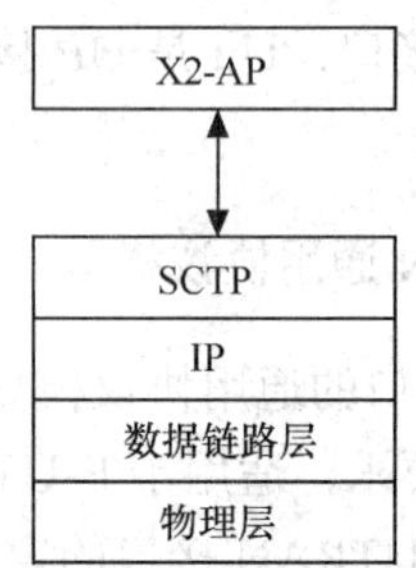

图 8-5 X2 接口控制平面

流控制传输协议（SCTP）是IETF新定义的一个传输层协议。作为一个传输层协议，SCTP可以理解为和TCP及UDP相类似的协议。它提供的服务有点像TCP，保证可靠、有序传输消息。不过TCP是面向字节的，而SCTP是针对成帧的消息。如果每个UE对应一个SCTP，SCTP可以提供寻址UE上下文的功能。

X2-AP支持UE在激活（ACTIVE）模式下，LTE无线系统内部的移动性。具体实现功能如下。

- 从源eNode B到目的eNode B之间的上下文传递；
- 在源eNode B和目的eNode B之间用户平面隧道的控制；
- 切换管理；
- 上行负载管理；
- X2接口的一般管理和错误处理。

（2）eNode B和EPC的接口S1

① S1用户平面。S1用户平面接口位于eNode B和S-GW之间。S1用户平面协议栈如图8-6所示。传输网络层是建立在IP传输之上的，而UDP/IP之上的GTP-U用来携带用户平面的PDU。

② S1控制平面。S1控制平面接口位于eNode B和MME之间。S1控制平面协议栈如图8-7所示。传输网络层是利用IP传输，为了可靠地传输信令信息，在IP层之上添加了SCTP。应用层的信令协议为S1接口应用协议（S1 Application Protocol，S1-AP）。

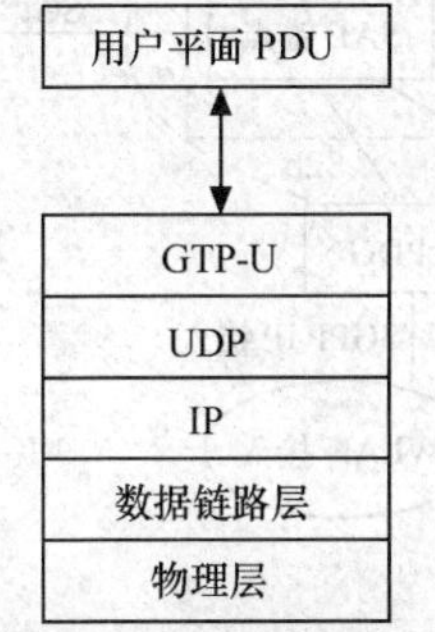

图8-6 S1用户平面接口

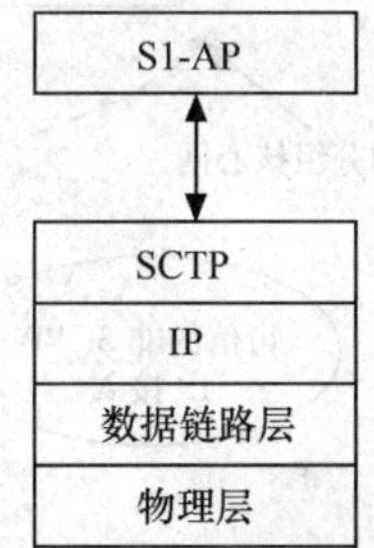

图8-7 S1控制平面接口

S1-AP类似于3G UMTS系统Iu接口的RANAP协议，具体实现功能如下。

- SAE承载服务的管理，包括承载建立、修改和释放；
- 激活（ACTIVE）模式下，UE的移动性管理，包括LTE内部之间的切换、3GPP内部之间的切换；
- S1接口UE上下文管理功能。
- S1寻呼，在服务MME中，根据UE上下文移动性信息，将寻呼请求信息发送到有关的eNode B中；
- NAS信令传输，完成UE与核心网间非接入层信令的透明传输；
- S1接口管理，包括错误指示等；
- 网络共享；
- 漫游与区域限制功能；

- NAS 节点选择功能；
- 初始状态时上下文的建立，就是初始化 UE 所必须建立的上下文。包括 SAE 承载上下文、与安全有关的上下文、漫游信息、UE 能力信息、UE S1 的信令连接标识等，以及与 MME 有关的初始化上下文。

8.2.3 核心网（EPC）结构及接口

1. SAE 架构的演进

在 3GPP 的 LTE 标准制定过程中，初期 SAE 的概念特指核心网的演进。但随着时间的推移，SAE 概念的外延在逐渐扩大，某种意义上 SAE 的范围已经涵盖了无线接入网络和核心网络。严格说来，SAE 是不包括无线接入网络的。SAE 的具体含义，要根据具体情况而定。演进的 SAE 架构示意图如图 8-8 所示。

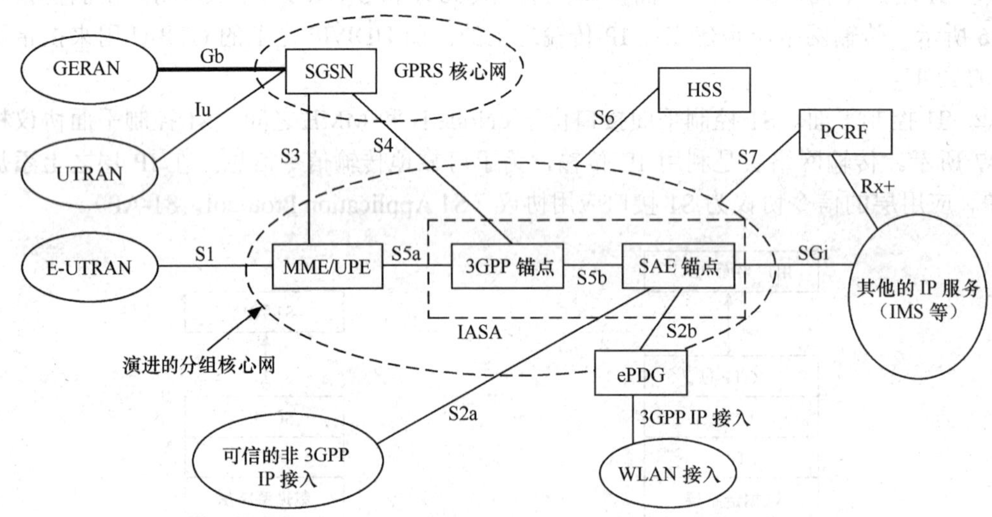

图 8-8 演进的 SAE 架构

（1）SAE 架构的主要网元

① 3GPP 锚点（3GPP Anchor）是用户平面的一个支持节点，支持 UE 在 2G/3G 系统和 LTE 系统之间移动。

② SAE 锚点（SAE Anchor）是用户平面的一个支持节点，支持 UE 在 3GPP 系统和非 3GPP 系统之间移动。

③ 互访锚点（Inter Access System Anchor，IASA）由 3GPP 锚点和 SAE 锚点组成。

④ 演进的分组数据网关（evolved Packet Data Gateway，ePDG）是一个转换实体，其功能相当于网关。

⑤ 用户平面实体（User Plane Entity，UPE）负责管理和存储 UE 的上下文。

（2）SAE 架构的参考点

① S1 参考点：提供对 E-UTRAN 无线资源的接入功能，负责传输用户平面业务和控制平面业务。S1 参考点可以实现 MME 和 UPE 的分离部署和合并部署。

② S2a 参考点：在可信的非 3GPP IP 接入网络和 SAE 锚点之间提供与控制和移动性有关的用户平面支持。

③ S2b 参考点：在 ePDG 和 SAE 锚点之间提供与控制和移动性有关的用户平面支持。

④ S3 参考点：在 IDLE 和 ACTIVE 模式下，为了实现不同 3GPP 系统之间的移动性，利用该接口进行用户和承载信息的交换。

⑤ S4 参考点：在 GPRS 核心网和 3GPP 锚点之间提供与控制和移动性有关的用户平面支持。

⑥ S5a 参考点：在 MME/UPE 和 3GPP 锚点之间提供与控制和移动性有关的用户平面支持。

⑦ S5b 参考点：在 SAE 锚点和 3GPP 锚点之间提供与控制和移动性有关的用户平面支持。

⑧ S6 参考点：提供认证/鉴权数据的传递，实现对用户接入的鉴权和授权。

⑨ S7 参考点：提供 QoS 策略和计费规则的传输。

⑩ SGi 参考点：在 SAE 锚点和分组数据网络之间提供接口。分组数据网络可以是运营商的公网、私网、或运营商内部的一个网络。

2. EPC 主要网元的功能

在 LTE 中，核心网（CN）也称为演进的分组核心（Evolved Packet Core，EPC），如图 8-1 所示。演进的分组核心网（EPC）主要包括移动管理实体（MME）、服务网关（serving GW）、分组交换网关（PDN GW）、策略和计费规则实体（PCRF）和归属用户服务器（Home Subscriber Server，HSS）等。

（1）移动管理实体（MME）

MME 主要负责与用户平面相关的用户和会话管理，具有三个功能。

① 安全管理功能，包括用户验证、初始化、协商用户使用的加密算法等；

② 会话管理功能，包括协商相关的链路参数和建立数据通信链路的所有信令流程；

③ 空闲状态的终端管理功能，主要是为了使得移动终端能够加入网络中，并对这些终端进行管理。

MME 主要完成如下工作。

① 非接入层（NAS）信令的加密和完整性保护；

② 在 3GPP 访问网络之间移动时，CN 节点之间的信令传输；

③ 空闲状态下的移动性控制；

④ P-GW 和 S-GW 的选择；

⑤ MME 选择，MME 改变带来的切换；

⑥ 切换到 2G 或者 3G 访问网络的 SGSN 选择；

⑦ 漫游；

⑧ 承载管理，包括专用承载建立等。

（2）服务网关（S-GW）

SAE 网关功能包括终端移动时的用户平面的转换。从功能的角度来看，服务网关相当于数据业务的锚点，当数据业务发生在 eNode B 之间时，数据通过服务网关在相关的 eNode B

之间进行转发，当数据业务是和其他的移动系统或是 PSTN 间传输时，数据通过服务网关路由到分组交换网关。S-GW 具体实现的主要功能如下。

① 3GPP 间的移动性管理，建立移动安全机制；

② 在 E-UTRAN 的 IDLE 模式下，下行分组缓冲和网络初始化；

③ 授权侦听；

④ 分组路由和前向转移；

⑤ 在 UE 和 PDN 间、运营商之间交换用户和 QoS 类别标识的有关计费信息。

（3）分组交换网关（P-GW）

与服务网关类似，P-GW 主要是充当与外部数据网络交互数据的锚点。P-GW 具体实现的主要功能如下。

① 用户的分组过滤；

② 授权侦听；

③ UE 的 IP 地址分配；

④ 上下行服务管理和计费；

⑤ 基于总最大位速率（Aggregate Maximum Bit Rate，AMBR）的下行速率控制。

（4）策略和计费规则实体（PCRF）

策略控制的主要功能是决定如何使用可用的资源，计费规则实体主要负责用户的计费信息管理。

（5）归属用户服务器（HSS）

归属用户服务器（Home Subscriber Server，HSS）是 3G 和 LTE 中的核心节点，主要存储用户的注册信息，由归属位置寄存器（HLR）和鉴权中心（AUC）组成。HLR 中主要存储所管辖用户的签约数据及移动用户的位置信息，可为至某终端的呼叫提供路由信息。AUC 存储用以保护移动用户通信不受侵犯的必要信息。

3. UE/ eNode B /EPC 间主要接口及协议栈

（1）UE/eNode B/MME 的控制平面协议栈

UE/eNode B/MME 的控制平面如图 8-9 所示，NAS 协议支持移动性管理功能，以及用户平面承载激活、修改和解除激活。NAS 也有义务对 NAS 信令加密保护等。E-UTRAN 的 LTE-Uu 接口位于 UE 和 eNode B 之间，空中接口的分析将在空中接口一节专门介绍。

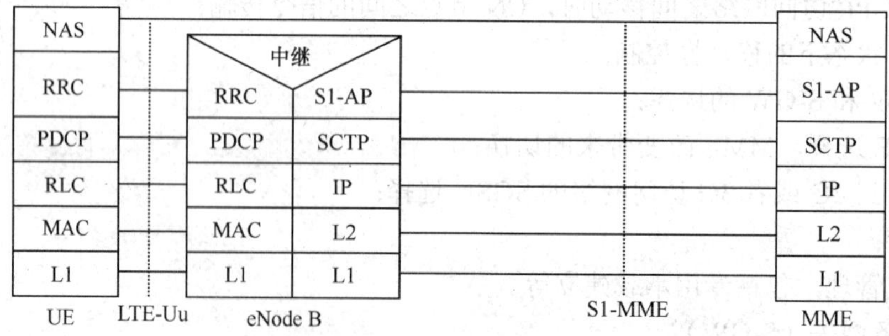

图 8-9 UE/eNode B/MME 的控制平面

在 eNode B（S1）和 MME 之间，使用 SCTP 来保证信令消息的准确传递。eNode B（S1）

和 MME 之间协议支持如下功能。

① 控制 E-UTRAN 网络访问的连接和建立网络访问连接的属性；

② 控制建立网络连接的路由；

③ 控制网络资源的分配。

MME/MME 控制平面 S10 接口、SGSN/MME 控制平面 S3 接口、SGSN/S-GW 控制平面 S4 接口、S-GW 和 P-GW 控制平面 S5 或者 S8a 接口、MME/S-GW 控制平面 S11 接口和 MME/HSS 控制平面 S6a 接口控制平面协议栈如图 8-10 所示。

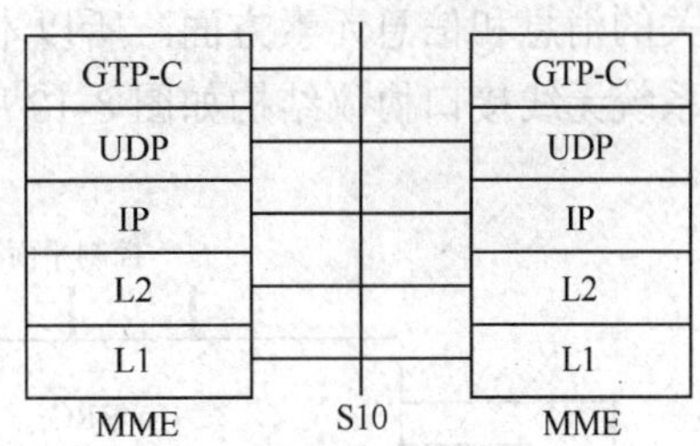

图 8-10 MME/MME 等控制面协议栈

（2）UE/eNode B/网关的用户平面协议栈

UE/P-GW 用户平面如图 8-11 所示，在 eNode B 和 S-GW 之间、S-GW 和 P-GW 之间，利用 GTP-U 协议传送用户数据。访问 3G 的 UE/P-GW 用户平面的 S12 接口、访问 3G 的 UE 和 P-GW 用户平面之间的 S4 接口的用户面协议栈与此相似。

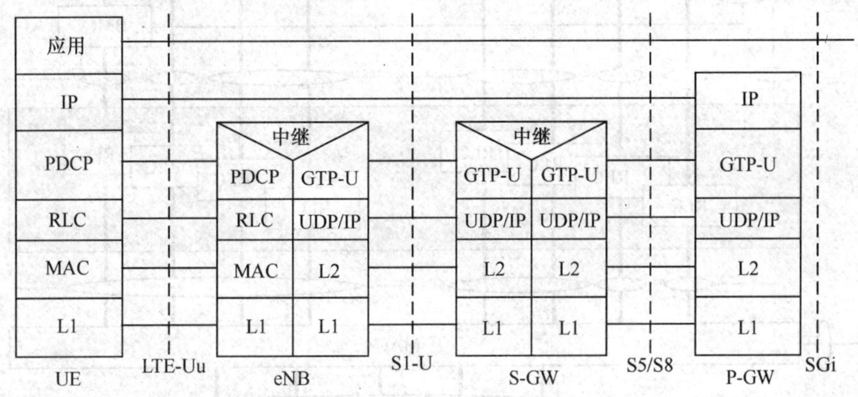

图 8-11 通过 E-UTRAN 的 UE-P-GW 用户平面

4. LTE 网络中的 IP 多媒体子系统

3GPP 对 IMS 的标准化是按照 R5、R6、R7、R8 版本的进程来发布的，IMS 首次提出是在 R5 版本中，然后在 R6、R7、R8 版本中进一步完善。IMS 中主要包括三种功能实体：呼叫会话控制功能实体（CSCF）、媒体网关控制功能（MGCF）和媒体网关（MGW）。关于 IMS 子系统的介绍在 3.2.4 节中已经进行了介绍。

R8 版本中增强了 IMS 功能，核心网内部的一些边界正在消失，界限逐步变得模糊。在核心网的演进趋势中，业界普遍认为未来固定、移动的融合将基于 IMS 架构，IMS 为多媒体应用提供了一个通用的业务平台。

8.3 LTE 的空中接口

8.3.1 空中接口协议

空中接口是指终端和接入网之间的接口，一般称为 Uu 接口。空中接口协议主要是用来建立、重配置和释放各种无线承载业务的。空中接口是一个完全开放的接口，只要遵守接口规范，不同制造商生产的设备就能够互相通信。

LTE 系统的主要无线传输技术的区别体现在物理层。在设计高层时会尽量考虑不同标准的兼容性，对于 FDD 和 TDD 来说，高层的区别并不十分明显，差异集中在描述物理信道相关的消息和信息元素方面。所以本章介绍无线接口协议时不会区分是 FDD 还是 TDD。LTE 系统无线接口协议结构如图 8-12 所示。

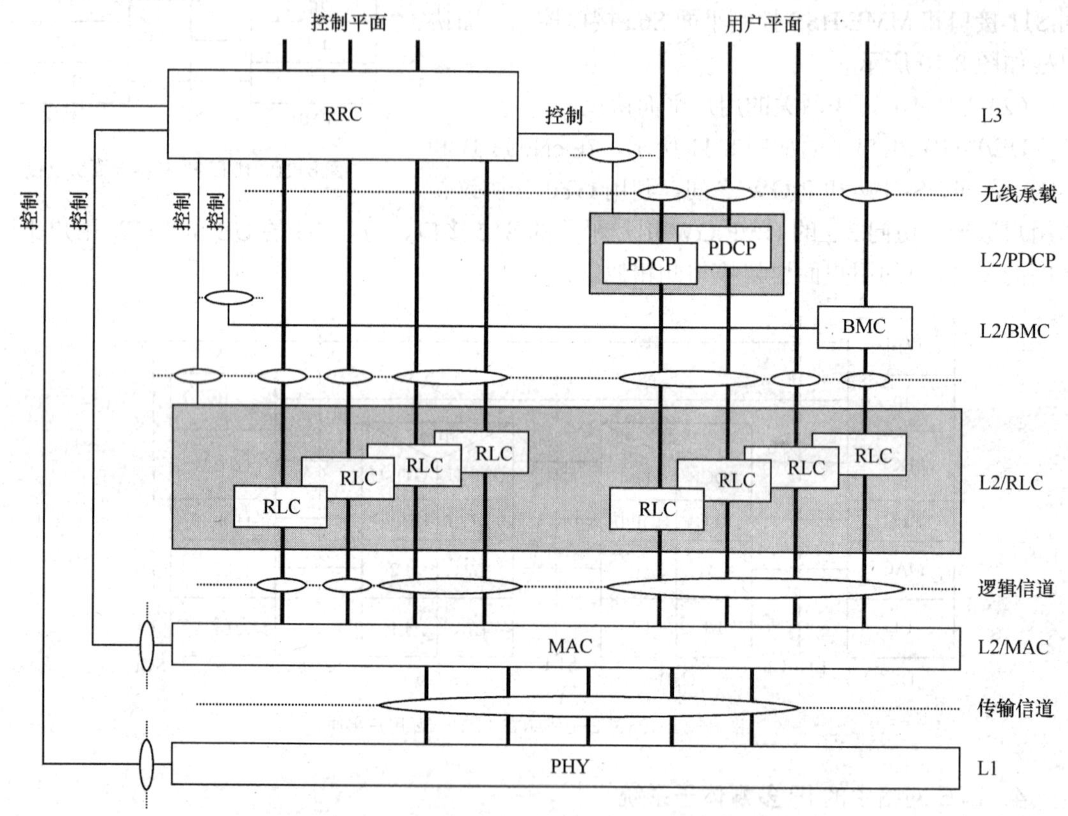

图 8-12 无线接口协议结构

与 R99/R4 协议层的分层结构基本一致，空口接口的协议结构分为两面三层，垂直方向分为控制平面和用户平面，控制平面用来传送信令信息，用户平面用来传送语音和数据；水平方向分为三层：

第一层（L1）：物理层；

第二层（L2）：数据链路层；

第三层（L3）：网络层。

其中第二层又分为几个子层：媒体接入控制（MAC）子层、无线链路控制（RLC）子层、分组数据汇聚协议（PDCP）子层和广播/多播控制（BMC）子层。

下面将依次介绍 LTE 系统空中接口各层的功能，物理信道、传输信道和逻辑信道的概念及相互的映射关系。

8.3.2 物理层

1. 物理层的功能

物理层向高层提供数据传输服务，可以通过MAC子层并使用传输信道来接入这些服务。物理层提供功能如下。

（1）传输信道的错误检测并向高层提供指示；

（2）传输信道的前向纠错（FEC）编解码；

（3）混合自动重传请求（HARQ）及软合并实现；

（4）传输信道与物理信道之间的速率匹配和映射；

（5）物理信道的功率控制；

（6）物理信道的调制/解调；

（7）频率和时间同步；

（8）无线特性测量并向高层提供指示；

（9）多入多出（MIMO）天线处理；

（10）传输分集；

（11）波束赋形；

（12）射频处理等。

2. 传输信道

物理层为MAC层和高层提供信息传输的服务。物理层传输服务是通过如何以及使用什么样的特征数据在无线接口上传输来描述的传输信道来实现的。

（1）下行传输信道

① 广播信道（Broadcast Channel，BCH）：固定的预定义的传输格式，能够在整个小区覆盖范围内广播。

② 下行共享信道（Downlink Shared Channel，DL-SCH）：支持HARQ操作；能够动态地改变调制模式、编码、发送功率来实现链路自适应；支持在整个小区广播；能够使用波束赋形；支持动态或半静态资源分配；支持终端非连续接收；支持MBMS传输。

③ 寻呼信道（Paging Channel，PCH）：支持终端非连续接收；要求能在整个小区覆盖范围内广播发送。

④ 多播信道（Multicast channel，MCH）：要求能在整个小区覆盖范围内广播发送，支持多小区的MBMS传输合并；支持半静态资源分配。

（2）上行传输信道

① 上行共享信道（Uplink Shared Channel，UL-SCH）：能够使用波束赋形；能够动态地改变调制模式、编码、发送功率来实现链路自适应；支持HARQ操作；支持动态或半静态资源分配。

② 随机接入信道（Random Access Channel，RACH）：承载少量的控制信息；可能发生冲突碰撞。

3．物理信道

（1）帧结构

LTE 公布了两种类型的无线帧结构：类型 1，也称做通用（Generic）帧结构，应用在 FDD 模式和 TDD 模式下；类型 2，也称做可选（Alternative）帧结构，仅应用在 TDD 模式下。

物理层规范中引入了无线帧长度 T_f(Radio Frame Duration)、时隙长度 T_{slot}(Slot Duration) 和基本时间单位 T_s(Basic Time Unit) 的定义，$T_s = 1/(15\,000 \times 2\,048)$s，$T_f = 307\,200 \times T_s$。

① 类型 1 帧结构。类型 1 帧结构如图 8-13 所示。一个 10ms 的无线帧（Radio Frame）被等分成了 10 个子帧（Sub-frame），由 20 个时隙组成。每个子帧由两个时隙（Slot）组成，每个时隙的长度为 0.5ms。每个子帧可以作为上行子帧或者下行子帧来传输。在每一个无线帧的第一和第六时隙处包含同步周期。

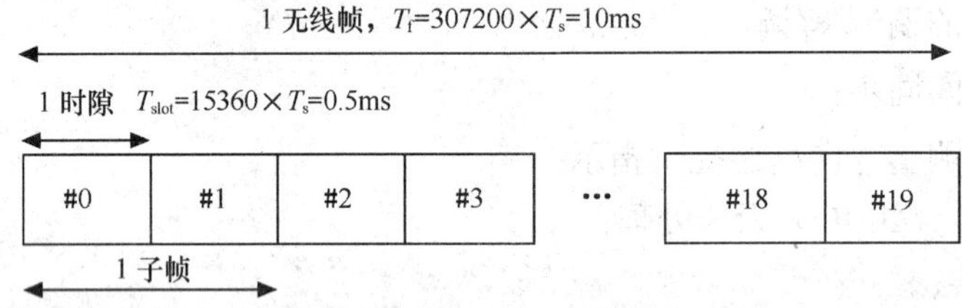

图 8-13 类型 1 帧结构

② 类型 2 帧结构。类型 2 帧结构如图 8-14 所示，一个 10ms 无线帧被分为 2 个 5ms 的半帧（Half-frame），这两个半帧是完全相同的。每个半帧分为 7 个子帧，每个子帧（对应于 FDD 模式下的一个子帧）为 0.675ms。导频和保护周期包括下行导频时隙（Downlink Pilot Time Slot，DwPTS）、保护周期（Guard Period，GP）和上行导频时隙（Uplink Pilot Time Slot，UpPTS），共 0.275ms。子帧 0 和 DwPTS 总是供下行传输用，子帧 1 和 UpPTS 总是供上行传输用。另外，每个子帧包含一个小的空闲周期，可作为上下行切换保护间隔。

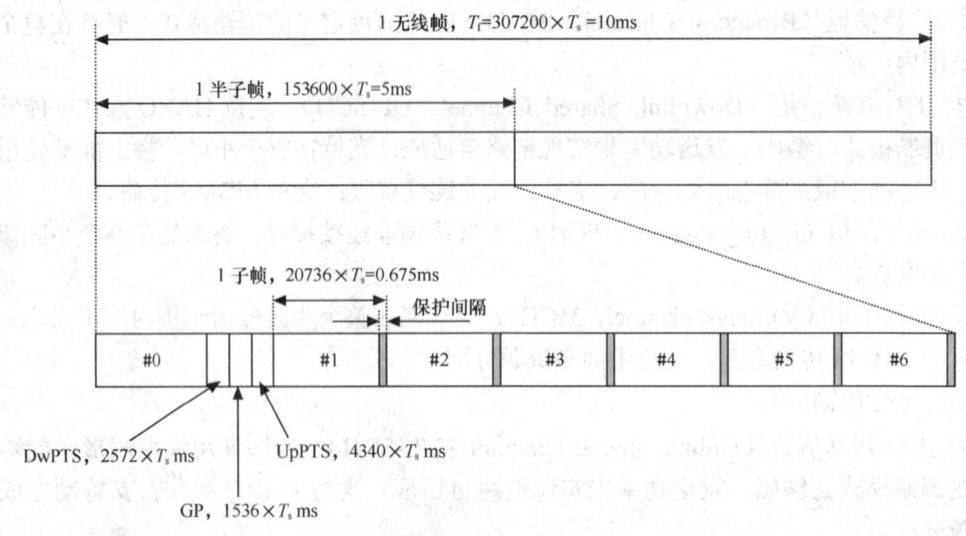

图 8-14 类型 2 的结构

类型 2 帧结构的最大特点是采用了和 FDD LTE 不同的子帧（时隙）长度，因此导致了 LTE 的 FDD 和 TDD 模式在系统参数设计上有所不同。类型 1 帧结构比较适合那些同时部署 FDD LTE 系统、但没有部署 TDD UTRA 系统的运营商，因为这种设计可以获得更高的与 FDD LTE 系统的共同性，从而获得较低的系统复杂度。但对于那些已经部署了 TDD UTRA 系统的运营商，类型 2 帧结构是更好的选择，因为这种结构可以更容易避免 TDD UTRA 和 TDD EUTRA 系统间的干扰。

（2）物理信道的分类

① 下行物理信道。

- 物理广播信道（Physical Broadcast Channel，PBCH）：承载广播信道（BCH），在 40ms 的间隔里面，将 BCH 传输块映射到 4 个子帧中，终端需要进行盲检测。
- 物理控制格式指示信道（Physical Control Format Indicator Channel，PCFICH）：通知 UE 关于 OFDM 符号的数量，供 PDCCH 使用。
- 物理下行控制信道（Physical Downlink Control Channel，PDCCH）：承载下行控制信道（DL-CCH），通知 UE 关于 PCH 和 DL-SCH 的资源分配、与 DL-SCH 有关的 HARQ 信息、上行调度的授权信息。
- 物理下行共享信道（Physical Downlink Shared Channel，PDSCH）：承载下行共享信道（DL-SCH），传送 DL-SCH 和 PCH 有关信息。
- 物理多播信道（Physical Multicast Channel，PMCH）：承载多播信道（MCH），传送 MCH 的有关信息。

② 上行物理信道。

- 物理上行控制信道（Physical Uplink Control Channel，PUCCH）：在响应下行传输时，传送 HARQ ACK/NACK 有关信息、调度请求信息和 CQI 报告。
- 物理上行共享信道（Physical Uplink Shared Channel，PUSCH）：承载上行共享信道（UL-SCH），传送 UL-SCH 有关的信息。
- 物理混合自动请求重传指示信道（Physical Hybrid ARQ Indicator Channel，PHICH）：在响应上行传输时，传送 HARQ ACK/NACK 信息。
- 物理随机接入信道（Physical Random Access Channel，PRACH）：传送随机接入序列。

4．传输信道与物理信道映射

传输信道与物理信道的映射关系如图 8-15 和图 8-16 所示。

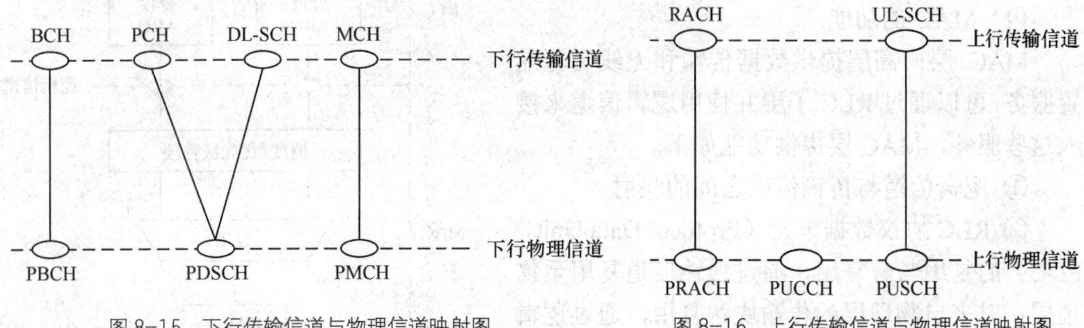

图 8-15 下行传输信道与物理信道映射图　　图 8-16 上行传输信道与物理信道映射图

8.3.3 数据链路层

数据链路层（层 2）主要由 MAC、RLC 以及 PDCP 等子层组成。层 2 标准的制定没有考虑 FDD 和 TDD 的差异。LTE 的协议结构进行了简化，RLC 和 MAC 层都位于 eNode B。

1．数据链路层（层 2）结构

图 8-17 和图 8-18 分别给出了 E-UTRAN 侧和 UE 侧的层 2 结构。

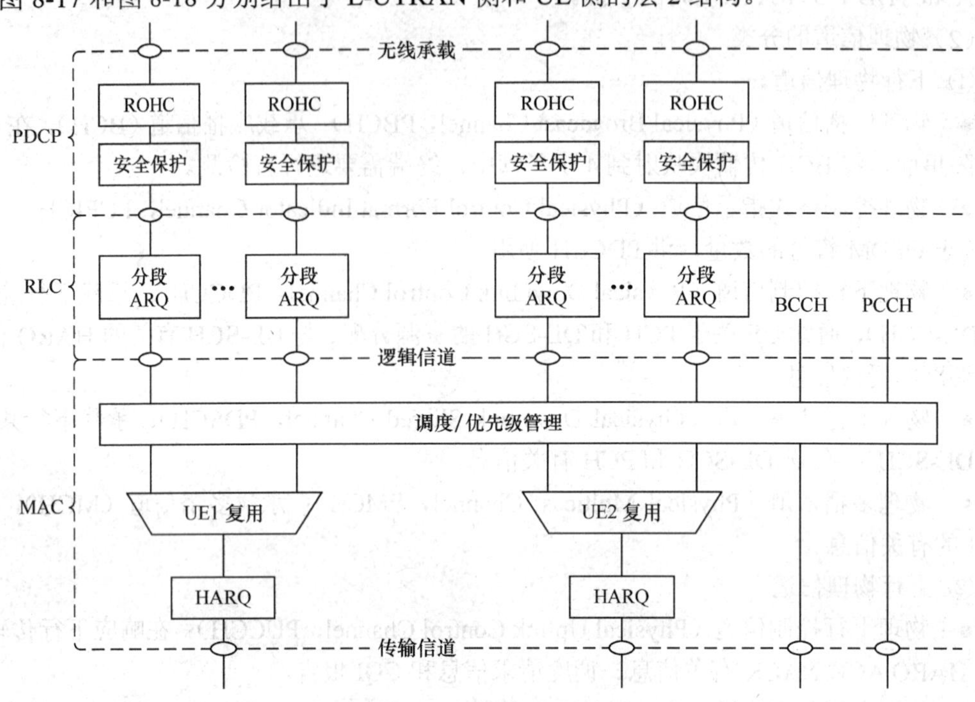

图 8-17 E-UTRAN 侧的层 2 结构

图中层与层之间的连接点称为服务接入点（SAP），用圆圈表示。RLC 与 MAC 之间的服务接入点为逻辑信道。MAC 提供逻辑信道到传输信道的复用与映射。

2．MAC 层

（1）MAC 的功能

MAC 层向高层提供数据传输和无线资源配置服务，可以通过 RLC 子层并使用逻辑信道来接入这些服务，MAC 层提供功能如下。

① 逻辑信道与传输信道之间的映射。

② RLC 协议数据单元（Protocol Data Unit，PDU）的复用与解复用，通过传输信道复用至物理层；对来自物理层的传输块解复用，通过逻辑信道至 RLC 层。

③ 业务量测量与上报。

④ 通过 HARQ 对数据传送进行错误纠正。

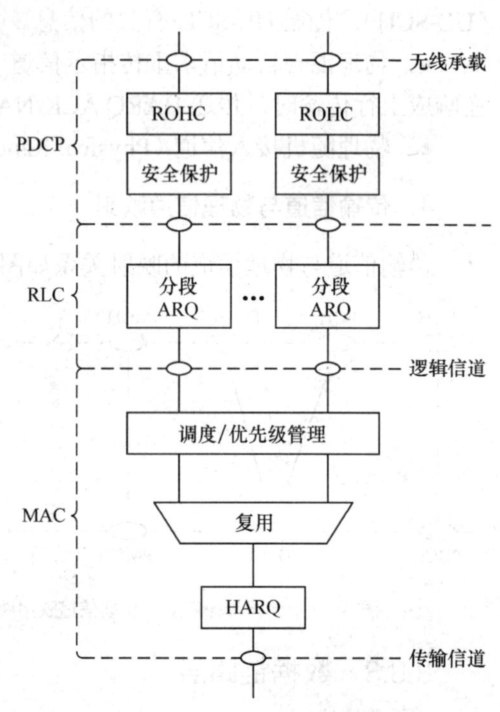

图 8-18 UE 侧的层 2 结构

⑤ 同一个 UE 不同逻辑信道之间的优先级管理。

⑥ 通过动态调度进行的 UE 之间的优先级管理。

⑦ 传输格式选择。

⑧ 逻辑信道优先级管理。

（2）逻辑信道

逻辑信道是根据传输信息的类型来定义的，一般逻辑信道分为控制信道（用于传输控制平面信息）和业务信道（用于传输业务平面信息）两类。

① 控制信道。

- 广播控制信道（Broadcast Control Channel，BCCH）：传输广播系统控制信息的下行信道。
- 寻呼控制信道（Paging control Channel，PCCH）：在网络不知道 UE 位置的情况下传输寻呼信息的下行信道。
- 公共控制信道（Common Control Channel，CCCH）：UE 与网络之间传输控制信息的上行信道。当 UE 没有和网络的 RRC 连接时，UE 使用此信道。
- 组播控制信道（Multicast Control Channel，MCCH）：传输从网络到 UE 的一点对多点的 MBMS 控制信息，供 UE 使用，接收 MBMS 业务。
- 专用控制信道（Dedicated Control Channel，DCCH）：传输专用控制信息的点到点双向信道。当 UE 有和网络的 RRC 连接时，UE 使用此信道。

② 业务信道。

- 专用业务信道（Dedicated Traffic Channel，DTCH）：专用于一个 UE 传输用户信息的点到点双向信道。
- 组播业务信道（Multicast Traffic Channel，MTCH）：点到多点下行业务信道。

（3）逻辑信道与传输信道的映射

LTE 中的逻辑信道与传输信道类型都大大减少，映射关系也变得比较简单，上行逻辑信道映射如图 8-19 所示。下行逻辑信道映射如图 8-20 所示。

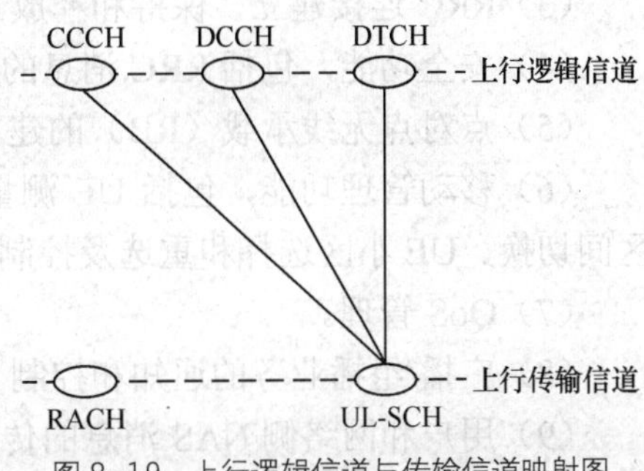

图 8-19　上行逻辑信道与传输信道映射图

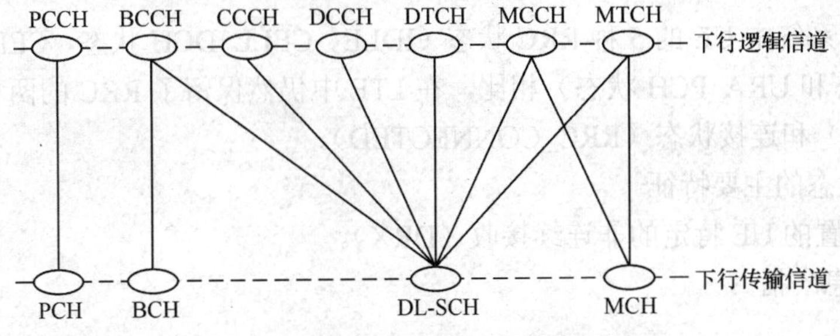

图 8-20　下行逻辑信道与传输信道映射图

3. RLC 层主要功能

（1）对上层 PDU 的数据传输支持确认模式（AM）、非确认模式（UM）和透明模式（TM）。

（2）通过 ARQ 机制进行错误修正。

（3）根据传输块（TB）大小对本层数据进行动态分段和重组。

（4）实现同一无线承载的多个业务数据单元（Service Data Unit，SDU）的串接（FFS）。

（5）顺序传送上层的 PDU（切换时除外）。

（6）数据的重复检测和底层协议错误的检测与恢复。

（7）eNode B 和 UE 间的流量控制等。

4. PDCP 层主要功能

（1）协议头压缩与解压缩，只支持 ROHC 压缩算法。

（2）NAS 层与 RLC 层间用户面数据传输。

（3）用户面数据和控制面数据加密。

（4）控制面 NAS 信令信息的完整性保护。

8.3.4 RRC 层

1. RRC 层提供的服务与功能

（1）广播 NAS 层和接入层（AS 层）的系统消息。

（2）寻呼。

（3）RRC 连接建立、保持和释放。

（4）安全功能，包括 RRC 消息的加密和完整性保护。

（5）点对点无线承载（RB）的建立、修改和释放。

（6）移动管理功能，包括 UE 测量报告、为了小区间和网络间移动进行的报告控制、小区间切换、UE 小区选择和重选及控制、eNode B 间上下文的传输。

（7）QoS 管理。

（8）广播/组播业务的通知和控制。

（9）用户和网络侧 NAS 消息的传输。

2. RRC 协议状态以及状态迁移

与 UTRAN 系统中 UE 的 5 种 RRC 状态（IDLE、CELL_DCH 状态、CELL_FACH 状态、CELL_PCH 状态和 URA_PCH 状态）相比，在 LTE 中仍然保留了 RRC 的两种状态：空闲状态（RRC_IDLE）和连接状态（RRC_CONNECTED）。

（1）空闲状态的主要特征

① NAS 配置的 UE 特定的非连续接收（DRX）。

② 系统信息广播。

③ 寻呼。

④ 小区重选的移动性。

⑤ UE 具有在跟踪区域范围内唯一的标识。

⑥ 在 eNode B 中没有保存 RRC 上下文等。

（2）连接状态的主要特征

① UE 具有 E-UTRAN 的 RRC 连接。

② E-UTRAN 拥有 UE 通信上下文。

③ E-UTRAN 知道 UE 属于哪个服务小区。

④ 网络可以与 UE 间发送/接收数据。

⑤ 网络控制的移动管理（切换）。

⑥ 相邻小区测量等。

（3）RRC 状态转移

和 UTRAN 系统类似，UE 开机后，将会从选定的 PLMN 网中选择合适的小区驻留。当 UE 驻留在某个小区后，就可以接收系统信息和小区广播信息。通常 UE 第一次开机需要执行注册过程，一方面可以互相认证鉴权，另一方面可以让网络获得此 UE 的一些基本信息。之后 UE 将一直处于空闲状态，直到需要建立 RRC 连接。

E-UTRAN、UTRAN 和 GERAN 间状态的转移过程如图 8-21 所示。

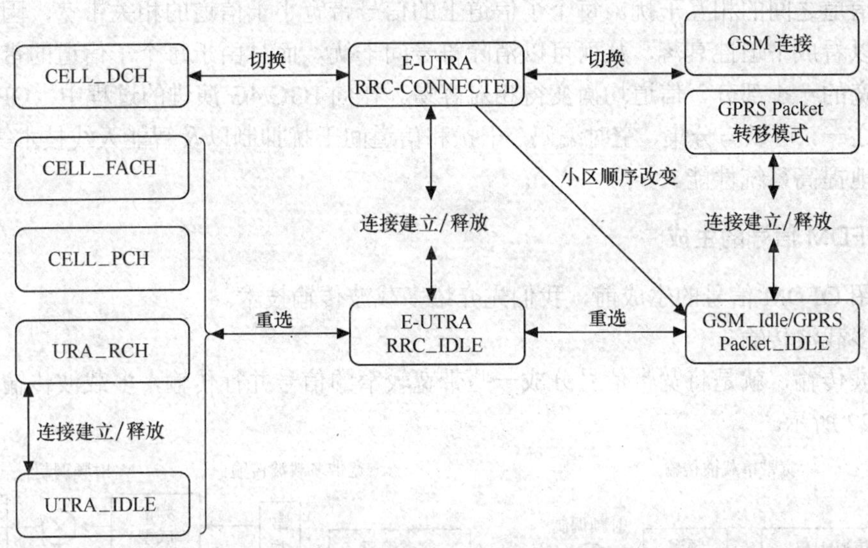

图 8-21　不同系统间 RRC 状态转移

UE 通过建立 RRC 连接才能进入 RRC_CONNECTED 状态。在 RRC_CONNECTED 状态下，UE 可以跟网络之间进行数据的交互。当 UE 释放了 RRC 连接时，UE 就会从 RRC_CONNECTED 状态转移到 RRC_IDLE 状态。

8.4 LTE 关键技术

8.4.1 OFDM

正交频分复用技术（Orthogonal Frequency Division Multiplexing，OFDM）是一种特殊的多载波调制（Multi-Carrier Modulation，MCM）技术，能够有效地减少多径效应对信号的影响。

OFDM 技术起源于 20 世纪 60 年代的军事通信系统，当时并没有大范围的商用，主要是由于当时没有先进的电子电路技术和先进的信号处理器。在 20 世纪 80 年代，由于基于傅里叶变换（FFT）的数字调制器的使用，人们又重新对 OFDM 技术产生了兴趣，OFDM 曾经被 GSM 考虑过，也被作为 UMTS 的一种候选方案，但是实际上一直没有被用到移动通信中，主要是由于当时的信号处理速度还是不够快，另外即使有了合适的处理芯片，又由于价格太昂贵并且功耗较高不太适于移动终端。摩尔定律使得数字处理技术大幅进步，并且芯片价格不断地降低，OFDM 技术又重新得到了大家的重视，并且将在未来的移动通信中被广泛应用。OFDM 作为保证高频谱效率的调制方案已被一些规范及系统采用，如数字音频广播（DAB）、数字视频广播（DVB-T）、IEEE 802.11a 及 HIPERLAN/2（高性能本地接入网）、IEEE 802.16d/e 等等。OFDM 必将成为新一代无线通信系统中特别是下行链路的最优调制方案之一，也会和传统多址技术结合成为新一代无线通信系统多址技术的备选方案。

OFDM 的主要思想：将信道分成若干正交子信道，将高速数据信号转换成并行的低速子数据流，调制到每个子信道上进行传输。正交信号可以在接收端采用相关技术分离，这样可以减少子信道之间的相互干扰。每个子信道上的信号带宽小于信道的相关带宽，因此每个子信道上可以看成平坦性衰落，从而可以消除符号间干扰。而且由于每个子信道的带宽仅仅是原信道带宽的一小部分，信道均衡变得相对容易。在向 B3G/4G 演进的过程中，OFDM 是关键的技术之一，可以与分集、空时编码、干扰和信道间干扰抑制以及智能天线技术等相结合，最大限度地提高系统性能。

1. OFDM 信号的生成

在介绍 OFDM 信号的生成前，我们先介绍多载波传输技术。

（1）多载波传输

多载波传输，就是将宽带信号分成一些带宽较窄的信号并行传输，多载波传输方案示意图如图 8-22 所示。

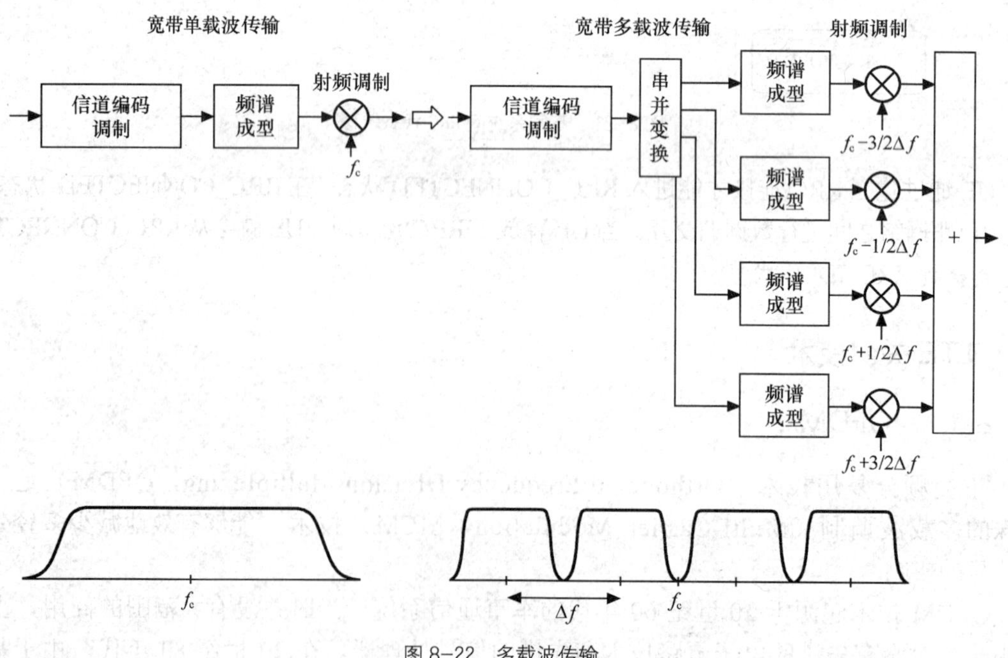

图 8-22 多载波传输

通过在同一个无线信道中并行地传送 M 路信号，总的信息速率就会相应地增加 M 倍，这样频率选择性衰落的影响就会限制在每个子载波（而不是整个带宽），在子载波中进行均衡就会大大地降低均衡的复杂度。当然这样的多载波传输有两个明显的缺点：

① 每个子载波之间需要留有一定的保护带宽来避免子载波间干扰，这样就会降低频谱效率。

② 由于多个子载波并行传输，瞬时功率的变化范围会很大，导致了功率放大器效率的下降，又增加了设计功率放大器的成本，由于发射平均功率的降低，小区的覆盖范围也随之减少，这就意味着多载波传输更适于下行链路（基站到移动终端），而不适合上行链路（在手机中功率放大器的效率是最重要的）。

多载波传输的优点就是能够支持目前的移动系统平滑的演进（不用更换现行移动设备和频谱，使用现行的技术来支持高速信息传送），尤其是对下行链路，如可以在 WCDMA 中同时使用 4 路 5MHz 带宽来为用户提供 20MHz 带宽。

（2）OFDM 子载波与多载波传输的主要区别

① 子载波的数量非常多，子载波的带宽较窄，而前面介绍的多载波传输的子载波的数量很少，子载波的带宽相对较大。例如在 WCDMA 中，在 20MHz 的带宽内进行多载波传输，只包含 4 个子载波，每个子载波带宽为 5MHz。而在 OFDM 中，在同样的带宽内可能会包含几百个子载波。

② 如图 8-23 所示，OFDM 的子载波间有一些重叠（但是它们之间是正交的），这就意味着 OFDM 的频谱效率要高于多载波传输技术。

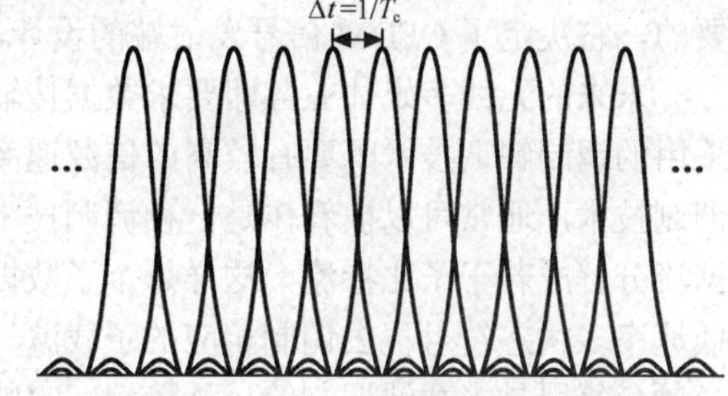

图 8-23 OFDM 子载波间隔示意图

③ 由于 OFDM 中子载波的数量非常多，每个子载波的带宽很小，那么就能很好地对抗频率选择性衰落，并且均衡的复杂度较低，在子载波带宽较窄时甚至可以不用均衡。

（3）OFDM 调制原理

OFDM 调制的基本原理如图 8-24 所示，如果不使用数字处理技术（如 FFT），那么 OFDM 的系统需要非常多的调制器，而且每个设备基本上不能复用，这将导致系统非常昂贵，并且耗电量也是非常大的，这也决定了早期的 OFDM 系统只能用在军方通信，而不能用于民用通信。

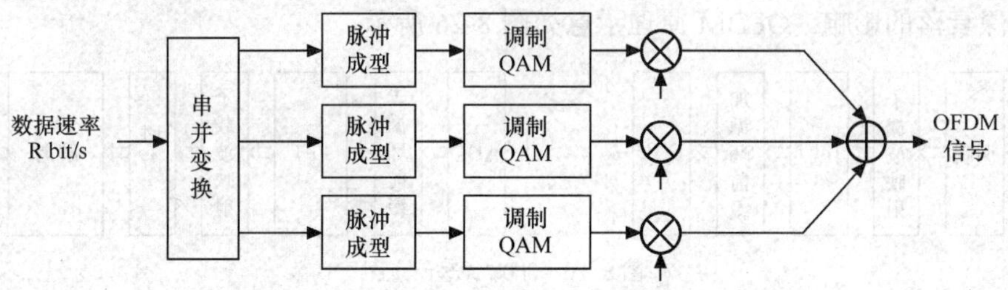

图 8-24 OFDM 调制的基本原理

由于 OFDM 的特殊结构，子载波间隔$\triangle f$等于每个子载波的符号速率 $1/T_u$，OFDM 信号非常适于用傅里叶变换（FFT）来实现。假设一个 OFDM 信号的采样频率 f_s 是子载波间隔的 N 倍，即 $f_s = 1/T_s = N \cdot \triangle f$，$N$ 的选择要满足抽样定理，而且 $N_c\triangle f$ 为 OFDM 的信号带宽，所以 N 要大于 N_c。

如图 8-25 所示，通过串并变换的信号通过插入 0，长度扩展到 N。这样 OFDM 信号就可以通过 IDFT（IFFT），然后通过数模转换设备生成。IDFT (IFFT) 的使用使得 OFDM 的生成大大简化。特别是如果选择 IDFT 的长度 N 等于 2^m (m 为整数)，这样就可以通过计算非常有效的 IFFT 来进行处理。N/N_c 可以被看为是 OFDM 信号的过采样率，通常它并不是一个整数。例如在 3GPP 的 LTE 中，10MHz 的带宽包含 600 (N_c) 个子载波，IFFT 的长度（N）可以选为 1 024 点，相应的采样率为 $f_s = N \cdot \triangle f = 15.36$MHz，LTE 的子载波间隔 $\triangle f$ 为 15kHz。

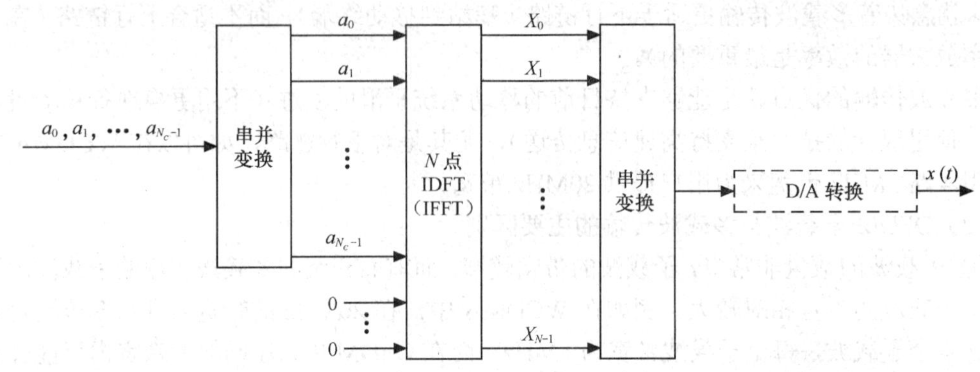

图 8-25　OFDM 信号的 IFFT 实现

理解通过 IDFT (IFFT) 实现的 OFDM 信号，更确切地说是 IDFT (IFFT) 的长度是非常重要的，它决定了 OFDM 信号发射端的设计，而这些是不会在无线接入标准中提到的。

未来的无线多媒体业务即要求数据传输速率较高，同时又要求保证传输质量，就要求所采用的调制解调技术既要有较高的信源速率，又要有较长的码元周期。OFDM 是一种多载波调制技术，通常可以被看作是一种调制技术，有时也被当作一种复用技术。多载波传输把数据流分解成若干子比特流，这样每个子数据流将具有低得多的比特速率，用低比特率形成的低速率多状态符号再去调制相应的子载波，就构成多个低速率符号并行发送的传输系统。正交频分复用是多载波调制的一种特例，它的特点是各子载波相互正交，所以扩频调制后的频谱可以相互重叠，不但减小了子载波间的相互干扰，还可以大大提高频谱利用率。选择 OFDM 的一个主要原因在于该系统能够很好地对抗频率选择性衰落和窄带干扰。在单载波系统中，一次衰落或者干扰会导致整个链路失效，但是在多载波系统中，某一时刻只会有少部分的子信道受到深衰落的影响。OFDM 原理示意如图 8-26 所示。

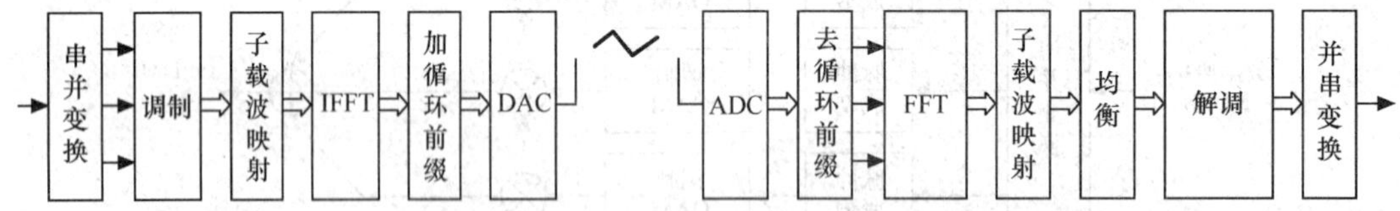

图 8-26　OFDM 原理示意图

输入数据信源的速率为 R，经过串并转换后，分成 M 个并行的子数据流，每个子数据流的速率为 R/M，把每个子数据流中的若干个比特分成一组，每组的数目取决于对应子载波上的调制方式，按照星座点进行基带调制。M 个并行的子数据编码交织后进行 IDFT 或 IFFT 变换，将频域信号转换到时域，IFFT 块的输出是 N 个时域的样点，为了消除 ISI 的影响，经过并/串转换，插入保护间隔后，再经过数/模变化后形成 OFDM 调制后的信号发射。接收端接收到的信号是时域信号，经过模/数变换后，去掉保护间隔来恢复子载波之间的正交性，再经过串/并变换和 DFT 或 FFT 后，恢复出 OFDM 的调制信号，再经过并/串变换后还原出输入的信号。

2．保护时间和循环前缀

由于 OFDM 子载波间采用了正交的方式，那就意味这在接收端，如果信号没有受到干扰，就能完全地解调而不受到任何子载波间的干扰。但是实际环境中这种理想条件是不存在的，如图 8-27 所示，由于多径效应的影响，造成了码间干扰，为了消除码间干扰，需要在 OFDM 每个符号中插入保护时间，只要保护时间大于多径时延扩展，则一个符号的多径分量就不会干扰相邻的符号。

多径效应可以引起子载波间不能完全正交。完全正交是指子载波同时到达，但是在移动环境中由于多径效应，一般是不满足这个条件的，从而引入子载波间干扰（ICI），主要由于两个子载波的周期不再是整数倍，从而不能保证正交性，如图 8-28 所示。

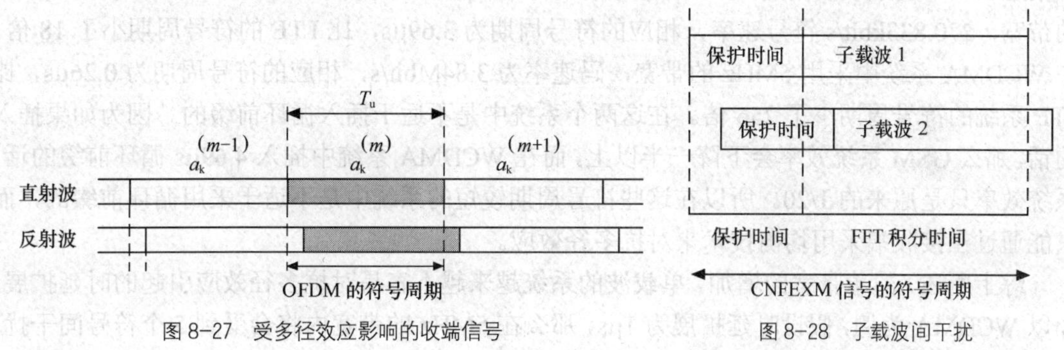

图 8-27　受多径效应影响的收端信号　　图 8-28　子载波间干扰

为了解决上述问题，OFDM 引入了循环前缀技术，如图 8-29 所示。循环前缀就是复制 OFDM 信号的后面一部分信号插入到最前面的保护时间中，循环前缀的插入增加了 OFDM 信号的周期，从 T_u 增加到 T_u+T_{CP}′ T_{CP} 为循环前缀，循环前缀也相应地减小了 OFDM 的符号速率，降低了频谱利用率。例如在 LTE 系统中，OFDM 信号的符号长度为 66.7μs，循环前缀长度为 4.69μs，那么就意味着有 7%（4.69/66.7）的容量损失。显然保护时间内的冗余信息也可以复制 OFDM 信号的前面一部分信号。实际上循环前缀是在 IFFT 之后进行插入的，信息块的长度就从 N 增加到 $N+N_{CP}$。

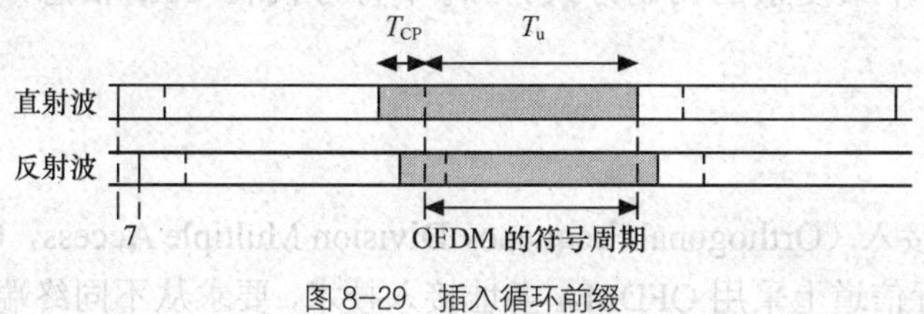

图 8-29　插入循环前缀

循环前缀的插入对 OFDM 信号是非常有用的，它使得接收端可以通过循环卷积非常容易地解调 OFDM 信号中的每个子载波。从数学上来看，OFDM 将带宽分成 N 份子载波，每份子载波传送的信号速率降低为原来的 $1/N$，在保持正交性的前提下，子载波间隔非常接近，如果子载波的带宽非常小，那么均衡就会非常简单。

只要循环前缀的长度大于由于多径效应引起的时延扩展，就不会造成载波间干扰。循环前缀的另一个缺点就是接收到的信号只有一部分功率 $T_u/(T_u + T_{CP})$ 能被用作 OFDM 信号的解调，也就意味着在解调端会有一部分的功率损失。要减少循环前缀带来的开销，可以通过增加 OFDM 的符号周期 T_u，但是由于$\Delta f = 1/T_u$，意味着子载波的带宽减少，更容易受到多普勒频移的影响。

实际上保护时间（循环前缀）不一定要大于多径效应引起的最大时延扩展（虽然理论上要求是这样）。通常需要在由于保护时间（循环前缀）引起的功率损失和由于保护时间小于时延扩展所引起的码间干扰和子载波干扰之间找到一个平衡点。在某种程度上来说，通过增加循环前缀的长度来减少信号的损伤是不合适的，因为同时也增加了功率的损失。

在其他移动通信系统中一般来说是不采用循环前缀技术的，例如，在 OFDM 系统设计中要求符号周期要大于多径效应引起的时延扩展，符号周期和子载波的带宽成倒数关系，LTE 中采用 15kHz 的子载波间隔，相应的符号周期为 66.7μs。在单载波系统中，如 GSM 采用 200kHz 的带宽，270.833kbit/s 符号速率，相应的符号周期为 3.69μs，比 LTE 的符号周期小了 18 倍。在 WCDMA 系统中采用 5MHz 的带宽，码速率为 3.84Mbit/s，相应的符号周期为 0.26μs，比 LTE 系统的符号周期小了 256 倍。在这两个系统中是不适于插入循环前缀的。因为如果插入的话，那么 GSM 系统效率会下降一半以上，而在 WCDMA 系统中插入 4.69μs 循环前缀的话，系统效率只是原来的 1/20。所以在这些符号周期较短的系统中是不适于采用循环前缀的，而只能通过在接收端采用均衡技术来对抗多径效应。

综上所述，随着带宽的增加，单载波的系统越来越不容易对抗多径效应引起的时延扩展，如以 WCDMA 为例，假设时延扩展为 1μs，那么在 5MHz 的带宽内将会受到 5 个符号间干扰，而在 20MHz 的带宽内将会受到 20 个符号间干扰。符号间干扰的数量越大，均衡的复杂度和设备成本就越高，实际上目前在 WCDMA 的 5MHz 带宽内使用均衡已经达到了系统能够接受的上限。

通过保护时间可以计算出可以对抗的最大时延扩展。如在 LTE 中，标准的保护时间为 4.69μs，那么系统能处理的最大时延扩展为 8.4km (4.69μs×光速)，需要说明的是 8.4km 并不是小区的半径，而是表明由于信号在不同路径反射长度的最大差别。

在 LTE 系统中，采用 15kHz 的子载波带宽，每个子载波的符号速率为 15kbit/s，假设要在 20MHz 的带宽内传送 18Mbit/s 的数据（需要 1 200 个子载波和 18MHz 带宽），使用 64QAM 的调制方式（LTE 中最复杂的调制方式），每个符号代表 6bit 信息，能够得到的容量为 108Mbit/s。

3. OFDMA

正交频分多址接入（Orthogonal Frequency Division Multiple Access，OFDMA）是 OFDM 技术的演进。在上行信道上采用 OFDMA 多址接入技术，要求从不同终端发射的 OFDM 信号要同时到达基站，更准确地说就是从不同终端发射的 OFDM 信号到达基站的时延差不能大于保护时间（循环前缀的长度），子载波间才能保持正交，避免子载波间干扰。

由于不同的移动终端到基站的距离不同，相应的传播时间也不相同（传播时延差可能远远大于 OFDM 的保护时间），因此有必要控制不同终端发射信号的时间，通过对不同终端的发射时间进行控制，使得不同的终端信号到达基站的时间基本一致，当终端在小区内移动时，传播时间也随之变化，那么发射时间控制也要随之动态变化，总之就是要保证小区内所有终端的发射信号基本同时到达基站，保证子载波间的正交性。

即使通过发射时间控制，使得不同终端发出的信号到达基站的时间基本一致，但是仍然会由于频率误差导致子载波间干扰。在上行信道上还要控制不同手机的发射功率，使得基站能够接收到大致相同的信号功率，因为在不同的移动终端离基站的距离不同，信号的传播损耗也不相同，如果使用同样的功率发射信号，基站会接收到强弱信号不同的信号，那么强信号就会对弱信号产生强干扰，除非子载波间能够完全地正交，但是在上行信道中是很难做到完全正交的。

4. OFDM 的优缺点

（1）OFDM 优点

① 由于 FFT 技术的使用，使得 OFDM 信号的产生和处理变得非常容易，较窄的子载波带宽使得均衡非常容易。

② 较长的 OFDM 符号周期，更容易对抗由于多径引起的频率选择性衰落，保护时间的引入有效减少了子载波间的干扰。

③ 正交子载波极大地提高了频谱利用率。

④ 子载波采用更有利于频谱利用的灵活性，如可以给用户分配不同的子载波数量。

⑤ 可以灵活地利用那些没有分配的频谱资源，尤其是那些在低频段的频率资源（低频率能够覆盖更大的小区范围）。

⑥ 假如在下行信道中采用了反馈机制，那么基站就可以在信噪比较好的子载波上采用更高的调制方式来获得更大的信息传送速率，为用户提供最优的信息传送速率，这也就是信息论中的注水定理，即好的信道传送更多的信息，差的信道少传送或不传送信息。

⑦ 可以通过连续使用几个低复杂度的 FFT 来减少单个 FFT 的复杂度。

⑧ 相对于单载波信号的另一个优点就是 OFDM 能够更加容易地对抗频率和相位失真，不管是由于发射端引起的损伤还是由于信道的不理想。因为 OFDM 信号是在频域中通过子载波的相位和振幅来表示的，通过在子载波中添加一些预先定义的幅度和相位的参考符号（相当于其他系统中的导频信号），那么在接收端解调前可以比较容易地纠正由于频域内引起的信号损伤。参考符号在那些高阶调制的信号中尤其重要（如 16QAM、64QAM），即使在相位和幅度上很小的差错，也会导致解调后出现判决错误。

⑨ OFDM 系统在频域上处理信号的幅度和相位非常容易（由于有参考符号），而另一种未来移动通信的关键技术 MIMO 也需要在频域内处理信号，所以 OFDM 和 MIMO 技术可以非常好地结合。

（2）OFDM 缺点

① 峰均比较高。随着子载波数量的增加，峰均比也较高（峰值功率/平均功率）。假设使用低阶调制如 QPSK，在 QPSK 中每个调制符号的功率是相同的，也就是说单个子载波在发射信号时的功率基本不变。我们必须注意到在实际的 OFDM 系统中，每个子载波是分配给不同的移动终端使用，而这些移动终端距离基站的位置可能并不相同，那么基站就会

调节不同子载波的发射功率，这就导致 OFDM 系统中的每个子载波的平均功率并不相同，随着子载波数量的增加，峰值功率和平均功率的比值必然会增加，另外 OFDM 中的有些子载波可能处于空闲的状态，并没有发射信号，这样峰均比还会提高。而子载波如果采用 16QAM、64QAM 的高阶调制方式，在这两个调制方式中，首先每个调制符号的功率并不相等，如图 8-30 所示。

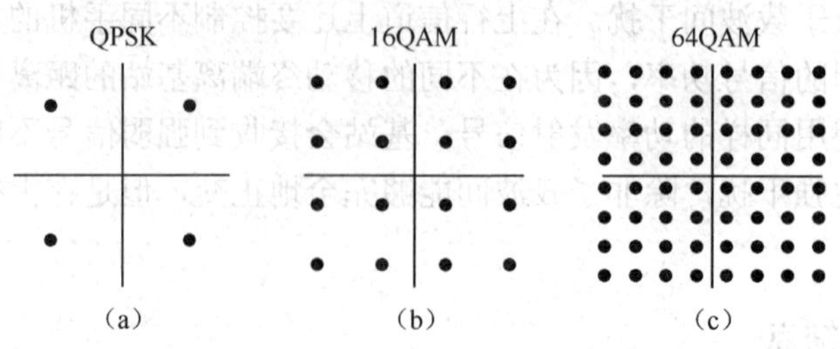

图 8-30 (a) QPSK (b) 16QAM (c) 64QAM 星座图

如果从一个单载波的角度来看，峰值功率和平均功率的比值就不为 1（不像 QPSK，单载波的峰均比为 1），所以调制阶数越大峰均比也就越高。峰均比越高导致功率放大器成本、体积和功耗增加，尤其是在终端更不现实。虽然目前提出了一些降低峰均比的技术，但是这些技术都有一些局限性，而且需要更多的处理功率，并且降低了信号的质量。

② 另一个缺点就是子载波的间隔引起的问题，如为了减少循环前缀带来的开销，有效的方式就是增加符号的周期，即更小的子载波间隔，除了需要增加 FFT 的处理能力外（子载波数量越多，需要的 FFT 处理能力越高），子载波间的正交性也会由于频率偏移导致正交性的丢失，同时峰均比还会增加。

由于多载波传输有一些缺点，主要就是高峰均比（峰值功率/平均功率），不太适于上行信道，那么在 B3G/4G 中上行信道一般采用单载波的传输方式，也称之为 SC-FDMA，SC-FDMA 是一种同时考虑效率和相对较低的均衡复杂度的单载波传输方案。

8.4.2 MIMO 技术

1. 多天线技术

多天线技术就是移动通信系统可以在接收端或发射端使用多天线，也可以在接收端和发射端同时使用多天线的技术。根据收发两端天线数量，可以分为普通的单输入单输出（Single-Input Single-Output，SISO）系统和多输入多输出（Multiple-Input Multiple-Output，MIMO）系统。MIMO 还可以包括单输入多输出（Single-Input Multiple-Output，SIMO）系统和多输入/单输出（Multiple-Input Single-Output，MISO）系统。另外需要说明的是，在多天线系统中或多或少的都需要使用高级的数字信号处理技术，相比单天线系统，多天线通信系统的设备复杂度和成本也会相应提高。虽然有这些缺点，但是多天线系统能够带来的好处也是非常多的。多天线系统提高了系统的容量和系统的覆盖范围，同时可以提高业务质量，提高用户信息传送速率等。特别在无线频谱资源非常缺乏和昂贵情况下，用户对高速信息传送要求越来越高，MIMO 的这些优点无疑是非常吸引人的，所以 MIMO 也为未来移动通信关键技术之一。

移动通信中信道传输条件较恶劣，调制信号在到达接收端前常常经历了严重衰落，接收信号的质量和信息判决的精确率都会剧烈下降。多输入多输出（MIMO）技术是在衰落环境下实现高数据传输速率和提高系统容量的重要途径。

MIMO 技术最早是 1908 年 Marconi 提出的，它利用多天线来抑制信道衰落。MIMO 技术充分开发空间资源，利用多个天线实现多发多收，在不需要增加频谱资源和天线发送功率的情况下，MIMO 的最大容量随最小天线数的增加而线性增加，因此，MIMO 技术对于提高系统的容量具有极大的潜力。MIMO 的指导思想就是对多个发射天线和多个接收天线形成的空间维进行开发利用，利用收发天线形成的多个数据通道提高信号的传输速率，也可以通过发射或接收分集来改善信号的传输质量。

图 8-31 是 MIMO 系统示意图，MIMO 系统将一个单数据符号流通过一定的映射方式（图中的 $\prod$ 完成数据处理功能，比如调制、编码等）生成多个数据符号流，相应的接收端通过反变换（图中的 $\prod^{-1}$ 完成数据处理功能，解调、译码等）恢复出原始的单数据符号流。

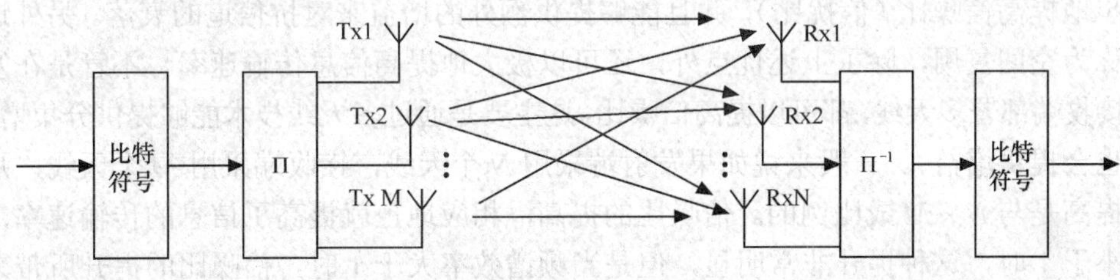

图 8-31 MIMO 系统示意图

2. 多天线的优点

MIMO 系统增益是通过在发射和接收两端使用多个天线来建立多入多出无线链路，在不增加额外发射功率的前提下，就能够获得很高的频谱效率，而且也能改善链路性能，主要指标有：阵列增益（波束赋形增益）、分集增益以及复用增益。其中阵列增益和分集增益并不是 MIMO 系统独有的，它们也存在于单入多出（SIMO）和多入单出（MISO）系统中，而复用增益则是 MIMO 系统所独有的特性。

（1）分集增益

在无线信道中信号的功率会产生随机波动，而分集则是一种克服这种无线链路传输中随机产生的深度衰落的强有力的技术。分集增益主要是依赖于多个（在时间、频率或者空间上）独立的衰落路径来传输信号。而空间分集相比时间和频率分集更有优势，因为它不会占用宝贵的时间和频率资源。只要发射端进行合理的信号设计，即使不知道信道状态，信息也能够使得接收机获得空间分集增益，这种技术就是 MIMO 系统的空时编码技术。

通过在发射端和接收端部署多天线，可以获得分集增益来对抗信道衰落，这主要是由于信号在不同的路径中传输，受到的衰落也不相同，如在一条路径上衰落比较严重频率，而在另一条路径上可能没有衰落，那么在接收端通过相应处理，就可以提高信号的信噪比。在这种情况下，天线之间距离就要较远才能获得较好的分集增益，或者是采用不同的极化方式。

（2）波束成型（阵列增益）

阵列增益是通过对发送端或者接收端的多维信号进行相干合成以提高信号与干扰噪声比（SINR）来得到的。要想获得发送或接收阵列增益，则发射机和接收机都必须要知道信道状态信息，而且也依赖于发射和接收的天线数。一般来说，信道信息对于接收端容易获得，而对于发射机来说则要相对困难一些。

通过在发射端和接收端部署多天线，采用波束成型技术，使得发射天线发出的波束对准接收天线（或是接收天线能够对准发射天线发出的波束），那么就可以使得接收天线或发射天线获得方向增益。

（3）空间复用

空间复用的基本思想是：在丰富的散射环境中，MIMO 系统相当于在空间建立几个独立的并行传输数据通道，数据可在这些通道中同时传输，进而提高了传输速率，导致系统容量的显著增长。空间复用增益即是指那种在不同的天线上传输独立的数据信号流而带来的增益。复用增益是 MIMO 信道所独有的特性，不过空间复用增益依赖于 MIMO 衰落信道条件，只有在富散射条件下，接收才能充分分离不同的信号，以使得容量得以线性增长。

与在发射端或是接收端部署多天线相比，通过在接收端和发射端同时使用多天线技术能够进一步地提高信噪比（信扰比），并且能够提供额外的增益来对抗信道的衰落。另外这种技术也被称为空间复用，除了上述优点外，还可以极大地提高信息传输速率。不管是在发射端还是在接收端部署多天线，都可以提高信噪比，这主要是通过多天线技术能够提供分集增益（波束成型也会提供增益）。一般来说如果发射端采用 N 个天线，接收端采用 M 个天线，那么信噪比的提高是与 $N \times M$ 成比例的。信噪比的提高，相应地也就提高了信息的传输速率，在频谱效率小于 1 时，这种提升非常明显，但是当频谱效率大于 1 时，信噪比的提升所带来的信息速率的提升并不明显，除非增加带宽。

香农定理提供了一个基本的理论工具来确定最大的信息速率，也被称之为信道容量，它确定了在加性高斯白噪声的无线信道的最大信道容量，信道容量 C 定义如下：

$$C = BW \cdot \log_2\left(1+\frac{S}{N}\right) \tag{8-1}$$

其中，BW 为信道的可用带宽、S 为接收到的信号功率，N 为加性高斯白噪声功率。从式（8-1）可以看出，有两个因素决定了信道的容量，一是接收到的信号的功率，更一般地说是信噪比，另一个是信道的可用带宽。式（8-1）可以改写为：

$$\frac{C}{BW} = \log_2\left(1+\frac{S}{N}\right) \tag{8-2}$$

其中，C/BW 为频谱效率，在高等数学中，我们知道 $\log_2(1+x)$，当 x 较小时 $\log_2(1+x)\approx x$，意味着信噪比较低时，信道容量的增长与信噪比成比例，而当 x 较大时 $\log_2(1+x)\approx\log_2 x$，信道容量的增长与信噪比的对数成比例。

在发射端和接收端都采用多天线时，假设 $N_L = \min(N_R, N_T)$，那么在空间上就可以看成有 N_L 个并行的信道，假设功率平均分发在 N_L 个空间信道上，那么接收信号的信噪比为 $N_R \times S/N_L$，每个并行信道的信道容量为：

$$\frac{C}{BW} = \log_2\left(1+\frac{N_R}{N_L}\times\frac{S}{N}\right) \tag{8-3}$$

因为有 N_L 个并行信道，每个并行信道的容量如式（8-3）所示，所以信道总容量为：

$$\frac{C}{BW} = N_L \times \log_2\left(1+\frac{N_R}{N_L}\times\frac{S}{N}\right) = \min(N_R, N_L)\times\log_2\left(1+\frac{N_R}{\min(N_R, N_L)}\times\frac{S}{N}\right) \tag{8-4}$$

通过式（8-4）可以看出，多天线系统的信道容量与天线的数量成正比，即天线的数量越多容量越大。

在通常情况下，多天线系统可以看成是空间复用，空间复用的并行信道数至少为 min（N_L, N_R）。从发射端来看，N_T 个发射天线，最多可以发射 N_T 路不同的信号，那就意味着从空间上看，最多有 N_T 路空间复用信道。从接收端来看，N_R 个接收天线，每个接收天线接收的信号是相互独立的，每个接收天线最多可以抑制 $N_R - 1$ 路信号，那就意味着接收端最多可以有 N_R 路空间复用信号。

然而在大多数情况下，空间复用的信道数要小于 N_L。例如，如果信道的传输质量非常差，接收端的信噪比非常低，采用空间复用就不会带来很大的增益，这时多天线系统应该采用波束成型的方式来提高接收信号的信噪比，才能提高信道的容量。

多天线的技术就是通过多个天线发射信号，由于发射天线的位置不同，而这些信号在空间上可以看成是经过不同的空间传送到接收端，并且通过采用一些数字处理技术（如空时编码等），使得接收端能够区分这些信号，实际上就是空间复用。

8.4.3 空时编码

1. 空时编码综述

随着因特网和多媒体应用在下一代无线通信中的集成，可以为用户提供高速数据传输、因特网访问、移动视频等，宽带高速数据通信服务的需求正在不断增长。由于可用无线频谱资源的有限性，高数据速率只能通过高效的信号处理技术来实现。信息论领域的研究表明，在无线信道中使用多输入多输出（MIMO）系统可以显著提高通信容量。在无线链路两端设置多元素天线阵列就构成了 MIMO 信道，可以利用不同的空间信道来同时传输多数据流来增加数据率。不严格地讲，接收分集用以区分不同的数据流，而发射分集可以提高性能。因而从某种意义上讲，多入多出天线信道增加了无线信道的有效带宽。

在 MIMO 信道中，空时编码是可以使信息容量接近理论容量的一种较实用的编码。空时编码的基础理论最早由 Winter 于 1987 年提出，V.Tarokh 于 1998 年将其内容进行了极大丰富，把编码和分集技术整体考虑，提出了针对不同衰落信道获取满分集增益和高编码增益的系列设计准则，引起了广泛的关注，带动近几年对空时码的系列研究。将空时编码与 Turbo 码和低密度校验码（LDPC）等相结合的联合编码方案方兴未艾 。

空时编码就是将空间域上的发射分集和时间域上的信道编码相结合的联合编码技术，空间域上的编码可以用空间冗余实现分集，克服信道衰落，提高系统性能。空时编码可以分为空时网格码（Space-Time Trellis Code，STTC），空时分组码（Space-Time Block Code，STBC），分层空时码（Layer Space-Time Code，LSTC），差分/酉空时码（Differential/Unitary Space-time Modulation，D/USTM），级联空时码（Concatenated Space-Time Code）等。在 MIMO 技术基础上发展起来的各种空时码，综合了空间分集和时间分集的特点，可以同时提供分集增益和编码增益。

2. 空时网格码

空时网格码（Space-Time Trellis Code，STTC）的概念是由 Tarokh, Seshadri 和 Calderbank

等人在他们的著作中最先提出的，他们把 Ungerbock 提出的模型扩展到了空间范围。空时网格编码不像 Undgerbock 的模型那样使用大星座的互割方法，采用了各种空间变换星座，也可以说，它用格形结构使向量调制在某个特定的时间进行。

空时网格编码在不牺牲系统带宽的情况下获得满分集增益和高编码增益，从而得到高传输速率及低误码率性能。空时网格编码系统示意图如图 8-32 所示。

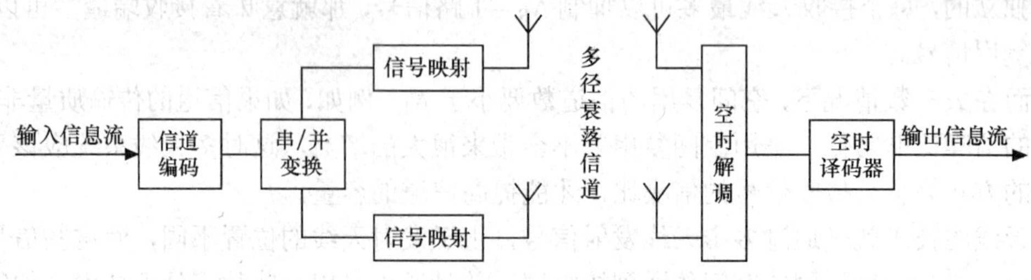

图 8-32　空时网格编码系统示意图

输入信息流经过信道编码（通常为卷积编码），然后经过串并变换、信号映射和调制后，在多天线上同时发送出去。在接收端，首先经过空时接收解调，送到空时译码器，若发送端采用卷积编码，则接收端采用 Viterbi 译码实现最大似然译码。不过空时网格码的译码复杂度较高。

若采用 2^b 个信号点的星座图，在保证最大分集增益的前提下，空时网格编码可达到的频带利用率最大为 $b$bit/s/Hz，不再随着天线的增加而增加。与其他编码方案相比，空时网格编码一个显著特点是它在各种环境下均有较好的性能。空时网格编码好码的设计是一个难点，在状态数很大的情况下，好码的格图设计十分困难，目前多用计算机搜索来完成。

空时网格编码也可以描述为在时延分集的基础上，与 TCM (Trellis-Coded Modulation) 编码结合得到的，是一种改进的传输分集方式。空时网格编码的频带利用率不随着天线数目增加而增加，它的译码复杂度随着分集增益和频带利用率呈指数增长，一般来说，译码都比较复杂。近年来有不少研究工作，以改进最初的空时网格编码的性能，主要集中在新码字的构造，搜索不同的卷积空时网格编码系统，或是对最初设计标准的改进。但是，这些方法都只能获得边缘增益，不能大量提高增益。

3. 空时分组码

空时分组码（Space-Time Block Code，STBC）是一种低复杂度的空时二维编码技术，它在发端采用正交编码的方式在各个天线上同时发送信号，这样不仅能够保证最大的分集增益，而且还可以降低译码复杂度。在 Alamouti 提出一种基于双发射天线的空时分组码方案以后，Tarokh 等人利用正交设计原理，将这种两天线的空时分组码推广至更多发射天线的情况，并且证明了编码准则和码的存在准则：对于实符号条件下，满速率或者正交设计只当发射天线数为 2、4 和 8 时才存在，而对于复符号条件下，则只有当发射天线数为 2 时才存在（即为 Alamouti 空时分组码）。

STBC 的一个特点是各根天线发射的信号是正交的，满足正交性的 STBC 可以获得最大的分集增益。但是，这是以编码增益和部分频带利用率为代价得到的，当然，也可以牺牲正交性来获得速率为 1 的码字（$N>2$）。

空时分组码在空间相关信道下具有很好的鲁棒性，缺点是数据吞吐量低。目前 Alamouti 码已经被一些无线标准采用，例如 cdma2000、WCDMA 等。图 8-33 给出了 Alamouti 编码器的原理图。

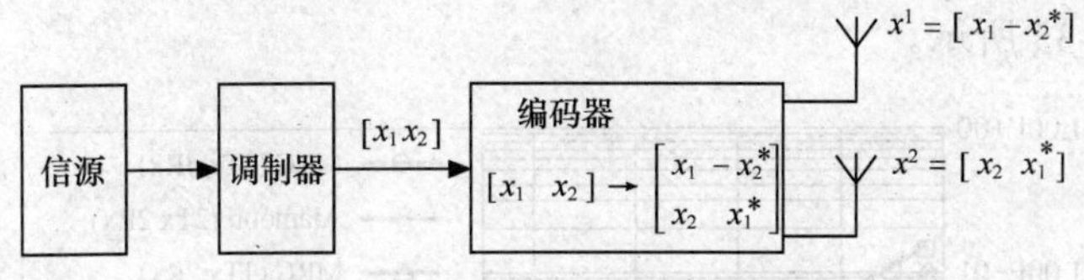

图 8-33 Alamouti 编码器的原理图

假设使用 M 阶调制。在 Alamouti 空时编码器，首先对每组 m 个信息比特进行调制，其中 $m = \log_2^M$ 。接着编码器提取已调制的一组符号 x_1 和 x_2 ，按照给定的码矩阵：

$$\boldsymbol{X} = \begin{bmatrix} x_1 & -x_2^* \\ x_2 & x_1^* \end{bmatrix} \tag{8-5}$$

映射到发射天线，编码器的输出从两个发射天线连续发射。将两天线的输出分别表示为：

$$\begin{aligned} \boldsymbol{x}^1 &= \begin{bmatrix} x_1 & -x_2^* \end{bmatrix} \\ \boldsymbol{x}^2 &= \begin{bmatrix} x_2 & x_1^* \end{bmatrix} \end{aligned} \tag{8-6}$$

其内积：

$$\boldsymbol{x}^1 \cdot \boldsymbol{x}^2 = x_1 x_2^* - x_2^* x_1 = 0$$

表明两天线发射的信号是正交的。码矩阵具有如下特性：

$$\begin{aligned} \boldsymbol{X} \cdot \boldsymbol{X}^H &= \begin{bmatrix} |x_1|^2 + |x_2|^2 & 0 \\ 0 & |x_1|^2 + |x_2|^2 \end{bmatrix} \\ &= (|x_1|^2 + |x_2|^2) \boldsymbol{I}_2 \end{aligned} \tag{8-7}$$

$\boldsymbol{I}_2$ 为 2×2 的单位阵。

选用一个接收天线的原理图如图 8-34 所示。

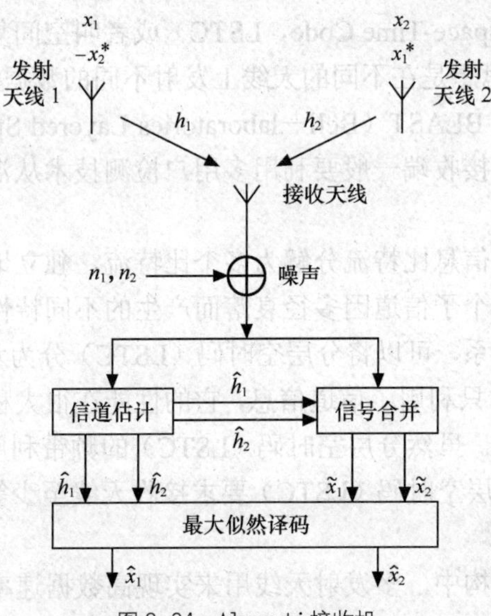

图 8-34 Alamouti 接收机

仿真性能如图 8-35 所示。

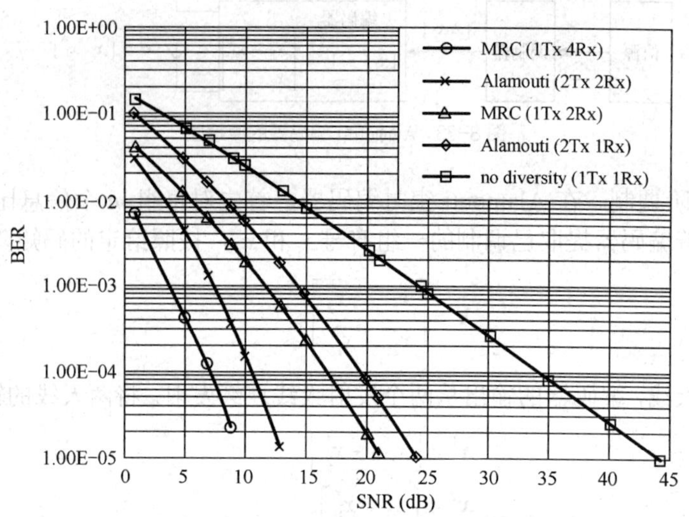

图 8-35 Alamouti 分集方案对比

图 8-35 所示为每个接收天线的信噪比变化时，不同的分集方案的性能对比，采用 BPSK 调制，假定两个天线的发射功率与一个天线的发射功率相等。仿真结果表明，两个发射天线、一个接收天线的 Alamouti 方案和一个发射天线、两分支的最大比合并（MRC）接收方案的曲线斜率是一样的，即分集增益一致，但 Alamouti 方案信噪比差 3dB。同理，两个发射天线、二个接收天线的 Alamouti 方案和一个发射天线、四分支的最大比合并（MRC）接收方案的曲线斜率是一样的。一般情况下，两个发射天线、n_R 接收天线的 Alamouti 方案和一个发射天线、$2n_R$ 分支的最大比合并（MRC）接收方案有同样的分集增益，不过 Alamouti 方案信噪比差 3dB。因为 Alamouti 方案单个天线的发射功率是最大比合并（MRC）接收方案中发射天线的二分之一。

4. 分层空时码

分层空时结构（Layer Space-Time Code，LSTC）或者叫空间复用最早是由贝尔实验室的 G.J.Foschini 提出的，基本思想是在不同的天线上发射不同的数据流，采用 MIMO 结构实现并行数据无线传输，常称为 BLAST（Bell－laboratories Layered Space－Time Architecture）。因此，为了完成符号检测，接收端一般要利用多用户检测技术从混合的数据流中将不同的发射数据流分开。

其基本原理是将输入的信息比特流分解为多个比特流，独立地进行编码，然后映射到多根发射天线，接收端利用各个子信道因多径衰落而产生的不同特性来提取信息。根据信源消息与发射天线之间的映射关系，可以将分层空时码（LSTC）分为水平、垂直和对角三类。分层空时码（LSTC）在解码时只利用了信道信息，它的性能在很大程度上依赖于信道的衰落环境和对信道衰落特性的估计。虽然分层空时码（LSTC）的频带利用率较高，但是这是以部分分集增益为代价换来的。分层空时码（LSTC）要求接收天线至少等于发射天线数，这在实际中是一个难题。

实际上，在分层空时结构中，多发射天线用来实现高数据速率，多接收天线用来进行空间多路信号的干扰抵消。

小 结

1．LTE的目的就是提高无线接口的数据传送速率，与之相对应的核心网结构称之为SAE。LTE区别于以往的移动通信系统，无论是无线接入网空中接口采用的技术还是核心网的网络结构都发生了较大的变化。从网络结构上来看，整个网络结构向着扁平化的方向发展，取消了原来的基站控制器，整个网络只包括接入网和核心网两层结构。从采用的无线接入技术来看，采用了更适合高速数据通信的OFDM和MIMO技术等。

2．LTE的主要目标就是定义一个高效的空中接口，这些目标需求主要包括系统容量、数据传输时延、终端的状态转换时间要求、移动性、覆盖范围、增强的MBMS。

3．LTE的eNode B除了具有原来Node B的功能外，还承担了传统的3GPP接入网中RNC的大部分功能，如物理层（包括HARQ）、MAC层（包括ARQ）、无线资源控制、调度、无线准入、无线承载控制、移动性管理和小区间无线资源管理等。eNode B和eNode B之间采用网格（Mesh）方式直接互连，这也是对原有UTRAN结构的重大修改。核心网采用全IP分布式结构。在eNode B之间定义了X2接口，S1接口是MMS/S-GW网关与eNode B之间的接口，LTE-Uu接口是UE与E-UTRAN间的无线接口。

4．在LTE中，核心网（CN）也称为演进的分组核心（Evolved Packet Core，EPC）。演进的核心网（EPC）主要包括移动管理实体（MME）、服务网关（serving GW）、分组交换网关（PDN GW）、策略和计费规则实体（PCRF）和归属用户服务器（Home Subscriber Server，HSS）等。

5．空中接口是指终端和接入网之间的接口，一般称为Uu接口。空中接口协议主要是用来建立、重配置和释放各种无线承载业务的。空中接口是一个完全开放的接口。LTE系统的无线传输技术的区别体现在物理层。在设计高层时会尽量考虑不同标准的兼容性，对于FDD和TDD来说，高层的区别并不十分明显，差异集中在描述物理信道相关的消息和信息元素方面。LTE与R99/R4协议层的分层结构基本一致。

6．LTE公布了两种类型的无线帧结构：类型1，也称做通用（Generic）帧结构，应用在FDD模式和TDD模式下；类型2，也称做可选（Alternative）帧结构，仅应用在TDD模式下。

7．LTE下行物理信道包括物理广播信道（PBCH）、物理控制格式指示信道（PCFICH）、物理下行控制信道（PDCCH）、物理下行共享信道（PDSCH）和物理多播信道（PMCH）。上行物理信道包括物理上行控制信道（PUCCH）、物理上行共享信道（PUSCH）、物理混合自动请求重传指示信道（PHICH）和物理随机接入信道（PRACH）。物理信道、传输信道和逻辑信道间有严格的对应关系。

8．与UTRAN系统中UE的5种RRC状态相比，在LTE中仍然保留了RRC的两种状态：空闲状态（RRC_IDLE）和连接状态（RRC_CONNECTED）。UE通过建立RRC连接才能进入RRC_CONNECTED状态。在RRC_CONNECTED状态下，UE可以跟网络之间进行数据的交互。当UE释放了RRC连接时，UE就会从RRC_CONNECTED状态转移到RRC_IDLE状态。

9．OFDM的主要思想是将信道分成若干正交子信道，将高速数据信号转换成并行的低速子数据流，调制到在每个子信道上进行传输。正交信号可以通过在接收端采用相关技术来分开，这样可以减少子信道之间的相互干扰。OFDM 可以与分集，时空编码，干扰和信道间干扰抑制以及智能天线技术等相结合，最大限度地提高系统性能。

10．MIMO 系统将一个单数据符号流通过一定的映射方式生成多个数据符号流，相应的接收端通过反变换恢复出原始的单数据符号流。与在发射端或是接收端部署多天线相比，通过在接收端和发射端同时使用多天线技术能够进一步提高信噪比（信扰比），并且能够提供额外的增益来对抗信道的衰落。另外这种技术也被称为空间复用。

11．MIMO 系统增益是通过在发射和接收两端使用多个天线来建立多入多出无线链路，在不增加额外发射功率的前提下，就能够获得很高的频谱效率，而且也能改善链路性能，主要指标有：阵列增益（波束赋形增益）、分集增益以及复用增益。

12．在 MIMO 信道中，空时编码是可以使信息容量接近理论容量的一种较实用的编码。空时编码就是将空间域上的发射分集和时间域上的信道编码相结合的联合编码技术，空间域上的编码可以用空间冗余实现分集，克服信道衰落，提高系统性能。空时编码分为空时网格码（STTC）、空时分组码（STBC）、分层空时码（LSTC）、差分/酉空时码（D/USTM）、级联空时码等。

练 习 题

1．简述 3GPP LTE 的主要目标。

2．画出 LTE/SAE 的系统结构图，描述 E-UTRAN 和 EPC 的功能。

3．画出物理信道、传输信道和逻辑信道的映射图。

4．画出 OFDM 的原理示意图，说明 OFDM 技术的特点。

5．画出 MIMO 的原理示意图，介绍描述 MIMO 系统增益的方法。

6．描述不同空时编码的特点。

参 考 文 献

[1] 吴伟陵，牛凯．移动通信原理．北京：电子工业出版社，2005.
[2] 田日才．扩频通信．北京：清华大学出版社，2007.
[3]（美）Rodger E.Ziemer 等．扩频通信导论．北京：电子工业出版社，2006.
[4] 叶银法，陆健贤，罗丽，等．WCDMA 系统工程手册．北京：机械工业出版社，2006.
[5] Harri Holma, Antti Toskala．WCDMA 技术与系统设计：第三代移动通信系统的无线接入[M]．3 版．陈泽强等译．北京：机械工业出版社，2005.
[6] 苏信丰．UMTS 空中接口与无线工程概论 [M]．朗讯科技（中国）有限公司无线工程组译．北京：人民邮电出版社，2006.
[7] 姜波．WCDMA 关键技术详解．北京：人民邮电出版社，2008.
[8] 廖晓滨，赵熙．第三代移动通信网络系统技术、应用及演进．北京：人民邮电出版社，2008.
[9] 张玉艳，于翠波．数字移动通信系统．北京：人民邮电出版社，2009.
[10] 李世鹤．TD-SCDMA 第三代移动通信系统标准．北京：人民邮电出版社，2003.
[11] 彭木根，王文博．TD-SCDMA 移动通信系统（第 2 版）．北京：机械工业出版社，2007.
[12] 叶银法，陆健贤，周胜，蒋晓虞．HSDPA/HSUPA 技术与系统设计．北京：机械工业出版社，2007.
[13] 赵绍刚，周兴围，任树林，陈莹莹．HSDPA 技术及其演进-HSUPA 与 HSPA+．北京：人民邮电出版社，2007.
[14] 张新程，关山，田韬，李坤江．HSUPA/HSPA 网络技术．北京：人民邮电出版社，2008.
[15] 徐志宇，韩玮，蒲迎春．HSDPA 技术原理与网络规划实践．北京：人民邮电出版社，2007.
[16] 摩托罗拉工程学院主编，常永宇，桑林，张欣，等．CDMA2000 1x 网络技术．北京：电子工业出版社，2005.
[17] 康桂霞，田辉，朱禹涛，杜鹃．CDMA2000 1x 无线网络技术．北京：人民邮电出版社，2007.
[18] 张智江，刘申建．CDMA2000 1x EV-DO 网络技术．北京：机械工业出版社，2005.
[19] 罗兴国主编，唐晓梅．CDMA2000 高速分组数据传输技术．北京：国防工业出版社，2007.
[20] Pierre Lescuyer and Thierry Lucidarme．EVOLVED PACKET SYSTEM (EPS) THE LTE AND SAE EVOLUTION OF 3G UMTS．John Wiley & Sons Ltd, The Atrium, Southern Gate, Chichester．2008.
[21] Erik Dahlman, Stefan Parkvall, Johan Sköld and Per Beming．3G evolution : HSPA and LTE for mobile broadband．Elsevier Ltd．2007.

[22] 沈嘉，索士强，全海洋，赵训威，胡海静，姜怡华．3GPP 长期演进（LTE）技术原理与系统设计．北京：人民邮电出版社，2009.

[23] 张克平．LTE-B3G/4G 移动通信系统无线技术．北京：电子工业出版社，2008.

[24] 郑侃，赵慧，王文博．3G 长期演进技术与系统设计．北京：电子工业出版社，2007.

[25] 3GPP．Specification．http://www.3gpp.org

[26] 3GPP2．Specification．http://www.3gpp2.org